Ersatz- und Ergänzungsmethoden
zu Tierversuchen

Herausgegeben von
H. Schöffl
H. Spielmann
H. A. Tritthart

SpringerWienNewYork

H. Schöffl, H. Spielmann,
H. A. Tritthart, K. Cußler,
A. F. Goetschel, F. P. Gruber,
Ch. A. Reinhardt (Hrsg.)

Forschung
ohne Tierversuche 1996

SpringerWienNewYork

Harald Schöffl
zet-Zentrum für Ersatz und Ergänzungsmethoden zu Tierversuchen, A-Linz

Prof. Dr. med. Horst Spielmann
ZEBET-Zentralstelle zur Erfassung und Bewertung von Ersatz- und Ergänzungsmethoden zum Tierversuch im BgVV – Bundesinstitut für gesundheitlichen Verbraucherschutz und Veterinärmedizin, D-Berlin

Prof. Dr. med. Helmut A. Tritthart
Institut für Medizinische Physik und Biophysik, Karl-Franzens-Universität, A-Graz und zet-Zentrum für Ersatz und Ergänzungsmethoden zu Tierversuchen, A-Linz

Dr. med. vet. Klaus Cußler
PEI – Paul-Ehrlich-Institut, D-Langen

Dr. iur. Antoine F. Goetschel
Stiftung für das Tier im Recht, CH-Zürich

PD Dr. med. vet. Franz P. Gruber
FFVFF – Fonds für versuchstierfreie Forschung, CH-Zürich

Dr. Christoph A. Reinhardt
SAAT–Swiss Alternatives to Animal Testing, CH-Bertschikon-Zürich

Satz: Helmut Appl, A-1123 Wien

Graphisches Konzept: Ecke Bonk
Gedruckt auf säurefreiem, chlorfrei gebleichtem Papier – TCF

Mit 90 zum Teil farbigen Abbildungen

ISSN 0948-5155
ISBN-13: 978-3-211-82869-4 e-ISBN-13: 978-3-7091-6833-2
DOI: 10.1007/978-3-7091-6833-2

Vorwort

Wir können nun bereits den 4. Band der Reihe „*Ersatz- und Ergänzungsmethoden zu Tierversuchen*" vorlegen. Der Inhalt gibt die Vorträge und Poster des „*4. Österreichischen internationalen Kongresses über Ersatz- und Ergänzungsmethoden zu Tierversuchen in der biomedizinischen Forschung*" in überarbeiteter Form wieder, der von 24.-26. September 1995 an der Universität Linz stattfand.

Der Arbeitskreis für die Förderung von tierversuchsfreier Forschung (AFTF) - Gründer und Wegbereiter dieser Kongreß- und Buchreihe - ist von *zet - Zentrum für Ersatz- und Ergänzungsmethoden zu Tierversuchen* abgelöst worden. zet versucht wie ZEBET oder FRAME als nationales Referenzzentrum zu arbeiten und den Bereich Ersatz- und Ergänzungsmethoden zu Tierversuchen auf möglichst hohem Niveau abzudecken. Der Vorstand des zet, Herr Prof. Dr. HELMUT A. TRITTHART, ist bereits seit 1991 Mitveranstalter der Linzer Kongresse und Mitherausgeber dieser Buchreihe.

Schwerpunkte dieses Kongresses waren:

1. In vitro-Entzündungsmodelle
2. In vitro-Modelle in der Neurotoxikologie
3. In vitro-Modelle in der Reproduktionstoxikologie
4. In vitro-Modelle in der Onkologie
5. Biometrie von in vitro-Methoden
6. Immunisierung und Adjuvantien
7. Toxikologische Prüfung von Kosmetika in der EU
8. Recht und Ethik

Als besonders erfreulich möchten wir die intensive Teilnahme der pharmazeutisch-chemischen Industrie hervorheben. Mehr und mehr ist es gelungen, die gegenseitigen Vorbehalte, die durchaus bestanden, auszuräumen und zu intensiver wissenschaftlicher Kooperation überzugehen. Nicht zuletzt deswegen waren die Firmen Behringwerke AG, D-Langen, und Hoechst AG, D-Frankfurt/Main, bereit, als Mitveranstalter dieses Kongresses zu fungieren und zum Teil eigenständig Sitzungen und Sitzungsteile vorzubereiten. So können wir uneingeschränkt bestätigen, daß das Interesse der pharmazeutisch-chemischen Industrie an der Entwicklung, Validierung und Verbreitung von Ersatz- und Ergänzungsmethoden zu Tierversuchen so groß ist wie noch nie.

Denjenigen, die am 4. Linzer Kongreß nicht teilnehmen konnten, gibt der vorliegende 4. Band die Gelegenheit, sich umfassend über die Aktivitäten und wissenschaftlichen Fortschritte im sensiblen Bereich der Entwicklung von Ersatz- und Ergänzungsmethoden zu Tierversuchen zu informieren.

Die Herausgeber des 4. Bandes der Reihe *„Ersatz- und Ergänzungsmethoden zu Tierversuchen"* möchten den Referenten sehr herzlich für ihre Mühe der Manuskriptabfassung und -überarbeitung danken. Ferner möchten wir dem *zet - Zentrum für Ersatz- und Ergänzungsmethoden zu Tierversuchen* einen weiterhin so erfolgreichen und zielstrebigen Aufstieg wünschen wie der Vorgängerorganisation AFTF.

Zu besonderem Dank sind wir all den Mitarbeitern verpflichtet, die mit beispiellosem Einsatz am Entstehen und an der Umsetzung dieser Kongreß- und Buchreihe mitgewirkt haben. Stellvertretend für alle Mitarbeiter gilt unser besonderer Dank:

Frau ERNESTINE SCHÖFFL für die außerordentlich aufwendigen Vorarbeiten und Herrn HELMUT APPL für die redaktionelle Bearbeitung aller bisherigen Bände dieser Buchreihe. Der Springer-Verlag, insbesondere Herr RAIMUND PETRI-WIEDER, hat uns wiederum großzügig unterstützt und uns jederzeit freie Hand bei der Gestaltung dieses Bandes gelassen.

H. Schöffl
H. Spielmann
H.A. Tritthart
K. Cußler
A.F. Goetschel
F.P. Gruber
Ch.A. Reinhardt

Auch darf nicht geleugnet werden,
daß wir persönlich einem Buch gar
manchen Druckfehler verzeihen,
indem wir uns durch dessen Ent-
deckung geschmeichelt fühlen.
Goethe

Inhaltsverzeichnis

Autor/inn/en XIII

Posterautor/inn/en XVII

Gastbeiträge

APPL H. et al.: zet - Zentrum für Ersatz- und Ergänzungsmethoden zu Tierversuchen - Die Entwicklung einer Organisation in Österreich 1

HALLE W. und SPIELMANN H.: Die Prädiktion der akuten Toxizität mit Hilfe von Zytotoxizitätsdaten 10

VEDANI A. et al.: 3D-Computermodelle im pharmakologischen und toxikologischen Screening 20

In vitro-Entzündungsmodelle

SAUER A. et al.: Ein in vitro-Modell zur immunpharmakologischen Untersuchung von Mechanismen der Gram-positiven und Gram-negativen Sepsis 29

HARTUNG T. und WENDEL A.: Eine Methode unter Verwendung von menschlichem Vollblut zum Ersatz des Pyrogentests am Kaninchen 34

In vitro-Modelle in der Neurotoxikologie

ATTERWILL C.: Current trends for the assessment of neurotoxicity in vitro 40

SCHMUCK G.: Primary and permanent neuronal cell cultures - an in vitro model for detecting neurotoxicity 49

HAFNER M. et al.: Digital imaging of free intracellular calcium: a quantitative approach to assess excitotoxicity and neuronal protection in vitro 56

HAAS H.L. und BÜSSELBERG D.: Neurotoxikologie in vitro mit Hilfe der Elektrophysiologie 65

BINDING N. et al.: Ein mehrstufiges in vitro-Testsystem zur Prüfung neurotoxischer Stoffe 70

In vitro-Modelle in der Reproduktionstoxikologie

BECHTER R.: Die Anwendung von in vitro-Embryotoxizitätstests in der pharmazeutisch-chemischen Industrie 77

WOBUS A.M. et al.: Embryonale Stammzellen als Modellobjekt der Entwicklungsgenetik und Reproduktionsbiologie 88

VOGEL R. und BREMER S.: Pluripotente Stammzellen der Maus als in vitro-Modell für Säugerkeimzellen 99

VOSHOL P.J. et al.: Die Anwendung der Durchflußzytometrie für die in vitro-Bestimmung embryotoxischer Substanzen in der in vitro-Kultivierung muriner embryonaler Stammzellen ... 104
NAYUDU P.L.: Mouse ovarian follicle culture: Can this be a useful system for evaluating potential ovarian toxic substances? ... 110

In vitro-Modelle in der Onkologie

MAREEL M. et al.: Activation and Inactivation of Invasion-Suppressor Molecules: *In Vitro* Analysis ... 118
BADER A. et al.: Ersatz von Aroclor induziertem Rattenleber S9-Mix durch Sandwichkulturen primärer Hepatozyten in HGPRT Tests ... 128
HOFMANN-WELLENHOF R. et al.: Dreidimensionale in vitro-Invasionsmodelle: neue Evaluierungsmethoden ... 133
PFRAGNER R. et al.: In vitro-Screening von proliferationsmodifizierenden Substanzen an Zellkulturen von humanen Medullären Schilddrüsencarcinomen (MTC) ... 138
KAMMERER R. und VON KLEIST S.: Artificial Tumor (ArT): Rekonstruktion individueller, humaner Primärtumoren *in vitro* ... 148
KUNZI-RAPP K. et al.: Die Chorioallantoismembran des befruchteten Hühnereis als in vivo-Ersatzsystem für die Photodynamische Therapie ... 154

Biometrie von in vitro-Methoden

HOLZHÜTTER H.-G.: ECVAM Task Force Biostatistics: Stand und Perspektiven der Anwendung biometrischer Methoden bei der Validierung von Ersatz- und Ergänzungsmethoden ... 159
SCHNEIDER B. et al.: Biometrische Methoden zur Evaluation von in vitro-Verfahren.. 178
LIEBSCH M. et al.: Erprobung biometrischer Verfahren zur Entwicklung und Validierung von Alternativmethoden zu toxikologischen Tierversuchen ... 188
MEISTER R.: Zur quantitativen Risikobewertung toxischer Stoffe - Chancen für Alternativmethoden? ... 196

Immunisierung und Adjuvantien

LANDWEHR M.: Die tierschutzrechtliche Beurteilung der Immunisierung von Tieren in Deutschland ... 204
LEEUW W.A. DE and GREEVE P. DE: Experience with the Dutch Code of Practice for the Immunization of laboratory animals ... 210
RONNEBERGER H.: Adjuvantien bei Humanimpfstoffen ... 218
RIJKE E.O.: Adjuvant research for veterinary vaccines: Suitability of a new vitamin E based formulation ... 224
LEENAARS M. et al.: Comparison of alternatives to Freund's Complete Adjuvant ... 233
LINXWEILER W.: Effizienz und Verträglichkeit von Adjuvantien bei der Immunisierung von Mäusen, Kaninchen und Schafen ... 242
KRAMER H.-J.: Erfahrungen bei der Herstellung polyklonaler Antikörper im Kaninchen ... 249
SCHWARZKOPF C. und THIELE B.: Freund's komplettes Adjuvans und mögliche Alternativen zur Gewinnung von IgY: Immunisierungsschemata, Titerentwicklung, Affinitätsreifung und biologische (Un-)Verträglichkeit ... 254

ERHARD M.H. et al.: Lipopeptide als nebenwirkungsfreie Adjuvantien zur Immunisierung von Legehennen ... 263
FERBER P.C. et al.: Herstellung monoklonaler Antikörper: Einfluß der Adjuvantien auf die Immunantwort und die Belastung der Versuchstiere ... 269

Toxikologische Prüfung von Kosmetika in der EU

SAUER U.G.: Strategie zur sicherheitstoxikologischen Prüfung von Kosmetika aus der Sicht des Deutschen Tierschutzbundes ... 275
PAPE W.J.W.: Möglichkeiten und Grenzen der Prüfstrategie mit tierversuchsfreien Methoden aus der Sicht der Kosmetikindustrie ... 282
KIETZMANN M. und BLUME B.: Das isoliert perfundierte Rindereuter als Modell zur Untersuchung der transdermalen Penetration und Resorption - dargestellt am Beispiel von Betamethason-17,21-dipropionat ... 289
PITTERMANN W. et al.: Das isoliert perfundierte Rindereuter (BUS-Modell): Erfahrungen mit kosmetischen Stoffen ... 295
SCHÄFER-KORTING M.: Nutzen und Grenzen künstlicher Hautmodelle aus der Sicht der Dermatopharmakologie ... 305
SCHEWE C. et al.: Schadstoffe in Textilien und Kosmetika: Risikoabschätzung durch Atmungsmessungen an Keratinozyten ... 314

Recht und Ethik

BÄUMER H.: Tierschutz contra Lehrfreiheit ... 322
LOEPER E. V.: Tierschutz als Staatsziel und als Grundlage humaner Wissenschaft Die Bedeutung eines effektiven Tierschutzes für Fragen der Tierversuche und für die Stärkung des Rechts- und Wertbewußtseins ... 330
GOETSCHEL A.F.: Die (in der Schweiz verfassungsrechtlich geschützte) Würde der Kreatur und deren Beachtung im Tierversuch ... 342
HARRER F.: Tierversuche und EU-Recht: Verhältnisse aus österreichischer Sicht ... 354
SCHWABENBAUER K.: Die EU-Tierversuchsgesetzgebung und Tierversuche: Verhältnisse aus deutscher Sicht ... 361
GRUBER F.P.: *Refinement:* Versuch einer Definition ... 366
BLOCH I.: Erfahrungen und Probleme in der Schweiz bei der prospektiven Einschätzung des Schweregrades im Tierversuch ... 382
RUSCHE B.: Erste Ergebnisse über eine neue Umfrage bei den Mitgliedern in beratenden Kommissionen nach §15 Tierschutzgesetz in der Bundesrepublik Deutschland ... 387
VÖLKEL M. und LABAHN D.: Die Belastung der Versuchstiere nach Einschätzung der Antragsteller von Versuchsgenehmigungen - Forderung von Kriterien zur ethischen Rechtsanwendung ... 395

Poster

BEHN I. et al.: Anwendung aviärer vitelliner Antikörper als Sekundärreagenzien ... 409
BOEGNER F. et al.: Pyrethroinduzierte Neurotoxizität in Spinalganglien-Neuronenkulturen verschiedener embryonaler Entwicklungsalter ... 410
BORRMANN E. et al.: Nachweis der Neutralisation von *Clostridium-perfringens-ε-*Toxin mit Zellkulturen ... 411
CERVINKA M. et al.: Toxizitätsbestimmung dentaler Amalgame in vitro ... 412

DIETHART S. et al.: Entwicklung einer Ersatzmethode für die Messung von Entzündung, Zellschädigung und Entzündungshemmung 414
DRESSLER C. et al.: Studies on the optimized fluorescence diagnosis of tumours by comparing 5-Ala induced xenofluorescence and autofluorescence intensities of a murine tumour-non tumour tissue system cultivated on the CAM 415
ERHARD M.H. et al.: Einfluß verschiedener Adjuvantien auf die Legeleistung bei der Immunisierung von Hühnern 416
ERHARD M.H. et al.: Korrelationen zwischen Antikörpertitern in Serum und Dotter nach der Immunisierung von Legehennen 417
ERHARD M.H. et al.: Nebenwirkungen von Adjuvantien bei den Spezies Maus und Huhn 418
FALKNER E. et al.: Zwischenbericht zur Studie: Tierversuche: Gentechnologie und Ersatz- und Ergänzungsmethoden 419
GERNER I. et al.: Ermittlung von Zusammenhängen zwischen physikalisch-chemischen Stoffeigenschaften und biologischen Stoffwirkungen 421
HAFNER M. et al.: A new cell culture model for polycystic kidney disease 421
HALLE W. et al.: Beitrag zur Qualität der Vorhersage der akuten oralen Toxizität (LD_{50}) aus der Zytotoxizität (IC_{50x}) für 24 Tenside 423
HERLING A.W. et al.: Der Stellenwert von in vitro-Methoden bei der Suche nach neuen Arzneimitteln 424
HÖCKER H. et al.: A model for testing the availablility of chemicals from textiles to the human skin 425
HOFBAUER R. et al.: Ein neuartiges Testsystem für in vitro-Studien von Medikamenten: Einfluß nichtvolatiler Anästhetika auf die transendotheliale Leukozytenmigration 426
HOMMEL U. et al.: Untersuchungen zu Affinität und Kopplungsfähigkeit aviärer vitelliner Antikörper 427
KIEP L.: Eignung früher Entwicklungsstadien des bebrüteten Hühnereies für eine Ersatz- und Ergänzungsmethode zur Untersuchung der Biotransformation von Xenobiotica 428
KÜSTERS G. et al.: Kommunikation zum Thema „Tierschutz bei Tierversuchen“ 429
KUHLMANN I. et al.: Immunisierungen mit dem reizarmen Ribi-Adjuvans-System 430
LABAHN D. und VÖLKEL M.: Ethisch-rechtliche Aspekte als Orientierung und Entscheidungshilfe über einen Antrag auf Genehmigung eines Tierversuchsvorhabens 431
MADEJA M. et al.: In vitro-Testsysteme in der arbeits- und umweltmedizinischen Neurotoxikologie: Untersuchungen zur neurotoxischen Wirkung von Blei an klonierten humanen und nicht-humanen Kaliumkanälen 435
MUßHOFF U. et al.: In vitro-Testsysteme in der arbeits- und umweltmedizinischen Neurotoxikologie:. Untersuchungen zur neurotoxischen Wirkung von Blei auf in vitro exprimierte ligandengesteuerte Ionenkanäle (non-NMDA-Rezeptor-Kanäle) 436
NAYUDU P.L. et al.: Kultur ovarieller Follikel von Mäusen: Ein sensitiver Bioassay für Gonadotropine 437
NEIDT U. et al.: In vitro-Testsysteme in der arbeits- und umweltmedizinischen Neurotoxikologie: Untersuchungen zur neurotoxischen Wirkung von Blei an einem Funktions-generierenden neuronalen Netzwerk (Buccalganglion, Helix pomatia) 438
PLIETZ M. und ROST R.: Computergestützte Experimente als Alternative zu Tierversuchen im Physiologischen Praktikum 439
SCHADE R.: „Aviäre Antikörper“ - ein Verbundprojekt 440

SCHADE R. et al.: Vergleich der Spezifität von aviären und mammären Antikörpern am Beispiel des Neuropeptids Cholecystokinin 441
SEEGER K. et al.: Bemühungen um eine möglichst artgerechte Labortierhaltung unter Praxisbedingungen 442
VALK J.B.F. VAN DER and KAMP M.D.O. VAN DER: The Netherlands Centre Alternatives to Animal Use (NCA) 444
WELLER C. et al.: Kultivierung und Charakterisierung eines *in vitro*-Endothelzell-Testsystems 445
WIENRICH M. et al.: BMBF Verbundvorhaben: Neuronale Zellkulturen als Ersatz für Tierversuche bei Untersuchungen zur zerebralen Ischämie: Neurotoxizität und neuroprotektive Wirkung von Pharmaka 446

Danksagung 449

Redaktion 451

MEGAT - Mitteleuropäische Gesellschaft für Alternativmethoden zu Tierversuchen 453

Autor/inn/en

APPL, HELMUT, zet - Zentrum für Ersatz- und Ergänzungsmethoden zu Tierversuchen, Marketing & Öffentlichkeitsarbeit, Postfach 39, A-1123 Wien

ATTERWILL, CHRIS, Prof. PhD FIBiol FRPharmsS MRCPath, University of Hertfordshire, Division of Biosciences, College Lane, Hatfield, Herts, AL10 9AB, UK

BADER, AUGUSTINUS, Dr., Medizinische Hochschule Hannover, Institut für Allgemeine Pharmakologie, Konstanty-Gutschow-Straße 8, D-30625 Hannover

BÄUMER, HARTMUT, Regierungspräsident, Regierungspräsidium, Landgraf-Philipp-Platz 3-7, D-35390 Gießen

BECHTER, RUDOLF, Dr., Sandoz Pharma Ltd., Drug Safety, Tox. 881, CH-4002 Basel

BINDING, NORBERT, Dr., Westfälische Wilhelms-Universität Münster, Institut für Arbeitsmedizin, Robert-Koch-Straße 51, D-48149 Münster

BLOCH, IGNAZ, Dr., Kantonales Veterinäramt, Postfach 264, CH-4025 Basel

ERHARD, MICHAEL H., Dr., Ludwig-Maximilians-Universität München, Institut für Tierphysiologie, Veterinärstr. 13, D-80539 München

FERBER, PHILIPPE C., Dipl.Biochem., ETH Zürich, Laboratorium für Biochemie, CH-8092 Zürich

GOETSCHEL, ANTOINE F., Dr., Stiftung für das Tier im Recht, Postfach 218, CH-8030 Zürich

GRUBER, FRANZ P., PD Dr., Fonds für versuchstierfreie Forschung (FFVFF), Biberlinstraße 5, CH-8032 Zürich

HAAS, HELMUT L., Prof. Dr., Heinrich-Heine-Universität, Physiologisches Institut, Postfach 101007, D-40001 Düsseldorf

HAFNER, MATHIAS, Prof. Dr., FH-Mannheim - Hochschule für Technik und Gestaltung, AG Angewandte Zellbiologie, Windeckstr. 110, D-68163 Mannheim

HARRER, FRIEDRICH, Prof. Dr., Universität Salzburg, Institut für Österreichisches und Internationales Handels- und Wirtschaftsrecht, Churfürststraße 1, A-5020 Salzburg

HALLE, WILLI, Dr., ZEBET im BgVV, Diedersdorfer Weg 1, D-12277 Berlin

HARTUNG, THOMAS, DrDr., c/o Prof. Dr. A. Wendel, Universität Konstanz, Biochemische Pharmakologie, Postfach 5560 M 668, D-78434 Konstanz

HOFMANN-WELLENHOF, RAINER, Dr., Universität Graz, Universitätsklinik für Dermatologie und Venerologie, Auenbruggerplatz 8, A-8036 Graz

HOLZHÜTTER, HERMANN-GEORG, Dr., Humboldt-Universität zu Berlin, Institut für Biochemie, Monbijoustraße 2A, D-10117 Berlin

KAMMERER, ROBERT, Dr., Universität Freiburg, Institut für Immunbiologie, Stefan-Meier-Str. 8, D-79104 Freiburg

KIETZMANN, MANFRED, Prof. Dr., Universität Leipzig, Veterinärmedizinische Fakultät, Institut für Pharmakologie, Pharmazie und Toxikologie, Zwickauer Straße 55, D-04103 Leipzig
KRAMER, HANS-JOACHIM, Dr., Charles River Deutschland GmbH, Stolzenseeweg 32-36, D-88353 Kisslegg
KUNZI-RAPP, KARIN, Dipl.Biol., Institut für Lasertechnologien in der Medizin und Meßtechnik, Helmholzstr. 12, D-89081 Ulm
LANDWEHR, MAXIMILIAN, Dr., Regierungspräsidium Karlsruhe, Postfach 5343, D-76035 Karlsruhe
LEENARS, MARLIES, Dr., TNO Prevention and Health, Division of Immunological and Inctious Diseases, P.O. Box 2215, NL-2301 CE Leiden
LEEUW DE, W.A., Ministry of Public Health, Welfare and Sport, Department of Animal Experimentation, P.O. Box 5406, NL-2280 HK Rijswijk
LIEBSCH, MANFRED, Dr., c/o Prof. Dr. Horst Spielmann, ZEBET im BgVV, Diedersdorfer Weg 1, D-12277 Berlin
LINXWEILER, WINFRIED, Dr., Merck KGaA, LAB/FoR/Bio, Frankfurter Straße 250, D-64293 Darmstadt
LOEPER V., EISENHART, Dr., Bundesverband der Tierversuchsgegner Menschen für Tierrechte e.V., Marktstraße 39, D-72202 Nagold
MAREEL, MARC, Prof. Dr., University Hospital, Department of Radiotherapy and Nuclear Medicine, De Pintelaan 185, B-9000 Gent
MEISTER, REINHARD, Prof. Dr., Technische Fachhochschule Berlin, Fachbereich 2 (Mathematik, Physik), Luxemburgerstraße 10, D-13353 Berlin
NAYUDU, PENELOPE L., Deutsches Primatenzentrum, Abteilung Reproduktionsbiologie, Kellnerweg 4, D-37077 Göttingen
PAPE, WOLFGANG J.W., Dr., Beiersdorf AG, Abteilung Bioverträglichkeit, Unnastraße 48, D-20245 Hamburg
PFRAGNER, ROSWITHA, Dr., Universität Graz, Institut für Allgemeine und Experimentelle Pathologie, Mozartgasse 14, A-8010 Graz
PITTERMANN, WOLFGANG, Dr., Henkel KGaA, Biologische Forschung und Produktsicherheit, D-40191 Düsseldorf
RIJKE, ERIC O., Dr., Intervet International BV, Department Immunology, P.O. Box 31, NL-5830 AA Boxmeer
RONNEBERGER, HANSJÖRG, Dr., Behringwerke AG, Postfach 1140, D-35001 Marburg/Lahn
RUSCHE, BRIGITTE, Dr., Akademie für Tierschutz, Spechtstraße 1, D-85579 Neubiberg
SAUER, ACHIM, Dr., Universität Konstanz, Biochemische Pharmakologie, Postfach 5560 M 668, D-78434 Konstanz
SAUER, URSULA G., Dr., Akademie für Tierschutz, Spechtstraße 1, D-85579 Neubiberg
SCHÄFER-KORTING, MONIKA, Prof. Dr., FU Berlin, Institut für Pharmazie, Königin-Luise-Straße 2+4, D-14195 Berlin
SCHEWE, CHRISTIANE, Dr., Humboldt-Universität zu Berlin, Universitätsklinikum Charité, Institut für Pathologie, D-10098 Berlin
SCHMUCK, GABRIELE, Dr., Bayer AG, Pharmaforschungszentrum, Aprather Weg, D-42069 Wuppertal
SCHNEIDER, BERTHOLD, Prof. Dr., Medizinische Hochschule Hannover, Institut für Biometrie, Konstanty-Gutschow-Straße 8, D-30625 Hannover
SCHWABENBAUER, KARIN, Dr., Brunnleite 1, D-93047 Regensburg
SCHWARZKOPF, CHRISTINE, Dr., BgVV, Postfach 330013, D-14191 Berlin
VEDANI, ANGELO, Dr., SIAT Biographics Laboratory, Missionstraße 60, CH-4055 Basel

VÖLKEL, MANFRED, Sternwarte 13, D-91338 Igensdorf
VOGEL, RICHARD, Dr., BgVV, Fachgebiet Reproduktionstoxikologie, Postfach 330013, D-14191 Berlin
VOSHOL, PETER J.; University Groningen, Deparment of Pediatrics, Researchlab, Food & Metabolism, NL-9713 SW Groningen
WOBUS, ANNA M., Dr., Institut für Pflanzengenetik und Kulturpflanzenforschung, Corrensstr. 3, D-06466 Gatersleben

Posterautor/inn/en

BEHN, INGRID, Dr., Universität Leipzig, Institut für Zoologie, Talstraße 33, D-04103 Leipzig
BOEGNER, FRIEDRICH, OA Dr., FU Berlin, Universitätsklinikum Benjamin-Franklin, Abteilung für Neurologie, Hindenburgdamm 30, D-12203 Berlin
BORRMANN, ERIKA, Dr., BgVV, Bereich Jena, Naumburger Straße 96a, D-07743 Jena
CERVINKA, MIROSLAV, Doz.Dr., Karls-Universität Hradec Kralove, Medizinische Fakultät, Lehrstuhl für Biologie, Simkova 870, CS-500 38 Hradec Kralove
DIETHART, SABINE, Mag., Karl-Franzens-Universität Graz, Zentrale Tierbiologische Einrichtung, Roseggerweg 48, A-8036 Graz
DRESSLER, CATHRIN, Dr., FU Berlin, Universitätsklinikum Benjamin-Franklin, Fachgebiet Lasermedizin, Hindenburgdamm 30, D-12203 Berlin
ERHARD, MICHAEL H., Dr., Ludwig-Maximilians-Universität München, Institut für Tierphysiologie, Veterinärstr. 13, D-80539 München
FALKNER, ERWIN, zet - Zentrum für Ersatz- und Ergänzungsmethoden zu Tierversuchen, Postfach 210, A-4021 Linz
GERNER, INGRID, Dr., BgVV, Fachbereich Chemikalienbewertung, Postfach 330013, D-14191 Berlin
HAFNER, MATHIAS, Prof. Dr., FH-Mannheim - Hochschule für Technik und Gestaltung, AG Angewandte Zellbiologie, Windeckstr. 110, D-68163 Mannheim
HALLE, WILLI, Dr., ZEBET im BgVV, Diedersdorfer Weg 1, D-12277 Berlin
HERLING, ANDREAS, Dr., Hoechst AG, PGE Stoffwechsel, Geb. H 821, D-65926 Frankfurt/Main
HÖCKER, HARTWIG, Prof. Dr., Deutsches Wollforschungsinstitut an der RWTH Aachen e.V., Veltmanplatz 8, D-52062 Aachen
HOFBAUER, ROLAND, Dr., Universität Wien, AKH, Währinger Gürtel 18-20, A-1090 Wien
HOMMEL, UNDINE, Dr., Universität Leipzig, Institut für Zoologie, D-04103 Leipzig
KIEP, LUTZ, Dr., Ringstr. 4., D-19372 Brunow
KÜSTERS, GABRIELE, Dr., Hoechst AG, Gesundheitspolitische Abteilung, D-65926 Frankfurt/Main
KUHLMANN, INGRID, Dr., Universität Konstanz, Tierforschungsanlage, Postfach 5560, D-78434 Konstanz
LABAHN, DIRK, Dr., Friedrich-Alexander-Universität, Östliche Stadtmauerstraße 20, D-91054 Erlangen
MADEJA, MICHAEL, PD Dr., Westfälische Wilhelms-Universität Münster, Institut für Physiologie, Robert-Koch-Straße 27a, D-48149 Münster
MUßHOFF, ULRICH, PD Dr., Westfälische Wilhelms-Universität Münster, Institut für Physiologie, Robert-Koch-Straße 27a, D-48149 Münster
NAYUDU, PENELOPE L., Deutsches Primatenzentrum, Abteilung Reproduktionsbiologie, Kellnerweg 4., D-37077 Göttingen

NEIDT, URSULA, Dr., c/o Dr. Norbert Binding, Westfälische Wilhelms-Universität Münster, Institut für Arbeitsmedizin, Robert-Koch-Straße 51, D-48149 Münster

PLIETZ, MATTHIAS, Dipl.-Ing., Friedrich-Schiller-Universiät Jena, Institut für Physiologie, Teichgraben 8, D-07743 Jena

SCHADE, RÜDIGER, Dr., Universitätsklinikum Charité, Institut für Pharmakologie und Toxikologie, Clara-Zetkin-Straße 84, D-10117 Berlin

SEEGER, KARL, Doz. Dr., Hoechst AG, Tierhaltung, D 528, D-65926 Frankfurt/M.

VALK VAN DER, JAN, Dr., NCA - Netherlands Centre Alternatives to Animal Use, Yalelaan 17, NL-3584 Utrecht

WELLER, CLAUDIA, Dipl.-Ing., FH Mannheim - Hochschule für Technik und Gestaltung, Institut für Biochemie, Windeckstr. 110, D-68163 Mannheim

WIENRICH, MARION, Dr., c/o Prof. Dr. Mathias Hafner, FH Mannheim - Hochschule für Technik und Gestaltung, Institut für Biochemie, Windeckstr. 110, D-68163 Mannheim

zet - Zentrum für Ersatz- und Ergänzungsmethoden zu Tierversuchen - Die Entwicklung einer Organisation in Österreich

H. Appl, H. Schöffl, H.A. Tritthart

Zusammenfassung

Dieser Beitrag stellt die Entwicklung eines kleinen regionalen Tierversuchsgegnervereines hin zu einer international anerkannten wissenschaftlichen Organisation dar.

1985 wurde der *Aktive Arbeitskreis gegen Tierversuche* gegründet. Nach längeren Diskussionen entwickelte sich daraus 1988 der *„AFTF - Arbeitskreis für die Förderung von tierversuchsfreier Forschung"*, der das Konzept der 3R (Refinement, Reduction, Replacement) verfolgte und nicht mehr, wie sein Vorgänger, ein Tierversuchsgegnerverein war.

Nachdem auch der *„AFTF - Arbeitskreis für die Förderung von tierversuchsfreier Forschung"* an seine systemimmanenten Grenzen gestoßen war, wurde im Jahre 1996 das *Zentrum für Ersatz- und Ergänzungsmethoden zu Tierversuchen (zet)* gegründet. Dieses neue Zentrum übernahm nun, versehen mit einer professionelleren Struktur, einerseits die bisherigen Aufgaben des AFTF und weitete andererseits sein Aufgabengebiet verstärkt auf eigene Forschungstätigkeit aus. **zet** versteht sich als nationales Referenzzentrum für Österreich.

Die Entwicklung eines Tierversuchsgegnervereines in ein ausschließlich auf Wissenschaft ausgerichtetes Zentrum ist ein Beispiel für die Entwicklungsmöglichkeit des Tierschutzes. Einer der wesentlichsten Gründe für die rasche und positive Entwicklung ist sicher die Tatsache, daß bei allen involvierten Personen immer ausschließlich die Optimierung des Tierschutzes im Vordergrund stand und nie eine grenzensetzende und kommunikationshemmende Ideologie.

Summary

This manuscript shows the developement from a small regional association against animal testing to an internationally recognized scientific organisation.

In 1985, the *Aktiver Arbeitskreis gegen Tierversuche* (Active working group against animal testing) was founded. After long and exhaustive discussions it was transformed into the *AFTF - Arbeitskreis für die Förderung von tierversuchsfreier Forschung* (Working group for promotion of research without animals), which followed the concept of the 3R (Refinement, Reduction, Replacement) and abandoned the strict opposition to any form of animal testing, appreciated by its predecessor.

After the AFTF - Arbeitskreis für die Förderung von tierversuchsfreier Forschung had reached its organizational limits, the *Zentrum für Ersatz- und Ergänzungsmethoden zu Tierversuchen (zet)* (Centre for Alternatives to Animal Testing) was founded in 1996. This new centre continued, provided with a professional structure, on the one hand the work of the AFTF and enlarged on the other hand its field of activities to proper research. zet is meant to be the national centre for references in Austria.

The developement from an association against animal testing to a scientifically oriented centre is an example for the possibilities in the developement of animal protection. One of the most important reasons for the fast and successful developement is the fact that all people envolved always wanted to optimize animal protection and never followed an ideology limitating the field of activity making any communication impossible.

1. Einleitung

Von Anfang bis ca. Mitte der 80er Jahre war in Österreich eine „Gründungswelle“ von Tierversuchsgegnervereinen feststellbar. Allen war gemeinsam, daß sie sich für die sofortige Abschaffung aller Tierversuche und für ein gesetzliches Verbot von Tierversuchen einsetzten. Eine weitere Gemeinsamkeit war, daß alle in ihrer Tätigkeit im großen und ganzen auf das regionale Umfeld beschränkt blieben. Dies nicht zuletzt aufgrund mangelnden Know Hows und nicht entsprechender Infrastruktur. Zwar gelang es den einzelnen Vereinen, in ihrem Einflußgebiet die Problematik Tierversuche zu thematisieren und Teile der Bevölkerung dafür zu sensibilisieren, große Erfolge blieben aber aus. Nur langsam gelang es, zu anderen Vereinen Kontakt aufzubauen und Informationen auszutauschen. Dennoch wurden keine Fortschritte erzielt. Das gesteckte Ziel, die Abschaffung aller Tierversuche, blieb unerreichbar. War es schon extrem schwierig, untereinander eine Gesprächsbasis zu finden, so war dies zum damaligen Zeitpunkt mit den entsprechenden Wissenschafts- und Industrievertretern nahezu unmöglich. Gegenseitige Anschuldigungen und verbale Untergriffe prägten das damalige Verhältnis zwischen den beiden „verfeindeten“ Gruppen.

Die meisten der damals gegründeten und zum Teil sicherlich hochaktiven Vereine verschwanden aber auch relativ bald wieder von der Bildfläche. Die Gründe dafür sind mannigfaltig. Es kristallisierten sich aber schon sehr bald zwei Hauptursachen heraus, die dafür verantwortlich waren. Zum einen gelang es den meisten Vereinen nicht, das Interesse der Bevölkerung am Thema Tierversuche über längere Zeit hinweg wachzuhalten. Man war nicht in der Lage, neue Informationen anzubieten, man konnte, wenn überhaupt, nur marginale Erfolge vorweisen und so wandten sich viele der Vereinsmitglieder und Spender anderen, neuen und damit interessanteren Bereichen zu. Dadurch kam es zu starken finanziellen Einbußen und vielen Vereinen war es nicht mehr möglich, ihre Arbeit zu finanzieren. Zum anderen verloren auch viele ehrenamtlich tätige Vereinsmitglieder das Interesse an der Arbeit bzw. an der Thematik, konnten sich ihr oft hohes finanzielles Engagement nicht mehr länger leisten oder schieden aufgrund der Erfolglosigkeit frustriert aus.

In der Folge soll dargestellt werden, wie es trotz aller Probleme dennoch möglich war, als kleiner Verein zu überleben und eine Entwicklung zu durchlaufen, an deren vorläufigem Ende eine Organisation steht, die sowohl in der Bevölkerung als auch bei Behörden, Universitäten und Industrie international anerkannt ist. Eine Entwicklung, die vom Tierversuchsgegnerverein zur wissenschaftlich tätigen Organisation führte.

2. Chronologie der Organisationsentwicklung

2.1. 1985-1988: Aktiver Arbeitskreis gegen Tierversuche

Im Jahr 1985 kam es zur Gründung des „Aktiven Arbeitskreises gegen Tierversuche". Initiator dieses oberösterreichischen Vereines war eine kleine Gruppe idealistischer engagierter Tierversuchsgegner. Ähnlich den zahlreichen anderen österreichischen Tierversuchsgegnervereinen setzten sich die Aktivistinnen und Aktivisten des Aktiven Arbeitskreises gegen Tierversuche für die sofortige und restlose Abschafftung aller Tierversuche in Österreich ein. Natürlich wurde auch das gesetzliche Verbot von Tierversuchen gefordert.

Das beherzte Engagement der ehrenamtlich tätigen MitarbeiterInnen zeigte alsbald kleinere Erfolge. Zwar gelang es nicht, die Abschaffung bzw. das Verbot von Tierversuchen zu erreichen, es konnten jedoch etliche Personen für die Thematik interessiert und einige auch als aktiv Tätige gewonnen werden. Der Verein konzentrierte seine Tätigkeit auf den Großraum Linz. Die Betreuung eines größeren Gebietes wäre zum damaligen Zeitpunkt zu finanzintensiv gewesen. Die Aktivitäten des Vereins schöpften die persönlichen und finanziellen Ressourcen der ehrenamtlichen Mitarbeiterinnen und Mitarbeiter bis an die Grenze des Machbaren aus. Die hauptsächliche Tätigkeit des Aktiven Arbeitskreises gegen Tierversuchen bestand darin, Straßeninfostände zu organisieren und zu betreuen, Flugzettel zu verteilen, Unterschriften für verschiedenste Tierschutzaktionen zu sammeln, in Schulen Referate abzuhalten sowie regelmäßig Treffen für die AktivistInnen zu veranstalten.

Wie bereits erwähnt, wurde sehr rasch klar, daß mit den bisherigen Aktivitäten und vor allem mit der radikalen Forderung nach Abschaffung aller Tierversuche kein Tierversuch verhindert und somit keinem Tier das Leben gerettet werden konnte. So wurde einerseits begonnen, politische Kontakte zu knüpfen, andererseits wurde versucht, sich selbst in die Thematik einzulesen. Durch das Studium der Fachliteratur, wie z.B. ATLA - Alternatives to Laboratory Animals und ALTEX - Alternativen zu Tierexperimenten, änderte sich langsam die Herangehensweise an die Problematik Tierversuche. Man kam zur Ansicht, daß nur der Weg über das Konzept der 3R (Replacement, Reduction, Refinement) von RUSSEL und BURCH (1959) Aussicht auf Erfolg bot. Von den damals 20 ehrenamtlich tätigen Mitgliedern konnte ungefähr ein Drittel die neue Linie nicht mittragen und schied aus dem Verein aus. Im Gegenzug dazu stieg jedoch die Anzahl der unterstützenden Mitglieder beträchtlich an.

2.2. 1988-1996: AFTF - Arbeitskreis für die Förderung von tierversuchsfreier Forschung

Die dargelegte Änderung in der inhaltlichen Ausrichtung des *Aktiven Arbeitskreises gegen Tierversuche* führte schließlich zur Gründung des *AFTF - Arbeitskreis für die Förderung von tierversuchsfreier Forschung* im Jahr 1988. Diese Gründung mußte konsequenterweise erfolgen, da sowohl das Konzept des Aktiven Arbeitskreises gegen Tierversuche nicht mehr weiter optimiert werden konnte als auch die innere Struktur nicht mehr den Erfordernissen entsprach.

Ziel der neuen Organisation war die Förderung von wissenschaftlichen Maßnahmen, die Tierversuche verringern bzw. unnötig machen bzw. das Leiden der im Versuch stehenden Tiere vermindern.

Durch die grundsätzliche Entscheidung, den Weg „gegen Tierversuche" zugunsten des 3R-Konzeptes und somit in „für Alternativmethoden" zu ändern, wurden auch strukturelle Maßnahmen nötig. Die Aufteilung in Tätigkeitsgebiete der Mitarbeiterinnen und Mitarbeiter zeigt sich z.B. darin, daß aus Flugzetteln Informationsschriften und Broschüren wurden. Es wurde versucht, die der Fachliteratur entnommenen Informationen in allgemein verständlicher Form aufzubereiten und damit auch der breiten Bevölkerung zugänglich zu machen.

Im Zuge unserer Tätigkeit konnten wir auch sehr rasch feststellen, daß die neue Linie „für Alternativmethoden“ eine weitaus bessere Akteptanz zur Folge hatte als das frühere strikte „gegen Tierversuche“.

2.2.1. Kongresse und Buchreihe

Die Verbesserung der Kommunikation zwischen allen involvierten Gruppierungen, Wissenschaftler aus Universitäten und Industrie, Behörden und Tierschützern, war von Anfang an eine wesentliche Aufgabe des AFTF.

Die Veranstaltung eines Kongresses erschien uns als das für einen entsprechenden Informationsausstausch die am besten geeignete Forum. Da die Durchführung eines internationalen Kongresses natürlich auch mit einem erheblichen finanziellen Risiko für den AFTF verbunden war, war die Durchführung auch innerhalb des Vereines nicht unumstritten.

Gemeinsam mit Herrn Prof. Dr. H.A. TRITTHART von der Universität Graz und Herrn Prof. Dr. H. SPIELMANN von der ZEBET im BgVV wurde alsbald die deutschsprachige Kongreßreihe *„Österreichische internationale Kongresse über Ersatz- und Ergänzungsmethoden zu Tierversuchen in der biomedizinischen Forschung“* gegründet. Der erste Kongreß fand 1991 an der Universität Linz statt. Mittlerweile haben bereits 5 Kongresse stattgefunden und die jährlichen Kongresse sind anerkannter Fixpunkt im europäischen Kongreßgeschehen.

Gemeinsam mit der Gründung der Kongreßreihe wurde auch unsere Buchreihe *„Ersatz- und Ergänzungsmethoden zu Tierversuchen“* gegründet. Die Bücher beinhalten in überarbeiteter Form die Beiträge und Ergebnisse der Kongresse und werden beim Springer-Verlag Wien New York herausgegeben.

2.2.2. Die Rolle der Behörden

Die fünf mit Tierversuchen befaßten österreichischen Bundesministerien, das Bundesministerium für Wissenschaft, Verkehr und Kunst, das Bundesministerium für Gesundheit und Konsumentenschutz, das Bundesministerium für Umwelt, Jugend und Familie, das Bundesministerium für wirtschaftliche Angelegenheiten und das Bundesministerium für Land- und Forstwirtschaft, nahmen die Tätigkeit des AFTF zwar zur Kenntnis, blieben aber noch skeptisch. Der AFTF wurde anfänglich als herkömmlicher Tierversuchsgegnerverein betrachtet und erst durch intensive persönliche Gespräche konnte das zum Teil tief verwurzelte Mißtrauen überwunden werden. Die Behörden hatten erkannt, daß es sich beim AFTF um eine Organisation handelte, die eine in Österreich bis dahin völlig unbekannte Schiene des Umgangs mit der Problematik Tierversuche eröffnet hatte. Nach anfänglichem Zögern begannen die Bundesministerien dann auch, unsere Tätigkeit, z.B. die Kongresse, zu fördern.

2.2.3. Ablehnung durch österreichische Tierversuchsgegner

Die verschiedenen österreichischen Gruppierungen der Tierversuchsgegner empfanden den Weg, der vom AFTF eingeschlagen wurde, als Verrat an der Sache. Speziell das Konzept der 3R wurde rundweg als Feigenblattkonzept abgelehnt. Da wir in den Vereinszielen nicht die sofortige Abschaffung aller Tierversuche niedergeschrieben hatten, sondern „nur“ den Ersatz von Tierversuchen, wurde der AFTF automatisch den „Tierversuchsbefürwortern“ zugeordnet. Folge dieser Ablehnung war, daß der AFTF von allen Informationen und Kooperationen von Seiten der österreichischen Tierversuchsgegner abgeschnitten wurde.

Anfänglich sahen wir diese Ablehnung als großes Ärgernis an. Sehr rasch stellte sich jedoch heraus, daß sie für uns ein Segen war. Aufgrund der Ablehnung konnten wir uns eigenständig entwickeln, ohne in die zahllosen Richtungsstreitereien und Machtkämpfe verwickelt zu werden. Nichtsdestotrotz blieben wir immer für Gespräche und themenabhängige Zusammenarbeit offen, ein Angebot, das nach einiger Zeit von einzelnen Vereinen auch immer wieder angenommen wurde.

Interessant ist dabei die Tatsache, daß der AFTF bei großen ausländischen Organisationen, z.B. FFVFF - Fonds für versuchstierfreie Forschung, CH-Zürich, und Akadmie für Tierschutz, D-Neubiberg, rasch auf Anerkennung stieß.

2.2.4. Wissenschaftliche Tätigkeit

1993 wurde mit der Durchführung eigener wissenschaftlicher Projekte begonnen. Mangels Laborräumlichkeiten blieben diese auf theoretische Projekte beschränkt. Nach einem mikrochirurgischen Projekt, das eine Darstellung der bis dato publizierten Arbeiten über die Verwendung von Ersatz- und Ergänzungsmethoden zu Tierversuchen in der Ausbildung in mikrochirurgischen Techniken zum Inhalt hatte (SCHÖFFL H. und KRÖPFL A., 1994), wurde eine Studie durchgeführt, die sich mit einem Vergleich der statistischen Erfassung von Versuchstieren in Österreich, Deutschland und der Schweiz beschäftigte (APPL H. et al., 1995). Da es sich dabei um einen im deutschsprachigen Europa erstmalig angestellten Vergleich handelte, stieß die Arbeit in den entsprechenden Kreisen auf großes Interesse. Wir konnten zeigen, daß die stetig steigende Internationalisierung der Thematik Tierversuche und Ersatz- und Ergänzungsmethoden zu Tierversuchen keinen entsprechenden Niederschlag in der jeweiligen Gesetzgebung gefunden hat. Das ist insbesonders in bezug auf das österreichische Recht der Fall.

Die Anerkennung der Arbeit von zet manifestierte sich schließlich durch den Auftrag des Bundesministeriums für Gesundheit und Konsumentenschutz an den AFTF, eine Studie mit dem Titel „Tierversuche: Gentechnologie und Ersatz- und Ergänzungsmethoden“ durchzuführen. Diese Studie wurde 1994 begonnen und konnte 1996 abgeschlossen werden (FALKNER E. et al., 1996). Mit dieser Studie wurde das Ziel der Darstellung der tierschutzrelevanten Möglichkeiten des Einsatzes gentechnologischer Methoden zur Reduzierung, Verfeinerung bzw. zum Ersatz von Tierversuchen im Sinne der 3R verfolgt. Zukunftsperspektiven einzelner Methodenentwicklungen, Darstellung besonders förderungswürdiger Projekte, Methoden und Fachbereiche sowie die Auseinandersetzung mit der Problematik der transgenen Tiere vervollständigen diese Studie.

2.2.5. Erreichen der Grenzen des AFTF

Ende 1994/Anfang 1995 zeichnete sich ab, daß auch die Möglichkeiten des AFTF ausgeschöpft waren. Die bestehenden Strukturen boten keine Zukunftsperspektiven. Die Expansion des AFTF war in diesem Ausmaß nicht vorhersehbar. Aus einem Arbeitskreis, der wie sein Name sagt, tierversuchsfreie Forschung fördern wollte, darunter ist vor allem eine ideelle Förderung zu verstehen, war eine international agierende Organisation geworden.

In einer einjährigen interdisziplinären Projektgruppe, miteinbezogen wurden u.a. ein Betriebsberater, ein Steuerberater sowie eine Juristin, wurden Wege der Entwicklung gesucht. Weiters wurde der AFTF auch von einer Arbeitsgruppe des Fachakademielehrgangs Marketing des Wirtschaftsförderungsinstituts Oberösterreich als Studienmodell ausgewählt und untersucht. Die Analysen ergaben, daß der AFTF vor einer ähnlichen Situation stand wie im Jahr 1988 der Aktive Arbeitskreis gegen Tierversuche. Während der Aktive Arbeitskreis gegen Tierversuche anfänglich noch ein klarer Tierversuchsgegnerverein gewesen war, wobei anzumerken ist, daß sich auch diese Ausrichtung nach ca. eineinhalb Jahren geändert hatte, war der AFTF von Anfang an ein Zwitterwesen. Einerseits sah er sich als mitgliederorientierter Verein, andererseits als wissenschaftliche Organisation.

All diese Diskussionen und Analysen führten zur Konzeptionierung einer neuen Organisation und somit zum nächsten Quantensprung.

3. zet - Zentrum für Ersatz- und Ergänzungsmethoden zu Tierversuchen

zet wurde 1996 aufgrund obiger Überlegungen und Arbeiten gemeinsam von Wissenschaftlern und Tierschützern gegründet.

Eine der grundlegenden Bedingungen bei der Ausarbeitung des neuen inhaltlichen Konzepts und der neuen Struktur war, daß die beiden Bereiche Tierschutz und Wissenschaft miteinander verknüpft werden mußten, daß Tierschutz als Wissenschaftsbereich anzusehen ist. Die Umsetzung dieser Vorgabe schlägt sich bereits im Leitgedanken von zet nieder: *„Tierschutz & Wissenschaft unter einem Dach.“*

Damit diese Vorgabe aber auch in personeller Hinsicht umgesetzt werden konnte, wurden bereits im Zuge der Planungsarbeiten Gespräche mit Universitätsvertretern aufgenommen. Prof. Dr. H.A. TRITTHART (Institut für Medizinische Physik und Biophysik der Universität Graz) als designierter Vorstand und Prof. Dr. H. JUAN (Zentrale Tierbiologische Einrichtung der Universität Graz) als designierter stellvertretender Vorstand waren bereits frühzeitig an der Planung von zet beteiligt.

„Wissenschaftlicher Tierschutz“ ist eine vor allem für Österreich im Bereich Tierversuche neue Herangehensweise an die Problemstellung.

3.1. Aufgaben von zet

Die Aufgaben von zet sind in Tabelle 1 dargestellt.

Tabelle 1

1. Entwicklung und Validierung von Ersatz- und Ergänzungsmethoden zu Tierversuchen im Sinne des 3R-Konzeptes (refine, reduce, replace).
2. Förderung der Erforschung, Entwicklung und Validierung von Ersatz- und Ergänzungsmethoden zu Tierversuchen im Sinne des 3R-Konzeptes.
3. Durchführung und Förderung der Lehre von Ersatz- und Ergänzungsmethoden zu Tierversuchen.
4. Vertretung der Interessen des wissenschaftlichen Tierschutzes, entsprechend dem oben genannten 3R Konzept, in nationalen und internationalen Gremien.
5. Wahrnehmung gutachterlicher Belange und sachverständige Beratung von öffentlichen Institutionen, Behörden, Firmen, Universitäten und privaten Einrichtungen.
6. Sachgerechte Information der Öffentlichkeit.

Der Übergang vom AFTF zu zet konnte fließend gestaltet werden, sodaß es zu keinem Bruch in der Tierschutzarbeit kam. So wurde im großen und ganzen alle Tätigkeiten des AFTF, wie z.B. die Veranstaltung der „Österreichischen internationalen Kongresse über Ersatz- und Ergänzungsmethoden zu Tierversuchen in der biomedizinischen Forschung“ und die Herausgabe der Buchreihe „Ersatz- und Ergänzungsmethoden“, übernommen und um den wissenschaftlichen Bereich ergänzt. Die wissenschaftliche Tätigkeit stellt nunmehr den weitaus überwiegenden Teil der Arbeit von zet dar.

3.2. *Struktur von zet*

Die Struktur von zet wurde in Anlehnung an Unternehmensstrukturen entwickelt. An der Spitze steht ein Verwaltungsrat (vergleichbar dem Aufsichtsrat eines Unternehmens), der die Linie vorgibt und die Tätigkeit der operativen Zentrumsleitung überwacht. Die wiederum besteht aus 4 Personen: einem Vorstand, zwei stv. Vorständen und einem Geschäftsführer. Jedem der Mitglieder der Zentrumsleitung sind bestimmte Aufgabengebiete zugeordnet. Aus den Reihen der Verwaltungsratmitglieder wird ein dreiköpfiger Kontrollausschuß gewählt.

Manchen mag der Vergleich mit einer Unternehmensstruktur eigenartig anmuten. Im Prinzip ist aber auch Tierschutzarbeit, wenn sie effizient sein soll, nichts anderes als die Tätigkeit eines Unternehmens. Beide müssen sich in ihrem Bereich einem Wettbewerb stellen und beide benötigen dafür Entscheidungsstrukturen, die einerseits im Bedarfsfall ein rasches Handeln ermöglichen und andererseits bei Ausfall eines Teiles nicht die gesamte Organisation sofort gefährdet wird.

3.3. *Finanzielle Transparenz*

Aus dem Kreis der Mitglieder des Verwaltungsrates wird ein dreiköpfiger Kontrollausschuß gewählt. Zusätzlich wird zet aber noch jährlich von einer beeideten Wirtschaftsprüfungskanzlei überprüft.

3.3.1. Gemeinnützigkeit

Von der Finanzlandesdirektion für Oberösterreich wurde zet der Status der Gemeinnützigkeit zuerkannt. Das bedeutet, daß Spenden an zet sowohl von Unternehmen als auch von Einzelpersonen steuerlich geltend gemacht werden können.

Über den Status der Gemeinnützigkeit verfügen in Österreich derzeit lediglich ca. 150 Organisationen. Vorraussetzung dafür ist eine Tätigkeit als Religionsgemeinschaft, caritative Einrichtung oder als wissenschaftliche Einrichtung.

3.4. *Wissenschaftliche Tätigkeit*

Um nicht enorme Summen für die Laborinfrastruktur für laborbezogene Projekte aufbringen zu müssen, wurden sehr früh Gespräche mit Instituts- und Klinikvorständen der Universität Graz aufgenommen. Die Medizinische Fakultät hatte 1990 unter dem damaligen Dekan Prof. Dr. H.A. TRITTHART einen einstimmigen Beschluß gefaßt, ein interdisziplinäres Institut für Ersatz- und Ergänzungsmethoden zu Tierversuchen einzurichten. Die öffentliche Hand verweigerte jedoch die Umsetzung mit dem Hinweis auf budgetäre Zwänge.

zet stellt daher die privatwirtschaftliche Umsetzung des Fakultätsbeschlusses von 1990 dar, und es wurde mit großer Freude vom amtierenden Dekan der Medizinischen Fakultät und und vom Rektor jede mögliche Unterstützung zugesagt.

Die am Forschungsbereich Ersatz- und Ergänzungsmethoden zu Tierversuchen interessierten Instituts- und Klinikvorstände wurden eingeladen, mit zet in Kooperationen einzutreten, und bei größerem Interesse an einer Zusammenarbeit auch in den Verwaltungsrat von zet berufen. Derzeit sind sieben Angehörige der Medizinischen Fakultät der Universität Graz Mitglieder des Verwaltungsrates von zet.

Durch die Forschungskooperationen und der sich daraus ergebenden gemeinsamen Nutzung der universitären Laboreinrichtungen hat zet Zugang zu den vielfältigen Möglichkeiten großer universitärer Forschungseinrichtungen.

Aber auch mit anderen wissenschaftlichen Einrichtungen werden Kooperationen angestrebt. So konnte 1996 bereits ein Kooperationsvertrag mit ZEBET im BgVV, D-Berlin, abgeschlossen werden. Der Leiter der Zentralstelle zur Erfassung und Bewertung von Ersatz- und Ergänzungsmethoden zum Tierversuch, Prof. Dr. H. SPIELMANN, war bereits bei der Gründung der Kongreß- und der Buchreihe federführend tätig. Mit anderen nationalen und internationalen Einrichtungen und Organisationen sind derzeit Kooperationsgespräche im Gange. Es werden darüberhinaus aber auch wissenschaftliche Kooperationen mit der Industrie angestrebt. Entsprechende Gespräche fanden bereits statt.

3.4.1. Projekte

Trotz der für alle Beteiligten durch die Umstellung vom AFTF auf zet zum Teil großen Belastungen, wurden laufende wissenschaftliche Projekte weitergeführt und neue begonnen.

So konnte im September die Studie „Tierversuche und tierverbrauchende Methoden bei Pflichtlehrveranstaltungen an österreichischen Universitäten" fertiggestellt werden (SCHÖFFL H. et al., 1996). Diese Studie, die vom FFVFF - Fonds für versuchstierfreie Forschung, CH-Zürich, gefördert wurde, zeigt auf, daß in Österreich nur an 6 von 246 Universitätsinstituten bzw. universitären Einrichtungen Tierversuche bzw. tierverbrauchende Methoden zu Unterrichtszwecken eingesetzt werden.

Das Projekt „Das Erlernen und Training von mikrochirurgischen Techniken für Gefäß- und Nervenchirurgie ohne die Verwendung von lebenden Tieren" hat die Optimierung von Ersatzmethoden zu Tierversuchen in der mikrochirurgischen Ausbildung zum Ziel und wird unter der Leitung von zet gemeinsam mit dem Unfallkrankenhaus der AUVA Salzburg und der II. Chirurgischen Abteilung des LKH Graz durchgeführt.

Derzeit in der Endphase ist die Erhebung „Austrian inventory of institutions and scientists involved in alternatives to animal testing". Diese Erhebung wurde vom EU-Schwerpunkforschungszentrum ECVAM (European Centre for Alternatives to Animal Testing, Ispra, Italien) in Auftrag gegeben. Derartige Erhebungen werden auch in anderen europäischen Staaten durchgeführt und von ECVAM zu einem gesamteuropäischen Inventory zusammengestellt.

Mehrere Forschungsprojekte befinden sich derzeit in Vorbereitung. Unabhängig von eigenen Projekten steht zet gerne auch ausländischen Unternehmen, Behörden, universitären Einrichtungen u.ä. als Partner, z.B. im Rahmen von Validierungsstudien, nach Maßgabe der Möglichkeiten zur Verfügung.

4. Diskussion

Die dargestellte Entwicklung einer Organisation, die als Tierversuchsgegnerverein begonnen und in einem wissenchaftlichen Zentrum ihr vorläufiges Ende gefunden hat, zeigt die Entwicklungsmöglichkeiten in diesem sensiblen Bereich auf.

zet ist eine interdisziplinär tätige wissenschaftliche Organisation. Die Interdisziplinarität beschränkt sich aber nicht nur auf biomedizinische Bereiche, sondern schließt u.a. auch juristische mit ein.

Die Rückmeldungen aus den verschiedensten Bereichen, z.B. Bevölkerung, Wissenschaftler, Studierende etc., zeigen, daß die Arbeit von zet und die Herangehensweise an die Problematik Tierversuche akzeptiert wird. Auch die steigenden Zahlen an Förderern dokumentieren dies. Um die so zur Verfügung gestellten Mittel auch wirklich effizient für den Tierschutz einsetzen zu können, ist betriebswirtschaftliches Denken und auch Handeln unabdingbare Vorraussetzung.

Im Bereich der Öffentlichkeitsarbeit verläßt sich zet nicht nur auf eigene Ideen und Vorstellungen. Ein Marketingfachmann und ein PR-Berater werden dafür regelmäßig zu Rate gezogen. Ein Steuerberater steht uns für Finanzangelegenheiten zur Seite und eine Juristin ist als stv. Vorstand von zet für alle Rechtsangelegenheiten zuständig

Idealismus ist für wissenschaftliche Tierschutzarbeit Vorraussetzung, ethisches Denken unabdingbar und fachliches Wissen für eine effiziente Arbeit nötig. Gesprächs- und Kompromißbereitschaft ist auf längere Sicht stärker und wirkungsvoller als knallharte Ideologie. Die Entwicklung des Zentrums für Ersatz- und Ergänzungsmethoden zu Tierversuchen ist in Österreich dafür das beste Beispiel.

Literatur

APPL H., SCHÖFFL H., TRITTHART H.A., Die statistische Erfassung von Versuchstieren in Österreich, Deutschland und der Schweiz, in: SCHÖFFL H., SPIELMANN H., TRITTHART H.A., Ersatz- und Ergänzungsmethoden zu Tierversuchen, Band III, Forschung ohne Tierversuche 1995, Wien New York: Springer-Verlag, 222-232, 1995

FALKNER E., SCHÖFFL H., TRITTHART H.A., REINHARDT CH.A., APPL H., Endbericht zur Studie: Tierversuche: Gentechnologie und Ersatz- und Ergänzungsmethoden zu Tierversuchen, Rote Reihe, Wien: Bundesministerium für Gesundheit und Konsumentenschutz, 1996

RUSSELL W.M.S. und BURCH R.L., The Principles of Humane Experimental Technique, UFAW, 1959

SCHÖFFL H. und KRÖPFL A., Ersatz- und Ergänzungsmethoden in der mikrochirurgischen Ausbildung, ALTEX, Heidelberg: Spektrum Akademischer Verlag, 11 (1), 32-39, 1994

SCHÖFFL H., SCHÖFFL S., APPL H., TRITTHART H.A., Tierversuche und tierverbrauchende Methoden bei Pflichtlehrveranstaltungen an österreichischen Universitäten, ALTEX, Heidelberg: Spektrum Akademischer Verlag, 13 (4), 1996, in Druck

Die Prädiktion der akuten Toxizität mit Hilfe von Zytotoxizitätsdaten

W. Halle, H. Spielmann

Zusammenfassung

Ein neues, weiterentwickeltes Verfahren wird vorgestellt, mit dem auf der Grundlage von Zytotoxizitätsdaten mit einer für praktische Belange ausreichenden Genauigkeit die akute orale und intravenöse Toxizität vorhergesagt und unterschiedliche Stoffe in Toxizitätsklassen eingeordnet werden können. Das Verfahren ist vergleichend analytisch und biometrisch vielfach abgesichert. Es zeichnet sich durch einen hohen Grad an Reproduzierbarkeit aus. Tierversuchen vorgeschaltet trägt es zur signifikanten Reduzierung von Versuchstieren bei. Damit ist die Relevanz des Verfahrens für den Tierschutz gegeben, und es steht für eine breite praktische Nutzung in der Industrie und Forschung zur Verfügung.

Summary

Prediction of a starting dose for acute oral toxicity testing from cytotoxicity data deposited in a registry of cytotoxicity (RC)

Taking into account cytotoxicity data, we have developed a new and improved approach for prediciting acute oral toxicity in laboratory animals. The method is based on comparing cytotoxicity data in mammalian cell culture systems computed as mean IC_{50} values (IC_{50x}) with acute oral toxicity data (LD_{50}). By using this approach it is possible to predict a dosage range for acute oral toxicity in rats and mice and also for acute intravenous toxicity. Furthermore, this method allows to classify chemicals according to acute toxicity classes of the European Community.

If this method is used prior to acute toxicity testing in laboratory animals, a dosage range, „the starting dose“, for toxicity tests can be predicted with a high degree of precision.

Thus the new method can easily be established and can contribute to reduce the number of laboratory animals in acute toxicity test. The relevance of this method for animal protection purposes is proved.

The reliability of the new method was established by comparative analytical and biometrical methods. Furthermore, the new method is characterised by a high degree of reproducibility.

1. Einleitung

Im Chemikalien- und Arzneimittelgesetz sind verbindliche Bestimmungen festgelegt, nach denen neu entwickelte Stoffe im Tierversuch getestet werden müssen. Solche Tests sind zur Qualitätskontrolle (BAß R. und SCHNÄDELBACH D., 1995) und Risikoabschätzung für den Menschen unumgänglich. Alternativverfahren mit schmerzfreier Materie, einem Tierversuch vorgeschaltet, können dazu beitragen, die Zahl der Versuchstiere für Toxizitätstestungen zu reduzieren. Das ist aber nur sinnvoll mit Alternativverfahren, die sich über Jahre als weitestgehend reproduzierbar erwiesen haben und mit denen sich mit einer für praktische Belange ausreichenden Genauigkeit der Dosisbereich vorhersagen läßt, der für den neuen Stoff im ersten Tierversuch eingesetzt werden muß. Die Einbindung von Alternativverfahren in eine Testhierarchie zur Bestimmung der akuten Toxizität (LD_{50}) ist in Abb. 1 zusammengestellt.

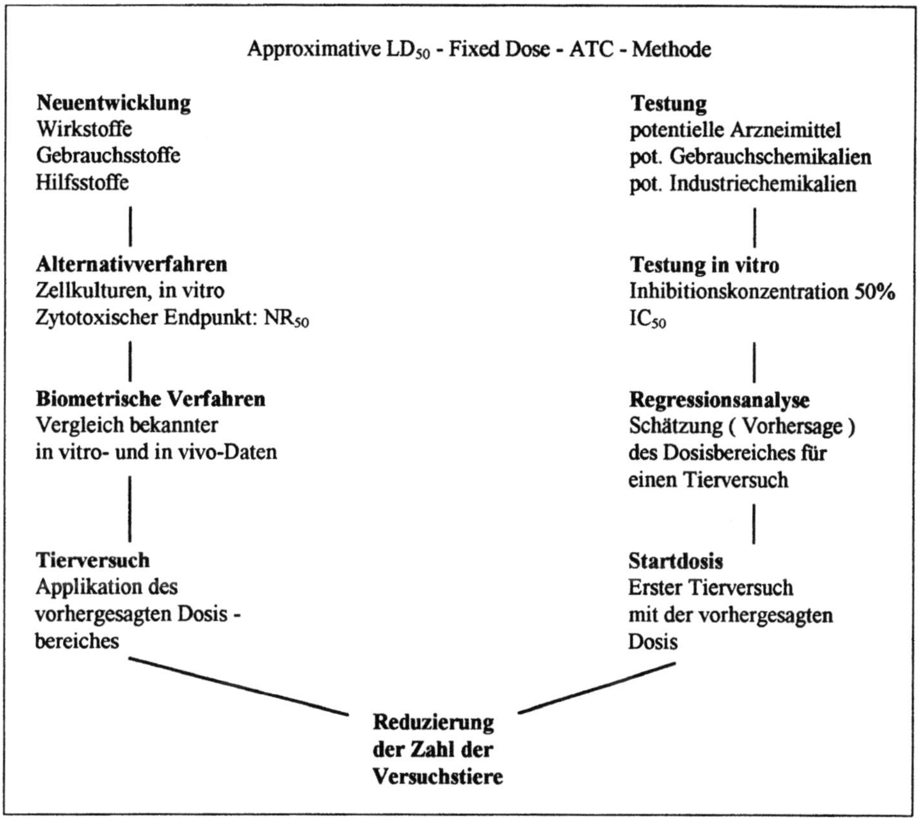

Abb. 1. Bestimmung der akuten Toxizität

2. Das erweiterte Register der Zytotoxizität (RC)

Seit 1988 arbeiten wir an einem neuen Verfahren, mit dem für einen zu prüfenden Stoff ein definierter Dosisbereich für die akute Toxizität (LD_{50}, approximative LD_{50}) vorhergesagt werden kann (HALLE W. und GÖRES E., 1988; HALLE W. and SPIELMANN H., 1992). Grundlage des Verfahrens ist ein erweitertes Register der Zytotoxizität (RC).

Es enthält 361 Chemikalien und Arzneimittel. Von diesen Stoffen liegen die Zytotoxizitätsdaten als geometrisches Mittel von zwei oder mehr IC_{50}-Werten pro Substanz (IC_{50x}) vor. Zusätzlich sind für 347 Stoffe die akute orale Toxizität (LD_{50} p.o.) für Ratte/Maus und für 148 Stoffe die akute intravenöse Toxizität (LD_{50} i.v.) aus dem NIOSH-Register (RTECS) erfaßt. Alle Daten sind als molare Werte angegeben. Die Konzeption des RC in wichtigen Grundzügen ist in Abb. 2 dargestellt.

Konzeption

1. Stoffe mit unterschiedlichen chemischen Strukturen

2. Zahl der Stoffe pro Registerteil $\geq$ 100

3. Numerische Größen (molare Angaben): IC_{50x}, LD_{50} p.o. und i.v.

4. IC_{50}-Einzelwerte $\geq$ 2 pro Substanz:

   - unterschiedliche zytotoxische Endpunkte (Zellzahl, Proteingehalt, NR50, MTT)

   - unterschiedliche Zellinien, **keine** Leberzellkulturen (HeLa, V79, Wi38, CHO)

5. Expositionszeit $t_E \geq$ 16h

6. LD_{50}-Werte aus dem NIOSH-Register(RTECS)

7. Berechnungen: Regressionsanalyse

   - $\log LD_{50} = a + b * \log IC_{50x}$
   - FG $\leq$ log 5, Anzahl der Wertepaare in Prozent

Abb. 2. Register der Zytotoxizität

2.1. Das Verfahren zur Abschätzung der akuten Toxizität

Zwei Richtungen wurden von uns favorisiert. Es handelt sich einmal um die Vorhersage der LD_{50} und zum anderen entsprechend der aktuellen Entwicklung auf dem Gebiet der akuten Toxizitätsprüfung um die Einstufung von Stoffen in die Toxizitätsklassen der EU.

2.1.1. Die Standardregressionsgerade zur Vorhersage der LD_{50}

Aus dem Datenpool des RC werden die Wertepaare IC_{50x} - LD_{50} p.o. und IC_{50x} - LD_{50} i.v. gebildet und mit dem einfachen linearen Regressionsmodell in Beziehung gesetzt. Für die 347 Wertepaare IC_{50x} - LD_{50} p.o. läßt sich eine Standardregressionsgerade nach $\log LD_{50} = a + b * \log IC_{50x}$ mit folgenden Parametern berechnen: a = 0,625; b = 0,435.

Aus der Graphik in Abb. 3 ist die Verteilung der 347 Wertepaare IC_{50x} - LD_{50} p.o. Ratte/Maus im log/log-Koordinatensystem dargestellt. 252 Substanzen (72,6%) liegen in einem Dosisbereich um die Regressionsgerade, der in Abb. 3 markiert und durch den empirisch gewählten Faktor $F_G \leq \log 5$ definiert ist. Die außerhalb dieses Bereiches liegenden 95

Substanzen weichen als falsch positive und falsch negative Wertepaare um mehr als das fünffache von den geschätzten LD_{50}-Werten (y) der Geraden ab.

Aus diesen Ergebnissen wird angenommen, daß auch alle neu zu prüfenden Stoffe ein gleiches Verteilungsmuster wie die Wertepaare dieser 347 Stoffe aufweisen. Der Beweis für die Allgemeingültigkeit der Standardregressionsgeraden wird in Abschnitt 3 erbracht.

Mit der Einführung des Faktors $F_G \leq \log 5$ ist ein Dosisbereich um die Standardgerade definiert, der sich entsprechend einer gegebenen IC_{50x} aus der mittleren, minimalen und maximalen Vorhersagedosis zusammensetzt. Bei der mittleren Vorhersagedosis handelt es sich um den berechneten LD_{50}-Wert auf der Standardgeraden (y).

Beispiel: Gegeben ist eine IC_{50x} = 1mM; daraus errechnet sich entsprechend der Werte der Regressionsparameter eine geschätzte LD_{50} p.o. von 4,22mmol/kg Körpermasse als mittlere Vorhersagedosis und mit 0,84 und 21,1mmol eine minimale bzw. maximale Vorhersagedosis.

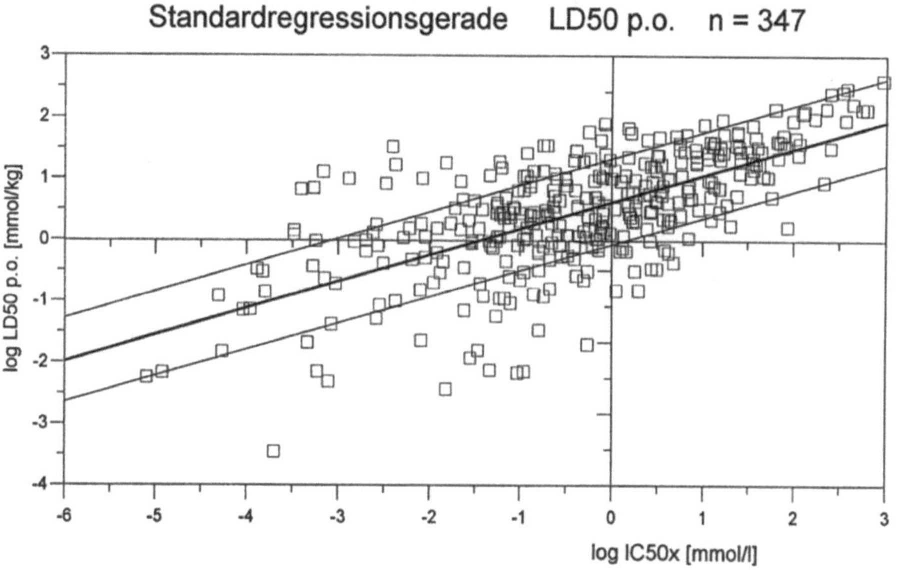

Abb. 3. Lineare Regression zur Darstellung der Beziehung zwischen Zytotoxizität (IC_{50x}) und akuter oraler Toxizität (LD_{50} p.o.) für 347 Stoffe des RC: Die Standardregressionsgerade ist für die logarithmierten Wertepaare IC_{50x} (in mmol/l = x-Achse) und LD_{50} p.o. Ratte/Maus (in mmol/kg Körpermasse = y-Achse) dargestellt. Die Parameter für die 347 Stoffe entsprechen denen in Tabelle 2, Nr. 5. Der Faktor $F_G \leq \log 5$ definiert einen markierten Bereich um die Standardgerade, der um ± 0,699 von den geschätzten LD_{50}-Werten auf der Geraden (y) abweicht

2.1.2. Die Einstufung von Stoffen in Toxizitätsklassen (TK)

Für die akute orale Toxizitätsprüfung von Industriechemikalien nach dem Chemikaliengesetz ist die „Acute Toxic Classic Method“ (ATC-Methode) entwickelt worden (SCHLEDE E. et al., 1992). Sie ist international validiert und wird seit 1995 von der OECD als Ersatzmethode für die klassische Bestimmung der akuten oralen LD_{50} akzeptiert.

Der ATC-Methode liegt das Klassifikationssystem der EU zur Einstufung der akuten oralen Toxizität von Industriechemikalien in vier vorgegebene Toxizitätsklassen (TK) zugrunde (Tabelle 1).

Die Übereinstimmung der Einstufung in die TK des EU-Klassifikationssystems nach der ATC-Methode mit Einstufungen von LD_{50}-Werten, die nach dem klassischen Verfahren bestimmt wurden, beträgt 86% (SCHLEDE E. et al., 1992).

Die Einstufung eines Stoffes aus dem RC in eine TK auf der Grundlage der drei nach Abschnitt 2.1.1. berechneten Vorhersagedosen beruht auf simulierten Tierversuchen, also auf der Annahme einer vereinfachten Testhierarchie mit drei Ratten pro Dosis nach der ATC-Methode. Die Letalität bzw. die Stärke der Intoxikation dient dabei als toxikologisches Kriterium.

Tabelle 1. Einstufung von chemischen Stoffen in Toxizitätsklassen (TK) eines Europäischen Klassifikationssystems für die akute orale Toxizität.

TK	Toxizitätsbereich mg/kg Km
1	≤ 25
2	> 25 bis ≤ 200
3	> 200 bis ≤ 2000
4	> 2000

In jedem Falle wird zuerst die mittlere Vorhersagedosis getestet. Das Ergebnis dieses ersten Tierversuches entscheidet über die nächsten Testschritte. Bleiben die Tiere ohne Schädigungen und am Leben, wird die maximale Vorhersagedosis einer zweiten Gruppe von drei Tieren appliziert. Zeigen die Tiere des ersten Versuches jedoch toxische Reaktionen, dann wird entweder auf die Applikation der minimalen Vorhersagedosis verzichtet, oder diese Dosis wird einer zweiten Gruppe von Versuchstieren verabreicht. Eine schematische Darstellung der Testhierarchie veranschaulicht die einzelnen Teilschritte (Abb. 4).

Nach der zweiten Dosierungsgruppe läßt sich der zu prüfende Stoff bereits einer Toxizitätsklasse zuordnen.

Beispiel: Für Doxorubicin * HCl (RC-Substanz-Nr. 11), Mm = 580,03;

IC_{50x} = 0,00033mM; NIOSH-LD_{50} p.o. 698mg/kg (entsprechend TK 3) errechnen sich nach log LD_{50} = 0,625 + 0,435 * -3,48 eine minimale, mittlere und maximale Vorhersagedosis von 15, 75 und 376mg/kg. Eine mittlere Vorhersagedosis von 75mg/kg verursacht im ersten Tierversuch keine Schädigungen. Erst mit der maximalen Vorhersagedosis im zweiten Tierversuch wird die NIOSH-LD_{50} (698mg/kg) annähernd erreicht. Um einen sicheren Effekt am Tier zu erzielen, kann in der zweiten Dosierungsgruppe natürlich auch die der TK 3 entsprechende Dosis $\leq$ 2000mg/kg (Tabelle 1) eingesetzt werden.

Unter Zugrundelegung der im RC erfaßten Toxizitätsdaten für die 347 Stoffe mit IC_{50x} und LD_{50} p.o. wurde folgendes Ergebnis erzielt:

Für 185 der 347 RC-Stoffe (53,3%) ist die TK, die sich allein aus der mittleren Vorhersagedosis bestimmen läßt, identisch mit der TK der NIOSH-LD_{50}; eine Einstufung dieser 185 Stoffe wäre demnach mit nur einem Tierversuch pro Stoff möglich. Für 125 Substanzen (36%) müßten zwei Vorhersagedosen - mit zwei Tierversuchen pro Substanz - getestet werden, um den TK-Bereich zu erreichen, der die TK der NIOSH-LD_{50} einschließt. In 89,3% der Fälle ist demnach eine sichere und mit der TK der NIOSH-LD_{50} vergleichbare Einstufung in einen TKn-Bereich aus der IC_{50x} heraus möglich.

Ein solch gutes Resultat war a priori nicht zu erwarten. Nur für 37 Substanzen (10,7%) müßte eine dritte Dosis - also ein dritter Tierversuch - zur Erreichung der TK der NIOSH-LD_{50} angesetzt werden.

Zur Bestimmung einer TK sind für die 347 Stoffe des RC nur 509 Tierversuche erforderlich. Wird dieses Alternativverfahren zur Einstufung von Stoffen in eine TK den Tierversuchen nach der ATC-Methode vorgeschaltet, lassen sich unter Mitberechnung der Versuchsgruppen nach dem Alternativverfahren mindestens zwei Dosierungsgruppen und insgesamt wenigstens 25% der Tierversuche einsparen (HALLE W. et al., 1995).

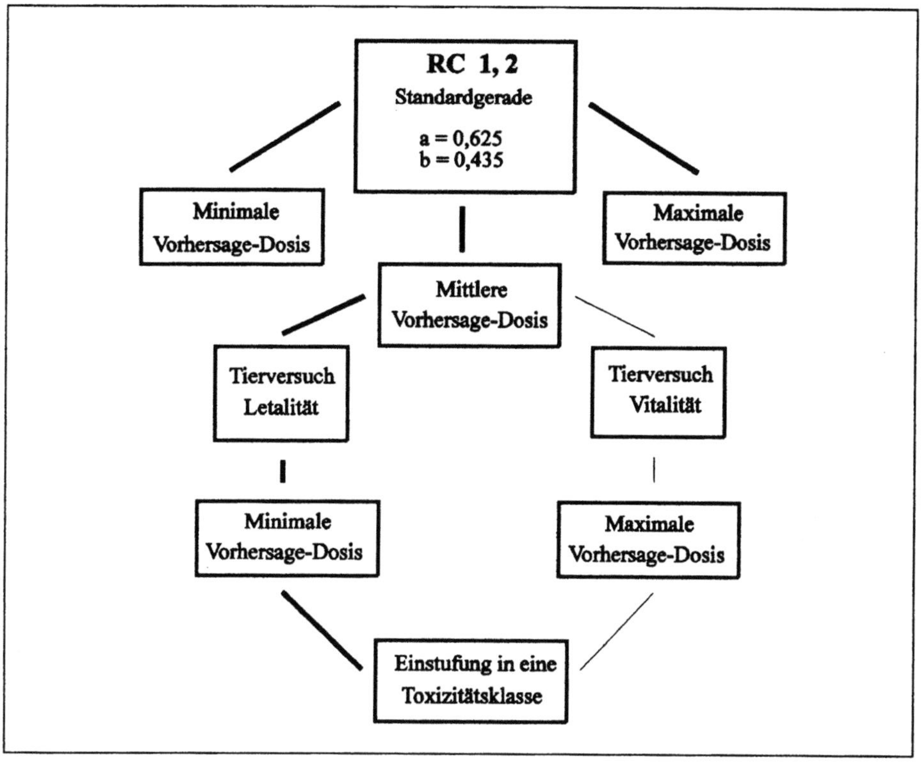

Abb. 4. **Testhierarchie zur Bestimmung der Toxizitätsklassen - Kombination Zytotoxizitätstest und Tierversuch**
Schematische Darstellung einer Möglichkeit, mit den Daten zur Zytotoxizität (IC_{50x}) aus dem RC 347 Xenobiotika in Toxizitätsklassen für die akute orale Toxizität einzuordnen. Als theoretische Grundlage des Verfahrens gilt die Annahme, daß aus Tierversuchen Informationen über die einzelnen Testschritte gewonnen werden können

3. Die Allgemeingültigkeit der Zytotoxizitätsdaten im RC

Das RC wurde in zwei Etappen bearbeitet. Der erste Teil des RC mit 131 Stoffen wurde 1988 publiziert (HALLE W. und GÖRES E., 1988). Die Ergänzungen im ersten Teil und die Zusammenstellung des zweiten Teiles mit 230 Stoffen konnte durch ein Forschungsprojekt realisiert werden, das vom Bundesministerium für Bildung und Forschung (ehemals BMFT) gefördert und in der Zeit vom 01.09.91 bis 31.03.94 bearbeitet wurde (HALLE W., 1994).

In den verschiedenen Bearbeitungsphasen ergaben sich signifikante Kriterien, die weitere Hinweise für eine bereits früher postulierte Allgemeingültigkeit der Parameter der Standardregressionsgeraden (HALLE W. et al., 1987) lieferten. Über einige neue Ergebnisse wurde an anderer Stelle kurz berichtet (HALLE W., 1995).

3.1. Die Werte der Parameter der Standardregressionsgeraden

Das RC von 1988 umfaßt 131 Stoffe, von denen bei 102 Stoffen 455 IC_{50}-Werten mit den Wertepaaren IC_{50x} - LD_{50} p.o. vorhanden sind. Für diese Wertepaare sind die Parameter der Standardgeraden in Tabelle 2, Nr. 1 registriert. Durch weitere Literaturrecherchen konnte die

Zahl der Stoffe mit oralen LD_{50}-Werten auf 117 und die Zahl der IC_{50}-Einzelwerte auf 963 erhöht werden. Trotz der Verdopplung der IC_{50}-Einzelwerte ändern sich die Parameter der Standardregressionsgeraden nur unbedeutend (Tabelle 2, Nr. 2). Für die im zweiten Teil des RC registrierten 230 Stoffe ergeben sich ebenfalls fast gleichbleibende Werte (Tabelle 2, Nr. 4).

Ein vergleichbar gutes Ergebnis ist mit den Werten der Parameter der Standardregressionsgeraden für die Wertepaare IC_{50x} - LD_{50} i.v. zu verzeichnen.

Anschließend sollte geprüft werden, ob die unterschiedliche Zahl der IC_{50}-Einzelwerte pro Substanz das Ergebnis der Allgemeingültigkeit der Standardregressionsgeraden beeinflussen könnte. Die Prüfung wurde mit den Stoffen im RC1 durchgeführt, da sich diese durch die höchste Zahl an IC_{50}-Werten auszeichnen - mit durchschnittlich acht IC_{50}-Werten pro Substanz (Tabelle 2, Nr. 2). Von Stoffen mit mehr als zwei IC_{50}-Werten pro Substanz wurden zur Bildung der IC_{50x} jeweils nur der minimale und maximale IC_{50}-Wert verwendet. Die dafür berechneten Parameter der Ausgleichsgeraden (Tabelle 2, Nr. 3) belegen die direkte Vergleich-barkeit mit den Parametern für 117 Stoffe mit 963 IC_{50}-Werten. Diese Berechnung wurde zur Überprüfung eines Hinweises der Arbeitsgruppe von P. GÜNZEL, Schering AG, D-Berlin, durchgeführt, daß durch die unterschiedliche Zahl der IC_{50}-Einzelwerte pro Substanz „die statistischen Voraussetzungen für eine (ungewichtete) lineare Regression nicht mehr gegeben" sind (GÜNZEL P. und SPIEGEL B., 1994, 1995). Mit unserem für die praktische Anwendung des Verfahrens wichtigen Befund ist dieser Hinweis höchstens noch von theoretischem Interesse.

Tabelle 2. Die Werte der Parameter der linearen Regression nach log LD_{50} p.o. = a + b * log IC_{50x} in den verschiedenen Etappen der Entwicklung der Standardregressionsgeraden nach Ergänzung und Erweiterung des Registers der Zytotoxizität

Lfd. Nr.	Zahl der Stoffe (IC_{50}-Einzelwerte)		r	a	b	$F_G \leq \log 5$ %	RC
1	102	(455)	0,644	0,598	0,471	73,5	1988
2	117	(963)	0,667	0,637	0,477	73,5	Teil 1
3	117	(234)	0,675	0,639	0,490	72,6	Teil 1
4	230	(866)	0,666	0,634	0,414	72,6	Teil 2
5	347[1]	(1829)	0,672	0,625	0,435	72,6	Teil 1, 2

[1] 65 LD_{50}-Werte Maus

Zur Zeit wird ein dritter RC-Teil erarbeitet. Mit ihm soll die Frage geklärt werden, ob sich die gute Reproduzierbarkeit der Werte der Parameter für die beiden Standardgeraden erneut bestätigen läßt.

Schon mit den bisherigen Ergebnissen zum Teil 1 und Teil 2 des RC ist die Allgemeingültigkeit der Standardregressionsgeraden erneut bewiesen worden.

3.2. Die IC_{50x}-Werte

Die im RC Teil 1 und Teil 2 registrierten IC_{50x}-Werte dienten für weitere Vergleiche mit Zytotoxizitätsdaten aus der Literatur. Aus sechs Literaturarbeiten (GÜLDEN M. et al., 1992; PELOUX A.-F. et al., 1992; SHRIVASTAVA R. et al., 1992; FAUTREL A. et al., 1993; GARZA-OCAÑAS L. et al., 1990; DIERICKX P.J., 1989) wurden von Hepatozyten und Hepatomzellen die log-transformierten molaren IC_{50}-Werte von unterschiedlichen Stoffen mit den entsprechenden IC_{50x}-Werten aus dem RC mit der einfachen linearen Korrelation in Beziehung gesetzt. In allen Fällen existiert mit r-Werten von 0,94 bis 0,99 (Tabelle 3) eine statistisch signifikante Beziehung zwischen den IC_{50}-Werten der Leberzellen und den IC_{50x}-Werten, die durchwegs nicht von Leberzellen stammen. Zusätzlich zum r-Wert ist ein Vergleich der IC_{50x}- und IC_{50}-Werte für eine Beurteilung der Empfindlichkeit der Zellkulturen gegenüber Xenobiotika-Wirkungen von Interesse. Mit den Werten der Parameter der linearen Regression a und b für die Wertepaare IC_{50x} (RC) und IC_{50} (Leberzellen) wurde folgendes Ergebnis erzielt: In keiner der sechs Arbeiten läßt sich eine stärkere Empfindlichkeit (mit niedrigeren IC_{50}-Werten) der Leberzellen nachweisen, verglichen mit den IC_{50x}-Werten aus dem RC. Im Bereich 10^{-6}mM bis 1,0mM liegen die IC_{50x}-Werte nur geringfügig niedriger als die IC_{50}-Werte der Leberzellen (drei Arbeiten), und für die anderen drei Arbeiten existieren im Bereich 10^{-6}mM bis 10^{3}mM keine nennenswerten Unterschiede zwischen beiden Größen. Aus den Ergebnissen kann der Schluß gezogen werden, daß nichts gegen die Aufnahme von IC_{50}-Werten von Hepatozyten und Hepatomzellen in das RC spricht. Aus bekannten Gründen, die sich auf die nicht auszuschließende erhöhte Metabolisierungsaktivität beziehen, soll jedoch auch weiterhin auf die Aufnahme von Leberzellen in das RC verzichtet werden (HALLE W. und SPIELMANN H., 1992).

Tabelle 3. Vergleich der IC_{50x} aus dem RC mit den IC_{50}-Einzelwerten von Hepatozyten und Hepatomzellen aus sechs Literaturarbeiten. Bei den Merkmalen Morphologie und Proteingehalt der Kulturen (Lfd. Nr. 3) sowie Anheftung und Proteingehalt (Lfd. Nr. 5) handelt es sich jeweils um einen zytotoxischen Endpunkt (CEP)

Lfd. Nr	Stoffe n	Zelltyp	Korr.-koeff. r	CEP (t_E h)		Literatur
1	21	Prim. Hepatozyten	0,97	Protein	(24)	GÜLDEN, 1992
2	21	Prim. Hepatozyten	0,97	NR50	(20)	PELOUX, 1992
3	48	Prim. Hepatozyten	0,96	Morph., Prot.	(24)	SHRIVASTAVA, 1992
4	16	Prim. Hepatozyten	0,94	NR50	(24)	FAUTREL, 1993
5	18	Zellinie C9	0,99	Anh., Prot.	(168)	GARZA-OCAÑAS, 1990
6	50	Zellinie HEP - G2	0,94	Protein	(24)	DIERICKX, 1989

GÜLDEN M. et al. (1994) publizierten die Werte der ED_{50} und LD_{50} i.p. Ratte/Maus von 30 Stoffen. Die ED_{50}-Werte sind korrigierte EC_{50}-Werte, die unter Einbeziehung des Oktanol/Wasser-Verteilungskoeffizienten und anderer Parameter zur Korrektur der EC_{50} nach ED_{50} führten. Damit sollte die Umwandlung einer effektiven Konzentration in vitro (EC_{50} = IC_{50}) zu einer effektiven Dosis in vivo (ED_{50}) erreicht werden. Wir errechneten für diese Daten mit der ED_{50} die Parameter r = 0,804; a = 0,075; b = 0,666;

F_G = 73%. Wenn an Stelle der ED_{50}-Werte die IC_{50x}-Werte aus dem RC gesetzt werden, ergeben sich direkt vergleichbare Werte (Tabelle 4).

Tabelle 4. Vergleich der Zytotoxizitätsdaten aus der Literatur mit der IC_{50x} im RC. Die Daten für die Wertepaare EC_{50} - LD_{50} i.p. und ED_{50} - LD_{50} i.p. für 30 Stoffe stammen aus der Arbeit von GÜLDEN M. et al., 1994. Als zytotoxischen Endpunkt untersuchten die Autoren die spontanen Kontraktionen von Skelettmuskelzellen der Ratte

Wertepaare	Regressionsparameter			$F_G \leq \log 5$
	r	a	b	%
EC_{50} - LD_{50} i.p.	0,73	0,26	0,52	50
ED_{50} - LD_{50} i.p.	0,80	0,08	0,67	73
IC_{50x} - LD_{50} i.p.	0,80	-0,12	0,68	80

Mit diesen Befunden wurden zusätzliche Beweise dafür angeführt, daß die IC_{50x} als repräsentative numerische Größe für Aussagen der Zytotoxizitätsstärke und zur Vorhersage der akuten Toxizität von Stoffen mit unterschiedlichen chemischen Strukturen geeignet ist.

Danksagungen

Das erweiterte Register der Zytotoxizität (RC) wurde im Rahmen eines Forschungsvorhabens erarbeitet, das bis 1994 vom Bundesministerium für Bildung, Wissenschaft, Forschung und Technologie (BMBF) über den Projektträger Forschungszentrum Jülich GmbH (BEO) im Programm „Alternativen zu Tierversuchen" in großzügiger Weise finanziell unterstützt wurde. Die anschließenden Untersuchungen konnten durch Fördermittel des Bundesverbandes der Tierversuchsgegner Menschen für Tierrechte e.V. durchgeführt werden.

Literatur

BAß R. und SCHNÄDELBACH D., Möglichkeiten der Reduktion von Tierversuchen in der Qualitätskontrolle bei Arzneimitteln (Sicht der deutschen Behörde), in: SCHÖFFL H., SPIELMANN H., TRITTHART H.A. (Hrsg.), Ersatz- und Ergänzungsmethoden zu Tierversuchen, Band III, Forschung ohne Tierversuche 1995, Wien New York: Springer-Verlag, 129-137, 1995

DIERICKX P.J., Cytotoxicity testing of 114 compounds by the determination of the protein content in HEP G2 cell cultures, Toxic. in Vitro, 3, 189-193, 1989

FAUTREL A., CHESNÉ C., GUILLOUZO A., DESOUSA G., PLACIDI M., RAHMANI R., BRAUT F., PICHON J., HOELLINGER H., VINTÈZOU P., MELCION C., CORDIER A., LORENZON G., BENICOURT M., FOURNEX R., BICHET N., GOUY D., A multicentre study of acute in vitro cytotoxicity in rat hepatocytes: Tentative correlation between in vitro toxicities and in vivo data, ATLA, 21, 281-284, 1993

GARZA-OCAÑAS L., TORRES-ALANIS O., PIÑEYRO-LÓPEZ A., Evaluation of the cytotoxicity of 18 compounds in six rat cell lines, ATLA, 17, 246-249, 1990

GÜLDEN M., SEIBERT H., VOß J.-U., WASSERMANN O., Animal cells in vitro as supplement or alternative to animals in acute toxicity testing, Kiel: Schriftenreihe des Instituts für Toxikologie der Universität Kiel, Heft 21, 56-80, 1992

GÜLDEN M., SEIBERT H., VOSS J.-U., Inclusion of physicochemical data in quantitative comparisons of in vitro and in vivo toxic potencies, ATLA, 22, 185-192, 1994

GÜNZEL P. und SPIEGEL B., Bemerkungen zur Arbeit von W. HALLE und H. SPIELMANN in: ALTEX, Heidelberg: Spektrum-Verlag, 11, 148-154, 1994,

GÜNZEL P. und SPIEGEL B., Bemerkungen zur Arbeit von W. HALLE und H. SPIELMANN in: ALTEX, Heidelberg: Spektrum-Verlag, 12, 104, 1995

HALLE W., Ein erweitertes Register der Zytotoxizität (IC_{50x}) zur Abschätzung der akuten Toxizität (LD_{50}), Schlußbericht an das Bundesministerium für Forschung und Technologie, eingereicht beim Projektträger BEO im Forschungszentrum Jülich GmbH, zum Forschungsprojekt 0310007A, Berlin, im Juni 1994

HALLE W., Antwort auf den Kommentar von P. GÜNZEL und B. SPIEGEL, ALTEX, Heidelberg: Spektrum-Verlag, 12, 105-107, 1995

HALLE W. und GÖRES E., Register der Zytotoxizität (IC_{50}) in der Zellkultur und Möglichkeiten zur Abschätzung der akuten Toxizität (LD_{50}), Beiträge zur Wirkstofforschung, Heft 32, Berlin: Institut für Wirkstofforschung, 1988

HALLE W. and SPIELMANN H., Two procedures for the prediction of acute toxicity (LD_{50}) from cytotoxicity data, ATLA, 20, 40-49, 1992

HALLE W., GÖRES E., BAEGER I., Besitzt die Vorhersage der LD_{50} mit Hilfe der Zellkultur Allgemeingültigkeit?, Pharmazie, 42, 848-850, 1987

HALLE W., SPIELMANN H., LIEBSCH M., Einstufung von Chemikalien in Toxizitätsklassen auf der Grundlage von Zytotoxizitätsdaten als ein Alternativverfahren zum Tierversuch, ALTEX, Heidelberg, Spektrum-Verlag, 1995 (im Druck)

PELOUX A.-F., FÉDÉRICI C., BICHET N., GOUY D., CANO J.-P., Hepatocytes in primary culture: An alternative to LD_{50} testing? Validation of a predictive model by multivariate analysis, ATLA, 20, 8-26, 1992

SCHLEDE E., MISCHKE U., ROLL R., KAYSER D., A national validation study of the acute-toxic-class method - an alternative to the LD_{50} test, Arch. Toxicol., 66, 455-470, 1992

SHRIVASTAVA R., DELOMENIE C., CHEVALIER A., JOHN G., EKWALL B., WALUM E., MASSINGHAM R., Comparison of in vivo acute lethal potency and in vitro cytotoxicity of 48 chemicals, Cell Biology and Toxicology, 8, 157-170, 1992

3D-Computermodelle im pharmakologischen und toxikologischen Screening

A. Vedani, P.A. Greenidge, P. Zbinden

Zusammenfassung

Mittels dreidimensionaler Computermodelle läßt sich bei bekannter Rezeptorstruktur die Bindungsaffinität von Wirkstoffmolekülen semi-quantitativ berechnen. Bei pharmakologischen Fragestellungen läßt sich anhand des Modelles die Aktivität eines bekannten oder hypothetischen Arzneistoffes voraussagen. Analog kann bei rezeptor-gekoppelter Toxizität die Giftigkeit eines Stoffes abgeschätzt werden. Leider ist die Rezeptorstruktur für die meisten biomedizinisch relevanten Systeme nicht verfügbar. Ein an unserem Labor entwickeltes Konzept erlaubt es in solchen Fällen, aus einem Satz bekannter Wirkstoffe ein dreidi-mensionales Rezeptormodell zu erstellen und zu validieren. An einem solchen *Pseudorezeptor* läßt sich die Bindungsaffinität neuartiger Wirkstoffe bzw. die Toxizität neuer Substanzen abschätzen.

Computermodelle ersetzen als Screeningmethode keine bestimmten Tierversuche; ihr Beitrag zu den *3R* beruht darauf, daß sie die Anzahl eingesetzter Tiere *pro entwickeltes Arzneimittel* zu reduzieren vermögen, indem sie potentiell unwirksame bzw. toxische Substanzen rechtzeitig aus dem Evaluationsverfahren entfernen. Es läßt sich zudem vermuten, daß durch den Einsatz von tierversuchsfreien Screeningmethoden die Belastung der Tiere bei den anschließenden Tests am Ganztier (z.B. bei der Prüfung auf akute Toxizität) reduziert wird, da die unwirksamsten Substanzen - im Idealfall - gar nie das Tierversuchsstadium erreichen.

Summary

3D computer modells in the pharmacological and toxicological screening process

The structure of the target receptor provided, three-dimensional computer models allow to semi-quantitatively calculate the binding affinity of drug molecules. Based on such a model, the activity of a known or hypothetical drug can be predicted for pharmacological applications. Analogously, the toxicity of a substance may be estimated for receptor-mediated toxicological systems. Unfortunately, the receptor structure is not available for most biomedical systems of interest. In such cases, a concept developed at our laboratory allows to construct and validate a three-dimensional receptor model based on the structures of known ligand molecules. Such a pseudoreceptor allows to estimate the binding affinity of novel drug molecules and the toxicity of new substances, respectively.

As a screening technique, computer modeling does not directly replace animal models. By identifying inactive or toxic compounds at an early stage, followed by immediate removal from the evaluation process, the contribution of the technique to the *3Rs* consists in the reduction of the number of animals required to identify a marketable drug. In addition, it is likely that *ex-vivo* screening reduces the strain of subsequent whole-animal tests (e.g. while testing for acute toxicity) since inactive compounds - in the ideal case - never reach the *in vivo* testing stage.

1. Einleitung

Computergestützte Methoden zum rationalen Entwurf neuer Wirkstoffe (*Computer-Assisted Drug Development*, CADD) beruhen auf der 1894 vom Chemiker und späteren Nobelpreisträger EMIL FISCHER formulierten „räumlichen Ergänzung von Wirksubstanz und Rezeptor". Auf diesem Prinzip basierend versuchen computer-gestützte Verfahren, Zusammen-setzung und Struktur pharmakologischer Wirkstoffe zu ermitteln, die optimal an einen vorgegebenen bzw. hypothetischen Rezeptor passen.

Im CADD werden zwar keine biologischen Wirkungen simuliert; um aber solche hervorzurufen, muß ein Wirkstoff (Signalträger, Botenstoff) zunächst an einen entsprechenden Rezeptor (Signalempfänger) binden, und genau dieses Vermögen wird im CADD simuliert und quantifiziert. Eine Substanz, die nicht (oder nur sehr schlecht) an einen vorgegebenen Rezeptor zu binden vermag, kann auch keine (oder nur eine sehr schwache) Wirkung hervorrufen. Ziel des CADD - im Sinne der *3R* - ist es, solche Substanzen frühzeitig zu erkennen und aus dem pharmakologischen bzw. toxikologischen Selektionsverfahren zu eliminieren, bevor Tierversuche notwendig werden. Ein entscheidender Vorteil von CADD ist, daß auch hypothetische Wirkstoffe (d.h. solche, die weder in der Natur vorkommen noch synthetisch hergestellt worden sind) analysiert werden können.

CADD-Techniken ersetzen als Screening-Methoden keine bestimmten Tierversuche; ihr Beitrag zu den *3R* beruht darauf, daß sie die Anzahl eingesetzter Tiere *pro entwickelte Leitsubstanz* reduzieren, indem sie potentiell unwirksame bzw. toxische Substanzen rechtzeitig aus dem Evaluationsverfahren entfernen. Neben der Reduktion der Anzahl Tiere pro „vermarktbare Substanz" beruht der Wert des CADD als versuchstierfreier Screeningmethode vor allem auf der Verminderung der Belastung der eingesetzten Tiere, da die unwirksamsten bzw. toxischsten Substanzen - im Idealfall - gar nie das Tierversuchsstadium erreichen.

Pseudorezeptor Modeling erlaubt die Konstruktion eines Surrogates für einen strukturell unbekannten biologischen Rezeptor basierend auf den Strukturen bekannter Wirkstoffe. Ein an unserem Labor entwickeltes Pseudorezeptorkonzept erlaubt die Konstruktion eines dreidimensionalen, peptidischen Pseudorezeptors - eines Miniproteins - um ein beliebiges molekulares Gerüst. Die Validierung wurde anhand von sechs Systemen durchgeführt: Carboanhydrase, ß2-adrenerger Rezeptor, dopaminerger Rezeptor, cannabinoider Rezeptor, humane & virale Thymidinkinase und Ah-Rezeptor. Anhand eines repräsentativen Trainings-satzes von Wirkstoffen wurde jeweils ein dreidimensionales, atomistisches Rezeptormodell erstellt, das imstande war, die Bindungstärke eines Testsatzes von Wirkstoffen semi-quantitativ vorauszusagen. Die *root-mean-square* Abweichung zwischen vorausgesagten und experimentellen Bindungsenergien beträgt 0,49-0,85kcal/mol, entsprechend einer Unsicherheit in der Bindungskonstanten K von einem Faktor 7-12 (3s). Diese ist vergleichbar mit der experimen-tellen Meßgenauigkeit (Faktor 5 bis 10 in K). Besondere Bedeutung wird dem Modellieren von rezeptor-gekoppelten toxikologischen Systemen (*Toxicology Modeling*) beigemessen. Hier wird versucht, aufgrund von quantitativen Struktur-Wirkungsbeziehungen (QSAR) Substanzen zu erkennen, die möglicherweise für akut toxische Wirkungen verantwortlich sind oder die Bildung toxischer Mutationen/Metaboliten fördern.

2. Methodik

Pseudorezeptor Modeling erlaubt die Konstruktion eines Surrogates für einen strukturell unbekannten Bioregulator (ein Enzym oder Rezeptor) basierend auf den Strukturen bekannter Wirkstoffe. Obschon im allgemeinen der biologische Rezeptor und das Surrogat nur wenige strukturelle Ähnlichkeiten aufweisen, sollte das Modell imstande sein, die experimentellen Bindungsaffinitäten semi-quantitativ zu reproduzieren. Ein Pseudorezeptor, der an einem repräsentativen Satz von Wirkstoffen validiert wurde, kann anschließend zur Voraussage der Bindungsaffinität neuartiger Wirkstoffe verwendet werden (SNYDER J.P. et al., 1993; VEDANI A. et al., 1995).

Mittels Pseudorezeptor Modeling können bestehende oder hypothetische Wirkstoffe und chemische Substanzen auf ihre pharmakologische bzw. toxikologische Aktivität untersucht werden. Im Gegensatz zu anderen Simulationsverfahren kann die Methode auch dann angewendet werden, wenn die dreidimensionale Struktur des biologischen Rezeptors nicht zur Verfügung steht. Durch Erstellung eines Surrogats und Abschätzung der Bindungsaffinitäten kann dies ohne vorhergehende chemische Synthese und Tierversuche erreicht werden.

Das an unserem Labor entwickelte Pseudorezeptor-Modeling-Konzept (Software *Yak*©; vgl. VEDANI A. et al., 1995) erlaubt die Konstruktion eines dreidimensionalen, peptidischen Pseudorezeptors - eines Miniproteins - um ein beliebiges molekulares Gerüst. Auf eine Beschreibung der Methodik soll hier verzichtet werden, da diese verschiedenenorts publiziert wurde (vgl. z.B. VEDANI A. et al., 1995; VEDANI A. und ZBINDEN P., in Druck). Es soll jedoch im Detail auf die Berechnung der Bindungsaffinitäten eingegangen werden.

Yak berechnet für jeden Wirkstoff eine Wechselwirkungsenergie, ΔE, mit dem Pseudorezeptor. Um aus den Differenzen der Wechselwirkungsenergien der einzelnen Wirkstoffe, ΔΔE, Differenzen der freien Bindungsenergie, ΔΔG°, gegenüber dem wahren biologischen Rezeptor abzuleiten, benützen wir eine Näherung, die von BLANEY und Mitarbeitern (1984) vorgeschlagen wurde. In einem Pseudorezeptor-Kontext kann diese wie folgt formuliert werden:

$$\Delta(\Delta G^{\circ}_{ber.}) \approx \Delta(\Delta E_{ber.}) - \Delta(T\Delta S_{Bindung}) - \Delta(\Delta G_{Solvatation,\ Wirkstoff})$$

Unterschiede in TΔS können aufgrund der Torsionsfreiheitsgrade der einzelnen Wirkstoffe abgeschätzt werden (SEARLE M.S. and WILLIAMS D.H., 1992). Die freie Solvatationsenergie der Wirkstoffe berechnen wir nach einem semi-analytischen Ansatz von STILL und Mitarbeitern (1990). Quantitativ gesehen, diskriminiert ein Pseudorezeptor selten im gleichen Ausmaß wie der entsprechende biologische Rezeptor. Um semi-quantitative Voraussagen zu machen, können berechnete Werte anhand einer linearen Regression (LR) mit den Datenpaaren des Trainingssatzes korrigiert werden:

$$\Delta(\Delta G^{\circ}_{korr.}) = \text{Steigung}^{LR} \cdot \Delta(\Delta G^{\circ}_{ber.}) + \text{y-Achsenabschnitt}^{LR}$$

Um - während der Verfeinerung - die Korrelation zu maximieren, d.h. ein optimales Modell zu erhalten, wird im Kraftfeld-Energieausdruck (vgl. VEDANI and HUHTA, 1990) ein zusätzlicher Term eingeführt:

$$E_{total} = E_{Kraftfeld} + k_{Koppl.} \cdot \Sigma\, |\Delta(\Delta G^{\circ}_{ber.}) - \Delta(\Delta G^{\circ}_{exp.})|^2$$

Dieser Algorithmus erlaubt es, für einen gegebenen Trainingssatz an Wirkstoffen ein Modell mit sehr hoher Korellation (c > 0,99) zu finden. Für die Güte des Surrogates ist eine solche zwar notwendig aber nicht hinreichend. Daher muß das Rezeptormodell anschließend an einem Satz von Testwirkstoffen geprüft werden, d.h. an Substanzen, die nicht zur Erstellung des

Modelles verwendet wurden. Die Voraussagekraft eines Modelles für Testwirkstoffe ist das härteste, gleichzeitig aber objektivste Kriterium für die Relevanz eines Pseudorezeptors.

3. Resultate

Um Konzept und Algorithmus von *Yak* zu prüfen, haben wir eine Serie von Simulationen ausgeführt, mit dem Ziel, Unterschiede in den freien Bindungsenergien semi-quantitativ zu reproduzieren. Bisher haben wir Modelle für das Enzym Carboanhydrase, den β2-adrenergen Rezeptor, den dopaminergen Rezeptor, den cannabinoiden Rezeptor sowie humane und virale Thymidin Kinase erstellt.

Die Modelle sind imstande, die Bindungsaffinitäten für Wirkstoffe eines Testsatzes (Substanzen, die nicht zur Erstellung des Modelles verwendet wurden) innerhalb eines Faktors 2,2 bis 5,4 vorauszusagen (vgl. Tabelle 1 bzw. VEDANI A. et al., 1995; GREENIDGE P.A. et al., in press; SCHMETZER S. et al., eingereicht):

Tabelle 1. Voraussagekraft mittels *Yak* erstellter Rezeptor-Surrogate für eine Serie von Enzymen und Rezeptoren

System	Bereich der Bindungsaffinitäten [mol/l]	Anzahl Wirkstoffe Trainingssatz	Korrelationskoeffizient Trainingssatz[1]	Anzahl Wirkstoffe Testsatz	RMS-Abweichung Testsatz[2] (kcal/mol)
Carboanhydrase	$1{,}0\cdot10^{-9}$ - $5{,}2\cdot10^{-6}$	9	0,999	5	**0,732**
Dopaminerger Rezeptor	$8{,}8\cdot10^{-10}$-$1{,}0\cdot10^{-6}$	9	1,000	5	**0,746**
β2-adrenerger Rezeptor	$2{,}7\cdot10^{-9}$ -$2{,}6\cdot10^{-7}$	9	0,989	6	**0,503**
Humane Thymidin Kinase	$2{,}1\cdot10^{-7}$ - $4{,}6\cdot10^{-6}$	3	0,998	2	**0,855**
Virale Thymidin Kinase	$1{,}8\cdot10^{-8}$ - $3{,}2\cdot10^{-7}$	8	0,972	4	**0,988**
Cannabinoider Rezeptor	$2{,}1\cdot10^{-10}$-$3{,}2\cdot10^{-7}$	20	0,994	10	**0,447**

[1] Korrelation von $\Delta\Delta G°_{calc.}$ und $\Delta\Delta G°_{exp.}$

[2] Die RMS-Abweichung berechneter ΔΔG°-Werte des **Testsatzes** sind für die Güte eines Modelles maßgebend. Unsicherheiten in der vorausgesagten Bindungskonstanten, ΔK, lassen sich über die Beziehung ΔK=exp(-RMS Abweichung/RT) ermitteln

3.1. Simulation rezeptor-gekoppelter toxikologischer Phänomene

Seit einem Jahr versuchen wir am Biografik-Labor, unser Pseudorezeptor-Modeling-Konzept auf rezeptor-gekoppelte toxikologische Phänomene zu übertragen, indem wir - ausgehend von Substanzen mit vergleichbaren toxischen Wirkungen - sogenannte „Toxorezeptoren“ erstellen. Ein Toxorezeptor ist als dreidimensionale Struktur (Miniprotein) zu verstehen, an der sich molekulare Wechselwirkungen (die möglicherweise für akut toxische Wirkungen verantwortlich sind oder die Bildung toxischer Mutanten fördern) erkennen und quantifizieren lassen. Kürzlich konnten wir erstmals zeigen, daß dieses Konzept zur Simulation rezeptor-gekoppelter Toxizität eingesetzt werden kann (VEDANI A. und ZBINDEN P., in Druck): Basierend auf TCDD (2,3,7,8-Tetrachlordibenzo-*p*-dioxin) und einer Serie von Tetrachlor-Biphenylen haben wir mit diesem Ansatz ein Modell für den *Ah* (*Aryl Hydrocarbon*)-Rezeptor erstellt (für eine Übersicht vgl. z.B. SAFE S. and KRISHNAN K., 1995).

Details sind in Tabelle 2 angeführt. Abb. 2 zeigt ein räumliches (cpk-) Modell des Rezeptorsurrogates. Abb. 3 und 4 zeigen die unterschiedlichen molekularen Wechselwirkungen von TCDD (2,3,7,8-Tetrachlordibenzo-*p*-dioxin; extrem toxisch) und 4‘-H-2,3,4,5-Tetrachlorbiphenyl (nur schwach toxisch). Die sehr starke Wechselwirkung von TCDD ($K=1{,}0\cdot10^{-8}$) mit dem Ah-Rezeptor kann teilweise durch zwei Wasserstoffbrücken erklärt werden (vgl. Abb. 3). Aufgrund des Fehlens entsprechender Wasserstoffbrückenpartner (Sauerstoffatome; vgl. Abb. 4), weist 4‘-H-2,3,4,5-Tetrachlorbiphenyl eine viel geringere Bindungsaffinität auf ($K=1{,}4\cdot10^{-4}$).

Tabelle 2. **Vergleich berechneter und experimenteller Dissoziationskonstanten für das Ah-Rezeptorsystem**
Oben: Trainingssatz; unten: Testsatz (Voraussagen)
* TCDD: 2,3,7,8-Tetrachlordibenzo-*p*-dioxin Alle übrigen Wirkstoffe sind 4‘-substituierte-2,3,4,5,-Tetrachlorbiphenyle, die Abkürzung weist auf den Substituenten in der 4‘-Stellung hin. CF3: Trifluoro-Methyl, IPr: Isopropyl, Cl: Chloro, Phe: Phenyl, Ac: Acetyl, NBu: n-Butyl, NO_2: Nitro, Me: Methyl, OH: Hydroxyl, Br: Brom, Et: Aethyl, CN: Cyano, tBu: tertiär-Butyl, NAc: Acetamido, OMe: Methoxy, F: Fluor, H: Wasserstoff

Wirkstoff*	Experimentelle Dissoziations-konstante	Berechnete Dissoziations-konstante	Relativer Fehler: $K_{exp.}/K_{ber.}$	Güte der Voraussage (Testsatz)
TCDD	$1{,}0\cdot10^{-8}$	$1{,}0\cdot10^{-8}$	Referenzwirkstoff	-
CF3	$3{,}7\cdot10^{-7}$	$5{,}4\cdot10^{-7}$	0,69	-
IPr	$1{,}3\cdot10^{-6}$	$2{,}0\cdot10^{-6}$	0,65	-
Cl	$4{,}7\cdot10^{-6}$	$7{,}6\cdot10^{-6}$	0,62	-
Phe	$6{,}6\cdot10^{-6}$	$6{,}5\cdot10^{-6}$	1,02	-
Ac	$6{,}7\cdot10^{-6}$	$9{,}6\cdot10^{-6}$	0,70	-
NBu	$7{,}4\cdot10^{-6}$	$6{,}3\cdot10^{-6}$	1,18	-
NO_2	$1{,}4\cdot10^{-5}$	$1{,}2\cdot10^{-5}$	1,17	-
Me	$3{,}1\cdot10^{-5}$	$2{,}8\cdot10^{-5}$	1,11	-
OH	$8{,}9\cdot10^{-5}$	$1{,}2\cdot10^{-4}$	0,74	-
Br	$2{,}5\cdot10^{-6}$	$3{,}4\cdot10^{-6}$	0,74	hervorragend
Et	$3{,}5\cdot10^{-6}$	$9{,}310^{-6}$	0,38	sehr gut
CN	$5{,}4\cdot10^{-6}$	$1{,}8\cdot10^{-5}$	0,30	gut
tBu	$6{,}8\cdot10^{-6}$	$5{,}7\cdot10^{-6}$	1,19	hervorragend
NAc	$8{,}2\cdot10^{-6}$	$1{,}5\cdot10^{-5}$	0,55	sehr gut
OMe	$1{,}6\cdot10^{-5}$	$5{,}6\cdot10^{-5}$	0,29	gut
F	$2{,}5\cdot10^{-5}$	$6{,}1\cdot10^{-5}$	0,41	sehr gut
H	$1{,}4\cdot10^{-4}$	$2{,}3\cdot10^{-5}$	6,08	mäßig

3.2. Bedeutung der Methode für die 3R-Forschung

Computer-gestützte Methoden zum rationalen Entwurf neuer Wirkstoffe haben anfangs der Achtzigerjahre Einzug in die Pharmaforschung gehalten; heute werden sie von praktisch allen Unternehmen der pharmazeutischen Industrie und vielen Hochschulen (Fachrichtungen: Pharmakologie, Pharmazie, Chemie, Biochemie, Biophysik, Medizinische Chemie und seit kurzem auch Toxikologie) eingesetzt. Treibende Kraft bei der Entwicklung von CADD-Konzepten war und ist deren Bedeutung bei der Identifikation und Verfeinerung neuer pharmakologischer Leitsubstanzen. Der ethische Aspekt solcher Ansätze - eine mögliche Reduktion von Tierversuchen - ist leider noch zu wenig akzeptiert.

CADD-Techniken ersetzen als Screeningmethoden keine bestimmten Tierversuche; ihr Beitrag zu den *3R* beruht darauf, daß sie die Anzahl eingesetzter Tiere *pro entwickeltes Arzneimittel* reduzieren, indem sie potentiell unwirksame bzw. toxische Substanzen rechtzeitig aus dem Evaluationsverfahren entfernen. Über die insgesamt eingesparten Tiere lassen sich kaum Extrapolationen anstellen, da durch den Einsatz von Screeningmethoden auch mehr Wirkstoffe entwickelt werden (dasselbe gilt natürlich auch für *in vitro*-Methoden). Es läßt sich aber vermuten, daß durch den Einsatz von CADD und anderen Screeningmethoden die Belastung der Tiere bei den anschließenden Tests am Ganztier (z.B. bei der Prüfung auf akute Toxizität) reduziert wird, da die unwirksamsten Substanzen - im Idealfall - gar nie das Tierversuchsstadium erreichen.

CADD wird im pharmakologischen Screening zur Optimierung von bekannten Wirkstoffen oder zur Identifikation neuer Leitsubstanzen eingesetzt. Es kann aber auch zur Abschätzung von Bindungsaffinitäten neuartiger oder hypothetischer Wirkstoffe an strukturell unbekannten Rezeptoren (Pseudorezeptormodeling und *Toxicology Modeling*) verwendet werden; hier liegt denn auch ihr größtes Potential zur Einsparung von Tierversuchen.

Warum aber ist CADD als *3R*-Methode dennoch wenig akzeptiert? Ein Grund läßt sich darin vermuten, daß CADD als Ergänzungsmethode keinen speziellen Tierversuch ersetzt. Fairerweise müßten aber auch all jene Substanzen, die im Verlauf der Entwicklung eines Arzneistoffes durch CADD eliminiert wurden, als „ersetzte Tierversuche" mitgezählt werden. Das Verhältnis „evaluierte Substanzen : Arzneistoff" hat sich in den letzten 30 Jahren um mehr als einen Faktor zehn verbessert; *in vivo*-Tests mit wenig wirksamen Substanzen können heute weitgehend vermieden werden (WALLMEIER H., 1995).

Ein weiterer Grund für die mangelnde Akzeptanz mag auch darin liegen, daß CADD - wie auch die meisten *in vitro*-Methoden - anfänglich nicht unter dem Aspekt der *3R* entwickelt wurde. Es findet derzeit aber ein Gesinnungswandel statt, wie er vor zehn Jahren bei den *in vitro*-Methoden stattgefunden hat, nämlich CADD vermehrt zum Zwecke der Reduktion von Tierversuchen einzusetzen.

Neben dem ethischen gibt es auch noch ein wissenschaftliches Argument, weshalb CADD vermehrt für die Belange der *3R* eingesetzt werden sollte: Die Auflösung von empirischen CADD-Methoden liegt heute bei etwa 0,4-0,6kcal/mol, ensprechend einer Unsicherheit (3s) von einem Faktor 6 bis 8 in der Bindungsaffinität. Daher ist CADD zuverlässiger im Diskriminieren von stark und schwach wirksamen Substanzen (+ Leitsubstanzidentifikation und *3R*) als im Klassifizieren hochaktiver Wirkstoffe (+ Leitsubstanzoptimierung). CADD ist für die Leitsubstanzoptimierung, wo kleinste Unterschiede in der Bindungsaffinität von Bedeutung sind, dennoch ein äußerst nützliches Instrument. Dies weniger aufgrund seiner quantitativen Aussagen als wegen der Möglichkeit, komplexe biologische Prozesse auf molekularer Ebene zu simulieren und dreidimensional darzustellen. Daraus hervorgehende Modelle lassen sich nicht nur anhand von experimentellen Daten überprüfen, sondern erleichtern die Identifikation neuer Wirkstoffe.

Quantitative Struktur-Wirkungsbeziehungen (QSAR) werden zur Voraussage der toxischen Eigenschaften von Chemikalien und Pharmaka schon seit 30 Jahren eingesetzt. Die Eignung von dreidimensionalen, atomistischen Modellen für toxikologische Fragestellungen (*Toxicology Modeling*) wurde vom SIAT Biografik-Labor erstmals am Beispiel des Ah-Rezeptors gezeigt.

Pseudorezeptor Modeling erlaubt das Screening von bestehenden oder hypothetischen Wirkstoffen und chemischen Substanzen auf ihre pharmakologische bzw. toxikologische Aktivität. Im Gegensatz zu anderen Simulationsverfahren kann die Methode auch dann angewendet werden, wenn die dreidimensionale Struktur des Zielrezeptors unbekannt ist. Durch Erstellung eines Surrogats und Abschätzung der Bindungsaffinitäten kann dies ohne vorhergehende chemische Synthese und ohne Tierversuche erreicht werden.

Verdankung

Diese Arbeiten wurden in großzügiger Weise von der von der *Margaret und Francis Fleitmann Stiftung* (Luzern), der Stiftung SIAT (Zürich) und vom Schweizerischen Nationalfonds (Projekte 31-32395.91 und 31-39229.93) unterstützt.

Literatur

BLANEY J.M., WEINER P.K., DEARING A., KOLLMAN P.A., JORGENSEN E.C., OATLEY S.J., BURRIDGE J.M., BLAKE J.F., Molecular mechanics simulation of protein-ligand interactions: Binding of thyroid analogues to prealbumin, J.Am.Chem. Soc., 104, 6424-6434, 1982

GREENIDGE P.A., MERZ A., FOLKERS G., A pseudoreceptor modelling study of the Varicella-Zoster virus and human thymidine kinase binding sites, J.Comp.-Aided Molec.Design., in press

SAFE S. and KRISHNAN K., Cellular and molecular biology of aryl hydrocarbon (Ah) receptor-mediated gene expression, in: DEGEN D.H., SEILER J.P., BENTLEY P. (eds.), Archives of Toxicology, Supplement, 17, Berlin: Springer, 116-124, 1995

SCHMETZER S., GREENIDGE P.A., KOVAR K.A., VEDANI A., FOLKERS G., Structure-acitivity relationships of cannabinoids: A joint CoMFA and pseudoreceptor modelling study, Molec.Pharmacol, eingereicht

SEARLE M.S. and WILLIAMS D.H., The cost of conformational order: Entropy changes in molecular associations, J.Am.Chem.Soc., 114, 10690-10697, 1992

SNYDER J.P., RAO S.N., KOEHLER K.F., VEDANI A., Pseudoreceptors, in KUBINYI H. (ed.), 3D QSAR in Drug Design, Leiden: ESCOM Science Publishers, 336-354, 1993

STILL W.C., TEMPCZYK A., HAWLEY R.C., HENDRICKSON T., Semianalytical treatment of solvation for molecular mechanics and dynamics, J.Am.Chem. Soc., 112, 6127-6129, 1990

VEDANI A., ZBINDEN P., SNYDER J.P., GREENIDGE P.A., Pseudoreceptor modeling: The construction of three-dimensional receptor surrogates, J.Am. Chem.Soc., 117, 4987-4994, 1995

VEDANI A. und ZBINDEN P., Computermodelle im pharmakologischen und toxikologischen Screening, in: GRUBER F.P. und SPIELMANN H. (Hrsg.), Alternativmethoden zu Tierversuchen, Heidelberg: Spektrum Akademischer Verlag, 1996

WALLMEIER H., Modelling und Computersimulation bei der Wirkstoffsuche, in: SCHÖFFL H., SPIELMANN H. UND TRITTHART H.A. (Hrsg.), Ersatz- und Ergänzungsmethoden zu Tierversuchen, Band III, Forschung ohne Tierversuche 1995, Wien New York: Springer Verlag, 33-39, 1995

Abbildungen

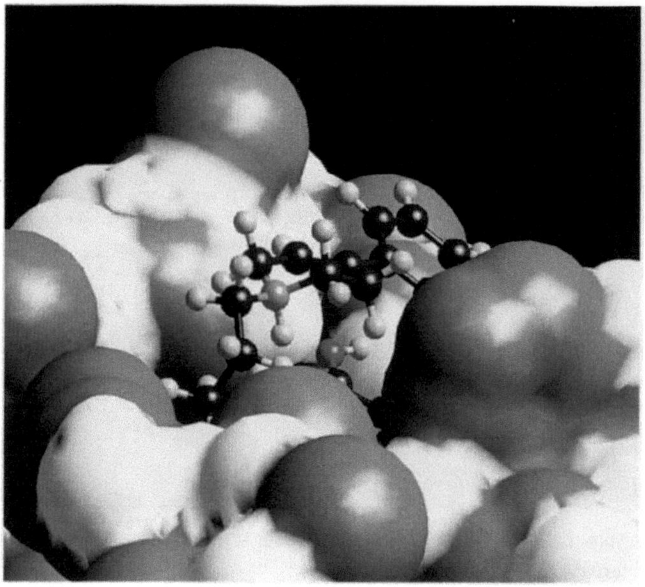

Abb. 1. Ein Rezeptorsurrogat ist eine explizite molekulare Bindungstasche (cpk-Modell, braun/weiß wiedergegeben), die einen Satz von Wirkstoffen (ein Wirkstoff ist als Kugel-Stäbchen-Modell darin eingelagert) in der ihr charakteristischen Stärke zu binden vermag

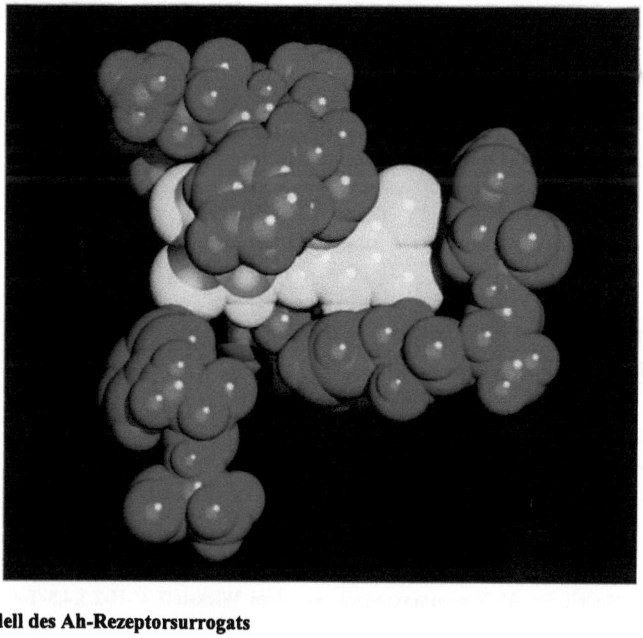

Abb. 2. **cpk-Modell des Ah-Rezeptorsurrogats**
Der Wirkstoff TCDD (2,3,7,8-Tetrachlordibenzo-*p*-dioxin) ist gelb wiedergegeben, der Pseudorezeptor gemäß dem molekularen Lipophilizitätspotential eingefärbt

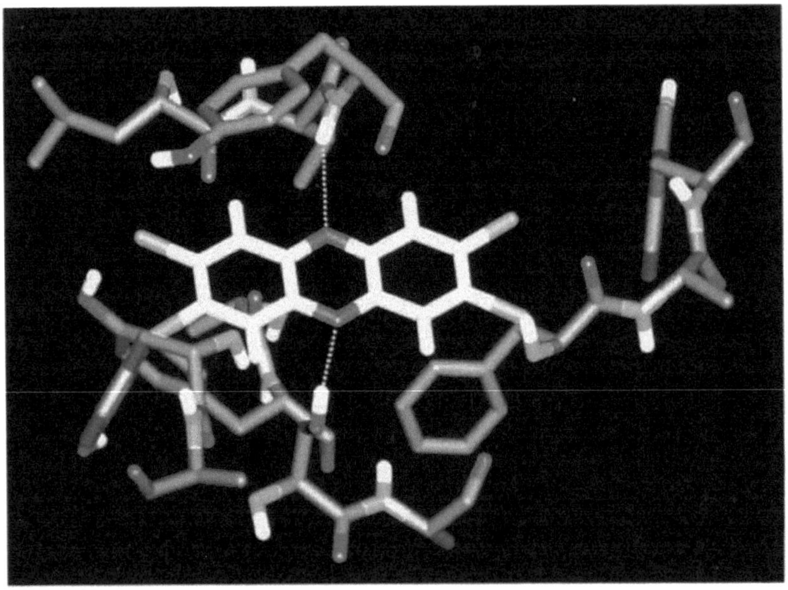

Abb. 3. **Zylinder-Modell des Ah-Rezeptorsurrogats mit dem Wirkstoff TCDD (2,3,7,8-Tetrachlordibenzo-*p*-dioxin; extrem toxisch)**
Wasserstoffatome sind weiß, Stickstoffatome blau, Kohlenstoffatome lila (Rezeptor) bzw. grau (Wirkstoff), Sauerstoffatome rot und Halogenide (F, Cl, Br, J) grün wiedergegeben. Die beiden Wasserstoffbrücken sind durch punktierte Linien symbolisiert

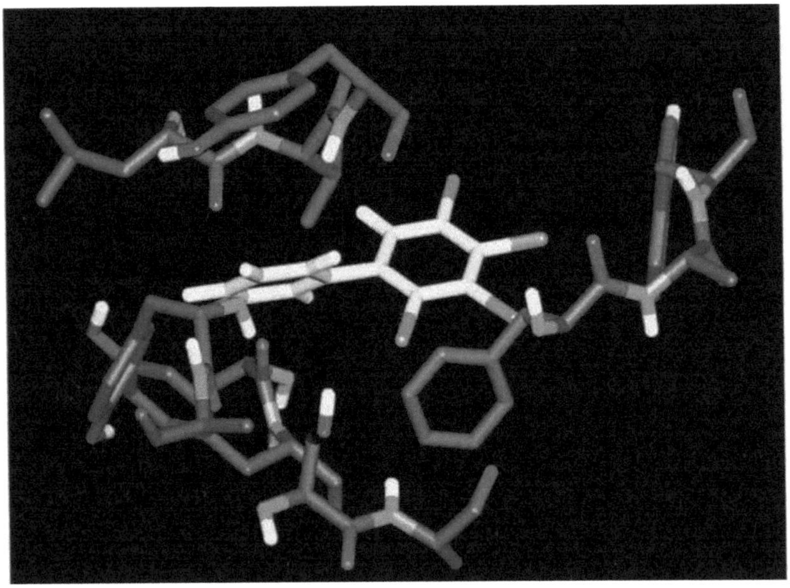

Abb. 4. **Zylinder-Modell des Ah-Rezeptorsurrogats mit dem Wirkstoff 4'-H-2,3,4,5-Tetrachlorobiphenyl (schwach toxisch)**
Wasserstoffatome sind weiß, Stickstoffatome blau, Kohlenstoffatome lila (Rezeptor) bzw. grau (Wirkstoff), Sauerstoffatome rot und Halogenide (F, Cl, Br, J) grün wiedergegeben

Ein in vitro-Modell zur immunpharmakologischen Untersuchung von Mechanismen der Gram-positiven und Gram-negativen Sepsis

A. Sauer, T. Hartung, A. Wendel

Zusammenfassung

Das durch Gram-negative aber auch Gram-positive Bakterien ausgelöste septische Organversagen stellt ein bisher nicht gelöstes Problem der modernen Intensivmedizin dar. Die zur Untersuchung dieses Krankheitsbildes entwickelten Tierversuchsmodelle sind allesamt sehr belastend. Das hier vorgestellte Zellkulturmodell beruht auf einer Cokultivierung von Hepatozyten und Leber-Makrophagen der Ratte mit humanen Neutrophilen Granulozyten (PMN). Die Mechanismen, die zur Schädigung der Hepatozyten in vitro führen, zeigen vielfach Übereinstimmungen zu klinischen Befunden und Daten aus Tierversuchen. Hierzu zählen: (1) Die zentrale Rolle des Zytokins Tumor Nekrose Faktor α (TNFα), das von Makrophagen freigesetzt wird und die Beteiligung der von PMN freigesetzten Serin-Protease Elastase. (2) Die Hemmung der Schädigung durch antientzündliche Pharmaka und (3) die Beeinflussung der Schädigung durch immunmodulatorische Zytokine. Auch durch Stimulation mit Gram-positiven Bakterienbestandteilen oder fixierten Bakterien läßt sich eine ähnliche PMN-abhängige Schädigung der Leberzellen wie mit LPS auslösen.

Auf Grund dieser Übereinstimmungen zum Tierversuch scheint uns das hier vorgestellte *in vitro*-Modell geeignet für eine pharmakologische Charakterisierung von Wirksubstanzen und immunmodulatorischen Mediatoren für Gram-positives und Gram-negatives septisches Organversagen.

Summary

An immunopharmacological *in vitro* model for mechanisms of Gram-positive and Gram-negative sepsis

Septic complications induced by Gram-negative or Gram-positive bacteria are a yet unresolved problem in intensive care units. The available animal models to study this syndrome are very painful. The cell culture model described here consists of rat hepatocytes and liver macrophages cultured together with human granulocytes (PMN). In this system mechanisms of liver cell destruction *in vitro,* comparable to those observed in animal experiments and in clinical practice, were identified. These are: (1) The central role of the cytokine tumor necrosis factor α (TNFα) released from macrophages as an initiator of release of serine-proteases from PMN that destruct liver cells. (2) The inhibition of this process by antiinflammatory drugs. (3) The modification of hepatocytotoxicity by immunomodulatory cytokines. PMN-dependent liver cell destruction similar to that observed upon stimulation with LPS was also initiated by whole killed bacteria or by stimulation with components of Gram-positive bacteria.

With these analogies to animal experiments, the *in vitro* model described here appears to be suitable for a pharmacological characterization of drugs and immunomodulatory mediators against Gram-positive and Gram-negative organ failure.

1. Klinischer Hintergrund

Mit 70.000 Toten/Jahr und einer Mortalität von ca. 50% ist das septische Multiorganversagen die zweithäufigste Todesursache auf deutschen Intensivstationen. Septisches Multiorganversagen wird durch Bakterien ausgelöst, die in den Körper gelangen und dort zu einer massiven Überaktivierung des unspezifischen Immunsystems führen. Die Folge kann die Zerstörung von Organen durch das eigene Immunsystem sein. Die zur Untersuchung dieses Krankheitsbildes entwickelten Tierversuchsmodelle sind allesamt als stark belastend einzustufen.

2. In vitro-Modelle zum septischen Leberversagen

2.1. Leberzellcokulturen (LCC)

Bereits vor einigen Jahren wurde von uns ein Zellkulturmodell zum septischen Leberversagen vorgestellt, das bezüglich der Pathomechanismen und der protektiv wirksamen Inhibitoren Übereinstimmungen zum Tierversuch aufweist (HARTUNG T. and WENDEL A., 1991; HARTUNG T. und WENDEL A., 1993). Diese Zellkultur beruht auf der Cokultivierung von Hepatozyten und Lebermakrophagen (Kupffer-Zellen = KC). Durch Stimulation dieser Leberzellkultur (LCC) mit LPS kommt es wie im Tierversuch zu einer Freisetzung von Zytokinen wie Tumor Nekrosis Faktor α (TNFα) und Interleukin 1 (IL-1), die ihrerseits die Leberzellen schädigen.

2.2. LCC + Neutrophile Granulozyten

Sowohl aus klinischen Beobachtungen als auch aus Tierversuchen geht hervor, daß neben Makrophagen auch noch weitere Zellen des Immunsystems, die Neutrophilen Granulozyten (PMN), an der Pathologie der Organschädigung beteiligt sind. Bereits im letzten Band dieser Buchreihe haben wir dargestellt, daß es möglich ist auch diesen Aspekt der septischen Organschädigung prinzipiell *in vitro*, in dem um PMN erweiterten Zellkulturmodell zu simulieren (SAUER A. et al., 1995). Der Zusatz von PMN zu der oben beschriebenen LCC (Hepatozyten und Makrophagen) resultierte in einer tausendfachen Sensitivierung der Leberzellen gegenüber LPS. Im folgenden wollen wir die in der Leberzellkultur mit Zusatz von PMN erzielten Ergebnisse bezüglich Pathomechanismen und immunpharmakologischer Intervention den Ergebnissen aus Tierversuchen zum septischen Leberversagen gegenüberstellen.

2.2.1. Vergleich der Pathomechanismen

In der LCC + PMN kommte es nach Stimulation mit LPS zur Degranulation der PMN. Die PMN setzen aus ihren azurophilen Granula unter anderem die Serin-Protease Elastase frei. Die Kinetik der Elastase-Freisetzung in diesem System und der Entwicklung der Hepatozytotoxizität stimmen zeitlich überein. Zudem korreliert die Stärke der Schädigung mit der Menge freigesetzter Elastase und Protease Inhibitoren hemmen die Schädigung vollständig. Diese Ergebnisse belegen klar die Beteiligung der PMN-Elastase an der Hepatozytenschädigung in der Zellkultur. Sie stimmen sowohl mit tierexperimentellen Befunden überein, die von einem protektiven Effekt von Serin-Protease-Inhibitoren berichten, als auch mit klinischen Beobachtungen, die eine Korrellation zwischen Elastase im Blut von Patienten mit Sepsis und der Mortalität beobachteten (DUSWALD K-H. et al., 1985; SEITZ R. et al., 1987).

TNFα ist als zentraler Mediator des LPS-induzierbaren Organversagens im Versuchstier identifiziert (BEUTLER B. et al., 1985). In der LCC + PMN wird TNFα nach Stimulation mit LPS von den Kupffer-Zellen freigesetzt. Blockiert man die Aktivität von TNFα mit neutralisierenden Antikörpern, so sind sowohl die Elastase-Freisetzung als auch die Leberzellschädigung in der Leberzellcokultur + PMN gehemmt. Weiterhin kann man die PMN-abhängige Leberzellschädigung statt durch LPS auch durch TNFα auslösen. Somit besteht auch bezüglich der Mediatorwirkung von TNFα beim LPS-induzierten Organversagen *in vivo* und der LPS-induzierten PMN-abhängigen Leberzellschädigung *in vitro* Übereinstimmung.

2.2.2. Hemmung durch Pharmaka - Vergleich zum Tierversuch

Um die Wirkung von Pharmaka auf die Leberzellkultur + PMN zu untersuchen wählten wir sowohl einige im Tierversuch protektive als auch nicht protektive Substanzen aus. Die in Tierversuchen zum LPS-induzierbaren Organversagen protektiven Substanzen Dexamethason, Ebselen, Rolipram und Pentoxyphyllin hemmten auch die durch LPS induzierbare, PMN-abhängige Leberzellschädigung *in vitro*. Substanzen, wie z.B. Histamin-Rezeptor-Blocker, die *in vivo* keinen Einfluß auf das LPS-induzierbare Organversagen hatten, wirkten auch *in vitro* nicht protektiv.

2.2.3. Einfluß immunmodulatorischer Cytokine - Vergleich zum Tierversuch

In den letzen Jahren gewinnt die therapeutische Anwendung rekombinanter humaner Zytokine in der Medizin immer mehr an Bedeutung. Deshalb wurden auch einige Zytokine auf Ihre Wirkung beim septischen Organversagen hin im Tiermodell untersucht. Zur weiteren Validierung des Zellmodells gegenüber dem Tierversuch wurden deshalb der hämatopoetische Wachstumsfaktor Granulozyten-Makrophagen Kolonie-stimulierender Faktor (GM-CSF), ein Zytokin das PMN aktivieren kann und in Tierversuchen Endotoxin induzierte Schädigungen verstärkt (TIEGS G. et al., 1994), und Interleukin-13 (IL-13), ein B-Zell-Produkt, das Makrophagenfunktionen hemmt, *in vitro* eingesetzt. Wie im Tierversuch verstärkte GM-CSF die PMN-abhängige Leberzellschädigung *in vitro*. IL-13 wirkte in der Zellkultur protektiv, da es die Freisetzung von TNFα aus den Makrophagen verhinderte. Somit scheint das Zellkulturmodell auch geeignet zu sein, die Wirkung immunmodulatorischer Zytokine beim Septischen Leberversagen zu untersuchen.

2.2.4. Aktivierung von Schädigungsmechanismen durch Gram-positive Stimuli

Neben Gram-negativen Bakterien sind Gram-positive Bakterien eine häufige Ursache für septische Komplikationen in der Intensivmedizin. Die Mortalität liegt auch hier mit 40 bis 50% sehr hoch. Um zu untersuchen, ob sich die Leberzellcokultur + PMN auch zur Untersuchung Gram-positiver Schädigungsmechanismen eignet, haben wir die Zellkultur mit Lipoteichonsäure (LTA), einem Zellwandbestandteil Gram-positiver Bakterien, oder abgetöteten ganzen Bakterien stimuliert. Wie in Abb. 1 zu sehen, sind abgetötete Bakterien in der Lage, eine ähnlich starke PMN-abhängige Schädigung in der Zellkultur auszulösen wie LPS. LTA löst ebenfalls eine Leberzellschädigung aus, allerdings erst in 100 bis 1000fach höheren Konzentrationen als LPS. Sowohl die durch Gram-positive als auch die durch Gram-negative Stimulation auslösbare Schädigung war durch Serin-Protease Inhibitoren hemmbar (Tabelle 1). Im Gegensatz zur LPS-induzierbaren Schädigung war die durch Gram-positive Stimuli ausgelöste Schädigung nicht durch einen Antikörper gegen TNFα hemmbar. Das bedeutet, daß Gram-positive Stimuli die PMN über einen TNFα unabhängigen Mechanismus aktivieren. Da es bisher kaum verläßliche Tierversuchsdaten zu durch Gram-positive Stimuli auslösbarem Organversagen gibt, ist ein Vergleich zwischen in vitro und in vivo hier nicht möglich.

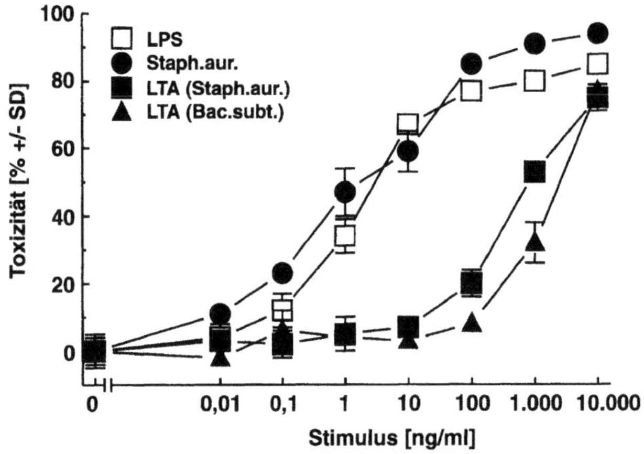

Abb. 1. **Stimulation PMN-abhängiger Hepatozytotoxizität durch Gram-positive und Gram-negative Stimuli**
LPS = Endotoxin, LTA = Lipoteichonsäure, Staph.aur. = Hitze-getötete Staphylococcus aureus, Bac.subt. = Bacillus subtilis

Tabelle 1. LPS = Endotoxin, LTA = Lipoteichonsäure, Staph.aur. = Hitze-getötete Staphylococcus aureus

Die durch Gram-positive Stimuli ausgelöste PMN-abhängigen Hepatozytotoxizität wird nicht durch TNFα vermittelt			
Stimulus	Anti-LPS	Anti-TNFα	Protease-Inhibitor
LPS	Schutz	Schutz	Schutz
LTA	kein Schutz	kein Schutz	Schutz
Hitze-inaktivierte Staph. aureus	kein Schutz	kein Schutz	Schutz

3. Ausblick

Unser *in vitro*-Modell zeigt bezüglich der Pathomechanismen, die zur septischen Organschädigung führen, große Übereinstimmung zu klinischen Befunden bei Sepsis-Patienten und zu Tiermodellen des LPS-induzierbaren Organversagens. Weiterhin zeigen einige immunmodulatorische Pharmaka und Zytokine entsprechende Effekte wie im Tierversuch. Auch die Untersuchung von Schädigungsmechanismen, die durch Gram-positive Stimuli ausgelöst werden, ist möglich. Die Leberzellcokultur + PMN scheint uns daher geeignet für eine pharmakologische Charakterisierung von Wirksubstanzen und immunmodulatorischen Mediatoren der PMN-abhängigen Schädigungsmechanismen von Gram-positivem und Gram-negativem septischen Organversagen.

Literatur

BEUTLER B., MILSARK I.W., CERAMI A.C., Passive immunization against cachectin/tumor necrosis factor protects mice from lethal effect of endotoxin, Science, 229, 869-871, 1985

DUSWALD K-H., JOCHUM M., SCHRAMM W., FRITZ H., Released granulocytic elastase: An indicator of pathobiochemical alterations in septicemia after abdominal surgery, Surgery, 98, 892-899, 1985

SEITZ R., WOLF M., EGBRING R., RADTKE K.-P., LIESENFELD A., PITTNER P., HAVEMANN K., Participation and interactions of neutrophil elastase in haemostatic disorders of patients with severe infection, Eur J Haematol, 38, 231-240, 1987

HARTUNG T. and WENDEL A., Endotoxin-inducible cytotoxicity in liver cell cultures-I, Biochem. Pharmacol., 42, 1129-1135, 1991

HARTUNG T. und WENDEL A., Entwicklung eines Zellkulturmodelles für das Organversagen im septischen Schock, ALTEX, 18, 16-24, 1993

SAUER A., HARTUNG T., WENDEL A., Die septische Leberschädigung im Zellmodell: Überaktivierung von Zellen der unspezifischen Immunabwehr, in: SCHÖFFL H., SPIELMANN H., TRITTHART H.A. (Hrsg.), Ersatz- und Ergänzungsmethoden zu Tierversuchen, Band III, Forschung ohne Tierversuche 1995, Wien New York: Springer-Verlag, 296-300, 1995

TIEGS G., BARSIG J., MATIBA B., UHLIG S., WENDEL A., Potentiation by granulocyte macrophage colony-stimulating factor of lipopolysaccharide toxicity in mice, J. Clin. Invest., 93, 2616-2622, 1994

Eine Methode unter Verwendung von menschlichem Vollblut zum Ersatz des Pyrogentests am Kaninchen

T. Hartung, A. Wendel

Zusammenfassung

Kürzlich wurde von uns ein neuer Pyrogentest vorgeschlagen (HARTUNG T. und WENDEL A., 1995), der darauf beruht, daß Zusatz von fiebererzeugenden Substanzen (Pyrogenen) zu menschlichem Blut hochsensitiv zur Freisetzung derjenigen Botenstoffe führt, die im Organismus die Fieberreaktion auslösen. Damit macht sich das Verfahren die primäre Fieberreaktion des Menschen zunutze. Die für die Fieberreaktion verantwortlichen Immunzellen liegen in ihrer natürlichen Umgebung vor, wodurch Präparationsartefakte weitgehend ausgeschlossen sind.

Die Testentwicklung ist im weitesten abgeschlossen. Das Paul-Ehrlich-Institut, D-Langen, plant, im Rahmen der Evaluierung und Prävalidierung, diesen Test zur Chargenprüfung von Blutprodukten zu übernehmen und parallel zu dem im Hause durchgeführten Kaninchen-Pyrogentest einzusetzen. Daran kann sich ein Ringversuch zur Validierung der Methode anschließen, mit dem Ziel der Anerkennung als Ersatzmethode für den Kaninchen-Pyrogentest.

Summary

A pyrogen assay based on human whole blood to replace the rabbit pyrogen test

Recently, a pyrogen detection system was introduced that takes advantage of the fact that in human whole blood, minute amounts of pyrogens initiate the formation of mediators causing fever in the organism. Thus, this in vitro method makes use of the primary fever inducing reaction of humans. In contrast to the Limulus assay, it is not restricted to the detection of endotoxins derived from Gram-negative bacteria. All blood cells, including leukocytes, are kept in their natural environment and thus major preparation artefacts are minimized. The authority in charge of safety of parenteralia in Germany, the Paul-Ehrlich-Institute, D-Langen, plans to evaluate and prevalidate this assay in comparison to the standard rabbit pyrogenicity test. A validation study will follow with the aim to replace the animal test.

1. Die Fieberreaktion

Fieber gehört zu den elementaren Abwehrleistungen des Körpers vor allem gegen Infektionen (WEHMEIER A. und KLICHE K.O., 1992; ZEISBERGER E. and ROTH J., 1993; MOLTZ H., 1993; TILDERS F.J.H. et al., 1994). Evolutiv hat sich ein hochsensitives Detektions- und Vermittlungssystem als Infektionsantwort im Organismus gebildet, das im wesentlichen von den Makrophagen bzw. Blutmonozyten getragen wird. Durch spezifische Rezeptoren erkennen diese Zellen eingedrungene Keime von sehr unterschiedlicher Struktur. Sie starten eine Abwehrreaktion zu der auch das Symptom Fieber gehört. Dazu werden von Monozyten/ Makrophagen Signalsubstanzen freigesetzt, die letztlich eine Sollwertverstellung der Körpertemperatur bewirken. Als zentrale Signalstoffe wurden in den letzten Jahren die Proteinmediatoren bzw. Cytokine, Interleukin-1 (IL-1), Interleukin-6 (IL-6), Tumor-Nekrose-Faktor (TNF) und der Lipidmediator Prostaglandin E_2 (PGE_2) identifiziert.

Für die Erkennung von Keimen entwickelte der Organismus Rezeptoren, die insbesondere Strukturen erkennen, die von Keim zu Keim wenig variieren. Im Fall von Gram-negativen Bakterien ist das zum Beispiel das Endotoxin (auch als Lipopolysaccharid, LPS, bezeichnet). Diese Makromoleküle belegen ca. 70% der Oberfläche von Gram-negativen Bakterien. Die bei allen Endotoxinen konstanten Anteile des Membranankers sind deshalb eine der Strukturen, die Monozyten/Makrophagen bereits in kleinsten Mengen erkennen und darauf mit Freisetzung der oben genannten Botenstoffe reagieren.

Nur ein winziger Bruchteil des Membranankers der Keime ist für das Immunsystem des Körpers sichtbar. Die Lage in der Bakterienmembran macht es erst zugänglich, wenn die Bakterien zum Beispiel durch Angriff von Immunzellen zerfallen. Deshalb reagiert der Organismus bereits auf kleinste Mengen dieser Komponenten, da dies im allgemeinen bedeutet, daß sehr viel größere Mengen an Bakterien am selben Ort vorhanden sind. Eine besondere Situation tritt nun ein, wenn einem Menschen z.B. Medikamente oder Blutprodukte injiziert werden. Bei der Herstellung von Medikamenten sind bakterielle Verunreinigungen oft nicht völlig auszuschließen. Durch geeignete Sterilisation stellen sie jedoch im allgemeinen kein Infektionsproblem dar. Die Sterilisation führt jedoch zum Zerfall der Bakterien und damit zur Freilegung von Strukturen wie Endotoxin, die unter Routinebedingungen nicht zerstört werden (eine Erhitzung auf 300-400°C für mehrere Stunden wäre nötig). Bei einer Injektion erkennt der Körper diese Bakterienbestandteile, die nun besonders gut zugänglich sind und reagiert so, als handle es sich um eine massive bakterielle Infektion, da ja gewöhnlich nur ein Bruchteil des Endotoxins zugänglich ist. Es kommt zu einer unangemessenen Entzündungsreaktion, die an ihrem Fieberanteil sehr gut zu erkennen ist.

Noch vor ihrer Identifizierung als Endotoxine waren derartige Wirkungen von Verunreinigungen bekannt, und diese fieberauslösenden Wirkkomponenten wurden als Pyrogene zusammengefaßt. Endotoxine sind nur ein Vertreter dieser Substanzklasse, über den allerdings besonders viel bekannt ist. Die Gram-positiven Bakterien verursachen z.B. entsprechende Fieberreaktionen, ohne daß eine Teilstruktur bisher als zentraler Verursacher identifiziert wurde. Darüber hinaus lösen auch Pilze, Viren und Parasiten sowie deren Zerfallsprodukte eine Fieberreaktion aus. Als erkennende Körperzellen kommen neben den Monozyten/Makrophagen durchaus auch andere Immunzellen wie Granulozyten und Lymphozyten in Frage, die beide - wenn auch in geringerem Umfang - die bereits genannten körpereigenen Signalstoffe der Fieberreaktion freisetzen können. Diese Botenstoffe, sozusagen die Übersetzung des Organismus für „da sind Pyrogene - da ist eine Infektion“ werden auch als endogene Pyrogene zusammengefaßt.

Der zentrale Botenstoff IL-1 erhielt bei seiner Isolierung sogar zunächst den Namen „endogenes Pyrogen". Die Beteiligung von Prostaglandinen an der Fieberreaktion ist deutlich, seitdem bekannt ist, daß fiebersenkende Medikamente wie Aspirin und Paracetamol über eine Hemmung der Prostaglandinbildung wirken.

2. Die Problematik der Pyrogentestung

Angesichts der erheblichen Gefährdung und zusätzlichen Belastung des kranken Menschen durch die Auslösung einer Fieberreaktion ist das Bedürfnis des Ausschlusses von Pyrogenverunreinigungen in Therapeutika verständlich. Entsprechende Vorschriften existieren in allen Arzneibüchern insbesondere für Parenteralia, d.h. zu injizierende Darreichungsformen. Der historisch begründete Standardtest ist der Kaninchenpyrogen-Test, bei dem im allgemeinen die Erhöhung der Rektaltemperatur an drei parallel mit der Prüfsubstanz behandelten Kaninchen über mehrere Stunden gemessen wird. Das Kaninchen wurde aus zwei Gründen als Versuchstier ausgewählt: Zum Einen erduldet es die für die rektale Temperaturmessung über mehrere Stunden notwendige Fixierung. Zum Anderen ist das Kaninchen für Endotoxin-Wirkungen ähnlich empfindlich wie der Mensch; tatsächlich gibt es zwischen verschiedenen Spezies Unterschiede in der LPS-Empfindlichkeit bis zu einem Faktor 10.000. Ob das Kaninchen jedoch auch für andere Pyrogene ähnlich empfindlich ist wie der Mensch, ist nicht bekannt.

Die Verbesserung der Qualitätsstandards in der Fertigung von Medikamenten haben dazu geführt, daß heute immer weniger Chargen im Kaninchentest als verunreinigt auffallen. Da sich jedoch eine wiederholte Verwendung des selben Kaninchens im Pyrogentest gesetzlich (Wiederholungstierversuch) und wegen möglicher Interferenz (z.B. Phänomene der Endotoxin-Toleranz) verbietet, kommt es zu einem erheblichen Tierverbrauch. Angesichts der wenigen auffälligen Produkte, des Aufwandes des Tierversuchs und der Belastung der Tiere entstand schön früh der Wunsch, diesen Test durch eine in vitro-Methode zu ersetzen.

3. Der Limulus-Test als fragliche Alternative zum Kaninchentest

Durch die wissenschaftliche Sonderstellung der Endotoxine als Stimuli des Immunsystems konzentrierte man sich im besonderen auf Endotoxin-Meßverfahren (FLINT O., 1994). Tatsächlich steht mit dem Limulus-Amöbozyten-Lysat (LAL)-Test eine solche hochsensitive Methode zur Verfügung (LIEBSCH M., 1995). Trotzdem kann der Übergang auf ein reines Endotoxin-Bestimmungssystem wie den LAL-Test nicht befriedigen:

- Es werden nur Endotoxine erkannt, während alle anderen Pyrogene dem Test entgehen (SCHLIEVERT P.M., 1993).
- Der Test wird zum Teil durch Komponenten gestört (HURLEY J.C. et al., 1991; HARRIS H.W. et al., 1991; EMANCIPATOR K. et al., 1992; READ T.E. et al., 1993), die die Erkennung durch Immunzellen in manchen Fällen sogar verbessern (LBP, sCD14, BPI) (SCHÜTT C. et al., 1992; MARRA M.N. et al., 1992; TOBIAS P.S. and ULEVITCH R.J.,1993).
- Es wird das Blut einer vom Aussterben bedrohten Tierart benötigt.
- Die Reaktivität im Limulus-Assay ist nicht immer der biologischen Aktivität der Endotoxine korreliert (LAUDE-SHARP M. et al., 1990).
- Der LAL ist so empfindlich, daß es sehr leicht zu falsch positiven Resultaten durch Verunreinigungen von Probengefäßen und Verdünnungsmitteln kommen kann (FUJIWARA H. et al., 1990).
- Für einige Produkte ist der LAL-Test untauglich (MEISEL J., 1995).

Zusammengenommen muß der Übergang zum reinen LAL-Test prinzipiell als eine erhebliche Einschränkung der Produktsicherheit angesehen werden. Die Zahl der dadurch möglicherweise geschädigten Patienten ist nicht absehbar.

4. Zelluläre Ersatzmethoden zum Kaninchentest

Es wurden deshalb schon früher Testsysteme, die auf einer Bestimmung von IL-1 im Tier beruhen, und auch Testsysteme unter Verwendung von Makrophagen(-Zellinien) vorgeschlagen (DINARELLO C.A. et al., 1984; HANSEN E.W. and CHRISTENSEN J.D., 1990; TAKTAK Y.S. et al., 1991). Verglichen mit dem hier vorgeschlagenen Vollblutmodell ergaben kultivierte, isolierte menschliche Monozyten jedoch ein 20fach höheres Detektionslimit von 200pg/ml (HANSEN E.W. and CHRISTENSEN J.D., 1990). Die zur Zeit verfügbaren menschlichen Makrophagen-Zellinien verfügen allesamt nur über eine sehr eingeschränkte metabolische Kompetenz. Im allgemeinen ist eine zusätzliche Differenzierung in vitro notwendig, um die Fähigkeit zur Freisetzung von Cytokinen wiederherzustellen. Dieser Schritt mindert sehr die Standardisierbarkeit der Methode. Gleichzeitig kann die Sensitivität dieser Zellsysteme nicht völlig befriedigen. Insbesondere sind die zum Teil noch gar nicht identifizierten vermittelnden Serumkomponenten des Blutes meist nicht in der Kultur vorhanden. Inwieweit diese Zellinien überhaupt auch auf andere Stimuli als LPS ansprechen ist nicht bekannt. Die Verfahren auf Basis von Zellinien haben sich in den letzten Jahren gegen den LAL-Test nicht durchsetzen können.

Aus diesem Dilemma heraus wurde von uns ein Zellkultursystem vorgeschlagen (HARTUNG T. und WENDEL A., 1995), das sich die primäre Fieberreaktion des Menschen nutzbar macht: Die zu prüfende Testsubstanz wird dazu mit frischem menschlichen Blut zusammengebracht und bei 37°C inkubiert (Abb. 1). Etwaige Pyrogene werden von der Vielzahl der Immunzellen des Blutes erkannt und führen zur Freisetzung der Mediatoren des Fiebers, die dann mit kommerziellen Immunoassays (ELISA) gemessen werden können. Dabei sind alle Serumkomponenten vorhanden, die gegebenenfalls wie das LPS-Bindeprotein die Erkennung von Pyrogenen vermitteln können.

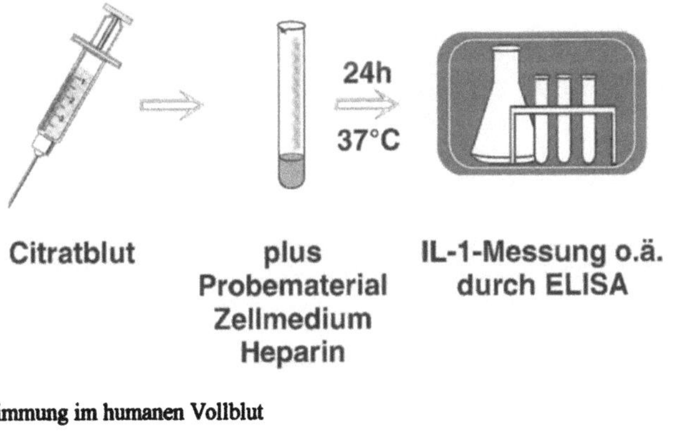

Abb. 1. Pyrogenbestimmung im humanen Vollblut

Die Methode der Cytokinfreisetzung aus Vollblut wird in Konstanz seit drei Jahren genutzt (HARTUNG T. et al., 1995; HARTUNG T. und WENDEL A., 1995). In der Zwischenzeit sind rund 200 Blutspender in Testungen einbezogen gewesen. Die Handhabung der Methode erwies sich als weitgehend unproblematisch. Bei Verwendung von 20%igem Vollblut in Zellkulturmedium war das Detektionslimit der Bestimmung bei 18 Spendern bei 10pg/ml Endotoxin (Endkonzentration im Test); nur 2 Spender zeigten bereits bei 1pg/ml eine positive Reaktion.

Im Vergleich ergibt der Kaninchen-Pyrogentest etwa ab 500pg/ml LPS eine positive Reaktion (HANSEN E.W. and CHRISTENSEN J.D., 1990).

In einer Vorphase, gefördert durch die Zentralstelle für die Erfassung und Bewertung von Ersatz- und Ergänzungsmethoden zum Tierversuch (ZEBET im BgVV, D-Berlin), wurde und wird das Verfahren zur Zeit noch in seiner Handhabung optimiert (Testentwicklung). In einer nun angestrebten Evaluierung und Prävalidierung soll der Test durch das Paul-Ehrlich-Institut zunächst parallel zum Kaninchentest am Beispiel der Blutprodukte eingesetzt werden. Daraus soll die Tauglichkeit der Methode beurteilt bzw. eine eventuell notwendige Überarbeitung der Methode abgeleitet werden. Die Konstanzer Gruppe übernimmt die Einführung und gegebenenfalls die Adaptierung/Überarbeitung der Methode nach Praxiserkenntnissen. Außerdem untersucht sie das zentrale Problem der Blutspender-Varianz und der deshalb nötigen Mehrfachtestungen und Testkontrollen. Die Firma ANAWA, D-München, hat das Modell bereits übernommen und testet die Eignung für die Pyrogentestung von medizinischem Verbrauchsmaterial unter GLP-Bedingungen (Good Laboratory Practice).

Literatur

DINARELLO C.A., O'CONNOR J.V., LOPRESTE G., SWIFT R.L., Human leukocytic pyrogen test for detection of pyrogenic material in growth hormone produced by recombinant Escherichia coli, J. Clin. Microbiol., 20, 323-329, 1984

EMANCIPATOR K., CSAKO G., ELIN R.J., In vitro inactivation of bacterial endotoxin by human lipoproteins and apolipoproteins, Infect. Immun., 60, 596-601, 1992

FLINT O., A timetable for replacing, reducing and refinig animal use with the help of in vitro tests: the limulus amebocyte lysate test (LAL) as an example, in: REINHARDT C.A., Alterantives to animal testing - new ways in the biomedical sciences, trends and progress, Weinheim: Verlag Chemie, 27-43, 1994

FUJIWARA H., ISHIDA S., SHIMAZAKI Y., NAITO S., TSUCHIYA M., MATSUURA S., Measurement of endotoxin in blood products using an endotoxin-specific Limulus test reagent and its relation to pyrogenic activities in rabbit, Yakugaku Zasshi, 110, 332-340, 1990

HANSEN E.W. and CHRISTENSEN J.D., Comparison of cultured human mononuclear cells, limulus amoebocyte lysate and rabbits in the detection of pyrogens, J. Clin. Pharmacy Therapeutics, 15, 425-433, 1990

HARRIS H.W., EICHBAUM E.B., KANE J.P., RAPP J.H., Detection of endotoxin in triglyceride-rich lipoproteins in vitro, J. Lab. Clin. Med., 118, 186-193, 1991

HARTUNG T. und WENDEL A., Die Erfassung von Pyrogenen in einem humanen Vollblutmodell, ALTEX, Heidelberg: Spektrum Akademischer Verlag, 12, 70-75, 1995

HARTUNG T., DÖCKE W-D., GANTNER F., KRIEGER G., SAUER A., STEVENS P., VOLK H-D., WENDEL A., Effect of G-CSF treatment on ex vivo blood cytokine response in human volunteers, Blood, 85, 2482-2489, 1995

HURLEY J.C., TOSOLINI F.A., LOUIS W.J., Quantitative limulus lysate assay for endotoxin and the effect of plasma, J. Clin. Pathol., 44, 849-854, 1991

LAUDE-SHARP M., HAEFFNER-CAVAILLON N., CAROFF M., LANTREIBEQUE F., PUSINERI C., KAZATCHKINE M.D., Dissociation between the interleukin-1-inducing capacity and limulus reactivity of lipopolysaccharides from Gram-negative bacteria, Cytokine, 4, 253-258, 1990

LIEBSCH M., Die Geschichte der Validierung des LAL-Tests, ALTEX, Heidelberg: Spektrum Akademischer Verlag, 12, 76-80, 1995

MARRA M.N., WILDE C.G., COLLINS M.S., SNABLE J.L., THORNTON M.B., SCOTT R.W., The role of bactericidal/permeability-increasing protein as a natural inhibitor of bacterial endotoxin, J. Immunol., 148, 532-537, 1992

MEISEL J., Pyrogenbestimmung: Ein Vergleich verschiedener Methoden, ALTEX, 12, 89-92, 1995

MOLTZ H., Fever: causes and consequences, Neurosci. Biobehav. Rev., 17, 237-269, 1993

READ T.E., HARRIS H.W., GRUNFELD C., FEINGOLD K.R., KANE J.P., RAPP J.H., The protective effect of serum lipoproteins against bacterial lipopolysaccharide, Eur. Heart J., 14, 125-129, 1993

SCHLIEVERT P.M., Role of superantigens in human disease, J. Infect. Dis., 167, 997-1002, 1993

SCHÜTT C., SCHILLING T., GRUNWALD U., SCHÖNFELD W., KRÜGER C., Endotoxin-neutralizing capacity of soluble CD14, Res. Immunol., 143, 71-78, 1992

TAKTAK Y.S., SELKIRK S., BRISTOW A.F., CARPENTER A., BALL C, RAFFERTY B., POOLE S., Assay of pyrogens by interleukin-6 release from monocytic cell lines, J. Pharm. Pharmacol., 43, 578-582, 1991

TILDERS F.J.H., DERIJK R.H., VAN DAM A-M., VINCENT V.A.M., SCHOTANUS K., PERSOONS J.H.A., Activation of the hypothalamus-pituitary-adrenal axis by bacterial nedotoxins: routes and intermediate signals, Psychoneuroendocrinology, 19, 209-232, 1994

TOBIAS P.S. and ULEVITCH R.J., Lipopolysaccharide binding protein and CD14 in LPS dependent macrophage activation, Imunobiology, 187, 227-232, 1993

WEHMEIER A. und KLICHE K.O., Fieber: Ausdruck der zytokinvermittelten Abwehrreaktion, Dtsch. Med. Wschr., 117, 1105-1109, 1992

ZEISBERGER E. and ROTH J., Neurobiological concepts of fever generation and suppression, Neuropsychobiology, 28, 106-109, 1993

Current trends for the assessment of neurotoxicity in vitro

C. Atterwill

Summary

The complexity of the nervous systems has to some extent inhibited the discovery, validation and application of *in vitro* models to neurotoxicity testing as well as the regulatory recognition of their potential usefulness in compound development. The availability of *in vitro* organotypic models for brain together with other systems for detecting peripheral neuropathy *in vitro* has, however, now facilitated recommendations for tiered systems and batteries incorporating such models as key elements. Some of the long-standing questions such as „What about the blood-brain-barrier and metabolic activation?" can also begin to be addressed as the access to co-cultures of endothelial and liver cells with e.g. organotypic reaggregate cultures becomes available. This, together with identification of more salient *in vitro* endpoints with clinical relevance and better human *in vivo* neurotoxicological databases, will hopefully expedite regulatory acceptance of the *in vitro* approach, facilitate interdisciplinary prevalidation and validation work, and hopefully direct higher-level research funding to this important area of cellular toxicology.

Zusammenfassung

Neurotoxikologische Beurteilung in vitro

Der komplexe Aufbau des Nervensystems hat bis zu einem gewissen Grad die Entdeckung, die Validierung und Anwendung von in vitro-Modellen bei neurotoxikologischen Tests sowie die Anerkennung ihrer potentiellen Verwendbarkeit im Rahmen der Medikamentenentwicklung gehemmt.

Die Verfügbarkeit von organspezifischen in vitro-Modellen des Gehirns in Verbindung mit anderen Testsystemen zur Erkennung einer peripheren Neuropathie in vitro hat die Empfehlung für verknüpfte Testsysteme und -anordnungen, die solche Modelle als Schlüsselelemente beinhalten, erleichtert.

Einige der schon lange bestehenden Fragen, wie z.B.: „ Was ist mit der Blut-Hirn-Schranke und der metabolischen Aktivität?", können jetzt mit der Erschließung der Cokulturen von Endothel- und Leberzellen mit z.B. organspezifischen reaggregierten Kulturen angegangen werden.

Dies wird, in Verbindung mit der Identifikation von weiteren hervortretenden in vitro-Endpunkten mit klinischer Relevanz und besserer neurotoxikologischer in vivo-Datenbasis im

Humanbereich, hoffentlich eine Akkzeptanz der in vitro-Herangehensweise und die Erleichterung von Prevalidierung und Validierung sowie eine stärkere Unterstützung dieses wichtigen Bereichs der zellulären Toxikologie mit sich bringen.

1. Introduction

This overview adresses a subject which in the pharmaceutical industry does not receive perhaps as much attention as it should, even though compound withdrawal from development due to neurotoxicological reactions is still one of highest-level categories. Later I shall try and cast some light on why. Within the agrochemical and chemical industries, as far as the EPA is concerned, there is, however, a lot of interest in developing new neurotoxicity *in vivo* and *in vitro* tests and adopting a more pragmatic approach to risk assessment.

Is it any wonder that the sceptics wonder whether we can model neurotoxicity *in vitro* using cell culture systems? If we look at the human brain we see why these views are currently held, because just looking at a simple language task under PET scanning we see three small highlighted areas of the brain. If we then consider the complex effects of a neurotoxin, even a mild one, where neural cell damage may ensue one can see the sort of difficulties in trying to convince regulatory scientists how one could ever model such subtle and regionally-specific effects in the culture dish.

In this paper, I (1) start with more specific scientific issues we face in trying to develop *in vitro* models for neurotoxicity testing, (2) say something about the clinical and regulatory issues which have lead to an expanded interest in the subject, (3) discuss current progress and some of the validation work that is ongoing, and (4) describe some of the barriers to acceptance of the test models and future developments in the area.

2. Scientific issues for developing *in vitro* neurotoxicity models

One of the main problems is the cellular diversity of the nervous system; many toxicologists ask if we can effectively develop an organotypic system modelling all the different cell types in the nervous system. Considering retina and optic nerve, for example, we are aware of the variety of cell types in the nervous system in this small part of the CNS alone. There are neurones (e.g. various interneurones and the long projecting retinal ganglion neurones), the myelinating cells (oligodendrocytes) which provide myelin to support neurones in terms of bioelectrical transmission, various types of astrocytes which e.g. transport vital nutrients from the blood to the nerve cells, and there are other cells such as microglia and neuroimmune cells which migrate around the system in response to injury and disease. That shows the diversity in just one specific area of the nervous system.

Some of the more general issues which have hampered acceptance and development of *in vitro* models are:

- How do we address both the central and peripheral nervous systems?
- What sort of neurotoxicological endpoints should we be considering? Should we be looking at mechanistic endpoints, e.g. neuropathy target esterase (NTE) in the classification of organophosphorus pesticides, or should one take a more general approach, and just assess cytotoxicity indicators?

Other equally important questions are:

- What about the blood-brain-barrier and metabolic activation?
- Should we be looking at the developing and/or mature nervous systems *in vitro*.
- Should we use a battery or tier approach?

More importantly, should we be mimicking the *in vivo* regulatory paradigms, such as the EPA *ex vivo* test for neuropathy target esterase (NTE)? For expediency should we try and emulate these endpoints in the culture model? This will perhaps give us fast progress because of automatic regulatory understanding of the objectives.

One key question which continues to confuse all of us is what actually constitutes neurotoxicity. It is important to recognise what it is and how we can perhaps model some parts of it. There are three levels of neurotoxicity in risk assessment. There is neurocidal activity, which is the loss of whole neuronal populations, plus two classes of neurotoxicity: Neurotoxicity Class 1: where there is loss of axonal populations and/or nerve terminals and possibly some support cells. Here the neurones themselves may survive but behavioural and clinical effects may ensue. Secondly, there is a lower form of neurotoxicity, Neurotoxicity Class 2: here we see subtle behavioural or neurochemical effects with no structural or morphological damage to the neural cells. This leads us to ask: Although we might be able to detect these changes using pathological indicators in *in vivo* studies, how do we detect the more subtle changes *in vitro*?

3. Clinical and regulatory issues

Early and clear identification of neurotoxicity is still not considered a high priority in the development of new drugs. If we examine a recent report from the Centre for Medicines Research (CMR), which was tabled at the British Toxicological Society in October 1994 in Edinburgh (THOMAS K. et al., 1994), the introduction states that the importance of detecting neurotoxicity in toxicology studies is highlighted by the fact that this reason for toxicity makes up the second most frequent reason for drug withdrawals from the marketplace when considering those compounds withdrawn for safety reasons. For those of us that study the adverse drug reaction (ADR) reports for new compounds, there is an expanding list of compounds appearing month by month with potential neurotoxicity at different levels. We cannot afford to ignore these, it is the human risk-assessment mode of toxicology testing. If in any way the *in vitro* systems we might develop can address this detectability problem, then we should be considering this very seriously indeed for animal test refinement and replacement purposes.

The CMR study examined at 226 pharmaceutical compounds withdrawn, or under close scrutiny for neurotoxicological effects in rat and dog studies. This involved data from 34 companies and two types of pharmaceutical agents: those which have been developed for therapeutic actions on the CNS (neuropharmaceuticals) versus general pharmaceuticals. If we examine both the neuropathology data and toxicological clinical observations, we see that whereas the neuropathology showed no difference between neuropharmaceuticals and general pharmaceuticals, the clinical data (for clinical neurological effects) highlights a clear difference between neuropharmaceuticals and general pharmaceuticals. Incidence of neurotoxicity was higher in the neuropharmaceuticals category. By extrapolation, this means that in developing *in vitro* models we should not be just concerned with the *in vitro* equivalent of neuropathology (i.e. cell death and structural damage) but should be striving to develop accurate markers reflecting these more subtle effects which manifest themselves in the clinical effects seen in man.

4. Progress and validation in the area of *in vitro* neurotoxicology

There are two fora for consideration of neurotoxicology research funding. First there is the mechanistic or neurodegeneration forum, and secondly there is the test and endpoint development and validation forum. Recently there was a IUPHAR Satellite Meeting in Montreal considering neurotoxicity mechanisms *in vitro*, a BTS meeting in which neurotoxicity was highlighted, and the International Neurotoxicology Association (INA). Therefore, if we look at the funding directed towards mechanistic studies of neurodegenerative diseases versus *in vitro* validation research we see a ratio of something like 100-200 to 1 of research funding directed specifically at the „mechanistic" area. In terms of validating and developing model *in vitro* systems for the risk assessment process, there is minimal funding at present. Some has been funded under the auspices of ECVAM, FRAME, and the EPA labs in the USA. I want to stress that if we wish to progress in this area, there needs to be a very substantial injection of funding into the test development and validatory area worldwide.

The main support to date has been provided by ECVAM. A specialist report on *in vitro* neurotoxicity testing has been recently published in ATLA (ATTERWILL C. et al, 1994) which has proposed a three-tier, multi-endpoint model for full prevalidation across several European laboratories. Alongside this, ECVAM also funded a small prevalidation study in two phases between 1992 and 1994 in which the CellTox Group was involved. It was designed to examine the performance of a pilot, three-tier model (proposed by ATTERWILL in 1989) using 43 different chemicals comprising neurotoxicants and non-neurotoxicants. This project involved four different centres, the data being reported in Toxicology In Vitro (WILLIAMS S.P. et al, 1994). We hope that this pilot study will lead to a full prevalidation study of the ECVAM model in the near future.

What is the status of this tiered testing approach? The model forwarded by the ECVAM working group is shown in Fig. 1. It takes the form of a three-tiered approach where tier 1 involves screening compounds through a relatively simple series of *in vitro* tests for central and peripheral neuronal toxicity using relatively few endpoints. This would then be followed by a more complex second testing tier using organotypic systems of three-dimensional cultures and incorporating a larger series of endpoints. The last or third tier would investigate cell-specific toxicology. We have found so far in our prevalidation work on the first tier of this model some interesting preliminary results (WILLIAMS S.P. et al, 1994).

It appears that this first tier test has only a limited ability to detect neurotoxins using neural cytotoxicological endpoints. Although no false positives appeared, there were a number of false negative compounds either because of metabolic factors, celltype or receptorspecific tissues, etc. This result highlights the need to re-evaluate the first tier components to incorporate this into a „battery-approach".

Alongside ECVAM, the IVTIP group has come up with a similar set of recommendations. These recommendations highlight three key points, namely that the identification of specific endpoints of neurotoxicological damage *in vitro* which uniquely relate to specific nervous system components is extremely important, e.g. markers of nerve fibre demyelination seen in peripheral nerve toxicity. We also need more emphasis put on the development of *in vitro* models for the blood-brain-barrier in considering the action, distribution and entry of neurotoxicants into the CNS. Lastly, we need to search for a better understanding of how disturbances of basic neural function are related to altered gene expression. For example, the early genes and the genes which control the heat shock protein expression.

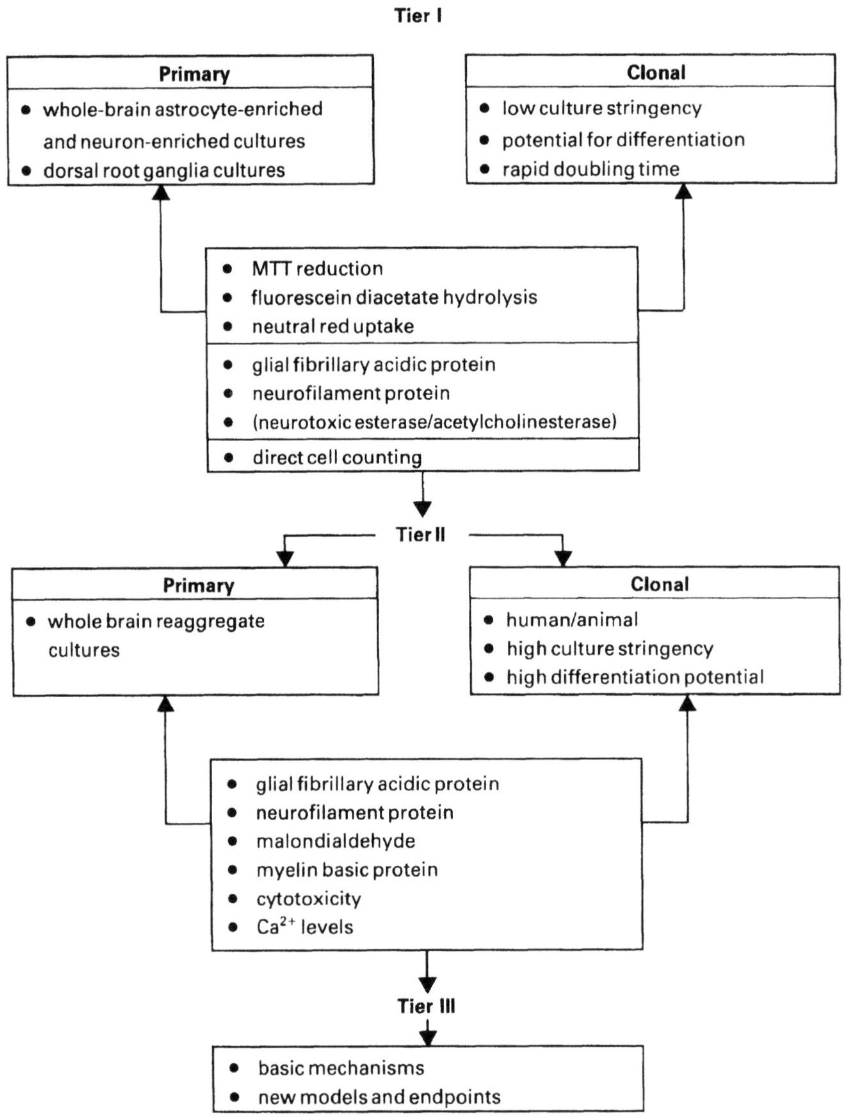

Fig 1. Proposed 3-Tier in vitro neurotoxicity testing model from the ECVAM workshop (ATTERWILL C.K. et al., 1994). This model derives from a previously defined modl (see WILLIAMS S.P. et al., 1994) together with recommondations from the ECVAM workshop

5. Future developments and barriers to acceptance

What are the priorities, future developments and barriers to acceptance by regulatory authorities of *in vitro* tests for neurotoxicity? There are two main areas for consideration:

a) the model directed approach, and
b) the endpoint-directed approach.

Points in Table 1 highlight some of the barriers to their scientific acceptance. We need improved models for detection of peripheral nervous system toxicity. It is an ignored and important area. The US EPA have been heavily involved in developing suitable cell line models for OPIDN peripheral nervous system toxicity (VERONESI B., 1992; ROWLES T.K. et al, 1995). *In vitro* models of sensory neurones are now available: e.g. the dorsal root ganglion (DRG) cultures where great leaps forward have been made in understanding and detecting peripheral nerve toxicity. In the central nervous system we need more and better organotypic models of the brain. In our own laboratories we are currently developing such models. We have developed the whole-brain reaggregate culture system to this end. These are also known as Brain Spheroids. This model is well-proven in neurobiology and comprises an organotypic mixture of all neural cell types in a differentiating system (ATTERWILL C., 1989) (Fig. 2). Different „windows" of tissue development and maturity can be investigated with test compounds and a large number of neurochemical, neuropathological and cytotoxicological assays performed *in vitro*. We are also attempting to go one step further in creating a model which encompasses the blood-brain-barrier by co-culturing these brain reaggregates with primary cultured endothelial cells (EC) or MDCK cells. Preliminary results look encouraging, by labelling EC's with a fluorescent dye it appears that a coating of brain reaggregates by EC's can occur under specific conditions (BYSTRY R.S. et al, 1995). Moreover, we are also evaluating the possibility of co-culturing brain and liver spheroids for studies of metabolically-activated neurotoxic compounds. This is alongside a strategic evaluation of reaggregate/spheroid cryopreservation to facilitate inter-laboratory validation studies.

Table 1. Scientific Issues and Barriers to Acceptance of *In Vitro* Tests

(a) Scientific Issues

Miscellaneous - prioritised

- CNS vs PNS
- Endpoints? Mechanistic (e.g. NTE) or General Cytotoxicity Approach? (Neuropathy vs Neurochemical vs Neurobehavioural)
- Metabolic Activation & Species Differences in Risk Assessment
- Blood-Brain-Barrier
- Developing vs Mature Nervous System Models
- Battery or Tier Approaches
- Mimic *in vivo* regulatory paradigms/tests or be completely 'novel'?

(b) Barriers to Acceptance

- Making Scientific „Choices". E.g. CNS vs PNS; Adult vs Developing Model.
- Lack of Organotypic Models (CNS & PNS) + BBB coculture model.
- Comprehensive *in vivo* human neurotoxicological databases.
- Lack of Funding: Mechanistic Research Funding >> Validation & Model Development. Industrial input?
- „Decisions": Prescreens (general chemicals/drugs) vs *In vivo* Adjuncts (specific mechanistic).
- Tests for Specific Chemical Classes Preferable (e.g. OP/NTE) to General Screens.
- Regulatory non-alignment/harmonization on *in vitro* policies (e.g. FDA/EPA/OECD).

Concerning endpoint directed approaches: there have been great leaps forward in understanding the role of astrogliosis in neurotoxicity and this is becoming accepted as a particularly good marker for neurotoxicity. When we insult the brain with neurotoxicants, there is an increased expression of a protein known as GFAP which is localised in astrocytes. We

M. and PENTREATH V., 1994). Lastly, other important areas include neuroimmunotoxicity, where e.g. drug-induced autoimmune dysfunction can seriously affect the nervous system. We also need to look at alternative cell systems which can closely mimic neuroimmunotoxicity. For example, the degranulation of *in vitro* maintained mast cells or the role of microglia in the nervous system (PURCELL W. and ATTERWILL C.K., 1995; SILVER R. et al., 1996).

6. Conclusions

I have thus attempted to summarize what I consider to be some of the barriers to acceptance of *in vitro* test systems in neurotoxicology. It is largely a question of decisions and choices. Making the scientific choices means: do we try to model and develop models for the CNS, the PNS, or both? Do we focus on the adult or developing nervous systems or both? Neuroscientists have been trying to take those decisions for some years now. We need to finally make the choices and adhere closely to them, and then go forward quickly with the appropriate validation work.

The expanding availability of primary organotypic models for the CNS is an added bonus and much new work and funding has to be aimed at this important area to expedite development. We need to incorporate such cultures into our batteries or tiered models and think about designing ways of using them in prescreens or adjunct test systems for regulatory neurotoxicology. What we need most of all is better databases for both animal and human neurotoxicologal assessment. It is pointless to try to validate *in vitro* test results only against animal toxicity or neurotoxicity data. In the end we are trying to perform human risk assessment. We, therefore, need better *in vivo* human neurotoxicological databases (and we also need better animal ones). Only then we can facilitate more relevant cross-company and cross-regulatory frontier discussions.

Funding problems have been mentioned. There needs to be considerably more funding directed towards new *in vitro* model development and validation. We have access to most of the models, they have been around for years, but we now need to examine them in detail from a neurotoxicological rather than pure neuroscience perspective. We then need to validate them and look for more relevant clinically-based endpoints. We need to decide whether we should be using tiered or battery systems, as prescreens or adjuncts to the regulatory animal studies. Most of all, what is required urgently is more international and European regulatory cross-talk. We have heard about harmonization of *in vivo* toxicity studies, and now need harmonization of approaches across the *in vitro* sciences. At the moment there is a huge amount of progress under the EPA in neurotoxicity testing, but the FDA are currently taking relatively little initiative. It is well recognised that although it may be impossible at the moment to consider replacement of animal neurotoxicity tests, the current *in vitro* approaches should soon allow a refinement and reduction of the *in vivo* tests. There needs, therefore, to be more alignment of the regulatory authorities towards applications in neurotoxicity testing from both *in vivo* and *in vitro* standpoints.

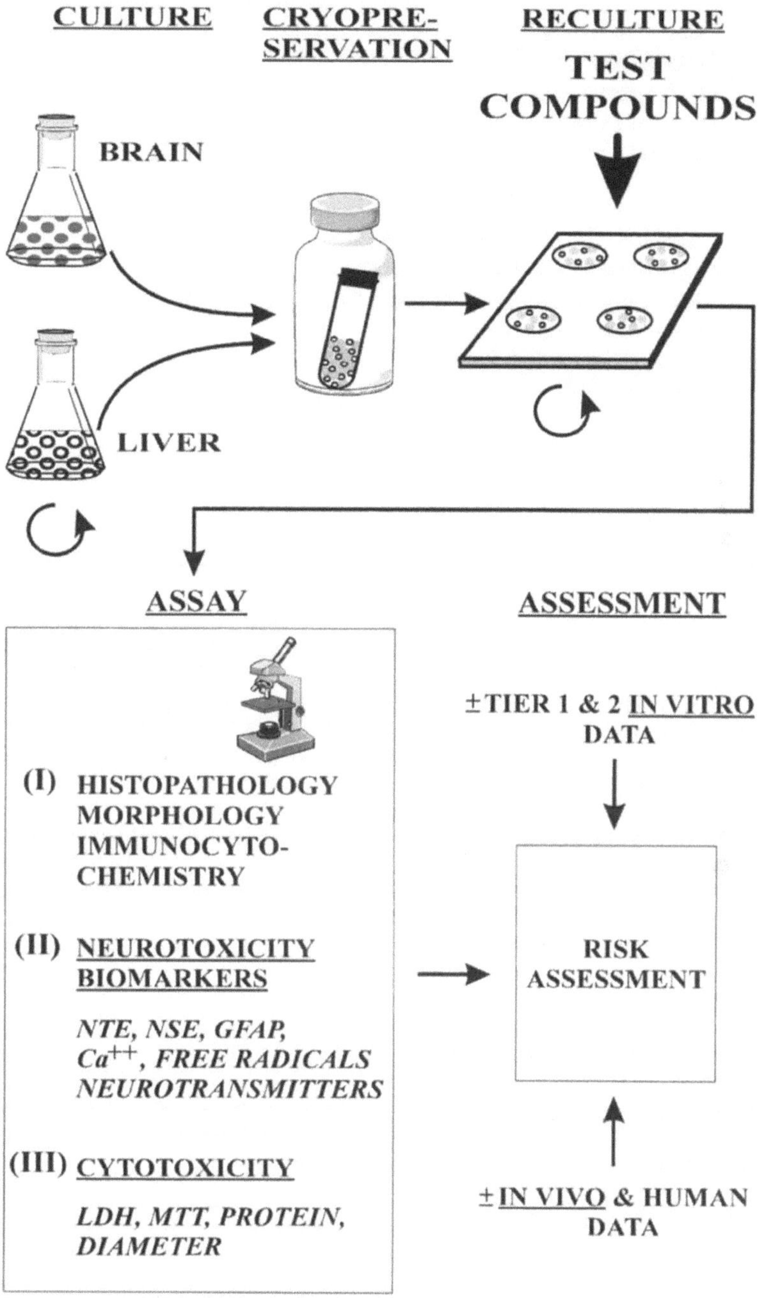

Fig 2. Suggested use for Brain & Liver Reaggregate Cultures in Toxicity Testing

Abbreviations

CNS	Central Nervous System
PNS	Periphral Nervous System
EPA	Environmental Protection Agency
FDA	Food and Drug Administration (USA)
ECVAM	European Centre for the Validation of Alternative Methods
FRAME	Fund for the Replacement of Animals in Medical Experiments (UK)
BTS	British Toxicology Society
CMR	Centre for Medicines Research (UK)
OPIDN	Organophosphate Induced Delayed Neuropathy
ATLA	Alternatives to Laboratory Animals (Journal of FRAME)
DRG	Dorsal Root Ganglion
GFAP	Glial Fibrillary Azidic Protein
EC	Endothelial Cell

References

ATTERWILL C.K., Brain reaggregate cultures in neurotoxicological investigations: studies with cholinergic neurotoxins, ATLA, 16, 221-230, 1989

ATTERWILL C.K. et al., In vitro neurotoxicity testing, ECVAM Workshop Report No 3, ATLA, 22, 250-362, 1994

BYSTRY R.S, FOX R.M, ATTERWILL C.K., Development of a novel in vitro blood brain barrier using whole rat brain reaggregates and rat-brain derived endothelial cells, Human & Exp Toxicology, 1995

COOKSON M. and PENTREATH V., Alterations in the glial fibrillary acidic protein content of primary astrocyte cultures for evaluation of glial cell toxicity, Toxicol In Vitro, 8, 351-359, 1994

PURCELL W. and ATTERWILL C.K., Mast cells in Neuroimmune Function: Neurotoxicological and neuropharmacological perspectives, Neurochemical Research, 20 (5), 521-532, 1995

ROWLES T.K., SONG X., EHRICH M., Identification of endpoints affected by exposure of human neuroblastoma cells to neuroticants at concentrations below those that affect cell viability, In Vitro Toxicology, 8, 3-13, 1995

SILVER R., SILVERMAN A.-J., VITHOVIC L., LEDERHENDLER I., Mast cells in the brain: evidence & functional significance, TINS, 19 (1), 25-31, 1996

THOMAS K., MCAUSLANE J., LUMLEY C., Pharmaceuticlas acting on the nervous system - how frequently do they cause central nervous system exciting, Proceedings of BTS Meeting (Poster) 21-23 Sept. 1994, Edinburgh, 1994

VERONESI B., In vitro screening batteries for neurotoxicants, Neurotoxicology, 13, 185-196; 1992

WILLIAMS S.P. et al., Phase I of an in vitro neurotoxicology validation trial, Toxicol In Vitro, 8 (4), 799-802, 1994

WILLIAMS S.P., O'BRIEN S., WHITMORE K., PURCELL W.M., COOKSON M.R., MEAD C., PENTREATH V.W., ATTERWILL C.K., An in vitro neurotoxicity testing scheme; evaluation of cytotoxicity determinations in neural & non-neural cells, In vitro Toxicology, 9 (1), 83-92, 1996

Primary and permanent neuronal cell cultures - an in vitro model for detecting neurotoxicity

G. Schmuck

Summary

During the last years, great efforts were made to replace neurotoxicological *in vivo* studies by specific *in vitro* methods. Primary neuronal cells from different parts of the CNS as well as glia cells isolated from fetal rats, permanent cell lines from various species including man and dorsal root ganglia from adult species were mostly used for toxicological studies.

To evaluate test compounds used for industrial, agricultural or medical purposes on their possible potency to interact with the nervous system, investigations were done in a 3 step procedure. In a first step, two different cytotoxicity assays were used to characterize the cytotoxic profile of the test compound. In a second step, the neurotransmitter systems were investigated by determing the enzyme activities or amounts and the intracellular neurotransmitter content. Additionally, cell specific parameters like the neuron specific enolase (NSE) or the glial fibrillary acid protein (GFAP) and cytoskeleton constituents could be quantified. In a third step, specific investigations might be necessary, like electrophysiology or receptor binding studies.

An important model to quantify neurotoxic events *in vitro* identified compounds which induce peripheral polyneuropathies like organophosphates, Acrylamide or Paraquat by using antibodies against cytoskeleton elements.

Zusammenfassung

Primäre und permanente neuronale Zellkulturen - ein in vitro Modell für die Ermittlung der Neurotoxizität

Während der letzten Jahre wurden große Anstrengungen zum Ersatz von neurotoxikologischen in vivo-Studien durch spezifische in vitro-Methoden unternommen. Primäre neuronale Zellen von verschiedenen Teilen des ZNS sowie Gliazellen von fetalen Ratten, permanente Zellinien verschiedener Spezies, wie Mensch, und dorsalen Wurzelganglien von adulten Spezies wurden meist für neurotoxikologische Studien verwendet.

Zur Bewertung von in Industrie, Landwirtschaft oder Medizin verwendeten Testsystemen auf ihre mögliche Potenz zur Interaktion mit dem Nervensystem wurden Untersuchungen in einem 3-Stufen-Verfahren vorgenommen. Im ersten Schritt wurden zwei verschiedene zytotoxische Essays zur Charakterisierung des zytotoxikologischen Profils von Testverbindungen verwendet. Im zweiten Schritt wurden Neurotransmittersysteme durch die Bestimmung der Enzymaktivitäten oder -menge und dem intrazellulärem Neurotransmittergehalt untersucht. Anschließend konnten spezifische Parameter wie der „Neuron specific enolase" (NSE) oder das „Glial fibrillare Acid Protein" (GFAP) und die Bildung des Zytoskelettes quantifiziert werden. Im dritten Schritt könnten spezifische Untersuchungen, wie Elektrophysiologie oder Rezeptorbindungsstudien, nötig sein.

Ein wichtiges Modell zur Quantifizierung neurotoxikologischer Vorgänge in vitro auf Grund von bekannten Verbindungen, welche periphere Polyneuropathien, wie Organphosphate, Acrylamide oder Paraquat hervorrufen, stellt die Verwendung von Antikörpern gegen Zytoskelettelemente dar.

1. Introduction

Since 1959, when RUSSEL and BURCH published their „Principles of human experimental technique", the idea of the three „Rs" (replacement, reduction and refinement) expanded constantly in scientific work and regulatory decisions. In neurotoxicology, a lot of work and ideas arose in the last decades on how to replace animals by using sensitive in vitro methods for scientific and regulatory purposes, because the in vivo test systems for these endpoints are on the one hand very sophisticated or on the other hand painfull. A broad spectrum of various compounds were found to be neurotoxic in vivo e.g. metals, pesticides, solvents, pharmaceuticals, animal and plant poisons. The typical neurotoxic impact of all these compounds has to be identified in a basic screening system to warrant that new neurotoxic compounds will also be identified in vitro.

2. Primary versus permanent neural cell cultures

A primary way to create a basic screening system is the use of neuronal cell cultures. Here the first aim is to establish a cell culture system which could be handled by most laboratories. In the field of primary cultures, a variety of different culture methods and species origins exist which must be confined.

Neuronal and glial cells from rodents are well established cell culture models used over a period of about 20 years. Choosing these cell cultures would have the benefit that considerable experience has been accumulated meanwhile concerning the culture conditions and the characterization of cell types. Most research on neuronal functions, neurotransmitter systems, electrophysiology and development were performed on rodential cells (ATTERWILL C.K. et al., 1992; HANSSON E. 1988). In addition, rodents were the most frequently used test animals in toxicological studies in vivo including behavior test batteries.

Use of brain slices in roller tube technique (GÄHWILER et al., 1992) or reaggregation cultures (HONEGGER P. and SCHILTER B., 1992) allows to retain the original architecture of the tested brain area. This cultures are appropriate for studies on long-term processes in neurotransmitter release or electrophysiology. Application of this technique is restricted by the number of samples which can be investigated in parallel. This technique should be used in higher Tier-level, where mechanistic and functional aspects are investigated.

Differences in species sensitivity and extrapolation to man could be examined by comparative testing of permanent neuronal cells which are available in international cell culture counters. Permanent neuronal cell cultures may be the most usefull tool for an initial screening to investigate the general neurotoxicological profile of the test compounds. However, they can only be supplementary to primary cell cultures because of their bimodal properties: on the one hand, they display neuronal features like neurites and neurotransmitter metabolizing enzymes, but on the other hand, also features of immortal cells like proliferation and non-diploid chromosomes. They are, however, an appropiate tool for basic information or for specific questions for the identification of delayed neurotoxic organophosphates (HENSCHLER D. et al., 1992).

Differences in species sensitivity could also be identified by using cells of the peripheral nervous system, for example dorsal root ganglia cells, which belong to the sensory nervous system. These neuronal cells are available from all species including dogs and monkeys, even from adult stages. This is important since also animals from in vivo studies could be investigated. For the use of these cellular systems a step-wise approach is proposed (ATTERWILL C.K. et al. 1992, table 1; see ATTERWILL C.K., this issue).

Table 1. This scheme is mainly adopted from ATTERWILL et al. (1992), which evolved a test model for neurotoxin in coordination with FRAME, and modified in some details

step	cell model	parameters	evaluation
step I	primary neuronal or glial cells from rodents neuroblastoma and glioma cells from different species including men dorsal root ganglia from different species	cytotoxicity tests: Calcein-AM, glucose consumption, MTT, Neutral Red, LDH (2 tests)	„inherent" toxicity: **low**: classifies compounds as potentially less toxic **high**: step II studies are recommendent
step II	see step I	neurotransmitter systems: AChE, CHAT, GA, GS, GAD, TH, DßH; neurotransmitter cell specific parameters: GFAP, NSE cytoskeleton: neurofilaments, MAP's (Ca^{2+}-content)	neurotoxic properties: **yes:** if risk can not be reliably assessed, step III studies may be usefull **no:** classify compounds as not significantely neurotoxic
step III	see step I brain slices synaptosomes ex vivo transplants	electrophysiology receptor binding assays	

3. Test Scheme Step I

3.1. Cytotoxicity assays

As in in vivo studies, the cytotoxic properties of a test compound have first to be identified to discriminate general toxic responses from specific pharmacologic or toxicologic effects. Many cytotoxicity assays are commercially available, but not all tests are appropriate for neuronal test cultures, e.g. proliferation tests. Easy to handle and appropriate with regard to sensitivity is the quantitative determination of vital cells by their unspecific esterase activity (Calcein-AM; Molecular Probes, Eugene, Canada) or the determination of the glucose consumption (Sigma Deisinghofen, FRG) in the culture media. Fluorescent dyes like Calcein do not interfere with the extracellular matrix and most commercially available fluorescent readers can handle all cell culture plates, from 6 to 96 wells per plate. Colorimetric cytotoxicity assays such as the MTT, Neutral Red and LDH assays are also useful tools (FRESHNEY R.I., 1992). However, they are less sensitive and react sometimes with extracellular matrix molecules of the culture dishes. It must be recommended to use at least two assays in parallel, since potential adverse effects may be assay or target-related and may result from unspecific interference of the assay compounds or of reaction of the test compound with specific cellular targets. For example, selective inhibition of esterases or mitochondrial enzymes indicates a high cytotoxic potential in the Calcein-AM or MTT assay without a dramatic reduction of the cell number or glucose consumption.

Total cell number and protein content can be determined by classic methods: DNA-determination (Ethidiumbromide) and protein content according to Bradford or Lowry.

In summary, cytotoxicity assays are essential to characterize the basic cytotoxic properties of test compounds and to classify them. For compounds, which are identified as potentially harmful, more specific research on mechanistic aspects, in order to define the neurotoxicological mode of action of the test compound, should be performed in a following step:

4. Test Scheme Step II

4.1. Neurotransmitter metabolism

One characteristic feature of the vertebrate nervous system is the intercellular communication via chemical synapses. Different neurotransmitter systems have been evolved for regulation of this communication. The mammalian central nervous system uses many different neurotransmitters and its metabolism is apparently well separated from the general metabolic pathways. There are three main systems: the cholinergic, the amino acid-based and the catecholaminergic system. Metabolism, storing, release and reuptake of neurotransmitters are regulated by both cerebral neurons and astrocytes. It is recommended to examine both cell types separately. Each neurotransmitter system is again subject to regulation by key enzymes, which can be assayed by activity or by cellular ELISA tests. Additionally, the intracellular level of neurotransmitters, if required, could also be determined by cellular ELISA techniques (SCHMUCK G. and SCHLÜTER G., in press).

The required methods for step II tests do already exist for a long time and can be taken from pertaining literature.

4.2. Cell specific markers

The quantification of the cell type composition in neuronal cell cultures is an essential prerequisite to ensure the cell culture quality and to identify cell type specific toxicity. The key functions of astrocytes are: release of growth hormones and other factors like extracellular matrix molecules, regulation of neuronal growth and differentiation, production of neurotransmitters and other metabolic substances, reuptake from neurotransmitters and regulation of the ionic balance. In cell cultures there is a risk that astrocytes overgrow the neuronal cells, thus their proliferation has to be actively inhibited by FUDR (fluorodesoxyuridine). Neurotoxins often disregulate specific functions of one cell type, for example the production and secretion of growth factors. This results in suppressing the growth of one cell type in favour to the other cell type (e.g. astrocytes = gliosis).

Quantification of neurons and astrocytes can be performed with specific neuronal markers in cellular ELISA tests (SCHMUCK G. and SCHLÜTER G., in press). Marker proteins for neurons are NSE (neuron specific enolase) and neurofilaments and for glial cells the GFAP (glial fibrillary acid protein).

4.3. Cytoskeleton and Ca^{2+} content

Aside from the neurotransmitter metabolism, the cytoskeleton proved to be a main target of neurotoxins. Especially solvents or organic compounds like acrylamide, n-hexane and organophosphates induce a so called delayed „dying back“ process, which disrupts the axonal connection in the peripheral and central nervous system. The potential for such an activity can be identified and even quantified directly via the length of neurits of primary or permanent neuronal cell cultures or by determination of neuronal cytoskeleton elements like neurofilaments or MAP's (Microtubuli associated proteins) (SCHMUCK G. and SCHLÜTER G., in press).

In addition, the intracellular Ca^{2+} appears to be a sensitive parameter for viability of neuronal cells. An enhanced Ca^{2+} influx, as induced by neurotransmitters like glutamate, Ca^{2+} channel agonists, dementia or hypoxia, results in a massive degeneration of neuronal cells in the brain (CHOI D.W., 1988). However, measurements of the actual Ca^{2+} currents in cell culture are very sophisticated and are therefore only recommended, if the test compound is suspected to act on specific Ca^{++} related receptors or channels (OGURA A. et al., 1990). Indications of such specific toxic actions can be derived from cytotoxicity or from cytoskeleton differentiation assays and from studies on neurotransmitter release or electrophysiologic performance. Additional evidence could be obtained by the measurement of the total Ca^{2+} content of the cell culture by specific fluorescent dyes like fura-2 (GLAUM S.R. et al., 1990) or fluo-3 (MITSUMOTO Y. and MOHRI T., 1989).

4.4. Neuropathies

Compounds like organophosphates or acrylamid directly or indirectly attack the cytoskeleton of primary or permanent cell lines. In the case of organophosphates, a test system could be validated, which identified the delayed neurotoxic compounds by determing the sprout length of two permanent cell lines (C 6 and N-18). This assay could be optimized using specific antibodies against the neurofilaments of the N-18 cells. As shown in Fig. 1, organophosphates, which induce delayed polyneuropathies, reduce the molecular amount of the neurofilaments in concentrations where no cytotoxicity is visible. On the other hand, non delayed neurotoxic compounds like paraoxon, do not show this effect (data not shown).

An significant delayed effect on the neurofilaments could also be induced by acrylamide. This compound is known to attack the axonal flow by impacting the responsible cytoskeleton elements (Fig. 2).

5. Test Scheme Step III

The techniques in step III, electrophysiology, organotypic slice cultures and receptor binding studies are very time-consuming and technically very challenging. They may be usefull for special questions concerning neuropharmacological or -toxicological aspects on a case by case basis.

6. Conclusion

The intention to replace animal studies in neurotoxicological research resulted in the development of a battery of in vitro tests, which examine different functional and structural aspects of the complex nervous system of mammals and aim at identifing neurotoxic properties of compounds from all groups of chemicals which are used in industry, agriculture or medical health. As discussed by ATTERWILL et al. (1992) these tests should be implemented in a tiered testing approach which determine step-wise the risk for human health (table 1). For the first step we recommend the use of cell models like primary neuronal cell cultures from rodents or permanent cells from human origin. In this step, „inherent“ toxicity of compounds is determined in cytotoxicity assays.

Compounds with a significant toxicity are further examined in the second step which uses the same cell model but focuses more on effects of neuron-specific features such as the function of the neurotransmitter systems or the cytoskeleton. On a case by case basis, further more specific investigations may become necessary in a third step. This step also includes investigations on ex vivo explantates from in vivo animal studies.

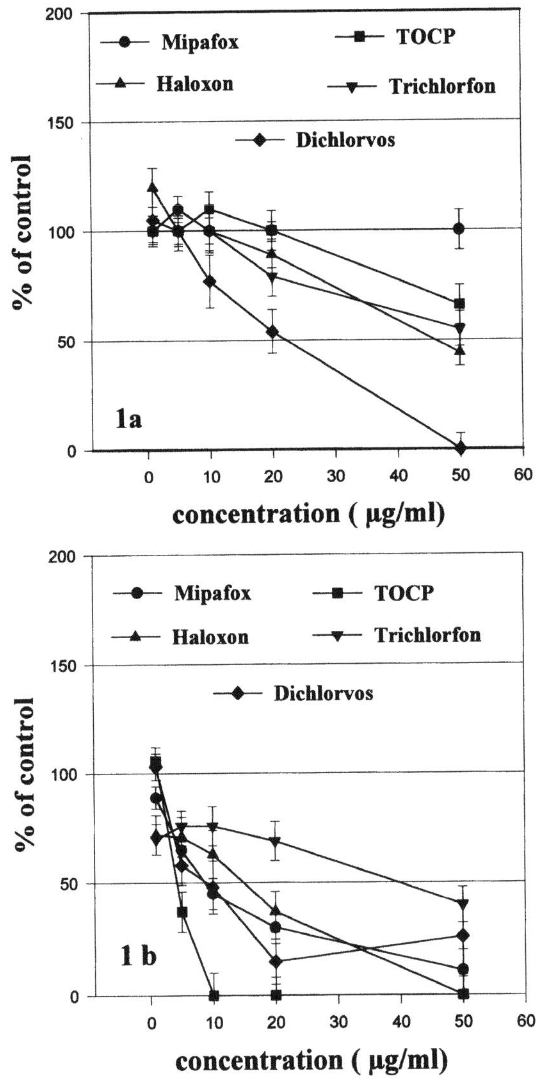

Fig. 1a and b. Determination of a) the cytotoxicity (Viability assay) and b) the molecular amount of neurofilaments (Sprouting assay) in the neuroblastoma cell line N-18 after treatment with delayed neurotoxic organophosphates

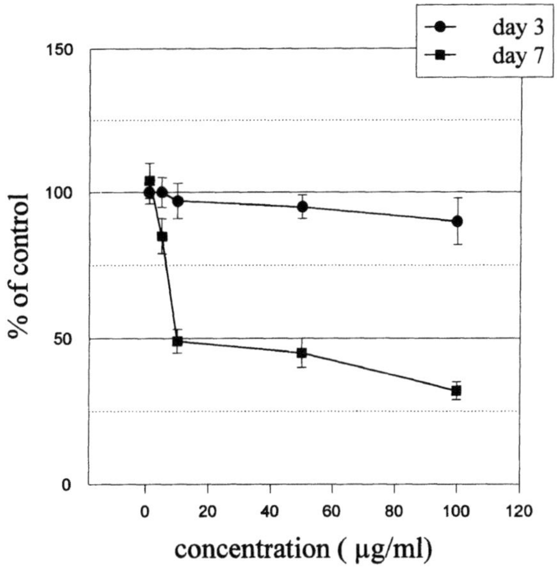

Fig. 2. Determination of the molecular amount of neurofilaments in cortical neurons after treatment with acrylamid

References

ATTERWILL C.K., HILLIER G., JOHNSTON H., THOMAS S.M., A tiered system for in vitro neurotoxicity testing: a place for neural cell line and organotypic cultures. in: brain in bits and pieces in: ZBINDEN G. (ed.), Zollikon: M.T.C. Verlag, 81-114, 1992

CHOI D.W., Calcium-mediated neurotoxicity: relationship to specific channel types and role in ischemic damage, Trend in Neuroscience, 11, 465-469, 1988

FRESHNEY R.I., Animal cell culture, A practical approach, Oxford, New York, Tokyo: IRL press; 1992

GÄHWILER B.H., KNÖPFEL T., MARBACH P., MÜLLER M., RIETSCHIN L., SCANZIANI M., STAUB C., VRANESIC I., THOMPSON S.M., Use of organotype slice cultures in neurobiological research, in: brain in bits and pieces in: ZBINDEN G. (ed.), Zollikon: M.T.C. Verlag, 153-176, 1992

GLAUM S.R., HOLZWARTH J.A.M; MILLER R.J., Glutamate receptors activate Ca^{++} mobilization an Ca^{++} influx into astrocytes, Proc. Nat. Acad. Sci., 87, 3454-3458, 1990

HANSSON E., Astroglia from defined brain regions as studied with primary cultures, Progress in neurobiology, 30, 369-397, 1988

HENSCHLER D., SCHMUCK G., VAN AERRSSEN M., SCHIFFMANN D., The inhibitory effect of neuropathic organophosphates esters on neurite outgrowth in cell cultures: A basis for screening for delayed neurotoxicity, Toxicol. in vitro, 6, 327-335, 1992

HONEGGER P. and SCHILTER B., Serum-free cultures of fetal rat brain and liver cells: methodology and some practical applications in neurotoxicology, ZBINDEN G. (ed.) brain in bits and pieces, Zollikon: M.T.C. Verlag, 51-80, 1992

MITSOMOTO Y. and MOHRI T., Dual-Fluorescence flow cytometric analysis of membrane potential and cytoplasmic free Ca^{++} concentration in embryonic rat hippocampal cells, Cell structure and function, 14, 669-672, 1989

OGURA A., AKITA K., KUDO Y., Non-NMDA receptor mediates cytoplasmic Ca^{++} elevation in cultured hippocampal neurons, Neuroscience research, 9, 103-113, 1990

SCHMUCK G. and SCHLÜTER G., An in vitro model for toxicological investigations of environmental neurotoxins in primary neuronal cell cultures, 1995, in press

Digital imaging of free intracellular calcium: a quantitative approach to assess excitotoxicity and neuronal protection in vitro

M. Hafner, R. Sattler, D. Melzian, M. Tymianski

Summary

Substantial efforts are being made by pharmaceutical industries to develop drugs which will protect the brain from neurodegeneration that follows a variety of diseases. Stroke is the third leading cause of mortality and a major cause of long-lasting physical disability. A key factor in recent drug discovery efforts was the development of animal tests that mimic the neuropathological consequences of stroke by occlusion of the middle cerebral artery in rats, dogs and primates. Beside causing substantial stress, pain and anxiety to the animals these *in vivo* bioassays suffer from several problems mostly arising from their inter- and intra-assay variability. However, major advances have recently been made in our understanding of the underlying pathocellular mechanisms associated with brain injury. The demonstration, that disruption in calcium homeostasis initiated in part by excessive excitatory amino acid (EAA) release and overstimulation of EAA receptors mediates neuronal injury, has opened up new cytotherapeutic avenues, such as EAA receptor antagonists that would be susceptible to interrupt the cascade of cellular events leading to excitotoxic cell death.

These findings led us to the assumption that monitoring of calcium deregulation in individual cells could also be used in drug screening as a predictive marker of neuronal injury. The objective of our ongoing studies therefore is to develop an *in vitro* assay in which individual neurons can be quantitatively studied under neurotoxic conditions with respect to their calcium dynamics and the temporal relationship between intracellular calcium accumulation and cell death. Using digitized fluorescence imaging we demonstrate the value of this non-invasive technique to continuously observe the dynamic intracellular calcium concentration and cell death in parallel in order to evaluate the neuroprotective or neurotoxic effect of a test compound.

Zusammenfassung

Die Analyse der freien introzellulären Calciumkonzentration mittels digitaler Fluoreszenz-Videomikroskopie: ein quantitativer Ansatz, Exzitotoxizität und Neuroprotektion in vitro zu bestimmen

In den letzten Jahren wurden seitens der pharmazeutischen Industrie große Anstrengungen unternommen, Medikanente zu entwickeln, die das Gehirn vor neurodegenerativen Erkrankungen schützen. Der Schlaganfall ist in der westlichen Welt die dritthäufigste Todesursache und der wichtigste Verursacher langfristiger physischer Schäden. Ein Schlüsselmodell in der Medikamentenentwicklung gegen die schlaganfallinduzierten, neurodegenerativen Schäden ist die Simulation des Schlaganfalls durch den Verschluß der mittleren Cerebralarterie bei Ratten, Hunden und Primaten. Neben Streß, Schmerz und Angst für die Tiere bestehen in diesem in vivo-Versuch weitere Probleme, die größtenteils auf die hohe Variabilität in und zwischen den Versuchen zurückzuführen sind. In letzter Zeit wurden große Fortschritte im Verständnis der grundlegenden zellulären Mechanismen gemacht, die mit einem Hirnschlag einhergehen. Die Erkenntnis, daß durch die überhöhte Ausschüttung exzitatorischer Aminosäuren (EAS) und die sich daraus ergebende Überstimulation der EAS-Rezeptoren eine Hirnschädigung durch die Zerstörung der Calciumhomöostase erfolgt, hat neue pharmakologische Strategien wie die Entwicklung von EAS-Rezeptorantagonisten gefördert. Die Beobachtung der intrazellulären Calciumderegulation in Einzelzellen als Indikator einer neuronalen Zellschädigung stellt eine wertvolle Methode bei der Suche nach pharmakologisch wirksamen Substanzen dar. Das Ziel unserer laufenden Untersuchungen ist daher die Entwicklung eines in vitro-Tests, der durch die Charakterisierung der intrazellulären Calciumveränderungen in Einzelneuronen unter neurotoxischen Bedingungen eine Aussage über den Verlauf des Calciumstroms und den Zelltod erlaubt. Mit Hilfe der bildgebenden digitalen Fluoreszenz-Videomikroskopie können wir die Änderungen der intrazellulären Calciumkonzentration und den Zelltod parallel beobachten und so Aussagen über das neurotoxische oder neuroprotektive Potential einer Testsubstanz treffen.

1. Currently used animal tests for stroke

Current „therapeutic" approaches are focused on preventing strokes by reducing risk factors. Nevertheless around one third of stroke victims will die within a few weeks of stroke onset. Of those who survive up to 50% will suffer permanent intellectual and motor disabilities. Because neither stroke nor other severe neuropathological conditions can presently be treated effectively, causative therapies to reduce mortality and to improve neurological outcome are eagerly needed to ameliorate the medical, social and economical consequences of stroke. These efforts now concentrate on the development of drugs which are neuroprotective, that means drugs which can be given to minimize the neuronal damage which follows a stroke. Experiments in pharmacology are usually dependent on the use of animals, which is accompanied by ethical problems and little public acceptance. A key factor in this process was the development of various animal tests that mimic the neuropathological consequences of stroke. The occlusion of an intracranial artery, usually the proximal middle cerebral artery (MCAO-test), is widely used to produce focal ischaemia in animals, mainly rodents (McAuley M.A., 1995). Almost sixty rats are needed to test the effect of one drug with the appropriate certainty after statistical evaluation, making the *in vivo* assay labor-intensive and expensive. However, although one of the major advances of stroke research has been the development of reproducible techniques for the induction of focal or global ischaemia in animals, the fact remains that there is a substantial number of variants of those *in vivo* bioassays (Fox G. et al., 1993). The drug screening pharmacologist is therefore faced with a variety of test systems, none of which is known to be of predictive value. The reason for this is that, up to now, no drug has been shown to have any neuroprotective effect following stroke in humans. Therefore, at present, there is no way of knowing if activity in any animal tests predicts efficacy. Indeed, essentially the reverse is true, because some compounds have been shown to be ineffective in clinical use despite positive data from animals, for example the calcium channel antagonist nimodipine (American Nimodipine Study Group, 1992; Rami A. and Krieglstein J., 1994). Given this background, there will always be uncertainty in predicting the efficacy or toxicity of test substances, which has resulted in some researchers questioning the value of animal tests (Molinari G.F., 1988).

Furthermore all MCA occlusion assays involve a reasonable degree of surgical intervention, which invariably complicates matters because of the possibility of confounding factors such as trauma, stress and the use of anaesthetics, some of which can themselves have neuroprotective effects. Yet, another currently used animal test for the development of neuroprotective drugs is the antagonism of NMDA-induced lethality in mice (NMDA-lethality test). The i.p. administration of lethal concentrations (200mg/kg) of NMDA to mice causes convulsions and ultimately leads to death. Test substances are assessed by their ability to alter the *dosis lethalis media* (LD_{50}) of NMDA (CARTER A.J., 1994).

Up to now, experimental investigations, whether performed in intact animals or alternative systems, can only give an indication of the potential effects which could occur in human patients. Thus, one can argue, that on the basis of our improved understanding of the pathocellular mechanisms of neuronal cell death, the indication of this potential may be obtained equally well in animal or in *in vitro* tests, and, in these cases, the use of animals cannot be justified. Thus, the development of experimental strategies that improves the specificity of the assay and saves animal is a challenge. A probable solution to these problems can be a cell culture system, which allows the monitoring of pharmaceutical effects in an animal-saving and organ-specific manner (OBERPICHLER-SCHWENK H. and KRIEGLSTEIN J., 1994). Another advantage of the *in vitro* test, beside saving of time and costs is the ability to control and to determine the experimental parameters in a wider range than in the whole animal.

2. Calcium and neuronal cell death

There is a growing body of evidence that the calcium ion can play a critical role in cell killing. Since free intracellular calcium is arguably the most important ion regulating numerous cellular functions, it is not surprising that disruption of intracellular calcium homeostasis is frequently associated with early cell injury. This led to the formulation of the calcium hypothesis of cell death, proposing that imbalances in calcium regulation and perturbation of calcium homeostasis may be a final common step in the development of cytotoxicity. The key role of calcium in cell death is particulary evident in the central nervous system. In neurons principle routes of calcium entry are the voltage sensitive (VSCC) and excitatory amino acid (EAA)-linked receptor operated (ROCC) calcium channels (MEYER F.B., 1989). Up to now two main subtypes of EAA receptors have been recognized on the basis of their pharmacological, electrophysiological and molecular properties: ionophore-linked receptors and metabotropic receptors which are coupled to second messenger systems. Today ionotropic receptors are subdivided into kainate, α-amino-3-hydroxy-5-methyl-4-isoxazolepropionic acid (AMPA), and N-methyl-D-aspartate (NMDA) receptors based on their selective agonists (CHOI D.W., 1988). Activation of these receptors leads to the opening of their associated ion channels, which are typified by their different permeabilities to Na^+, K^+, and Ca^{2+}. However, it is beyond the scope of this paper to discuss the heterogenity of the glutamate receptor families in detail (for reviews see CUNNINGHAM M.D. et al., 1994;). Glutamate is the most abundant of several endogenous EAA's and has now become widely accepted as the principal neurotransmitter in the brain. Its interaction with specific membrane receptors is responsible for many neurologic functions including cognition, memory, synaptic plasticity and movement. Systematic administration of glutamate to animals of various species caused acute degeneration of neurons (OLNEY J.W., 1969). From this and related observations the excitotoxicity concept was proposed by OLNEY (OLNEY J.W., 1974; ROTHMAN S.M. and OLNEY J.W., 1986).

EAA-mediated toxicity is specific in its characteristic that neuronal cell bodies and dendrites are predominantly affected whereas axons are spared, and that distinct neuronal population differ in their vulnerability. What do we know about the pattern of injury mediated by excessive exposure to glutamate? Briefly, it can be subdivided into an acute swelling and delayed cell degeneration. The first component of glutamate receptor-mediated toxicity includes neuronal swelling caused by Na^+ influx through ligand- and voltage-gated ion channels accompanied by passive Cl^- and water influx (ROTHMAN S.M. and OLNEY J.W., 1986). However, delayed cell degeneration, the second and dominant component of glutamate-mediated neurotoxicity leading to cell death, is highly dependent on the presence of extracellular Ca^{2+} and calcium influx through NMDA receptors. Although excessive intracellular calcium concentration may contribute to a series of cytodestructive processes, calcium alone may not be sufficient to trigger these neurotoxic events. Elevation of internal calcium to the same level attained by glutamate but by depolarization with high concentrations of potassium to allow calcium influx through voltage gated calcium channels does not result in neuronal damage compared to the effect of glutamate (TYMIANSKI M. et al., 1993b). Thus, it appears that the location and mode of calcium entry may be a critical parameter in determining the fate of the cell. Indeed, recent calcium imaging experiments strongly support the idea that the mode of calcium entry in respond to different kinds of stimuli is an important determinant of the spatial and temporal pattern of calcium load in the neuron. For example, it has been shown that excitotoxic stimulation is associated with a biphasic increase in intracellular calcium preceding final cell death (TYMIANSKI M. et al., 1993a; RANDALL R.D. and THAYER S.A., 1992). An initial transient increase is followed by a variable period of time where calcium is maintained at resting level. Eventually there is a second irreversible increase in intracellular calcium that indicates a delayed cell death and which appears to be preferentially activated by NMDA receptors.

Much less is known, however, about the biochemical processes by which the calcium overload causes neuronal cell death. An increase in intracellular calcium can activate degradative enzymes, such as proteases, endonucleases, phospholipases or other enzymes like nitric oxid synthase, thereby contributing to the excitotoxic process. Available evidence would further suggest that calcium mediated dysfunction of mitochondria and perturbation of cytosceletal components may be of particular importance. Although it appears that calcium overload can result in a variety of degradative functions which can cause the neuron to digest itself by DNA- and protein breakdown and free-radical formation. Their relative contribution to cell death is unknown (ORRENIUS S. and NICOTERA P., 1994).

3. Digital imaging of free intracellular calcium in neurons

The new understanding of Ca^{2+}-deregulation during neuronal injury is principally the result of new techniques that permit the measurement of transient changes in the free intracellular calcium concentration ($[Ca^{2+}]_i$). Perhaps the most fruitful among these methods has been the application of „vital" fluorescent probes (i.e. fluorophores that do not adversely affect cell viability), in combination with video technologies and computer-based image processing. Many factors that complicate quantification of fluorescence in cells can be circumvented by using ratio dyes (i.e. analyzing fluorescence ratios derived from pairs of fluorescence images). This approach has been most commonly applied to characterize intracellular ion concentrations (HAFNER M. and PETZELT C., 1987). In addition, only small numbers of cells are required and quantitativ information can be obtained from individual living cells as they undergo changes, without harming them. When applied *in vitro* it is especially useful under those circumstances where there are few cells in primary culture or cells that are hard to grow.

In our experiments neurons loaded with the fluorescent ratiometric calcium indicator fura-2 were viewed with an inverted fluorescence microscope with a 40x oil immersion objective. The microscope is further equipped with a computer controlled filter wheel containing the appropriate narrowband interference filter (340nm and 380nm) for selecting the dual excitation wavelengths for fura-2. In order to achieve similar illumination at every wavelength neutral density filters were used. The fluorescence emission (510nm) was recorded by an intensified charge-coupled device (ICCD) camera and analysed in a corresponding computer software (SATTLER R. et al., 1995).

The property of the fluorescent dye enables measurements of the $[Ca^{2+}]_i$ in single neurons independent of the intracellular concentration of the dye by using the ratio of fluorescence intensities measured at the two excitation wavelengths. Ratio images are computed by dividing on a pixel-by-pixel basis the 340 and 380 nm images of the monitored sequence. They are converted to calcium values using a calibration curve obtained from dye in buffers of known calcium concentration. Therefore the resulting images represent a picture of the cell in which the brightness at any location within the cell relates not to its superficial structure, but to the local value of calcium .

Fig. 1 and 2 illustrate some of the information that can be revealed by studies at the single cell level that would not be apparent from population measurements: Fig. 1A shows the distribution of free intracellular calcium in a linear greyscale representation of the fluorescence intensities. This illustration enables us to localize the cells in order to monitor simultaneously the changes in $[Ca^{2+}]_i$ from all individual cells in the field of view. After the experiment the software allows us to analyse each cell independently by generating a mask with defined regions of interests (ROI, fig. 1B) to measure the mean value of $[Ca^{2+}]_i$ and herewith the ratio value of the dye, in each single cell by computing the average of the pixels in the region for every image in the experimental sequence. The ratio values in each of the ROI are plotted in fig. 1C. Note the most striking difference from previous population experiments: The individual cells do not respond to glutamate with a simple monophasic $[Ca^{2+}]_i$ increase, but give a series of discrete $[Ca^{2+}]_i$ transients. It shows how surprisingly heterogeneous and pulsatile $[Ca^{2+}]_i$ is at the single cell level. This information is lost in population measurements due to the asynchronous nature of the individual responses to agonists. Even a small cell to cell variation of the time of onset can lead in a population measurement to a substantial underestimate of the rate of the $[Ca^{2+}]_i$ changes. This is shown in fig. 1D where we calculated the average of the individual responses of the cells labeled in the mask. It is obvious that the response of those cells undergoing a second $[Ca^{2+}]_i$ increase is lost in the analysis of the average values.

Single cell $[Ca^{2+}]_i$ measurements also circumvent problems associated with heterogenous cell populations, allowing data to be obtained from an identifiable cell type, e.g. neurons versus glial-cells. To correlate the events of calcium increase and the subsequent cell death in each individual cell we stained the cells with trypan blue after the measurements.

4. Neuroprotection against glutamate mediated neuronal death by calcium chelators

To determine the role of calcium in the event of glutamate induced cell death, neuronal cultures were preincubated with the membrane permeable calcium chelator BAPTA-AM (1,2-bis-[2-amino-phenoxy]ethane-N,N,N',N'-tetraacetic acid acetoxy-methyl ester). BAPTA is known to bind Ca^{2+} rapidly, has a high calcium specificity and enhances herewith the Ca^{2+}-buffering capacity of neurons (TYMIANSKI M. et al., 1993c). Fig. 2 shows that the application of 250µM glutamate led to a biphasic $[Ca^{2+}]_i$-increase. This is characterized by a primary $[Ca^{2+}]_i$ transient that decayed within minutes, followed by a secondary, sustained and irreversible$[Ca^{2+}]_i$ rise (see fig. 2A, vi). A direct correlation between this Ca^{2+} deregulation and the subsequent cell death was determined by staining the cells with trypan blue after the glutamate challenge (fig. 2A, v). Treatment of the neuronal cultures with BAPTA-AM prior to the glutamate exposure significantly attenuated the amplitude of the primary $[Ca^{2+}]_i$ increase and prevented the cells undergoing a secondary intracellular calcium load. This is proved by a decreased number of cells stained with trypan blue (fig. 2B, v). This gives a direct evidence that permeant calcium chelators are able to attenuate a glutamate-evoked $[Ca^{2+}]_i$ increase and early neurotoxicity. These data clearly demonstrate the direct involvement of an $[Ca^{2+}]_i$ -increase in glutamate mediated neuronal cell death.

5. Conclusion

The examples have illustrated the potential use of the single cell approach for better understanding the mechanism of selective injury (excitotoxicity) and hence in developing rational *in vitro* tests for improving drug design and evaluating chemical safety. When using conventional endpoints in *in vitro* tests such as vital dye uptake, total cellular protein, or lactate dehydrogenase (LDH) release, the effects of a defined experimental insult on neuronal viability can only be evaluated at the end of an experiment. This approach precludes the study of neuronal physiology at the moment of lethal cell injury. The experiments show that in cultured primary neurons, secondary Ca^{2+} overload indicates early irreversible cell injury which precedes trypan blue staining. Thus, we argue that Ca^{2+} deregulation can be used as a dynamic marker of cellular injury for drug development. Presumably, the whole-animal experiment cannot be avoided completely because it is able to monitor the interactions of metabolites and their possible accumulations in different organs. However, the described approach can at least e.g. enlighten the neuroprotective effect of drugs or their critical concentrations and by that way avoid a large number of animal test.

Further, the number of different neurologic diseases demonstrates that neuronal cell death can result from a variety of causes. For instance, differences in the time course of cell death can be attributed to either necrotic or apoptotic mode of neuronal death. Obviously, in stroke previously healthy neurons can die within hours to days, while in Alzheimer's disease neurons may die over a period of months to years. Despite these appearent differences, it seems reasonable to consider that even multiple initiating causes may eventually converge at some point in the cascade of degradative events. The data accumulated in the literature clearly indicate that calcium overload is such an convergence point for multiple initiating causes of neuronal injury. Since different insults to the CNS damage different regional, cellular and subcellular targets, there is no *a priori* basis for predicting which targets are damaged. Although we focus in this paper on the development of *in vitro* screening systems as an alternative to currently used animal models of stroke, the concept of calcium overload as a convergence point and a final pathophysiological event may allow to extrapolate this *in vitro* approach to other neurotoxicology screenings despite the variety of targets distal to the calcium deregulation. Hence, monitoring of the time course of calcium deregulation in single cells and its correlation e.g. to the mode of calcium entry and cell viability might be used as a broad approach in predicting the neuroprotective or -toxic effect of drugs and other chemicals.

Acknowledgements

Our work is supported by grants from the German Ministry of Education and Research (BMBF) to M. HAFNER and the Medical Research Council of Canada to M. TYMIANSKI.

References

American Nimodipine Study Group, Stroke, 73, 3-9, 1992

CARTER A.J., Many agents that antagonize the NMDA receptor-channel complex in vivo also cause disturbances of motor coordination, The Journal of Pharmacology and Experimental Therapeutics, 269, 573-580, 1994

CHOI D.W., Calcium-mediated neurotoxicity: relationship to specific channel types and role in ischemic damage, Trends in Neuroscience, 11, 465-469, 1988

CUNNINGHAM M.D., FERKANY F.W., ENNA S.J., Excitatory amino acid receptors: a galery of new targets for pharmacological intervention, Life Science, 54, 135-148, 1994

FOX G., GALLACHER D, SHEVDE S, LOFTUS J, SWAYNE G., Anatomic variation of the middle cerebral artery in the Sprague-Dawley rat, Stroke, 24, 2087-2093, 1993

HAFNER M. and PETZELT C., Inhibition of mitosis by an antibody to the mitotic calcium transport system, Nature, 330, 264-266, 1987

MCAULEY M.A., Rodent models of focal ischemia, Cerebrovascular and Brain Metabolism Reviews, 7, 152-180, 1995

MEYER F.B., Calcium, neuronal hyperexcitability and ischemic injury, Brain Research Reviews, 14, 227-243, 1989

MOLINARY G.F., Why model strokes?, Stroke, 19, 1195-1197, 1988

OBERPICHLER-SCHWENK H. and KRIEGLSTEIN J., Primary cultures of neurons for testing neuroprotective drug effects, Journal of Neural Transmission, [Suppl] 44, 1-20, 1994

OLNEY J.W., Toxic effects of glutamate and related amino acids on the developing central nervous system, in: Nyhan W.H., Heritable Disorders of Amino Acid Metabolism, New York: John Wiley, 501-512, 1974

OLNEY J.W., Brain lesions, obesity and other disturbances in mice treated with monosodium glutamate, Science, 164, 719-721, 1969

ORRENIUS S. and NICOTERA P., The calcium ion and cell death, Journal of Neural Transmission, [Suppl] 43, 1-11, 1994

ROTHMAN S.M. and OLNEY J.W., Glutamate and the pathophysiology of hypoxic-ischemic brain damage, Annual Neurology, 19,105-111, 1986

RAMI A. and KRIEGLSTEIN J., Neuronal protective effects of calcium antagonists in cerebral ischemia, Life Science, 55, 2105-2113, 1994

RANDALL R.D. and THAYER S.A., Glutamate-induced calcium transient triggers delayed calcium overload and neurotoxicity in rat hippocampal neurons, Journal of Neuroscience, 12, 1882-1895, 1992

SATTLER R., SEEMANN D., HAFNER M., Neuronal cell cultures and digitized fluorescent imaging of intracellular calcium as tools for in vitro drug screening, in: BEUVERY E.C. and MURAMAKI H. (eds.), Animal Cell Technology: Developments towards the 21st Centrury, Dordrecht: Kluwer Academic Publishers, 1995, in press

TYMIANSKI M., CHARLTON M.P., CARLEN P.L., TATOR C.H., Secondary Ca^{2+} overload indicates early neuronal injury which precedes staining with viability indicators, Brain Research, 607, 319-323, 1993a

TYMIANSKI M., CHARLTON M.P., CARLEN P.L., TATOR C.H., Source specificity of early calcium neurotoxicity in cultured embryonic spinal neurons, Journal of Neuroscience, 13, 2085-2104, 1993b

TYMIANSKI M., WALLACE M.C., SPIGELMAN I., UNO M., CARLEN P.L., TATOR C.H., CHARLTON M.P., Cell-permeant Ca^{2+} chelators reduce early excitoxic and ischemic neuronal injury in vitro and in vivo, Neuron, 11, 221-235, 1993c

Figures

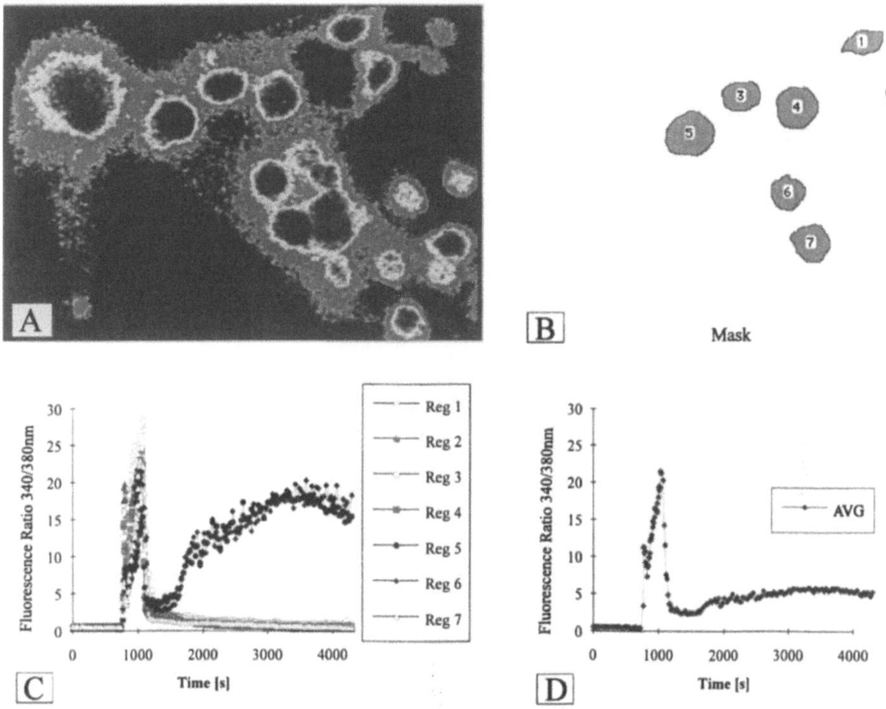

Fig. 1. Principle and advantage of single cell image analysis. For details see text below

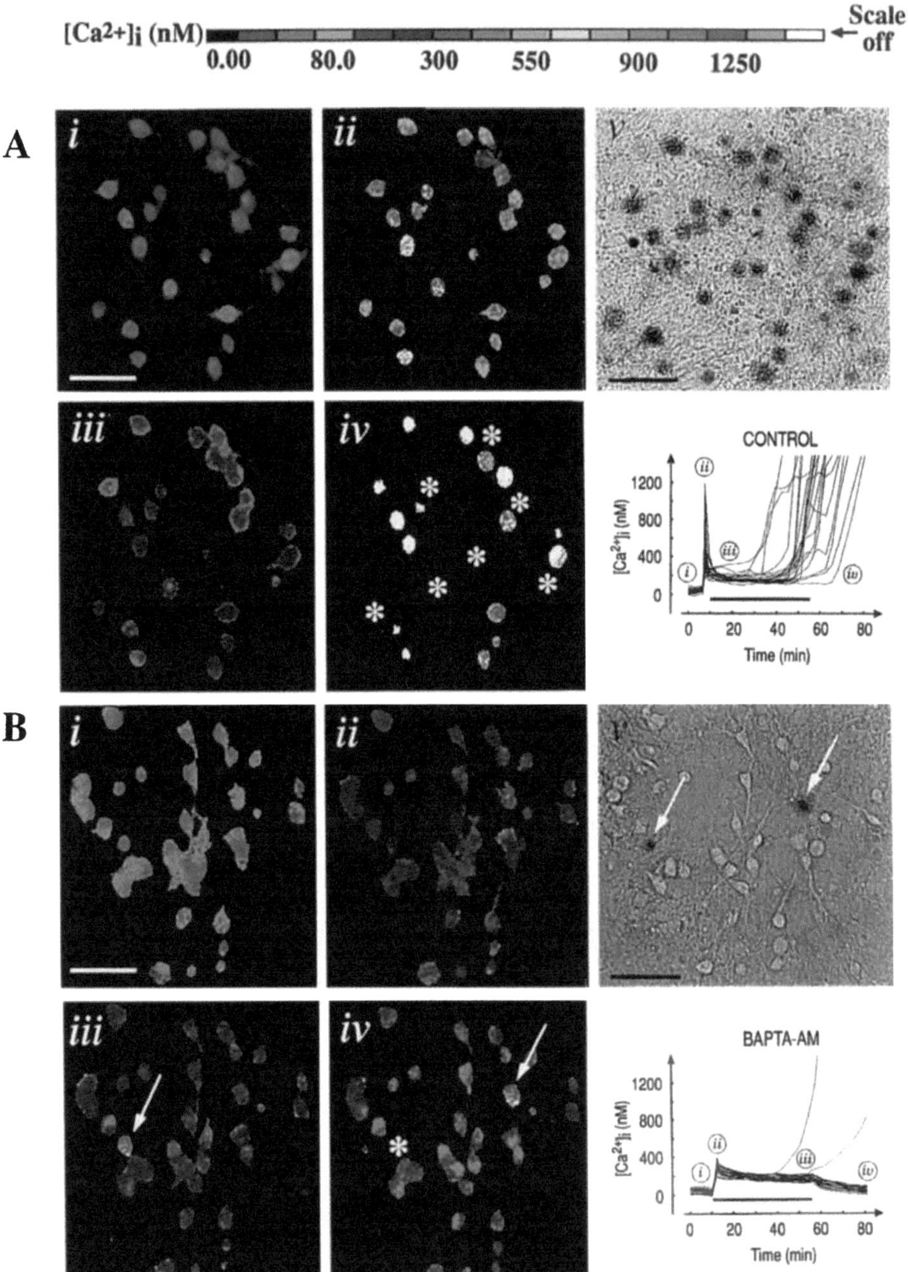

Fig. 2. **Calibrated Fura-2 $[Ca^{2+}]_i$ images and vital staining of neuronal cell cultures as well as the timecourse of primary and secondary $[Ca^{2+}]_i$ increases after a glutamate challenge**

Representative experiments showing the effect of a 45min glutamate challenge (250μM) on $[Ca^{2+}]_i$ in control (A) and BAPTA-AM-treated (B) neurons. The $[Ca^{2+}]_i$ images (panels i-iv) were taken at the times indicated in the timecourse. Asterisks represent neurons that underwent lysis and loss of fluorescent Ca^{2+} indicator prior to the end of the experiment. Neurons that lysed or in which $[Ca^{2+}]_i$ was elevated in panel iv always stained with trypan blue (panel v). Neurons that were pretreated with BAPTA-AM (B) survived the glutamate challenge more frequently than controls (see arrows in panels iii, iv and v and compare with (A), panel iv)

Neurotoxikologie in vitro mit Hilfe der Elektrophysiologie

H.L. Haas, D. Büsselberg

Zusammenfassung

Versuche mit isoliertem Hirngewebe, akut oder in Kultur, haben bereits eine weite Verbreitung gefunden, da sie große Fortschritte im Verständnis physiologischer Funktionen und der Mechanismen von Pharmaka-Wirkungen auf zellulärer Ebene erbringen. Insbesondere die Behandlung neurotoxikologischer Fragen ist auf diese Weise möglich, toxische Substanzwirkungen können untersucht und die Wirkung auf den Gesamtorganismus kann, zumindest in vielen Fällen, extrapoliert werden. Es werden hier in vitro-Versuche vorgestellt und bewertet, die Tierversuche ersetzen und den Tierverbrauch vermindern können. Entscheidend ist die Durchführung der Versuche an isoliertem Gewebe. Beispiele für die Untersuchung der Wirkungen von Krampfgiften und Antiepileptika sowie von Schwermetallen werden dargestellt.

Summary

Neurotoxicology and electrophysiological methodes

Experiments with isolated braintissue, acute or in culture, have widly expanded, because of the progress in understanding physiological functions and the mechanism of pharmaca impact on a cellulare base they offer.

Especially the handling of neurotoxic questions are made possible, toxic effects on substances can be examined and the impact on the hole organism can, at least in some cases, be extrapolated.

In vitro tests that substitute animal tests and reduce the number of animals used, will be introduced and valuated. The implementation of tests on isolated tissue is decisive. Examples for the examination of the effect on epileptiogene substances and antiepileptica as well as heavy metalls will be shown.

1. Einleitung

Versuche mit isoliertem Nervengewebe finden seit etwa 20 Jahren zunehmend Interesse und Verbreitung, während andere Gewebe schon viel länger isoliert in der Physiologie und Pharmakologie zum Einsatz gelangen, einige davon als wichtige Bestimmungsmethoden für biologisch aktive Substanzen. Der Grund für diese Entwicklung lag zunächst weniger in der Absicht, Versuchstiere zu schonen, sondern in der Möglichkeit, rigorose Untersuchungen auf zellulärer und Membranebene vorzunehmen. Die Entwicklung der patch-clamp-Techniken hat dabei auch eine entscheidende Rolle gespielt. Hier werden ja meist nur einzelne Zellen, akut isoliert oder in Kultur, für Messungen verwendet, die entscheidende Fortschritte in der gesamten Biologie und Medizin gebracht haben. Die Untersuchungen der Kommunikation zwischen Nervenzellen wurden früher meist an Katzen, insbesondere am Katzenrückenmark, oftmals decerebriert, durchgeführt, da die experimentellen Bedingungen für solche Studien die bestverfügbaren waren. Diese Versuche konnten, soweit sie die Zell- und Membranphysiologie betrafen, vollständig durch die in vitro-Versuche ersetzt werden. Auch die Netzwerkebene, die einige 100 bis 1000 Nervenzellen als funktionelle Einheit betrifft, kann heute vielfach unter in vitro-Bedingungen studiert werden. Die Neurotoxikologie hat durch die Möglichkeit, giftige Substanzen in hohen oder niedrigen, in jedem Falle präzise kontrollierten, Konzentrationen am Nervengewebe zu prüfen, eine neue Dimension erhalten.

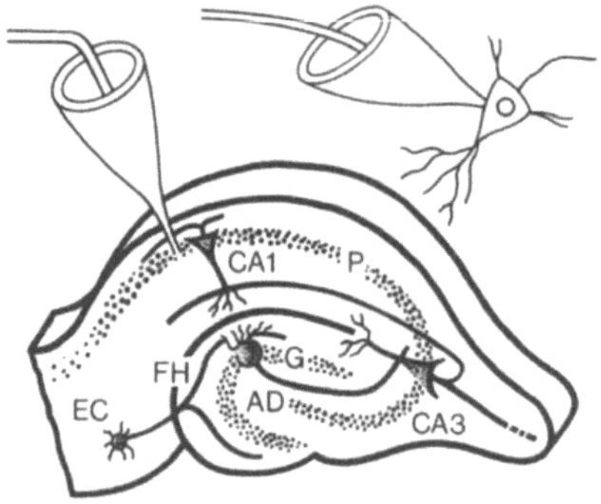

Abb.1. **Hirnschnitt aus vom Hippokampus**
Die Verschaltung der Prinzipalzellen ist erhalten: Projektion der Nervenfasern vom entorhinalen Cortex (EC) durch die fissura hippocampi (FH) in die area dentata (AD) zu den Granularzellen (G). Diese senden ihre Axone zu den Pyramidenzellen der Region 3 des Ammonshornes (CA3), welche in den Fornix und zu den Pyramidenzellen der CA 1 Region weiterleiten. Alle diese Synapsen sind plastisch, d.h. gebrauchsabhängig veränderbar und dienen somit dem Lernen, pathophysiologisch der epileptischen Entladung. Eine Ableitelektrode (schematisch, vergrößert) steckt in der Pyramidenzellschicht, P. Rechts oben eine patch-clamp Elektrode an einer isolierten Pyramidenzelle

Die Hirnschnitt-Technik wurde zunächst von Biochemikern eingesetzt, die funktionierendes Gewebe anstatt Gewebebrei untersuchen wollten. MCILWAIN erfand eine Gewebehackmaschine, die Gewebsschnitte in der Größenordnung von einigen 100μm herstellt und sein Besucher aus Japan, H. YAMAMOTO, fand typische elektrophysiologische Signale darin. Es lag nahe, den lamellär organisierten Hippokampus, eine entwicklungsgeschichtlich alte, verhältnismäßig einfache kortikale Hirnstruktur, für diese Technik zu verwenden. Diese Struktur beschäftigt heute sehr viele Laboratorien, vor allem weil dort ein elektrophysiologisches Phänomen vorkommt, das in engem Zusammenhang mit Gedächtnisprozessen steht: Die Langzeitpotenzierung der synaptischen Übertragung nach sehr kurzfristigen hochfrequenten Reizungen. Man vermutete hier eine zelluläre Basis des Lernens und für die Richtigkeit dieser Vermutung gibt es heute sehr gute Hinweise. Der Hippokampus ist bei der Ratte, wo er prozentual einen viel größeren Teil des Hirnes ausmacht als beim Menschen, ebenso wie bei diesem für bestimmte Formen von Lernen und Gedächtnis notwendig. Es gibt also wichtige Gründe, den Hippokampus zu untersuchen, er ist zu einem Modell für Zellkommunikation und deren Beeinträchtigung durch Gifte geworden. Es zeigen sich in dieser Struktur spezifische und empfindliche Reaktionen auf Schwermetallbelastungen und auf Hypoxie, die mit Gedächtnisdefiziten korreliert werden können.

2. Methoden

2.1. Frische Hirnschnitte

Ein Nager wird rasch oder nach Anästhesie dekapitiert und das Gehirn wird entnommen. Von dem gleichen Tier können weitere Organe entnommen werden, z.B. das Rückenmark, Leber, Milz und Darm. Hirnschnitte von einigen 100µm Dicke werden mit einem Gewebehacker oder mit vibrierenden Messern aus frischem Gewebe geschnitten und in geeignete Perfusionskammern verbracht, wo sie unter mikroskopischer Beobachtung elektrophysiologischen Untersuchungen mittels Mikromanipulatoren und Mikroelektroden unterworfen werden. Sie sind dort mit dem nötigen Ionenmilieu, pH und Sauerstoff versorgt (Parameter, die experimentell geändert werden können); sie sind durch mechanische Stabilität intrazellulären Ableitungen zugänglich und können mit Substanzen behandelt werden, auch solchen, die einem lebenden Tier nicht verabreicht werden können. Es gibt Kammern (HAAS H.L. and BÜSSELBERG D., 1992) in denen die Schnitte an der Grenzfläche zwischen Perfusionsflüssigkeit und darüberstreichender Gasphase (meist Carbogen, 95% O_2, 5% CO_2) liegen (Interface-Kammern) und solche, in denen die Schnitte ganz untergetaucht sind (Submersionskammer). Die neueste Entwicklung geht zu einer Verwendung dünnerer Schnitte (ca 200µm), die mit speziellen Objektiven und Bildverarbeitungsverfahren in ihrer ganzen Dicke mit hoher Vergrößerung mikroskopisch betrachtet werden können. So können z.B. patch-clamp-Registrierungen an visuell identifizierten Neuronen und gar deren Fortsätzen vorgenommen werden. Aus einem Hippokampus können bis zu 20 Schnitte gewonnen werden für weitgehend unabhängige Versuche und mindestens eine weitere Hirnstruktur kann für Hirnschnittexperimente genutzt werden. Wir stellen routinemäßig Schnitte aus Cortex, Hippokampus, Striatum und Hypothalamus her, die für bis zu 24 Stunden brauchbar bleiben (HAAS H.L., 1992).

Die Verteilung von Substanzen oder Medikamenten in den Hirnschnitten erfolgt keineswegs gleichmäßig, manche lipidlösliche Substanzen erreichen im Hirnschnitt viel höhere Konzentrationen als im Bad angeboten und sind kaum auszuwaschen. Andere gelangen nur sehr langsam oder gar nicht ins Innere des Schnittes, wo die Wirkungsorte (Rezeptoren) liegen (HAAS H.L. et al., 1992).

2.2. Organotypische Hirnschnittkulturen

Organotypische Kulturen werden aus Hirnschnitten von neugeborenen Ratten gewonnen (REINER P.B. et al., 1988). Solche Kulturen überleben viele Wochen unter sterilen Bedingungen und flachen sich dabei auf einer Glasplatte ab. Für bestimmte Fragestellungen sind diese den frischen Hirnschnitten überlegen. Wir verwenden auch die Hinterwurzelganglien für dissoziierte Kurzzeit-Kulturen besonders bei der Untersuchung der Schwermetalltoxizität, wobei der ganze Hirnschnitt in mancher Hinsicht, z.B. beim Studium einzelner Ionenkanäle, zu komplex ist und weniger präzise Aussagen erlaubt (BÜSSELBERG D. et al., 1994). In den letzten Jahren haben wir für diese Zwecke die akute Isolierung von Einzelzellen aus Hirngewebe vorangetrieben, da die Kulturen recht aufwendig sind und zum Teil den Gebrauch von fötalem Kälberserum erfordern (HAAS H L. et al., 1995; UTESHEV V. et al., 1993). Die Details der hier skizzierten Methoden, einschließlich die Rezepte für Perfusionslösungen, können den genannten Publikationen entnommen werden. Neben geeigneten Perfusionskammern mit Temperaturkontrolle und Sauerstoffbegasung sind vibrationsfreie Tische und Mikromanipulatoren für Stimulation und Ableitung bioelektrischer Signale für die Elektrophysiologie vonnöten. Hirnschnitte können mit einfachen Stereolupen beobachtet und untersucht werden, für Einzelzellen und Kulturen verwendet man höherwertige, meist invertierte Mikroskope. Die Signale werden verstärkt und meist nach Digitalisierung auf Rechnern (PC) verarbeitet und gespeichert.

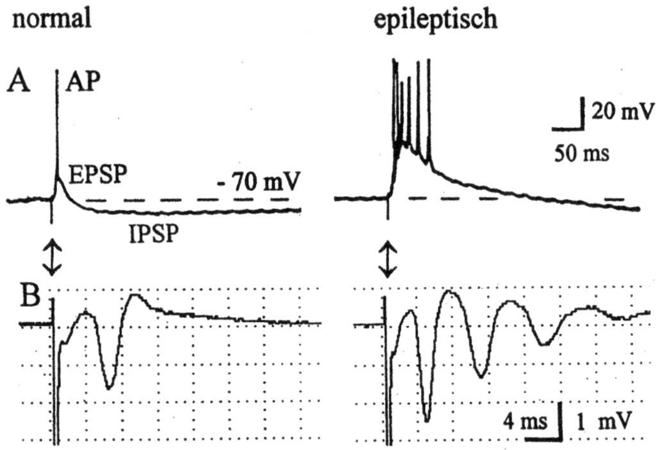

Abb. 2. A: Intrazelluläre Registrierung von einer CA 1 Pyramidenzelle im Hippokamus. Durch ein Krampfgift wird die Zelle „epileptisch" gemacht. Normal: die Stimulation der zuführenden Nervenfasern (Pfeile) erzeugt ein exzitatorisches postsynaptisches Potential (EPSP, Glutamat-vermittelt) und ein Aktionspotential (AP) gefolgt von einem inhibitorischen postsynaptischen Potential (IPSP, GABA-vermittelt). Rechts ist der größte Teil des IPSP blockiert, ein großes EPSP ist demaskiert und feuert viele Aktionspotentiale (burst-Entladung). In der extrazellulären Feldableitung (B) können diese Aktionspotentiale auch als Populationsspikes gesehen werden, da sie weitgehend synchron in vielen Zellen auftreten (POP, rechts multipel: epileptisch)

3. Beispiel Krampfgifte

Die gleichen Mechanismen, die für das Lernen zum Einsatz kommen, können offenbar auch, in pervertierter Form, zu einer pathologischen Verstärkung von Erregung führen. Der Hippokampus ist für epileptische Störungen besonders anfällig (Temporallappenepilepsie). Deshalb kommen Hippokampus-Schnitte sehr häufig in der Epilepsie-Forschung zum Einsatz (ROSE G. et al., 1986). Diese Präparation ist zur Aufdeckung der Wirkungsmechanismen krampferzeugender und krampfhemmender Substanzen hervorragend geeignet, nicht jedoch für ein primäres Auslesen (screening) möglicher Therapeutika, vor allem weil die Blut-Hirnschranke bei den in vitro-Verfahren nicht vorhanden ist. Damit ist deren hoher Wert nicht in Frage gestellt: Mit Hilfe der gewonnenen Erkenntnisse können die Synthesen spezifischer gestaltet und damit die Zahl der zu prüfenden Versager vermindert werden. Für Epilepsie und Hypoxie-Schäden (z.B. beim Schlaganfall) werden auch übermäßige Erregungen durch den Transmitter Glutamat verantwortlich gemacht. Diese sogenannte Excitotoxizität kann mit der Hirnschnittmethode gemessen werden.

4. Beispiel Schwermetalltoxizität

Das Kalzium-Ion (Ca^{2+}) und Kalziumströme durch erregbare Membranen (besonders von Nerven, Muskeln oder Drüsen) spielen eine herausragende Rolle in der Regelung biologischer Prozesse. Viele toxische Effekte der Spurenmetalle (Cd, Ni, Zn, Pb, Al, Hg u.a.) geschehen durch eine Einwirkung auf diese Vorgänge. Wir haben besonders Blei, Zink, Quecksilber und Aluminium untersucht (BÜSSELBERG D. et al., 1994). Alle vier Ionen haben Kalziumströme blockiert. Blei war dabei besonders wirksam, indem es in Konzentrationen um 1µM bereits mehr als die Hälfte der spannungsabhängigen Kalziumkanäle blockierte. Blei hat keine biologische Funktion und sollte im Gewebe überhaupt nicht vorkommen. Die Belastungen erreichten jedoch zumindest in der nahen Vergangenheit durchaus bei einem größeren Prozentsatz der Menschen Werte in diesen Konzentrationsbereichen. Zusätzlich zu den spannungsabhängigen Strömen werden auch die durch den oben erwähnten Transmitter Glutamat durch Verbindung mit den NMDA-Rezeptoren ausgelösten Kalziumströme blockiert (UTESHEV V. et al., 1993). Diese sind offenbar für Entwicklungs- und Lernvorgänge notwendig. Kinder sind besonders anfällig und entsprechende Störungen wurden beschrieben (NEEDLEMAN H.L. et al., 1988). Der Untergang des römischen Reiches wird oft einer schleichenden Bleivergiftung durch die Wasserleitungsrohre zugeschrieben.

5. Schlußfolgerungen

In vitro-Methoden eignen sich in hervorragender Weise für neurotoxikologische Untersuchungen. Die akuten zellulären Wirkungsmechanismen können mit Hirnschnittpräparationen und akut isolierten Nervenzellen oder Kurzzeitkulturen präzise identifiziert werden. Für längerdauernde Expositionen stehen organotypische Nervengewebskulturen zur Verfügung, an denen ebenfalls mit elektrophysiologischen, aber auch mit morphologischen und molekularbiologischen Techniken detaillierte Erkenntnisse über Funktion und Funktionsstörungen erhoben werden können. So können besonders schmerzerzeugende oder lebensbedrohliche Giftwirkungen untersucht werden.

Gefördert von: set-Stiftung zur Förderung der Erforschung von Ersatz- und Ergänzungsmethoden zur Einschränkung von Tierversuchen.

Literaturverzeichnis

BÜSSELBERG D., PLATT B., MICHAEL D., CARPENTER D. O., HAAS H.L., Mammalian voltage-activated calcium channel currents are blocked by Pb^{2+}, Zn^{2+} and Al^{3+}, J.Neurophysiol., 71, 1491-1497, 1994

HAAS H.L, Hypothalamus in vitro, in: KETTENMANN H. and GRANTYN R . (eds.), Practical Electrophysiological Methods: A Guide for in vitro Studies in Vertebrate Neurobiology, New York: Wiley, 129-131, 1992

HAAS H.L. and BÜSSELBERG D., Recording chambers: slices, in: KETTENMANN H. and GRANTYN R . (eds.), Practical Electrophysiological Methods: A Guide for in vitro Studies in Vertebrate Neurobiology, New York: Wiley, 129-131, 1992

HAAS H.L., HÄRTTER S., HERMES B., HIEMKE C., Bath perfusion of slices with drugs, in: KETTENMANN H. and GRANTYN R . (eds.), Practical Electrophysiological Methods: A Guide for in vitro Studies in Vertebrate Neurobiology, New York: Wiley, 129-131, 1992

HAAS H.L. SERGUEEVA O., VOROBJEV V.S., SHARONOVA I.N., Subcortical modulation of plasticity in the hippocampus, Behav. Brain Res., 66, 41-44, 1995

NEEDLEMAN H. L., The persistent threat of lead: medical and sociological issues. Curr.Probl.Pediatr., 18, 697-744, 1988

REINER P.B., HEIMRICH B., KELLER F., HAAS, H.L., Organotypic culture of central histamine neurons, Brain Res., 442, 166-170, 1988

ROSE G., OLPE H.R, HAAS H.L., Testing prototype antiepileptics in hippocampal slices, Naunyn-Schmied. Arch. Pharmacol, 332, 89-92, 1986

UTESHEV V., BÜSSELBERG D., HAAS H.L., Action of Pb^{2+} on NMDA channel/receptor complex on freshly dissociated hippocampal neurons of adult rat, Naunyn Schmiedeb. Arch.Pharmacol., 347, 209-213, 1993

Ein mehrstufiges in vitro-Testsystem zur Prüfung neurotoxischer Stoffe

N. Binding, M. Madeja, U. Mußhoff, U. Altrup, E.-J. Speckmann, U. Witting

Zusammenfassung

Die Eignung eines modularen in vitro-Testsystems zur Untersuchung und Vorhersage neurotoxischer Wirkungen, zur Etablierung von Dosis-Wirkungs-Beziehungen und zur Erforschung grundlegender Mechanismen der Neurotoxizität wurde geprüft. In Oocyten des Krallenfrosches *Xenopus laevis* durch Injektion clonierter RNA (cRNA) exprimierte spannungsgesteuerte Kaliumkanäle sowie isolierte Neurone und isolierte neuronale Netzwerke aus dem Buccalganglion der Weinbergschnecke *Helix pomatia* dienten als unterschiedlich komplexe, aufeinander aufbauende Modell-Nervensysteme des mehrstufigen Systems. Als Prüfsubstanz mit bekannter neurotoxischer Wirkung wurde Blei (als Pb^{2+}) gewählt. Mit dem Oocyten-Expressionssystem konnte gezeigt werden, daß Blei Kaliumströme dosisabhängig mit einer Wirkschwelle von 0,1 µmol/l reduziert. Die Untersuchungen an isolierten Neuronen zeigten, daß die Unterdrückung der Kaliumströme folgerichtig zu einer Verlängerung der Dauer der von der Zelle generierten Aktionspotentiale führte. Die Auswirkungen derart veränderter Aktionspotentiale auf funktionsgenerierende Nervenzellverbände konnten an einem isolierten neuronalen Netzwerk untersucht werden, das die Freßaktivität von *Helix pomatia* kontrolliert. Die Frequenz der vom Nervenzellverband generierten Freß-Depolarisationen („feedings") verringerte sich unter Bleieinwirkung dosisabhängig.

Summary

A multistage in vitro test system for testing neurotoxic substances

A modular in vitro test system to investigate and predict the neurotoxic potency of hazardous substances, to establish dose-response relationships and to examine the basic mechanisms involved in neurotoxicity, has been evaluated. Voltage-operated potassium ion channels expressed in oocytes of the clawed frog *Xenopus leavis* by injection of cloned RNA (cRNA) and isolated neurons as well as isolated neuronal networks from the buccal ganglia of the snail *Helix pomatia* were used as complementary model nervous systems of different complexity in the multistage test system. Lead (as Pb^{2+}) has been chosen as the substance with known neurotoxic potential. Investigations done with the oocyte expression system reveale that potassium currents through the ion channels are reduced dose-dependently by lead with a threshold concentration of 0,1µmol/1. Experiments performed with isolated snail neurons showed that this lead-induced depression of potassium currents consequently leads to a prolongation of action potentials generated by the neurons. The effects of these altered action potentials on function-generating neuronal networks have been shown with the last module of the test system, the neuronal network controlling the feeding activity of the snail. The frequency of the feeding depolarisations („feeding") generated by the network was reduced dose-depenently by lead. The three modules of the test system delivered consistent results, thus showing their suitability to investigate and predict neurotoxic effects and to get a close insight on the mechanisms involved.

1. Einleitung

Zahlreiche arbeitsplatz- und umweltrelevante Gefahrenstoffe können zu Erkrankungen des Nervensystems führen (vgl. z.B. VALCIUKAS J.A., 1991). Bei zahlreichen weiteren Stoffen ist ein neurotoxisches Wirkpotential unbekannt oder wird nur vermutet. Kenntnisse über gefahrenstoffbedingte Störungen des Nervensystems stammen in erster Linie aus epidemiologischen bzw. klinischen Studien, aber insbesondere auch aus Tierexperimenten (VALCIUKAS J.A., 1991). Es besteht jedoch besteht weitgehende Unkenntnis über die Wirkmechanismen, die zur Ausprägung von Erkrankungen des zentralen und peripheren Nervensystems führen. Dies liegt darin begründet, daß die grundlegenden Mechanismen am Zielorgan neurotoxischer Wirkungen, der Nervenzelle bzw. dem Nervenzellverband, bislang kaum untersucht sind. Kenntnisse des Wirkprinzips und der ersten Veränderungen am Zielorgan sind jedoch unabdingbare Voraussetzung, um die Pathogenese toxisch bedingter Nervenkrankheiten verfolgen zu können und wirksame Interventionsstrategien zu entwickeln. Für die präventive Medizin wäre zudem von besonderer Bedeutung, das neurotoxische Potential von Gefahrenstoffen zu kennen oder vorhersagen zu können. Der Bedarf für ein Testsystem zur Untersuchung der grundlegenden Mechanismen neurotoxischer Wirkungen sowie zur Abschätzung und Vorhersage des neurotoxischen Potentials unbekannter oder vermuteter Neurotoxine ist augenscheinlich.

Etablierte Testmodelle aus der neurophysiologischen Grundlagenforschung bieten sich für die Untersuchung auch neurotoxischer Fragestellungen an. So werden in der experimentellen Epilepsieforschung in vitro exprimierte neuronale Ionenkanäle sowie isolierte Nervenzellen und Nervenzellverbände erfolgreich genutzt (ALTRUP U. et al., 1990; MADEJA M. und MUSSHOFF U., 1992; ALTRUP U. and SPECKMANN E.-J., 1992). Mit diesen in vitro-Testsystemen eröffnet sich aber auch ein neuer Weg, neurotoxische Wirkungen am Zielorgan Nervensystem zu untersuchen.

2. Material und Methoden

2.1. In vitro-Expression neuronaler Kaliumkanäle

Ionenkanäle sind Proteine in der Nervenzellmembran, deren Struktur in Form von mRNA codiert ist. Isoliert oder synthetisiert man die entsprechende mRNA und injiziert sie in eine geeignete Zelle, so werden in der Zellmembran die Ionenkanäle exprimiert.

Die clonierten RNA (cRNA) für die Kaliumkanäle Kv1.1, Kv1.2, Kv1.4, Kv2.1 und Kv3.4 wurden synthetisiert (PONGS O., 1992). Kleine Teile der Ovarien des Krallenfrosches *Xenopus laevis* wurden unter Narkose entnommen. Oocyten der Stadien V und VI wurden isoliert und 1ng der cRNA injiziert. Die Oocyten wurden unter Zellkultur-Bedingungen gehalten.

2.2. Präparation der Buccalganglien

Die Buccalganglien der Weinbergschnecke *Helix pomatia* wurden präpariert, das Bindegewebe wurde entfernt (PETERS M. and ALTRUP U., 1984).

2.3. Elektrophysiologische Methoden

- Oocyten-Modell: Transmembranöse Strommessungen wurden mit der Zwei-Elektroden-Voltage-Clamp-Technik bei einem Haltepotential von -80mV durchgeführt. Zur Auslösung von Kaliumströmen wurden depolarisierende Spannungspulse auf -70 bis +20mV angewendet.
- Isolierte Neuronen und neuronale Zellverbände: Das Membranpotential wurde mit der Current-Clamp-Technik gemessen.

2.4. Blei-Applikation

Während der elektrophysiologischen Messungen wurden die Zellen bzw. Zellsysteme von einer Ringer-Lösung umspült. Die Applikation von Blei erfolgte durch Ringer-Lösungen, in denen Blei(II)chlorid in definierter Konzentration gelöst war.

3. Ergebnisse

In einer ersten Serie von Experimenten mit dem Oocyten-Expressionssystem wurde der Einfluß des bekannten Neurotoxins Blei (vgl. z.B. SEPPÄLÄINEN A.M. et al., 1979) auf fünf unterschiedliche spannungsgesteuerte Kaliumkanäle untersucht. Durch depolarisierende Spannungspulse (Kommando-Potentiale) wurden Kalium-Auswärtsströme hervorgerufen und deren Veränderungen bei gleichzeitiger Applikation von Blei unterschiedlicher Konzentrationen registriert. Bei allen fünf Kanälen wurde der Kalium-Auswärtsstrom durch Blei reduziert. Abb. 1 zeigt dies am Beispiel des Kanals Kv1.1, einem Kaliumkanal aus der Hirnrinde der Ratte, der aber mit einem humanen, auf dem Chromosom 12 genetisch codierten Kaliumkanal identisch ist (PONGS O., 1992). Wie Abb. 1 ebenfalls verdeutlicht, war die Wirkung potentialabhängig mit maximaler Verminderung des Kaliumstromes bei negativeren Potentialen, die besonders wichtig für die neuronale Aktivität sind (Auslösepotential für Aktionspotentiale). Vergleichbare Ergebnisse wurden auch für die anderen vier Kaliumkanäle gefunden (MADEJA M. et al., 1995), jedoch mit unterschiedlich stark ausgeprägten Verschiebungen der Strom-Spannungs-Kennlinie. Alle gefundenen Veränderungen waren nach Auswaschen des Bleis vollständig reversibel.

Untersuchungen zur Dosisabhängigkeit der Reduzierung der Kaliumströme wurden bei einem Potential von -30mV mit dem Kanal Kv1.1 durchgeführt. Der Effekt erwies sich als dosisabhängig mit einer Schwellenkonzentration von 0,1µmol/l und einer IC_{50} von 1,0µmol/l. Die maximale Wirkung wurde bei einer Bleikonzentration von ca. 30µmol/l erreicht (Abb. 2).

Untersuchungen, welche Auswirkungen die bleibedingte Funktionsstörung der Kaliumkanäle auf die Funktion einer intakten Nervenzelle hat, wurden an dem isolierten Neuron B4 aus dem Buccalganglion der Weinbergschnecke *Helix pomatia* durchgeführt. Die Schnecke besitzt in ihrem Zentralnervensystem zwei paarig angelegte Buccalganglien mit jeweils vier funktionell und morphologisch identifizierten großen Neuronen (B1, B2, B3, B4) sowie einigen hundert weiteren Nervenzellen (PETERS M. and ALTRUP U., 1984). Die großen Neurone können allein aufgrund ihres Aussehens und ihrer Lage eindeutig und sicher identifiziert werden (SCHULZE H. et al., 1975). Nach Isolierung des Neurons B4 kann die Funktion der

Zelle in vitro untersucht werden. Sie ist in einer Ringer-Lösung über mehrere Stunden elektrophysiologisch aktiv. Aufgrund der Größe der Zelle können mehrere Mikroelektroden eingestochen und die elementaren elektrophysiologischen Vorgänge registriert werden.

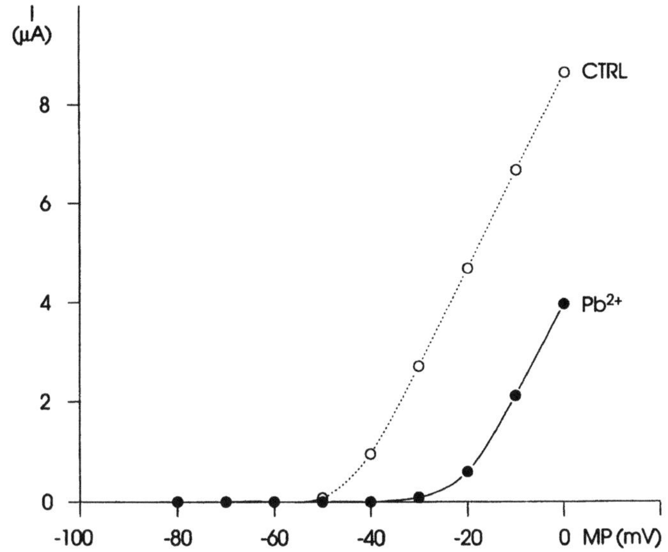

Abb. 1. In Oocyten exprimierter Kv1.1 Kaliumkanal: Abnahme des Kaliumstromes unter Bleibelastung; offene Kreise, gepunktete Linie: Kontrollbedingungen; gefüllte Kreise, durchgezogene Linie: Bleibelastung (Pb^{2+}: 50µmol/1); MP: Membranpotential

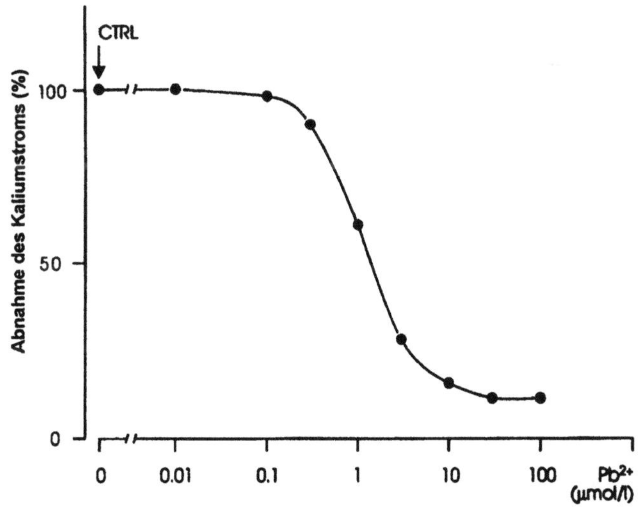

Abb. 2. In Oocyten exprimierter Kv1.1 Kaliumkanal: Dosisabhängigkeit der bleibedingten Abnahme des Kaliumstromes

Für die Signalerzeugung und -weiterleitung im Nervensystem werden Aktionspotentiale genutzt, die durch Ionenströme durch die Nervenzellmembran und somit über die Funktion von Ionenkanälen erzeugt werden. Im Teil A der Abb. 3 (Vorlaufphase) sind drei typische, von der

B4-Zelle erzeugte Aktionspotentiale übereinandergelegt dargestellt. Bei Bleiapplikation (6µmol/l) in der Belastungsphase (Abb. 3, Teil B) nimmt die Amplitude der Potentiale ab, die Dauer der Potentiale zu. Der Effekt war zeitabhängig und hatte nach etwa 50min sein Maximum erreicht. Nach Auswaschen des Bleis (Abb. 3, Teil C) erreichte die Amplitude des Aktionspotentials bereits nach ca. 30min ihren Ausgangswert, die Potentialdauer jedoch ging auch nach mehr als zweistündiger Auswaschdauer nicht auf ihren ursprünglichen Wert zurück. Diese Ergebnisse zeigen, daß Blei reversible, zum Teil aber auch nicht reversible bzw. länger andauernde Veränderungen an der Nervenzellmembran hervorruft. Die Befunde stehen in Einklang mit den bleibedingten Veränderungen der Funktion der Kaliumkanäle im Oocyten-Expressionssystem: Die Auslösung eines Aktionspotentials (Depolarisation des Neurons) geschieht durch einen Natriumeinstrom in die Nervenzelle durch entsprechende Natriumkanäle. Die Repolarisation und damit die Beendigung des Aktionspotentials erfolgt durch Kaliumausstrom. Eine bleibedingte Reduzierung des Kaliumausstroms muß somit zwangsläufig zu einer Verlängerung der Aktionspotential-Dauer führen.

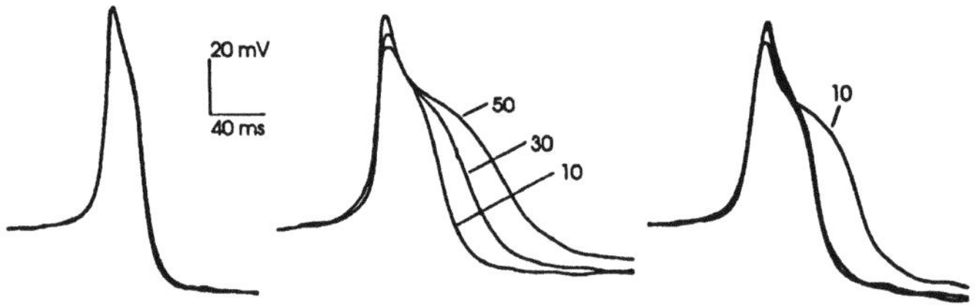

Abb. 3. Isoliertes B4-Neuron aus dem Buccalganglion von *Helix pomatia*: Bleibedingte Änderungen der Amplitude und der Dauer von Aktionspotentialen (Zahlenangaben an den Aktionspotentialen: Zeit in Minuten nach Beginn der Bleibelastung bzw. nach Beginn der Auswaschphase)

Veränderungen von Aktionspotentialen können dazu führen, daß bei der Übertragung dieser Signale an eine benachbarte Zelle dort keine entsprechende Reaktion hervorgerufen wird. Dies könnte dazu führen, daß die Funktion eines neuronalen Zellverbandes, z.B. die Steuerung einer Körperfunktion, beeinträchtigt wird. Ein funktional identifiziertes neuronales Netzwerk im Buccalganglion der Weinbergschnecke, das die Freßaktivität des Tieres kontrolliert (PETERS M. and ALTRUP U., 1984), kann zur Untersuchung solcher Effekte genutzt werden. Dieses Netzwerk generiert „feedings" genannte Freß-Depolarisationen, die die Pharynxmuskulatur steuern. Die elektrophysiologische Ableitung der feedings gelingt über das zum Zellverband gehörende Motoneuron B4, das bei diesen Untersuchungen jedoch mit den Nachbarzellen verbunden bleibt. Abb. 4, Teil A, zeigt die vom Netzwerk generierten Freß-Depolarisationen unter Normalbedingungen (Ringer-Lösung). Unter Bleibelastung (60µmol/l, 1h) zeigt sich eine deutliche Verringerung der Frequenz (Abb. 4, Teil B). Nach einstündigem Auswaschen des Bleis mit Ringer-Lösung erreicht die Frequenz nahezu ihren Ausgangswert, sodaß von einer vollständigen Reversibilität des gefundenen Effektes ausgegangen werden kann (Abb. 4, Teil C). Damit kann geschlossen werden, daß Blei über die Beeinflussung eines neuronalen Zellverbandes Veränderungen von Körperfunktionen, hier des Freßverhaltens, hervorrufen kann. Auch diese Ergebnisse stehen in Übereinstimmung mit den vorher erhobenen Befunden: Eine bleibedingte Amplitudenreduktion und eine Verlängerung der Dauer von Aktionspotentialen in den Zellen des Netzwerkes kann zu einer Reduzierung oder gar Unterdrückung der Signalweiterleitung zum Motoneuron des Verbandes führen und in der Folge zu einer Reduzierung der generierten Freßdepolarisationen.

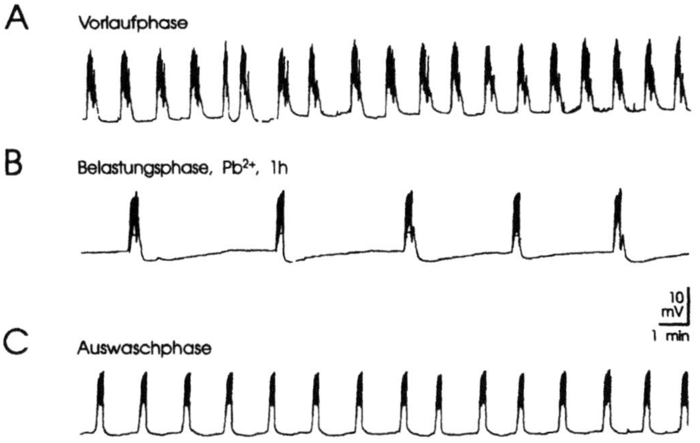

Abb. 4. Neuronaler Zellverband aus dem Buccalganglion von *Helix pomatia*: bleibedingte Abnahme der Frequenz der vom Zellverband generierten Freß-Depolarisationen („feedings")

4. Schlußfolgerungen

Zentrale Aufgabe des Nervensystems ist es, Informationen aufzunehmen, weiterzuleiten, zu verarbeiten und wieder abzugeben. Zur Erfüllung dieser Aufgabe werden im wesentlichen elektrische Signale herangezogen, d.h. Änderungen des Membranpotentials, die über Ionenströme durch Ionenkanäle in der Zellmembran gesteuert werden. Diese Elementarprozesse der Signalerzeugung und -weiterleitung sind in niedrig und höher organisierten Lebewesen bis hin zum Menschen prinzipiell identisch. Die mit den drei Modulen des hier vorgestellten Testsystems erzielten Ergebnisse sind daher grundsätzlich auf den Menschen übertragbar oder sind sogar, wie im Fall der in vitro exprimierten humanen Kaliumkanäle, mit den Vorgängen im menschlichen Gehirn identisch.

Das mehrstufige in vitro-Testsystem erlaubt die Untersuchung des Einflusses neurotoxischer Substanzen auf elementare Funktionen des Nervensystems von der molekularen Ebene des Ionenkanals über isolierte Neurone bis hin zu komplex vernetzten Nervenzellverbänden. Damit steht ein (sicherlich erweiterbares) modulares Testsystem zur Verfügung, das es erlaubt,

1. grundlegende Wirkprinzipien der Neurotoxizität zu untersuchen,
2. die der neurotoxischen Wirkung bekannter Neurotoxine zugrundeliegenden Mechanismen zu erforschen und Dosis-Wirkungs-Beziehungen aufzustellen,
3. das neurotoxische Potential vermuteter oder unbekannter Neurotoxine zu quantifizieren bzw. vorherzusagen sowie
4. in vivo-Untersuchungen an höher organisierten Nervensysteme (Säugetiere) sinnvoll zu ergänzen oder auch zu reduzieren.

Literatur

ALTRUP U., MADEJA M., SPECKMANN E.-J., Die Buccalganglien der Weinbergschnecke (*Helix pomatia*) als Modellnervensystem in der experimentellen Epilepsieforschung, EEG-Labor, 12, 12-25, 1990

ALTRUP U. and SPECKMANN E.-J., Identified neuronal individuals in the buccal ganglia of *Helix pomatia*, J. Higher Nervous Activity, 42, 1090-1115, 1992

MADEJA M., BINDING N., MUßHOFF U., PONGS O., WITTING U., SPECKMANN E.-J., Effects of lead on cloned voltage-operated neuronal potassium channels, Naunyn-Schmiedeberg's Arch. Pharmacol., 351, 320-327, 1995

MADEJA M. und MUSSHOFF U., Die Eizellen des Krallenfrosches als Modell in der Neurophysiologie, EEG-Labor, 14, 25-37, 1992

PONGS O., Molecular biology of voltage-dependent potassium channels, Physiol. Rev., 72, 69-88, 1992

PETERS M. and ALTRUP U., Motor organization in pharynx of *Helix pomatia*, J. Neurophysiol., 52, 389-409, 1984

SCHULZE H., SPECKMANN E.-J., KUHLMANN D., CASPERS H., Topography and bioelectrical properties of identifiable neurons in the buccal ganglion of *Helix pomatia*, Neurosci. Lett., 277-281, 1975

SEPPÄLÄINEN A.M., HERNBERG S., KOCK B., Relationship between blood lead levels and nerve conduction velocities, Neurotoxicology, 1, 313-332, 1979

VALCIUKAS J.A., Foundations of environmental and occupational neurotoxicology, New York: Van Nostrand Reinhold, 1991

Die Anwendung von in vitro-Embryotoxizitätstests in der pharmazeutisch-chemischen Industrie

R. Bechter

Zusammenfassung

Früh in der Substanzentwicklung durchgeführte, schnelle und zuverlässige Kurzzeit- oder in vitro-Tests, die Substanzen mit embryotoxischem/teratogenem Potential erkennen, können die Entwicklungskosten und -zeiten für erfolgreiche Präparate und die Zahl der verwendeten Tiere im Entwicklungsprozeß stark reduzieren. Es wäre von großem Vorteil, aufwendige in vivo-Studien zur Risikoabschätzung als Grundlagen zur klinischen Prüfung und Registrierung neuer Medikamente nur noch mit Substanzen durchzuführen, für die ein embryotoxischer Effekt mit großer Wahrscheinlichkeit ausgeschlossen werden kann. Falls ein in vitro-System Verwendung finden soll, um alle in einer „Pipeline" erscheinenden Substanzen zu screenen, sollte eine Validierung zeigen, daß die resultierenden Daten für die in dieser „Pipeline" auftretenden Substanzklassen aussagekräftig sind. In diesem Kapitel werden die zwei vielversprechendsten in vitro-Screeningsysteme, welche es erlauben, gewisse Aspekte der Embryotoxizität zu untersuchen, zum Zwecke der Substanzselektion in der pharmazeutisch-chemischen Industrie beschrieben und diskutiert. Die Ratten- oder Mäuse-Ganzembryonenkultur ist ein gut entwickeltes in vitro-Testsystem für die Abschätzung des teratogenen Potentials einer Substanz im Screening und für gezielte Untersuchungen der Mechanismen von teratogenen Effekten. Sie erlaubt, dysmorphogene Effekte in einer großen Zahl von Organanlagen zu identifizieren und zwischen allgemeiner Embryotoxizität und spezifischem Mißbildungpotential zu unterscheiden. Der Bedarf an Testsubstanz ist gering, und Substanzmetabolismus kann im System auf verschiedene Weise simuliert werden. Die Beinknospenzellkultur ist ein einfaches System, das erlaubt, viele Substanzen in kurzer Zeit zu screenen. Die benötigten Substanzmengen sind klein und nur wenig Tiere werden zur Gewinnung der Zellen benötigt. Die Endpunkte dieses Systems sind jedoch sehr spezifisch auf die Entwicklung von Mesenchymzellen der Beinanlagen ausgerichtet, was der Grund für die limitierte Prädiktabilität einiger Substanzklassen sein könnte.

Summary

The use of embryotoxicity tests in the pharmaceutical and chemical industry

Quick and reliable short term or in vitro tests which accurately determine the embryotoxic/teratogenic potential of new drug candidates during the early phase of drug development offer considerable savings in animal use, money and time. It would be advantageous to perform the costly in vivo animal testing prior to clinical trials and registration with only those compounds which have a high probability of being devoid of adverse effects. A screening system for the general purpose of compound selection should be validated for all compound classes in a given pipeline. In this chapter the two most promising in vitro screening systems for compound selection in pharmaceutical industry which allow the detection of particular aspects of embryotoxicity are described and discussed. The rat or mouse postimplantation whole embryo culture is a well developed test for the estimation of a compound's teratogenic potential and for the elucidation of specific mechanisms of embryotoxicity. It allows the detection of dysmorphogenic activities in a variety of organ primordia and distinguishes between general effects on embryonic development and the potential to produce specific dysmorphogenesis. The amount of compound needed is small and metabolism can be mimicked in a variety of ways. The limb bud cell culture assay is a simple system which allows the screening of a large number of compounds in a short time. The amount of compound needed is small and only a few animals are used for the isolation of cells. The endpoints are rather specific for the development of mesenchymal limb bud cells which might be the reason for the limited value for certain compound classes.

1. Einleitung

Embryotoxikologische Untersuchungen in der pharmazeutischen Industrie dienen hauptsächlich vier Zwecken. Diese sind:

1. Sicherheitsuntersuchungen vor der klinischen Prüfung an Frauen
2. Erarbeitung von Daten als Teil der Registrierungsunterlagen
3. mechanistische Studien zur Abklärung von gefundenen Effekten
4. Prüfung neuer Wirkstoffe auf ihr embryotoxisches/teratogenes Potential als Entscheidungshilfe für ihre weitere Entwicklung

Abschätzungen zur Sicherheit vor der klinischen Prüfung und für die Registrierung neuer Heilmittel können zur Zeit nur an hand von tierexperimentell gewonnenen Daten vorgenommen werden (KIMMEL G.L., 1990; KOETER H.B.W.M., 1993; PALMER A.K., 1993). Die dafür erforderlichen Studien sind durch behördliche Vorschriften (guidelines) auf internationalem Niveau definiert. Um diese behördlichen Vorgaben zur Registrierung neuer Medikamente zu erfüllen, ist immer noch ein großer Aufwand an Tieren erforderlich (MANSON J., 1991), und die Kosten für diese Studien sind beträchtlich, trotz der kürzlich erfolgten internationalen Harmonisierung dieser Vorschriften (ICH harmonized tripartite guideline on detection of toxicity to reproduction of medicinal products, June 24th, 1993). Es wäre von großem Vorteil, diese Studien nur noch mit Substanzen durchzuführen, für die ein embryotoxischer Effekt mit großer Wahrscheinlichkeit ausgeschlossen werden kann. Früh in der Substanzentwicklung durchgeführte, schnelle und zuverlässige Kurzzeit- oder in vitro-Tests, die Substanzen mit embryotoxischem/teratogenem Potential erkennen, könnten die Entwicklungskosten und -zeiten für erfolgreiche Präparate stark reduzieren.

Embryotoxizität einer Prüfsubstanz kann sich auf verschiedene Arten manifestieren. Letalität, Retardierungen, strukturelle Mißbildungen oder Effekte auf das postnatale Verhalten (GRAS G. and MONDAIN J., 1981) inklusive sehr später Effekte (HERBST A.L. et al., 1979) können ohne oder zusammen mit Maternaltoxizität auftreten. Generelle Toxizität und organspezifische Befunde sollten daher bei der Risikoabschätzung mitberücksichtigt werden. Die Mechanismen, die für die Embryotoxizität einer Substanz relevant sind, sind weitgehend unbekannt. Die Abklärung von Entwicklungsstörungen basiert auf dem Verständnis der verschiedenen Prozesse der normalen Embryonalentwicklung. In vitro-Systeme messen als Endpunkte entweder einen spezifischen Prozeß oder generelle Toxizitätserscheinungen (BECHTER R., 1995). Im Falle eines Befundes in einer in vivo-Studie können entsprechend geeignete in vitro-Modelle wertvolle Informationen über den Mechanismus der Fehlentwicklung abgeben. Das in vitro-System bietet die Möglichkeit, mütterliche Einflüsse (Metabolismus, plazentare Hämodynamik) auszuschließen oder mögliche toxische Effekte von Metaboliten einer Testsubstanz auf Entwicklungsvorgänge direkt zu messen. Damit kann es einen Beitrag zur Identifikation des zur Toxizität führenden Prinzips der Testsubstanz sein. Als Hilfsmittel für die Selektion neuer Präparate für die Weiterentwicklung sollte ein in vitro-System idealerweise sowohl die Abschätzung eines embryotoxischen Potentials als auch den Vergleich der Potenz von Strukturanalogen der zu untersuchenden Substanz erlauben. Die in den letzten Jahrzehnten als Embryotoxizitätstest vorgeschlagenen in vitro-Modelle wurden an anderen Stellen vorgestellt und eingehend diskutiert (FREEMAN S.J. and BROWN N.A., 1987; FAUSTMANN E.M., 1988; ECETOC 1989; DASTON G.P. and D'AMATO R.A., 1989; WELSCH F., 1990; WHITTAKER S.G. and FAUSTMAN E.M., 1994; BECHTER R., 1995). In diesem Beitrag sollen die zwei vielversprechendsten in vitro-Testsysteme, welche es erlauben, gewisse Aspekte der Embryotoxizität zu untersuchen, zum Zwecke der Substanzselektion in der pharmazeutisch-chemischen Industrie beschrieben und diskutiert werden.

2. Anforderungen an ein Screening-System für die Substanzentwicklung

In vitro-Toxizitätstests sollten idealerweise toxische Substanzeffekte im Menschen vorhersagen und müssen nicht unbedingt relevant sein für die Vorhersage der Substanzeffekte im Tierexperiment (KOETER H.B.W.M., 1993). Diese wünschenswerte Eigenschaft ist vor allem für das Screening von Substanzen gefragt, wo keine tierexperimentellen Daten erhoben werden, bevor sie in die Umwelt entlassen werden (PETERS P.W.J. and PIERSMA A.H., 1990). Im Falle von Pharmazeutika sind Sicherheitsabklärungen und Risikoabschätzungen vor der Exposition des Menschen genauestens reguliert und basieren auf tierexperimentell erhobenen toxikologischen Daten. Dies gilt auch für die Reproduktionstoxikologie und insbesondere die Teratologie. Ein neues Produkt, welches nicht vorgängig im Tierversuch frei von toxischen Effekten auf das werdende Leben ist, darf, mit Ausnahme lebensbedrohender Zustände, ohne ensprechende Sicherheitsfaktoren (therapeutisches Fenster) oder geeignete Maßnahmen zur Schwangerschaftsverhütung generell nicht an Frauen verabreicht werden, die im gebährfähigen Alter sind.

Durch dieses Prozedere der behördlich verlangten Tierexperimente im Entwicklungsprozeß neuer pharmazeutischer Wirkstoffe kann eine Substanz mit (falsch) negativem in vitro-Screeningresultat im Verlauf der späteren Substanzentwicklung im Tierexperiment abgefangen werden (WILLIAMS P.D., 1994). Ein (falsch) postives in vitro-Resultat kann jedoch unter Umständen zur Aufgabe der weiteren Entwicklung einer Substanz und damit zum unakzeptablen Verlust eines vielleicht neuen und effizienten Therapieprinzips führen. Aus diesen Gründen sollte ein in vitro-Screeningsystem so optimiert werden, daß es eine möglichst hohe Spezifität aufweist.

Die Mehrheit neuer pharmazeutischer Produkte ist lipophil, was nachteilig für die in vitro-Prüfung ist. Eine vernünftige Substanzkonzentration sollte im normalerweise wässrigen Milieu der Kultur erreicht werden oder entsprechende lösungsvermittelnde Systeme müssen einsetzbar sein. (KITCHIN K.T. and EBRON M.T., 1984). Zusätzlich schränkt die relativ kleine Menge von synthetisierter Substanz in frühen Stadien der Medikamentenentwicklung die Palette der zur Verfügung stehenden Tests ein.

Im frühen Stadium des Substanzen-Screening werden oft chemische strukturanaloge Nachfolger früherer Entwicklungssubstanzen getestet. Zur Zeit des toxikologischen Screenings sind für die meisten dieser Strukturklassen bereits etliche Daten über die Pharmakologie bekannt. Normalerweise sind auch Informationen über Kinetik, Metabolismus und adverse Substanzeffekte einer oder mehrerer Vertreter der Klasse vorhanden. Zusätzlich sind oft in vivo-Tierdaten und/oder Humandaten für eine oder mehrere Vorläufersubstanzen bekannt. Unter diesen Voraussetzungen ist das Screening neuer Chemikalien also nur ganz selten eine „blinde" Aktivität. Ein in vitro-Test sollte also zusätzlich zu einer Ja/Nein-Antwort auch Auskünfte über die relative Potenz einer Testsubstanz bezüglich ihrer toxischen Wirkung auf die Entwicklung differenzierender Zellen geben. In gewissen Fällen wäre auch die Möglichkeit, substanzaktivierende Prinzipien/metabolisierende Systeme in der Kultur zu verwenden, erwünscht.

Ein in vitro-System sollte entsprechend der anstehenden Fragestellung ausgewählt werden. Es kann dabei auf Grund seiner Eigenschaften, einen bestimmten Entwicklungsprozeß zu imitieren, sehr relevant für die Abschätzung des embryotoxischen Potentials einer Substanzklasse sein (KISTLER A., 1987; KISTLER A. et al., 1990). Der gleiche in vitro-Test kann für das Testen von Vertretern einer anderen Substanzklasse völlig ungeeignet sein, da der Endpunkt des in vitro-Systems für die Substanzklassenwirkung völlig irrelevant ist (TSUCHIYA T. et al., 1991). Große Validierungsstudien mit vielen verschiedenen chemischen Stoffen, welche in der Literatur als in vivo-Teratogene oder Nichtteratogene beschrieben sind, sind daher nicht erstrangig, wenn es um die Beantwortung der Störung spezifischer Zellvorgänge geht. Zusätzlich sind in der offenen Literatur publizierte in vivo-Daten von sehr unterschiedlicher Qualität und daher manchmal ungeeignet als Basis für eine Validierung eines in vitro-Testsystems. Auch ist die Auswahl der Testsubstanzen in diesen publizierten Validierungsstudien nicht immer zufällig, sondern soll den Beweis für die Eignung eines vorgeschlagenen in vitro-Systems unterstützen (PALMER A.K., 1993). Falls ein in vitro-System Verwendung findet, um alle in einer „Pipeline" erscheinenden Substanzen zu screenen, sollte die Validierung für die in dieser „Pipeline" auftretenden Substanzklassen aussagekräftig sein. Daher ist eine zusätzliche Validierung in der eigenen Laborumgebung unerläßlich. Trotzdem wären Anstrengungen, gut entworfene und kontrollierte Validierungsstudien mit vielversprechenden Testsystemen durchzuführen (z.B. auch unter Beteiligung mehrerer Labors), sehr erwünscht.

3. Postimplantative Ganzembryonen-Kultur

Während der letzten ungefähr 20 Jahre wurden postimplantative Säugetierembryonen verschiedener Entwicklungsstadien mit Erfolg in vitro kultiviert (COCKROFT, 1976; NEW D.A.T., 1978; FUJINAGA M. and BADEN J.M., 1992; BARBER C.V. et al., 1993; NINOMIYA H. et al., 1993). Die Kultur von Embryonen im frühen Somiten-/Neuralfaltenstadium wurde Anfang der 80er Jahre als teratologisches Screening-System an der Maus (FANTEL A.G., 1982; SADLER T.W. et al., 1982, 1985) und der Ratte (SCHMID B.P., 1985) vorgeschlagen. Die Kultur von Kaninchenembryonen wurde kürzlich optimiert (NAYA M. et al., 1991; NINOMIYA H. et al., 1993). Postimplantative Embryonen im Neuralfaltenstadium (2-4 Somiten) werden von mütterlichem Gewebe befreit, ohne die innere Dottersackhaut, die Reichertsche Membran und das embryonale Plazentagewebe (ectoplacental cone) zu beschädigen. Die Embryonen werden im Medium unter definierten Begasungsbedingungen für 24 bis 48 Stunden in einem Roller-Apparat kultiviert. Verschiedene Medien wurden zur Kultivierung der verschiedenen Spezies verwendet. Rattenserum, das bis zu 50% mit Salzlösung verdünnt werden kann, eignet sich gut zur Kultivierung von Ratten- (BECHTER R. et al., 1991; TERLOUW G.D.C. et al., 1993) und Mäuseembryonen (SADLER T.W., 1979). Auch Seren von Rindern (KLUG S. et al., 1985),

Affen (KLEIN N.W. et al., 1982) und Menschen (CHATOT C.L. et al., 1980; VAN MAELE-FABRY G. et al., 1993a; ABIR R. et al. 1993) erlauben zufriedenstellendes Wachstum von Ratten- und Mäuseembryonen. In Kaninchenserum, bis 40% verdünnt, entwickelten sich Kaninchenembryonen in vitro (NINOMIYA H. et al., 1993). Die zu untersuchende Substanz kann während bestimmter Kulturperioden (SADLER T.W. et al. 1988; STAHLMANN R. et al., 1993) oder über die ganze Kulturdauer dem Medium beigefügt werden. Es ist möglich, mit verschiedenen Methoden Substanzmetabolismus zu imitieren. Leberhomogenat (S9) mit ensprechenden Cofaktoren, welche aus Lebern von Ratte (FANTEL A.G. et al., 1979; KITCHIN K.T. et al., 1981) oder Menschen gewonnen wurden (ZHAO J. et al., 1993), Rattenleberzellen, Coinkubiert mit dem Embryo (OGLESBY L.A. et al., 1992), oder sequenzielle Hepatozyten-/ Embryokulturen (BECHTER R. et al., 1989) wurden erfolgreich eingesetzt. Letztere erlauben auch das Studium der Kinetik von Toxifikation und Detoxifikation in vitro. Die Verwendung von Serum behandelter Tiere zur Herstellung des Kulturmediums erlaubt ebenfalls Aufschlüsse über Substanzaktivierung und Wirkung von Metaboliten auf die embryonale Entwicklung in vitro zu erhalten (SCHMID B.P. et al., 1982).

Am Ende der Kulturperiode werden verschiedene Endpunkte gemessen. Effekte auf die Entwicklung der Dottersackblutgefäße sowie die Blutzirkulation und Hematopoiese, auf das embryonale Wachstum (z.B. Größe, Protein- und DNS-Gehalt) und die embryonale Differenzierung (z.B. Anzahl Somiten, morphologisches Punktesystem) sowie spezifische dysmorphogene Aktivitäten werden erfaßt (SADLER T.W. et al., 1982; VAN MAELE-FABRY G. et al., 1993b; SCHMID B.P., 1985; BROWN N.A. and FABRO S. 1981; BECHTER R. and BROUILLARD J.F., 1988; SCHMID B. et al., 1996). Die Dateninterpretation wird unter Berücksichtigung toxischer Effekte auf den Dottersack, embryonales Wachstum und Entwicklung und spezifischer morphologischer Fehlentwicklungen vorgenommen (BECHTER R. and SCHMID B.P., 1987; SCHMID B. et al., 1996).

Validierungdaten wurden publiziert von SCHMID B.P. et al. (1983) und CICUREL und SCHMID (1988a, 1988b), die Resultate einer Interlaboratoriumsstudie von VAN MAELE-FABRY et al. (1991), GOVERS et al. (1988) und PIERSMA et al. (1995) und von einer Intersystem-Validierungsstudie von KUCERA et al. (1993). In der Interlaborstudie wurden 8 Paare strukturell verwandter Substanzen (teratogen/nicht-teratogen) von 4 Laboratorien blind getestet mit guter Übereinstimmung der Resultate in allen beteiligten Laboratorien. Die Intersystemstudie verglich die Resultate von 6 dieser Substanz-Paare im Ganzembryonen-Test mit Hühner- und Rattenembryonen und dem Hirnzellenaggregat-Modell. Eine eigene Publikation beschreibt eine sehr gute in vivo-/in vitro-Übereinstimmung mit einer Serie von Retinoiden (BECHTER R. et al., 1992). In unserer Sandoz-internen prospektiven Validierungsstudie mit 4 in vivo teratogenen und 49 in vivo nicht-teratogenen pharmazeutischen Entwicklungssubstanzen ergab sich eine Spezifität von 87,8%, eine Sensitivität von 50% und eine Vorhersagbarkeit des in vivo-Ergebnisses von 84,9% (BARTMANN K. et al., 1995).

Die Ratten- oder Maus-Ganzembryonenkultur ist ein gut entwickeltes in vitro-Testsystem für die Abschätzung des teratogenen Potentials einer Substanz im Screening und für gezielte Untersuchungen der Mechanismen von teratogenen Effekten. Diese Kultur wird in vielen Labors verwendet und hat sich als robust und wertvoll erwiesen. Sie erlaubt, dysmorphogene Effekte in einer großen Zahl von Organanlagen zu identifizieren und zwischen allgemeiner Embryotoxizität (Letalität, Retardierung von Wachstum und Differenzierung) und spezifischem Mißbildungpotential zu unterscheiden. Zusätzlich ist ein Vergleich strukturverwandter Substanzen bezüglich ihrer embryotoxischen Potenz möglich. Der Bedarf an Testsubstanz ist gering, und Substanzmetabolismus kann im System auf verschiedene Weise simuliert werden. Substanz- oder Metabolitenkonzentrationen können leicht im System (Medium oder Embryo) überprüft und verfolgt werden. Das Testsystem ist jedoch eher komplex, deckt nur einen Teil der Organogenese ab und ist technisch anspruchsvoll. Zur Durchführung dieser Methode werden immer noch Tiere benötigt, sei es als Serumspender zur Herstellung des Kulturmediums, oder trächtige Weibchen als Lieferanten der zu kultivierenden Embryonen.

4. Beinknospen-Zellkultur

Kulturen von Mäuse- oder Hühnchen-Beinknospen-Zellen wurden als in vitro-Teratogenitäts-Screening-Modelle von WILK et al. (1980); HASSELL and HORIGAN (1982) und GUNTAKATTA et al. (1984) vorgeschlagen. FLINT und ORTON (1984) UND Kistler (1985) benutzten Zellen von Ratten-Beinknospen, und RENAULT et al. (1993) modifizierten das System zur Verwendung von Kaninchen-Beinknospen-Zellen. Prechondrogene Mesenchymzellen der Beinknospen, welche vorher mit Trypsin zu einer Einzelzellsuspension dissoziiert wurden, werden als Mikrotropfen mit hoher Zelldichte (micromass) in Kulturschalen (35mm Platten, FLINT O.P. and ORTON T.C., 1984; 24 Loch Platten, KISTLER A., 1985, oder 96 Loch Platten, PAULSEN D.F. and SOLURSH M., 1988; RENAULT J.Y. et al., 1989; BECHTER R. et al., 1996) gesät. Nachdem sich die Zellen für einige Stunden gesetzt haben, werden sie mit Kulturmedium bedeckt. In Kultur proliferieren diese Zellen und bilden nach 5 bis 6 Tagen Knötchen von differenzierenden Knorpelzellen aus. Die Proliferation und Differenzierung zu Chondrozyten können durch einfache Färbemethoden mit anschließender quantitativer spektrophotometrischer bzw. vollautomatisierter bildanalytischer Messung (RENAULT R. et al., 1989) oder Radiochemie (GUNTAKATTA M. et al., 1984) bestimmt werden. Die Testsubstanz wird in verschiedenen Konzentrationen zu diesen Kulturen zugefügt, am besten erst nach einer 24stündigen Inkubationszeit der Kultur ohne Substanzzusatz. Nach der 6tägigen Kulturperiode werden die Konzentrationen (IC_{50}) bestimmt, welche im Vergleich zur Kontrollkultur zu einer 50%igen Hemmung von Proliferation und Differenzierung der Zellen führen. Der Vergleich dieser beiden IC_{50}-Werte (z.B. durch die 2fach Regel, RENAULT J.Y. et al., 1989) erlaubt eine Abschätzung des teratogenen Potentials der Testsubstanz. Zusätzlich können auch mit diesem Kultursystem Konzentrationen verschiedener Strukturanaloge, welche zur Störung dieser Entwicklungsprozesse führen, verglichen werden. Die Interpretationskriterien wurden eher willkürlich gewählt, was die Verwendung verschiedener Regeln zeigt und zusätzliche cut-off points wurden verwendet (z.B. FLINT O.P. and BOYLE F.T., 1985; KOELMAN H.J.S. et al.; 1991; BECHTER R. et al., 1996). Die Zugabe von metabolisierenden Systemen zur Aktivierung von Testsubstanzen im Kulturmedium war erfolgreich (GUNTAKATTA M. et al., 1984; FLINT O.P. and ORTON T.C., 1984; GHAIDA J. and MERKER H.J., 1992).

FLINT and ORTON (1984) testeten 27 teratogene und 19 nicht-teratogene Substanzen in einer Blindstudie, in der sie Beinknospen-Zellkultur und eine embryonale Hirnzellkultur kombinierten. Sie ermittelten eine Sensitivität von 93%, eine Spezifität von 89% und eine Richtigkeit von 91%. GUNTAKATTA M. et al. (1984) fanden 100% Sensitivität und 86% Spezifität mit 22 Teratogenen und 5 nicht-teratogenen. Mit 15 Teratogenen und 10 nicht-teratogenen berichteten UPHILL et al. (1990) eine Sensitivität von 73% und eine Spezifität von 80%. Die Brauchbarkeit des Systems zur Auswahl von Kandidaten für die weitere Substanzentwicklung wurde mit einer Serie von Triazolen gegen Pilzerkrankungen (FLINT O.P. and BOYLE F.T., 1985) und Retinoiden mit einer Carboxylgruppe (KISTLER A., 1985, 1987; KISTLER A. et al., 1990) gezeigt. RENAULT et al. (1989) erhielten eine Spezifität von 100%, 61% Sensitivität und eine Richtigkeit von 75% mit 33 in vivo teratogenen und 18 in vivo nicht-teratogenen Substanzen. In unseren eigenen Labors testeten wir 5 in vivo teratogene and 43 in vivo nicht-teratogene Entwicklungssubstanzen mit einer Spezifität von 58%, einer Sensitivität von 20% und einer Richtigkeit von 54% (BECHTER R. et al., 1996). Diese Resultate sprechen eher gegen eine Benutzung dieser Kultur als Screening-System für sämtliche Substanzen aus einer Vielzahl chemischer Klassen. Resultate einer Multicenter-Validierungsstudie mit 69 Substanzen (KOELMAN H.J.S. et al., 1991) lassen den Schluß zu, daß das teratogene Potential potenter Teratogene mit genügender Wahrscheinlichkeit (48-66% Sensitivität) erkannt wurde, und daß das System geeignet ist, um Analoge von ausgewählten Substanzklassen zu prüfen. Dies wurde auch anhand von strukturanalogen Retinoiden (KISTLER A., 1987; KISTLER A. et al., 1990) bzw. einer Serie von Herbiziden (TSUCHIYA T. et al., 1991) gezeigt.

Die Beinknospen-Zellkultur ist ein einfaches System, das erlaubt, viele Substanzen in kurzer Zeit zu screenen, vor allem wenn es voll automatisiert ist. Die benötigten Substanzmengen sind klein und nur wenige Tiere werden zur Gewinnung der Zellen benötigt. Die Endpunkte sind sehr spezifisch, was der Grund für die limitierte Prädiktabilität (oder umgekehrt für die ausgezeichnete bei Retinoiden) einiger Substanzklassen sein könnte.

5. Schlußwort

In diesem Kapitel wurden zwei in vitro-Teratogenitätsscreening-Modelle beschrieben. Sie wurden ausgewählt, da wir sie in unseren eigenen Labors zur Auswahl neuer Präparate für die Weiterentwicklung verwenden. Zusätzlich wurden beide Testsysteme in verschiedenen Labors und mit einer großen Zahl von Substanzen aus verschiedenen chemischen Klassen validiert. Die Auswahl dieser Systeme ist subjektiv und sollte nicht als Negierung anderer Kurzzeittests für Embryotoxizität verstanden werden. Jedes vorgeschlagene Modell kann seine Vorteile zur Beantwortung bestimmter Fragestellungen haben. Es scheint jedoch von besonderer Wichtigkeit, daß das ausgewählte Testsystem, ob als Screening-Modell oder zur Beantwortung mechanistischer Zusammenhänge verwendet, für die Fragestellung geeignete Endpunkte liefert und somit relevante Ergebnisse gefunden werden. Im weiteren muß der Experimentator die Vor- und Nachteile des zu verwendenden Testsystems kennen und bei der Interpretation seiner Ergebnisse berücksichtigen. Ein bestimmtes Modell kann in einem Labor bei einer Fragestellung funktionieren (aber vielleicht nicht in einem anderen), sei dies zur Abklärung eines in vivo-Befundes, zur Auswahl von Vertretern einer bestimmten Substanzklasse oder weil es einen entwicklungsbiologischen Prozeß ideal darstellt. Der Experimentator muß immer selbst in seinem eigenen Labor sicherstellen, daß für seine spezifische Fragestellung das ausgewählte Modell relevante Daten liefern kann.

Danksagung

Ich bedanke mich bei ROSMARIE CHU für ihre ausgezeichnete Unterstützung beim Erstellen und Dr. K. BARTMANN für die Durchsicht des Manuskripts.

Literatur

ABIR R., ORNOY A., HUR H.B., JAFFE P., PINUS H., IgG exchange as a means of partial correction of anomalies in rat embryos in vitro, induced by sera from women with recurrent abortion, Toxic in Vitro, 7, 817-826, 1993

BARBER C.V., CARDA M.B., FANTEL A.G., A new technique for culturing rat embryos between gestation days 14 and 15, Toxic in Vitro, 7, 695-700, 1993

BARTMANN K., KRAFFT N., BECHTER R., Rat Whole Embryo Culture Assay: 15 years of experience in pharmaceutical industry, Teratology Society, 24.-29. June, Newport Beach, Teratology, 51, 175, 1995

BECHTER R., The validation and use of in vitro teratogenicity tests, Arch Toxicol Suppl., 17, 170-191, 1995

BECHTER R. and SCHMID B.P., Teratogenicity in vitro - a comparative study of four antimycotic drugs using the whole-embryo culture system, Toxic in Vitro. 1, 11-15, 1987

BECHTER R. and BROUILLARD J.F., The effects of different chemical forms of a test compound on embryotoxicity, distribution and metabolism in vitro, Toxic in Vitro, 2, 181-188, 1988

BECHTER R., BOUIS P., FISCHER V., Primary hepatocyte culture as an activating system for xenobiotica tested in the rat whole embryo in vitro, in: GOLDBERG A.M. and PRINCIPE M.L. (eds.), Alternative methods in toxicology - in vitro toxicology new directions, New York: Mary Ann Liebert Inc, vol 7, 313-326, 1989

BECHTER R., TERLOUW G.D.C., LEE Q.P., JUCHAU M.R., Effects of QA 208-199 and its metabolite 209-668 on embryonic development in vitro after microinjection into the exocoelomic space or into the amniotic cavity of cultured rat conceptuses, Teratogenesis, Carcinogenesis and Mutagenesis, 11, 185-194, 1991

BECHTER R., TERLOUW G.D.C., TSUCHIYA M., TSUCHIYA T., KISTLER A., Teratogenicity of arotinoids (retinoids) in the rat whole embryo culture, Arch Toxicol, 66, 193-197, 1992

BECHTER R., KRAFFT N., BARTMANN K., The rat limb bud cell culture assay, Proceedings of the Symposium on methods in developmental toxicology/biology, Berlin, May 31-June 2, 1995, in press

BROWN N.A. and FABRO S., Quantitation of rat embryonic development in vitro: a morphological scoring system, Teratology, 24, 65-78, 1981

CHATOT C.L., KLEIN N.W., PIATEK J., PIERRO L.J., (1980) Successful culture of rat embryos in human serum: use in the detection of teratogens, Science, 207, 1471-1473, 1980

CICUREL L. and SCHMID B.P., Post-implantation embryo culture: validation with selected compounds for teratogenicity testing, Xenobiotica, 18, 617-624, 1988a

CICUREL L. and SCHMID B.P., Postimplantation embryo culture for the assessment of the teratogenic potential and potency of compounds, Experientia, 44, 833-840, 1988b

COCKROFT, Comparison of in vitro and in vivo development of rat foetuses, Developmental Biology, 48, 163-172, 1976

DASTON G.P. and D'AMATO R.A., In vitro techniques in teratology, Toxicology and Industrial Health, 5, 555-585, 1989

European Chemical Industry Ecology & Toxicology Centre (ECETOC), Alternative approaches for the assessment of reproductive toxicity (with emphasis on embryotoxicity/teratogenicity), Monograph No 12, 1989

FANTEL A.G., GREENAWAY J.C., JUCHAU M.R., SHEPARD T.H., Teratogenic biactivation of cyclophosphamide in vitro, Life Sciences, 25, 67-72, 1979

FANTEL A.G., Culture of whole rodent embryos in teratogen screening, Teratogenesis, Carcinogenesis and Mutagenesis, 2, 231-242, 1982

FAUSTMANN E.M., Short-term tests for teratogens, Mutation Research, 205, 355-384, 1988

FLINT O.P. and BOYLE F.T., An in vitro test for teratogens: its application in the selection of non-teratogenic triazole antifungals, in: HOMBURGER F. (ed.), Concepts in Toxicology, Basel: Karger, 3, 29-35, 1985

FLINT O.P. and ORTON T.C., An in vitro assay for teratogens with cultures of rat embryo midbrain and limb bud cells, Toxicology and Applied Pharmacology, 76, 383-395, 1984

FREEMAN S.J. and BROWN N.A., Sub-mammalian and sub-vertebrate models in teratogenicity screening, in: ATTERWILL C.K. and STEELE C.E. (eds.), In vitro methods in toxicology, Cambridge: Cambridge University Press, 391-409, 1987

FUJINAGA M. and BADEN J.M., Variation in development of rat embryos at the presomite period, Teratology, 45, 661-670, 1992

GHAIDA J. and MERKER H.J., Effects of cyclophosphamide and acrolein in organoid cultures of mouse limb bud cells grown in the presence of adult rat hepatocytes, Toxic in Vitro, 6, 27-40, 1992

GOVERS M.J.A.P., PETERS P.W.J., PIERSMA A.H., VERHOEF A., SCHMID B.P., ATTENON J., VAN MAELE-FABRY G., PICARD J.J., STADLER J., VERSEIL C., BECHTER R., Interlaboratory validation of rodent postimplantation embryo culture as a screening test for teratogenic compounds, Presented at the European Teratology Society Meeting, 1988

GRAS G. and MONDAIN J., Pollution des produits de la peche par le mercure et le methylmercure, Toxicol Eur Res, 3, 243-59, 1981

GUNTAKATTA M., MATTHEWS E.J., RUNDELL J.O., Development of a mouse embryo limb bud cell culture system for the estimation of chemical teratogenic potential, Teratogenesis, Carcinogenesis and Mutagenesis, 4, 349-364, 1984

HASSELL J.R. and HORIGAN E.A., Chondrogenesis: a model developmental system for measuring teratogenic potential of compounds, Teratogenesis, Carcinogenesis and Mutagenesis, 2, 325-331, 1982

HERBST A.L., SCULLY R.E., ROBBOY S.J., Prenatal diethylstilbestrol exposure and human genital tract abnormalities, Natl Cancer Inst Monogr, 51, 25-35, 1979

KIMMEL G.L., In vitro assays in developmental toxicology: their potential application in risk assessment, in: KIMMEL G.L. and KOCHHAR D.M. (eds.), In vitro methods in developmental toxicology: use in defining mechanisms and risk parameters, Boca Raton: CRC Press, 163-173, 1990

KISTLER A., Inhibition of chondrogenesis by retinoids: limb bud cell cultures as a test system to measure the teratogenic potential of compounds?, in: HOMBURGER F. (ed), Concepts in Toxicology, Basel: Karger, 3, 86-100, 1985

KISTLER A., Limb bud cell cultures for estimating the teratogenic potential of compounds - validation of the test system with retinoids, Arch Toxicol, 60, 403-414, 1987

KISTLER A., TSUCHIYA T., TSUCHIYA M., KLAUS M., Teratogenicity of arotinoids (retinoids) in vivo and in vitro, Arch Toxicol, 64, 616-622, 1990

KITCHIN K.T., SCHMID B.P., SANYAI M.K., Teratogenicity of cyclophosphamide in a coupled microsomal activating/embryo culture system, Biochemical Pharmacology, 30, 59-64, 1981

KITCHIN K.T. and EBRON M.T., Further development of rodent whole embryo culture: solvent toxicity and water insoluble compound delivery system, Toxicology, 30, 45-57, 1984

KLEIN N.W., PLENEFISCH J.D., CAREY S.W., FREDRICKSON W.T., SACKETT G.P., BURBACHER T.M., PARKER R.M., Serum from monkeys with histories of fetal wastage causes abnormalities in cultures of whole rat embryos, Science, 215, 66-69, 1982

KLUG S., LEWANDOWSKI C., NEUBERT D., Modification and standardization of the culture of early postimplantation embryos for toxicological studies, Arch Toxicol, 58, 84-88, 1985

KOCHHAR D.M., The use of in vitro procedures in teratology, Teratology, 11, 273-288, 1975

KOELMAN H.J.S., JONGELING A.J., VAN ERP Y.H.M., WETERINGS P.J.M., KOOPMANS M.E., JOOSTEN H.F., V.D. DOBBELSTEEN D.J., V.D. AA E.M., YIH T.D., International ring validation of the in vitro micromass teratogenicity test: preliminary results of 3 dutch laboratories, Teratology, 44, 30A/P39, 1991

KOETER H.B.W.M., Test guideline development and animal welfare: regulatory acceptance of in vitro studies, Reproductive Toxicology, 7, 117-123, 1993

KUCERA P., CANO E., HONEGGER P., SCHILTER B., ZIJLSTRA J.A., SCHMID B., Validation of whole chick embryo cultures, whole rat embryo cultures and aggregating embryonic brain cell cultures using six pairs of coded compounds, Toxic in Vitro, 7, 785-798, 1993

MANSON J., An overview and comparison of reproductive and developmental toxicity regulations, in: LUMLEY C.E. and WALKER S.R. (eds.), Current issues in reproductive and developmental toxicology - can an international guideline be achieved?, Lancaster: Quay Publishing, 21-34, 1991

NAYA M., KITO Y., ETO K., DEGUCHI T., Development of rabbit whole embryo culture during organogenesis, Congenital Anomalies, 31, 153-156, 1991

NEW D.A.T., Whole embryo culture and the study of mammalian embryos during organogenesis, Biol Rev, 53, 81-122, 1978

NINOMIYA H., KISHIDA K., OHNO Y., TSURUMI K., ETO K., Effects of trypan blue on rat and rabbit embryos cultured in vitro, Toxic in Vitro, 7, 707-717, 1993

OGLESBY L.A., EBRON-MCCOY M.T., LOGSDON T.R., COPELAND F., BEYER P.E., KAVLOCK R.J., In vitro embryotoxicity of a series of para-substituted phenols: structure, activity, and correlation with in vivo data, Teratology, 45, 11-33, 1992

PALMER A.K., Introduction to (pre)screening methods, Reproductive Toxicology, 7, 95-98, 1993

PAULSEN D.F. and SOLURSH M., Microtiter micromass cultures of limb-bud mesenchymal cells, In Vitro Cellular & Developmental Biology, 24, 138-147, 1988

PETERS P.W.J. and PIERSMA A.H., In vitro embryotoxicity and teratogenicity studies, Toxic in Vitro, 4, 570-576, 1990

PIERSMA A.H., ATTENON P., BECHTER R., GOVERS M.J.A.P., KRAFFT N., SCHMID B.P., STADLER J., VERHOEF A., VERSEIL C., Interlaboratory evaluation of embryotoxicity of eight xenobiotic compounds in the postimplantation rat embryo culture, Reproductive Toxicology, 9(3), 275-280, 1995

RENAULT J.Y., MELCION C., CORDIER A., Limb bud cell culture for in vitro teratogen screening: validation of an improved assessment method using 51 compounds, Teratogenesis, Carcinogenesis and Mutagenesis, 9, 83-96, 1989

RENAULT J.Y., GUILLET V., GUITTIN P., Thalidomide activity in a micromass rabbit embryo limb bud cell culture assay, Poster presented at the 21st Annual Conference of the European Teratology Society, Lyon, France, Teratology, 48, 32A, 1993

SADLER T.W., Culture of early somite mouse embryos during organogenesis, J Embryol exp Morph, 49, 17-25, 1979

SADLER T.W., HORTON W.E., WARNER C.W., Whole embryo culture: a screening technique for teratogens?, Teratogenesis, Carcinogenesis and Mutagenesis, 2, 243-253, 1982

SADLER T.W., WARNER C.W., TULIS S.A., SMITH M.K., DOERGER J., Factors determining the in vitro response of rodent embryos to teratogens, in: HOMBURGER F. (ed.), Concepts in Toxicology, Basel: Karger, vol 3, 36-45, 1985

SADLER T.W., SHUM L., WARNER C.W., SMITH M.K., The role of pharmacokinetics in determining the response of rodent embryos to teratogens in whole-embryo culture, Toxic in Vitro, 2, 175-180, 1988

SCHMID B., BECHTER R., KUCERA P., The use of whole embryo culture in in vitro tratogenicity testing, in: CASTELL J.V. (ed.), In vitro Methods for pharmacotoxicological research, Pergamon Press, 1996, in press

SCHMID B.P., Teratogenicity testing of new drugs with the postimplantation embryo culture system, in: HOMBURGER F. (ed.), Concepts in Toxicology, Basel: Karger, vol 3, 46-57, 1985

SCHMID B.P., TRIPPMACHER A., BIANCHI A., Teratogenicity induced in cultured rat embryos by the serum of procarbazine treated rats, Toxicology, 25, 53-60, 1982

SCHMID B.P., TRIPPMACHER A., BIANCHI A., Validation of the whole-embryo culture method for in vitro teratogenicity testing, in: HAYES A.W., SCHNELL R.C., MIYA T.S. (eds.), Developments in the science and practice of toxicology, Amsterdam, New York, Oxford: Elsevier Science Publishers, 563-566, 1983

STAHLMANN R., KLUG S., FOERSTER M., NEUBERT D., Significance of embryo culture methods for studying the prenatal toxicity of virustatic agents, Reproductive Toxicology, 7, 129-143, 1993

TERLOUW G.D.C., NAMKUNG M.J., JUCHAU M.R., BECHTER R., In vitro embryotoxicity of N-methyl-N-(7-propoxynaphthalene-2-ethyl)hydroxylamine (QAB): evidence for N-dehydroxylated metabolite as a proximate dysmorphogen, Teratology, 48, 431-439, 1993

TSUCHIYA T., BÜRGIN H., TSUCHIYA M., WINTERNITZ P., KISTLER A., Embryolethality of new herbicides is not detected by the micromass teratogen tests, Arch Toxicol, 65, 145-149, 1991

UPHILL P.F., WILKINS S.R., ALLEN J.A., In vitro micromass teratogen test: results from a blind trial of 25 compounds, Toxic in Vitro, 4, 623-626, 1990

VAN MAELE-FABRY G., PICARD J.J., ATTENON P., BERTHET P., DELHAISE F., GOVERS M.J.A.P., PETERS P.W.J., PIERSMA A.H., SCHMID B.P., STADLER J., VERHOEF A., VERSEIL C., Interlaboratory evaluation of three culture media for postimplantation rodent embryos, Reproductive Toxicology, 5, 417-426, 1991

VAN MAELE-FABRY G., THERASSE P., LENOIR E., DESAGER J.P., DESPONTIN K., GOFFLOT G., JACOBS M.C., LECART C., BERTHET P., LACHAPELLE J.M., PICARD J.J., Embryotoxicity of human sera from patients treated with isotretinoin, Toxic in Vitro, 7, 809-815, 1993a

VAN MAELE-FABRY G., DELHAISE F., GOFFLOT F., PICARD J.J., Developmental table of the early mouse post-implantation embryo, Toxic in Vitro, 7, 719-725, 1993b

WELSCH F., Short-term methods of assessing developmental toxicity hazard - status and critical evaluation, in: KALTER H. (ed.), Issues and reviews in teratology, New York: Plenum Press, vol. 5, 115-153, 1990

WHITTAKER S.G. and FAUSTMANN E.M., In vitro assays for developmental toxicity, in: GAD S.C. (ed.), In vitro toxicology, New York: Raven Press, 97-122, 1994

WILK A.L., GREENBERG J.H., HORIGAN E.A., PRATT R.M., MARTIN G.R., Detection of teratogenic compounds using differentiating embryonic cells in culture, In Vitro, 16, 269-276, 1980
WILLIAMS P.D., Scientific and regulatory considerations in the development of in vitro techniques in toxicology, in: GAD S.C. (ed.), In vitro toxicology, New York: Raven Press, 255-261, 1994
ZHAO J., KRAFFT N., TERLOUW G.D.C., BECHTER R., A model combining the whole embryo culture with human liver S-9 fraction for human teratogenic prediction, Toxic in Vitro, 7, 827-831, 1993

Embryonale Stammzellen als Modellobjekt der Entwicklungsgenetik und Reproduktionsbiologie

A.M. Wobus, J. Rohwedel, U. Sehlmeyer

Zusammenfassung

Totipotente/pluripotente embryonale Stammzellen sind ein wichtiges Zellmodell der Entwicklungsbiologie zur Untersuchung von Embryogenese und Differenzierung. Drei in vitro-Systeme pluripotenter Zellen stehen als permanente Linien zur Verfügung: Embryonale Karzinom (EC)-Zellen, embryonale Stamm (ES)-Zellen und die aus primordialen Keimzellen (PGC) etablierten embryonalen Keim (EG)-Zellen. Alle drei Zelltypen können in Kultur in Derivate aller drei Keimblätter, Endoderm, Ektoderm und Mesoderm, differenzieren. Es wurden in vitro-Methoden für die Differenzierung von ES-Zellen in die kardiogene, myogene und neurogene Linie etabliert. Durch Behandlung mit Wachstums- und Differenzierungsfaktoren oder mit embryotoxischen Substanzen und mit Hilfe von „loss of function" und „gain of function"-Versuchen kann die Differenzierung von ES-Zellen in vitro moduliert werden. Embryonale Stammzellen können weiterhin als Zellmodell für totipotente undifferenzierte embryonale Zellen dienen und in Zytotoxizitätstesten, Gen- und Chromosomenmutationsuntersuchungen eingesetzt werden. Für Untersuchungen über die teratogene Wirkung chemischer Substanzen sind Testsysteme erforderlich, die Prozesse der frühen Embryonalentwicklung und Differen-zierung widerspiegeln.

Summary

Embryonic stem cells as a model for developmental genetics and reproductive biology

Totipotent/pluripotent mouse embryonic stem cells are one of the most important cellular models to study early embryogenesis and differentiation. Three types of pluripotent cells are available as permanent cell lines: Embryonal carcinoma (EC) cells, embryonal stem (ES) cells, and embryonic germ (EG) cells established from primordial germ cells (PGC) of early embryos. EC cells, ES cells and EG cells are able to differentiate in culture into derivatives of all three primary germ layers: endoderm, ectoderm and mesoderm. We established in vitro methods for the differentiation of ES cells into cardiogenic, myogenic and neurogenic lineage. The differentiation capacity and differentiation pattern is modulated by treatment with growth- and differentiation factors or with embryotoxic substances and by using „loss of function" and „gain of function" approaches. Furthermore, embryonic stem cells may be used for the analysis of cytotoxic effects and the induction of gene and chromosomal mutations as cellular systems resembling totipotent undifferentiated germ cells. For investigations about teratogenic effects of chemical substances in vitro systems are necessary which reflect the processes of early embryogenesis and differentiation.

1. Embryonale Stammzellen als Modellobjekt der Entwicklungsbiologie

Der adulte Säugerorganismus besitzt mehr als 200 terminal differenzierte und hoch spezialisierte Zelltypen. Dagegen sind totipotente undifferenzierte Zellen nur in frühen Embryonalstadien und in geringer Anzahl vorhanden. Befruchtete Eizellen, Blastomeren des 2- bis 8-Zellstadiums, die Innere Zellmasse (ICM) von Blastozysten und primordiale Keimzellen (PGC) in den Genitalleisten (z.B. von 9-13 Tage alten Mäusen) sind totipotent. Ausgehend von diesen undifferenzierten Zellen sind drei in vitro-Systeme pluripotenter embryonaler Zellen entwickelt worden: embryonale Karzinom (EC)-Zellen, embryonale Stamm (ES)-Zellen und embryonale Keim (EG)-Zellen. Während ES-Zellen direkt aus den undifferenzierten Zellen des Embryos (ICM oder Blastomeren) kultiviert werden (EVANS M.J. and KAUFMAN M.H., 1981; MARTIN G., 1981), repräsentieren undifferenzierte pluripotente EC-Zellen die Stammzellen von Teratokarzinomen, die nach Transfer früher Embryonalstadien an extrauterine Orte gebildet und in Kultur als permanente ECC-Linien etabliert wurden (MARTIN G., 1980; s. Abb. 1). EG-Zellinien wurden aus primordialen Keimzellen (PGC) kultiviert (MATSUI Y. et al., 1992; STEWART C. et al., 1994) und können, ebenso wie ES-Zellen, nach Retransfer in Blastozysten an der normalen Embryogenese teilnehmen (BRADLEY A. et al., 1984; MATSUI Y. et al., 1992; STEWART C. et al., 1994).

Diese drei Arten totipotenter/pluripotenter embryonaler Stammzellen - ECC, ESC und PGC/ EGC - sind durch spezifische Eigenschaften charakterisiert, die allen drei Zellsystemen inhärent sind:

1. totipotente/pluripotente Differenzierungsfähigkeit in vivo bzw. in vitro
2. undifferenzierter Phänotyp, gekennzeichnet durch ein hohes Kern-Zytoplasma-Verhältnis
3. hohe alkalische Phosphatase-Aktivität
4. Expression des Keimbahn-spezifischen Transkriptionsfaktors Oct-4 (SCHÖLER H.R. et al., 1989)
5. Hypomethylierung der DNA (MONK M., 1990).

Alle diese Eigenschaften sind an den undifferenzierten Phänotyp der EC- und ES-Zellen bzw. der PGC/EG-Zellen gebunden und unterliegen in vitro nach Differenzierungsinduktion oder in vivo im Verlauf der Embryonalentwicklung und zellulären Differenzierung spezifischen Veränderungen.

Die Proliferationsfähigkeit der aus ES- und EG-Zellen differenzierten zellulären Phänotypen ist nach Erreichen des terminalen Differenzierungsstadiums begrenzt. Deshalb wurden aus ECC-Linien (z.B. P19; MCBURNEY M.W. and ROGERS B.J., 1982) nach Differenzierungsinduktion permanente Linien isoliert, die Eigenschaften endodermaler (END-2), ektodermaler (EPI-7; MUMMERY C.L. et al., 1985) und mesodermaler (MES-1; MUMMERY C.L. et al., 1986) Zellen exprimieren. Diese Linien stehen für biochemische Untersuchungen und die Analyse „lineage"-spezifischer Parameter zur Verfügung (KLEPPISCH T. et al., 1993).

Die totipotenten Eigenschaften der ES-Zellen sind die Grundlage für gezielte Veränderungen der Keimbahn, bei denen nach homologer Rekombination in ES-Zellen und spezifischer Selektion rekombinanter ES-Zellklone nach anschließendem Retransfer in Blastozysten Mäuse mit einem bestimmten genetischen Defekt geschaffen werden (THOMAS K.R. and Capecchi, 1987). Diese als „gene targeting" bezeichnete Technologie hat zu einer großen Zahl mutanter Mäusestämme geführt, die infolge des Gendefektes Entwicklungsstörungen oder einen veränderten Phänotyp aufweisen. Sind von dem Gendefekt jedoch frühe und an Schaltstellen der Embryonalentwicklung wirkende Gene betroffen, dann sterben homozygot defekte Embryonen in frühen Stadien der Embryonalentwicklung ab, so daß der Phänotyp der spezifischen Mutation nicht untersucht werden kann. In solchen Fällen bieten in vitro-Untersuchungen auf der Grundlage differenzierter ES-Zellen eine exzellente Alternative (s. Abschnitt 3).

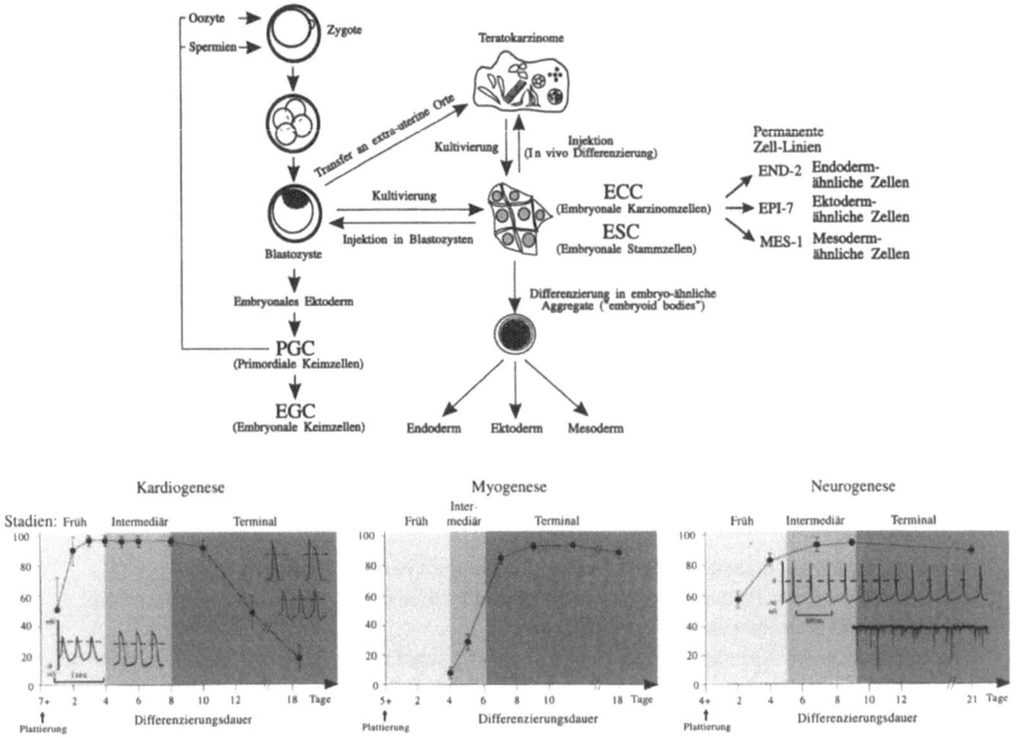

Abb. 1. **Herkunft und Differenzierungspotential embryonaler Stammzellen (ESC), embryonaler Karzinomzellen (ECC) und embryonaler Keimzellen (EGC), letztere etabliert aus primordialen Keimzellen (PGC)**
Die Differenzierungskapazität von ES-Zellen in die kardiogene, myogene und neuronale Linie ist dargestellt anhand der Differenzierungsfähigkeit in spontan pulsierende Kardiomyozyten, in Skelettmuskelzellen und Neuronen (in % der „embryoid bodies"), sowie durch die Aktionspotentiale (Kardiogenese, Neurogenese) und den Nachweis postsynaptischer Ströme (Neurogenese)

2. Differenzierung von ES-Zellen in die kardiogene, myogene und neuronale Linie in vitro

Werden ES- und EC-Zellen in embryoähnlichen Aggregaten, sogenannten „embryoid bodies", in Suspension kultiviert, dann können sie spontan (ES- und EG-Zellen) oder nach Induktion mit Differenzierungsfaktoren (EC-Zellen; z.B. mit Retinsäure, RA, oder Dimethylsulfoxid, DMSO) in Zellen des Endoderms, Ektoderms und Mesoderms differenzieren. Dabei entspricht ein 4-5 Tage kultivierter „embryoid body" einem Embryo im Blastozystenstadium, bei dem die inneren undifferenzierten Stammzellen von endodermalen Zellen umgeben sind, und ein 7-8

Tage alter „embryoid body" entspricht einem Embryo im Eizylinderstadium, der neben endodermalen auch ektodermale und erste mesodermale Zellen enthält (ROBERTSON E., 1987).

Wir haben *in vitro*-Systeme zur Differenzierung von ES-und EC-Zellen in die kardiogene (WOBUS A.M. et al., 1991, 1994a, b; MALTSEV V.A. et al., 1993, 1994), myogene (ROHWEDEL J. et al., 1994) und neuronale Linie (STRÜBING C. et al., 1995) entwickelt (s. Abb. 1). Darüberhinaus ist auch die hämatopoietische (DOETSCHMAN T.C. et al., 1985; WILES M.V. and KELLER G., 1991), endotheliale und vaskuläre Differenzierung von ES-Zellen (RISAU W. et al., 1988) beschrieben worden.

Der Prozeß der morphologischen Differenzierung und zellulären Spezialisierung in Kultur ist von Veränderungen in der Expression gewebespezifischer Gene, Proteine und Rezeptoren, sowie der Entwicklung funktioneller Eigenschaften, z.B. von charakteristischen Ionenkanälen und Aktionspotentialen, begleitet. Wir konnten zeigen (WOBUS A.M. et al., 1991, 1994b, 1995; MALTSEV V.A. et al., 1993, 1994), daß im Verlauf der *kardiogenen Differenzierung* von ES-Zellen spontan kontrahierende Herzzellen gebildet werden (Abb. 1), die stadienspezifisch in atriale, ventrikuläre und Sinusknotenzellen differenzieren, und die die für den jeweiligen Zelltyp charakteristischen Gene, Aktionspotentiale und Ionenkanäle exprimieren. So sind früh differenzierte Herzzellen durch die Expression von a- und b-kardialen MHC-Genen ausgezeichnet. Nach Durchlaufen eines intermediären Stadiums entwickeln sich spezialisierte Zellen, die atriale (ANF) und ventrikel (MLC-2V)-spezifische Gene exprimieren, den einzelnen Bereichen des Herzens (Atrium, Ventrikel, Schrittmacherzentrum) entsprechende elektrophysiologische Eigenschaften aufweisen und Ionenströme exprimieren, die atrialen, ventrikulären und Sinusknotenzellen inherent sind (Tabelle 1; MALTSEV V.A. et al., 1993, 1994). Die Entwicklung dieser hoch spezialisierten Herzzellen ermöglicht die Durchführung pharmakologischer Untersuchungen: Einwirkung herzaktiver Substanzen auf aus EC- und ES-Zellen differenzierte Kardiomyozyten führte zu positiv (Adrenozeptor-Agonisten, Ca^{2+}-Kanal-Aktivatoren) bzw. negativ chronotropen (muskarine Cholinozeptor-Agonisten, Ca^{2+}-Kanal-Blocker) Effekten, sowie entsprechenden Änderungen der Ca^{2+}-Kanal-Aktivität (WOBUS A.M. et al., 1991, 1994a, 1995).

Die *myogene Differenzierung* von ES-Zellen ist durch die Entwicklung von Myoblasten, die in Myotuben fusionieren, gekennzeichnet (Abb. 1). Während dieser Differenzierung werden Gene exprimiert, die die muskelspezifischen Transkriptionsfaktoren myf-5, MyoD, myogenin und myf-6 (ROHWEDEL J. et al., 1994), das Zelladhäsionsmolekül M-Cadherin (ROSE O. et al., 1994), sowie nikotinische Azetylcholinozeptoren (a- und g-nAChR) codieren. In elektrophysiologischen Analysen können Skelettmuskel-spezifische T- und L-Typ-Ca^{2+}-Kanäle sowie nAChR-operierte Kanäle gemessen werden (Tabelle 1; ROHWEDEL J. et al., 1994).

Eine effiziente *neuronale Differenzierung* wird durch Zugabe von RA (10^{-7}M, 2 Tage) erzielt, wodurch ES-Zellen in nahezu 100% der „embryoid bodies" in Neuronen differenzieren (Abb. 1). Während der Differenzierung werden Neurofilamentprotein- und Synaptophysin-codierende Gene (ROHWEDEL J., unpubliziert) und nervenzellspezifische spannungsabhängige (Ca^{2+}, K^{+}, Na^{+}) und Rezeptor-operierte ($GABA_A$, Glycin, AMPA/Kainat, NMDA-Rezeptoren) Ionenkanäle entwicklungskontrolliert exprimiert (STRÜBING C. et al., 1995). Die spannungsabhängigen Ca^{2+}-Kanäle werden durch Neurotransmitter (GABA, Somatostatin, Adrenalin) über G-Protein-gekoppelte Membranrezeptoren reguliert. Terminal differenzierte Neuronen sind durch inhibitorische und exzitatorische Synapsen gekoppelt. Weiterhin wurden auch neuronenspezifische Zytoskelett (Neuofilament)-, Zelladhäsions (N-CAM)- und synaptische Vesikelproteine (Synaptophysin, SV2, Synaptobrevin) mit Hilfe immunhistochemischer Techniken stadienspezifisch nachgewiesen (Tabelle 1; STRÜBING C. et al., 1995).

Tabelle 1. Entwicklungskontrollierte Expression gewebespezifischer Gene, Proteine und Ionenkanäle während der in vitro Differenzierung embryonaler Stammzellen in Herz-, Muskel- und Nervenzellen in frühen, intermediären und terminalen Entwicklungsstadien

	Kardiogenese	Myogenese	Neurogenese
Stadium:	Früh – Intermediär – Terminal	Früh – Intermediär – Terminal	Früh – Intermediär – Terminal
Gene	α-MHC ———	Myf5 ———	NFL ———
	β-MHC ———	Myogenin ———	NFM ———
	α_1CaCh ———	MyoD —	NFH ———
	ANF ———	Myf6	Synaptophysin ———
	MLC-2V ———	M-cadherin ———	Neurocan ———
		α-nAChR ———	Tau ———
		γ-nAChR ———	
Proteine	Sarcomeric MHC ———	M-cadherin ———	NFL ———
	Sarcomeric actin ———	Myogenin ———	NFM ———
	α-cardiac MHC ———	Sarcomeric MHC	NFH ———
	Desmin ———		Synaptophysin ———
Ionenkanäle	I_{Ca}	T-Typ CaCh ———	I_K ———
	$I_{K,to}$	L-Typ CaCh ———	I_{Na} ———
	$I_{K,ATP}$	nAChR ———	I_{Ca} ———
	I_K		$(GABA)_A$ ———
	I_{Na}		Gly ———
	I_f		Kai ———
	I_{K1}		NMDA ———
	*) $I_{K,ACh}$		

Abkürzungen: a-, b-MHC: a-, b-cardiac myosin heavy chain; a1CaCh: a1 Untereinheit des L-Typ Calcium Kanals; ANF: Atrial natriuretic factor; MLC-2V: Myosin light chain, ventrikelspezifische Isoform 2V; a-, g-nAChR: a-, g-Untereinheit des nikotinischen Acetylcholin-Rezeptors; NFL: Neurofilament 68 kDa; NFM: Neurofilament 160 kDa; NFH: Neurofilament 200 kDa; ICa: L-Typ Ca2+-Strom; IK,to: Transienter K+-Strom; IK,ATP: ATP-modulierter K+-Strom; IK: auswärts gerichteter K+-Strom; INa: einwärts gerichteter Na+-Strom; If: Hyperpolarisations-aktivierter Schrittmacher -Strom; IK1: einwärts gerichteter K+-Strom; IK,ACh: muskarinischer Acetylcholin-aktivierter K + - Strom; nAChR: nikotinischer Acetylcholin-Rezeptor; GABA: g-Aminobuttersäure; Gly: Glyzin; Kai: Kainat; NMDA: N-Methyl-D-Aspartat.

*) Die funktionelle entwicklungskontrollierte Expression der kardialen Ionenkanäle ist abhängig von der Spezialisierung in atriale, ventrikuläre und Schrittmacher-Zellen während der kardiogenen Differenzierung (siehe Maltsev V.A. et al., 1993, 1994). Originaldaten zur Myogenese siehe Rohwedel J. et al. (1994) und Rose O. et al. (1994), zur Neurogenese siehe Strübing C. et al. (1995).

Die Entwicklung dieser Differenzierungsmodelle ermöglicht es, zelluläre Differenzierung und Spezifizierung aus totipotenten und pluripotenten Stammzellen in vitro zu untersuchen.

Darüberhinaus kann das Differenzierungsmuster der ES-Zellen durch exogene Substanzen, wie Wachstumsfaktoren, embryotoxische Agenzien (s. Abschnitt 4; WOBUS A.M. et al., 1994b) oder Proteinen der extrazellulären Matrix (ECM), sowie durch endogene Modifikation infolge Überexpression von Genen nach Gentransfer in ES-Zellen („gain of function") oder durch spezifische Gendefekte und den Verlust von Genfunktionen („loss of function", infolge homologer Rekombination nach „gene targeting") moduliert werden.

3. Modulation der Differenzierung in vitro durch „gain of function"- und „loss of function"-Strategien

3.1. Die „gain of function"-Strategie

Die „gain of function"-Strategie in vitro beinhaltet, analog zur DNA-Injektion in befruchtete Eizellen, die zur Schaffung transgener Tiere führt, die Einführung zusätzlicher Genkopien in embryonale Zellen mit dem Ziel der Überexpression des spezifischen Gens während der nachfolgenden Differenzierung. Wir untersuchten den Einfluß des negativ wirkenden myogenen Transkriptionsfaktors M-twist auf die Skelettmuskel-Differenzierung: ES-Zellen wurden mit dem Vektor, pME18s-twist, bei dem das M-twist-codierende Gen unter Kontrolle eines starken Promotors steht, transfiziert und die M-twist-exprimierenden ES-Zellklone anschließend in Skelettmuskelzellen differenziert (ROHWEDEL J. et al., 1995). Die Entwicklung myogener Zellen, die Fusion in Myotuben, sowie die Expression muskelspezifischer Gene erfolgte in den M-twist-exprimierenden Klonen verzögert und war geringer als in untransformierten Zellen. Der Grad der Hemmung der Skelettmuskeldifferenzierung war vom Niveau der „exogenen" M-twist Expression abhängig (ROHWEDEL J. et al., 1995).

3.2. Die „loss of function"-Strategie

Die „loss of function"-Strategie in vitro wird vor allem dann eingesetzt, wenn die homozygote Inaktivierung spezifischer Gene zu früh-embryonalem Tod führt. So sterben Embryonen, die für einen Zell-Matrix-Interaktionen-vermittelnden Rezeptor (β1 Integrin) homozygot defekt sind, kurz nach der Implantation ab und entwickeln keine lebensfähigen Nachkommen (FÄSSLER R. and MEYER M., 1995). Eine phänotypische Untersuchung des Gendefektes ist dann nicht möglich. Wenn ES-Zellen in beiden Allelen das defekte Gen enthalten, bieten die von uns entwickelten in vitro-Differenzierungssysteme eine Alternative für Untersuchungen über die Auswirkung von Mutationen während der frühen Embryogenese. Nach in vitro-Differenzierung von β1 Integrin-defizienten ES-Zellen war die kardiogene und myogene Differenzierung und Entwicklung funktioneller Eigenschaften der Herzzellen erheblich gestört. Folgende Defekte wurden beobachtet:

1. Entwicklung von „embryoid bodies" mit veränderter Morphologie
2. verzögerte kardiogene und myogene Differenzierung im Hinblick auf Genexpression und funktionelle Eigenschaften
3. Entwicklung spezialisierter atrialer und ventrikulärer Herzzellen nur transient und in sehr geringer Anzahl, während
4. die terminal differenzierten Herzzellen nur Schrittmacher-Aktionspotentiale mit hoher Frequenz und Arrhythmien exprimierten
5. irreguläre Organisation der Sarkomerstrukturen in Herz- und Skelettmuskelzellen

6. fehlende bzw. reduzierte Aktinfilamente und I-Banden in den Sarkomeren
7. defekte Struktur und Organisation der Basalmembran in den β1 Integrin-defizienten Herzzellen (FÄSSLER R. et al., eingereicht). Auch die Entwicklung der β1 Integrin-defizienten ES-Zellen in neuronalen Zellen verläuft auf Grund defekter Zell-Matrix-Interaktionen gestört (Ergebnisse unpubliziert).

Zusammenfassend kann eingeschätzt werden, daß die ES-Zell-Differenzierungssysteme in vitro geeignete Zellmodelle für die Untersuchung von Determinationsprozessen, Signaltransduktions- und Regulationsmechanismen während der Entwicklung pluripotenter Stammzellen zu hoch differenzierten und spezialisierten Zelltypen darstellen.

4. Embryonale Stammzellen als in vitro-Modell der Reproduktionsbiologie: Untersuchung zytotoxischer, mutagener, klastogener und teratogener Effekte

Die weitgehende Ähnlichkeit von undifferenzierten embryonalen Stammzellen (EC- und ES-Zellen) mit primordialen Keimzellen, den Vorläuferzellen für männliche und weibliche Keimzellen, ermöglicht es, die in vitro etablierten EC- bzw. ES-Zellinien bzw. die seit kurzem verfügbaren EG-Zellinien (STEWART C. et al., 1994) auch für reproduktionsbiologische und -toxikologische Untersuchungen einzusetzen.

In Untersuchungen über teratogene Effekte embryotoxischer Substanzen wurden bereits Zytotoxizitätstests mit ES-Zellen entwickelt, die auf dem MTT-Assay (LASCHINSKI G. et al., 1991) oder auf dem sogenannten „Stem cell test" (NEWALL D.R. and BEEDLES K.E., 1994) beruhen. In beiden Testverfahren dient die zytotoxische Wirkung der Testverbindungen auf ES-Zellen als Maß der Embryotoxizität. Inwieweit diese Ergebnisse jedoch auf Keimzellen übertragbar sind bzw. teratogene Effekte widerspiegeln, bleibt weiteren Untersuchungen vorbehalten.

In vitro-Testverfahren zur Analyse von Genmutationen können nur mit Zellen durchgeführt werden, die eine ausreichend hohe Klonierungseffektivität aufweisen. Ein Vergleich der Plattierungseffizienzen (PE) und Generationszeiten von undifferenzierten ES- (Linie D3) und EC-Zellen (Linie P19), sowie differenzierten epithelialen Zellen (EPI-7) zeigte große Unterschiede in den Plattierungseffizienzen und Generationszeiten, sowie in der Länge der Zellzyklusphasen zwischen den drei Linien (s. Tabelle 2). D3-Zellen zeigten nur nach Vorkultur in konditioniertem und mit Differenzierungs-Hemmfaktor (LIF) supplementiertem Medium (WILES M.V., 1993) eine ausreichende Plattierungseffizienz (Ergebnisse unpubliziert). Vergleichende Untersuchungen der zytotoxischen Effekte der mutagenen Substanzen Ethylnitrosoharnstoff (ENU), Methylnitronitrosoguanidin (MNNG) und Mitomycin C (MMC) an D3, P19 und EPI-7 Zellen ergaben für alle drei Substanzen eine höhere Sensitivität (=geringere IC_{50}) der differenzierten epithelialen Zellen im Vergleich zu undifferenzierten P19- und D3-Zellen (SEHLMEYER U. and WOBUS A.M., 1994, 1995; SEHLMEYER U. et al., eingereicht).

Die vergleichenden Untersuchungen zur mutagenen und klastogenen Effizienz wurden mit EC-Zellen der Linie P19 und den daraus differenzierten ektodermalen epithelioiden EPI-7 Zellen durchgeführt (SEHLMEYER U. and WOBUS A.M., 1994, 1995). An diesen Zellsystemen wurde die Induktion von 6-Thioguanin-resistenten Mutationen (HPRT-Lokus) sowie die Induktion von Mikrokernen (MN) mit Hilfe der Flowzytometrie bestimmt (Tabelle 3). Die Flowzytometrie ermöglichte darüberhinaus eine Analyse der Verteilung der geschädigten Zellen in den einzelnen Zellzyklus-Phasen G0/G1, S und G2/M. Mit den drei untersuchten Substanzen ENU, MNNG und MMC wurden höhere mutagene und klastogene Effekte in den differenzierten EPI-7 Zellen gegenüber den undifferenzierten embryonalen P19-Zellen erzielt. Dabei ergaben sich Korrelationen unserer in vitro-Untersuchungen mit publizierten Daten aus Mutationsuntersuchungen mit dem Specific Locus Test (Keimzellen) und dem Spot-Test (somatische Zellen) in vivo (SEHLMEYER U. and WOBUS A.M., 1994, 1995; Sehlmeyer U. et al., eingereicht).

Tabelle 2. Generationszeiten (T), Länge der Zellzyklus-Phasen (in Stunden und %) und Zytotoxizität (IC_{50}) nach Behandlung von P19-, D3- und EPI-7-Zellen mit ENU, MNNG und MMC

Zellinie		T	$T_{G0/G1}$	T_S	$T_{G2/M}$	IC50 [µM]		
						ENU	MNNG	MMC
P19	Std.	9,3±0,9	1,9±0,1	5,5±0,1	1,9±0,1	5100	10,60	1,30
	%	100	21,6±0,9 ***	57,1±1,0 ***	21,6±0,7 ***			
D3*	Std.	15,6±1,5	4,1±0,5	7,2±0,03	4,3±0,5	2560	5,50	0,50
	%	100	26,7±1,1 ***	53,2±0,9 ***	20,1±0,8 ***			
EPI-7	Std.	13,7±3,6	3,9±0,2	5,2±0,3	2,1±0,4	770	0,30	0,25
	%	100	41,0±0,6	44,2±0,9	15,1±1,0			

* nach Vorkultur mit konditioniertem ISCOVE-Medium (nach WILES M.V., 1993) inkl. 10 ng/ml LIF
Vergleich der prozentualen Zellzyklus-Phasenlängen mit EPI-7 Zellen: *** = $p \leq 0,001$ (Student's *t*-Test)

Tabelle 3. Induktion von mutagenen und klastogenen Effekten in P19 und EPI-7 Zellen durch ENU, MMC und MNNG

Mutagen	Genmutationen (HPRT-Locus)				Mikrokerne			
	P19		EPI-7		P19		EPI-7	
	Ergebnis	Dosis-Bereich [µM]	Ergebnis	Dosis-Bereich [µM]	Ergebnis	Dosis-Bereich [µM]	Ergebnis	Dosis-Bereich [µM]
ENU	+	2125-8500	+++	2125-8500	n.d.		n.d.	
MMC	–	0,1-20,0	++	0,1-1,0	+	0,1-10,0	+++	0,1-1,0
MNNG	+	1,0-20,0	++	0,1-1,0	–	0,1-10,0	+++	0,1-0,3

Eine parallel durchgeführte Untersuchung der Zellzyklusverteilung geschädigter Zellen nach MMC-und MNNG-Behandlung weist auf mögliche Ursachen der geringeren Sensitivität undifferenzierter embryonaler Zellen gegenüber zytotoxischen, mutagenen und klastogenen Effekten hin: Während undifferenzierte P19-Zellen offensichtlich zu einer effizienten Zellzykluskontrolle in der Lage sind, verfügen differenzierte EPI-7 Zellen nicht über ein derartig effizientes Kontrollsystem: EPI-7 Zellen zeichneten sich durch einen geringeren G2/M-Block nach Mutagenbehandlung aus, d.h. Zellen mit DNA-Schäden treten in die mitotische Teilung ein. Da fehlende Arretierung der Zellen in der G2-Phase des Zellzyklus nach Mutagenbehandlung zu Chromosomenschäden mit erhöhter Lethalität führen kann (TLSTY T.D. et al., 1995), ist ein derartiger Verlust der Zellzyklus-Kontrolle mit genomischer Instabilität verbunden. Diese Befunde könnten eine Erklärung für die höheren Mutationsraten und die reduzierte

Überlebensfähigkeit der differenzierten Zellen bieten. Dabei ist eine Korrelation der unterschiedlichen Zellzyklusparameter undifferenzierter und differenzierter Zellen mit unterschiedlichen Transkriptionsaktivitäten (FRIEDBERG E.C. et al., 1994), der unterschiedlichen Expression von Zellzyklus-Regulatoren (p53, Cycline, CDKs) und der unterschiedlichen Nukleotid-Exzisionsreparatur zwischen undifferenzierten embryonalen und differenzierten somatischen Zellen (RASKO I. et al., 1993) noch offen.

Die Untersuchung der zytotoxischen und mutagenen Effekte chemischer Verbindungen kann nicht ohne Einschränkung auf die Induktion teratogener Schädigungen übertragen werden. Es ist nach wie vor erforderlich, die Wirkung embryotoxischer Agenzien während der frühen Differenzierung stadienspezifisch zu untersuchen. Aus diesem Grund haben wir die entwicklungsbeeinflussenden Effekte von Retinsäure (RA) auf ES-Zellen während der endodermalen, ektodermalen und mesodermalen Differenzierung in „embryoid bodies" untersucht und konnten zeigen, daß RA zeit- und konzentrationsabhängig die Differenzierung in die neuronale, myogene und kardiogene Linie induziert (WOBUS A.M. et al., 1994b, 1995). Mit Hilfe von Reportergenkonstrukten (LacZ-Assay) konnten wir weiterhin nachweisen, daß RA die kardiogene Differenzierung durch Entwicklung von Ventrikelzellen spezifisch induziert (JIN SHAN et al., in Vorbereitung).

Für eine Untersuchung teratogener Effekte an in vitro-Systemen sind mehr als bisher die Einflüsse auf die Embryonalentwicklung und zelluläre Differenzierung zu berücksichtigen. ES-Zellen bieten dafür aufgrund ihrer allseitigen Differenzierungsfähigkeit eine gute Grundlage. An der Entwicklung von „zellulären Testbatterien", die aktivierbare oder inhibierbare „lineage"-spezifische Promotoren und Reportergenkonstrukte enthalten, wird gearbeitet.

Danksagung

Für finanzielle Unterstützung danken wir dem Bundesministerium für Bildung, Wissenschaft, Forschung und Technologie (0310299A6), dem Kultusministerium des Landes Sachsen-Anhalt, der Deutschen Forschungsgemeinschaft (Wo 503/1-2, SFB 366), der Zentralstelle zur Erfassung und Bewertung von Ersatz- und Ergänzungsmethoden zum Tierversuch (ZEBET im BgVV) und dem Fond der Chemischen Industrie.

Literatur

BRADLEY A., EVANS M., KAUFMAN M.H., ROBERTSON E., Formation of germ-line chimearas from embryo-derived teratocarcinoma cell lines, Nature, 309, 255-256, 1984

EVANS M.J. and KAUFMAN M.H., Establishment in culture of pluripotential stem cells from mouse embryos, Nature, 291, 154-156, 1981

DOETSCHMANN T.C., EISTETTER H.R., KATZ M., SCHMIDT W., KEMLER R., The in vitro development of blastocyst-derived embryonic stem cell lines: Formation of visceral yolc sac, blood islands and myocardium, J. Embryol. Exp. Morph., 87, 27-45, 1985

FÄSSLER R. and MEYER M., Consequences of lack of b1 integrin gene expression in mice, Genes & Dev., 1995, in press

FÄSSLER R., ROHWEDEL J., MALTSEV V., BLOCH W., LENTINI S., GULLBERG D., HESCHELER J., ADDICKS K., WOBUS A.M., Cardiac muscle cell differentiation and sarcomere integrity are impaired in the absence of β1 integrin, eingereicht

FRIEDBERG E.C., BARDWELL A.J., BARDWELL L., ZHIGANG WANG, DIANOV G., Transcription and nucleotide excision repair - reflections, considerations and recent biochemical insights, Mut. Res., 307, 5-14, 1994

KLEPPISCH T., WOBUS A.M., STRÜBING C., HESCHELER J., Voltage-dependent L-type Ca channels and a novel type of non-selective cation channel activated by cAMP-dependent phosphorylation in mesoderm-like (MES-1) cells, Cellular Signalling, 5, 727-734, 1993

LASCHINSKI G., VOGEL R., SPIELMANN H., Cytotoxicity test using blastocyst-derived euploid embryonal stem cells: A new approach to in vitro teratogenesis screening, Reprod. Toxicology, 5, 57-64, 1991

MALTSEV V.A., ROHWEDEL J., HESCHELER J., WOBUS A.M., Embryonic stem cells differentiate in vitro into cardiomyocytes representing sinusnodal, atrial and ventricular cell types, Mech. Dev., 44, 41-50, 1993

MALTSEV V.A., WOBUS A.M., ROHWEDEL J., BADER M., HESCHELER J., Cardiomyocytes differentiated in vitro from embryonic stem cells developmentally express cardiac-specific genes and ionic currents, Circ. Res., 75, 233-244, 1994

MARTIN G., Isolation of a pluripotent cell line from early mouse embryos cultured in medium conditioned by teratocarcinoma cells, Proc. Natl. Acad. Sci. USA, 78, 7634-7638, 1981

MARTIN G., Teratocarcinomas and mammalian embryogenesis, Science, 209, 768-776, 1980

MATSUI Y., ZSEBO K., HOGAN B.L.M., Derivation of pluripotential embryonic stem cells from murine primordial germ cells in culture, Cell, 70, 841-847, 1992

MCBURNEY M.W. and ROGERS B.J., Isolation of male embryonal carcinoma cells and their chromosome replication patterns, Dev. Biol., 89, 503-508, 1982

MONK M., Changes in DNA methylation during mouse embryonic development in relation to X-chromosome activity and imprinting, Phil. Trans. R. Soc. Lond B, 326, 299-312, 1990

MUMMERY C.L., FEIJEN A., VAN DER SAAG P.T., VAN DEN BRINK C.E., DE LAAT S.W., Clonal variants of differentiated P19 embryonal carcinoma cells exhibit epidermal growth factor receptor kinase activity, Dev. Biol., 109, 402-410, 1985

MUMMERY C.L., FEIJEN A, VAN DEN BRINK C.E., MOOLENAAR, W.H., DE LAAT S.W., Establishment of a differentiated mesodermal line from P19 EC cells expressing functional PDGF and EGF receptors, Exp. Cell Res., 165, 229-242, 1986

NEWALL D.R. and BEEDLES K.E., The stem-cell test - a novel in vitro assay for teratogenic potential, Toxicol. in Vitro, 8 697-701, 1994

RASKO I., GEORGIEVA M., FARKAS G., SANTHA M., COATES J., BURG K., MITCHELL D.L., JOHNSON R.T., New pattern of bulk DNA repair in ultraviolet irradiated mouse embryo carcinoma cells following differentiation, Somat. Cell Mol. Genet., 19, 245-255, 1993

RISAU W., SARIOLA H., ZERWES H.-G., SASSE J., EKBLOM P., KEMLER R., DOETSCHMAN T., Vasculogenesis and angiogenesis in embryonic stem cell-derived embryoid bodies, Development, 102, 471-478, 1988

ROBERTSON E., Embryo-derived stem cell lines, in: ROBERTSON E.J. (ed.), Teratocarcinomas and embryonic stem cells: a practical approach, Oxford: IRL Press, 71-112, 1987

ROHWEDEL J., MALTSEV V., BOBER E., ARNOLD H.-H., HESCHELER J., WOBUS A.M., Muscle cell differentiation of embryonic stem cells reflects myogenesis in vivo: Developmentally regulated expression of myogenic determination genes and functional expression of ionic currents, Dev. Biol., 164, 87-102, 1994

ROHWEDEL J., HORAK V., HEBROK M., FÜCHTBAUER E.-M., WOBUS A.M., M-twist expression inhibits mouse embryonic stem cell-derived myogenic differentiation in vitro, Exp. Cell Res., 220, 92-100, 1995

ROSE O., ROHWEDEL J., REINHARD S., BACHMANN M., CRAMER M., ROTTER M., WOBUS A.M., STARZINSKI-POWITZ A., Expression of M-cadherin protein in myogenic cells during prenatal mouse development and differentiation of embryonic stem cells in culture, Dev. Dynamics, 201, 245-259, 1994

SCHÖLER H.R., HATZOPOULOS A.K., BALLING R., SUZUKI N., GRUSS P., A family of octamer-specific proteins present during mouse embryogenesis: evidence for germline-specific expression of an Oct factor, EMBO J., 8, 2543-2550, 1989

SEHLMEYER U. and WOBUS A.M., Lower mutation frequencies are induced by ENU in undifferentiated embryonic cells than in differentiated cells of the mouse in vitro, Mutation Res., 324, 69-76, 1994

SEHLMEYER U. and WOBUS A.M., MNNG is less cytotoxic and mutagenic in undifferentiated embryonic cells than in differentiated cells of the mouse in vitro, In Vitro Toxicol., 8, 121-127, 1995

SEHLMEYER U., MEISTER A., BEISKER W., WOBUS A.M., The lower efficiency of mitomycin C to induce gene mutations and micronuclei in undifferentiated embryonic cells in vitro is correlated with efficient cell cycle control, eingereicht

STEWART C., GADI I., BHATT H., Stem cells from primordial germ cells can reenter the germ line, Dev. Biol., 161, 626-628, 1994

STRÜBING C., AHNERT-HILGER G., JIN SHAN, WIEDENMANN B., HESCHELER J., WOBUS A.M., Differentiation of pluripotent embryonic stem cells into the neuronal lineage in vitro gives rise to mature inhibitory and excitatory neurons, Mech. Dev., 53, 1-13, 1995

THOMAS K.R. and Capecchi, Site-directed mutagenesis by gene targeting in mouse embryo-derived stem cells, Cell, 51, 503-512, 1987

TLSTY T.D., BRIOT A., GUALBERTO A., HALL I., HESS S., HIXON M., KUPPUSWAMY D., ROMANOV S., SAGE M., WHITE A., Genomic instability and cancer, Mutation Res., 337, 1-7, 1995

WILES M.V. and KELLER G., Multiple hematopoietic lineages develop from embryonic stem (ES) cells in culture, Development, 111, 259-267, 1991

WILES M.V., Embryonic stem cell differentiation in vitro, Methods Enzymol., 225, 900-918, 1993

WOBUS A.M., WALLUKAT G., HESCHELER J., Pluripotent mouse embryonic stem cells are able to differentiate into cardiomyocytes expressing chronotropic responses to adrenergic and cholinergic agents and Ca^{2+} channel blockers, Differentiation, 48, 173-182, 1991

WOBUS A.M., KLEPPISCH T., MALTSEV V., HESCHELER J., Cardiomyocyte-like cells differentiated in vitro from embryonic carcinoma cells P19 are characterized by functional expression of adrenoceptors and Ca^{2+} channels, In Vitro Cell. Dev. Biol., 30A, 425-434, 1994a

WOBUS A.M., ROHWEDEL J., MALTSEV V., HESCHELER J., In vitro differentiation of embryonic stem cells into cardiomyocytes or skeletal muscle cells is specifically modulated by retinoic acid, Roux's Arch. Dev. Biol., 204, 36-45, 1994b

WOBUS A.M., ROHWEDEL J., MALTSEV V., HESCHELER J., In vitro cellular models for cardiac development and pharmacotoxicology, Toxicol. in Vitro, 9, 477-488, 1995

Pluripotente Stammzellen der Maus als in vitro-Modell für Säugerkeimzellen

R. Vogel, S. Bremer

Zusammenfassung

Die vorliegende Studie soll dazu beitragen, ein in vitro-Prüfverfahren zur Erfassung von Fertilitätsbeeinträchtigungen zu entwickeln. Als Modell für Keimzellen des Säugers diente eine pluripotente embryonale Karzinomzell-Linie (ECC-P19) und zwei pluripotente embryonale Stammzell-Linien (ESC-D3 und ESC-E14) der Maus. Nach Behandlung mit verschiedenen Noxen wurde die Zytotoxizität bestimmt. Die Reaktion der pluripotenten Zell-Linien wurden mit denen von differenzierten Zell-Linien der Maus verglichen. Die Ergebnisse werden im Zusammenhang mit in vivo-Daten aus Dominant-Letal-Tests diskutiert.

Summary

The use of pluripotent murine cell lines in genotoxicity testing as an in vitro model for mammalian germ cells.

Besides the prediction of a carcinogenic risk one of the most important issues of mutagenicity data is the detection of adverse effects on fertility and on the developing embryo including lethality. For this purpose tests on mammalian germ cells need to be conducted. In practice, however, germ cell tests are rarely used because of the costs and the high number of animals required. Therefore, we try to establish an in vitro test system based on murine pluripotent cells (ECC/ESC) and/or primordial germ cells (PGC) which could serve as a model for mammalian germ cells in vivo. These cell lines were treated with mitomycin C and ethylnitrosourea. DNA-single strand breaks, chromosomal aberrations and sister chromatid exchanges were taken as endpoints for genotoxicity. Additionally, cytotoxic effects were analysed. To detect differences in the sensitivity of our cell lines upon mutagenic influences, the results are compared to data obtained on „differentiated somatic" cells.

1. Einleitung

In vitro-Tests zur Erfassung reproduktionstoxischer Effekte werden für die gesundheitliche Bewertung sogenannter chemischer Altstoffe in Rahmen von Bearbeitungsprogrammen der OECD und der Europäischen Union sowie bei der Anmeldung von neuen chemischen Stoffen im Bereich der EU dringend benötigt. Der Einsatz von in vitro-Prüfverfahren ist sogar in einer EU-Richtlinie (67/548 EEC) festgeschrieben, obwohl bislang geeignete Methoden nicht zur

Verfügung stehen. Zwei unterschiedliche toxikologische Befunde können zur Einstufung eines Stoffes als „reproduktionstoxisch" führen: Beeinträchtigung der pränatalen/perinatalen Entwicklung und Störung der Fertilität (VOGEL R., 1994). Für beide Bereiche werden spezifische in vitro-Tests benötigt. Die vorliegenden Untersuchungen zielen auf die Entwicklung eines in vitro-Prüfverfahrens, mit dessen Hilfe Fertilitätsstörungen erfaßt werden können (VOGEL R., 1993). Als Modelle für die Keimzelle des Säugers sollen folgende Zelltypen eingesetzt werden: *Embryonale Karzinomzellen (ECC)* der Linie P19 stammen direkt von einem Teratokarzinom primordialer Keimzellen (PGC) ab (MATSUI Y. et al., 1992) und exprimieren wie diese einige spezifische immunologische und biochemische Marker (HASS P.E. et al., 1979; SOLTER D. and KOWLES B., 1978). ECC-P19 können in Gegenwart von Retinsäure in alle drei Keimblätter differenzieren (MCBURNEY M.W. et al., 1982). ECC lassen sich relativ einfach in Kultur halten und vermehren (MCBURNEY M.W. and ROGERS B.J., 1982). *Embryonale Stammzellen (ESC)* werden aus der inneren Zellmasse von Maus-Blastozysten gewonnen (EVANS M.J. and KAUFMAN M.H., 1981). Auch ESC sind pluripotent (DOETSCHMANN T.C. et al., 1985) und exprimieren die gleichen beiden Marker wie die ECC und PGC. ESC werden zur Herstellung transgener Mäuse genutzt. Dabei gelang der Nachweis, daß diese Zellen auch an der Gametenbildung transgener Tiere beteiligt sind. Ein Vorteil der ESC ist, daß sie sich direkt als Linie etablieren lassen, und daß der Chromosomensatz euploid ist. Um den undifferenzierten Zustand der ESC zu erhalten, müssen diese allerdings auf speziellen Nährzellen oder in entsprechend konditioniertem Medium gehalten werden.

Ziel der vorliegenden Studie ist es, mögliche Unterschiede zwischen den undifferenzierten Stammzellen und differenzierten Zellen gegenüber zytotoxischen Effekten nach Behandlung mit Schadstoffen aufzudecken und die Resultate mit Befunden aus Dominant-Letal-Tests zu vergleichen.

2. Material und Methoden

Tabelle 1. Die folgenden Zellinien der Maus wurden eingesetzt

Zell-Linie	Herkunft	Referenz	ATCC Nr
ESC D3	Blastozyste	GOSSLER A. et al., 1986	CRL 1934
ESC E14	Blastozyste	KUEHN M.R. et al., 1987	CRL 1821
Diff 3T3	embryonale Fibrobl.	GERSHMAN H. et al., 1976	CCL 92
ECC P19	Teratokarzinom	MCBURNEY M.W. et al., 1982	CRL 1825
Diff EPI-7	aus P19 differenziert	MUMMERY C.L. et al., 1985	ohne

Alle Zellen wurden in Dulbecco's Medium (DMEM, Biochrom, D-Berlin) mit 15% fetalem Kälberserum (Boehringer, D-Mannheim), 1% Glutamin (Biochrom) und 0,5% Penicillin/ Streptomycin (Biochrom) kultiviert und dreimal wöchentlich passagiert. Zur Inhibierung der Differenzierung der ESC wurde dem Medium für ESC 60% BRL-konditioniertes Medium zugesetzt (SMITH A.G. and HOOPER M.L., 1987).

Zur Bestimmung der Zytotoxizität wurden jeweils $3x10^5$/ml der undifferenzierten und $1x10^5$/ml der differenzierten Zellen in Microtiterplatten (Nunc, D-Wiesbaden) ausgesät und für 24 Stunden kultiviert. Danach wurde für 5 Stunden eine Testsubstanz hinzugegeben. Anschließend wurde die Substanz durch Waschen mit PBS (Biochrom) wieder entfernt. Nach 18 Stunden weiterer Kultur wurde den Zellen der Farbstoff MTT (Sigma, D-Deidershofen) in einer Konzentration von 5mg/ml zugesetzt. Die Auswertung der Färbung erfolgte nach einer

Stunde mittels ELISA-Reader bei einer Wellenlänge von 550nm und einem Referenzfilter von 630nm. Bestimmt wurde diejenige Konzentration des Stoffes, die für 50% der Zellen toxisch ist (IC_{50}).

Für die Untersuchungen wurden solche Substanzen herangezogen, die eindeutige Ergebnisse im Dominant-Letal-Test gezeigt haben (Tabelle 2). Lediglich der Stoff Melphalan wurde im Dominant-Letal-Test nicht untersucht. Andere in vivo-Untersuchungen lassen aber darauf schließen, daß es sich bei diesem Stoff auch um eine Keimzell-schädigende Substanz handelt.

Tabelle 2. Ergebnisse aus Dominant-Letal-Tests mit den in vitro eingesetzten Chemikalien

Stoff	CAS-Nummer	Dominat-Letal-Test	Referenz
Ethylnitrosourea	759-73-9	positiv	RUSSEL L.B. et al., 1990
Mitomycin C	50-07-7	positiv	WATERS M.D. et al.; 1993
Chlorambucil	305-03-3	positiv	RUSSEL L.B. et al., 1990
Methylmethansulfonat	66-27-3	positiv	WATERS M.D. et al., 1993
Melphalan	148-82-3	kein Test	
Doxorubicin	23316-40-9	positiv	GENEROSO W.M. et al., 1989
Methylnitronitrosoguanidin	70-25-7	positiv	GENEROSO W.M., 1969
Coffein	58-08-2	negativ	ADLER I.D., 1969
Urethan	51-79-6	negativ	RUSSEL L.B. et al., 1987

3. Ergebnisse

Die Bestimmung der IC_{50} Werte ergab eine erhöhte Sensitivität von ESC-D3 und ESC-E14 im Vergleich zu den differenzierten Kontrollzellen der Linie 3T3 nach Behandlung mit keimzell-schädigenden Substanzen. Toxische Substanzen, bei denen im Tierversuch keine Unterschiede zwischen Soma- und Keimzellen nachgewiesen werden konnten, zeigten auch im Zytotoxizitäts-Test keine Differenzen (Tabelle 3).

In einem zweiten Ansatz wurden ECC-P19 mit einer differenzierten epithelialen Zellinie (EPI-7), die direkt von P19 abstammt, verglichen. Auch in diesem System wurden Unterschiede nach Applikation der Schadstoffe festgestellt, die allerdings bei einigen Substanzen, wie zum Beispiel Methylmethansulfonat und Melphalan, nicht so deutlich ausfielen wie beim ESC/3T3-Ansatz (Tabelle 3).

Tabelle 3. Vergleich der IC_{50}-Werte von ESC/3T3 und ECC/EPI7 nach Behandlung mit verschiedenen chemischen Stoffen

Stoff	ESC-D3	ESC-E14	Diff-3T3	ECC-P19	Diff-EPI7
Ethylnitrosurea	4,2x10-3	4,1x10-3	8,4x10-3	4,4x10-3	8,1x10-3
Mitomycin C	1,7x10-5	1,7x10-5	4,8x10-5	1,9x10-5	13 x10-5
Chlorambucil	2,7x10-5	3,4x10-5	38 x10-5	1,8x10-5	39 x10-5
Methylmethansulfonat	4,0x10-4	5,0x10-4	12 x10-4	6,6x10-4	11 x10-4
Melphalan	2,2x10-4	0,8x10-4	12 x10-4	5,2x10-4	12 x10-4
Doxorubicin	8,3x10-7	9,1x10-7	150x10-7	3,9x10-7	550x10-7
Methylnitrosoguanidin	2,2x10-5	3,1x10-5	5,6x10-5	54 x10-5	5,6x10-5
Coffein	2,6x10-2	1,4x10-2	3,0x10-2	4,5x10-2	3,3x10-2
Urethan	1,9x10-1	1,6x10-1	1,9x10-1	2,7x10-1	2,5x10-1

4. Diskussion

Säuger-Keimzellen lassen sich lediglich in Form von primordialen Keimzellen (PGC) länger kultivieren. Dabei ist die Haltung dieser Zellen äußerst kompliziert und erfordert bestimmte Wachstumsfaktoren (WILEY C.C., 1993; DOLCI S. et al., 1993). PGC ähneln unter Kulturbedingungen sehr stark ESC, so daß sie auch als „embryonal germ cells" (EGC) bezeichnet werden. In der Tat weisen ESC und auch ECC eine Reihe von biochemischen und immunologischen Markern auf, wie sie auch in PGC angetroffen werden (HASS P.E. et al., 1979; SOLTER D. and KOWLES B., 1978).

Diese Zusammenhänge begründen den Einsatz von ESC und ECC als Modell für primordiale Keimzellen. Gleichzeitig geben sie eine Erklärung für die Übereinstimmung der Ergebnisse des Dominant-Letal-Tests mit den in vitro erzielten Resultaten. Eine Erklärung hierfür könnte sein, daß ihr pluripotenter Zustand die Stammzellen empfindlicher gegenüber Schadstoffeinwirkung werden läßt. Ergebnisse aus vergleichenden Untersuchungen mit primär isolierten ESC und murinen embryonalen Fibroblasten bestätigen dies Hypothese (LASCHINSKI G. et al., 1991).

Seit langem ist bekannt, daß manche Chemikalien, wie zum Beispiel Ethylnitrosourea, sehr spezifisch hinsichtlich des Geschlechts oder der Stadien der Keimzellentwicklung wirken. Diese Besonderheiten zu erfassen, ist das hier beschriebene System wohl kaum in der Lage: So wurde mit Ethylnitrosourea zwar eine Sensitivitätsverschiebung erreicht, diese ist aber im Blick auf die Resultate mancher in vitro-Studie vergleichsweise gering ausgefallen.

Daher sollte, trotz der positiven ESC-Resultate, als ein weiteres Ziel die Etablierung von Keimzellinien verfolgt werden. Eine in vitro-Immortalisation von primären testikulären Keimzellen durch eine Co-Transfektion von Simian Virus 40 Large Tumor Antigen Gen und einem Gen, das für eine temperatur-sensitive Mutante von P53 codiert, ist bereits beschrieben worden. Die Tatsache, daß trotz genetischer Manipulation in vitro meiotische Teilungen beobachtet werden konnten (HOFMANN M.C. et al., 1994), erscheint sehr vielversprechend. So wird zukünftig, neben der Testung weiterer chemischer Stoffe im oben beschriebenen ESC-Zytotoxizitätstest, die Nutzung von Keimzell-Kulturen vorangetrieben werden, um schließlich ein in vitro-Prüfverfahren zur Erfassung von fertilitätsbeeinträchtigenden Eigenschaften von Chemikalien etablieren zu können.

Danksagung

Der Autor dankt dem deutschen Bundesministerium für Bildung, Wissenschaft, Forschung und Technologie (BMBF) für die finanzielle Förderung dieses Vorhabens (Projektträger Biologie, Energie, Ökologie; Projekt Nr.: 0310300).

Literatur

ADLER I.D., Does Caffeine induce dominant lethal mutations in mice?, Humangenetik, 7, 137-148, 1969

DOETSCHMANN T.C., EISTETTER H.R., KATZ M, SCHMIDT W., KEMLER R., The in vitro development of blastocytederived embryonic stem cell lines: formation of visceral yolk sac, blood islands and myocardium, J. Exp. Morphol., 87, 27-45, 1985

DOLCI S., PESCE M., DE FELICI M., Combined action of stem cell factor, leukemia inhibitory factor and cAMP on in vitro proliferation of mouse primordial germ cells, Molecular Reproduction and Development, 35, 134-139, 1993

EDWARDS M.K.S., HARRIS J.F., MCBURNEY M.W., Induced muscle differentiation in an embryonal carcinoma cell line, Mol. Cell Biol., 3, 2280-2286, 1983

EVANS M.J. and KAUFMAN M.H., Establishment in culture of pluripotent cells from mouse embryo, Nature, 292, 154-156, 1981

GENEROSO W.M., Chemical induction of dominant lethals in female mice, Genetics, 61, 461-470, 1969

GENEROSO W.M., CAIN K.T., HUGHES L.A., FOXWORTH L.D., A restudy of the efficancy of adriamycin in inducing dominant lethals in mouse spermatogenic stem cells, Mutation Res., 226, 61-64, 1989

GERSHMAN H., DRUMM J., CULP L., Sorting out of normal and virus transformed cells in cellular aggregates, J. Cell Biol., 689, 276-286, 1976

GOSSLER A., DOETSCHMAN T., KORN R., SERFLING E., KEMLER R., Transgenesis by means of blastocyst-derived embryonic stem cell lines, Proc. Natl. Acad. Sci. USA, 83, 9065-9069, 1986

HASS P.E., WADA H.G., HERMAN M.M., SUSSMAN H.H., Alkaline phosphatase of mouse teratoma stem cells: immunochemical and structural evidence for its identity as a somatic gene product, Proc. Natl. Acad. Sci., 76, 1164-1168, 1979

HOFMANN M.C., HESS R.A., GOLDBERG E., MILLAN I.L., Immortalized germ cells undergo meiosis in vitro, Proc. Natl. Acad. Sci. USA, 91, 5533-5537, 1994

KUEHN M.R., BRADLEY A., ROBERTSON E.J., EVANS M.J., A potential animal model for Lesch-Nyhan syndrome through introduction of HPRT mutations into mice, Nature, 326, 295-298, 1987

LASCHINSKI G., VOGEL R., SPIELMANN H., Cytotoxicity test using blastocyst-derived euploid embryonal stem cells: A new approach to in vitro teratogenesis screening, Reproductive Toxicol., 5, 57-64, 1991

MATSUI Y., ZSEBO, K., HOGAN B., Derivation of pluripotential embryonic stem cells from murine primordial germ cells in culture, Cell, 70, 841-847, 1992

MCBURNEY M.W. and ROGERS B.J., Isolation of male embryonal carcinoma cells and their chromosome replication patterns, Develop. Biol., 89, 503-508, 1982

MCBURNEY M.W., JONES-VILLENEUVE E.M., EDWARDS M.K.S., ANDERSON P.J., Control of muscle and neuronal differentiation in a cultured embryonal carcinoma cell line, Nature, 299, 165-167, 1982

MUMMERY C.L., FEIJEN A., VAN DER SAAG P.T., VAN DEN BRINK C.E., DE LAAT S.W., Clonal variants of differentiated P19 embryonal carcinoma cells exhibit epidermal growth factor receptor kinase activity, Dev. Biol., 109, 402-410, 1985

RUSSEL L.B., HUNSICKER P.R., OAKBERG E.F., CIMMINGS C.C., SCHMOYER R.L., Tests for urethane induction of germ-cell mutations and germ-cell killing in the mouse, Mutation Res., 188, 335-342, 1987

RUSSEL L.B., RUSSEL W.L., RICHNIK E.M., HUNSICKER P.R., Biology of germ cell mutagenesis, in: ALLEN J.W., BRIDGES B.A., LYON M.F., MOSES M.J., RUSSEL L.B. (eds.), Banbury report 34, Cold Spring Habor Lab., 271-289, 1990

SMITH A.G. and HOOPER M.L., Buffalo rat liver cells produce a duffusible activity which inhibits the differentiation of murine embryonal carcinoma end embryonal stem cells, Developmental Biolology, 121, 1-9, 1987

SOLTER D. and KOWLES B., Monoclonal antibody defining a stage specific mouse embryonic antigene (SSEA1), Proc. Natl. Acad. Sci., 75, 5565-5569, 1978

VOGEL R., In vitro aproach to fertility research: Genotoxicity tests on primordial germ cells and embryonic stem cells, Reprod. Toxicol., 7, 69-73, 1993

VOGEL R., Eine Teststrategie für die Erfassung der Reproduktionstoxizität chemischer Stoffe, Bundesgesundheitsblatt, 37, 114-117, 1994

WATERS M.D., STACK H.F., JACKSON M.A., BRIDGES B.A., Hazard identification: Efficiency of short-term tests in identifying germ cell mutagens and putative nongenotoxic carcinogens, Environ Health Perspect Supplements, 101, 61-72, 1993

WYLIE C.C., The biology of primordial germ cells, Eur. Urol., 23, 62-67, 1993

Die Anwendung der Durchflußzytometrie für die in vitro-Bestimmung embryotoxischer Substanzen in der in vitro-Kultivierung muriner embryonaler Stammzellen

P.J. Voshol, I. Pohl, J. Heuer, H. Spielmann

Zusammenfassung

Der in vitro-Einsatz muriner embryonaler Stammzellen für die Bestimmung embryotoxischer und teratogener Eigenschaften von Substanzen wird gegenwärtig international in mehreren Laboratorien erprobt. In der vorliegenden Arbeit wird der Einsatz der Durchflußzytometrie für eine weitere Optimierung in der in vitro-Kultivierung von embryonalen Stammzellen beschrieben. Für die durchflußzytometrische Analyse wurde ein FACScan-Gerät eingesetzt, welches ein Fünf-Parametersystem mit drei Fluoreszenzkanälen besitzt, sowie Messungen mit Vorwärts- und Seitwärtsstreuung durchführt. Embryonale Stammzellen differenzieren in vitro in die drei Keimblätter Ektoderm, Endoderm und Mesoderm. Dabei wird ein Differenzierungsmuster in die verschiedensten Zelltypen erreicht. Mit Hilfe der Markierung membranintegrierter Moleküle durch fluoreszenztragende, differenzierungsspezifische Antikörpermoleküle können die unterschiedlichsten Zelltypen identifiziert werden. Mit dem Einsatz der Durchflußzytometrie sollen quantitative Aussagen in der in vitro-Differenzierung in ES-Zellkulturen ermöglicht werden, um den Grad embryotoxischer und teratogener Substanzen in vitro zu bestimmen. Die Ergebnisse von drei unterschiedlichen Antikörpertestreagentien zeigen, daß der Versuchsaufbau für eine in vitro-Bestimmung embryotoxischer Substanzen geeignet erscheint.

Summary

The use of flow cytometric analysis to evaluate substances with embryotoxic activity by in vitro embryonic stem cell culture technology

At present permanent murine embryonic stem (ES) cell lines are used in in vitro cell culture technology by several laboratories to evaluate their capacity characterizing substances with embryotoxic and teratogenic potential. In the work described herein the method of flow cytometric analysis was performed with the aim to optimize ES-cell culture technology further. ES-cells differentiate spontaneously into cells of ectodermal, endodermal and mesodermal origin when special culture conditions were used. Furthermore, after plating ES-cell derived embryoid bodies into tissue culture plates differentiated cell types appear, e.g. cardiomyoctes, muscle cells and nerve cells. Monoclonal antibodies (mab) with specificity of cell membrane integrated molecules and labelled with fluorochromes were used as reagents immunotyping cells in ES-cell cultures with FASCcan approaches. Attempts were made to quantify differentiation events in ES cell cultures after the incubation with the teratogenic substance retinoic acid. The data show that the in vitro method can standardize ES cell cultures with new parameters than used before and in addition identifies a substance with embryotoxic and teratogenic activity.

1. Einleitung

Die Aufnahme von in vitro-Screeningverfahren in behördliche Prüfvorschriften für die Entwicklungstoxizität ist ein vordringliches Ziel. Dabei hat die Entwicklungstoxizität sowohl die Teratogenität als auch die Embryotoxizität zu berücksichtigen. Aufgrund der komplexen zell- und molekularbiologischen Vorgänge während der frühen Entwicklungsphase eines Menschen ist es bisher nicht gelungen, in vitro-Testsysteme zu entwickeln, die von der breiten wissenschaftlichen Öffentlichkeit akzeptiert werden. Mit der Etablierung von murinen embryonalen Stammzellkulturen hat sich die Möglichkeit aufgetan, in vitro-Screeningverfahren in der Entwicklungstoxizität mechanistischer zu gestalten als es bisher möglich war. Die ersten Testergebnisse mit in vitro-ES-Zellkulturen lassen vermuten, daß in Zukunft verläßliche Aussagen über embryotoxische Substanzen anhand von in vitro-Daten möglich sein werden. ES-Zellen können unter besonderen Zellkulturbedingungen in die drei Keimblätter Ektoderm, Endoderm und Mesoderm differenzieren. Diese hervorstechenden Eigenschaften von in vitro-ES-Zellkulturen führt zur Einschätzung, daß dieser Zelltyp als in vitro-Reagenz in der Entwicklungstoxizität von hohem Wert ist (LASCHINSKI G. et al., 1991; HEUER J. et al., 1993). Mit der Anwendung der Durchflußzytometrie soll versucht werden, die Differenzierungsvorgänge in ES-Zellkulturen auch quantitativ zu erfassen. Damit wäre die Möglichkeit geschaffen, embryotoxische Substanzen in vitro anhand von erstellten Dosiswirkungskurven bezüglich ihres Risikopotentials zu definieren.

2. Material und Methoden

2.1. Embryonale Stammzellen

Die Kultivierung der ES-Zellen, D3, als Stammzellkulturen und in den Differenzierungskulturen wurden ausführlich beschrieben (HEUER J. et al., 1993; HEUER J. et al., 1994a; HEUER J. et al., 1994b).

2.2. Durchflußzytometrie

Für die Durchflußzytometrie wurde der FACScan® von Becton Dickinson eingesetzt. Die Behandlung der ES-Zellen während der direkten und indirekten Immunfluoreszenz erfolgte nach Standardmethoden. Kurzbeschreibung: Die Zellen wurden trypsinisiert und mit PBS/1% BSA gewaschen. Die Antikörperinkubationen erfolgten für 1 Stunde bei 4^{0}C. Bei der indirekten Immunfluoreszenz erfolgte zwischen den Antikörperinkubationen ein Waschschritt mit PBS/1% BSA. Abschließend wurde 2x mit PBS/1% BSA und 1x mit FACSFlow® (Becton Dickinson, D-Heidelberg) gewaschen. Anschließend wurde das Zellpellet in 500µl FACSFlow® suspendiert und Propidiumjodid in einer Endkonzentration von 5µl/ml hinzugegeben. Als monoklonale Antikörper (mAb) wurden neben ECMA-7 als Kulturüberstand in der Verdünnung 1:10 (KEMLER R., 1981) auch die mAbs mit der Spezifität gegen Thy-1 in der Verdünnung

1:40 (Klon M5/49 - Boehringer Mannheim) und mit der Spezifität gegen Neurofilament-160 in der Verdünnung 1:40 (Klon NN18 - Sigma, D-München) eingesetzt. Als Kontrollantikörper wurden MOPC-21 mit dem Isotyp IgG 1 in der Verdünnung 1:40, MOPC-104E mit dem Isotyp IgM in der Verdünnung 1:20 und gereinigtes Ratten IgG in der Verdünnung 1:40 eingesetzt. Als sekundäre Antikörper wurden in der Verdünnung 1:100 FITC-markierte-Ziegen IgG Antikörper mit Spezifität gegen Maus IgM (μ) (Sigma F9259) für ECMA-7, DTAF-markierte-Ziegen IgG-F(ab')$_2$ mit Spezifität gegen Ratte IgG F(ab')$_2$ für Thy-1 (Dianova 112-016-072, D-Hamburg) und DTAF-markierte-Ziegen IgG F(ab')$_2$ mit Spezifität gegen Maus IgG F(ab')$_2$ für Neurofilament 160 (ICN, D-Meckenheim) eingesetzt.

3. Ergebnisse und Diskussion

ES-Zellen sind im Vergleich zu anderen permanenten Zellinien bezüglich ihrer Handhabbarkeit in der Zellkulturtechnik äußerst anspruchsvoll. Aus diesem Grunde ist es erstrebenswert, auch Qualitätskriterien festzulegen, die sowohl für die Stammzellinien als auch für die Differenzierungsfähigkeit der ES-Zellen von Bedeutung sind. Der mAb ECMA-7 wurde als Testreagenz ausgewählt, um die Differenzierungsfähigkeit embryonaler Stammzellen zu bestimmen. ECMA-7 ist durch die Erkennung von Glykolipidstrukturen auf embryonalen Stammzellen definiert worden (KEMLER R., 1981). Es wurden einmal undifferenzierte ES-Zellkulturen untersucht, die mit dem Leukämie-Inhibitionsfaktor (LIF) kultiviert wurden (Stammzellkulturen), zum anderen wurden ES-Zellkulturen untersucht, die ohne die Zugabe von LIF in die Differenzierung getrieben wurden (Differenzierungskulturen). Die Ergebnisse in Tabelle 1 zeigen, daß der Prozentsatz der ECMA-7 positiven Zellen bei Kultivierung über 7 Tage in den Differenzierungskulturen abnehmen, während die Expression in den Stammzellkulturen um einen bestimmten Wert schwanken. Demnach sind die ECMA-7 Strukturen der ES-Zellen möglicherweise gute Indikatoren für die Differenzierungsfähigkeit der D3 ES-Zellen. Die Berücksichtigung weiterer Zelloberflächenmarker z.B. für Ektoderm, Endoderm und Mesoderm ist notwendig, um den Anteil der differenzierungsfähigen Zellen in den ES-Zellkulturen zu bestimmen. Damit wäre auch die Möglichkeit gegeben, eine Qualitätskontrolle für eine ES-Zellinie durchzuführen. Eine Qualitätskontrolle erscheint notwendig, wenn die ES-Zellkulturen als in vitro-Screeningverfahren in behördliche Prüfvorschriften aufgenommen werden sollten.

Tabelle 1. **Bestimmung von ECMA-7 positiven Zellen in ES-Zellkulturen**
Es wurden ES-Zellkulturen an den Tagen 0, 2, 4 und 7 in der Durchflußzytometrie untersucht und dabei sowohl Kulturbedingungen mit LIF (Stammzellkulturen) als auch ohne LIF (Differenzierungskulturen) berücksichtigt. Die Analyse im FACScan erfolgte nach den Standardmethoden

	% ECMA-7 positiver Zellen			
ES-Zellkulturen	Tag 0	Tag 2	Tag 4	Tag 7
Stammzellkulturen mit LIF	82,7	74,7	79,1	79,5
Differenzierungskulturen ohne LIF	82,7	80,9	70,1	61.6

ES-Zellen können sowohl in der Gegenwart von LIF als auch in einer Cokultur mit inaktivierten embryonalen Fibroblasten als Stammzellkulturen gehalten werden, die ihre charakteristische Pluripotenz weitgehendst konservieren können. Eine Analyse mit ECMA-7 mAb in der Durchflußzytometrie zeigt, daß die Expression ECMA-7 positiver Zellen in den ES-Zellcokulturen geringer ist, als wenn der Faktor LIF dem Kulturmedium beigesetzt worden ist. Es scheint aber keine Rolle zu spielen, ob LIF in rekombinanter Form eingesetzt wird oder in glykolisiertem Zustand als gentechnologisches Produkt aus einer eukaryontischen Zelle gewonnen wurde (s. Tabelle 2).

Tabelle 2. **Bestimmung von ECMA-7 positiven Zellen in permanenten ES-Stammzellkulturen**
Nach den Standardmethoden wurden im FASCcan® der Anteil ECMA-7 positiver Zellen in ES-Stammzellkulturen bestimmt, die in Cokultur mit inaktivierten embryonalen Fibroblasten, mit rekombinierten LIF oder mit aus eukaryontischen Zellen gewonnenen LIF gehalten wurden

Permanente ES-Zellkulturen	% ECMA-7 positive Zellen in Kultur
Stammzellkulturen mit inaktivierten embryonalen Fibroblasten	57,4 ± 1,9
Stammzellkulturen mit rekombinierten LIF	83,8 ± 3,7
Stammzellkulturen mit LIF aus eukaryontischen Zellen	78,7 ± 0,6

Die in vitro-Differenzierungsfähigkeit der D3 ES-Zellen kann durch die teratogene Substanz Retinsäure beeinflußt werden. Retinsäure ist ein gut untersuchtes Teratogen, das auch als Vitamin A regulatorische Aufgaben in der Zelldifferenzierung übernimmt. Um zu testen, ob die bekannten Einflüsse der Retinsäure in der in vitro-Differenzierung von ES-Zellen mit der Durchflußzytometrie auch quantitativ zu bestimmen sind, wurden Parallelkulturansätze ausgewertet, die ohne oder mit Retinsäure in einer Konzentration von 10^{-8}M angesetzt wurden. In Ergänzung zum Nachweis von ECMA-7 Strukturen wurden weitere zellmembranspezifische Strukturen in der Durchflußzytometrie erfaßt. Mit dem mAb M5/49 wird das Thy-1 Antigen nachgewiesen, das auf adulten Zellen wie z.B. Thymozyten, peripheren T Zellen, Granulozyten, Epithelzellen, Fibroblasten und Neuronen, aber auch auf pränatalen Zellen wie z.B. auf frühen hematopoietischen Zellen exprimiert ist. Der mAb NN18 weist Neurofilamente von der Molekülgröße von 160KD auf Nervenzellen nach und zeigt im Vergleich zu den beiden anderen eingesetzten Antikörpern eine hohe spezifische Aktivität gegen einen definierten Zelltyp. Die Auswertungen in Abb. 1 zeigen, daß bei den ausgewählten Antikörperreagentien Schwankungen in der quantitativen Expression der bestimmten Zelloberflächenmarker auftreten. Die Expression von ECMA-7 in den Differenzierungskulturen nimmt kontinuierlich ab, während der Anteil von NF-160 und Thy-1 positiven Zellen mit dem Verlauf der Differenzierung von ES-Zellen zunimmt (s. Abb. 1A). Nach der Inkubation mit Retinsäure von Tag 0 bis Tag 3 in ES-Zellkulturen wurden Untersuchungen in der Durchflußzytometrie bezüglich der Antigene ECMA-7, NF-160 und Thy-1 durchgeführt. Es zeigt sich, daß eine Modulation der Antigenexpression von NF-160 und Thy-1 im Vergleich zu den ES-Zellkulturen auftritt, die nicht mit Retinsäure behandelt wurden (s. Abb. 1B). Diese Ergebnisse sind in Übereinstimmung mit den bisherigen Befunden, daß eine Behandlung mit Retinsäure zu einem frühen Zeitpunkt in den ES-Zellkulturen die Differenzierung in verschiedene Zelltypen regulatorisch beeinflussen kann (HEUER J. et al., 1994a). Durch weitere Experimente soll der Grad der Schwankungen quantifiziert werden, um das teratogene Potential der Retinsäure in diesem in vitro-Differenzierungssystem bestimmen zu können.

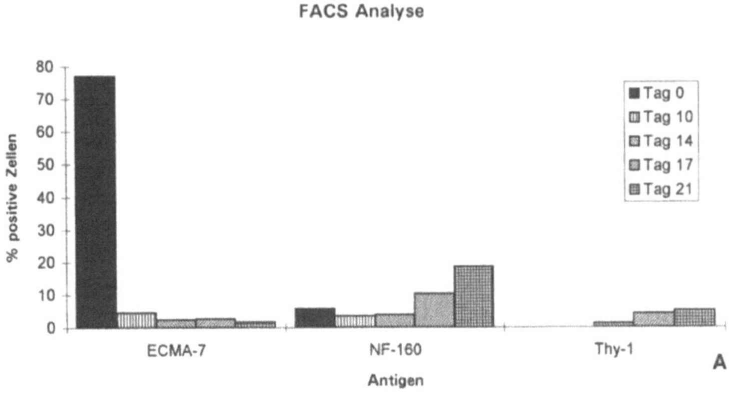

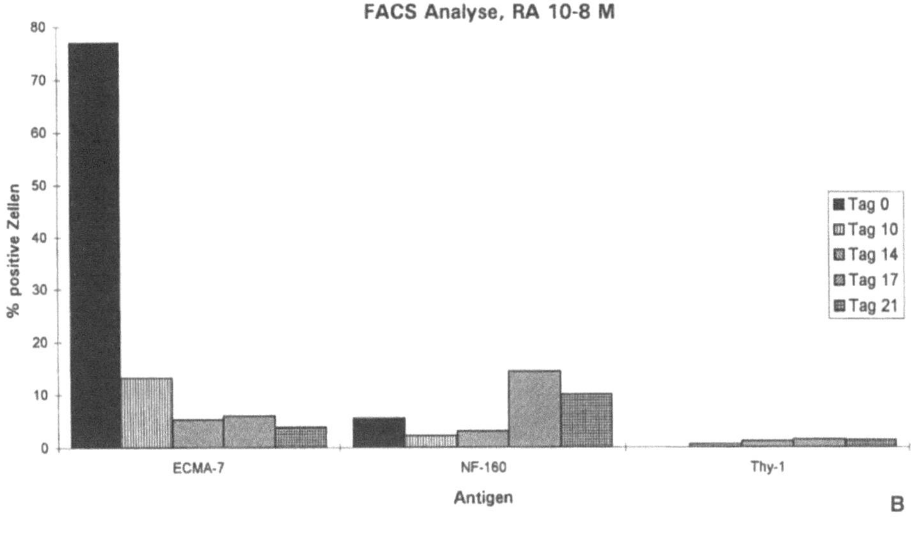

Abb. 1A und 1B. **Bestimmung von membranständigen Differenzierungsantigenen in ES-Zelldifferenzierungskulturen mit Hilfe der Durchflußzytometrie**
Mabs mit der Spezifität gegen ECMA- 7, Thy 1 und NF-160 wurden in der Immunfluoreszenztechnik an den Tagen 0, 10, 14, 17 und 21 in ES-Differenzierungskulturen eingesetzt und anschließend quantitativ im FACScan bestimmt (Abb. 1A). In Parallelansätzen wurden die ES-Differenzierungskulturen zusätzlich an den Tagen 0-3 mit 10^{-8} M Retinsäure behandelt und ebenfalls an den Tagen 0, 10, 14, 17 und 21 nach den Standardmethoden analysiert (Abb. 1B)

Danksagung

Herrn Prof. R. KEMLER möchten wir recht herzlich danken für die Bereitstellung der D3 ES-Zellen und monoklonalen Antikörpers ECMA-7. PETER J. VOSHOL arbeitete als Gast im ZEBET-Labor, sein Aufenthalt wurde von der Universität Nijmegen finanziert.

Literatur

HEUER J., BREMER S., POHL I., SPIELMANNN H., Development of an in vitro embryotoxicity test using embryonic stem cell culture, Toxicology in vitro, 7, 551-556, 1993

HEUER J., GRAEBER M., POHL I., SPIELMANN H., Culture system for the differentiation of murine embryonic stem cells. A new approach to in vitro testing for embryotoxicity and for developmental imunotoxicology, European Medicines Research, 134-145, 1994a

HEUER J., GRAEBER M., POHL I., SPIELMANN H., An in vitro embryotoxicity assay using the differentiation of embryonic mouse stem cells into haemopoietic cells, Toxicology in vitro, 8, 585-587, 1994b

KEMLER R., Analysis of mouse embryonic cell differentiation, Fortschritte der Zoologie, 26, 175-181, 1981

LASCHINSKI G., VOGEL R., SPIELMANN H., Cytotoxicity test using blastocyst-derived euploid embryonal stem cells: a new approach to in vitro teratogenesis screening, Reproductive Toxicol,. 5, 57-64, 1991

Mouse ovarian follicle culture: Can this be a useful system for evaluating potential ovarian toxic substances?

P.L. Nayudu

Summary

A major advantage of the intact follicle unit as test system is that all competent cell types which support the developement of the oocyte are present. In a simplified and controlled environment, this allows that treatments which influence in vivo fertility can be evaluated in vitro while maintaining a strong relationship to in vivo events. Although at a very early stage, results of follicle culture in the mouse to evaluate the effects of ovatian toxins suggest that follicle culture will make possible the study of mechanism of action on the isolated follicle unit over a range of developmental stages.

Zusammenfassung

Mausfollikelkulturen: ein Evaluierungssystem für potentiell toxische Substanzen?

Der intakte Follikel ist eine physiologische Einheit, die alle kompetenten Zellarten enthält, die für die Follikelreifung wichtig sind. Wenn Follikelkulturen zu Testzwecken in der Toxikologie eingesetzt werden, haben sie den Vorteil, daß sich die Kulturbedingungen leicht standardisieren lassen und zwar unter Bedingungen, die denen in vivo sehr ähnlich sind. Deshalb ist es mit dem Testsystem möglich, den Einfluß von toxischen Stoffen auf die Befruchtung unter Verhältnissen zu untersuchen, die denen in vivo weitgehend ähnlich sind. Obwohl das Testsystem erst seit kurzer Zeit eingesetzt wird, um Umweltchemikalien mit östrogenen Eigenschaften zu erfassen, zeigt sich bereits jetzt, daß Follikelkulturen ein wertvolles in vitro-Kultursystem in der Reproduktionstoxikologie sind, das noch weiterentwickelt und validiert werden muß.

1. Introduction

It has been known for many years that certain environmental toxins, in addition to their acute toxic effects, may be carcinogenic or may cause embryonic and later developmental abnormalities. But more recently there has been heightened awareness of the possibility that chemicals, to which we and other species are widely exposed to, may also have drastic effects on reproductive function in both males and females. Many of these chemicals are persistent in the environment throughout the world, and increasing numbers of reproductive diseases and functional abnormalities in various parts of the reproductive system, both for humans and wildlife, are being associated with chronically low level exposure to various environmental toxins. There are, however, around 100.000 chemicals in commercial use around the world, and no data exists on most of them regarding their potential to cause reproductive damage (KOĚTER H.B.W.M., 1993).

1.1. Xenoestrogens

In this regard, environmental chemicals with oestrogenic action (xenoestrogens - mainly dioxine, PCBs and organochlorine insecticides/herbicides) are receiving a major proportion of the attention (STONE R., 1994, 1995; DAVIS D. and BRADLOW H., 1995). Additional sources of xenoestrogens to which humans are widely exposed are therapeutic synthetic oestrogens and anti-oestrogens. Some of them have also received attention regarding their association with increased abnormalities of the reproductive systems. Examples include the now banned DES, clomiphene and tamoxifen, and the synthetic oestrogens used for contraception and post-menopausal hormone replacement. One hypothesised effect of xenoestrogens is their possible association with the increase in breast cancer rate in Germany and other western countries. In support of this are laboratory results which show that estrogenic chemicals (in particular DDT/DDE) can induce breast cancer in male mice and increase the breast cancer cell proliferation and the production of 16-alpha-hydroxy-esterone (an estrogen form associated with breast cancer) *in vitro* (DAVIS D. and BRADLOW H., 1995). Another example is the dramatic increase in endometriosis in rhesus monkeys after long term exposure to dioxine (RIER S. et al., 1994). A further example is in the suggested association of environmental oestrogenic chemicals with the reduced sperm counts in men reported from several developed countries (CARLSON E. et al., 1992; STONE R., 1994; AUGER J. et al., 1995). These observations are supported by studies such as that by MABLY T. et al. (1992) showing the negative effect of dioxin on spermatogenesis and reproductive capability of rats.

1.2. Organophosphate Insecticides

In contrast to xenoestrogens, organophosphate insecticides are virtually unstudied in regard to their reproductive effects. They have been mainly studied for their acute neurotoxic effects, which are manifested by their action as cholinoesterase inhibitors. Surprisingly little is known of the effect of low level in particular the effects on reproductive function since this class of chemicals are used extensively to control household, agricultural, and disease bearing insects and are therefore a major environmental contaminant. Negative *in vivo* reproductive effects for tetrachlorvinphos (NAYUDU P. et al., 1994) and chlorpyrifos (as part of an insecticide mixture) (MORRELL J. et al., 1995), reported by the author's laboratory, suggest that these compounds should be receiving much more attention regarding their reproductive effects.

The effect of in vivo exposure of juvenile mice to tetrachlorvinphos was manifested as a dramatic alteration in the *in vitro* growth of ovarian follicles and the premature expulsion of the oocyte without accompanying cumulus cells. Such a phenomenon occurring *in vivo* would be expected to produce a dramatic increase in follicular atresia and a reduction in ovulation number. Observations of ovaries from exposed mice also suggested a dramatic decrease in the quality of the growing follicles and the ovary structure generally. The effect of in vivo exposure to chlorpyrifos insecticide mixture was observed both as a lack of growth of ovarian follicles in culture (unpublished observations), and a reduction in embryo implantation rate after embryo transfer. The mechanism of these effects is presently unknown, but it is increasingly that organophosphates may have actions in addition to evident their well known neurotoxin action. HUFF R. et al. (1994) suggests that chlorpyrifos may interact directly with cholinergic receptors. RATTNER B. et al. (1984) report that in birds, organophosphates may inhibit LH secretion but it is not known whether this effect is on the hypothalamo-hypophyseal complex or on the ovary itself. These results and those of the author suggest that much more needs to be known about the effects of this class of chemicals on the reproductive system. This is one of the important research objectives of the author's laboratory.

1.3. Evaluation of Reproductive Effects

Evaluation of reproductive effects *in vivo* is particularly complex, as a number of different organ systems and a male and a female partner are involved. Some effects may appear a short time after exposure, and others may take many years to appear or may be most obvious in the next generation. Some effects may be detected as subtle changes in fertility or fecundity, as increased abortions or as a shortening of reproductive lifespan (MATTISON D. et al., 1990). Although considerable progress has been made, many more experiments are required to establish causal relationships between toxic agents and various types of reproductive damage and to establish mechanisms of action.

Evaluation is further complicated by the fact that *in vivo* effects of xenoestrogens and other types of reproductively damaging chemicals may be modulated by many factors, of which little is presently known. Important among these could be: timing of exposure (foetal and prepubertal exposure may have more drastic effects than later exposure), genetic susceptibility, level and duration of exposure (influenced by metabolic half-life, the body storage of chemicals and their stability in the environment), differential effect of metabolites and possible synergy of exposure to multiple chemicals. (MARCUS M., et al., 1993). This last factor is important in the real situation as humans and animals are likely to be subjected to a range of environmental toxins over their lifetimes.

One of the most important handicaps in such studies is the lack of an appropriate battery of *in vitro* tests for the evaluation of reproductive hazards. Because of the complex nature of the reproductive processes, it is likely that a large number of different *in vitro* tests will be required. It is also critical that the tests have a close relationship to *in vivo* events, and include not only tests of direct reproductive effect, but also indirect effects. One example of such an indirect effect is the reduction of thyroxin production induced by PCB exposure, which then may allow increased Sertoli cell proliferation in the neonatal testes (STONE R., 1995). Most important is the development of tests with simple differentiated endpoints, essential for hazard evaluation. It is expected that the development of appropriate *in vitro* tests will lead in the short term to a reduction in animals used, but in the long term will provide experimental data which contributes significantly to the understanding of the mechanisms of toxic action. This will in turn lead to new approaches in hazard identification, and long term to drastic reductions in animal use for *in vivo* toxicity testing (KOËTER H., 1993) as well as provide strong evidence to restrict the production of harmful chemicals and develop alternatives.

2. The ovary as a site for chemical injury

Up to now insufficient attention has been paid to the effect of toxic chemicals on the ovary. The ovary is responsible for the control of reproduction through its principle products, steroid and non-steroid hormones and mature oocytes. Oogenesis and folliculogenesis proceed throughout the life of an individual with different patterns specific to the life stage. The ovary is populated, once the organogenesis is complete, with a fixed number of primordial follicles each containing a resting primordial oocyte. During juvenile life before cycling commences, some follicles begin to grow in the ovary but at some stage every growing follicle becomes atretic and no ovulations occur. After puberty, a species specific number of follicles reaches preovulatory stage in response to stimulus from follicle stimulating hormone (FSH) and the oocytes ovulate in response to leutenizing hormone (LH) stimulus from the pituitary. The post-ovulatory somatic cells transform into a corpus luteum which influences the uterine environment to make it receptive for embryo implantation.

Unlike the male gonad, the female gonad has only a finite number of germ cells and is therefore particularly sensitive to damage. The ovarian environment is also very complex and dynamic, with normal folliculogenesis depending on a delicate balance on conditions. At all times during the ovarian cycle there are follicles of a wide range of types, from the primordial through a range of different antral follicle sizes. This creates a situation in which the pattern of infertility induced by a chemical agent would depend on the follicle stage and the cell type affected. Toxicity to primordial follicles would be expected to produce a shortened reproductive life with accelerated ovarian depletion. The toxicity even at this early stage could be directed either against the oocyte and could affect the cell function or induce mutations in the genome, or could be directed against the somatic cells. Either could halt the further development of the follicles. The effect of toxins on growing follicles may also vary depending on the stage of follicular development and therefore the functional differentiation of the cells. Each cell type also has characteristics which would be expected to make it uniquely susceptible to chemical injury. Damage to the somatic cells can affect fertility just as drastically as direct damage to the oocytes since the development of the oocyte depends on the correct development-sequence of the granulosa and thecal cells, and conversely the development of the follicle depends on the presence of a functional oocyte.

The foetal or juvenile ovary is likely to be particularly vulnerable. During foetal development the ovary is still in an actively developing stage with a high ratio of primordial and small growing follicles to stromal tissue. Exposure can come through maternal circulation or through milk (APPEL R. and EROSCHENKO V., 1992) as well as through direct contact from the environment soon after birth. Methoxychlor has been shown to have such an effect on mice exposed prenatally (SWARTZ W. and CORKERN M., 1992). Any perturbation of the ovary function, involving either direct effects on the developing oocyte or on the somatic cells of the ovary could be expected to have drastic effects on fertility or to shorten the length of reproductive life. Agents which perturb the normal development of the foetal ovary somatic compartment or, in a later stage, the growth of the ovarian follicle without directly affecting the oocyte could be expected to have an effect on fertility just as drastic as those which damage the oocyte itself (NAYUDU P. et al., 1994). Such ovarian somatic cell effects have been relatively little studied and never evaluated in relation to the oocyte function.

3. Xenobiotics: Could in vitro tests of female fertility contribute to understanding?

Although most popular press attention has been given to the possible effects of hormone modulating substances on males, the effect of xenobiotics on females is now a matter of concern as more evidence is accumulated from studies with humans and animals. Dioxine and PCB's have been most extensively studied, however, methoxychlor (MXC) is a widely used organochlorine insecticide, developed to replace the banned DDT, which has received considerable attention in laboratory experiments as a xeno-oestrogen. In controlled trials with rodents, methoxychlor has been shown to have both oestrogenic and anti-fertility effects. Pregnant mice exposed to methoxychlor showed reduced ability to carry pregnancies to term. The prenatally exposed female offspring showed increased ovarian follicular atresia (SWARTZ W. and CORKERN M., 1992). BALL H. (1984) reported increased follicular atresia in exposed adult rats and MARTINEZ E. and SWARTZ W. (1992) reported in mice that MXC and oestradiol treatment produced increased lipid accumulation. In mice, exposed as neonatals, methoxychlor stimulated the development of the reproductive tracts and induced abnormalities suggestive of displasia at higher dosages (EROSCHENKO V. and COOKE P., 1990). MXC has also been shown to block the decidual cell response (CUMMINGS A. and GRAY L., 1989) and to accelerate embryo transport (CUMMINGS A. and PERREAULT S., 1990).

Work is currently underway in various laboratories characterizing the organ specific estrogenic activity of methoxychlor *in vivo* and *in vitro*, but much remains to be done regarding the mechanism of its effect on the ovary. An *in vitro* system such as ovarian follicle culture would be likely to provide added power to these studies. A follicle culture system has been developed by the author (NAYUDU P. and OSBORN S.M., 1992; NAYUDU P. et al., 1994, 1995) which supports growth from preantral stage through antral follicle growth and ovulation of mature oocytes. This system was the first to achieve this quality of growth, provides a simplified environment where the action of the metabolite chemical forms on specific target cells can be isolated, while maintaining the *in vivo* relationships of the somatic cells and the developing oocyte. The maintenance of the *in vivo* cell relationships also allows multiple endpoint evaluation and direct fertility testing by *in vitro* fertilization and embryo development.

In this controlled environment, stage specific alterations of development can be evaluated for individual follicles, first by histological and electron microscopic techniques and then using molecular probes and biochemical and histochemical methods to investigate altered cell function. This would be particularly interesting in terms of the mechanism of action of xenoestrogens. The perturbing action has been assumed to be only coupled with the oestrogenic or antioestrogenic actions of these substances. The parent form of methoxychlor is presumed to be inactive because it is not oestrogenic (KUPFER D. and BULGER W., 1987). Using the cultured intact follicle, it would be possible to investigate whether there is another mechanism of action on the ovary in addition to the binding of oestrogen receptors. It would also be possible to investigate the stage specific differential cellular response stimulated by oestrogen receptor binding of different forms of methoxychlor and to compare it to natural estradiol and its metabolite forms.

4. Ovarian Follicle Culture: A multi-endpoint in vitro method for studying the effect of toxins on the ovary

4.1. How follicle culture works and what we know so far

The culture of isolated mouse ovarian follicles was established as a successful system by NAYUDU and OSBORN (1992) and has since been used by the author (NAYUDU P. et al., 1994, 1995) and others to study various aspect of follicle development. It is a primary culture system utilising the natural organisation of cells which supports oocyte development. The culture in its present form supports the growth of mechanically isolated follicles from the peantral stage (150μm diameter) where the oocyte has completed the majority of its growth but the chromatin has not completed the condensation which is characteristic of meiotically competent oocytes (HARTSHORNE G. et al., 1994). In the presence of FSH, full antral development and chromatin condensation is achieved over 5 days of follicle culture, with oestrogen production increasing in relation to the size of the follicle.

The follicles are responsive to LH and can ovulate *in vitro* (BOLAND N. et al., 1993; NAYUDU P. et al., 1994) and the oocytes have been shown to have embryonic potential (SPEARS N. et al., 1994; NAYUDU P. et al., 1994). Different sources of FSH have been shown to have differential effects on follicle development (NAYUDU P. et al., 1995) establishing that the *in vitro* follicle is likely to be a sensitive test system for both stimulating and perturbing agents. The major disadvantages of this system are: that (1) the minimum follicle size which presently can be used does not include most of the oocyte growth phase and (2) since it is a primary cell culture and not a permanent cell line, follicles must be obtained from ovaries for each culture. The complementary culture systems which would tend to focus on the earlier stages of oocyte development, for example that developed by EPPIG and co-workers (EPPIG J. et al., 1992; EPPIG J. and WIGGLESWORTH K., 1995), may also be useful for the study of ovarian toxin effects, even though they do not allow maintenance of the intact follicle structure, and would allow a wider range of ovarian effects to be evaluated.

4.2. Cultured follicles as an indicator of in vivo effects of toxic chemicals

The interest of the author in the effects of toxic chemicals on ovary function originated from the veterinary treatment of the mice colony with the organophosphate insecticide, tetra-chlorvinfos (TCVP) (NAYUDU P. et al., 1994). There is no literature on the reproductive effects of this chemical, and very little on organophosphates in general. The treatment which was repeated over a number of weeks, resulted in eradication of the parasites, but shortly after the initiation of the treatment, the *in vitro* growth pattern of the ovarian follicles was drastically altered. The normal pattern of growth is linear, with the follicles growing intact until exposed to LH to induce ovulation of a mature oocyte with expanded cumulus. In the treated follicles, the growth trajectory was altered, with a slow/fast pattern ending in over 80% of the follicles spontaneously expelling the oocyte without surrounding cumulus cells between the 2nd and 4th days of the culture. These oocytes were immature and sometimes degenerated. The effect of TCVP on the follicle seemed to be primarily on the granulosa cells, which loose contact with each other and with the oocyte. Under these conditions the follicle organization is disturbed and follicular development can not proceed further *in vivo*, this would be expcted to have a drastic effect on fertility and on rate of ovarian depletion.

We are further investigating the effect of this chemical in controlled *in vivo* exposure trials on male and female mice, first on adults and then on juveniles to confirm the initial observations under controlled conditions. Preliminary analysis of treated adult mice suggests disturbance of both spermatogenesis in males and follicle growth in females. In addition the structure of the ovary appears to be altered, with the development of an appearance more similar to an aged ovary. If our findings are confirmed, this will be the first report of a negative reproductive effect by an organophosphate insecticide. The follicle culture will also provide the opportunity to determine whether the effect is through action as a cholinesterase inhibitor or through another pathway. Further, the application of TCVP *in vitro* to cultured follicles will make it possible to determine whether the effect is directly on the follicle unit or is mediated through another organ or through other cells of the ovary.

4.3. The use of follicle culture as a completely in vitro test system for ovarian toxins.

In order to evaluate the use of follicle culture as a completely *in vitro* test system for ovarian toxins, we are presently preparing experiments to test the effect of methoxychlor in follicle culture. This chemical and its metabolite forms have been chosen because there are one of the relatively well studied xenoestrogenic insecticides. Effects on the ovary have been reported, but there have not yet been critical studies of the mechanism of action and identification of target cells and follicle stages which are particularly vulnerable to this chemical. Our aim is two fold in these studies:

1. to validate mouse follicle culture as an *in vitro* test system for ovarian toxins and
2. to determine the target cells and most sensitive follicle stages for this chemical.

In order to achieve these objectives, dose response studies will be carried out using the parent form of methoxychlor and monohydroxymethoxychlor or monohydroxy-MDDE, two oestrogenic metabolites of methoxychlor. The applications will be made over different follicle development stages and for different time periods. Natural oestrogen and DES will be used as control substances. The effects will be evaluated initially using a multiple endpoint evaluation scheme including all 4 cell types, thecal, granulosa, cumulus and oocyte. The initial response characteristics which will be examined are follicle growth trajectory and high resolution light microscopic examination of cell organization and differentiation status. Electron microscopic evaluation of organelle and membrane ultrastructure and immunohistochemical and molecular evaluation will be carried out based on initial findings. HPLC analysis of secreted estrogens will also be carried out to investigate whether steroidogenic pathways are influenced by the treatment. Finally the biological normality of the follicle will be evaluated by its capacity to respond to LH by ovulation, and maturation status and health of the oocyte, and the capacity of the oocyte to undergo *in vitro* fertilization and embryo development.

In summary, studies in the author's laboratory using follicle culture to evaluate the effects of ovarian toxins are still in very early stages. However, the initial results suggest that follicle culture will become a useful *in vitro* system for this purpose and will enable the study of mechanisms of action on the isolated follicle unit over a range of developmental stages. A major advantage of the intact follicle unit as a test system is that all component cell types which support the development of the oocyte are present. In a simplified and controlled environment, this allows treatments where influence on *in vivo* fertility can be evaluated *in vitro* while maintaining a strong relationship to *in vivo* events.

Literature

APPEL R.J. and EROSCHENKO V.P., Passage of methoxychlor in milk and reproductive organs of nursing female mice; 1. Light and scanning electron microscopic observations, Reproductive Toxicology, 6, 223-231, 1992

AUGER J., KUNSTMANN J.M., CZYGLIK F., JOUANNET P., Decline in semen quality among fertile men in Paris during the past 20 years, New England Journal of Medicine, 332, 281-285, 1995

BAL H.P., Effect of methoxychlor on reproductive systems of the rat, Proceedings of the Society of Experimental Biology & Medicine, 176, 187-196, 1984

BOLAND N.I., HUMPHERSON P.G., LEESE H.J., GOSDEN R.G., Pattern of lactate production and steroidogenesis during growth and maturation of mouse ovarian follicles *in vitro*, Biology of reproduction 48, 798-806, 1993

CARLSON E., GIWERCMAN A., KEIDING N., SKAKKEBACK N.E., Evidence for decreasing quality of semen during past 50 years, British Medical Journal, 305, 609-613, 1992

CUMMINGS A.M. and GRAY L.E. JR., Antifertility effect of methoxychlor in female rats: sode- and time-dependent blockade of pregnancy, Toxicological Applied Pharmacology, 97, 454-462, 1989

CUMMINGS A.M. and PERREAULT, S.D., Methoxychlor accelerates embryo transport through the rat reproductive tract, Toxicological Applied Pharmacology, 102, 110-116, 1990

DAVIS D.L. und BRADLOW H.L., Verursachen Umwelt-Östrogene Brustkrebs? Spekttrum der Wissenschaft, 12, 38-44, 1995

EPPIG J.J., SCHROEDER A.C., O'BRIEN M.J., Developmental capacity of mouse oocytes matured *in vitro*: effects of gonadotrophic stimulation, follicular origin and oocyte size, Journal of Reproduction and Fertility, 95, 119-127, 1992

EPPIG J.J. and WIGGLESWORTH K., Factors affecting the developmental competence of mouse oocytes grown in vitro: Oxygen concentration, Molecular Reproduction and Development, 42, 447-456, 1995

EROSCHENKO V.P. and COOKE P.S., Morphological and biochemical alterations in reproductive tracts of neonatal female mice treated with the pesticide methoxychlor, Biology of Reproduction, 42, 573-583, 1990

HARTSHORNE G.M., SARGENT I.L., BARLOW D.H., Meiotic progression of mouse oocytes throughout follicle growth and ovulation in vitro, Human Reproduction, 9, 352-359, 1994

HUFF R.A., CORCORAN J.J., ANDERSON J.K., ABOU-DONIA M.B., Chlorpyrifos oxon binds directly to muscarinic receptors and inhibits cAMP accumulation in rat striatum, J. Pharmacology and Experimental Ther., 269, 329-335, 1994

KUPFER D. and BULGER W.H., Metabolic activation of pesticides with proestrogenic activity, Federation Proceedings, 46,1864-1869,1987

KOËTER H.B.W.M., Test guideline development and animal welfare: regulatory acceptance of *in vitro* studies, Reproductive Toxicology, 7,117-123, 1993

MABLY T.A., BJERKE D.L., MOORE R.W., GENDRON-FITZPATRICK A., PETERSON R.E., In utero and lactational exposure of male rats to 2,3,7,8-tetrachlorodibenzo-p-dioxin. 3. Effects on spermatogenesis and reproductive capability, Toxicological and Applied Pharmacology, 114,118-126, 1992

MARCUS M., SILBERGELD E., MATTISON D., A reproductive harzards reseearch agenda for the 1990's, Environmental Health Perspectives Supplements 101 (Suppl. 2), 175-180, 1993

MARTINEZ E.M. and SWARTZ W.J., Effects of methoxychlor on the reproductive system of the adult female mouse: 2. Ultrastructural observations, Reproductive Toxicology, 6, 93-98, 1992

MATTISON D.R., PLOWCHALK D.R., MEADOWS M.J., AL-JUBURI A.Z., GANDY J., MALEK A., Reproductive toxicity: Male and female reproductive systems as targets for chemical injury, Environmental Medicine, 74, 391-411, 1990

MORRELL J.M., GORE M.A., NAYUDU P.L., Retrospective observation of the effect of accidental exposure to organophosphates on the success of embryo transfer in mice, Laboratory Animal Science, 45, 437-440, 1995

NAYUDU P.L. and OSBORN S.M., Factors influencing the rate of preantral and antral growth of mouse ovarian follicles *in vitro,* Journal of Reproduction and Fertility, 95, 349-362, 1992

NAYUDU P.L., KIESEL P.S., NOWSHARI M.A., HODGES J.K., Abnormal *in vitro* development of ovarian follicles explanted from mice exposed to tetrachlorvinphos, Reproductive Toxicology, 8, 261-268, 1994

NAYUDU P.L., KIESEL P.S., DE LEEUW R., KLOOSTERBOER H.J., The effect of pituitary human FSH vs recombinant human FSH on growth, estradiol production and developmental normality of mouse follicles *in vitro,* Biology of Reproduction, 52, Suppl. 1, Abst. # 98, 81, 1995

RATTNER B.A., EROSCHENKO V.P., FOX G.A., FRY D.M., GORSLINE J., Avian Endocrine Responses to Environmental Pollutants, Journal of Experimental Zoology, 232, 683-689,1984

RIER S.E., MARTIN D.C., BOWMAN R.E., DMOWSKI W.P., BECKER J.L., Endometriosis in rhesus monkeys (Macaca mulatta) following chronic exposure to 2,3,7,8-tetrachlorodibenzo-p-dioxin, Fundamental and Applied Toxicology, 21, 433-441, 1994

SPEARS N., BOLAND N.I., MURRAY A.A., GOSDEN R.G., Mouse oocytes derived from *in vitro* grown primary ovarian follicles are fertile, Human Reproduction, 9, 527-532, 1994

STONE R., Environmental estrogens stir debate, Science, 265, 308-310, 1994

STONE R., Environmental toxicants under scrutiny at Baltimore meeting, Science, 267, 1770-1771, 1995

SWARTZ W.J. and CORKERN M., Effects of methoxychlor treatment of pregnant mice on female offspring of the treated and subsequent pregnancies, Reproductive Toxicology, 6, 431-437, 1992

Activation and Inactivation of Invasion-Suppressor Molecules: *In Vitro* Analysis

M. Mareel, S. Vermeulen, V. Noë, L. Van Hoorde, E. Bruyneel, F. Van Roy, M. Bracke

Summary

In vitro methods have shown that cancer invasion results from the balance of activation and inactivation of invasion-suppressor and invasion-promoter molecules. Such methods constitute micro-ecosystems that differ from one another mainly by their substrate for invasion, namely : components of the basement membrane; collagen type 1 gels; monolayers of different cell types; fragments of different organs. The E-cadherin/catenin complex is an invasion-suppressor complex, the function of which was well documented in experimental and clinical cancer. Loss of E-cadherin resulted in the expression of the invasive phenotype. In a human colon cancer cell line, round cell variants that were E-cadherin-positive, α-catenin-negative and invasive reproducibly emerged from epithelioid subclones that were E-cadherin-positive, α-catenin-positive and noninvasive. The E-cadherin/catenin complex was downregulated by synthetic decapeptides that are homologous or identical to the HAV region of the first extracellular domain of E-cadherin. Downregulation of the complex at its intracellular side occurs through tyrosine phosphorylation of β-catenin. Upregulation of the function of the complex with inhibition of invasion was demonstrated in variants of the human MCF-7 breast cancer cell family using *in vitro* methods.

Zusammenfassung

Aktivierung und Inaktivierung von Invasions-Suppressor-Molekülen: eine in vitro-Analyse

In vitro-Methoden haben aufgezeigt, daß Krebsinvasivität das Ergebnis eines gestörten Gleichgewichts zwischen Aktivierung bzw. Inaktivierung von Invasions-Suppressor- sowie Invasions-Promotor-Molekülen ist. Diese in vitro-Methoden verwenden Mikro-Ökosysteme, die sich hauptsächlich im Invasions-Substrat unterscheiden, z.B. Teile der Basalmembran, Kollagen Typ I Gele, einlagige Zellkulturen und Fragmente aus verschiedenen Organen. Der E-Kadherin/Katenin Komplex ist ein Invasionshemmer, dessen Funktion für experimentelle und klinische Krebsformen gut dokumentiert ist. Verlust von E-Kadherin führt zu hochinvasiven Phaenotypen. In einer menschlichen Kolonkrebs-Zelllinie finden sich runde Zellvarianten, die E-Kadherin positiv und α-Katenin negativ und invasiv sind. Diese Zellen entwickelten sich aus epitheloiden Subklonen, die E-Kadherin positiv, α-Katenin positiv und nicht-invasiv waren. Der E-Kadherin/Katenin Komplex wurde durch synthetische Dekapeptide vermindert, die homolog bzw. identisch zu der HAV Region der ersten extrazellulären Domäne von E-Kadherin waren. Eine Hemmung der Komplexbildung ist auch an der Membraninnenseite durch Typrosin-Phosphorylierung von β-Katenin möglich. Eine Förderung des Komplexes mit Hemmung der Invasivität wurde an menschlichen MCF-7 Brustkrebszellen durch in vitro-Invasionsstudien nachgewiesen.

1. Introduction

Metastasis with or without locoregional extension is responsible for therapeutic failure in most of the cancer deaths. Metastasis and locoregional extension are the consequences of cancer invasion, i.e. tissue occupation by the cancer cells (MAREEL M. et al., 1991). It is, therefore, quite obvious that invasion is the hallmark of cancer malignancy. Methods *in vitro* for the qualitative and quantitative analysis of invasion have been developed in a number of laboratories. Such models have contributed to our understanding of the cellular and molecular mechanisms of cancer invasion. We discuss here recent investigations into the mechanisms of action of the invasion-suppressor complex E-cadherin/catenin. This study is supported by the hope that understanding of these mechanisms may lead to the development of novel forms of treatment.

2. The *in vitro* analysis of invasion

The only real type of invasion occurs with natural tumors *in vivo*. The following are examples of results from *in vitro* assays that are relevant for invasion *in vivo*. The matrigel invasion assay developed by ALBINI A. et al. (1987) is commercially available and widely used for the investigation of interactions between invasive cells and extracellular matrix (GAETANO C. et al., 1994). Invasion into collagen type I gels (SCHOR S., 1980) has demonstrated the invasion-suppressor function of E-cadherin in human cell lines (WEIDNER K. et al., 1990). Monolayers of fibroblasts have first been used as a substrate for invasion of lymphoma cells (VERSCHUEREN H. et al., 1987). Using this technique HABETS C. et al. (1994) have isolated the novel invasion-promoter gene *Tiam1*. Confrontation of ovarian cancer cells with monolayers of mesothelium has pointed out the implication of integrin receptors in peritoneal implantation, a major factor of spreading of ovarian cancer (KISHIKAWA T. et al., 1995). Endothelial cell monolayers have played a major role in our understanding of adhesion and extravasation of cancer cells (LAURI D. et al., 1991). Our laboratory has developed confronting organ culture with embryonic chick heart for the qualitative and quantitative analysis of invasion (MAREEL M. et al., 1979; DE NEVE W. et al., 1985; BRACKE M. et al., 1994; SMOLLE J. et al., 1990).

3. The micro-ecosystem of invasion-promoters and invasion-suppressors

Invasion occurs within the frame of a micro-ecosystem in which there is a continuous cross-talk between the cancer cells and the host cells that together are forming the tumor. Invasion or noninvasion results from the balance of activation or inactivation of invasion-suppressor and invasion-promoter molecular complexes. These complexes are sensitive to up- and down-regulation at multiple levels. The role of the host cells is illustrated by the following *in vitro* experiment: When cells from a human colon cancer cell line were seeded on the upper side of a filter in a two-compartment culture chamber they formed an epithelium with a transepithelial electrical resistance (TER) of about 2,000 Ω x cm^2 (Fig. 1). Such a high TER value is suggestive for a polarized epithelium with a well organized junctional complex. Such organization indicates activation of invasion-suppressor complexes. Seeding on the lower side of the filter of myofibroblasts, isolated from rat colon cancer but not of fibroblasts isolated from normal human colon, prohibited the organisation of the epithelium (our unpublished results). These observations indicate that myofibroblasts destabilize the epithelium. They confirm previous experiments in which myofibroblasts were shown to stimulate invasion of subclones from a rat colon cancer cell line in three different invasion assays *in vitro* (DIMANCHE-BOITREL M. et al., 1994).

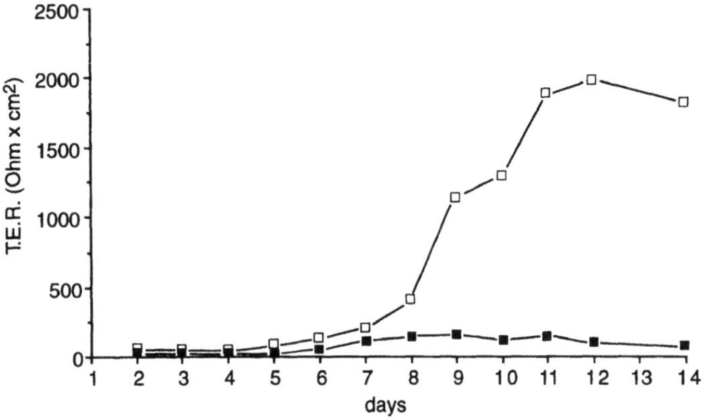

Fig. 1. Transepithelial electrical resistance (T.E.R., measured with a Millicell-ERS; Millipore, Bedford, MA) of human HCT-8/S11 colon cancer cells seeded on a tissue culture insert (pore size = 8 mm, Nunc) in a two-compartment chamber with or without myofibroblasts. 4 x 10^5 HCT-8/S11 cells were seeded on the upper side of the filter; 5 x 10^5 DHD-FIB cells (myofibroblasts isolated from a rat colon cancer cell line) were added to the the lower side of the filter (closed symbols) or not (open symbols). Ordinate, T.E.R. in Ohm x cm^2; abscissa, time of culture in days

4. The E-cadherin/catenin invasion suppressor complex

E-cadherin is a member of a large superfamily of calcium-dependent cell-cell adhesion molecules and forms a molecular complex with cytoplasmic proteins: ß- or γ-catenin, belonging to the *armadillo* family and possibly playing a pivotal role in signal transduction; $p120^{cas}$ also a member of the *armadillo* family and substrate of various tyrosine kinase molecules; α-catenin, belonging to the vinculin family and linking the transmembrane adhesion and signal-transducing molecules to the actin cytoskeleton.

E-cadherin mediates epithelial adhesion in the early embryo (COLLINS J. and FLEMMING T., 1995) and is responsible for basolateral organization of most embryonic and adult epithelia (EATON S. and SIMONS K., 1995).

When linked to its associated catenins, E-cadherin has been recognized as a powerful invasion-suppressor and this has been documented extensively in experimental as well as in human cancer (BEHRENS J. et al., 1989; VLEMINCKX K. et al., 1991; TAKEICHI M., 1993; MAREEL M. et al., 1994; BIRCHMEIER W. and BEHRENS J., 1994). In most types of human cancers disturbance of the E-cadherin/catenin complex corresponded to high grade of malignancy (low degree of differentiation), the latter being the major sign of aggressiveness and bad prognosis. Experimental evidence indicates that disturbance of the E-cadherin/catenin complex is the cause rather than the consequence of loss of differentiation and onset of invasion.

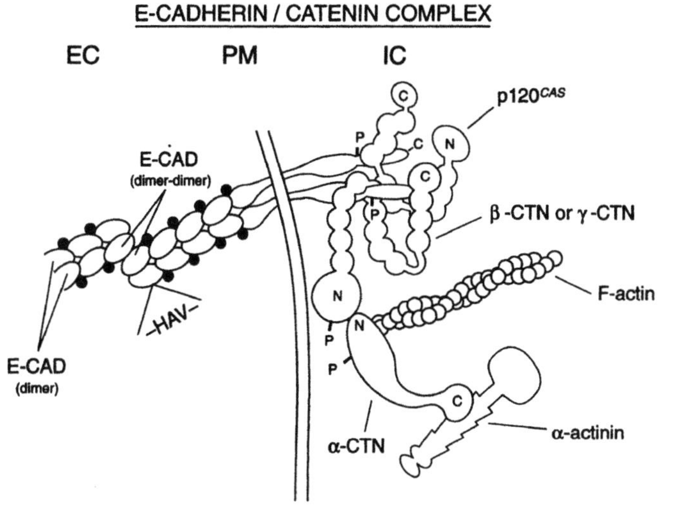

Fig. 2. **Schematic representation of the E-cadherin/catenin complexes**
EC, extracellular; PM, plasmamembrane; IC, intracellular; E-CAD, E-cadherin; α-CTN, α-catenin; ß-CTN, ß-catenin; γ-CTN, γ-catenin (identical to plakoglobin); p120^{cas}, cadherin-associated *src* substrate; N and C, respectively amino- and carboxyl-terminal residues; HAV, histidine-alanine-valine sequence, characteristic for the first extracellular domain of type 1 cadherins; P, phosphorylation site. Filled circles indicate the position of Ca^{2+} ions at the cell surface proximal end of cadherin protomers. Tandemly repeated blebs in ß-catenin, p120^{cas} and APC indicate ARM (armadillo) domains in the respective molecules. The schema is in accordance with data from ABERLE H. et al. (1994), HÜLSKEN J. et al. (1994); NÄTHKE I. et al. (1994), SHAPIRO L. et al. (1995), RIMM D. et al. (1995), KNUDSEN K. et al. (1995) and JOU T.-S. et al. (1995)

5. Reproducible loss of α-catenin in a human colon cancer cell line

Originally, the role of the E-cadherin/catenin complex in invasion appeared from families of cultured cell lines in which E-cadherin-negative variants were invasive whereas their E-cadherin-positive counterparts were not (FRIXEN U. et al., 1991). Invasive E-cadherin-negative variants were made noninvasive after succesful transfection with an exogenous E-cadherin cDNA (VLEMINCKX K. et al., 1991). More recently, invasion of E-cadherin-positive cells was shown to be due to deficiencies in α-catenin (MORTON R. et al., 1993).

Multiple α-catenin-negative variants were isolated from the human colon cancer cell lines HCT-8 and DLD-1 (VERMEULEN S. et al., 1995a). Both cell lines seem to have the same genetic background as evidenced by genetic fingerprinting (our unpublished results in collaboration with E. VAN DEN EECKHOUT and F. NOLLET). Therefore, it is interesting to mention that our efforts to isolate α-catenin-negative variants from other human colon cancer cell lines failed so far. On solid tissue culture substrate the α-catenin-negative variants showed a round morphotype in contrast with their parents that were epithelioid. This change in morphotype facilitated the isolation of R variants from S cultures (S, because of smooth-edged colony formation). R and S variants differed from one another in a number of other *in vitro* assays used to evaluate the function of the E-cadherin/catenin complex. R and S variants formed, respectively, dispersed and compact colonies in collagen type I after 14 days, and multicellular spheroids versus loose clusters in 1-day old suspension culture. S variants aggregated within

30 minutes in a Ca^{2+}-dependent and E-cadherin-specific assay, whereas R variants scored negative in this assay. S variants formed an epithelioid layer around chick heart fragments in organ culture, whereas R variants remained unorganized and did invade the heart tissue. Immunoprecipitation with antibodies against E-cadherin or against ß-catenin, as well as Western blots immunostained with an antibody against α-catenin showed absence of the α-catenin protein. We are currently investigating at which level the protein is downregulated.

One intriguing aspect of this *in vitro* transition from the noninvasive to the invasive state is the fact that it is very reproducible. Indeed, R variants were regularly cloned or harvested from clonal S type cultures (Fig. 3).

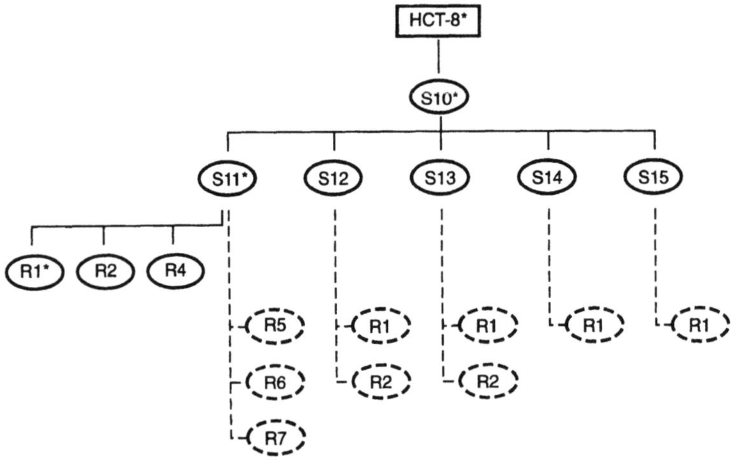

Fig. 3. Isolation of R (round cell;· α-catenin-negative) variants from HCT-8/S (S, forming smooth-edged epithelioid colonies; α-catenin-postive) clones from the human colon cancer cell line HCT-8. Cell lines were isolated through seeding at clonal density (solid circles) or through 2 to 3 rounds of harvesting from the conditioned medium of superconfluent cultures (dashed circles) (published by VERMEULEN S. et al. (1995a)

6. Downregulation of the E-cadherin/catenin complex at the extracellular side

Homophilic interaction with another E-cadherin molecule on a neighbouring homotypic (of the same type) cell is the major extracellular association of the E-cadherin/catenin complex. Besides homophilic homotypic interactions, homophilic heterotypic (TANG A. et al., 1993) and heterophilic heterotypic (CEPEK K. et al., 1994) interactions have been demonstrated. Cadherins are characterized by a sequence motif which is tandemly repeated in their extracellular segments. The crystallographic study of the first extracellular cadherin repeat has provided a model for understanding the homophilic interaction between cadherins (SHAPIRO L. et al., 1995). The structure of this first repeat revealed a strand-dimer interface, linking two neighbouring cadherins on the same cell, besides an adhesion dimer interface, linking cadherin dimers of neighbouring cells (see Fig. 2). The adhesion dimer interface engages the HAV (histidine-alanine-valine) sequence. The combination of these interfaces results in an adhesion zipper that is in agreement with previous molecular and ultrastructural observations. These new data may help to explain regulation of the complex through soluble factors that may bind to the extracellular domain of E-cadherin. BLASCHUK O. et al. (1990) showed that synthetic decapeptides, containing the HAV sequence, may inhibit cadherin-mediated activities. Their interpretation was that the tripeptide HAV is a component of a cadherin cell adhesion recognition sequence and this is now confirmed by the recent crystallographic data. Decapeptides, identical or very similar to the HAV containing extracellular domain of E-cadherin influence E-cadherin functions. Inhibition of the invasion-suppressor function of E-cadherin by specific decapeptides was demonstrated using dog MDCK cells transformed by the temperature-sensitive mutant of the *src* oncogene (our unpublished results). MDCKts.*src* cells were invasive *in vitro* at 34°C, a temperature permissive for the tyrosine kinase activity of $pp60^{src}$ but not at the non-permissive temperature of 40°C (BEHRENS J. et al., 1993). At 40°C, invasion could be induced by addition of a decapeptide specific for human E-cadherin but not for human N-cadherin (Fig. 4), suggesting that cadherin subtypes have unique binding specificities. Human and dog E-cadherin differ only by one amino acid in the HAV flanking sequence. A new extracellular superoxide dismutase (EC-SOD), isolated from a rat glioma cell line, has a unique HAV motif without homology to any cadherin in the HAV-flanking regions. A synthetic HAV-containing decapeptide homologous to the amino acid sequence (^{44}R-Q^{53}) in the EC-SOD, as well as the entire protein inhibited the cadherin-specific fast aggregation of cells expressing N-cadherin but not of cells expressing E-cadherin (WILLEMS J. et al., 1995).

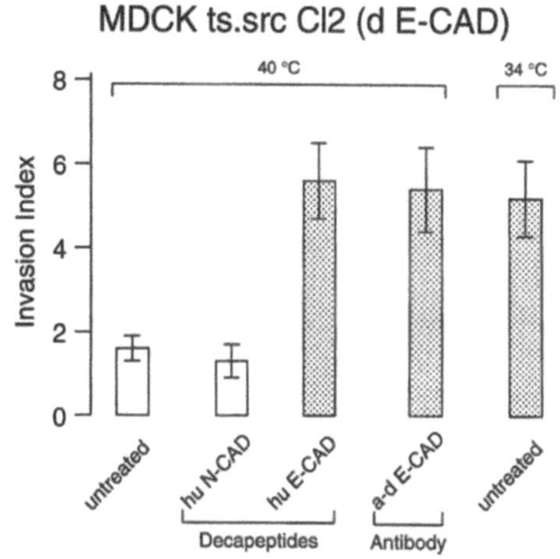

Fig. 4. Invasion of MDCK cells transformed with the temperature-sensitive mutant of the *src* ocogene (MDCKts.*src*Cl2) into collagen type 1 at the permissive (34°C) and the non-permissive (40°C) temperature for the viral oncogene kinase activity. The following decapeptides were added at a concentration of 200µg/ml : NH2-LRAHAVDING (hu N-CAD); NH2-LFSHAVSSNG (hu E-CAD). a-dE-CAD indicates antibody DECMA-1 against E-cadherin added at a dilution of 1:500. Invasion index : number of cells invaded into the collagen gel after 24 hours over total number of cells (on top of the gel + invaded) counted in 15 microscopic fields

7. Downregulation of the E-cadherin/catenin complex at the intracellular side

Kinases and phosphatases with tyrosine and serine/threonine specificities control reversible phosphorylation of proteins (HUNTER T., 1995). Phosphorylation is a frequent mechanism of posttranslational regulation of proteins and this also holds for the E-cadherin/catenin complex (STAPPERT J. and KEMLER R., 1994). For example, activation of the *src* oncogene leads to tyrosine phosphorylation of β-catenin, downregulation of the function of the complex and invasion (BEHRENS J. et al., 1993). It is interesting to note that the phosphatase PTPµ is associated with the E-cadherin/catenin complex in mink MvLu lung cells (BRADNY-KALNAY S. et al., 1995).

It is the opinion of TAKEICHI M. (1993) that tyrosine phosphorylation hinders E-cadherin-dependent functions because it interferes with lateral coaggregation of the molecule within the plane of the plasma membrane.

8. Upregulation of a dysfunctional E-cadherin/catenin complex

That the E-cadherin/catenin complex might serve as a target for therapy was demonstrated by *in vitro* experiments with a variant from the human MCF-7 breast cancer cell family. Insulin-like growth factor-I (IGF-I), retinoic acid, tangeretin and tamoxifen were shown to upregulate the functions of the E-cadherin/catenin complex including inhibition of invasion in MCF-7/6 cells (BRACKE M. et al., 1991; BRACKE M. et al., 1993; VERMEULEN S. et al., 1995b). IGF-I stimulated E-cadherin-specific fast aggregation within 10 minutes and this activity was not dependent upon *de novo* protein synthesis. Addition of IGF-I caused tyrosine phosphorylation of the IGF-I receptor within a few minutes but changes in phosphorylation of the E-cadherin/catenin complex could not be demonstrated (VERMEULEN S. et al., 1995c). At antiinvasive concentrations, IGF-I stimulated growth of the cancer cells, confirming its role as a growth factor. Tamoxifen is more attractive as a drug than IGF-I because it inhibits growth and is already used in the clinic on a very large scale. Like IGF-I, but through a different mechanism of action, tamoxifen also inhibited invasion of MCF-7/6 cells in an E-cadherin-dependent way (BRACKE M. et al., 1994). Similar effects were also found with all-*trans* - retinoic acid and with the citrus flavonoid tangeretin. This opens perspectives for combinatorial treatments following both antiinvasive and preventive strategies.

9. Conclusion

Assays *in vitro* have largely contributed to our understanding of the molecular mechanisms of cancer invasion. They have provided compelling evidence for the invasion-suppressor role of the E-cadherin/catenin complex. These experiments have permitted to go from cell and organ culture observations to the analysis of human biopsies without the need for laboratory animals. Although experimental animal work remains so far necessary for some aspects of invasion and metastasis research, our present experiments illustrate the possibility to substitute a large part of the animal experiments by *in vitro* methods.

Acknowledgments

Our work is supported by the Belgian NFWO, the Belgian Cancer Association, the ASLK-VIVA, Brussels, the GOA of the RUG, the Effel Prize, and the Sport Vereniging tegen Kanker, Brussels. FRANS VAN ROY is Research Director with the Belgian N.F.W.O. The authors thank LIEVE BAEKE, GEORGES DE BRUYNE, JEAN ROELS, KRIST'L VENNEKENS and ARLETTE VERSPEELT for their contributions to the unpublished experiments and to the preparation of the manuscript.

References

ABERLE H., BUTZ S., STAPPERT J., WEISSIG H., KEMLE, R., HOSCHUETZKY H., Assembly of the cadherin-catenin complex *in vitro* with recombinant proteins, Journal of Cell Science, 107, 3655-3663, 1994

ALBINI A., IWAMOTO Y., KLEINMAN H.K., MARTIN G.R., AARONSON S.A., KOZLOWSKI J.M., MCEWAN R.N., A rapid *in vitro* assay for quantitating the invasive potential of tumor cells, Cancer Research, 47, 3239-3245, 1987

BEHRENS J., MAREEL M.M., VAN ROY F.M., BIRCHMEIER W., Dissecting tumor cell invasion: epithelial cells acquire invasive properties following the loss of uvomorulin-mediated cell-cell adhesion, Journal of Cell Biology, 108, 2435-2447, 1989

BEHRENS J., VAKAET L., FRIIS R., WINTERHAGER E., VAN ROY F., MAREEL M.M., BIRCHMEIER W., Loss of epithelial morphotype and gain of invasiveness correlates with tyrosine phosphorylation of the E-cadherin/ß-catenin complex in cells transformed with a temperature-sensitive v-*src* gene, Journal of Cell Biology, 120, 757-766, 1993

BIRCHMEIER W. and BEHRENS J., Cadherin expression in carcinomas: role in the formation of cell junctions and the prevention of invasiveness, Biochimica et Biophysica Acta, 1198, 11-26, 1994

BLASCHUK O.W., SULLIVAN R., DAVID S., POULIOT Y., Identification of a cadherin cell adhesion recognition sequence, Developmental Biology, 139, 227-229, 1990

BRACKE M.E. and MAREEL M.M., Invasion assay using embryonic chick heart, in: DOYLE A., GRIFFITHS J.B., NEWELL D.G. (eds.), Cell & Tissue Culture: Laboratory Procedures, Chicester: John Wiley & Sons, 5A:4, 1-16, 1994

BRACKE M.E., VAN LAREBEKE N.A., VYNCKE B.M., MAREEL M.M., Retinoic acid modulates both invasion and plasma membrane ruffling of MCF-7 human mammary carcinoma cells *in vitro*, British Journal of Cancer, 63, 867-872, 1991

BRACKE M.E., VYNCKE B.M., BRUYNEEL E.A., VERMEULEN S.J., DE BRUYNE G.K., VAN LAREBEKE N.A., VLEMINCKX K., VAN ROY F.M., MAREEL M.M., Insulin-like growth factor I activates the invasion suppressor function of E-cadherin in MCF-7 human mammary carcinoma cells *in vitro*, British Journal of Cancer, 68, 282-289, 1993

BRACKE M.E., CHARLIER C., BRUYNEEL E.A., LABIT C., MAREEL M.M., CASTRONOVO V., Tamoxifen restores the E-cadherin function in human breast cancer MCF-7/6 cells and suppresses their invasive phenotype, Cancer Research, 54, 4607-4609, 1994

BRADY-KALNAY S.M., RIMM D.L., TONKS N.K., Receptor protein tyrosine phosphatase PTPμ associates with cadherins and catenins *in vivo*, Journal of Cell Biology, 130, 977-986, 1995

CEPEK K.L., SHAW S.K., PARKER C.M., RUSSELL G.J., MORROW J.S., RIMM D.L., BRENNER M.B., Adhesion between epithelial cells and T lymphocytes mediated by E-cadherin and the αEß7 integrin, Nature, 372, 190-193, 1994

COLLINS J.E. and FLEMING T.P., Epithelial differentiation in the mouse preimplantation embryo: making adhesive cell contacts for the first time, Trends in Biochemical Sciences, 20, 307-312, 1995

DE NEVE W.J., STORME G.A., DE BRUYNE G.K., MAREEL M.M., An image analysis system for the quantitation of invasion *in vitro*, Clinical and Experimental Metastasis, 3, 87-101, 1985

DIMANCHE-BOITREL M.T., VAKAET L.JR., PUJUGUET P., CHAUFFERT B., MARTIN M.S., HAMMANN A., VAN ROY F., MAREEL M., MARTIN F., *In vivo* and *in vitro* invasiveness of a rat colon cancer cell line maintaining E-cadherin expression. An enhancing role of tumor-associated myofibroblasts, International Journal of Cancer, 56, 512-521, 1994

EATON S. and SIMONS K., Apical, basal, and lateral cues for epithelial polarization, Cell, 82, 5-8, 1995

FRIXEN U.H., BEHRENS J., SACHS M., EBERLE G., VOSS B., WARDA A., LÖCHNER D., BIRCHMEIER W., E-cadherin-mediated cell-cell adhesion prevents invasiveness of human carcinoma cells, Journal of Cell Biology, 113, 173-185, 1991

GAETANO C., MELCHIORI A., ALBINI A., BENELLI R., FALCIONI R., MODESTI A., MODICA A., SCARPA S., SACCHI A., Retinoic acid negatively regulates ß4 integrin expression and suppresses the malignant phenotype in a Lewis lung carcinoma cell line, Clinical and Experimental Metastasis, 12, 63-72, 1994

HABETS G.G.M., SCHOLTES E.H.M., ZUYDGEEST D., VAN DER KAMMEN R.A., STAM J.C., BERNS A., COLLARD J.G., Identification of an invasion-inducing gene, *Tiam-1*, that encodes a protein with homology to GDP-GTP exchangers for Rho-like proteins, Cell, 77, 537-549, 1994

HÜLSKEN J., BIRCHMEIER W., BEHRENS J., E-cadherin and APC compete for the interaction with ß-catenin and the cytoskeleton, Journal of Cell Biology, 127, 2061-2069, 1994

HUNTER T., Protein kinases and phosphatases: the yin and yang of protein phosphorylation and signaling, Cell, 80, 225-236, 1995

JOU T.-S., STEWART D.B., STAPPERT J., NELSON W.J., MARRS J.A., Genetic and biochemical dissection of protein linkages in the cadherin-catenin complex, Proceedings of the National Academy of Sciences of the United States of America, 92, 5067-5071, 1995

KISHIKAWA T., SAKAMOTO M., INO Y., KUBUSHIRO K., NOZAWA S., HIROHASHI S., Two distinct patterns of peritoneal involvement shown by *in vitro* and *in vivo* ovarian cancer dissemination models, Invasion and Metastasis, 15, 11-21, 1995

KNUDSEN K.A., PERALTA SOLER A., JOHNSON K.R., WHEELOCK M.J., Interaction of α-actinin with the cadherin/catenin cell-cell adhesion complex via α-catenin, Journal of Cell Biology, 130, 65-77, 1995

LAURI D., MARTIN-PADURA I., BIONDELLI T., ROSSI G., BERNASCONI S., GIAVAZZI R., PASSERINI F., VAN HINSBERGH V., DEJANA E., Role of ß 1 integrins in tumor cell adhesion to cultured human endothelial cells, Laboratory Investigation, 65, 525-531, 1991

MAREEL M., KINT J., MEYVISCH C., Methods of study of the invasion of malignant C3H mouse fibroblasts into embryonic chick heart *in vitro*, Virchows Archiv [B] Cell Pathology, 30, 95-111, 1979

MAREEL M.M., DE BAETSELIER P., VAN ROY F.M., Mechanisms of Invasion and Metastasis. CRC Press, Boca Raton, Ann Arbor, Boston, ISBN 0-8493-6254-7, 1991

MAREEL M., VLEMINCKX K., VERMEULEN S., YAN G., BRACKE M., VAN ROY F., Downregulation *in vivo* of the invasion-suppressor molecule E-cadherin in experimental and clinical cancer, in: Hirohashi S., MOSES H.L., RUOSLAHTI E., SUGIMURA T., TAKEICHI M., TERADA M. (eds), Molecular and cellular basis for cell to cell interaction: its significance in cancer, Proceedings of the 24th International Symposium of the Princess Takamatsu Cancer Research Fund, Princeton, New Jersey: The Princeton Scientific Publishing Co. Inc., USA, 63-80, 1994

MORTON R.A., EWING C.M., NAGAFUCHI A., TSUKITA S., ISAACS W.B., Reduction of E-cadherin levels and deletion of the α-catenin gene in human prostate cancer cells, Cancer Research, 53, 3585-3590, 1993

NÄTHKE I.S., HINCK L., SWEDLOW J.R., PAPKOFF J., NELSON W.J., Defining interactions and distributions of cadherin and catenin complexes in polarized epithelial cells, Journal of Cell Biology, 125, 1341-1352, 1994

RIMM D.L., KOSLOV E.R., KEBRINEI P., MORROW J.S., α-Catenin binds to both actin and ß-catenin: potential linkage of the cadherin complex to the cytoskeleton, Journal of Biocellular Biochemistry, 19B, 138-, 1995

SCHOR S.L., Cell proliferation and migration on collagen substrata *in vitro*, Journal of Cell Science, 41, 159-175, 1980

SHAPIRO L., FANNON A.M., KWONG P.D., THOMPSON A., LEHMANN M.S., GRÜBEL G., LEGRAND J.F., ALS-NIELSEN J., COLMAN D.R., HENDRICKSON W.A., Structural basis of cell-cell adhesion by cadherins, Nature, 374, 327-337, 1995

SMOLLE J., HELIGE C., SOYER H.-P., HOEDL S., POPPER H., STETTNER H., KERL H., TRITTHART H.A., KRESBACH H., Quantitative evaluation of melanoma cell invasion in three-dimensional confrontation cultures *in vitro* using automated image analysis, Journal of Investigative Dermatology, 94, 114-119, 1990

STAPPERT J. and KEMLER R., A short core region of E-cadherin is essential for catenin binding and is highly phosphorylated, Cell Adhesion and Communication, 2, 319-327, 1994

TAKEICHI M., Cadherin cell adhesion receptors as a morphogenetic regulator, Science, 251, 1451-1455, 1991

TANG A., AMAGAI M., GRANGER L.G., STANLEY J.R., UDEY M.C., Adhesion of epidermal Langerhans cells to keratinocytes mediated by E-cadherin, Nature, 361, 82-85, 1993

VERMEULEN S.J., BRUYNEEL E.A., BRACKE M.E., DE BRUYNE G.K., VENNEKENS K.M., VLEMINCKX K.L., BERX G.J., VAN ROY F.M., MAREEL M., Transition from the noninvasive to the invasive phenotype and loss of α-catenin in human colon cancer cells, Cancer Research, 1995a

VERMEULEN S.J., BRUYNEEL E.A., VAN ROY F.M., MAREEL M.M., BRACKE M.E., Activation of the E-cadherin/catenin complex in human MCF-7 breast cancer cells by all-trans-retinoic acid, British Journal of Cancer, 1995b

VERMEULEN S., VAN MARCK V., VAN HOORDE L., VAN ROY F., BRACKE M., MAREEL M., Regulation of the invasion suppressor function of the cadherin/catenin complex, Pathology Update, 1995c

VERSCHUEREN H., DEKEGEL D., DE BAETSELIER P., Development of a monolayer invasion assay for the discrimination and isolation of metastatic lymphoma cells, Invasion and Metastasis, 7, 1-15, 1987

VLEMINCKX K., VAKAET L. JR, MAREEL M., FIERS W., VAN ROY F., Genetic manipulation of E-cadherin expression by epithelial tumor cells reveals an invasion suppressor role, Cell, 66, 107-119, 1991

WEIDNER K.M., BEHRENS J., VANDEKERCKHOVE J., BIRCHMEIER W., Scatter factor: molecular characteristics and effect on the invasiveness of epithelial cells, Journal of Cell Biology, 111, 2097-2108, 1990

WILLEMS J., BRUYNEEL E., NOË V., SLEGERS H., ZWIJSEN A., MÈGE R.-M., MAREEL M., Cadherin-dependent cell aggregation is affected by decapeptide derived from rat extracellular super-oxide dismutase, FEBS Letters, 363, 289-292, 1995

Ersatz von Aroclor induziertem Rattenleber S9-Mix durch Sandwichkulturen primärer Hepatozyten in HGPRT Tests

A. Bader, A. Steinkamp, N. Frühauf, V. Lopez, R. Fahrig, K.-Fr. Sewing

Zusammenfassung

Mikrosomale Präparationen (S9-Mix) werden durch Aroclor-Induktion der Rattenleber in vivo gewonnen. Das ist für das Tier eine schmerzhafte Methode und kann zu schweren Leberschäden führen. Mikrosomale Präparationen generieren Metaboliten anders als primäre Hepatozyten, die ein vollständigeres und realitätsnäheres Muster produzieren. Die Verwendung primärer Hepatozyten als Aktivierungssystem könnte die prädiktive Verläßlichkeit solcher Mutagenitätstests steigern. Wir konnten schon früher zeigen, daß organotypische Kulturen primärer Hepatozyten durch Wiederherstellung der Zellpolarität in vitro Cytochrom P450-abhängige Stoffwechselaktivität aufrecht erhalten. Wir haben daher ein funktionell stabiles Cokulturmodell zwischen primären Hepatozyten in Sandwich-Kultur und V79-Zellen als Screeningmodell für die Mutagenitätsprüfung chemischer Bestandteile verwendet. Dieses Modell bedarf keiner Verwendung von Tieren. Es kann erfolgreich unter Verwendung primärer humaner Hepatozyten eingesetzt werden.

Summary

Replacement of Aroclor induced rat liver S9 mix by sandwich cultures of primary hepatocytes in HGPRT tests

Microsomal preparations (S9-Mix) are prepared by Aroclor induction of the in vivo rat liver. This is a painful method for the animal resulting eventually in severe damage to the liver. Microsomal preparations generate metabolites in a different pattern than primary hepatocytes, which produce a more complete and in vivo-like pattern. The use of primary hepatocytes as an activating system could increase the predictive reliability of such mutagenicity assays. We have previously shown that organotypical cultures of primary hepatocytes maintain cytochrome P450 dependent metabolic activity in culture by reestablishing cellular polarity. We therefore used a functionally stable coculture model between primary hepatocytes in sandwich culture and V79 cells as a screening model to assess mutagenicity of chemical compounds. This model does not depend upon the use of animals since it can be used successfully with primary human hepatocytes.

1. Hintergrund

Die Durchführung einer Risikoabschätzung von Fremdstoffen ist eine der vornehmsten Aufgaben der modernen Toxikologie. Dies betrifft auch die prädiktive Beurteilung von Wirkstoffen in der Arzneimittelentwicklung hinsichtlich ihres mutagenen Potentials beim Menschen. Mutationen in Körperzellen können Krebs verursachen. Der Schutz des Menschen vor genotoxischen Einflüssen durch Arzneimittel erfolgt vorrangig durch Identifizierung dieser für den Menschen potentiell kanzerogen wirkenden Substanzen in sogenannten in vitro-Genotoxizitätstests. Eingeschränkt wird die Bedeutung dieser Tests aber dadurch, daß in den in vitro-Testsystemen der Stoffwechsel des Menschen nur unzulänglich berücksichtigt wird. Eine besondere Gefährdung geht somit von Substanzen aus, die erst nach einer Metabolisierung im menschlichen Organismus in ihre mutagen wirkende Form überführt werden. Problematisch sind weiterhin Substanzen, die bei geringen Wirkkonzentrationen längerfristig einwirken müssen, um mutagen wirken zu können. Für eine Verhinderung von Krebserkrankungen durch Arzneimittelgabe beim Menschen bedarf es jedoch der frühzeitigen exakten Kenntnis und Identifizierung mutagen wirkender Substanzen. Nur der Nachweis der Gefährdung des Menschen durch eine spezielle mutagen wirkende Substanz eröffnet die Möglichkeit, diese Substanz zu vermeiden.

2. HGPRT-Test und Aktivierung durch S9-Mix

Genmutationen wird nach wie vor eine entscheidende Rolle bei der Krebsentstehung zugestanden. Für einige Onkogene wurde z.B. die Aktivierung durch eine einzige Genmutation nachgewiesen. Wenn es auch nicht möglich ist, die für die Transformation entscheidende, durch ein Karzinogen induzierte Mutation zu erfassen, so können jedoch stellvertretend hierfür Mutationen an gut untersuchten Genloci erfaßt werden: Hierfür wird üblicherweise der sogenannte HGPRT-Test in Kombination mit einem S9-Mix verwendet. HGPRT (Hypoxanthin-Guanin Phosphoribosyl Transferase) ist ein Enzym, dessen Gen auf dem X-Chromosom lokalisiert ist. Das Enzym katalysiert im Purinstoffwechsel den Umbau von Hypoxanthin und Guanin zu ihren entsprechenden Nucleosiden und in Verbindung mit Phosphoribosyl-Pyrophosphat zu Nucleosid-5-Monophosphaten. Purinanaloge, wie 6-Mercaptopurin, 6-Thioguanin oder 8-Azaguanin, werden ebenfalls durch HGPRT im Purinstoffwechsel metabolisiert; diese Substanzen haben jedoch zytotoxische Wirkungen, so daß die daraus gebildeten Nucleoside den Zelltod bewirken. In einer Zellkultur kommt es nun zu spontanen Mutationen, die u.a. das HGPRT-Gen betreffen, so daß diese Zellen das Enzym nicht bilden können. Daher wachsen diese Mutanten auch in einem Medium, das Purinanaloge enthält, während Zellen mit normalem HGPRT-Gehalt darin absterben. Die Mutationsrate wird durch mutagene Substanzen mit unterschiedlichen Mechanismen (z.B. Basenpaar-Substitution, Leserasteränderungen, Chromosomenaberrationen) erhöht, so daß die Anzahl überlebender Zellen in einem entsprechenden Medium ein Maß für die mutagene Wirksamkeit von Substanzen ist (FAHRIG R., 1993). Der HGPRT-Test wird folgendermaßen durchgeführt: Eine festgelegte Zahl von Zellen der zu untersuchenden Zellinie wird für eine bestimmte Zeit unterschiedlichen Konzentrationen eines der beiden ausgewählten Mutagene ausgesetzt. Nach Entfernung dieser mutagenen Substanz wird ein 6-Thioguanin oder 8-Azaguanin enthaltendes Medium zugegeben, das nur den mutierten Zellen ein weiteres Wachstum gestattet. Die Expressionszeit für die Purinanalog-resistenten Zellen beträgt etwa 4-7 Tage. Danach werden die Mutanten-Kolonien gezählt. Die Substanzen werden ohne und mit metabolischer Aktivierung geprüft. Die Metabolisierung im Menschen wird bisher durch die Verwendung von sogenanntem S9-Mix simuliert (FAHRIG R., 1993). Dieser besteht aus der Mikrosomenfraktion einer in vivo mit Aroclor induzierten

Rattenleber und ist angereichert mit Enzymen, welche die Aktivierung indirekter Kanzerogene verstärken sollen. Die Verwendung dieser S9-Fraktion für humanbezogene Studien ist problematisch, da bekannt ist, daß erhebliche Unterschiede im Muster der Metabolitenentstehung zwischen Mensch und Ratte bestehen. Alle Substanzen, deren aktive Form nur nach Metabolisierung in einem menschlichen Stoffwechselsystem entstehen kann, können bei Verwendung eines S9-Mix nicht ermittelt werden. Dies kann potentiell zu einer falsch positiven als auch falsch negativen Beurteilung z.B. von neuentwickelten Arzneimitteln führen.

3. Aktivierung durch primäre Sandwichhepatozyten

Ein auf den Menschen zugeschnittenes in vitro-Aktivierungssystem sollte folgende Anforderungen erfüllen:

a) Komplette Metabolisierungsfähigkeit Phase I und Phase II
b) Berücksichtigung des humanen Stoffwechsels
c) Stabilität des Testsystems
d) Kombinationsmöglichkeit mit einer beliebigen Zielzelle (target cells).

Als Alternative kann anstatt des S9-Mix ein konventionelles Cokulturverfahren zwischen primären Hepatozyten und V79-Zellen verwendet werden. Das ungelöste Problem aller bisherigen Cokulturverfahren ist jedoch der sofort einsetzende Funktionsverlust der Hepatozyten in Kultur. So verlieren konventionell kultivierte Zellen wesentliche Anteile ihres Cytochrom P450 Gehalts innerhalb weniger Tage. Die Kulturkonfiguration in herkömmlichen Systemen besteht aus einem Hepatozytenmonolayer unter Anhaftung auf einer Seite an Plastik oder eine proteinhaltige, extrazelluläre Matrix. Diese Standardkonfiguration entspricht nicht der in vivo-Situation. Hepatozyten adhärieren in vivo mit beiden, einander gegenüberliegenden, sinusoidalen Oberflächen an extrazelluläre Matrix, dem sogenannten Disseschen Spaltraum. Die dreidimensionale in vivo- Geometrie der extrazellulären Matrix der Hepatozyten kann durch Kultivierung der Leberzellen innerhalb eines Kollagensandwiches nachgeahmt werden. Dies basiert auf der Erkenntnis, daß nicht nur die Art der Zusammensetzung der extrazellulären Matrix, sondern vor allem die Lokalisation der Matrix relativ zur Zelle in lebertypischer Weise eine organentsprechende Differenzierung der Hepatozyten in vitro ermöglicht. Die nur einseitige Verwendung einer Matrix ermöglicht keine polarisierte Verankerung der Hepatozyten und führt neben einer durch die Kulturbedingungen negativ beeinflußten Zellform zu kontinuierlichen Funktionsverlusten.

Unmittelbar nach der Zellisolation befinden sich Hepatozyten allgemein noch in einem traumatisierten Zustand. In dem Sandwichsystem tritt eine Erholungsphase ein, die in eine Anpassungsphase an die in vitro-Umgebung übergeht. In Abhängigkeit vom verwendeten Kulturmedium kommt es hierbei zu einem verschieden schnellen Anstieg und zu einer Stabilisierung der Albuminsekretionsrate auf ein in vivo-artiges Niveau (ca. 5-6pg/h/Zelle bei einem Ausgangswert von ca. 0,5-1pg/h/Zelle). Wie lichtmikroskopische Aufnahmen vertikaler Schnitte der Kultursysteme gezeigt haben, kommt es in konventionellen Systemen nicht zur Ausbildung der typischen polygonalen Zellform. Die Zellen flachen ab und bilden längliche zelluläre Ausläufer. Sie sind nicht zur Ausbildung normaler interzellulärer Kontakte und Gallenkanalikuli befähigt. Die Zellen sind ultrastrukturell intakt und besitzen normal konfigurierte Organellen. Wegen der polygonalen Zellform können die Zellen großflächige Zellkontakte ausbilden. Die Hepatozyten im Sandwichsystem treten wie in vivo über ihre apikalen Seiten in Kontakt und sind mittels „tight junctions“ verbunden. Mittels dieser „tight junctions“ werden schon innerhalb von 48h neugebildete interzelluläre Gallenkanalikuli umschlossen (KNOP et al., 1995).

Die Fähigkeit zur Autoregulation wurde durch Stimulierung der Zellen am 16. Tag in Kultur mit IL-6, IL-1b und TNFα getestet (BADER et al., 1992). Die Stimulation der Hepatozyten im Sandwichsystem am 16. Tag in Kultur ergab eine typische Akutphasenantwort mit einer Rückkehr zum präexpositionellen sekretorischen und transkriptorischen Basalzustand von Akutphasenproteinen nach 4-5 Tagen. Der Erhalt physiologischer Reaktionsweisen wurde in einer Reihe weiterer Studien bestätigt (DUNN et al., 1992; BADER et al., 1995).

Neben dem Erhalt gewebsspezifischer Leistungen ist jedoch die Stabilisierung der Expression von Cytochromen in Sandwichhepatozytenkulturen besonders wichtig (BADER et al., 1992, 1995). Das in vitro-Metabolitenmuster von Testsubstanzen wie z.B. Urapidil, einem blutdrucksenkenden Medikament, reflektierte das Muster der Metabolisierung dieser Substanz beim Menschen bzw. bei der Ratte in vivo, bei Verwendung von primären Hepatozyten der entsprechenden Spezies (BADER et al., 1994).

In einer Modifikation bisheriger Cokulturmodelle zwischen primären Hepatozyten und den gewünschten Zielzellen (z.B. V79-Zellen) wird das neue Testmodell durch Hinzufügung der Zielzelle oberhalb der die Hepatozyten bedeckenden Kollagenschicht erstellt. Dadurch entsteht ein dreidimensionales Cokulturmodell, aus dem die Zielzellen auch wieder getrennt entfernbar sind (BADER et al., 1993).

Ergebnisse, die aus den HGPRT-Tests mit einer Aktivierung durch primäre Sandwichhepatozytenkulturen der Ratte bei Verwendung von 7,12 Dimethylbenz[a]anthrazen als Testsubstanz erhalten wurden, stimmen mit solchen aus herkömmlichen, mit S9-Mix durchgeführten HGPRT-Tests qualitativ und quantitativ überein. Bei Einsatz von Sandwichhepatozyten nach fortgeschrittener Kulturdauer wurde der Test 2-3 mal sensitiver als bei Verwendung von konventionellem S9-Mix. Die Verwendung humaner Hepatozyten führte zu dem gleichen Ergebnis.

Zusammenfassend kann festgestellt werden, daß durch Verwendung von Sandwichhepatozyten die Aroclor induzierte S9-Mikrosomenfraktion der Ratte ersetzt werden kann. Da hierbei primäre Hepatozyten verwendet werden, besteht auch die Möglichkeit, ein vollständigeres Metabolitenmuster der zu testenden Substanzen zu erhalten. Bei Berücksichtigung des humanen Stoffwechsels durch Verwendung humaner Hepatozyten aus Biopsien steht ein tierversuchsfreies und potentiell prädiktives Modell für den Menschen zur Früherkennung von Präkarzinogenen zur Verfügung. Die bisherige Verwendung von S9-Mix ergibt bestenfalls ein indikatives Modell, da der hepatische Stoffwechsel des Menschen nur unvollständig berücksichtigt wird.

Literatur

BADER A., BÖKER K., KNOP E., FRÜHAUF N., OLDHAFER K., RINGE B., PICHLMAYR R., SEWING K.-F., Reconstruction of liver tissue in vitro - Geometry of characteristic flat bed-, hollow fiber-, and spouted bed bioreactors with reference to the in vivo liver, Artificial Organs, 1995 in press

BADER A., CHRISTIANS U., BÖKER K., SATTLER M., SEWING K.-F., PICHLMAYR R., In vitro imitation of the in vivo threedimensional microenvironment enables primary hepatocytes to maintain stable metabolic functions, Cell Transplantation, 1, 162, 1992

BADER A., KNOP E., BÖKER K., FRÜHAUF N., SCHÜTTLER W., OLDHAFER K., PICHLMAYR R., SEWING K.-F., A novel bioreactor design for in vitro reconstruction of in vivo liver characteristics, Artificial Organs, 19, 368-374, 1995

BADER A., KNOP E., BÖKER K., MANNS M., REALE, E., PICHLMAYR R., Development of a threedimensional coculture system for primary hepatocytes and non-parenchymal liver cells, in: KNOOK D.L. and WISSE E., Cells of the hepatic sinusoid, Leyden: Elsevier, 562-563, 1993

BADER A., REIMER P., KNOP E., CHRISTIANS U., WEISSLEDER R., SEWING K.-F., An organotypical in vitro model of the liver parenchyma for uptake studies of diagnostic MR receptor agents, Magn Res Imaging, 1995 in press

BADER A., REIMER P., KNOP E., WEISSLEDER R., SEWING K.-F., Relevance of extracellular matrix geometry for receptor mediated endocytosis in matrix overlaid primary hepatocytes, J Exp Clin Cancer Res, 14, 185-187, 1995

BADER A., RINKES I.H.B., CLOSS I.E., RYAN C.M., TONER M., CUNNINGHAM J.M., TOMPKINS G.R., YARMUSH M.L., A stable long-term hepatocyte culture system for studies of physiologic processes: Cytokine stimulation of the acute phase response in rat and human hepatocytes, Biotechnol Prog, 8, 219-225, 1992

BADER A., ZECH K., CROME O., CHRISTIANS U., PICHLMAYR R., SEWING K.-F., Use of organotypical cultures of primary hepatocytes to analyze drug biotransformation in man and animals, Xenobiotica, 24, 623-633, 1994

DUNN J.C., TOMPKINS R.G., YARMUSH M.L., Hepatocytes in collagen sandwich: evidence for transcriptional and translational regulation, J Cell Biol, 116, 1043-1053, 1992

FAHRIG R., Mutationsforschung und genetische Toxikologie, Darmstadt: Wissenschaftliche Buchgesellschaft, 1993

KNOP E., BADER A., BÖKER K., PICHLMAYR R., SEWING K.-F., Normal ultrastructure of primary hepatocytes depends on bipolar attachment to extracellular matrix, Anatomical records, 242, 337-349, 1995

Dreidimensionale in vitro-Invasionsmodelle: neue Evaluierungsmethoden

R. Hofmann-Wellenhof, H. Seidl, R. Fink-Puches, Ch. Helige, J. Smolle, H. Kerl, H.A. Tritthart

Zusammenfassung

Invasives Wachstum ist eine wichtige Eigenschaft bösartiger Tumore. Um Metastasen bilden zu können, müssen Tumorzellen eine Vielzahl von verschiedenen Schritten absolvieren. Die Zellen müssen sich vom primären Tumor lösen, ins umgebende Gewebe eindringen, in die Gefäße oder Lymphbahnen einwandern und aus diesen Gefäßen wiederum in das Stroma eindringen, um dort durch Proliferation eine Metastase bilden zu können. In dieser metastatischen Kaskade wird aktives Vordringen in das umgebende Gewebe, also invasives Wachstum, bei vielen Schritten unbedingt benötigt (FIDLER I.J., 1989). Die Messung des invasiven Verhaltens von Tumorzellen stellt daher in der Krebsforschung ein zentrales Forschungsgebiet dar. Es wurden im Laufe der Jahre viele verschiedene Methoden zur Quantifizierung der Invasion von Tumorzellen entwickelt (MAREEL M.M. et al. 1993). Im folgenden soll die bildanalytische Quantifizierung dreier Invasionsanalysen näher vorgestellt und an einigen Beispielen Nutzen und Grenzen dieser Methoden gezeigt werden.

Summary

In vitro 3D models of invasiveness: new methods of evaluation

Invasive growth is a crucial property of malign tumor cells. Many different invason assays have been developed but objective quantification still remains a problem. We present an overview of three different invasion assays, namely the chick heart assay of Mareel, the invasion into type I collagen gel and invasion into devitalized dermis. The benefit of automated image analysis to quantify invasion of tumor cells is discussed using melanoma and lymphoma cell lines as examples.

1. In vitro-Invasionsmodelle

1.1. Konfrontationskulturen von Tumorzellsphäroiden und embryonalen Hühnerherzfragmenten (Chick heart assay von MAREEL)

1.1.1. Material und Methode

Die Methode von MAREEL (MAREEL M.M. et al., 1979) wurde leicht modifiziert. Tumorzellsphäroide mit einem Durchmesser von 200µm werden in engen Kontakt mit homogenen Hühnerherzfragmenten mit einem Durchmesser von 400µm gebracht. Die Konfrontationskulturen werden 48h bis 120h kultiviert. Anschließend werden von den Kulturen Gefrierschnitte angelegt und die Hühnerherzfragmente immunhistologisch dargestellt.

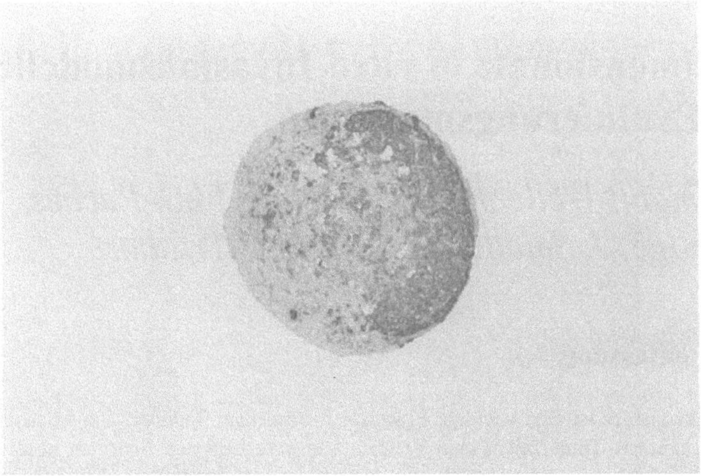

Abb. 1. **Beispiel einer Konfrontationskultur nach MAREEL**
Invasives Wachstum der Tumorzellen (K1735-M3 Mausmelanomzellinie, hellgraue Farbe) in embryonale Hühnerherzfragmente (dunkelgraue Farbe). Färbung mit embryonales Hühnerherz Antiserum, 3-Schritt Immunoperoxidasemethode, x=100

Die Schnitte werden in ein Bildanalysegerät (IBAS, D-Kontron) eingelesen. Durch verschiedene bildanalytische Schritte wird die Diskriminierung des Stroma (Hühnerherzfragmente) und der Tumorzellen möglich. Um eine Quantifizierung der Invasion zu ermöglichen, werden verschiedene Parameter, die die Änderung der Fläche der Stromakomponente durch das Einwachsen der Tumorzellen wiederspiegeln, berechnet:

- STRCSTR = stromal contour/stromal area; STRCSTR nimmt mit zunehmender Irregularität des Stromas und Abnahme der Stromafläche zu;
- INVASLOG = -log (4pi x stromal area)/stromal contour^2; INVASLOG nimmt nahezu linear mit zunehmender Invasion zu (SMOLLE J. et al., 1990) .

1.1.2. Anwendungsbeispiel

Wir untersuchten die Wirkung des Protein C Kinase Inhibitors Dequalinium auf das invasive Verhalten von Mausmelanomzellen in den Konfrontationskulturen (HELIGE C. et al.,1993).

Eine 72stündige Vorinkubation der Mausmelanomzellinie K1735-M2 mit 20µM Dequalinium bewirkte eine Hemmung der Invasion. Bei der Kontrollgruppe betrug STRCSTR pro Tag 0,031 (±0,008) und INVASLOG pro Tag 0,474 (±0,146), während bei den mit Dequalinium behandelten Zellen die Werte für STRCSTR 0,003 (±0,006) und für INVASLOG 0,106 (±0,183) signifikant niedriger waren.

1.2. Invasion in Typ I Kollagen Gel

1.2.1. Material und Methode

Die Methode von VAKAET (VAKAET L. et al., 1991) wurde in unserem Labor für die Untersuchungen mit einem Laserscanmikroskop, das horizontale Schnittführungen erlaubt (FINK-PUCHES R. et al., 1995), weiterentwickelt. Tumorzellen werden mit Acridinorange vital gefärbt. Die fluorchromierten Zellen werden auf ein Typ I Kollagen Gel gesät und bei 37°C bis zu 72h inkubiert. Die einwachsenden Zellen können so im Laserscanmikroskop deutlich vom Kollagen Gel unterschieden werden.

Die mit dem Laserscanmikroskop aufgenommen digitalisierten Bilder werden in ein Bildanalysegerät (IBAS, D-Kontron) überspielt und ausgewertet. Die horizontalen Schnitte werden in einem Abstand von 15µm gescannt. Das Erkennen der Tumorzellen wird durch einen speziell entwickelten Algorithmus von Grauwertoperationen ermöglicht, sodaß die Voraussetzungen für eine objektive Darstellung der invasiven Tumorzellen gegeben ist.

1.2.2. Anwendungsbeispiel

Die Wirkung von der all-trans-Retinsäure (RA) auf das invasive Wachstum der Maus T-Zell Lymphomzellinie (BW-O-Li1) wurde untersucht. $1x10^5$ Zellen wurden auf das Kollagen Gel aufgetragen und nach 24h vermessen. Die mit RA behandelten Zellen wurden 96h in 1µM, 2µM beziehungweise mit 3µM vorinkubiert. Die maximale Eindringtiefe der Zellen der Kontrollgruppe war 215µm (±92µM). RA führte zu einer konzentrationsabhängigen Hemmung der Invasion. Die maximale Eindringtiefe betrug bei 1mM 163µm (±73), bei 2µM 138µm (±55) und bei 3µM RA nur 119µm (±59).

1.3. Invasion in devitalisierte Dermis

1.3.1. Material und Methode

Das subcutane Fettgewebe der Haut von Operationspräparaten wird abpräpariert und die Dermis durch mehrmaliges Einfrieren und Auftauen devitalisiert. Man erhält dadurch eine Matrix ähnlich der normalen Dermis ohne lebende Zellen. Auf die subcutane Seite dieser devitalisierten Dermis wird nun ein Stahlring mit einem Durchmesser von 1cm aufgesetzt, in den die Zellsuspension pipetiert wird. Nach drei Tagen wird der Stahlring entfernt. Die Zellen werden für insgesamt 28 Tage auf der devitalisierten Haut bei 37°C kultiviert.

Danach werden Hämatoxilin/Eosin Schnitte angefertigt und die Präparate mit einer 100fachen Vergrößerung in ein Bildanalysegerät (IBAS, D-Kontron) eingelesen. Durch verschiedene digitale Bildverarbeitungsprozesse können die eingewachsenen Zellen automatisch erkannt und die Gesamtzahl der Zellen sowie die mittlere Eindringtiefe berechnet werden.

1.3.2. Anwendungsbeispiel

Die Invasion von menschlichen Fibroblasten, Endothelzellen, einer Melanomzellinie mit geringer Metastasierungsfähigkeit (A375-P), einer Melanomzelllinie mit hoher Metastasierungsfähigkeit (A375-SM) und eine Maus-T-Zell-Lymphom Zellinie (BW-O-Li1) wurde verglichen.

Bis auf die Endothelzellen, die lediglich einen Monolayer bildeten, wuchsen alle Zellen in die devitalisierte Dermis ein. Zwischen den verschiedenen Zellen konnten signifikante Unterschiede in der Eindringtiefe festgestellt werden. Auch konnte bei der Melanomzellinie mit hoher Metastasierungsfähigkeit eine höheres Maß an Invasion gefunden werden als bei der Melanomzellinie mit niedrigere Metastasierungsfähigkeit.

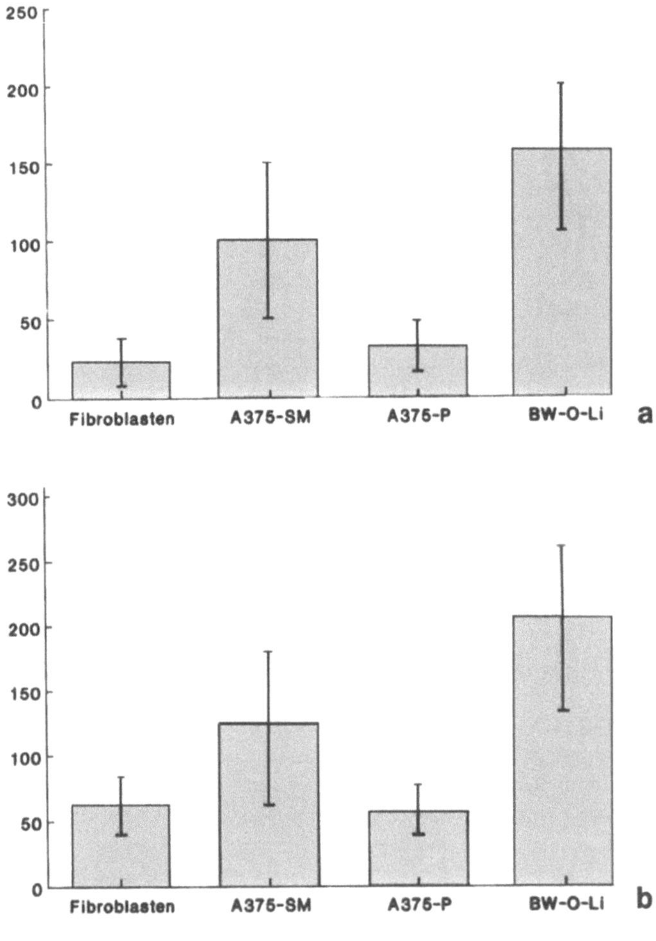

Abb. 2. **Invasion in devitalisierte Dermis**
Verschiedene Zellinien zeigen verschiedenes invasives Wachstum nach 28 Tagen.
a) mittlere Zahl der invasiven Zellen
b) mittlere Eindringtiefe in μm

2. Diskussion

Die drei vorgestellten Methoden zur Invasionsmessung in vitro erfüllen die Kriterien der Reproduzierbarkeit und der Quantifizierbarkeit. Letztere wird durch die automatische Bildanalyse optimiert. Mit diesen Verfahren können die Invasion verschiedener Tumorzellen und die Wirkung von Pharmaka auf invasives Wachstum gemessen und statistisch verglichen werden. Bei der Interpretation der Ergebnisse sollte man jedoch immer an die vielen Einschränkungen dieser Methoden, insbesondere hinsichtlich der Übertragbarkeit auf die in vivo-Situation, denken.

Danksagung

Dieses Projekt wurde vom Bundesministerium für Wissenschaft, Forschung und Kunst gefördert.

Literatur

FIDLER I.J., Origin and biology of cancer metastasis, Cytometry, 10, 673-680, 1989

FINK-PUCHES R., HOFMANN-WELLENHOF R., SMOLLE J., KERL H., Confocal laser scanning microscopy - a new optical microscopic technique for applications in pathology and dermatology, J Cutan Pathol, 22, 252-259, 1995

HELIGE C., SMOLLE J., ZELLNIG G., FINK-PUCHES R., KERL H., TRITTHART H.A., Effect of dequalinium on K1735-M2 melanoma cell growth, directional migration and invasion in vitro, Eur J Cancer, 29, 124-128, 1993

MAREEL M.M., KINT J., MEYVISCH C., Methods of study of the invasion of malignant C3H-mouse fibroblasts into embryonic chick heart in vitro, Virchows Arch B Cell Pathol, 30, 95-111, 1979

MAREEL M.M., VAN ROY F.M., BRACKE M.E., How and when do tumor cells metastasize?, Crit Rev Oncogen, 4, 559-594, 1993

SMOLLE J., HELIGE C., SOYER H.P., HOEDL S., POPPER H., STETTNER H., KERL H., TRITTHART H.A., KRESBACH H., Quantitative evaluation of melanoma cell invasion in three-dimensional confrontation cultures in vitro using automated image anaysis, J Invest Dermatol, 94, 114-119, 1990

VAKAET L., VLEMINCKX K., VAN ROY F., MAREEL M.M., Numerical evaluation of invasion of closely related cell lines into collagen type I gels, Invas Metast, 11, 249-260, 1991

In vitro-Screening von proliferationsmodifizierenden Substanzen an Zellkulturen von humanen Medullären Schilddrüsencarcinomen (MTC)

R. Pfragner, A. Behmel, A. Burda, G. Wirnsberger, B. Niederle

Zusammenfassung

Gewebe von Medullären Schilddrüsencarcinomen (MTC) wurde in Zellkultur angesetzt. 5 kontinuierliche MTC-Zellinien sowie 12 Langzeitkulturen konnten etabliert werden. Die Differenzierungsgrade der Zellinien wurden mittels Elektronenmikroskopie, Immuncytochemie, in situ-Hybridisierung und Northern Blot untersucht. Die Produktion von Calcitonin, Calcitonin gene-related peptide und Bombesin konnte auch in vitro nachgewiesen werden. Alle Tumoren/ Tumor-Zellinien wurden cytogenetisch untersucht und die Entwicklung des Karyotyps während der Tumorprogression verfolgt. Alle Tumore/Tumorzellinien zeigten unterschiedliche jedoch konsistente Markerchromosomen. Tierexperimente beschränkten sich auf die Prüfung der Tumorigenität durch Heterotransplantation in die Nacktmaus.

Da Bestrahlung und die herkömmlichen Cytostatikaregime bei MTCs geringe Wirkung zeigen, ist die Erforschung neuer therapeutischer Ansätze von besonderer Bedeutung. In vitro-Behandlung mit Methotrexat, einem Antimetaboliten, bewirkte eine dosisabhängige Wachstumshemmung und vermehrte Tumorzellnekrosen. Die MTC-Zellinien sind zudem geeignete Modelle zur Untersuchung biologischer Modulatoren: Interferon α-2b rief eine dosisabhängige Wachstumshemmung hervor. Diese Hemmung war umso ausgeprägter, je höher die Wachstumsrate der jeweiligen Zellkultur war.

Summary

In vitro screening of prolifertaion modifying substances on cell cultures of human medullary thyroid carcinomas (MTC)

We report on the establishment and characterization of 17 human medullary thyroid carcinomas (MTC) in cell culture, resulting in 5 continuous cell lines and 12 long-term cell lines. The cell lines were characterized by electron microscopy, immunocytochemistry, in situ-hybridization and Northern blot analysis. The in vitro-production of calcitonin, calcitonin gene-related peptide and bombesin could be proved. All tumors/tumor cell lines were examined cytogenetically repeatedly, following the in vivo and in vitro progression of the karyotype. All tumors/tumor cell lines showed different but consistent marker chromosomes. Tumorigenicity was tested in nude mice.

Irradiation or cytostatic treatment of MTC patients are of low effect, so new therapeutical approaches are of greatest importance. In vitro testing of methotrexate (MTX), an antimetabolite, showed dose-dependent growth inhibition and elevated necrosis rate of MTC cells. MTC cell lines proved to be useful models for studies on biological modulators: interferon alfa-2b provoked a dose-dependent growth inhibition. The inhibiting effect however was more pronounced in cell lines with higher a priori-growth rate.

1. Einleitung

Medulläre Schilddrüsencarcinome (MTC) entwickeln sich aus den parafollikulären C-Zellen der Schilddrüse. Diese neuroendokrinen Tumore sind durch die Produktion von spezifischen Peptiden wie Calcitonin (CT), Calcitonin gene-related Peptide (CGRP) und Bombesin (GRP) charakterisiert. Das MTC kann sporadisch oder im Rahmen des dominant ererbten MEN2 Syndroms (Multiple Endokrine Neoplasie Typ 2), MEN2A, MEN2B und FMTC, auftreten. Ausgelöst wird die Entwicklung dieser Tumore durch spezifische Mutationen im RET Protooncogen (Genort 10q11.2). Bei erblichen MTCs sind genomische- und Tumor-DNA Mutationen in Exon 10, 11, 13 und 16 nachgewiesen worden. Sporadische Tumore können Mutationen im Exon 13 bzw. 16 zeigen.

Das MTC metastasiert frühzeitig, sodaß bei sporadischen Tumoren die Diagnose praktisch immer im Metastasierungsstadium erfolgt. Neben der Thyroidektomie existiert keine effiziente adjuvante Therapie: Weder Chemo- noch Strahlentherapie beeinflussen nachhaltig die Prognose. Für die in vitro-Testungen verschiedener Therapiekonzepte sind etablierte MTC-Zellinien von großer Bedeutung. Das Ziel unserer Untersuchungen war, die Wirkung von Cytokinen und anderen potentiell wirksamen Substanzen in vitro zu untersuchen.

Aus 17 sporadischen MTCs verschiedener Tumorstadien konnten 5 kontinuierliche MTC-Zellinien mit unterschiedlichem Wachstumsverhalten etabliert werden, sowie 12 Langzeitkulturen. Bisher wurden die Wirkung von Interferon α-2b (INTRON A, Aesca, Austria/ Schering Plough, New Jersey) und von Methotrexat (MTX) (Lederle), einem Antimetaboliten, auf das in vitro-Wachstum der Zellinien untersucht.

2. Material und Methoden

2.1. Zellkultur

Tumorgewebe wurde mechanisch dissoziiert und in Ham's F12 + 10% fötalem Kälberserum (PAA Laboratories, Austria), 100IU Penicillin/ml und 100µg Streptomycin/ml kultiviert. Fibroblasten aus dem Tumorstroma wurden von den Tumorzellen durch wiederholte Behandlung mit Collagenase getrennt (Collagenase Typ IV, Sigma, 0,1% in Ham's F12).

Alle Zellinien wachsen spontan in Suspensionen aus einzelnen Zellen sowie aus vielzelligen Sphäroiden. Die Suspensionen werden nicht gerührt.

Als Kontrollkulturen dienten normale humane Hautfibroblasten, die nach Routinemethoden aus Hautstanzen angesetzt wurden.

Tabelle 1. Kontinuierliche Zellinien, etabliert aus humanen Medullären Schilddrüsencarcinomen (n.d. = not done)

Zellinie	Patient Alter/Geschlecht	Kulturdauer	Passage	Verdoppelungszeit
MTC-SK	51/weiblich	9 Jahre	171	1,5 Tage
SINJ	29/männlich	4 Jahre	45	3 Tage
GRS-IV	54/männlich	10 Monate	17	2 Tage
GRS-V	54/weiblich	8 Monate	23	n.d.
OEE-III	53/männlich	2 Jahre	17	n.d.

2.2. *Charakterisierung der MTC-Zellinien*

2.2.1. Elektronenmikroskopie

MTC-Zellen wurden in 2,0% Glutaraldehyd (in 0,1M Cacodylatpuffer, pH 7,4) über Nacht fixiert und nach Routinemethoden verarbeitet.

2.2.2. Immuncytochemie

Luftgetrocknete MTC-Zellsuspensionen wurden kurz in 2,0% Glutaraldehyd fixiert und bis zur Weiterverarbeitung in Sucrose/Glycerin PBS Puffer bei -20°C aufbewahrt. Die Alkalische Phosphatase-Antialkalische-Phosphatase Technik (APAAP) wurde mit spezifischen Antikörpern für neuroendokrine Marker und Hormone durchgeführt (Herkunft und Verdünnung in Klammern):

Chromogranin A und verwandte Peptide: Clon HISL 19 (erhalten von Dr. Krisch, Wien, 1:500) und Clon K2H10 (Boehringer Mannheim, Deutschland, 1:40); Neuron specific Enolase (Innogenetics, Belgien, 1:20); Somatostatin (Novo, Dänemark, 1:20), Bombesin/gastrin releasing peptide (Hybritech, USA, 1:500), pancreatic polypeptide (Dakopatts, Dänemark), calcitonin gene related peptide (Milab, Schweden, 1:200). Als negative Kontrolle wurden irrelevante Antikörper anstelle der primären Antikörper eingesetzt, zudem wurden essentielle Schritte des Färbevorganges ausgelassen.

2.2.3. In situ-Hybridisierung/NorthernBlot

In situ Hybridisierung wurde mit folgenden Sonden durchgeführt: h-Bombesin (0,7kb); h-Calcitonin (0,2kb); h-CGRP (0,3kb) mit Northern Blot kontrolliert (HÖFLER H. et al., 1987).

2.2.4. Cytogenetische Analysen

Diese wurden in situ (NUNC slide flasks) und an schwimmenden Zellen (Überstände aus den slide flasks bzw. an spontanen Suspensionkulturen) durchgeführt.

2.2.5. Tumorigenitätstest

Nu/nu-BALB/C Mäuse (männlich und weiblich, Alter 6 Wochen) wurden subcutan mit je 10^7 MTC-Zellen in 0,2ml PBS geimpft.

2.2.6. Getestete Substanzen

3x10[5] Zellen/ml Medium wurden in 24 well-Multischalen (NUNC, Dänemark) angesetzt. Von den zu testenden Substanzen wurden folgende Konzentrationen untersucht:

Methotrexat Lederle (MTX)®:
0,5µg/ml und 0,05µg/ml Medium
Inkubationszeit 24h.

INTRON A® (AESCA, Austria/ Schering Plough, New Jersey):
1.000 I.E./ml, 10.000 I.E./ml, 100.000 I.E./ml Medium; Inkubationszeiten 24h, 48h, 72h, 96h.

Das Medium mit der jeweiligen Testsubstanz wurde täglich erneuert. Die Auswertung erfolgte durch Bestimmung der Zellzahl mittels Coulter Counter ZM, sowie durch Viability Tests (Trypanblau-Färbung).

3. Ergebnisse und Diskussion

Aus Medullären Schilddrüsencarcinomen verschiedener Tumorstadien konnten 5 kontinuierliche Zellinien etabliert werden. Diese Zellinien wurden wiederholt mittels Immuncytochemie, Elektronen-mikroskopie, in situ-Hybridisierung, Northern Blot, Cytogenetik und Tumorigenitätstests überprüft. In allen MTC-Zellinien wurde positive Immunreaktivität mit Antikörpern gegen CT, CGRP und GRP, neuron spezifische Enolase und Chromogranine nachgewiesen. Im Elektronenmikroskop zeigten sich neuroendokrine Granula. Chromosomale Aberrationen wurden in allen Zellinien gefunden, sie betrafen Regionen von Proto-Onkogenen und Tumor-Suppressor-Genen, sowie tumorspezifischen Proteinen. Keiner der Bruchpunkte war jedoch in 10q11.2, der Region des RET Proto-Onkogens, zu finden. Die cytogenetisch nachweisbaren Chromosomenveränderungen weisen somit auf zusätzliche Mutationen hin, die einer RET Punktmutation - dem wahrscheinlich ersten Schritt in der Mehrschrittkaskade der Tumorigenese - folgen müssen.

Methotrexat (MTX) als bewährtes Cytostatikum, wurde an verschiedenen Tumorarten erprobt. MTX hemmt kompetitiv die Dihydrofolat Reduktase und somit die Synthese von DNA, RNA und Proteinen. Die Beeinflussung von MTC-Zellen wurde mit dem Folsäureantagonisten MTX untersucht. Diese Untersuchungen konnten eine dosisabhängige Senkung der Wachstumsrate sowie ein deutliches Ansteigen der Tumorzellnekrosen zeigen (Abb. 1). Während geringe MTX Dosen vor allem die Zellproliferation senkten, zeigten sich bei hoher Dosierung Zellnekrosen sowie eine Hemmung der Zellteilung. Laufende Untersuchungen sollen die Beeinflussung der einzelnen Phasen des Zellzyklus klären.

Wegen seiner bekannten antineoplastischen Wirkung wird Interferon α-2b zwar in der klinischen Therapie einer Reihe von Malignomen eingesetzt, wie z.B. bei Haarzell- Leukämie, multiplem Myelom, AIDS assoziiertem Kaposi-Sarkom, malignem Melanom, jedoch wurde seine Wirkung auf Medulläre Schilddrüsencarcinome erst an wenigen Patienten getestet. GRÖHN P. (1990) beschreibt ein deutliches Absinken des CT-Spiegels bei gleichbleibender Tumorgröße.

Die Wirkung von Interferon α-2b konnte in vitro an MTC-Zellen direkt untersucht werden (Abb. 2-5). Die kultivierten Zellen zeigten eine dosisabhängige Wachstumshemmung, die umso ausgeprägter war, je höher die ursprüngliche Mitoserate der jeweilige Zellinie war. Kontrolluntersuchungen mit normalen Hautfibroblasten zeigten, daß langsam wachsende normale Zellen kaum beeinflußt wurden, während rasch wachsende Fibroblasten ähnlich den MTC-Tumorzellen in ihrem Wachstum gehemmt wurden. Wir schließen daraus, daß die Wirkung von Interferon α-2b mit der Mitosetätigkeit der Zellkulturen korreliert. Derzeit laufende Messungen der in vitro-Produktion von CT während der INTRON A Behandlung sollen die intrazellulären Vorgänge in Hinblick auf die klinische Anwendung erhellen. Unsere gut charakterisierten MTC-Zellinien könnten geeignete in vitro-Modelle für neue Therapieansätze sein.

Literatur

CHAKRAVARTY A., POLLAK M., HAMBURGER A.W., Interferon-induced modulation of epidermal growth factors-stimulated growth of a human breast tumor cell line, J. Interferon Res., 11, 1-8, 1991

ENG C., MULLIGAN L.M., SMITH D.P., HEALEY C.S., FRILLING A., RAUE F., NEUMANN H.P.H., PFRAGNER R., BEHMEL A., LORENZO M.J., STONEHOUSE T.J., PONDER M.A., PONDER B.A.J., Mutation of the RET Protooncogene in Sporadic Medullary Thyroid Carcinoma, Genes, Chromosomes & Cancer, 12, 209-212, 1995

ENG C., SMITH D.P., MULLIGAN L.M., HEALEY C.S., ZVELEBIL M.J., STONEHOUSE T.J., PONDER M.A., JACKSON C.E., WATERFIELD M.D., PONDER B.A.J., A novel point mutation in the tyrosine kinase domain of the RET proto-oncogene in sporadic medulary thyroid carcinoma and in a family with FMTC, Oncogene, 10, 509-513, 1995

GRÖHN P., KUMPULAINEN E., JAKOBSON M., Response of Medullary Thyroid Cancer to low-dose Alpha-Interferon Therapy, Acta Oncol, 29, 7, 1990

HÖFLER H., RUHRI C., PÜTZ B., WIRNSBERGER G., KLIMPFINGER M., SMOLLE J., Simultaneous localization of calcitonin mRNA and peptide in a medullary thyroid carcinoma, Virchows Arch. B. Zellpathol., 53/3, 144-151, 1987

LARSEN C. and NORDENSKJÖLD M., Multiple endocrine neoplasia, Cancer Surveys 9, 703-723, 1990

MULLIGAN L.M., KWOK J.B.J., HEALEY C.S., ELSDON M.J., ENG C., GARDNER E., LOVE D.R., MOLE S. E., MOORE J. K., PAPI L., PONDER M.A., TELENIUS, TUNNACLIFFE A., PONDER B.A.J., Germline Mutations of the RET Proto-Oncogene in Multiple Endocrine Neoplasia Type 2A (MEN2A), Nature, 363, 458-460, 1993

PFRAGNER R., HÖFLER H., BEHMEL A., INGOLIC E., WALSER V., Establishment and characterization of continuous cell line MTC-SK derived from a human medullary thyroid carcinoma, Cancer Res., 50, 4160-4166, 1990

Abbildungen

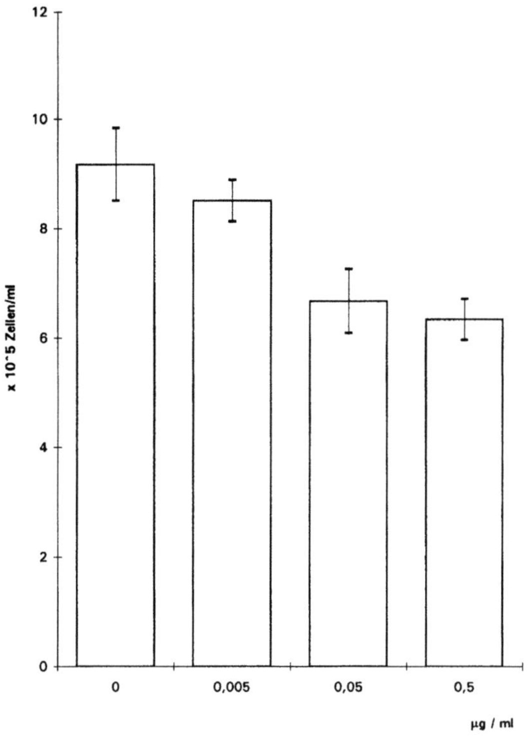

Abb. 1. **MTC-SK Zellinie**
Zusatz von Methotrexat (0,005µg/ml, 0,05µg/ml und 0,5µg/ml Nährlösung), Inkubationszeit 24 Stunden

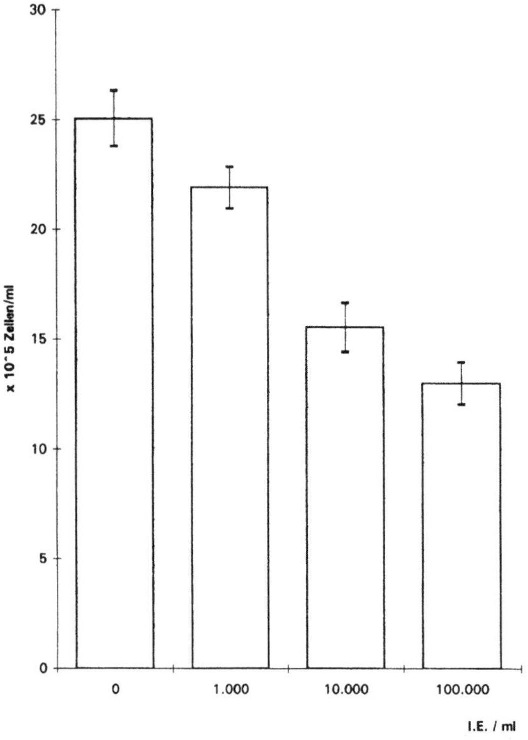

Abb. 2. **SINJ Zellinie (Verdoppelungszeit 3 Tage)**
Zusatz von Interferon α-2b (1.000, 10.000 und 100.000I.E./ml Nährlösung), Inkubationszeit 48 Stunden

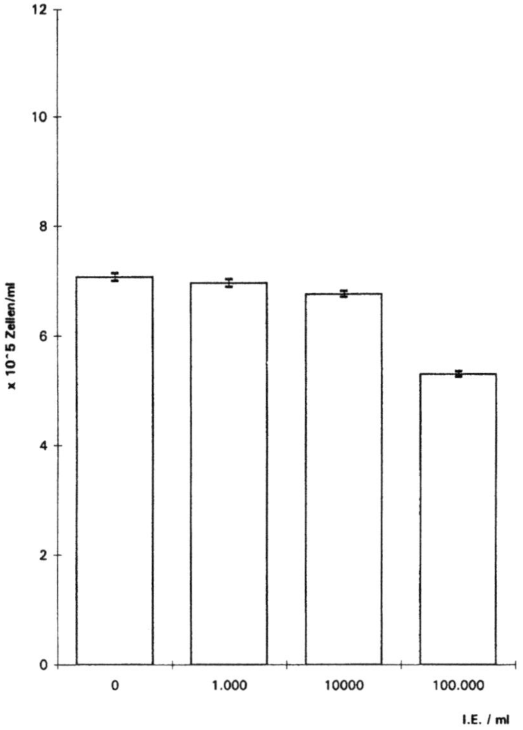

Abb. 3. **GRS-IV Zellinie (Verdoppelungszeit 2 Tage)**
Zusatz von Interferon α-2b (1.000, 10.000 und 100.000I.E./ml Nährlösung), Inkubationszeit 72 Stunden

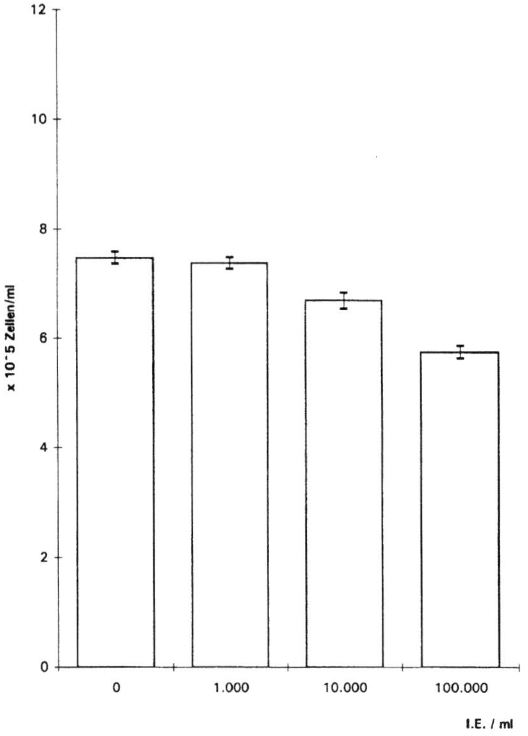

Abb. 4. **MTC-SK Zellinie (Verdoppelungszeit 1,5 Tage)**
Zusatz von Interferon α-2b (1.000, 10.000 und 100.000I.E./ml Nährlösung), Inkubationszeit 96 Stunden

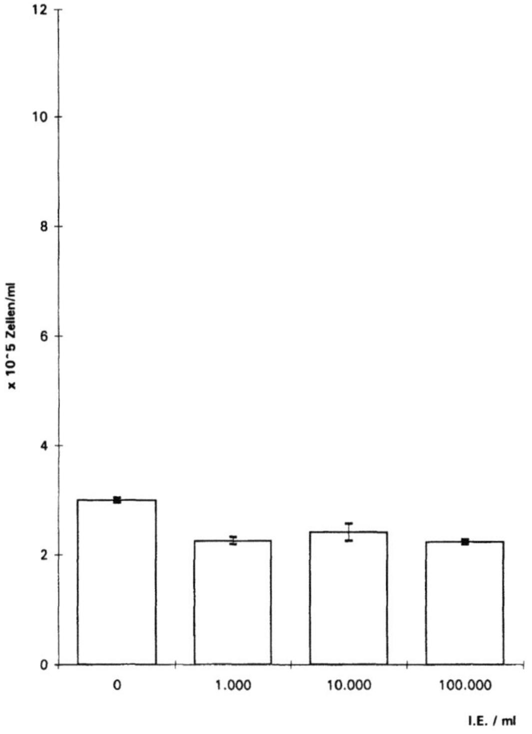

Abb. 5. **Kontrollkultur, humane Hautfibroblasten (Verdoppelungszeit 14 Tage)**
Zusatz von Interferon α-2b (1.000, 10.000 und 100.000I.E./ml Nährlösung, Inkubationszeit 48 Stunden

Artificial Tumor (ArT): Rekonstruktion individueller, humaner Primärtumoren *in vitro*

R. Kammerer, S. von Kleist

Zusammenfassung

Wir haben ein neues dreidimensionales in vitro-Modell, Artificial Tumor (ArT) genannt, entwickelt, das individuelle solide Humantumore simuliert. Statt ausschließlich Tumorzellen, wie herkömmliche Spheroidmodelle, verwendet dieses System Kolonkarzinom-(CC)-zellen, Fibroblasten und Stroma, also eine CC-Replik.

Alle Komponenten stammen aus ein und demselben Operationsmaterial. ArTs wurden aus 4 CC-Arten, nämlich muzinösen, hoch-, moderat und entdifferenzierten CCs, gezüchtet. Als ArTs gezüchtete Tumorzellen behielten individuelle Charakteristika des Ausgangsmaterials bei, z.B. vergleichbare Heterogenität bei Antigen CEA-Expression und Beibehaltung des Differenzierungsgrades. Ein Vergleich der Gewebearchitektur von ArT, Tumorzell-Spheroiden und CC-Zellinien zeigte: in vitro spheroid generierte differenzierte CCs formen Aggregate polarisierter Zellen, deren apikale Membran zum Kulturmedium und deren basale Membran in die Spheroide gerichtet sind. Haben CC-Zellen jedoch Kontakt zu Fibroblasten und extrazellulärer Matrix (EZM) - wie im Falle von ArTs - formen sie pseudodrüsige Strukturen, die für differenzierte CCs charakteristisch sind. Unsere Hypothese besagt, daß in vivo Tumorzellen ohne EZM-Kontakt, z.B. Tumorzellaggregate in Zirkulation, ebenfalls eine inside-out Architektur wie Spheroide aufweisen. Mit diesen beiden Modellen (ArT und Spheroide), einzeln oder in Kombination, können wir Tumorzellwachstum in vivo optimal simulieren. Deshalb hoffen wir, daß ArT in vielen Studien den Tierversuch ersetzen kann, gab es doch bisher nur den Tierversuch, um Tumorzellwachstum histologisch zu untersuchen.

Summary

Artificial tumor: Simulation of individual, human primary tumors in vitro

We established a new complex three-dimensional *in vitro* model, called artificial tumor (ArT) which simulates individual human solid tumors. In contrast to the generally used spheroid models consisting of tumor cells only, this model is composed of colon carcinoma (CC) cells, colon fibroblasts, and as supportive skeleton fibrous tissue from human colon, therefore being a replica of CCs. All components were established from the same surgically obtained CC specimen. ArTs were established from 4 types of CCs, namely mucinous, well-, moderately-, and undifferentiated CCs. Morphological studies showed that tumor cells grown as ArTs maintained the individual characteristics of the original tumor, for example a comparable heterogeneity in carcinoembryonic antigen (CEA) expression and maintenance of the differentiation stage. Comparison of the ArTs with tumor cell spheroids and CC specimens for tissue architecture gave the following results: *In vitro*, differentiated CC cells grown as spheroids form aggregates of polarized cells presenting their apical membranes to the culture medium and their basolateral membrane domains reside inside the spheroids. In contrast, when CC cells have contact to fibroblasts and extracellular matrix (ECM) as it is the case of ArTs they dramatically change their orientation forming pseudoglandular structures, which are characteristic for differentiated CCs. Our hypothesis is that *in vivo* tumor cells having no contact to the ECM e.g. tumor cell aggregates in the circulation also show an inside-out organization like spheroids. With these two models (ArTs and spheroids) either alone or in combination we were now able to simulate in vivo tumor cell growth optimally. Therefore we hope that the ArT model can replace animal models in many studies, since until now the only available model to study tumor cell growth histotypically was the animal model.

1. Einleitung

Solide humane Tumoren, wie Kolonkarzinome, sind komplexe Mikrosysteme mit vielfältigen Zell/Zell- und Zell/Matrix-Interaktionen. Infiltrativ wachsende Karzinomzellen müssen sich sowohl mit Fibroblasten als auch mit immunokompetenten Zellen auseinandersetzen und auf Endothelzellen derart einwirken, daß durch deren Proliferation eine ausreichende Ver- und Entsorgung des Tumorgebietes gewährleistet ist. Zusätzlich bedingt das infiltrative Wachstum einen ständigen Ab- und Wiederaufbau der extrazellulären Matrix (EZM). Aufgrund dieser Komplexität solider Tumore erhalten Tiermodelle meist den Vorzug gegenüber *in vitro*-Modellen, wenn neue Krebstherapien, speziell Immuntherapien, getestet werden. Die enormen Unterschiede zwischen den oft erfolgversprechenden Ergebnissen im Tiermodell und den nachfolgenden eher enttäuschenden klinischen Studien zeigen jedoch, daß Experimente im humanen System wünschenswert wären, da diese möglicherweise die klinische Situation besser widerspiegeln (KRADIN R.L. et al., 1989; BUKOWSKI R.M. et al., 1991). Eine Voraussetzung dafür ist jedoch, daß adäquate *in vitro*-Modelle zur Verfügung stehen. Das heute am häufigsten verwendete dreidimensionale Tumormodell ist das Sphäroidmodell (WILSON K.M. and LORD E.M., 1986; JÄÄSKELÄINEN J. et al., 1989; ERLANSON M. et al., 1992). Es hat den entscheidende Nachteil, daß es ausschließlich aus Tumorzellen besteht und so den Einfluß des Tumorstromas ignoriert. Da aber in jüngster Zeit von verschiedenen Wissenschaftlern gezeigt werden konnte, daß das Tumorstroma sowohl das Wachstum als auch den Differenzierungsgrad von Tumorzellen beeinflußen kann, wird deutlich, daß ein realistisches *in vitro*-Tumormodell sowohl aus Tumorzellen als auch aus Tumorstroma bestehen sollte (BOUZIGES F. et al., 1991; JESSUP J.M. et al., 1993). Wir haben demzufolge ein *in vitro*-Tumormodell entwickelt, das dies berücksichtigt. Der Individualität jedes Tumors wird Rechnung getragen, indem alle notwendigen Komponenten aus dem Operationsmaterial eines Patienten isoliert werden.

2. Material und Methoden

Um die zellulären Komponenten - Karzinomzellen und Fibroblasten - zu isolieren, wurde ein möglichst schonendes Verfahren angewandt, um die natürliche Heterogenität eines Tumors auch *in vitro* zu erhalten. Dies bedeutet, daß das Tumormaterial nach der Reinigung in Stücke von etwa 1mm^3 zerteilt und dann sofort in optimale Kulturbedingungen überführt wurde. Auf eine Zerlegung in eine Einzelzellsuspension wurde bewußt verzichtet, um die Tumorzellen keinem unnötigen Streß in dieser kritischen Umstellungsphase auszusetzen. Nach dem Auswachsen von Tumorzellen und Fibroblasten wurden diese zwei Zelltypen mittels selektiver

Passagierung voneinander getrennt. Dazu wurden die Kulturen mit Kollagenase (1000U/ml) behandelt bis sich die Tumorzellen, nicht aber die Fibroblasten, vom Kultursubstrat gelöst hatten. Dieses Verfahren wurde wöchentlich wiederholt, bis reine Tumorzell- bzw. Fibroblastenkulturen vorlagen, die dann separat weiter kultiviert werden konnten. Zur Extraktion der EZM haben wir normale Kolonschleimhaut mit einer Trypsin/EDTA (0,05%/0,02%) Lösung 10 Tage verdaut, wobei die Enzymlösung täglich erneuert wurde. Nach dieser Behandlung des Gewebes waren keine Zellen mehr auffindbar, obwohl die EZM in ihrer dreidimensionalen Struktur erhalten blieb.

3. Ergebnisse und Diskussion

Nachdem alle Komponenten getrennt waren, konnten wir diese wieder schrittweise zusammenfügen und die jeweiligen Ergebnisse mit dem Ausgangsgewebe vergleichen. Um eine möglichst breite Palette an verschiedenen Varianten von Kolonkarzinomen auf ihre Fähigkeit zu prüfen, als ArTs zu wachsen, wählten wir aus den von uns etablierten 25 Zellinien je zwei entdifferenzierte, moderat differenzierte und hoch differenzierte sowie eine muzinöse Zellinie aus, um damit ArTs zu generieren. Interessanterweise zeigten die entdifferenzierten Tumorzellen die beste Adhärenz an die EZM. Die höher differenzierten Zellen zeigten nur eine teilweise Adhärenz, sodaß sich ein lockeres Aggregatagglomerat, zusammengehalten von der EZM, bildete. Die muzinösen Karzinomzellen zeigten keinerlei Adhärenz, da die Zellaggregate durch die sie umgebende Muzinschicht von der EZM getrennt waren und so die Zellen keinen direkten Kontakt mit der EZM aufbauen konnten. Nach der Zugabe der Fibroblasten kam es aber in allen Fällen zu einer starken Kontraktion der EZM, was innerhalb vier Tagen zu kompakten Aggregaten führte, die eine große Stabilität aufwiesen (Abb. 1A). Histologische Schnitte dieser ArTs zeigten, daß die differenzierten Karzinomzellen einen engen Kontakt mit dem nun aus EZM und Fibroblasten bestehenden Tumorstroma eingegangen waren und zwar in der Weise, daß sie sich als Pseudodrüsen formiert hatten (Abb. 1B). Dabei hatten sie über ihre basale Zellmembran Kontakt mit dem Tumorstroma aufgenommen. Am gegenüberliegenden Pol hatten sie eine apikale Membran mit einem dichten Mikrovillisaum ausgebildet, die ein zentrales Lumen eingrenzten. Im Gegensatz dazu zeigten die undifferenzierten Zellen keine pseudodrüsigen Strukturen, sondern wuchsen als einlagige Stränge oder als kugelige Zellanhäufungen innerhalb des ArT-Stromas. Die muzinösen Karzinomzellen waren auch in diesen kompakten Aggregaten vom Stroma durch ihren Muzinmantel getrennt. Dies sind Strukturen wie man sie aus Primärtumoren der entsprechenden Tumortypen kennt. Eine weitere interessante Frage war, ob die ArTs in ihrem Differenzierungsgrad und/oder in ihrer Antigenexpression mit dem Ausgangsgewebe vergleichbar waren. Beispielhaft haben wir deshalb die CEA Expression der Tumorzellen im Original-Tumor mit dem der Zellen im jeweils daraus etablierten ArT untersucht und in der Tat festgestellt, daß beide in der Regel in diesen Kriterien gut übereinstimmten, sodaß die Abstammung der ArTs vom entsprechenden Tumor leicht anhand ihres Differenzierungsgrades und ihrer CEA Expression bestimmt werden konnte. Allerdings war in einem Fall zu erkennen, daß ausschließlich entdifferenzierte Tumorzellen in den ArTs zu finden waren, obwohl im Orginaltumor diese deutlich in der Minderheit waren (Abb. 2). Eine genauere Betrachtung der Primärkulturen ergab jedoch, daß in diesem Fall die moderat differenzierten Zellen schon während der Isolierung der Tumorzellen verloren gingen und dies nicht auf einer Unfähigkeit dieser Zellen, als ArT zu wachsen, beruhte. Zusätzlich hat der Vergleich der ArTs mit Sphäroiden der entsprechenden Tumoren ergeben, daß selbst die entdifferenzierten Tumorzellen von Tumor t71 als ArTs wuchsen, jedoch nicht als kompakte Sphäroide. Dies mag darin begründet sein, daß die interzelluläre Adhäsion dieser Zellen geringer ist als die Adhäsion der Zellen an die EZM. Der wohl interessanteste Aspekt an der Histologie der verschiedenen ArTs war, daß differenzierte Karzinomzellen eine pseudodrüsige

Architektur aufwiesen, da die bisher verwendeten Sphäroide eine inside-out Architektur dieser Pseudodrüsen hatten. Dadurch wurde die Oberfläche der Sphäroide ausschließlich von apikalen Zellmembranen gebildet. In den ArTs treten nun diese Zellen über ihre basale Zellmembran mit ihrer Umgebung in Kontakt. Dies ist für viele experimentelle Fragestellungen von entscheidender Bedeutung, da wichtige funktionelle und phänotypische Unterschiede zwischen diesen Membrandomänen existieren, und diese einen Einfluß auf fast alle Krebstherapien haben können. Aber auch *in vivo*, während sich die Tumorzellen im Blut oder Lymphgefäßsystem befinden, steht ihnen kein EZM zur Verfügung, was höchst wahrscheinlich dazu führt, daß in diesem Körperkompartiment kleinere Tumorzellaggregate eine sphäroidartige Architektur annehmen. Dies bedeutet, daß Sphäroide und ArTs keine konkurrierenden *in vitro*-Modelle sind, sondern daß sie sich sinnvoll ergänzen. Die Kombination der Modelle ermöglicht eine *in vitro*-Simulation von Kolonkarzinomen von ihrer Entstehung bis zu ihren erfolgreichen Metastasierung. Zusammenfassend hoffen wir, daß durch die einfache Produktionsweise der ArTs eine breite Anwendung stattfindet und sich dieses Modell nahtlos in die Reihe anderer beschriebener *in vitro*-Modelle wie Monolayer- oder Mikrocarrier Cokulturen, Kollagengelkulturen, Sphäroide, Heterosphäroide oder Gewebekulturen einreiht und ergänzt (YUHAS J.M. et al., 1977; FREEMAN A.E. and HOFFMAN R.M., 1986; TAKEZAWA T. et al., 1992).

Literatur

BOUZIGES F., SIMO P., SIMON-ASSMANN P., HAFFEN K., KEDINGER M., Altered deposition of basement-membrane molecules in co-cultures of colonic cancer cells and fibroblasts, Int. J. Cancer, 48, 101-108, 1991

BUKOWSKI R.M., SHARFMAN W., MURTHY S., RAYMAN P., TUBBS R., ALEXANDER J., BUDD G.T., SERGI J.S., BAUER L., GIBSON V., STANLEY J., BOYETT J., PONTES E., FINKE J., Clinical results and characterization of tumor-infiltrating lymphocytes with or without recombinant interleukin 2 in human metastatic renal cell carcinoma, Cancer Res., 51, 4199-4205, 1991

ERLANSON M., DANIEL-SZOLGAY E., CARLSSON J., Relations between the penetration, binding and average concentration of cytostatic drugs in human tumour spheroids, Cancer Chemother. & Pharmacol., 29, 343-353, 1992

FREEMAN A.E. and HOFFMAN R.M., *In vivo*-like growth of human tumors *in vitro*, Proc. Natl. Acad. Sci., 83, 2694-2698, 1986

JÄÄSKELÄINEN J., KALLIOMÄKI P., PAETAU A., TIMONES T., Effect of LAK-cells against three-dimensional tumor tissue, J. Immunol., 142, 1036-1045, 1989

JESSUP J.M., GOODWIN T.J., SPAULDING G., Prospects for use of microgravity-based bioreactors to study three-dimensional host-tumor interactions in human neoplasia, J. Cellular Biochemistry, 51, 290-300, 1993

KRADIN R.L., LAZARUS D.S., DUBINETT S.M., GIFFORD J., GROVE B., KURNICK J.T., PRETTER F.I., PINTO C.E., DAVISON E., COLLAHAN R.J., STRAUSS H.W., Tumor-infiltrating lymphocytes and interleukin-2 in treatment of advanced cancer, Lancet, 1, 577-580, 1989

TAKEZAWA T., YAMAZAKI M., MORI Y., YONAHA T., YOSHIZATO K., Morphological and immunocytochemical characterization of a hetero-spheroid composed of fibroblasts and hepatocytes, J. Cell Sci., 101, 495-501, 1992

WILSON K.M. and LORD E.M., Effects of radiation on host-tumor interactions using the multicellular tumor spheroid model, Cancer. Immunol. Immunother., 23, 20-24, 1986

YUHAS J.M., LI A.P., MARTINEZ A.O., LADMAN A.J., A simplified method for production and growth of multicellular tumor spheroids, Cancer Res., 37, 3639-3643, 1977

Abbildungen

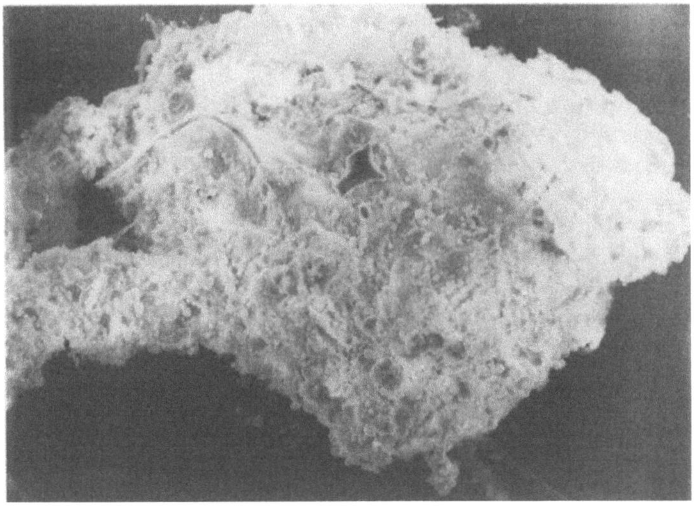

A

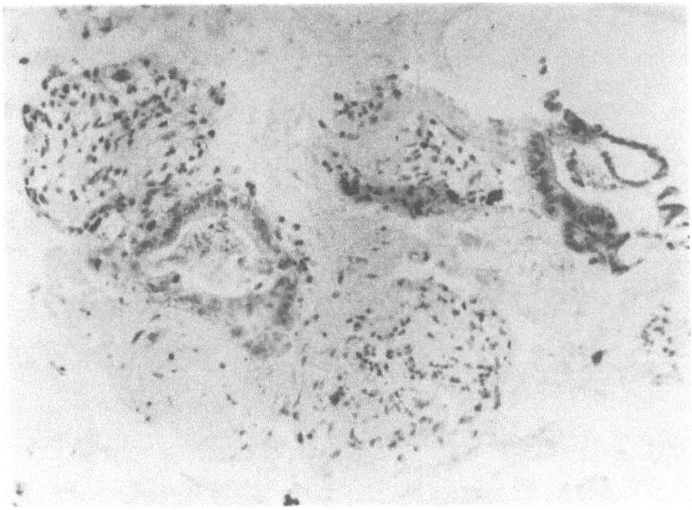

B

Abb. 1A und 1B.
A) Rasterelektronische Aufnahme eines artificial tumor (ArT), der *in vitro* vom Tumor t125 etabliert wurde und aus Kolonkarzinomzellen, Fibroblasten und der extrazellulären Matrix (EZM) des Kolons besteht. x 62.
B) Ein mit Hämalaun gefärbter histologischer Schnitt eines ArT vom hoch differenzierten Tumor t80. Es sind polarisierte Tumorzellen zu erkennen, die sich zu Pseudodrüsen arrangiert haben und zentrale Lumen bilden (Pfeil). Die pseudodrüsigen Strukturen sind in einem aus Fibroblasten und EZM bestehenden Stroma eingebettet

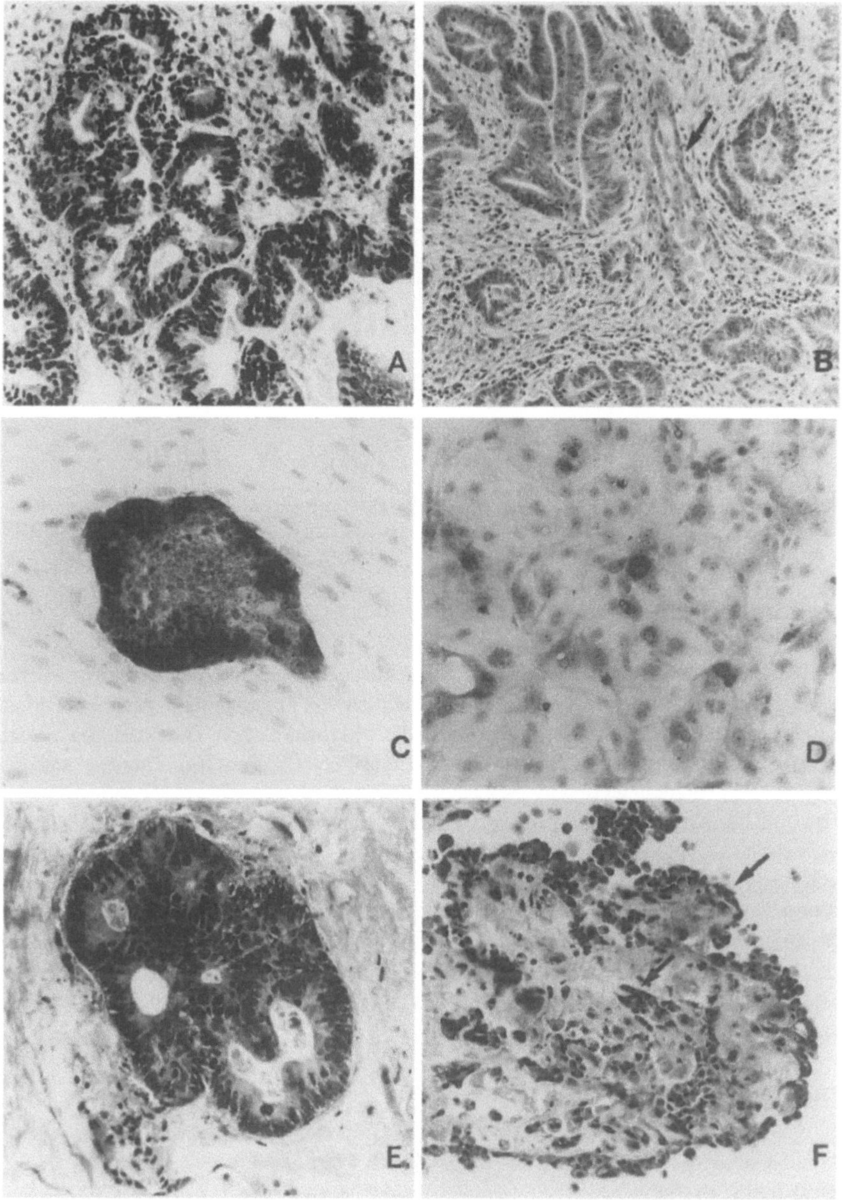

Abb. 2. **Vergleich der Primärtumoren (A,B), der Primärkulturen (C,D) und der daraus etablierten ArTs (E,F) von Tumor t88 (linke Reihe) und Tumor t71 (rechte Reihe)**
A) Tumor t88, ein Beispiel eines hoch differenzierten Adenokarzinoms.
B) Tumor t71; dieser Tumor besteht hauptsächlich aus differenzierten Tumorzellen, die pseudodrüsige Strukturen bilden, nur ein geringer Anteil der Tumorzellen ist undifferenziert (Pfeil).
C) Isolierte Zellen von Tumor t88, die als Plaques wachsen und von Fibroblasten umgeben sind. Beachtenswert ist ihre Heterogenität in der Carcinoembryonalen Antigen (CEA) Expression (dunkle Färbung).
D) Tumorzellen von t71, die das typische Wachstum undifferenzierter Zellen zeigen.
E) ArT von Tumor t88; zu erkennen ist die typische Architektur differenzierter Kolonkarzinome.
F) ArT von Tumor t71, alle Tumorzellen (mit Pfeilen markiert) sind völlig undifferenziert. A,B,C, HE x100. C,D, ABC Färbung gegen CEA x 250. E, HE x 250

Die Chorioallantoismembran des befruchteten Hühnereis als in vivo-Ersatzsystem für die Photodynamische Therapie

K. Kunzi-Rapp, C. Westphal-Frösch, N. Akgün, A. Rück, H. Schneckenburger, R. Steiner

Zusammenfassung

Die Chorioallantoismembran (CAM) des befruchteten Hühnereis bietet ein ausgezeichnetes Substrat für Tumorzellen sowie für die Transplantation von Fremdgewebe. Außerdem erlauben die Gefäße der CAM eine direkte Beobachtung der Mikrozirkulation. Dies sind ideale Voraussetzungen zur Untersuchung der Mechanismen der Photodynamischen Therapie sowohl im Tumor als auch simultan an tumorversorgenden Gefäßen.

Die Lokalisation eines Sensibilisators ist anhand seiner Fluoreszenz im CAM-Modellsystem relativ einfach zu beobachten. Dieser Parameter wurde benutzt, um Aufnahme, Verteilung und Speicherung verschiedener natürlicher Porphyrine und des synthetischen Porphyrinderivates Photosan 3 in Echtzeit zu detektieren. Parallel dazu wurden Änderungen der Morphologie mit Hilfe der Lichtmikroskopie beobachtet. Analog zu den bisher üblichen Versuchen an tumortragenden Mäusen wurde ein Blasenkarzinomstück auf die CAM transplantiert. Nach Photodynamischer Therapie mit Photosan 3 konnte eine makroskopisch sichtbare Reduktion des Tumors beobachtet werden.

Summary

The chorioallantoic membrane of the fertilized hen's egg as an in vivo system for photodynamic therapy

The chorioallantoic membrane of the fertilized hen's egg serves as an excellent host for tumor cells and grafts. In addition the vessels of the chorioallantoic membran permit a direct observation of the microcirculation. This conditions are ideal for stüdying the mechanisms of photodynamic therapy in tumors as well as in tumor vessels.

The localization of a sensitizer due to its fluorescence can be easily detected in the chorioallantoic membrane system. This parameter was used to detect uptake, distribution and storage of natural and synthetic porphyrins in real-time.

Similar to the common experiments with tumor bearing mice we transplanted a human bladder tumor to the chorioallantoic membrane. 48 hours after photodynamic therapy with

Photosan 3 we detected an obvious reduction of the tumor while a control tumor placed on the same egg was growing further.

1. Einleitung

Die Photodynamische Therapie (PDT) und die Photodynamische Diagnostik (PDD) entwickelten sich in den letzten Jahren zu erfolgversprechenden Methoden in der angewandten Onkologie. Beide Verfahren basieren auf der Wechselwirkung von Licht mit einem Photosensibilisator im Gewebe. Die an sich nicht toxischen Farbstoffe, die als Photosensibilisatoren benutzt werden, reichern sich selektiv im Tumorgewebe an. Durch Bestrahlung mit Licht geeigneter Wellenlänge wird ein photophysikalisch induzierter Prozeß in Gang gesetzt, der durch Redox- und Radikalkettenreaktionen sowie durch Bildung von hochtoxischem Singulett-Sauerstoff zur Zerstörung biologischer Systeme führt. Darüber hinaus wird die Fluoreszenz der Sensibilisatoren ausgenützt, um Tumoren sichtbar zu machen.

Die in klinischen Studien am häufigsten als Sensibilisatoren eingesetzten Substanzen sind Porphyrinderivate. In letzter Zeit wird durch Aktivierung endogener Porphyrine versucht, die Nebenwirkungen, wie z.B. die Photosensibilisierung der Körperoberfläche, zu minimieren. Durch Applikation von 5-Aminolävulinsäure (5-ALA) wird die Hämoglobinbiosynthese stimuliert. Dies führt zur Bildung von Protoporphyrin IX im Überschuß, was als endogener Photosensibilisator dient (SROKA R. et al., 1994).

In vielen grundlagenorientierten Studien wurde in vitro die zellulär schädigende Wirkung durch die PDT auf unterschiedliche normale und neoplastische Zellen untersucht (RÜCK A. et al., 1992). In vivo, d.h. im lebenden Organismus, kommt noch ein weiterer wesentlicher PDT-Effekt hinzu, nämlich die Schädigung des Gefäßsystems. Dadurch kommt es zur Minderperfusion im Tumor mit daraus resultierenden Gewebsnekrosen.

Zu Untersuchungen an in vivo-Systemen werden in der Regel bisher tumortragende immundefiziente Mäuse verwendet. Hier können die meisten Fragestellungen jedoch erst post mortem, d.h. zu einem bestimmten Zeitpunkt nach der Photodynamischen Therapie durch histologische Aufarbeitung geklärt werden.

Hierzu bietet die Chorioallantoismembran des befruchteten Hühnereis eine sinnvolle Alternative. Die CAM bietet ein ausgezeichnetes Substrat für Tumorzellen wie auch für die Transplantation von Fremdgewebe wie z.B. Teilen eines humanen Tumors (AUSPRUNK D.H. et al., 1975). Außerdem erlauben die Gefäße der CAM eine direkte Beobachtung der Mikrozirkulation. Diese Parameter bilden eine ideale Voraussetzung zur Untersuchung der Mechanismen der PDT sowohl im Tumor wie auch simultan an tumorversorgenden Gefäßen.

2. Material und Methoden

Die angebrüteten Hühnereier wurden am 4. Bebrütungstag modifiziert nach AUERBACH et al. (1974) am apikalen Pol eröffnet. Am 5. Bebrütungstag wurden auf die sich entwickelnde Chorioallantoismembran RR 1022 virustransformierte Rattenepithelzellen aufgesät oder Teile eines humanen G2-Blasenkarzinoms transplantiert.

Als Photosensibilisatoren wurden verwendet:

- Protoporphyrin IX (10µM), Coproporphyrin III (50µM), Uroporphyrin III (50µM) (Porphyrin Products,Logan, USA)
- Photosan 3 (100µg/ml) (Seehof, D-Wesselburenerkoog)
- 5-Aminolävulinsäure (10mg/ml) (Merck, D-Darmstadt)

Die Applikation der Sensibilisatoren erfolgte intravasal durch Punktion eines größeren Gefäßes und bei 5-Aminolävulinsäure topisch duch Auftropfen auf ein durch einen Silikonring abgegrenztes Areal.

Die Detektion der Aufnahme, Verteilung und Speicherung der Sensibilisatoren erfolgte fluoreszenzmikroskopisch in Echtzeit bei Anregung mit blauem Licht mit 405nm und Detektion oberhalb von 610nm. In Ergänzung dazu wurden 5, 30, 60, 120 und 180min nach Applikation des Sensibilisators Fluoreszenzspektren aufgenommen (Kurzzeitspektroskopie nach SCHNECKENBURGER H. et al., 1995).

3. Ergebnisse und Diskussion

In unseren bisherigen Studien untersuchten wir in diesem System die Aufnahme, Verteilung und Speicherung der natürlichen Photosensibilisatoren Protoporphyrin IX (PP), Coproporphyrin III (CP) und Uroporphyrin III (UP) nach intravasaler Applikation anhand ihrer Fluoreszenzintensität. Ebenso wurden Änderungen während eines lichtinduzierten photodynamischen Prozesses detektiert.

Sofort nach intravasaler Gabe konnte bei allen Substanzen Fluoreszenz im Gefäßsystem beobachtet werden. Bei Protoporphyrin IX konnte nach 10min Fluoreszenz in den Gefäßwänden und hier speziell in den Endothelzellen nachgewiesen werden. Parallel nahm die Fluoreszenz im interstitiellen CAM-Gewebe und in den aufgesäten Tumorzellen (RR 1022) zu. Während sie im CAM-Gewebe ihr Maximum nach ca. 30min erreichte, stieg sie in den Tumorzellen bis zu 3h kontinuierlich an (Abb.1).

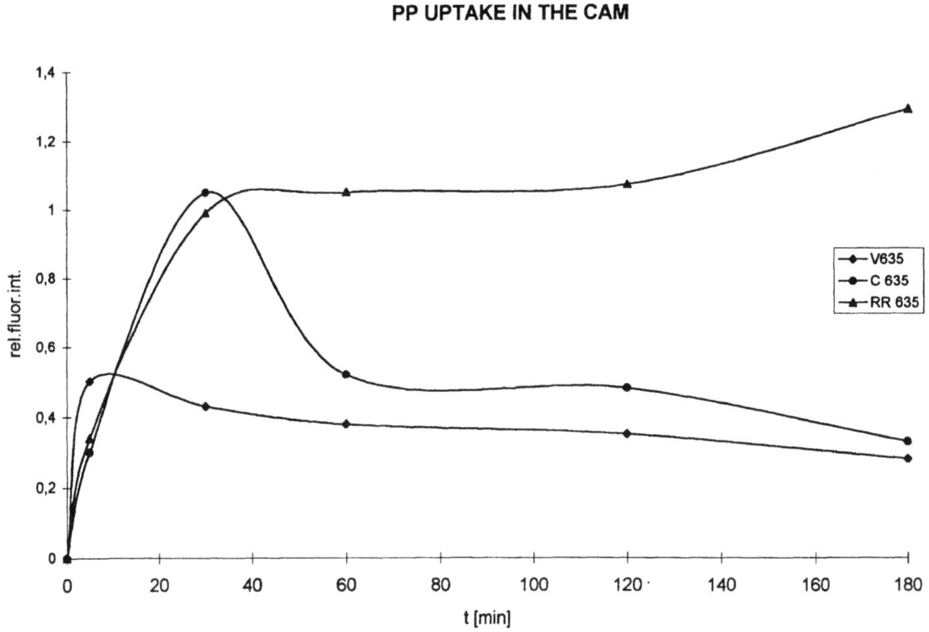

Abb.1. Zeitlicher Verlauf der Fluoreszenzintensitäten nach intravasaler Gabe von Protoporphyrin IX an Gefäßen, interstitiellem CAM-Gewebe und aufgesäten Tumorzellen

Die im Gegensatz zu Protoporphyrin hydrophilen Substanzen Copro- und Uroporhyrin zeigten keine Fluoreszenz der Gefäßwände. Dies entspricht der geringen Porphyrinaufnahme bei in vitro-Untersuchungen an Endothelzellen (STRAUSS W.S.L. et al.1995). Bei Uroporphyrin konnte zwischen 10min bis maximal 60min nach Applikation eine vorübergehende Fluoreszenz der Erythrozyten gefunden werden. Copro- und Uroporphyrin reicherten sich nach 3 bis 4 Stunden ebenfalls selektiv in den Tumorzellen an.

Bei dem synthetischen Hämatoporphyrinderivat Photosan 3 kam es nach Aufnahme aus dem Gefäßsystem zu einer schwachen Fluoreszenz der Gefäßwände und ebenfalls zu einer selektiven Anreicherung in aufgesäten Tumorzellen.

Nach Bestrahlung mit blauem Licht (405nm; 100J/cm²) kam es zum selektiven Absterben der aufgesäten Tumorzellen, wie im Trypanblauexklusionstest gezeigt werden konnte.

Gefäßveränderungen konnten sowohl nach intravasaler Gabe von Protoporphyrin wie auch nach Induktion endogener Porphyrine durch 5-Aminolävulinsäure beobachtet werden. Hierbei genügten schon sehr geringe Bestrahlungsdosen mit einer anschließenden Dunkelphase von ca. 15min. In den betroffenen Gefäßen kam es zur sludge-Bildung von Erythrozyten. Es konnte eine Verlangsamung des Blutflusses bis hin zur Stase beobachtet werden.

Um die Möglichkeiten abzuschätzen, die die CAM als in vivo-Ersatzmodell anstelle von Nacktmäusen bietet, wurden Teile eines in vorangegangenen Nacktmausversuchen verwendeten humanen Blasenkarzinoms auf die CAM transplantiert. Diese Transplantate wuchsen auf der CAM gut an, wurden vaskularisiert und zeigten nach mehreren Tagen ein Auswachsen von Tumorzellen entlang der großen Gefäße der CAM.

Nach Inkubation mit Photosan 3 wurde der Tumor analog den Nacktmausversuchen mit einem Argonionenlaser-gepumpten Farbstofflaser mit einer Wellenlänge von 630nm und einer Lichtdosis von 100J/cm² bestrahlt. 48 Stunden nach Bestrahlung zeigte das behandelte Tumorstück eine makroskopisch sichtbare Reduktion. Ein Kontrolltumorstück auf der selben CAM wurde in seinem Wachstum nicht beeinträchtigt.

Die bisherigen Versuche zeigen, daß sich für Fragestellungen zu grundlegenden Mechanismen der Photodynamischen Therapie die Chorioallantoismembran durch die Möglichkeit direkter Echtzeitbeobachtungen sowohl vaskulärer wie auch zellulärer Veränderungen sehr gut eignet. Verschiedene Tumorspezies können in diesem Modell auf ihre selektive Anreicherung unterschiedlicher Sensibilisatoren untersucht werden. Die Bestimmung der maximalen Anreicherung und damit des optimalen Bestrahlungszeitpunkts wird damit möglich.

Der limitierende Zeitfaktor von Xenotransplantaten auf der CAM nach PDT (maximal bis zum 10. Bebrütungstag) kann durch Transplantation auf weitere Eigenerationen umgangen werden.

Literatur

AUERBACH R., KUBAI L., KNIGHTON D., FOLKMAN J., A simple procedure for the long-term cultivation of chick embryos, Developmental Biology, 41, 391-394, 1974

AUSPRUNK D.H., KNIGHTON D.R., FOLKMAN J., Vascularisation of normal and neoplastic tissues grafted to the chick chorioallantois, Am J Pathol, 79, 597-628, 1975

ROBERTS W.G. and HASAN T., Role of neovasculartute and vascular permeability on the tumor retention of photodynamic agents, Cancer Res, 52, 924-930, 1992

RÜCK A., KÖLLNER T., DIETRICH A., STRAUSS W., SCHNECKENBURGER H., Fluorescence formation during photodynamic therapy in the nucleus of cells incubated with cationic and anionic water-soluble photosensitizers, J Photochem Photobiol B:Biol, 12, 403-412, 1992

SCHNECKENBURGER H., GSCHWEND M.H., SAILER R., RÜCK A., STRAUSS W.S.L., Time-resolved pH-dependent fluorescence of hydrophilic porphyrins in solution and in cultivated cells, J Photochem Photobiol B:Biol, 27, 251-255, 1995

SROKA R., BAUMGARTNER R., GOSSNER L., SASSY T., STOCKER S., Fluorometrische Untersuchungen der Porphyrinkinetik im Nacktmaus-Tumormodell nach intravenöser Applikation von 5-Aminolävulinsäure, Lasermedizin, 10, 96-101, 1994

STRAUSS W.S.L., SAILER R., SCHNECKENBURGER H., AKGUEN N., GOTTFRIED V., CHETWER L., KIMEL S., A comperative study of the photodynamic efficiency of naturally occuring porphyrins in endothelial cells in-vitro and microvasculature in-vivo, eingereicht bei J Photochem Photobiol B:Biol 1995

ECVAM Task Force Biostatistics: Stand und Perspektiven der Anwendung biometrischer Methoden bei der Validierung von Ersatz- und Ergänzungsmethoden

H.-G. Holzhütter

Zusammenfassung

Im Oktober 1994 wurde von ECVAM (European Centre for the Validation of Alternative Methods) die Task Force „Biostatistics" (TFB) ins Leben gerufen. Der Autor dieses Beitrages wurde als Vorsitzender dieser Task Force nominiert. Primäres Anliegen der TFB ist die Sicherung eines hohen Qualitätsstandards biometrischer Untersuchungen bei der Entwicklung und Validierung von toxikologischen Alternativmethoden. Dafür wurden von der TFB Richtlinien und Empfehlungen entworfen (ECVAM Biostatistics Task Force Report 1), die demnächst in der Zeitschtift *ATLA* veröffentlicht werden. Diese Empfehlungen werden sicherlich eine kontroverse Diskussion zwischen Toxikologen, Biometrikern und öffentlichen Entscheidungsträgern auslösen, da bisherige nationale und internationale Validierungsstudien zeigen, daß über Art und Umfang der einzusetzenden biostatistischen Methoden sowie den grundsätzlichen Stellenwert biostatistischer Ergebnisse bei der endgültigen Entscheidung über eine Alternativmethode erhebliche Meinungsverschiedenheiten existieren. Dieser Artikel gibt in gekürzter Form die Empfehlungen der TFB wider.

Summary

ECVAM Task Force Biostatistics: State of the art and perspectives of the application od biometric methods at the validation of alternatives to animal testing

In October 1994, the Task Force „Biostatistics" (TFB) was founded by ECVAM (European Centre for the Validation of Alternative Methods). The author of this manuscript was nominated chairman of this Tska Force. The primary aim of the Task Force is to guarantee high quality standards of biometric examinations during the development and the validation of toxicological alternatives. With regard to this, the TFB drafted guidelines and recommendations (ECVAM Biostatistics Task Force Report 1) which will be published soon in ATLA. The recommendations will surely lead ot controversial discussions among experts in toxicology, biometrics and public decision-taking people, because up to now national and international validation studies showed that extremly different opinions exist about the way and extend of biostatistical methods to be used and also about the basic value of biostatistical data for the decision about alternative methods. This manuscript resumes in short the recommendations of the TFB.

1. Grundsätzliches

In den letzten zwei Jahrzehnten hat sich unser Verständnis der zellulären und molekularen Mechanismen, die toxikologischen Effekten in biologischen Systemen zugrunde liegen, wesentlich vertieft und erweitert. Damit sind die Chancen für die Entwicklung und Etablierung von toxikologischen Alternativtests gewachsen, mit deren Hilfe der Einsatz von Versuchstieren in der routinemäßigen Toxizitätsprüfung von Chemikalien und anderen Wirkstoffen reduziert oder sogar vollständig überflüssig gemacht werden kann. Um als Ersatz bzw. Ergänzung für einen toxikologischen Tierversuch anerkannt zu werden, muß eine Alternativmethode zwei grundsätzliche Forderungen erfüllen.

1. Sie muß *relevant* sein, d.h. die mit dieser Methode erhobenen Toxizitätsdaten müssen mit den entsprechenden Ergebnissen am Versuchstier für definierte Klassen von Testsubstanzen hinreichend gut quantitativ übereinstimmen.
2. Die Alternativmethode muß in unabhängigen Testlaboratorien hinreichend gut *reproduzierbar* sein. Relevanz und Reproduzierbarkeit einer Alternativmethode werden durch Validierungsstudien (BALLS M. et al., 1990, 1995a) geprüft, in denen mehrere unabhängigen Laboratorien einen repräsentativen Satz von Testsubstanzen nach verbindlichen, detaillierten Standardvorschriften testen.

Größere nationale und internationale Validierungsprojekte (BMFT-Forschungsvorhaben, 1995; BALLS M. et al., 1995b) haben die wichtige Erfahrung vermittelt, daß die Qualität einer Alternativmethode von der breiten Anwendung statistischer und biomathematischer Methoden bereits während der Testentwicklung mitbestimmt wird. Gemäß den oben genannten Hauptkriterien für einen validen Alternativtest stehen dabei zwei Anwendungsfelder im Vordergrund:

a) Abschätzung der Datenvariabilität, Identifikation der wichtigsten Faktoren, die auf den verschiedenen Stufen des Versuchsaufbaus (Einzelexperiment, Wiederholung mehrerer Einzelexperiment in einem Labor, Wiederholung mehrerer Einzelexperimente in verschiedenen Laboratorien) die Reproduzierbarkeit der Meß- bzw. Beoachtungsergebnisse beeinflussen und daraus abgeleitet Vorschläge für einen optimalen experimentellen Versuchsaufbau,
b) Entwicklung eines mathematischen Prädiktionsmodells, mit dessen Hilfe die Ergebnisse des Alternativtests in Vorhersagen der in vivo-Toxizität umgewandelt werden können.

Während für den Problemkreis „Datenvariabilität" bereits ein umfangreiches statistisches Methodenarsenal zur Verfügung steht, zu dem beispielsweise die Varianzanalyse (ANOVA) zählt, bleibt für die Entwicklung von kausal begründeten Prädiktionsmodellen noch viel zu tun. In der Regel werden lineare Regressionsmodelle herangezogen, die in keiner Weise den tatsächlichen kausalen Zusammenhang zwischen den miteinander zu vergleichenden in vitro- und in vivo-Daten hinterfragen.

2. Was kann die Biometrie leisten?

Die entscheidenden Impulse für den Entwurf einer neue Alternativmethode kommen von experimentell tätigen Biowissenschaftlern (Toxikologen, Biochemikern, Molekularbiologen) und nicht von Biostatistikern bzw. Biomathematikern. Sind das biologische Modell und der grundsätzliche Versuchsaufbau erst einmal gewählt, kann jedoch die Biometrie effektiv zur weiteren Testoptimierung beitragen, etwa durch:

1. Vorschläge für die Wahl von Meßpunkten, aus denen sich die Endpunkte des Tests mit möglichst geringem experimentellen Aufbau und mit hoher Genauigkeit schätzen lassen (optimaler Versuchsaufbau)
2. Standardisierte Datenerfassung, Identifikation von Ausreißern und von fehlerhaften Daten durch statistische Tests bzw. logische Konsistenzprüfungen; Datenvisualisierung; Einrichtung von Datenbanken
3. Abschätzung der Datenvariabilität (Verteilungstyp, Varianzen) und Erkennung von fehlerverursachenden Hauptfaktoren im Versuchsaufbau
4. Schätzung des IC_{50}-Wertes und anderen Endpunkte aus Dosis-Wirkuns-Abhängigkeiten; Verlaufsvergleiche zwischen mehreren Dosis-Wirkungs-Kurven
5. Aufstellung von Vorhersagemodellen für den Vergleich von in vitro- und vivo-Daten
6. Dokumentation der Testergebnisse; Ausarbeitung von Hinweise für administrative Entscheidungsträger zur Interpretation und Bedeutung der erzielten statistischen Ergebnisse

Die Etablierung einer Alternativmethode umfaßt vier Hauptschritte (CURREN R. et al., 1995):

1. *Testentwicklung*: Beschreibung des Tests, insbesondere seiner toxikologischen Endpunkte; Ausarbeitung detaillierter Instruktionen für die praktische Durchführung des Tests; Testoptimierung.
2. *Prävalidierung*: Erprobung des Tests in einigen (2-3) unabhängigen Labors; weitere Testoptimierung und Überprüfung seiner Reproduzierbarkeit.
3. *Validierung*: Durchführung des Tests nach einem einheitlichen Standardprotokoll in mehreren unabhängigen Laboratorien für einen größeren, repräsentativen Satz von Testsubstanzen.
4. *Evaluierung*: Bewertung aller Ergebnisse der Validierungsphase und Entscheidung, ob der Test für Screeningzwecke bzw. Ersatz- oder Ergänzungsmethode geeignet ist; gegebenenfalls Beantragung einer offiziellen Genehmigung.

Es ist außerordentlich wichtig, daß ein Biometriker in allen 4 Phasen der Entwicklung und Validierung eines neuen Tests mitwirkt. Nur durch genauere Kenntnis der biologischen Grundlagen des Tests und seiner praktischen Durchführung kann der Biometriker die am besten geeigneten statistischen bzw. mathematischen Methoden auswählen.

Schwerpunkte der biometrischen Analyse und Charakter der Zusammenarbeit zwischen Biometriker und Toxikologen werden in den einzelnen Phasen verschieden sein. Während der Testentwicklung sollte die Zusammenarbeit so eng und kooperativ wie möglich sein. Bereits in dieser Phase ist zu prüfen, ob der vorgeschlagene Test überhaupt eine Prädiktion von in vivo-Ergebnissen erwarten läßt. Die Biometrie wird sich in dieser Phase vor allem mit der Suche nach geeigneten Prädiktionsmodellen befassen. Hierzu gehört insbesondere die kritische Auseinandersetzung mit der Qualität der verfügbaren in vivo-Daten! Häufig bleibt die große Variabilität bzw. Unbestimmtheit von in vivo-Daten bei der Etablierung von Prädiktionsmodellen nämlich unberücksichtigt und die dadurch bedingte schwache Korrelation mit den Ergebnissen des Alternativtests wird als mangelnde Prädiktivität des Alternativtests interpretiert.

Die biometrische Auswertung einer Validierungsstudie muß zunächst völlig unabhängig von den beteiligten Experimentatoren durchgeführt werden. Dabei stehen zwei Fragen im Mittelpunkt:

1. Ist die Streuung der Testergebnisse zwischen den teilnehmenden Laboratorien hinreichend klein, d.h. genauer gefragt: Kommen die einzelnen Labors unter Verwendung des vorgeschlagenen Prädiktionsmodells zu hinreichend ähnlichen Vorhersagen der in vivo-Toxizität?
2. Sind die vorhergesagten und beobachteten in vivo-Toxizitäten in hinreichend guter Übereinstimmung?

Nach der formalen biometrischen Analyse der Validierungdaten wird dann wiederum in enger Zusammenarbeit zwischen Biometriker und den beteiligten Laboratorien zu klären sein, welches die Ursachen für mögliche größere Diskrepanzen zwischen den einzelnen Laborergebnissen waren, wie das Standardprotokoll noch eindeutiger gestaltet werden sollte und ob das bislang vorgeschlagene Prädiktionsmodell im Lichte der neuen Ergebnisse tatsächlich bereits optimal ist.

Generell sollten biometrische Methoden zur Anwendung kommen, die in der biologischen Statistik als anerkannt und bewährt gelten. Das bedeutet, daß die betreffende Methode in einer mit Gutachtersystem arbeitenden Zeitschrift oder einem Standardwerk der Statistik publiziert sein sollte und daß praktische Erfahrungen mit der Methode vorliegen. Allerdings sollten neuartige statistische oder biomathematische Zugänge nicht von vornherein ausgeschlossen werden. Schließlich sind fast alle etablierten statistischen Methoden einmal im Rahmen einer praktischen Nutzanwendung eingeführt worden. Eine vernünftige Proportion zwischen traditionellen und ad hoc neu entwickelten Methoden sollte allerdings in jedem Falls gewahrt werden. Die für die Bewertung eines neu entwickelten Alternativtests entscheidenden biometrischen Analysen sollten unbedingt einer Überprüfung mit anerkannten statistischen Standardmethoden standhalten.

Alle statistischen und biomathematischen Methoden, die während der Prävalidierung oder Validierung eines Alternativtests zur Anwendung kommen, sollten in einem Anhang zum Standardprotokoll bzw. zum Abschlußbericht einer Studie so detailliert dargelegt werden, daß die Berechnungen durch einen unabhängigen Biometriker zu einem späteren Zeitpunkt erneut durchgeführt werden können. Dazu ist es auch erforderlich, daß sämtliche Rohdaten in einer Datenbank archiviert und Veränderungen dieser Daten nach Abschluß der Experimente sorgfältig dokumentiert und begründet werden.

3. Optimierung der Testdurchführung

3.1. Auswahl der Testchemikalien

Ein wichtiges Ziel während der Testentwicklung besteht in der Identifikation der Substanzgruppen, für die der vorgeschlagene Test reproduzierbare und für die Vorhersage der in vivo-Toxizität relevante Ergebnisse liefert. Im Idealfall sollte ein Satz von Testchemikalien „Repräsentanten" möglichst vieler verschiedener chemischer Klassen umfassen und die in vivo-Toxizität der Testsubstanzen sollte über den gesamten möglichen Bereich gleichmäßig verteilt sein. Für Reinsubstanzen mit bekannter chemischer Struktur kann eine solche Auswahl mit bestimmten Varianten der Hauptkomponentenanalyse (MCCABE G.P., 1984; SJÖSTRÖM M. and ERIKSSON L., 1995) erreicht werden.

Eine weitere wichtige Aufgabe der Biometrie bei der Auswahl der Testchemikalien besteht in der Durchführung von Computersimulationen, mit deren Hilfe die Auswirkung von Prävalenzen in der Substanzwahl (d.h. ungleichmäßige Verteilung der in vivo-Toxizitäten) und von Fehlern in den in vitro- und in vivo-Daten auf die Güte der zu erwartenden Prädiktionen abgeschätzt werden können (BRUNER L.H. et al., 1996).

3.2. Abschätzung des erforderlichen Stichprobenumfanges

Die Abschätzung des erforderlichen Umfanges eines „repräsentativen" Satzes von Testchemikalien wird in erster Linie durch die geplanten zukünftigen Anwendungen des Tests diktiert und ist einer statistischen Analyse kaum zugänglich. Formal sollte sichergestellt sein, daß der Testsatz eine Stichprobe aus der Grundgesamtheit aller zukünftig zu testenden Stoffe darstellt, d.h. Stoffe umfaßt, deren bivariate Verteilung der in vitro-/in vivo-Toxizitäten der zukünftig zu bewertenden Substanzen entspricht. Allerdings ist bei Anwendung eines Tests auf eine neue Chemikalie schwer einzuschätzen, daß diese tatsächlich zur der Substanzmenge gehört, für die der Test validiert wurde. Allenfalls für Chemikalien, die einer homologen Reihe angehören, können Methoden der quantitativen Struktur-Wirkungsanalyse (QSWA) hierfür gewisse Anhaltspunkte liefern.

Die Statistik kann jedoch Aussagen über die erforderliche Zahl von Objekten (= Testchemikalien) und die Zahl der unabhängigen Wiederholungsmessungen (= Zahl der unabhängigen Experimente und Zahl der beteiligten Laboratorien) machen, die nötig sind, um mit genügender Genauigkeit den Verteilungstyp und die statistischen Maßzahlen (Mittelwert, Varianz) einer toxikologischen Variablen schätzen zu können. Das statistisch Wünschenswerte steht meistens im Widerspruch zu pragmatischen Erwägungen (finanzielle Kosten einer Studie, Verfügbarkeit von Testchemikalien usw.). 20 Testchemikalien von 5 verschiedenen Laboratorien in 5 unabhängigen Wiederholungsexperimenten getestet ist erfahrungsgemäß schon als statistischer Glücksfall anzusehen.

3.3. Auswahl informativer toxikologischer Endpunkte

Die Reaktion (response) eines biologischen Testsystems auf einen externen Effektor (chemischer Wirkstoff, Temperaturänderung, Strahlungsexposition) hängt von der Dosis des Effektors und seiner Einwirkungsdauer ab (dose - time - response relation). Üblicherweise wird entweder die Einwirkungsdauer konstant gehalten und lediglich die Dosierung variiert (dose - response relation), oder umgekehrt die Einwirkungszeit bei fester Dosierung verändert (time - reponse relation). Die Information, die in solchen Dosis-Wirkungs-Abhängigkeiten bzw. Zeit-Wirkungs-Abhängigkeiten steckt, wird meistens weiter auf einen charakteristischen Endpunkt reduziert, den sogenannten IC_{50}-Wert, der die Dosis (oder Einwirkungszeit) des Effektors angibt, bei der 50% der maximalen Reaktion beobachtet werden. Bei diesem Vorgehen ist zweierlei zu bedenken:

1. Neben dem IC_{50}-Wert sind durchaus andere IC_x-Werte ($x \neq 50$) denkbar, die geeignete Prädiktoren für die in vivo-Toxizität darstellen könnten (nicht selten wird der halbmaximale Effekt im Experiment überhaupt nicht erreicht).
2. Die jeweils konstant gehaltene zweite Einflußgröße (Dosis bzw. Einwirkungsdauer) bestimmt wesentlich die Lage und Form der gemessenen Zeit-Wirkungs-Abhängigkeit bzw. Dosis-Wirkungs-Abhängigkeit und sollte deshalb mit einem experimentell vertretbaren Aufwand zumindest in einem groben Raster variiert werden, um möglichst informative Endpunkte des Tests definieren zu können. Ein solches Vorgehen sollte nicht allein von der Intuition des experimentellen Toxikologen abhängen, sondern auch von mathematischen Optimierungsstrategien begleitet werden (KIRKPATRICK S. et al., 1983).

Stehen mehrere toxikologische Endpunkte zur Auswahl, die biologisch plausibel sind, so ist mit statistischen Methoden zu prüfen, in welchem Maße diese untereinander korrelieren. Dabei muß nicht unbedingt ein einfacher linearer Zusammenhang zwischen zwei Endpunkten bestehen, was bei der Auswahl des statistischen Modells zu berücksichtigen ist. Miteinander stark verbundene Endpunkte stellen redundante experimentelle Informationen dar, die den experimentellen Aufwand unnötig vergrößern und außerdem als simultan verwendete Prädiktorvariable in einem Vorhersagemodell die Robustheit des Modells gegenüber experimentellen Fehlern erheblich verschlechtern können. Neben der Korrelationsanalyse können multivariate Verfahren wie die Hauptkomponentenanalyse (PCA) helfen, latente Abhängigkeiten in einem Satz von Endpunkten aufzudecken (JACKSON J.E., 1991). Modifizierte Regressionsmethoden wie etwa PLS (HÖSKULDSSON A., 1988; WOLD S., 1995, HELLBERG S. et al., 1990) können vorteilhaft herangezogen werden, um Prädiktionsmodelle aufstellen, die mit einem minimalen Satz von (in vitro-) Pädiktorvariablen bzw. in vivo-Variablen auskommen.

3.4. Reduktion der Datenvariabilität

Ein wichtiges Ziel der Testoptimierung besteht in der Verringerung von Meßwertschwankungen. Die Anwendung faktorieller Designmethoden auf einen begrenzten Satz von Testchemikalien kann mithelfen, Faktoren auszumachen, die maßgeblich die Datenvariabilität beeinflussen. Dazu sollten Biometriker und Toxikologe gemeinsam einen faktoriellen Versuchsplan entwerfen, nach dem externe Einflußgrößen (wie pH-Wert und Ionenstärke des Mediums, Lösungsmittel, Einwirkungszeit der Testsubstanz) systematisch variiert werden. Die Ergebnisse einer solchen Versuchsserie können dann mit varianzanalytischen Methoden ausgewertet werden (BOX G.E.P. and DRAPER N.R., 1987; BOX G.E.P. et al., 1978).

Die Variabilität der Meßdaten kann häufig dadurch verringert werden, daß relative Variable eingeführt werden. Im einfachsten Falle gelingt dies durch Normierung des für eine Testchemikalie gemessenen Endpunktwertes mit Hilfe des unter gleichen Bedingungen bestimmten Endpunktwertes einer Referenzsubstanz. Wird ein Satz von verschiedenen Referenzsubstanzen mitgeführt, so können die durch PCA ermittelten „Ladungen" für die Normierung zwischen verschiedenen Laboratorien benutzt werden.

4. Statistische Charakterisierung und Verarbeitung toxikologischer Daten

4.1. Definition des Datentyps

Die statistischen Methoden, die für den Vergleich der Ergebnisse aus unterschiedlichen Testsystemen in Frage kommen, hängen vom jeweiligen Datentyp ab. Toxikologische Variable sind entweder metrische (kontinuierliche) Größen (wie etwa der IC_{50}-Wert, der eine nicht-negative reelle Zahl darstellt) oder stellen ordinale (kategoriale, diskrete) Größen dar, die durch Bewertung eines Beobachtungsergebnisses mit Hilfe eines Klassifikationsschemas entstehen. Durch Mittelung oder Kombination mehrerer ordinaler Ergebnisse können pseudo-metrische Daten entstehen. Dies ist stets im Auge zu behalten, wenn für die Analyse solcher Daten statistische Modelle verwendet werden, die streng genommen nur für metrische Variable gelten.

Eine Klassifizierung von ursprünglich metrischen Variablen (und damit Vergröberung der experimentellen Information) kann sinnvoll sein,

- wenn es den praktischen Bedürfnissen an einen Test (z.B. die einfache Unterscheidung zwischen 'nicht reizend' und 'stark reizend') entpricht und dadurch die Zuverlässigkeit des Prädiktionsmodells erhöht wird.
- wenn ordinale Ergebnisse eines Tests mit metrischen Ergebnissen eines anderen Tests verglichen werden sollen (obwohl es hierfür auch Methoden wie die logistische Regression oder Diskriminanzanalyse gibt, die ohne eine Typenkonvertierung auskommen).

4.2. Analyse der Datenvariabilität

Die beobachtete Variabilität der Meßergebnisse eines toxikologischen Endpunktes hat zwei grundsätzlich verschiedene Ursachen:

1. zufällige oder auch systematische Veränderungen in den experimentellen Bedingungen (Verwendung von unterschiedlichen Lösungsmitteln, Dosierfehler, veränderte Medienzusammensetzung etc.);
2. die „natürliche" Variabilität der im Test verwendeten biologischen Spezies. Der relative Anteil dieser zwei Quellen an der beobachteten Gesamtvariabilität ist für Labortiere oder in vitro-Tests unterschiedlich. Um zu verhindern, daß verborgene, systematische Einflußfaktoren die Meßergebnisse für verschiedene Testsubstanzen systematisch verzerren, sollten Randomisierungsstrategien in den Versuchsplan einbezogen werden (BLAND M., 1995).

In vitro-Studien basieren häufig auf einem hierarchischen experimentellen Versuchsaufbau. Auf der untersten Stufe der Hierarchie steht das einzelne Wiederholungsexperiment (z.B. Messung der optischen Dichte in 6 in gleicher Weise bestückten Küvetten). Da die experimentellen Bedingungen, unter denen die Mehrfachproben vermessen werden, weitestgehend identisch sind (Zellpassage, Medium, Lösungsmittel, Verfassung des Laborassistenten), ist die beobachtete Variabilität der Meßergebnisse auf dieser Stufe des Versuchsaufbaus normalerweise viel geringer als zwischen unabhängigen Wiederholungsexperimenten. In Validierungs- bzw. Prävalidierungsstudien kommt auf dritter Hierarchieebene die Interlaborstreuung der Daten hinzu. Diese zeigt an, ob der Test von einem Labor zum anderen transferierbar ist und sich somit für einen breiten Einsatz eignet.

Die Varianzanalyse (ANOVA) ist eine Standardmethode, um die Variabilität der Daten auf den genannten Stufen des hierarchischen Versuchsaufbaus zu quantifizieren. Bei Anwendung dieser Methode ist allerdings zu beachten, ob die jeweiligen Voraussetzungen an die Struktur der Meßdaten (z.B. normalverteilte Fehler und homogene Varianzen) des jeweils verwendeten parameterischen oder nicht-parametrischen Tests auf signifikante Unterschiede tatsächlich erfüllt sind. Das kann häufig durch einfache Residuenplots visuell beurteilt werden. Statistikprogramme bieten verschiedene Tests auf Normalverteilung an (z.B. Shapiro-Wilk oder χ^2). Häufig kann eine „normalartige" Verteilung durch geeignete nichtlineare Skalentransformationen erreicht werden, wie etwa

reziproke Transformation	$g(X) = 1/X$
Wurzel-Transformationen	$g(X) = \sqrt{X+C}$ $g(X) = \sqrt{X} + \sqrt{X+1}$
logarithmische Transformation	$g(X) = \ln(C + c)$
Fishersche Z-Transformation	$g(X) = \operatorname{arctanh}(X)$

Die günstigste Normalisierungstransformation kann mit Hilfe der Potenztransformationstechnik von BOX und COX (BOX G.E.P. and COX D.R., 1964) ausgewählt werden.

Häufig wird der toxikologische Endpunkt (X) eines Testsystems nicht direkt gemessen, sondern mit Hilfe eines mathematischen Modells $X=F(X_1,...,X_k)$ aus einem Vektor $\{X_1,...,X_k\}$ von Meßgrößen berechnet. Hierbei ergeben sich zwei charakteristische Schwierigkeiten. Zum einen ist das Ergebnis abhängig von der Modellwahl. So kann die Schätzung des IC_{50}-Wertes einer Dosis-Wirkungs-Abhängigkeit sehr unterschiedlich ausfallen, je nachdem ob für das Modell eine einfache Regressionsgerade oder ein logistisches Dosis-Wirkungs-Modell verwendet wird.

Zum zweiten liegen häufig nur wenig unabhängige Messungen $\{x_1^\alpha,\dots,x_k^\alpha\}$, $\alpha=1,\dots,m$ vor (z.B. m=3 unabhängige Wirkungswerte je Dosis). Dann stellt die empirische Varianz von X möglicherweise nur einen schlechten Schätzer für die asymptotische Varianz ($\alpha\rightarrow\infty$) dar. In solchen Fällen können computergestützte Monte-Carlo-Simulationen, wie etwa das sogenannte Bootstrap (EFRON B. and TIBSHIRANI R.J., 1993), bessere Schätzungen der Varianz von X liefern. Das Wesen dieser Methode besteht darin, die verfügbaren Meßdaten miteinander in zufälliger Weise zu kombinieren, wobei Wiederholungen erlaubt sind. So kann beispielsweise aus den Meßwertvektoren $\{x_1=25,x_2=49,x_3=71\}$ und $\{x_1=23,x_2=51,x_3=78\}$ der Bootstrap-Vektor $\{x_1=25,x_2=51,x_3=78\}$ entstehen, für den der Bootstrap-Wert $X^*=F(X_1,\dots,X_k)$ berechnet wird. Aus einer hinreichend großen Zahl so berechneter Bootstrap-Werte von X ergibt sich dann die geschätzte (Boostrap-) Varianz.

Die Variabilität der Endpunktwerte einer Testssubstanz kann empfindlich von ihrer absoluten Toxizität sowie ihren physikalisch-chemischen Eigenschaften abhängen. Beispielsweise wird die Testung einer nicht-toxischen Testssubstanz in einem Testsystem mit ordinalem Endpunkt mit großer Wahrscheinlichkeit immer wieder zur Einstufung in die gleiche Klasse ('nicht toxisch') führen. Die Streuung dieses Ergebnisses ist extrem gering. Umgekehrt kann die Testung einer wasserunlöslichen Substanz in einem wäßrigen Testsystem sehr unterschiedliche Ergebnisse liefern, je nachdem wie das Labor die Lösungsvermittlung realisiert. Zur Erkennung solcher Effekte kann es instruktiv sein, die Abhängigkeit der (konventionellen oder Bootstrap-) Varianzen der Endpunkte von den mittleren Endpunktwerten bzw. von ausgewählten physikalisch-chemische Eigenschaften der einzelnen Testchemikalien mit Hilfe von Korrelations- und Regressionsmethoden statistisch zu analysieren.

Eine wichtige Fragestellung bei der biometrischen Auswertung von Validierungsstudien ist die, ob sich die Ergebnisse zweier verschiedener Laboratorien nur zufällig unterscheiden oder systematisch voneinander abweichen. Im Ergebnis einer solchen Analyse kann man die Laboratorien, die sich in ihren Ergebnissen nur zufällig unterscheiden, in Ähnlichkeitsgruppen zusammenfassen. Das wiederum erleichtert die Suche nach systematischen Unterschieden zwischen den einzelnen Laborergebnissen, denen möglicherweise Verletzungen bzw. Fehlinterpretationen des Standardprotokolls zugrunde liegen. Eine häufig verwendete Methode, Inhomogenitäten zwischen den Ergebnissen verschiedener Laboratorien aufzuspüren, sind Residuenplots. Für sämtliche Testsubstanzen wird der (durch Mittelung über alle Labore erhaltene) Mittelwert des Endpunktes zusammen mit den Werten der einzelnen Laboratorien aufgetragen. Zufällige oder systematische Abweichungen manifestieren sich als mehr oder weniger ausgeprägte Punktwolken ober- und unterhalb der Mittelwerte. Diese Methode geht allerdings von der Annahme aus, daß die Werte der einzelnen Laboratorien Realisierungen aus einer normalverteilten Grundgesamtheit sind und demzufolge der Mittelwert den „besten" Wert für den Endpunkt repräsentiert. Gerade diese Annahme ist jedoch wegen systematischer Unterschiede im Experimentieren verschiedener Laboratorien in der Regel falsch. Besser ist es, einen Abstand D_{ij} zwischen Labor i und Labor j einzuführen, der den Unterschied zwischen den Meßergebnissen der beiden Labore quantitativ ausdrückt, allerdings ohne eine a priori Annahme, welche Meßergebnisse richtiger sind. Für diesen „Interlaborabstand" D_{ij} stehen diverse statistische Distanzmaße wie z.B. der Korrelationskoeffizienten oder der Mahalanobis-Abstand zur Verfügung. Basierend auf den Distanzen D_{ij} kann dann eine Ähnlichkeitsgruppierung der Laboratorien vorgenommen werden, etwa mit Hilfe von Clustermethoden in Kombination mit Dendogrammen (HOLZHÜTTER H.-G., 1996).

4.3. Auswertung von Dosis-Wirkungs-Abhängigkeiten

Toxikologische Endpunkte sind in vielen Fällen IC_{50}-Werte von Dosis-Wirkungs-Abhängigkeiten. Die Genauigkeit der Schätzung dieses Wertes hängt von der Verteilung der Meßwerte ab (lineare oder geometrische Verteilung der Dosiswerte, ausreichend viele Wirkungswerte im mittleren Bereich). Es gibt zwar viele statistische Ansätze zur Optimierung von Dosis-Wirkungs-Experimenten (z.B. in Table Curve™ 2D, Jandel Scientific GmbH, Schimmelbuschstr. 25, D-40699 Erkrath), deren rigorose Anwendung setzt allerdings einen erheblichen experimentellen Aufwand voraus. Deshalb sollten sich Biometriker und Toxikologe auf eine vernünftige Zahl (3-4?) von Meßpunkten einigen, die mindestens zwischen den Asymptoten (0 bzw. 100% Wirkung) liegen sollten.

Die Wahl des Modells, das zur Schätzung des IC_{50}-Wertes bzw. anderer interessierender charakteristischer Punkte einer Dosis-Wirkungs-Abhängigkeit herangezogen werden sollte, hängt in hohem Maße von der toxikologischen Fragestellung, dem Umfang und der Präzision der Meßpunkte und der Kenntnis der zugrunde liegenden Wirkungsmechanismen ab. Dementsprechend kann zwischen 3 Klassen von Modellen unterschieden werden:

1. mechanistische Modelle, die die der toxischen Wirkung einer eng umschriebenen Substanzgruppe zugrunde liegenden molekularen Prozesse berücksichtigen,
2. semi-empirische (logistische) Modelle, die von 2-4 phänomenologischen Parametern abhängen und den Verlauf einer Dosis-Wirkungs-Kurve grob charakterisieren,
3. Annäherung des Kurvenverlaufs mit Hilfe eines geeignet gewählten Systems von Basisfunktionen, die von einfacher linearer Regression bis zur gedämpften kubischen Splineapproximation reichen.

Für die Auswertung von Dosis-Wirkungs-Abhängigkeiten, die bei Anwendung einer Alternativmethode auf eine breite Klasse von Substanzen mit unterschiedlichen Wirkungsmechanismen entstehen, bietet sich die Anwendung semi-empirischer Modelle an. Das Programmpaket TABLECURVE™ (Table Curve™ 2D, Jandel Scientific GmbH, Schimmelbuschstr. 25, D-40699 Erkrath) bietet eine sehr große Zahl semi-empirischer Modelle und Polynomfunktionen an, deren Anpassungsgüte mit verschiedenen statistischen Bewertungskriterien beurteilt wird. Im Programm KOWIRA (Biorat GmbH, Zentrum für Statistische Beratung und Datenverarbeitung, Joachim-Jungius-Str. 9, D-18059 Rostock) sind 8 häufig verwendete Dosis-Wirkungs-Modelle implementiert, deren historischer Usprung dem Nutzer erläutert wird. Für die Beschreibung komplizierterer, nicht-monotoner oder biphasische Kurvenverläufe wurde von uns ein Multi-Kompartmentmodell entwickelt (HOLZHÜTTER H.-G. and QUEDENAU J., 1995).

4.4. Ausreißer

Der Begriff 'Ausreißer' bezeichnet einen Datenpunkt, der weit entfernt von seinem Erwartungswert liegt. Was dabei 'weit entfernt' bedeutet, hängt natürlich von der Breite der Verteilungsfunktion ab. Verschiedene statistische Tests sind entwickelt worden (SNEDECOR G.W. and COCHRAN W.G., 1980), die sich geringfügig in der Definition des kritischen Abstandes unterscheiden, den eine Einzelbeobachtung von allen anderen Beobachtungen haben muß, um als statistisch sehr unwahrscheinlich eingestuft zu werden.

Man sollte zwischen zwei Arten von Ausreißern unterscheiden. Tritt in einer Reihe von Wiederholungsmessungen ein extremer Meßwert auf (Ausreißer Typ I), dann liegt dem in der Regel entweder ein echter Meßfehler (falsches Ablesen oder Übermitteln eines Meßwertes) oder eine Störung in den (als identisch angenommenen) Bedingungen des Wiederholungsexperimentes zugrunde (z.B. Pipettierfehler). Es sollte geklärt werden, ob die Ursache des Ausreißers in zufälligen Verletzungen des experimentellen Protokolls besteht, oder aber das gehäufte Auftreten von Ausreißern ohne leicht diagnostizierbare Ursachen darauf hinweist, daß der Test prinzipiell für gewisse Substanzen ungeeignet ist.

Ein zweiter Typ von Ausreißer kann auftreten, wenn in vitro- und in vivo-Daten über ein Prädiktionsmodell miteinander verglichen werden, d.h. die mit den Ergebnissen des in vitro-Tests vorhergesagte Toxizität von der tatsächlich beobachteten in vivo-Toxizität erheblich abweicht. Hier ist allerdings zu beachten, daß die mit einem Prädiktionsmodell vorhergesagten Toxizitätswerte stets mit einer gewissen Ungenauigkeit behaftet sind, die aus Meß- und Modellfehler resultiert. Ausgedrückt wird das über ein Konfidenzintervall, in dem der vorherzusagende in vivo-Wert mit großer (z.B. 95%) Wahrscheinlichkeit anzutreffen ist. Ausreißer vom Typ II müssen also deutlich außerhalb dieses Konfidenzintervalls liegen.

4.5. „Zensur" von Daten

Wenn der Wert eines Endpunktes (z.B. die Zeit bis zum ersten Auftreten eines toxischen Effektes) die Grenzen seines Definitionsbereiches (z.B. die vorgegebene höchste Beobachtungsdauer von 5 Minuten) überschreitet bzw. erreicht, so ist diese Beobachtung gesondert zu kennzeichnen mit der Bemerkung „Grenze überschritten". Eine ähnliche Art von Zensierung ist erforderlich, wenn ein Stoff nur in einem eingeschränkten Dosisbereich getestet werden kann, etwa wegen seiner extrem schlechten Wasserlöslichkeit. Die Einbeziehung zensierter Daten in statistische Analysen bereitet erhebliche Probleme. Es ist zwar gängige Praxis, für zensierte Endpunktwerte den jeweils erreichbaren größten bzw. kleinsten Wert zu verwenden und bei der Berechnung statistischer Größen wie ein reales Meßergebnis zu behandeln, dadurch kann aber unter Umständen eine erhebliche Verzerrung der statistischen Ergebnisse eintreten. Eine vom statistischen Standpunkt aus vertretbare Einbeziehung von zensierten Daten erfordert die Anwendung eines Bayes'schen Komplett-Daten-Zugangs (GELMAN A. et al., 1995). Eine wesentlich einfachere Variante besteht darin, die statistischen Analysen zweimal durchzuführen und zwar unter Einbeziehung bzw. Weglassung der zensierten Daten. Wenn sich die Ergebnisse wesentlich unterscheiden, sollten Testaufbau oder Definition der Endpunkte verändert werden.

5. Biostatistische Methoden zur Analyse des Zusammenhanges zwischen Daten unterschiedlicher toxikologischer Testsysteme

Statistische Methoden des Datenvergleichs können grob in deskriptive und prädiktive Methoden eingeteilt werden (Tabelle 1).

Tabelle 1. Komperative statistische Methoden

Methode	Referenz	
Korrelationskoeffizienten	SNEDECOR G.W. and COCHRAN W.G., 1980	deskriptiv
Kontingenztafeln	FEDER P.I. et al., 1991	prädiktiv
Hauptkomponentenanalyse	JACKSON J.E., 1991	deskriptiv
Kanonische Korrelation	MANLEY B.F.J., 1986	deskriptiv
Cluster Analysen	CHATFIELD C. and COLLINS A.J., 1980	deskriptiv
Diskriminanzanalyse	CHATFIELD C. and COLLINS A.J., 1980	prädiktiv
Regressionsanalyse	DRAPER N. and SMIT H., 1981	prädiktiv
PLS (partial least squares) Methoden	HÖSKULDSSON A., 1988	prädiktiv
	WOLD S., 1995	
	HELLBERG S. et al., 1995	

Die Anwendung dieser Methoden setzt einen bestimmten Datentyp voraus. Weiterhin kann man zwischen bi- und multivariaten Methoden unterscheiden, je nachdem ob nur zwei oder mehr als zwei Variable miteinander verglichen werden.

Der erste, explorative Schritt einer statistischen Zusammenhangsanalyse besteht meist in der Berechnung von Korrelationsmaßen. Ist die Korrelation hinreichend groß, wird sich eine genauere quantitative Beschreibung des Zusammenhanges mit Hilfe eines Prädiktionsmodells anschließen. Das Prädiktionsmodell stellt irgendeinen mathematischen Algorithmus dar, der die Werte von toxikologischen Endpunkten eines (oder auch mehrerer) Alternativtests in Vorhersagen der Endpunktwerte eines in vivo-Tests umwandelt. Das Prädiktionsmodell ist die kardinale Komponente jedes Alternativtests, der als Ersatz für einen in vivo-Versuch konzipiert ist.

Ein typisches Beispiel für ein Prädiktionsmodell ist die Verwendung des an einer Zellkultur erhobenen IC_{50}-Wertes (in vitro-Endpunkt) einer Prüfsubstanz zur Vorhersage ihres Augenreizpotentials, ausgedrückt als Mittelwert von Rangzahlen (MMAS), die den Grad der Schädigung am Kaninchenauge bewerten. Es ist sehr wichtig, den probalistischen Charakter eines Prädiktionsmodells zu beachten. Vorhersage der in vivo-Toxizität heißt Angabe einer Wahrscheinlichkeit, den Wert eines in vivo-Endpunktes in einem vorgegeben Intervall (bei ordinalem Merkmal in einer vorgegebenen Klasse) zu finden (die statistische Wahrscheinlichkeit, einen ganz bestimmten Wert anzutreffen, ist bekanntlich immer Null!). Der Bereich (bzw. die Klassenmenge), in den der Wert des vorherzusagenden in vivo-Endpunktes mit vorgegebener Wahrscheinlichkeit bzw. Häufigkeit fällt, ist das sogenannte Prädiktionsintervall. Die Breite des Prädiktionsintervalls - und somit die Unschärfe der Prädiktion - hängt einerseits von der Größe des Fehlers der in vitro- und in vivo-Daten, zum anderen aber auch von der Güte des verwendeten Prädiktionsmodells ab. Ein probates statistisches Verfahren, die Breite des Prädiktionsintervalls zu schätzen, besteht in der sogenannten Kreuzvalidierung (MANLEY B.F.J., 1986). Bei der Kreuzvalidierung verfährt man so, daß die Beobachtungsergebnisse für jeweils eine Testsubstanz bei der Aufstellung des Prädiktionsmodells weggelassen werden, und mit diesem Prädiktionsmodell die in vivo-Toxizität der weggelassenen Substanz vorhergesagt wird. Die Kreuzvalidierung ist also eine spezielle Methode, den verfügbaren Datensatz in einen Lern- und einen Testsatz aufzutrennen.

5.1. Zur Bedeutung verschiedener statistischer Methoden der Zusammenhangsanalyse

Deskriptive Methoden wie etwa die Korrelationsanalyse liefern lediglich ein grobes Maß für den Zusammenhang zwischen verschiedenen toxikologischen Variablen.

Für die Aufstellung eines Prädiktionsmodells sind nur prädiktive statistische Methoden wie Regressions- oder Diskriminanzanalyse geeignet (vergl. Tabelle 1). Noch einmal sei betont, daß eine Regressions- oder Diskriminanzfunktion allein noch kein Prädiktionsmodell *per se* darstellt. Entscheidend ist die Angabe von Konfidenz- und Prädiktionsintervallen für die Vorhersagevariable.

Falls mehrere in vitro-Endpunkte existieren, kann es nützlich sein, diese gleichzeitig als Prädiktorvariable in einem multivariaten Prädiktionsmodell zu benutzen. Da stark korrelierte Prädiktorvariable eine große Empfindlichkeit des Prädiktionsmodells gegenüber zufälligen Fehlern in diesen Variablen implizieren, muß zunächst eine Reduktion des verfügbaren Satzes von Endpunkten auf eine kleinere Zahl unkorrelierter Variabler (den Hauptkomponenten) vorgenommen werden. Hierfür bietet sich die PLS-Methode an, die die Hauptkomponenten innerhalb der in vivo- bzw. in vitro-Variablengruppen so bestimmt, daß einerseits zwischen ihnen eine hohe Korrelation besteht, sie andererseits aber gleichzeitig einen Großteil der Varianz innerhalb der durch sie repräsentierten Variablengruppe erklären.

Im Falle ordinaler Daten können Redundanzen zwischen verschiedenen Endpunkten mit Hilfe von paarweisen Kontingenztafeln ermittelt werden. Der Zusammenhang zwischen jeweils gestuften in vivo-Merkmals untersucht werden. Auch hier kann zur Prüfung der Nullhypothese der χ^2-Anpassungstest herangezogen werden.

Im Unterschied zum Korrelationskoeffizienten besitzt eine Kontigenztafel prädiktiven Charakter, denn sie gibt die (asymptotische) Wahrscheinlichkeit an, mit der bei Vorliegen der in vitro-Klasse k die in vivo-Klasse m zu erwarten ist.

FEDER et al. (1991) haben in die Zusammenhangsanalyse ordinaler Toxizitätsmerkmale die sogenannte Konkordanztafel eingeführt. Dabei werden Paare (A,B) von Testchemikalien betrachtet und deren Toxizität entweder als gleich (A=B) oder als ungleich (A>B bzw. A<B) eingestuft. Die Ergebnisse werden in einer 2 x 3 Tafel zusammengefaßt (Tabelle 3) und der Zusammenhangsgrad einen Trennindex ausgedrückt.

Tabelle 3. 2 x 3 Konkordanztafel

Alternativmethode sagt:	**in vivo-Versuch sagt:** A < B	A = B
A < B	c1	c4
A = B	c2	c5
A > B	c3	c6

Tafel Statistik:
separation index = (c1+c5)/(c1+c2+c3+c4+c5+c6)

5.3. Korrelationskoeffizienten

Korrelationsanalysen nehmen einen großen Raum in der in vitro-Toxikologie ein. Sie beginnen und enden dabei sehr häufig bei der Untersuchung bivariater Relationen zwischen zwei Endpunkten. (X) bzw. (Y), für die paarweise zugeordnete Messungen (x_i,y_i) über eine gewissen Zahl von Testsubstanzen (i=1...N) vorliegen. Der Grad des Zusammenhanges zwischen (X) und (Y) kann mit geeigneten Korrelationsschätzern entschieden werden (vergleiche Tabelle 4). Für metrische Merkmale benutzt man in der Regel den empirischen (auch: Pearson'schen) Korrelationskoeffizienten r_p. Er setzt allerdings normalverteilte Merkmale und einen linearen Zusammenhang zwischen ihnen voraus. Beide Forderungen können in vielen Fällen durch eine geeignete Skalentransformation sichergestellt werden. Gelingt dies nicht, ist dem Spearman'schen Rangkorrelationskoeffizienten der Vorzug zu geben.

Es wird empfohlen, Konfidenzintervalle zum Korrelationskoeffizienten anzugeben, um Unterschiede zwischen den Korrelationskoeffizienten nicht überzubewerten (r=0,44 ist viel kleiner als r=0,57 !?).

Häufig liefern toxikologische Testsysteme mehrere Endpunkte. Um diese Information gleichzeitig in die Analyse des Zusammenhanges zwischen zwei Testsystemen einzubeziehen, kann die *kanonische Korrelationsanalyse* angewendet werden. Dazu werden gewisse 'Repräsentantenvariable' X durch Linearkombination der einzelnen in vitro-Merkmale $X^{(1)},...,X^{(k)}$ bzw. Y durch Linearkombination der einzelnen in vivo-Merkmale $Y^{(1)},...,Y^{(m)}$ gebildet, und zwar so, daß der Zusammenhang zwischen X und Y möglichst groß wird. Die 'optimalen' kanonischen Koeffizienten A_α und B_β sind nur bis auf Normierungskonstanten eindeutig bestimmt. Es besteht eine gewisse Beziehung zur Hauptkomponentenanalyse. Während dort aber die lineare Zerlegung so durchgeführt wird, daß X die Gesamtvariation aller in vitro-Merkmale maximiert ('möglichst gut erklärt') und, unabhängig davon, Y die Gesamtvariation aller in vivo-Merkmale, zielt die kanonische Korrelation auf die Maximierung der den beiden Merkmalssätzen *gemeinsamen* Variation.

einem Paar von Endpunkten kann mit den üblichen Tafelstatistiken (z.B. χ^2-Test) bewertet und diese Ergebnisse in einer Kontingenzmatrix (analog der Korrelationsmatrix, die von den Paar-Korrelationskoeffizienten metrischer Merkmale gebildet wird) zusammengestellt werden. Diese Matrix kann entweder visuell, mit Cluster-Methoden oder mittels Eigenwertanalyse weiter ausgewertet werden.

5.2. Statistische Tafeln

Für ordinale Merkmale (z.B. Toxizitätsklassen) werden Kontigenztafeln zur Analyse des Zusammenhanges verwendet. Im einfachsten Falle, wenn dichotome in vitro- und in vivo-Merkmale zu vergleichen sind, handelt es sich um eine 2 x 2 (= 4)- Feldertafel (Tabelle 2).

Die Nullhypothese kann in zweierlei Weise formuliert werden:

1. zwischen in vivo- und in vitro-Ergebnissen besteht kein Zusammenhang, sie sind *stochastisch unabhängig* bzw.
2. die Merkmalsanteile sind homogen verteilt, d.h. innerhalb der beiden Populationen der in vivo toxischen bzw. nicht-toxischen Stoffe ist der Anteil der in vitro toxischen Stoffe gleich groß.

Tabelle 2. Struktur und Statistik einer 2 x 2 - Kontigenztafel

***in vitro*-Ergebnis**	***in vivo*-Ergebnis**		Zeilensumme
	toxisch	nicht-toxisch	
toxisch	a	b	a+b
nicht-toxisch	c	d	c+d
Spaltensumme	a+c	b+d	N=a+b+c+d

Statistik:
Sensitivität: a/(a+c)
Spezifität: d/(b+d)
Positive Prädiktivität: a/(a+b)
Negative Prädiktivität: d/(c+d)
Güte (Genauigkeit): (a+d)/(a+b+c+d)

Die Prüfung der Hypothese kann z.B. mit dem χ^2-Anpassungstest erfolgen. Dieser Test liefert noch valide Entscheidungen, wenn $N \geq 8$ beträgt und die jeweils seltenere Merkmalsalternative nicht unter 0,2 liegt.

Ein Problem bei der Aufstellung von Kontigenztafeln besteht darin, daß die zugrunde liegende Klassenzuordnung meistens auf Mittelwerten von Meßdaten basiert. Wie hat man zu verfahren, wenn das Meßergebnis $X = 4{,}5 \pm 0{,}8$ beträgt und die Grenze für die Zuordnung zu Klasse A bzw. B bei 5 liegt? Mit einer gewissen Wahrscheinlichkeit kommen ja beide Klassen in Frage und damit entstehen unterschiedliche Kontingenztafeln. Diese, durch die Variabilität der Meßergebnisse bedingte Variabilität der Kontingenztafel kann man effektiv mit Hilfe von Computersimulationen abschätzen. Dabei werden synthetische Daten zufällig erzeugt, die den Mittelwert und die Streuung der experimentellen Daten besitzen, oder, bei Anwendung der Bootstrap-Methode, Datensätze durch zufällige Kombination der einzelnen Meßdaten (mit Wiederholungen) zusammengestellt und für diese so randomisierten Daten die Klasseneinteilung neu ermittelt und in der Kontingenztafel zusammengestellt. Durch Mittelung über ausreichend viele Kontingenztafeln kann die Variation der Fehlklassifikation bzw. von χ^2 abgeschätzt werden.

Der allgemeine Fall einer zweidimensionalen Kontingenztafel ist die k x m-Tafel, bei der die Häufigkeiten f_{ij} in den Kombination eines k-fach gestuften in vitro-Merkmals und eines m-fach

Tabelle 4. Gebräuchliche Korrelationsschätzer

Korrelations-koeffizient	Berechnung	Prüfgröße für H_o: X unabh. von Y
Pearson	$r_p = \frac{\sum_1^n (X_i - \overline{X})(Y_i - \overline{Y})}{\sqrt{\sum_1^n (X_i - \overline{X})^2 (Y_i - \overline{Y})^2}}$	$\lvert t \rvert = \frac{\lvert r_p \rvert \sqrt{n-2}}{\sqrt{1 - r_p^2}} \geq t_{n-2;1-\frac{\alpha}{2}}$
Spearman	$r_s = 1 - \frac{6\sum_{i=1}^n \left(R(X_i) - R(Y_i)\right)^2}{n(n^2-1)}$ *)	$D = \frac{n(n^2-1)}{6}(1 - r_s) < h_{n;\alpha/2}$
Kendall	$\tau = 1 - \frac{4\sum_{i=1}^n q_i}{n(n-1)}$ *)	$\lvert K \rvert = \frac{n(n-1)}{2} \lvert \tau \rvert \geq K_{n;1-\frac{\alpha}{2}}$

*) Diese Definitionen gelten für den Fall, daß keine Bindungen vorhanden sind, d.h. gleiche Beobachtungsergebnisse, für die dann die Rangzahlen aufgeteilt werden müssen.

$R(X_i)$-Rangzahl von Beobachtung X_i
q_i-Anzahl der Rangzahlen, die kleiner als $R(Y_i)$ sind, wenn die Wertepaare (X_i,Y_i) mit monoton steigendem $R(X_i)$ geordnet werden
Die kritischen Werte für die Student-Verteilung t, die Hotelling-Pabst-Statistik h und die Kendall'sche K-Statistik K findet man z.B. in Hartung D. et al. (1993)

5.4. Regressionsanalyse

Die Regressionsanalyse beschäftigt sich mit der Untersuchung einseitiger quantitativer Zusammenhänge zwischen metrischen Merkmalen. Das Ziel besteht in der Aufstellung einer mathematischen Funktion $Y=F(X^{(1)},...,X^{(k)};\Theta_1,...,\Theta_m)$, die es gestattet, den Wert des Merkmals Y (= abhängige Variable; hier: in vivo-Endpunkt) aus den Werten der „unabhängigen" Regressorvariablen $X^{(1)},...,X^{(k)}$ (hier: Endpunkte aus Alternativtests) zu berechnen. Die Regressionsfunktion hängt im allgemeinen von gewissen Parametern Θ_i (i=1,...,m) ab, die so zu bestimmen sind, daß sich die theoretische Kurve den experimentellen Daten möglichst gut anpaßt. Für die Beurteilung der Güte der erreichten Modellanpassung existieren eine Reihe statistischer Tests (siehe unten).

Ob sich überhaupt eine Funktion finden läßt, die den beobachteten Zusammenhang adäquat beschreiben kann, ist für die Fälle k=1 (Y=F(X)) bzw. k=2 ($Y=F(X_1,X_2)$) bereits durch Betrachtung des Datenplots entscheidbar: Liegen die Werte der abhängigen veränderlichen Y nicht entlang eines Kurven- bzw. Flächenzuges, sondern bilden einen unstrukturierten Punkthaufen, ist offenbar kein eindeutiger Zusammenhang vorhanden. Dann bleibt zu prüfen, ob sich ein Zusammenhang zumindest für eine (nach physikalisch-chemischen Kriterien abgeleitete) Untergruppe von Testchemikalien finden läßt. Schlägt auch das fehl, ist der Alternativtest offenbar nicht relevant.

Sehr oft wird das lineare Regressionsmodell verwendet, da

1. es mathematisch einfach ist (2 freie Parameter);
2. die Berechnung der Konfidenz- und Prädiktionsintervalle in Lehrbüchern beschrieben ist;
3. annähernd lineare Zusammenhänge in vielen Fällen durch nicht-lineare Skalentransformationen erreicht werden.

Bei der Schätzung der Geradenparameter wird fast immer übersehen, daß die Werte der Regressorvariablen (in vitro-Endpunkte) nicht fehlerlos sind. Man hat es also mit einem Regressionsproblem vom Typ II zu tun, wo sämtliche Variablen mit Fehlern behaftet sind und deshalb die freien Parameter der Modellfunktion so zu wählen sind, daß der gewichtete multivariate Abstand zu den Werten der abhängigen und der unabhängigen Variablen minimal wird (RIGGS D. et al., 1978; FULLER W.A., 1987). Die Zurückhaltung bei der Anwendung von Fehler-in-allen-Variablen-Methoden resultiert vermutlich aus dem Fehlen eines generell akzeptierten multivariaten Abstandsmaßes und aus der Tatsache, daß diese Methoden in den gängigen kommerziellen Softwarepaketen nicht implementiert sind (eine brauchbare Prozedur findet man aber in PRESS W.H. et al. (1995)).

Wenn ein multilineares Regressionsmodell benutzt wird und die Regressorvariablen (in vitro-Endpunkte) ausgeprägte Kollinearitäten aufweisen, dann fallen die Konfidenzintervalle der Modellparameter in der Regel extrem groß aus. In solchen Fällen werden PLR-Methoden (JACKSON J.E., 1991) empfohlen, die eine Variablenreduktion ermöglichen.

Läßt sich der in vitro-/in vivo-Zusammenhang durch Skalentransformation nicht linearisieren, so müssen nicht-lineare Regressionsmodelle angewendet werden. Für die Aufstellung solcher Modelle ist es zweckmäßig, gemeinsam mit dem biologisch erfahrenen und technisch versierten Toxikologen die „Quellen" der Nichtlinearität auszumachen und durch geeignete Modellansätze zu beschreiben, anstatt irgendwelche nicht-linare Funktionstypen auszuprobieren. Sind beispielsweise die Werte eines Endpunktes auf ein abgeschlossenes Intervall beschränkt (z.B. eine in vivo-Rangzahl, die Werte zwischen 0='nicht toxisch' und 100='extrem toxisch' annehmen kann), so muß die Regressionsfunktion an den Intervallgrenzen eine Asymptote besitzen. Wird eine lipophile Substanz in einem wässrigen Medium getestet, ergibt sich zwischen eingesetzter und tatsächlich wirksamer Konzentration dieser Substanz ein nichtlinearer, häufig sogar multiphasischer Zusammenhang, der durch unterschiedliche Bindungsgleichgewichte zu hydrophoben Kompartimenten bestimmt wird.

Die Güte der Modellanpassung an die Meßdaten sollte unbedingt geprüft werden. Dafür gibt es eine Vielzahl von statistischen Tests (ATCINS G.L., 1976). Die meisten Tests untersuchen die Residuenverteilung; für ein gutes Modell sollten die Residuen zufällig verteilt sein. Um das zu prüfen, können verschiedene nicht-paramerische Tests (U-Test, Vorzeichen-Test, Runs-Test) angezogen werden. Das strengere Kriterium, wonach die Residuen um die Modellfunktion herum normalverteilt sein müssen (χ^2-Test), sollte nur benutzt werden, wenn feststeht, daß die Werte der abhängigen Veränderlichen normalverteilt sind.

Allgemein akzeptiert die Bedingung $B = YV/(YV+RV) < 0{,}5$ für das sogenannte Bestimmtheitsmaß B als Minimalforderung an ein gutes Regressionsmodell. RV ist hierbei die sogenannte Restvarianz (Summe der Residuenquadrate) und YV ist die totale Varianz der vorherzusagenden abhängigen Variablen Y.

Um als Prädiktionsmodell verwendet werden zu können, müssen zur Regressionsfunktion die Konfidenz- und Prädiktionsgrenzen berechnet werden. Abgesehen vom einfachsten Fall, dem bivariaten linearen Modell mit normalverteilten Varianzen, für den explizite Berechnungsvorschriften existieren, sind hier Monte-Carlo-Simulationen das Mittel der Wahl.

5.5. Diskriminanzanalyse

Diskriminanzanalyse und logistische Regression sind ebenfalls prädiktive Methoden, die zur Aufstellung eines Prädiktionsmodells herangezogen werden können. Die vorherzusagende in vivo-Toxizität liegt dabei als ordinaler Endpunkt in Form verschiedener Toxizitätsklassen C_k (k=1...m) vor. Die sogenannte a posteriori Wahrscheinlichkeit $P(Y=C_k; x_1,...,x_n)$ gibt an, mit welcher Wahrscheinlichkeit die in vivo-Klasse C_k erwartet werden kann, wenn die in vitro-

Variablen die Werte $x_1,...,x_n$ annehmen. Zwei Arten von Diskriminanzmodellen sind zu unterscheiden:

1. paramterische Modelle, die die a posteriori Wahrscheinlichkeit durch eine analytische, parameterabhängige Funktion ausdrücken,
2. nicht-parametrische „Nachbarschaftsmodelle" (k nearest neighbours), die die a posteriori Wahrscheinlichkeiten als nicht-parametrische Entscheidungsregel definieren, die auf dem (euklidischen oder Mahalanobis-) Abstand basieren, den der Vektor $\{x_1,...,x_n\}$ der in vitro-Werte der einzustufenden Substanz zu den Vektoren $\{x_1^\alpha,...,x_n^\alpha\}$ der in vitro-Werte eines Satzes von Referenzsubstanzen bekannter in vivo-Toxizität y^α hat.

Parametrische (lineare oder quadratische) Diskriminanzmodelle haben zwei Vorteile:

1. Ihre Berechnung ist einfach, die Parameterwerte lassen sich aus der gemeinsamen Kovarianzmatrix und den Mittelwerten der Prädiktorvariablen unmittelbar berechnen.
2. Die Diskriminanzfunktion ist leicht portierbar, es müssen dem Anwender der Methode lediglich die für einen Testsatz bestimmten Parameter der Diskriminanzfunktion übergeben werden, damit dieser die in vivo-Klassifikationswahrscheinlichkeiten „seiner" Substanzen berechnen kann.

Der Nachteil parametrischer Diskriminanzmodelle besteht darin, daß die in den gebräuchlichen Softwarepaketen (beispielsweise SAS Systems for WINDOWS 3.10 (Release 6.08). SAS Institute Inc. Cary, N.C. 27513, USA) implementierten Varianten eine Normalverteilung der in vitro-Werte der zu einer in vivo-Toxizitätsklasse gehörenden Substanzen voraussetzen. Diese Forderung ist in praktischen Anwendungen oft auch durch Skalentransformation nicht realisierbar. Ein zweiter Nachteil ist die simple, 'unbiologische' lineare oder quadratische Verknüpfung der Prädiktorvariablen. Dies ist allerdings kein prinzipieller Nachteil, bessere, auf toxikologisch-mechanistischen Überlegungen basierende Verknüpfungen der in vitro-Variablen sind möglich (allerdings wiederum nicht in den Standardprogammen vorgesehen).

Nicht-parametrische Modelle sind dagegen insensitiver gegenüber nicht-normalverteilten Werten der Prädiktorvariablen. Ein Nachteil im praktischen Gebrauch dieses Modelltyps besteht darin, daß das Computerprogramm zur Berechnung der a posteriori Wahrscheinlichkeiten sowie die Daten aller Referenzsubstanzen, die in diese Berechnung einbezogen werden sollen, beim Nutzer vorhanden sein müssen.

Für die Verwendung von Diskriminanzmodellen als in vitro- $\rightarrow$ in vivo-Prädiktionsmodelle gilt wie für alle anderen Funktionsklassen: Zur jeweiligen Diskriminanzfunktion müssen Konfidenzintervalle angegeben werden. In vielen praktischen Anwendungen fehlen diese, d.h. der Einfluß, den die Variabilität der Werte der (in vitro-) Prädiktorvariablen und die teilweise erheblichen Unsicherheiten bei der in vivo-Klassifikation auf die Diskriminanzfunktion haben, wird nicht abgeschätzt.

Der prädiktive Wert eines Diskriminanzmodells kann mittels Kreuzvalidierung abgeschätzt werden, obwohl diese Methode den tatsächlichen Klassifikationsfehler, der bei Hinzunahme von neuen Substanzen zu erwarten ist, erheblich unterschätzen kann (DRAPER D., 1995).

Mit welchen Prädiktorvariablen das beste Klassifikationsergebnis zu erzielen ist bzw. ob die Hinzunahme einer weiteren Prädiktorvariablen überhaupt noch zu einer signifikanten Verbesserung der bis dahin erreichten Klassifikation führt, kann mit Methoden der schrittweisen Variablenselektion ermittelt werden. Auf diese Weise kann unter Umständen eine Reduktion der Zahl der erforderlichen in vitro-Endpunkte erreicht werden.

6. Zusammenfassende Empfehlungen

1. Biometrie ist in allen Phasen der Entwicklung und Validierung von Alternativmethoden wichtig.
2. Sämtliche statistische Auswertungen und biomathematischen Berechnungen sollten so detailliert ausgewiesen werden, daß eine unabhängige Nachprüfung möglich ist.
3. Sämtliche Meß- bzw. Beobachtungsergebnisse sollten archiviert werden, um gegebenenfalls mit anderen, verbesserten statistischen Methoden zu einem späteren Zeitpunkt noch einmal analysiert zu werden.
4. Es sollten überwiegend statistische Methoden verwendet werden, die in der Fachwelt bereits Akzeptanz erlangt haben. Andererseits wird die Entwicklung und Erprobung neuartiger Methoden ausdrücklich empfohlen; inbesondere der Entwicklung von kausal begründeten toxikologischen Wirkungsmodellen, Datenvariabilitäten und Anwendung von Methoden der künstlichen Intelligenz (beispielsweise neuronaler Netzwerke) zur Aufdeckung von verborgenen Zusammenhängen zwischen den Ergebnissen verschiedener Testsysteme könnten zukünftig eine wesentlich stärkere Bedeutung erlangen.
5. Es wird empfohlen, wesentlich stärker als bisher biometrischen Methoden in die optimale Versuchsplanung einzubeziehen (Auswahl informativer Endpunkte, Identifikation der Hauptquellen hoher Datenvariabilität, Auswahl eines optimalen Satzes von Testsubstanzen; Abschätzung des erforderlichen Stichprobenumfanges etc.).
6. Unverzichtbarer Bestandteil jedes Alternativtests, mit dessen Hilfe in vivo-Ergebnisse (am Versuchstier oder Menschen) vorhergesagt werden, ist ein Prädiktionsmodell. Regressions- und Diskriminanzanalyse sind zwei aussichtsreiche Methoden für die Etablierung von Prädiktionsmodellen. Bei der Anwendung dieser Methoden sollten mögliche Besonderheiten toxikologischer Daten (Fehler in sämtlichen Variablen, starke Abweichungen von der Normalverteilung, geringe Stichprobenumfänge) berücksichtigt werden.
   Die Angabe von Konfidenzintervallen zur Vorhersagefunktion ist wesentlich. Das Prädiktionsmodell sollte in seinen wesentlichen Zügen (d.h. bis auf eine gewisse „Nachoptimierung" von Modellparametern auf der Basis der Daten der Validierungsstudie) vor Beginn einer Validierungsstudie fixiert sein.
7. Ein breiterer Austausch von Methoden und Erfahrungen zwischen Biometrikern, die auf dem Gebiet der in vitro-Toxikologie arbeiten, ist anzustreben. Ein geeigneter Weg besteht in ECVAM Workshops, die durch die TFB inhaltlich und organisatorisch vorzubereiten sind. Wissenschaftlern, die mit der Entwicklung und Validierung von Alternativmethoden befaßt sind, sollten Trainingskurse in Biomathematik und Biometrie angeboten werden, die von der TFB und Biometrikern von ECVAM vorbereitet und durchgeführt werden.

Literatur

ATCINS G.L., Tests for the goodness of fit of models, Biochem. Soc. Trans., 4, 357-361, 1976

BALLS M., In vitro test validation: high hurdling but not pole vaulting, ATLA, 20, 355-357, 1992

BALLS M., BLAAUBOER B.J., BRUSICK D., FRAZIER J., LAMB D., PEMBERTON M., REINHARDT C., ROBERFROID M., ROSENKRANZ H., SCHMID B., SPIELMANN H., STAMMATI A.-L., WALUM E., Report and recommendations of the CAAT/ERGATT workshop on the validation of toxicity test procedures, ATLA, 18, 313-337, 1990

BALLS M., BLAAUBOER B.J., FENTEM J., BRUNER L., COMBES R.D., EKWALL B., FIELDER R.J., GUILLOUZO A., LEWIS R.W., LOVELL D.P., REINHARDT C., REPETTO G., SLADOWSKI D., SPIELMANN H., ZUCCO F., Practical aspects of the validation of toxicity test procedures, The report of the ECVAM workshop 5, ATLA, 23, 129-147, 1995a

BALLS M., BOTHAM P.A., BRUNER L.H., SPIELMANN H., The EC/HO International Validation Study on Alternatives to the Draize Eye Irritation Test for the Classification and Labelling of Chemicals, Final Report, 1995b

BLAND M., An Introduction to Medical Statistics, Oxford: Oxford University Press, 1995

BMFT-Forschungsvorhaben 0319 184 A, Evaluierung von Ersatzmethoden für den Draize-Test am Kaninchenauge, Abschlußbericht, 1995

BOX G.E.P. and COX D.R., An analysis of transformations, Journal of the Royal Statistical Society, B 26, 211-252, 1964

BOX G.E.P. and DRAPER N.R., Empirical Model-Building and Response Surfaces,New York: Wiley, 1987

BOX G.E.P., HUNTER W.G., HUNTER J.S., Statistics for Experimenters, New York: Wiley, 1978

BRUNER L.H., CARR G.J., CHAMBERLAIN M., CURREN R.D., Validation of alternative methods for toxicity testing, Toxicology in Vitro, in press

CHATFIELD C. and COLLINS A.J., Introduction to Multivariate Statistics, London: Chapman and Hall, 1980

CURREN R., SOUTHEE J., SPIELMANN H., LIEBSCH M., FENTEM J., BALLS M., The role of prevalidation in the development, validation and acceptance of alternative methods, ATLA, 23, 211-217, 1995

DRAPER D., Assessment and propagation of model uncertainty (with discussion), Journal of the Royal Statistical Society, B 57, 45-98, 1995

DRAPER N. and SMIT H., Applied Regression Analysis, II edn, New York: John Wiley and Sons, 1981

EFRON B. and TIBSHIRANI R.J., An introduction to the Bootstrap, London: Chapman & Hall, 1993

FEDER P.I., LORDO R.A., DIPASQUALE L.C., BAGLEY D.M., CHUDKOWSKY M., DEMETRULIAS J.L., HINTZE K.L., MARENUS K.D., PAPE W., RODDY M., SCHNETZINGER R., SILBER P.M., TEAL J.J., WEISE S.L., GETTINGS S.D., The CTFA evaluation of the Draize primary eye irritation test (Phase I) Hydro-alcoholic formulations; (Part 1) Statistical Methods, In Vitro Toxicol., 4, 231-246, 1991

FULLER W.A., Measurement Error Models. New York: Wiley and Sons, 1987

GELMAN A., CARLIN J.B., STERN H.S., RUBIN D.B., Bayesian Data Analysis, New York: Chapman & Hall, 1995

HARTUNG D, ELPELT B, KLÖSENER K.-H., Statistik (Lehr- und Handbuch der angewandten Statistik), München: R. Oldenburg, 1993

HELLBERG S., ERIKSSON L., JONSSON J., LINDGREN F., SJÖSTRÖM M., WOLD S., EKWALL B., GÓMEZ-LECHÓN M.J., CLOTHIER R., ACCOMANDO N.J., GRIMES A., BARILE F.A., NORDIN M., TYSON C.A., DIERCKX P., SHRIVASTAVA R.S., TINGSLEFF-SKAANILD M., GARZA-OCANAS L., FISKESJÖ G., Analogy models for predicition of human toxicity, ATLA, 18, 103-116, 1990

HÖSKULDSSON A., PLS regression methods, Journal of Chemometrics, 2, 211-228, 1988

HOLZHÜTTER H.-G., Biometrische Analyse von Alternativmethoden, in: GRUBER F.P. und SPIELMANN H. (Hrsg.), Alternativen zu Tierexperimenten, Berlin: Spektrum Akademischer Verlag, 206-224, 1996

HOLZHÜTTER H.G. and QUEDENAU J., Mathematical Modelling of Cellular Responses to External Signals, J. Biol. Systems, 3, 127-138, 1995

JACKSON J.E., A User's Guide to Principal Components, New York: John Wiley and Sons, 1991

KIRKPATRICK S., GELATT C., VECCHI M., Optimization by simulated annealing, Science, 220, 671-680, 1983

LINHARD H. and ZUCCHINI W., Model Selection, New York: Wiley, 1986

MANLEY B.F.J., Multivariate Statistical Methods, a Primer, London: Chapman and Hall, 1986

MCCABE G.P., Principal variables, Technometrics, 26, 137-144, 1984

PRESS W.H., TEULOSKY S.A., VETTERLING W.T., FLANNERY B.P., Numerical Recipes-The Art of Scientific Computing (2nd ed.), Cambridge: University Press, 661-671, 1995

RIGGS D., GUARNIERI J.A., ADDELMAN S., Fitting straight lines when both variables are subject to error, Life Sciences, 22, 1305-1360, 1978

SJÖSTRÖM M. and ERIKSSON L., Applications of statistical experimental design and PLS modelling, in: VAN DE WATERBEEMD H. (ed.), QSAR: Chemometric Methods in Molecular Design, Weinheim: Verlag Chemie, 63-90, 1995

SNEDECOR G.W. and COCHRAN W.G., Statistical Methods, 7th edn., Iowa: Iowa State University Press, 1980
WOLD S., PLS for multivariate linear modelling, in: VAN DE WATERBEEMD H. (ed.), QSAR: Chemometric Methods in Molecular Design, Weinheim: Verlag Chemie, 195-218, 1995

Biometrische Methoden zur Evaluation von in vitro-Verfahren

B. Schneider, H. Hecker, S. Glaser

Zusammenfassung

Die statistischen Probleme der Evaluation von in vitro-Verfahren zur Klassifikation von Substanzen entsprechend ihrer in vivo-Toxizität werden geschildert und mit den Ergebnissen eines Ringversuchs beispielhaft demonstriert, bei dem die Möglichkeit eines Ersatzes des Draize-Tests durch den HET-CAM-Test und einen Zytotoxizitätstest (3T3-Zellen, Neutralrot-Assay (NRU)) untersucht wurde. Insbesondere werden die statistischen Verfahren der Baumanalyse (CART) zur Aufstellung optimaler Klassifikationsregeln erörtert.

Summary

Biometrical methods for the evaluation of in vitro-tests

The statistical problems of the evaluation of in vitro tests for the classification of compounds according to their in vivo toxicity are discussed. The main problem is the establishment of classification rules (based on the outcomes of the in vitro test) with highest probability for correct classification. The classical statistical classification methods, the linear or nonlinear discriminant analysis, suffer from inflexibility to handle combinations of in vitro endpoints. The disadvantage is overcome with the technique of 'Classification and Regression Trees' (CART). This method is demonstrated and compared with the technique of discriminant analysis with the results of a ring-experiment for the evaluation of the HET-CAM-test and NRU-test (with 3T3-cells) as replacement of the Draize-test with rabbit-eyes.

1. Einführung

In zunehmendem Maße sollen in vitro-Verfahren an Stelle von Tierversuchen eingesetzt werden. Dies setzt eine Evaluation der in vitro-Verfahren voraus. Unter Evaluation ist zu verstehen, daß der „Wert" des in vitro-Verfahrens im Vergleich zum Tierversuch aufgezeigt wird, d.h. es muß gezeigt werden, daß das in vitro-Verfahren für das anstehende Problem ähnliche Aussagen erbringt wie der zu ersetzende Tierversuch. Dies erfordert einen Vergleich der Ergebnisse des in vitro-Verfahrens mit denen von Tierversuchen bei einem gegebenen Problem. Da dieser Vergleich sich nicht nur auf einen bestimmten Versuch, sondern auf alle mit dem in vitro-Verfahren durchführbaren Versuche bezieht (d.h. auf das Kollektiv aller Ergebnisse, die bei beliebig häufiger Anwendung des Verfahrens erhalten werden können), sind biometrischstatistische Methoden erforderlich.

Bei dieser Evaluation ist zu unterscheiden, ob das in vitro-Verfahren für wissenschaftliche Forschungsaufgaben oder für (staatliche) Überwachungs- und Entscheidungsaufgaben eingesetzt werden soll. Im ersten Fall muß die Evaluation dem Forschungszweck entsprechen. Das bedeutet, daß auch die biometrischen Verfahren dem Forschungszweck angepaßt sein müssen. Je nach diesem Forschungszweck werden unterschiedliche Verfahren anzuwenden sein. Neben den gängigen Methoden der statistischen Beschreibung (einschließlich statistischer Tests) werden dabei vor allem Verfahren der mathematischen Modellierung und Simulation zum Einsatz kommen. Die Modelle sind den Ergebnissen anzupassen. Der Wert des in vitro-Verfahrens wird weitgehend durch die Güte der Modellierung und die zuverlässige Erfassung der charakteristischen biologischen Parameter bestimmt.

Bei Überwachungs- und Entscheidungsaufgaben soll mit dem in vitro-Verfahren die biologische Qualität von Stoffen überwacht oder entschieden werden, ob ein Stoff für den Menschen gefährliche (toxische) Eigenschaften besitzt. Beispiele sind die Prüfung von Arzneimitteln auf Pyrogenfreiheit, die Einstufung von Stoffen in Toxizitätsklassen nach dem Chemikaliengestz oder die Überwachung der Hautverträglichkeit von Stoffen bzw. ihre Einstufung in „Hautreizklassen". Bei den beiden zuletzt genannten Aufgaben werden Klassifikationsregeln benötigt, mit denen Substanzen aufgrund der in vitro-Befunde möglichst zuverlässig in die entspechenden in vivo-Toxizitäts- oder Reizklassen eingestuft werden können, wobei der Grad der Zuverlässigkeit zu quantifizieren ist. Dies setzt voraus, daß eine Reihe von Substanzen mit bekannter in vivo-Toxizitäts- oder Reizklasse mit dem in vitro-Verfahren geprüft werden. Um dabei auch die Variabilität der in vitro-Ergebnisse zwischen verschiedenen Laboratorien zu berücksichtigen, sollte diese Prüfung in Ringversuchen mit mehreren Laboratorien erfolgen.

In der vorliegenden Arbeit sollen vor allem die biometrischen Methoden bei der Evaluation von in vitro-Verfahren für Überwachungs- und Entscheidungsaufgaben besprochen werden. Speziell sollen Entscheidungsregeln zur Klassifikation von Substanzen in Reizklassen (Haut- oder Augenreizung) betrachtet werden. Als Beispiel werden die Einstufungen von Substanzen in Reizklassen mit dem HET-CAM-Test (Test am bebrüteten Hühnerei) und einem Zytotoxizitätstest (3T3-Zellen, Neutralrot-Assay (NRU)) als Ersatz für den Draize-Test (Reizung des Kaninchenauges) betrachtet. Die Daten stammen aus einem Ringversuch (SPIELMANN H. et al., 1993), an dessen Auswertung unser Institut im Rahmen eines vom BMFT geförderten Projekts beteiligt war.

2. Klassifikation der in vitro-Ergebnisse

Die einfachste Situation liegt vor, wenn die Substanzen nur in zwei Klassen (z.B „stark reizend" (R41) und „wenig reizend" (nicht R41) eingestuft werden sollen und auch das Ergebnis des in vitro-Tests qualitativ als „positiv" oder „negativ" ausgedrückt wird. Die Entscheidungssituation ist dann durch Tabelle 1 charakterisiert.

Tabelle 1. Entscheidungssituation bei binärem Ergebnis

in vitro-Test ist	Substanz ist in vivo	
	stark reizend	wenig reizend
positiv	richtig (Sensitivität)	falsch positive Entscheidung
negativ	falsch negative Entscheidung	richtig (Spezifität)

Die Wahrscheinlichkeit, eine in vivo stark reizende Substanz mit dem in vitro-System richtig als positiv zu erkennen, ist die **Sensitivität** des Verfahrens, die Wahrscheinlichkeit, eine wenig reizende Substanz richtig als negativ zu erkennen, seine **Spezifität**. Die Güte des Verfahrens wird durch beide Größen bestimmt. Diese Größen charakterisieren die Zuverlässigkeit, mit der in vivo stark reizende Substanzen bzw. in vivo wenig reizende Substanzen vom Testsystem richtig erkannt werden.

Die Wahrscheinlichkeit, mit der aus einem positiven Testergebnis auf eine in vivo stark reizende Substanz bzw. aus einem negativen Testergebnis auf eine in vivo wenig reizende Substanz geschlossen werden kann, ist der **positive** bzw. **negative prädiktive Wert** des Verfahrens. Diese prädiktiven Werte hängen von der **Prävalenz** ab, mit der in vivo stark reizende Substanzen getestet werden sollen. Bei einer geringen Prävalenz ist der positive prädiktive Wert auch bei einer hohen Sensitivität gering.

Häufig ist das Ergebnis des in vitro-Tests nicht qualitativ, sondern quantitativ. Z.B. werden beim HET-CAM-Test als Endpunkte die drei Zeiten gemessen, die nach Aufbringen der Substanz bzw. Substanzlösung auf die CAM (Chorionallantoismembran) verstreichen, bis eine Hämorrhagie, eine Gefäß-Lysis oder eine Koagulation eintreten. Falls diese Ereignisse nicht eintreten, wird die maximale Beobachtungsdauer (300sec) genommen. Aus diesen 3 Größen kann ein „Reiz-Score" (irritation score) IS als gewichtete Summe berechnet werden. Durch Festlegen einer Schwelle (cut-point) I_0 wird aus dem quantitativen IS-Wert ein qualitatives Kriterium, indem ein Reizscore $IS>I_0$ als „positiv" und ein Reizscore $IS\leq I_0$ als „negativ" bewertet werden. Die Sensitivität und Spezifität der Testentscheidung hängen von dem Schwellenwert I_0 ab. Je kleiner I_0 ist, desto kleiner ist die Spezifität und desto größer die Sensitivität. In Abb. 1 sind die Verteilungsdichten des Reizscores IS10 (bei 10% Verdünnung) für die in vivo als „wenig reizend" und für die als „stark reizend" eingestuften Substanzen gezeigt. Bei einem cut-point von z.B. 10 entspricht die Sensitivität der Fläche unter der rechten (ausgezogenen) Kurve, die rechts von der Linie durch IS10=10 liegt, und die Spezifität der Fläche unter der linken (gestrichelten) Kurve, die links davon liegt. Die Sensitivität beträgt für diesen cut-point 61%, die Spezifität 87%. Dieses Ergebnis ist fast optimal in dem Sinne, daß die Summe aus Sensitivität und Spezifität (148%) fast maximal ist. Der optimale cut-point ist der IS10-Wert, an dem sich beide Verteilungsdichten schneiden ($IS_0\approx 9$). Für diesen cut-point ergibt sich eine Sensitivität von 68% und eine Spezifität von 81%. Die Summe ergibt 149%.

Die Abhängigkeit der Sensitivität und Spezifität von der Schwelle (cut-point), kann mit der „Operating Characteristic Curve" (OCC) ausgedrückt werden, bei der die für die jeweilige Schwelle erreichte Sensitivität über dem Komplementärwert 1-Spezifität (Wahrscheinlichkeit für falsch-positive Ergebnisse) aufgetragen wird. Verfahren, bei denen die OCC steil ansteigt, ergeben eine bessere Klassifikation als Verfahren mit einem flachen OCC-Verlauf. Abb. 2 zeigt die empirische OCC für den Reizscore IS10 des HET-CAM-Tests.

Häufig liefert der in vitro-Test mehrere Meßgrößen oder es liegen die Ergebnisse mehrerer in vitro-Tests vor, die zur Klassifikation der Substanzen herangezogen werden sollen. So wurden bei dem als Beispiel verwendeten Ringversuch der HET-CAM-Test und der Zytotoxizitätstest NRU zur Klassifikation der Substanzen in Draize-Klassen untersucht. Beim HET-CAM-Test wurden für die 10%-Lösung und für die 100%-Substanz die Reaktionszeiten bis zum Auftreten einer Koagulation, einer Lysis oder einer Hämorrhagie beobachtet. Das sind 6 primäre Meßvariablen. Zusätzlich wurde noch die Reizschwelle bestimmt und für jede Konzentration aus den 3 Reaktionszeiten der Reizscore IS berechnet. Der NRU-Test hat zusätzlich als Ergebnis die IC_{50} geliefert. Das Problem besteht darin, aus diesen verschiedenen Variablen eine Klassifikationsregel zu bilden, nach der mit den in vitro-Ergebnissen eine Substanz möglichst korrekt in die entsprechende in vivo-Reizklasse eingestuft werden kann.

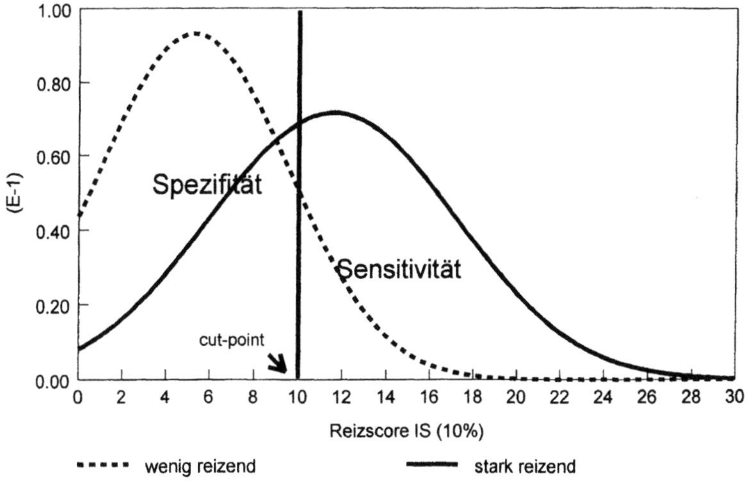

Abb. 1. Verteilungsdichten des HET-CAM-Reizscores IS10 (bei 10%-Lösung) für wenig reizende und stark reizende Substanzen

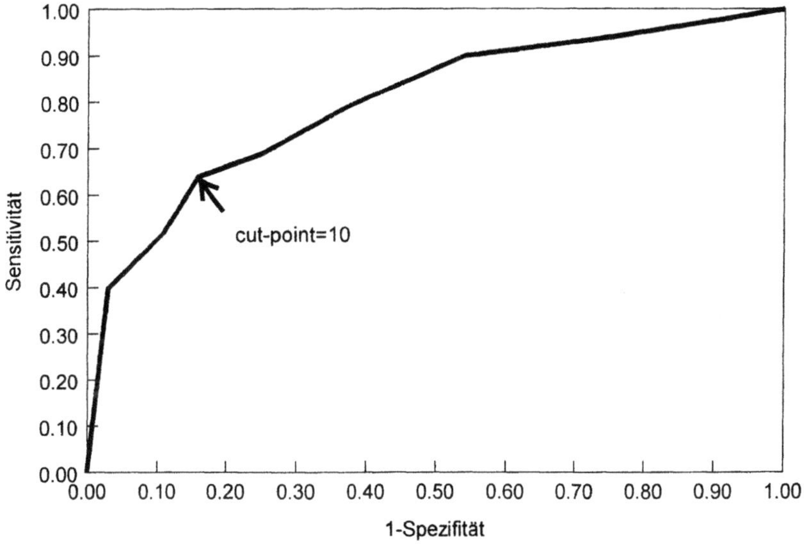

Abb. 2. Operating Characteristic Curve (OCC) des HET-CAM-Reizscores IS10

Dieses Problem wird in der Statistik mit Diskriminanzverfahren gelöst. Diese unterteilen den „Befundraum" (das ist die Darstellung aller möglichen Meßwertkombinationen als Punkte eines mehrdimensionalen Raums) in so viele nicht überlappende Teilbereiche wie Klassen vorhanden sind. Jedem Teilbereich wird eine der möglichen in vivo-Klassen zugeordnet und eine Substanz wird in die Klasse eingestuft, in deren Teilbereich ihr in vitro-Meßwertpunkt liegt. Zur optimalen Einteilung ist die Kenntnis der Verteilungsdichten der Meßwerte für die verschiedenen in vivo-Klassen erforderlich. Damit können für jede Meßwertkombination die a posteriori-Wahrscheinlichkeiten berechnet werden, die den verschiedenen in vivo-Klassen bei der beobachteten Meßwertkombination zukommen. Die Einteilung ist optimal (d.h. sie besitzt die größte Wahrscheinlichkeit für eine korrekte Klassifikation), wenn eine Substanz in die

Klasse eingeteilt wird, für die die a posteriori-Wahrscheinlichkeit bei den ermittelten Meßwerten am größten ist (Bayes-Regel). Aus dieser Regel ergeben sich lineare Trennflächen, wenn die Meßwerte multivariat normal verteilt sind und die verschiedenen in vivo-Klassen zwar unterschiedliche Mittelwerte aber dieselben Varianzen und Kovarianzen haben (Abb. 3). Bei anderen Verteilungen ergeben sich nichtlineare Trennflächen (Abb. 4).

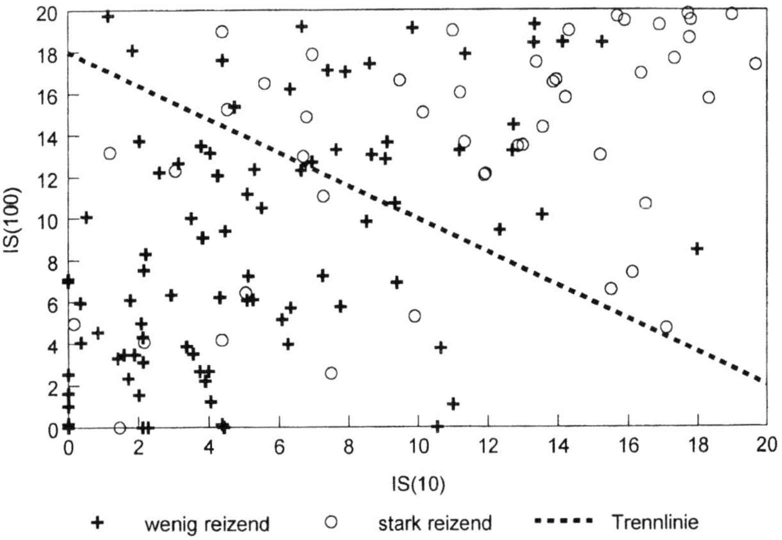

Abb. 3. Lineare Trennlinie für wenig reizende und stark reizende Substanzen bei Reizscore IS10 und IS100 des HET-CAM-Tests

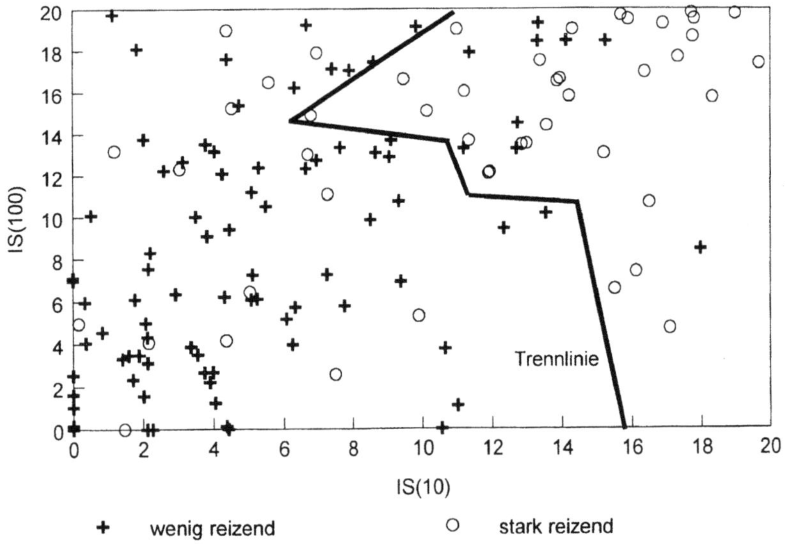

Abb. 4. Nichtlineare Trennlinie für wenig reizende und stark reizende Substanzen bei Reizscore IS10 und IS100 des HET-CAM-Tests

Im allgemeinen sind die Verteilungsdichten der Meßwerte nicht bekannt, sondern müssen aus den Ergebnissen einer „Lernstichprobe" geschätzt werden, d.h. einer Stichprobe von Substanzen, deren korrekte in vivo-Klassifikation bekannt ist und für die Meßergebnisse der in vitro-Tests vorliegen. Bei Annahme einer Normalverteilung genügt es, aus diesen Ergebnissen die Mittelwerte für die verschiedenen Klassen und die gemeinsame Kovarianzmatrix zu schätzen. Bei anderen Verteilungen müssen die Verteilungsdichten geschätzt werden. Dies geschieht durch Bestimmung der empirischen Häufigkeitsverteilung der beobachteten Meßwertkombinationen in den verschiedenen Klassen und Glättung dieser Verteilungen über benachbarte Punkte (k-nearest neighbour method).

Sowohl die lineare als auch die nichtlineare Diskriminanzanalyse wurde auf die Meßwerte des Ringversuchs (HET-CAM- und NRU-Ergebnisse für „stark reizende" (R41) und „wenig reizende" (Rest-) Substanzen) angewandt. Dabei wurden folgende Ergebnisse erzielt:

Beim HET-CAM-Test lieferte die mittlere Zeit bis zur Koagulation bei 10%-Lösung (mzk10) den größten Beitrag zur Diskrimination der beiden Substanzklassen. Den zweitgrößten Beitrag lieferte die IC_{50} des NRU-Tests. Als weitere Variablen konnten noch die mittlere Zeit bis zur Koagulation bei 100%-Substanz (mzk100) und der Reizscore IS100 bei 100%-Substanz einen Beitrag liefern. Die mit diesen Meßwerten gebildete lineare Klassifikationsregel ergab bei der Kreuzvalidierung eine Sensitivität von 63,6%, eine Spezifität von 85,9%, einen positiv prädiktiven Wert von 71,8%, einen negativ prädiktiven Wert von 80,7% und eine Rate richtig klassifizierter Fälle von 78%. Mit der nichtlinearen Diskriminanzanalyse konnte die Rate der richtig klassifizierten Fälle auf 80% gesteigert werden.

3. Klassifikationsbäume (classification trees)

Ein Nachteil der Diskriminanzanalyse besteht darin, daß die in vitro-Datensätze im allgemeinen vollständig sein müssen und jeweils die Kombinationen aller Variablen die Klassifikationsregel bestimmen. Praktisch kommt es aber häufig vor, daß mit einem bestimmten Wertebereich einer Variablen bereits eine gute Einstufung möglich ist, während bei anderen Wertebereichen erst durch Hinzunahme anderer Variablen eine brauchbare Einstufung erreicht werden kann. Diese Situation legt sowohl für die Klassifikation als auch für die Ermittlung von Klassifikationsregeln ein gestuftes Vorgehen nahe, bei dem in der jeweiligen Situation nur die Variablenkombinationen zur Klassifikation benutzt werden, die für die Einstufung unbedingt erforderlich sind. Ein solches Verfahren haben BREIMAN et al. (1984) vorgeschlagen und „Classification And Regression Trees" (CART) genannt. Es soll hier vereinfacht als „Baumanalyse" bezeichnet werden.

Das Verfahren zur Ermittlung der Klassifikationsregel anhand der Datensätze einer Lernstichprobe besteht darin, daß schrittweise jeweils mit der dafür am besten geeigneten Variablen die Elemente der Lernstichprobe in zwei Teilmengen aufgeteilt werden, so daß die Wertekombinationen einer Teilmenge eine gute Prädiktion auf genau eine Klasse ergeben. Diese Unterteilung wird schrittweise für die Untermengen wiederholt, bis man nur Untermengen mit einer guten Prädiktion in jeweils eine der Klassen erhält. Das Verfahren wird grafisch durch ein System von „Knoten" und „Ästen" dargestellt, wobei die Knoten die jeweilige Teilmenge der Substanzen symbolisieren und die Äste die Verzweigungen zu den beiden Teilmengen (Abb. 5 und 6). Falls sich eine Teilmenge nicht mehr sinnvoll aufteilen läßt, endet das Verfahren bei diesem Knoten. Dieser ist dann ein Endknoten oder „Blatt", der eine bestimmte Klasse repräsentiert. Elemente mit der zugehörigen Wertekombination werden in diese Klasse eingeteilt, wobei diese Wertekombination eine optimale Prädiktion ermöglicht.

Das Verfahren soll mit den Daten des HET-CAM- und NRU-Tests aus dem Ringversuch zum Ersatz des Draize-Tests erläutert werden. Es lagen die Daten einer Lernstichprobe von 134 Substanzen vor, die mindestens mit einem der beiden in vitro-Tests geprüft wurden und mit dem Draize-Test in genau eine der Klassen „stark reizend“ (R41) oder „wenig reizend“ (Rest) eingestuft waren. Vollständige Datensätze sind bei diesem Verfahren zwar erwünscht, aber nicht unbedingt notwendig.

Ein nicht-terminaler Knoten wird in zwei Teilmengen aufgespalten (d.h. es gehen von ihm genau zwei Äste ab). Die Aufspaltung erfolgt jeweils anhand der Werte einer Variablen durch Festlegung eines cut-points. Elemente, bei denen der Wert dieser Variablen kleiner oder gleich dem cut-point ist, werden in der Regel dem Knoten für „stark reizende“ Substanzen zugeordnet, Elemente mit einem Variablenwert größer als der cut-point dem Knoten für „wenig reizende“ Substanzen. Der Klassifikationsbaum beginnt mit dem Knoten, der die gesamte Lernstichprobe umfaßt (Basisknoten). Eine zur Aufspaltung eines früheren Knotens verwendete Variable kann später wieder benutzt werden, wobei aber nur der Wertebereich herangezogen wird, der bei der früheren Aufspaltung zu dem späteren Knoten geführt hat.

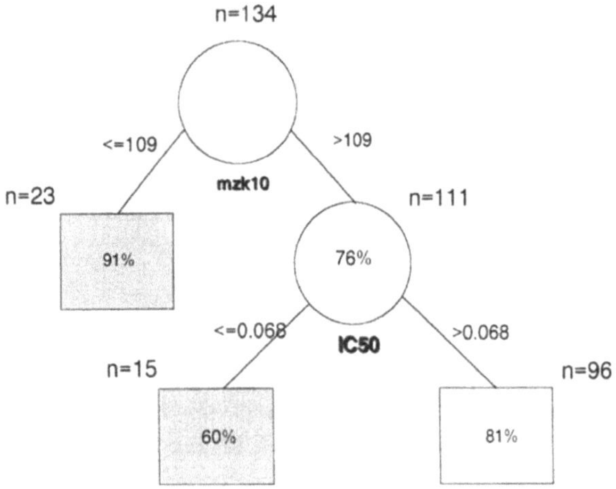

Abb. 5. Klassifikationsbaum 1 zur Klassifikation in wenig reizende und stark reizende Substanzen aufgrund der HET-CAM- und NRU-Daten

Die erste Aufspaltung der Lernstichprobe (Basisknoten) wurde mit der mittleren Zeit bis zur Koagulation bei 10%-Lösung (mzk10) des HET-CAM-Tests und dem cut-point 109 Sek. durchgeführt. 23 der 134 Substanzen hatten eine mzk10≤109 Sek. und wurden dem Knoten für stark reizende Substanzen zugeordnet. Von diesen 23 Substanzen waren 21 in vivo stark reizend. Die Prädiktion dieses Knotens für die Klasse der stark reizenden Substanzen beträgt somit 91% und ist ausreichend. Dieser Knoten wird nicht weiter aufgespalten; er bildet einen Endknoten. In der Abbildung sind Endknoten durch Quadrate und nicht-terminale Knoten durch Kreise symbolisiert. Knoten, die die stark reizende Klasse prädizieren, sind grau unterlegt, Knoten für die wenig reizende Klasse weiß. Am Rande der Knoten ist der Umfang der Teilstichprobe angegeben und in den Knoten der prädiktive Wert der Merkmalkombination. Die Variable, die zur weiteren Aufspaltung eines Knotens benutzt wird, ist unter dem Knoten angegeben, der zugehörige cut-point an den Ästen. So steht in Abb. 5 unter dem Basisknoten die Variable mzk10, am linken Ast der Bereich ≤109, am rechten der Bereich >109.

Der Knoten für die 111 Substanzen mit mzk10>109 Sek. liefert nur einen unbefriedigenden prädiktiven Wert von 76% für die Klasse der wenig reizenden Substanzen. Diese Teilmenge soll daher weiter aufgespalten werden. Die günstigste Variable hierfür ist der IC_{50}-Wert des NRU-Tests mit einem cut-point von 0,068. Substanzen mit mzk10>109 und IC_{50}≤0,068 werden als „stark reizend“ klassifiziert, Substanzen mit mzk10>109 und IC_{50}>0,068 als „wenig reizend". Dies liefert einen prädiktiven Wert von 81% für die Klasse der wenig reizenden Substanzen. Dieser Wert ist ausreichend und das Verfahren damit beendet. Die damit erstellte Klassifikationsregel lautet:

- Substanzen mit mzk10≤109 Sek. oder mit mzk10>109 Sek. und IC_{50}≤0,068 werden als „stark reizend" klassifiziert, Substanzen mit anderen Wertekombinationen als „wenig reizend".

Diese Regel liefert für die Substanzen der Lernstichprobe eine Sensitivität von 62,5%, eine Spezifität von 90,7%, einen positiv prädiktiven Wert vom 78,9% und einen negativ prädiktiven Wert von 81,3%. Die Rate der richtig klassifizierten Fälle beträgt 80,6%.

Die Rate der richtig klassifizierten Fälle kann noch gesteigert werden, wenn die Teilmenge der 96 Substanzen, die der Klasse „wenig reizend" zugeordnet sind, weiter aufgespalten wird. Dies ist in Abb. 6 gezeigt.

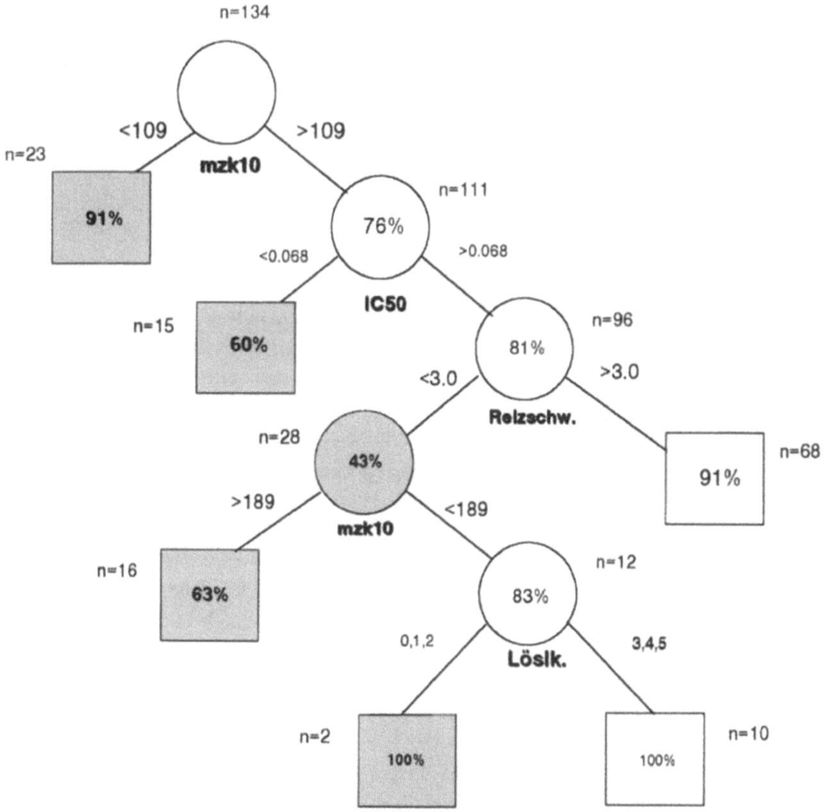

Abb. 6. Klassifikationsbaum 2 zur Klassifikation in wenig reizende und stark reizende Substanzen aufgrund der HET-CAM- und NRU-Daten

Als neue Variable wurde die Reizschwelle des HET-CAM-Tests mit dem cut-point 3,0 genommen. 68 der 96 Substanzen des Knotens hatten eine Reizschwelle größer als 3,0 und wurden einem neuen Knoten zugeordnet, der eine Prädiktion für „wenig reizend" von 91% hat. Da diese Prädiktion ausreichend ist, wird dieser Knoten nicht weiter aufgespalten. Die restlichen 28 Substanzen ergeben für die Klasse der stark reizenden Substanzen nur eine Prädiktion von 43%. Da diese nicht befriedigt, wird dieser Knoten weiter mit der Variablen mzk10 aufgespalten. Diese Variable wird also erneut zur Aufspaltung benutzt. Der cut-point beträgt 189 Sek.; und zwar werden nun Substanzen mit mzk10>189 einem Knoten für die Klasse „stark reizend" zugeordnet, die restlichen einem Knoten für „wenig reizend". Dies widerspricht der praktischen Erfahrung, nach der das Reizpotential mit zunehmender mzk10 abnehmen sollte. Solche Widersprüche sind beim Verfahren CART nicht immer auszuschließen. Sie kommen daher, daß die Auswahl der Trennvariablen und des cut-points nur nach formalen Kriterien (möglichst großer Unterschied in der Häufigkeit stark reizender Substanzen zwischen den beiden neu zu bildenden Knoten) getroffen wird und sachliche Erwägungen nicht berücksichtigt werden. Im vorliegenden Beispiel waren zufällig in dem aufzuspaltenden Knoten etwas mehr wenig reizende Substanzen mit mzk10≤189, so daß dieser Wertebereich zur Prädiktion der wenig reizenden Substanzen benutzt wird.

Akzeptiert man diesen Widerspruch, so sind 16 von den 28 Substanzen dieses Knotens mit einem mzk10>189 der Klasse „stark reizend" zuzuordnen. Die Prädiktion dieses Knotens beträgt 63%. Die restlichen 12 Substanzen ergeben eine Prädiktion von 83% für die Klasse der wenig reizenden Substanzen. Diese Gruppe kann durch die Hinzunahme der Löslichkeitsklasse noch weiter aufgespalten werden. Die Löslichkeit wurde ordinal in 6 Klassen (0 bis 5) eingeteilt, wobei 0 „nicht löslich" und 5 „sehr gut löslich" bedeutet. Von den 12 Substanzen dieses Knotens werden 2 mit einer Löslichkeit von 0 bis 2 einem Endknoten für „stark reizend" zugeteilt (und sind tatsächlich auch stark reizend) und die restlichen 10 Substanzen einem Endknoten für „wenig reizend" (und sind auch wenig reizend). Die Prädiktion dieser beiden Endknoten beträgt somit 100%. Mit dieser Klassifikationsregel wird die Sensitivität auf 87,5% gesteigert, wobei eine geringfügige Reduktion der Spezifität auf 83,7% in Kauf genommen werden muß. Die Rate der richtig klassifizierten Fälle erhöht sich auf 85,1%.

Dieses Beispiel zeigt die Vor- und Nachteile der Baumanalyse auf. Die Vorteile bestehen darin, daß sehr flexible und leicht nachvollziehbare Klassifikationsregeln mit einer optimalen Ausschöpfung der gegebenen Möglichkeiten erhalten werden. Diese Regeln benutzen jeweils nur die Variablen, die für eine optimale Klassifikation unbedingt erforderlich sind. Falls bereits mit einer Variablen (im Beispiel mit mzk10) in eine Klasse mit hoher Prädiktion eingeteilt werden kann, ist es nicht erforderlich, die anderen Testergebnisse auch noch zu ermitteln. Bei der Kombination verschiedener in vitro-Tests kann man so jeweils nur mit den aussagefähigsten Tests entscheiden und braucht andere Tests nicht mehr durchzuführen. Die Nachteile bestehen in der ungenügenden Berücksichtigung sachlogischer Zusammenhänge. Diese können zwar nachträglich berücksichtigt werden, indem sachlogisch unsinnige Verzweigungen wieder rückgängig gemacht werden. Damit wird aber auch die Genauigkeit der Klassifikationsregel reduziert. Man muß sich hüten, die Aufspaltung zu weit zu treiben, da sonst Endknoten entstehen, die nur mit sehr wenigen Elementen der Lernstichprobe besetzt sind (in Abb. 6 ein Endknoten mit nur 2 Elementen). Es empfiehlt sich, diese Äste wieder „zurückzuschneiden" (pruning). So empfiehlt es sich in Abb. 6, den Knoten mit 28 Substanzen, der vom Ast mit der Bedingung: Reizschwelle ≤3 gebildet wird, nicht weiter aufzuspalten und Substanzen mit dieser Bedingung (mzk10>109, IC_{50}>0,068, Reizschwelle ≤3) als „nicht klassifizierbar" einzustufen (da für diese Kombination der prädiktive Wert für „stark reizend" nur 43% und für „wenig reizend" 57% beträgt, also beide fast gleich sind). Diese Möglichkeit, Wertekombinationen zu erkennen, die zu einer schlechten Prädiktion führen, und bei diesen Kombinationen keine Klassifikation vorzunehmen, kann als ein nicht zu unterschätzender Vorteil angesehen werden. Man nennt solche Verfahren „partielle Klassifikationen". Im Beispiel würden bei dieser partiellen Klassifikation 28 (21%) der 134 Substanzen nicht klassifiziert werden. Von den restlichen 106 Substanzen sind in vivo 36 stark reizend und 70 wenig reizend. Von den 36 stark reizenden Substanzen werden 30 richtig klassifiziert (Sensitivität=83%) und von den 70 wenig reizenden Substanzen 62 (Spezifität=89%). 92 der 106 klassifizierbaren Substanzen (87%) werden bei dieser partiellen Klassifikation somit richtig zugeteilt.

Ein Verfahren, Klassifikationsregeln aus Lernstichproben unter Berücksichtigung sachlogischer Gesichtspunkte zu erstellen, wurde von HECKER und WÜBBELT (1992, 1994) entwickelt. Es trägt den Namen 'Clustering By Response' (CBR). Dieses Verfahren setzt allerdings voraus, daß die Befunde der in vitro-Tests dichotom vorliegen. Diese Dichotomisierung kann z.B. mit CART erreicht werden. Unter Verwendung von 4 Endpunkten des HET-CAM- und NRU-Tests (mzk10, IC_{50}, Reizschwelle, mzh100 (mittlere Zeit bis Hämorraghie bei 100%-Substanz)) konnte mit CBR eine Rate korrekt klassifizierter Fälle von 82% erreicht werden. Läßt man eine partielle Klassifikation zu (Substanzen, die nicht klassifiziert werden), dann ist bei einem Anteil von 13% nicht zu klassifizierender Substanzen eine Sensitivität von 100%, eine Spezifität von 82% und eine Rate korrekt klassifizierter Fälle von 86% (bezogen auf die klassifizierten Substanzen) zu erreichen.

Die Arbeit wurde vom Bundesministerium für Forschung und Technologie (Projekte 0319307A und 0319307B) gefördert.

Literatur

BREIMAN L., FRIEDMAN J.H., OLSHEN R.A., STONE C.J., Classification and Regression Trees, Belmont, Ca.: Wadsworth Inc., 1984

HECKER H. und WÜBBELT P., Klassifikation nach Mustern von Prognosefaktoren und Ausprägungen von Responsevariablen, in: SCHACH S. und TRENKLER G., Data Analysis and Statistical Inference, Festschrift in Honour of Prof. Dr. F. EICKER, Bergisch Gladbach, Köln: Verlag Eul, 259-275, 1992

HECKER H. und WÜBBELT P., Clustering By Response: CBR - Einführung und Programmbeschreibung, Medizinische Hochschule Hannover, 1994

SPIELMANN H., KALWEIT S., LIEBSCH M., WIRNSBERGER T., GERNER I., BERTRAM-NEIS E., KRAUSER K., KREILING R., MILTENBURGER H.G., PAPE W., STEILING W., Validation study of alternatives to the Draize eye irritation test in Germany: cytotoxicity testing and HET-CAM test with 136 industrial chemicals, Toxicology in Vitro, 7, 505-510, 1993

Erprobung biometrischer Verfahren zur Entwicklung und Validierung von Alternativmethoden zu toxikologischen Tierversuchen

M. Liebsch, F. Moldenhauer, H. Spielmann

Zusammenfassung

Im Förderschwerpunkt „Alternativen zu Tierversuchen" des deutschen Forschungsministeriums BMBF wurde der Schwerpunkt „Biometrische Methoden zur Planung, Auswertung und Validierung von in vitro-Verfahren als Ersatz für Tierversuche in der Toxikologie" gegründet, um verbindliche Richtlinien zur Auswertung und Darstellung der Ergebnisse zu etablieren und um die Berechnung der Korrelation der in vitro- zu den in vivo-Daten zu standardisieren. Es werden Ergebnisse aus dem bei ZEBET von 1992-1995 bearbeiteten Teilprojekt „Erprobung und Anwendung biometrischer Verfahren" vorgestellt, die die zentrale Bedeutung der Biometrie bei der Entwicklung und Validierung von Alternativmethoden in der Toxikologie unterstreichen. Folgende biometrische Probleme bei der Planung, Durchführung und Auswertung von Ringversuchen zur Validierung von Alternativmethoden in der Toxikologie werden anhand von Beispielen diskutiert: die Berechnung der Reproduzierbarkeit und der in vitro-/in vivo-Korrelation sowie die Erfahrungen mit der Diskriminanzanalyse als Methode zur Identifizierung diskriminanzstarker Meßparameter toxikologischer in vitro-Systeme. Die bei ZEBET im Rahmen von Validierungsstudien gemachten Erfahrungen haben auf europäischer Ebene zu einer Standardisierung der biometrischen Verfahren geführt, die bei der Entwicklung und Validierung von Alternativmethoden in der Toxikologie eingesetzt werden.

Summary

Evaluation of biostatistical methods to develop an validate in vitro alternatives to toxicological testing in animals

The ministry of research and technology (BMBF) is funding a collaboration project „biometrical methods in the planning, evaluation and validation of in vitro methods in toxicology to replace safty testing in animals". In the project guidelines will be drafted to evaluate the results of in vitro tests and to standardize the calculation of the correlation of results from in vitro testing to the results from testing in animals. As an example the results of the project „testing and application of biometrical methods in a validation study" will be described, which was carried out at ZEBET. The evaluation of the national validation study in Germany on two alternatives to the Draize eye test will be used to illustrate the following areas of applying biostatistical methods: calculation of reproducibility and of in vitro/in vivo correlation as well as the application of discriminant analysis to identify the most relevant endpoints determined in in vitro toxicity tests. The experience gained at ZEBET by using biometrical methods early on in validation studies have led to the acceptance of standardized biometrical methods on the European level. The methods have been accepted by the ECVAM Task Force „Biostatistics“ which is routinely involved in planning and evaluation of validation studies at the EU level.

1. Einleitung

Seit ca. 30 Jahren hat es der dramatische technische Fortschritt auf dem Gebiet der Zell- und Gewebezucht ermöglicht, wissenschaftliche Fragestellungen auf vielen Gebieten der Biologie und Medizin zu lösen, die im Versuch am Ganztier nicht lösbar waren. Primär wurden die Methoden der Zell- und Gewebezüchtung in der Grundlagenforschung eingesetzt. Inzwischen werden diese Techniken jedoch routinemäßig in der pharmazeutisch-chemischen Industrie eingesetzt, und sie werden therapeutisch beim Menschen angewandt, wie z. B. bei der künstlichen Befruchtung.

Aufgrund der geschilderten Entwicklung stellt sich generell und insbesondere für die Toxikologie, in der der Tierversuch bisher das Maß aller Dinge war, die Frage, ob belastende Tierversuche durch tierversuchsfreie Methoden ersetzt werden können. In der Öffentlichkeit sind vor allem toxikologische Tierversuche stark kritisiert worden, da sie im Gegensatz zu Tierversuchen in der Forschung genormt sind und vielfach mit starkem Leiden für die Versuchstiere verbunden sind, wie z.B. der Draize-Test am Kaninchenauge.

Vor diesem Hintergrund wurde vor mehr als 10 Jahren der BMBF-Schwerpunkt „Ersatzmethoden zu Tierversuchen“ etabliert, in dem die Entwicklung und Validierung tierversuchsfreier Methoden zum Ersatz behördlich vorgeschriebener Tierversuche gefördert wird. Die Erfahrungen mit der Validierung solcher Alternativmethoden haben gezeigt, daß in vitro-Methoden im Gegensatz zu Tierversuchen qualitativ völlig andere Informationen liefern. Eine weitere Schwierigkeit besteht darin, daß in der Toxikologie Tierversuche durchgeführt werden, um gefährliche chemische Stoffe und Zubereitungen international standardisiert einzustufen und zu kennzeichnen. Es konkurriert auf diesem Gebiet der biomedizinischen Forschung demnach der Tierschutz mit dem Verbraucherschutz. Tierversuchsfreie Methoden auf dem Gebiet der Toxikologie müssen deshalb nicht nur reproduzierbar sein, sondern es muß biometrisch nachgewiesen werden, daß die Ergebnisse aus in vitro-Tests in ähnlicher Weise wie Tierversuche eine Einstufung chemischer Stoffe entsprechend ihrer Gefährlichkeit ermöglichen. Es müssen deshalb die Ergebnisse aus in vitro-Tests mit denen aus Tierversuchen korreliert werden. Bisher war es dem jeweiligen Wissenschaftler überlassen, für die Erfassung toxikologischer Effekte in in vitro-Tests die aus seiner Sicht optimale zahlenmäßige oder graphische Darstellung zu wählen. Üblicherweise handelt es sich um Dosis-Wirkungs-Beziehungen. Da Wissenschaftler bemüht sind, ihre Ergebnisse möglichst gut darzustellen, und da es keine Regel für die Darstellung solcher Daten gibt, hat oftmals jeder Wissenschaftler eine andere Form der Präsentation seiner Ergebnisse gewählt. Damit gibt es keine standardisierte Auswertung der Ergebnisse von in vitro-Studien in der Toxikologie und natürlich auch keine verbindlichen Vorschriften für die Berechnung der in vitro-/in vivo-Korrelation solcher Ergebnisse zu den entsprechenden Daten von Tierversuchen, die sie ersetzen sollen.

Um diesem unbefriedigenden Zustand abzuhelfen, wurde im BMBF-Projekt „Alternativen zu Tierversuchen“ das Schwerpunktprojekt „Biometrische Methoden zur Planung, Auswertung und Validierung von in vitro-Verfahren als Ersatz für Tierversuche in der Toxikologie“

etabliert, an dem gemeinsam unter Führung von Professor BERTHOLD SCHNEIDER (Hannover) Arbeitsgruppen an der Charite der Humboldt Universität Berlin (Professor HOLZHÜTTER), die Firma Biorat (Rostock) und ZEBET (Berlin) im BgVV von 1992-1995 zusammengearbeitet haben. ZEBET hat im Teilprojekt 3 „Erprobung und Anwendung biometrischer Verfahren" Methoden, die von den übrigen Arbeitsgruppen entwickelt wurden, bei der Entwicklung und Validierung neuer toxikologischer in vitro-Methoden auf ihre Anwendbarkeit in der Praxis geprüft. Da ZEBET seit 1989 an der Entwicklung und Validierung verschiedener Ersatzmethoden zu Tierversuchen beteiligt war, konnten die von den Biometrikern im BMBF-Verbundprojekt entwickelten Methoden auf ihre Robustheit überprüft werden (MOLDENHAUER F. et al., 1996). Es zeigte sich dabei, daß das Leistungsspektrum der Biometrie nicht auf Standardverfahren zurückgreifen kann, sondern daß die Anforderungen an die Biometrie der jeweiligen Problemstellung angepaßt werden müssen. Diese Problematik wird ausführlich in dem kürzlich erschienenen Buches „Alternativen zu Tierexperimenten" (GRUBER F.P. und SPIELMANN H., 1996) dargestellt. Die Erfahrungen bei ZEBET, über die nachfolgend berichtet wird, unterstreichen eindeutig, daß die Beteiligung eines Biometrikers bereits bei der Entwicklung eines neuen toxikologischen in vitro-Tests unerläßlich ist, um die optimalen toxikologischen Endpunkte für einen neuen Test mit biometrischen Methoden zu identifizieren. Der Biometriker ist sodann bei der Prüfung der Reproduzierbarkeit eines Tests innerhalb eines Labores aber auch in verschiedenen Laboratorien wichtig. Schließlich muß er bei der Entwicklung von Prädiktionsmodellen mitarbeiten, die es gestatten, die in vitro gemessenen Daten in Werte umzuwandeln, die eine Einstufung der Prüfsubstanzen nach den jeweiligen Gefährlichkeitsmerkmalen ermöglichen.

2. Planung von Ringversuchen zur Validierung von Alternativmethoden in der Toxikologie

Nach den international akzeptierten Empfehlungen zur Validierung toxikologischer Prüfmethoden schließt sich an die Testentwicklung die Validierung an, deren wesentlichster Abschnitt eine Prüfung der Methode unter blinden Bedingungen mit codierten Prüfchemikalien darstellt, an die sich die Auswertung durch einen von den Prüflabors unabhängigen Biometriker anschließt (BALLS M. et al., 1990). Die praktische Erfahrung aus Ringversuchen hat gezeigt, daß sie zeit- und kostenintensiv sind (BALLS M. et al., 1995a). Deshalb ist es notwendig, Ringversuchsstudien sorgfältig zu planen. Die Erfahrungen aus der Ringversuchsstudie und der Erweiterung der Datenbasis im Forschungsvorhaben „Evaluierung von Ersatzmethoden zum Draize-Test am Kaninchenauge" (SPIELMANN H. et al., 1995) wurden durch die Beteiligung der ZEBET bei nationalen und internationalen Ringversuchsstudien berücksichtigt. Zunächst muß die Zahl der teilnehmenden Laboratorien, der Umfang der Stichprobe sowie die oder das Testverfahren festgelegt werden. Ein Zeit- und ein Organisationsplan in dem die Verantwortlichkeiten festgelegt werden, ist zu skizzieren, wie von BALLS und Mitarbeitern empfohlen (BALLS M. et al., 1995a).

Es hat sich außerdem bewährt, zwischen Testentwicklung und endgültiger Validierung im Ringversuch eine kurze Phase der „Prävalidierung" einzuschalten, um ein optimales Versuchsprotokoll für die Validierungsstudie zu entwickeln (CURREN D.C. et al., 1995). Am Ende der Prävalidierung steht die Übertragbarkeit der Arbeitsanleitung auf andere Laboratorien und ein biometrisch gesichertes Vorhersagemodell. Änderungen zur Zusammensetzung der Stichprobe und des Stichprobenumfanges sollen bereits rechtzeitig vor dem Verschicken und Testen der Proben diskutiert werden. Am besten ist es, wenn alle Testmaterialien vor Beginn des Ringversuches bereitstehen. Die Reihenfolge der zu testenden Proben kann festgelegt werden. Eine GLP-gerechte Datendokumentation muß organisiert werden. Dazu ist eine funktionstüchtige

Software, die vor dem Beginn eines Ringversuches bereitgestellt wird, unentbehrlich. Für Ringversuche ist die „doppelte Blindcodierung" zu gewährleisten, bei der jedes Testmaterial in jedem Labor einen anderen Code trägt.

Bei der Planung der Datenerhebung muß berücksichtigt werden, daß die Rohdaten der Versuche für die Auswertung relevant sind, weil diese dann einheitlich vom Biometriker zu verdichten sind. Nur einheitliche Konzentrationseinheiten (mg/ml, µg/ml, % o. ä.) nach dem internationalen Einheitensystem dürfen zugelassen werden. Die Kontrolle der Qualität der Meßdaten, die Sichtung und die Entscheidung, ob Ausreißer vorliegen, wird dadurch vereinfacht. Es wird auf diese Weise gewährleistet, daß mit geringem Aufwand weitere abgeleitete bzw. sekundäre Endpunkte (andere Hemmschwellen der Zytotoxizität beispielsweise) bessere Vorhersagen ermöglichen. Studienbegleitende Auswertungen sollten ermöglicht werden, dazu sind die experimentellen Ergebnisse in regelmäßigen Abständen dem verantwortlichen Biometriker zu überlassen. Der Aufbau einer Datenbank wird damit erleichtert und Mängel und vorläufige Ergebnisse können bereits während der Validierung diskutiert werden.

3. Präzisierung von Testprotokollen in der Prävalidierungsphase

Versuchsprotokolle sind vor der endgültigen Validierung unter blinden Bedingungen mit großen Stichproben in wenigstens drei Laboratorien in der Prävalidierungsphase auf Ungenauigkeiten zu testen und zu verbessern (CURREN D.C. et al., 1995). Ein biometrisch fundiertes Prädiktionsmodell muß dazu erarbeitet werden, mit dem im speziellen Fall von Alternativmethoden die in vivo-Endpunkte anhand der in vitro-Endpunkte vorhergesagt werden können. Insbesondere muß die Streuung der in vitro- und in vivo-Endpunkte (Variablen) Berücksichtigung finden. Die Ergebnisse des allgemein üblichen Regressionsverfahrens müssen mit alternativen biometrischen Methoden der geometrischen Regression oder mit dem „bootstrap" Verfahren verglichen werden. Durch studienbegleitende Auswertungen werden in der Phase der Prävalidierung Änderungen in den Arbeitsvorschriften vorgenommen.

4. Durchführung von Validierungsstudien

Die bei ZEBET gesammelten Erfahrungen im Umgang mit großen Datenmengen und den biometrischen Auswertungen flossen in Grundkonzeptionen von Validierungsstudien ein (BALLS M. et al., 1990, 1995a; CURREN D.C. et al., 1995). Eine Validierungsstudie wird seither zweckmäßigerweise in mehrere Arbeitsschritte untergliedert, die teilweise auch von von unterschiedlichen Arbeitsgruppen übernommen werden:

- Den 1. Schritt bildet die Entwicklung von Testprotokollen in einem Labor.
- Im 2. Schritt wird das Testprotokoll in anderen Laboratorien mit wenigen Testsubstanzen erprobt.
- Der 3. Schritt stellt die eigentliche Validierung dar, in der das Testprotokoll in einer größeren Zahl von Laboratorien unter blinden Bedingungen getestet wird.
- Im 4. Schritt erfolgt die unabhängige Evaluierung, der im Idealfall die Akzeptierung durch die zuständigen behördlichen Gremien folgen sollte (BALLS M. et al., 1990, 1995a).

Während der Validierung (3. Schritt) sollten biometrische Zwischenauswertungen - die Auswertung sämtlicher Daten über alle Laboratorien - alle drei oder vier Monate den teilnehmenden Labors vorgestellt und mit ihnen diskutiert werden. Jedes Labor erhält dann auch die Möglichkeit, laborinterne oder allgemeine Probleme zu diskutieren und Unterstützung von anderen Laboratorien zu erhalten. Die Zwischenauswertungen dienen der Kontrolle der experimentellen

Durchführung. Testprotokolle sind dabei weiter zu vervollständigen und zu präzisieren.

In Zelltests wird beispielsweise eine genau vorgeschriebene Zahl von Zellen ausgesät. Für das Zählen von Zellen gibt es mehrere Möglichkeiten. Es ist deswegen genau zu definieren. Ein weiteres Problem besteht darin, vitale Zellen zu erkennen und außerdem eine Zelle auch als nur eine Zelle zu erkennen. Die absoluten optischen Dichten und ihre Vergleichsdaten zwischen den Laboratorien verdeutlichen möglicherweise, daß spezifische Probleme noch gelöst werden müssen, um ein Routineverfahren zu etablieren. Meist werden in Zelltests Positivkontrollen eingesetzt, um die Funktionstüchtigkeit des biologischen Materials zu prüfen (MOLDENHAUER F. et al., 1996). Zu Beginn des Ringversuchs wählt man zu diesem Zweck eine Substanz aus und läßt in allen Laboratorien 3 unabhängige Experimente durchführen (HOLZHÜTTER H.G. und QUEDENAU J., 1995). Dadurch kann ein Konzentrationsbereich für die EC_{50} oder der Bereich der Wirkung der Substanz für eine festgelegte Konzentration angegeben werden. Fixe Dosen zur Prüfung mit der Positivkontrolle und verbindliche Testkonzentrationen für alle Laboratorien sollten vor Beginn der Validierung unter blinden Bedingungen festgelegt werden. Sie sollten nach unseren Erfahrungen den Bereich von 20 bis 80 Prozent nicht verlassen. Die absoluten optischen Dichten der Leerwerte, der Negativkontrollen und der Lösemittelkontrolle sind ebenfalls zu beschränken (MOLDENHAUER F. et al., 1996).

5. Bewertung und Akzeptanz von Validierungsstudien

Mit dem Ende von Ringversuchen stehen die Endkenndaten zur Beschreibung der Stichprobe wie Wiederholbarkeit und Vergleichbarkeit fest. Diese Werte sind Kenngrößen der Genauigkeit von in vitro-Methoden, sie werden anhand von Korrelationskoeffizienten, den Abweichungen der vorhergesagten Werte (in vivo-Endpunkte) vom tatsächlichen Wert oder mit Hilfe von 2 x 2 Kontingenztafeln bewertet, da diese Vergleichszahlen Auskunft über die Genauigkeit der Methoden geben.

In Validierungsstudien, bei denen Stoffe in Gruppen mit bestimmten in vivo-Eigenschaften eingestuft bzw. klassifiziert werden sollen, ist die Diskriminanzanalyse eine biometrische Methode, um objektive Prädiktionsmodelle zu entwickeln wie wir an einschlägigen Beispielen zeigen konnten, wie z.B. in der Studie zur in vitro-Phototoxizitätstestung (SPIELMANN H. et al., 1994), bei der „Evaluierung von Ersatzmethoden zum Draize-Test am Kaninchenauge" (SPIELMANN H. et al., 1995) und bei der in vitro-Korrosivitätstestung (LIEBSCH M. et al., 1995). Mit Hilfe der Diskriminanzanalyse und assoziierter Methoden (schrittweise Diskriminanzanalyse, Prozedur STEPDISC aus der Software SAS (1988)) können diskriminanzstarke toxikologische Endpunkte gefunden werden, mit denen die Vorhersage von Toxizitätsklassen mit wenigen Endpunkten und somit eine Einstufung erreicht wird, die mit der im Tierversuch bestimmten Einstufung gut übereinstimmt. Es werden also in Validierungsstudien mehrere toxikologische Endpunkte bestimmt, die in der abschließenden biometrischen Auswertung der Validierungsstudie auf wenige wesentliche reduziert werden können. Gründe für das Erfassen mehrerer Endpunkte sind z.B., daß die Aussagen über die Relevanz einzelner in vitro-Endpunkte verbessert werden sollen (SPIELMANN H. et al., 1995). Außerdem läßt sich die Vorhersage der in vivo-Endpunkte durch Kombination verschiedener in vitro-Tests verbessern.

6. Die Biometrie als wesentliches Element bei der Entwicklung und Validierung von Alternativmethoden in der Toxikologie

6.1. Reproduzierbarkeit

Als 1990 zum ersten Mal ein einheitliches wissenschaftliches Vorgehen für die Validierung toxikologischer Alternativmethoden entwickelt wurde (BALLS M. et al., 1990), beschränkten sich die biometrischen Anforderungen darauf, daß in Validerungsstudien die Wiederholbarkeit der Ergebnisse in einem Labor und die Vergleichbarkeit zwischen verschiedenen Labors bestätigt werden muß und zwar unter blinden Bedingungen. Außerdem muß nachgewiesen werden, daß die Alternativmethode relevante Ergebnisse für ein Gebiet der Toxikologie liefert, in dem bisher Tierversuche durchgeführt werden. Im englischen Originaltext hat man sich auf „reliability" und „relevance" als Kriterien für die Akzeptierung einer neuen Alternativmethode geeinigt.

6.2. In vitro-/in vivo-Korrelation

Leider wurden die hier geschilderten unbestimmten biometrischen Begriffe nicht weiter konkret erläutert. Es wurden exakte und bereits für andere Bereiche der Biomedizin entwickelte biometrische Methoden nicht genauer für die Anwendung bei Validierungsstudien definiert, weil der entsprechende Sachverstand nicht zu Rate gezogen wurde. Nicht unerwartet stellte sich jedoch bei einer größeren Zahl von Validierungsstudien heraus, daß für die Berechnung der Korrelation zwischen in vitro- und in vivo-Daten die Qualität der Daten entscheidend ist. Das gilt sowohl für die in vitro- als auch für die in vivo-Daten. Es zeigte sich außerdem, daß Dosis-Wirkungs-Kurven und die Bestimmung von EC_{50}-Werten in sehr unterschiedlicher Weise bestimmt werden. Da in vitro-Daten üblicherweise als EC_{50}-Werte dargestellt werden, hat die Art ihrer Bestimmung auch auf die Reproduzierbarkeit und die Vergleichbarkeit mit den Daten anderer Arbeitsgruppen eine wesentliche Bedeutung. Diese Erfahrungen wurden in systematischer Weise erstmals während der vorliegenden Studie gemacht. Eine gute Lösung dieses grundsätzlichen Problems haben HOLZHÜTTER und QUEDENAU im Rahmen des BMBF-Verbundprojektes erarbeitet (HOLZHÜTTER H.G. und QUEDENAU J., 1995). Auch die einheitliche Erfassung aller Meßdaten und die Vorgabe einer einheitlichen Datenstruktur, die die Identifizierung der für die jeweilige toxikologische Fragestellung relevanten Meßparameter ermöglichen, wurde in dieser Studie erstmals bei Validierungsstudien durchgeführt.

6.3. Diskriminanzanalyse zur Identifizierung toxikologischer Endpunkte

Weiterhin haben wir in einigen Studien die Diskriminanzanalyse eingesetzt, um den ausschlaggebenden Meßparameter von in vitro-Methoden zu identifizieren. Bei der Validierungsstudie von in vitro-Phototoxizitätstests konnten mit Hilfe der Diskriminanzanalyse Grenzwerte zur Unterscheidung phototoxischer von nicht phototoxischen Stoffen bestimmt werden. Das geschah bereits in der Phase der Testentwicklung (SPIELMANN H. et al., 1994).

Bei der BMBF-Validierungsstudie von zwei in vitro-Methoden zum Ersatz des Draize-Tests am Kaninchenauge wurde im HET-CAM-Test am bebrüteten Hühnerei mit einem komplexen „score" gerechnet, in dem drei Meßparameter unterschiedlich gewichtet wurden. Der HET-CAM-Score war empirisch entwickelt worden. Die biometrische Auswertung der Studie zeigte eine schlechte Reproduzierbarkeit der HET-CAM-Scores in den teilnehmenden Labors. Mit Hilfe der Diskriminanzanalyse gelang es jedoch, bei Betrachtung der ursprünglichen drei Meßparameter den diskriminanzstärksten zu identifizieren, der am besten mit starker Reizwirkung am Auge korreliert. Es gelang dann weiterhin zu zeigen, daß es allein mit diesem diskriminanzstarken Meßparameter, der Koagulation des Proteins am bebrüteten Hühnerei, möglich ist, sehr zuverlässig chemische Stoffe mit stark augenreizender Wirkung zu identifizieren und einzustufen (SPIELMANN H. et al., 1995).

7. Ungelöste biometrische Probleme bei Validierungsstudien

Ein zentrales Problem bei allen Validierungsstudien von Alternativmethoden ist die schlechte Qualität der Tierversuchsdaten. Einerseits erscheint es nach dem in der EU geltenden Tierschutzgesetz nicht vertretbar, einen Tierversuch nur zum Zweck der Validierung einer Ersatzmethode mehrfach innerhalb eines Labors zu wiederholen. Andererseits bildet in den meisten Validierungsstudien ein Tierversuch pro Testsubstanz die Datenbasis für den Vergleich mit mehreren Wiederholungsprüfungen der in vitro-Methode, die außerdem noch in mehreren Laboratorien erhoben wurden. Das Ergebnis des Tierversuches wird damit zu einem fixen Wert, für den keine Informationen über die statistische Qualität der Präzision seiner Messung vorliegen. Eine qualifizierte biometrische Analyse der Leistungsfähigkeit einer Alternativmethode sollte jedoch darauf beruhen, daß statistische Wahrscheinlichkeiten für richtige und falsche Vorhersagen sowohl der in vitro- als auch der in vivo-Methoden miteinander verglichen werden. Dieses Problem ist aufgrund der dargestellten Datenlage für die in vivo-Daten praktisch nicht möglich und es konnte im Rahmen des BMBF-Projektes „Biometrische Methoden zur Planung, Auswertung und Validierung von in vitro-Verfahren als Ersatz für Tierversuche in der Toxikologie“ nicht gelöst werden. Möglicherweise bieten hier Simulationsmethoden einen Ausweg, mit denen Varianzen des Tierversuches generiert werden können.

8. Anwendung der Ergebnisse des BMBF-Verbundprojektes „Biometrie“ bei Validierungsstudien im In- und Ausland

Bei der Erprobung und Anwendung biometrischer Methoden in den vorgenannten Prävalidierungs- und Validierungsstudien wurden im Zeitraum 1992-1995 Erfahrungen gewonnen, die von den Partnern des Biometrie-Verbundprojektes derzeit in Form eines Handbuches niedergelegt werden. Das Handbuch wird die Rolle der Biometrie im Prozeß der Entwicklung und Evaluierung von Ersatzmethoden zum Tierversuch darstellen und Empfehlungen zur Lösung der speziellen biometrischen Probleme geben.

Das EU-Validierungszentrum ECVAM im JRC in Ispra (Italien) hat die grundsätzlichen Ergebnisse des BMBF-Projektes zur Biometrie übernommen. Das schlägt sich darin nieder, daß einmal die Vorstellungen zur Prävalidierung und Validierung von in vitro-Methoden, die ECVAM übernommen hat, wesentliche biometrische Komponenten enthalten, die im BMBF-Projekt entwickelt wurden. Außerdem wurde auf Vorschlag von ZEBET Herr Dr. HOLZHÜTTER, der maßgeblich zum Gelingen des BMBF-Projektes beigetragen hat, zum Leiter der ECVAM-Task-Force „Biostatistics“ ernannt, die in Zukunft für die biometrische Betreuung aller von ECVAM finanzierten Validierungsstudien verantwortlich ist.

Die hier geschilderten Erfolge der Beteiligung der Biometrie an Validierungsstudien von der Testentwicklung bis hin zur Auswertung der Studien und zur Entwicklung von Teststrategien in der Toxikologie, in denen in vitro-Methoden vorgeschaltet werden und erst im zweiten Schritt Tierversuche erforderlich sind, haben national und vor allem international in Europa und den USA dazu geführt, daß die Biometrie ein entscheidender Baustein innerhalb der Validierungsstrategien ist, die von nationalen und internationalen Behörden anerkannt werden, wie z.B. ECVAM, US-FDA, US-EPA und OECD.

Diese positive Entwicklung unterstreicht, daß das BMBF-Verbundprojekt „Biometrie" nachhaltiger als viele andere Projekte des BMBF-Förderschwerpunktes „Alternativen zu Tierversuchen" dazu beigetragen hat, daß 1996 nationale und internationale Behörden bereit sind, validierte Alternativmethoden als Ersatz gesetzlich vorgeschriebener, toxikologischer Tierversuche zu akzeptieren. 1996 fand nämlich ein OECD-Workshop zur Validierung und Akzeptierung von Alternativmethoden zu toxikologischen Tierversuchen statt, auf dem die biometrischen Grundkonzepte, die im BMBF-Förderprogramm entwickelt wurden, von den OECD-Mitgliedsstaaten akzeptiert wurden (OECD, 1996).

Literatur

BALLS M., BLAAUBOER B., BRUSICK D., FRAZIER J., LAMB D., PEMBERTON M., REINHARDT C., ROBERFROID M., ROSENKRANZ H., SCHMID B., SPIELMANN H., STAMMATI A.-L., WALUM E., Report and recommendations of the CAAT/ERGATT workshop on the validation of toxicity test procedures, ATLA, 18, 313-337, 1990

BALLS M., BLAAUBOER B.J., FENTEM J.H., BRUNER L., COMBES R.D., EKWALL B., FIELDER R.J., GUILOUZO A., LEWIS R.W., LOVELL P.D., REINHARDT C.A., REPETTO G., SLADOWSKI D., SPIELMANN H., ZUCCO F., Practical aspects of the validation of toxicity test procedures, ATLA, 23, 129-147, 1995a

BALLS M., BOTHAM P.A., BRUNER L.H., SPIELMANN H., The EC/HO international validation study on alternatives to the Draize eye irritation test, Toxicology in Vitro, 9, 871-929, 1995b

CURREN D.C., SOUTHEE J.A., SPIELMANN H., LIEBSCH M., FENTEM J., BALLS M., The role of prevalidation in the development, validation and acceptance of alternative methods, ATLA, 23, 211-217, 1995

GRUBER F.P. und SPIELMANN H., Alternativen zu Tierexperimenten - Wissenschaftliche Herausforderung und Perspektiven, Heidelberg: Spektrum-Verlag, 1996

HOLZHÜTTER H.G. and QUEDENAU J., Mathematical modelling of cellular responses to external signals, J. Biol. Systems, 3, 127-138, 1995

LIEBSCH M., DÖRING B., DONELLY T.A., LOGEMANN P., RHEINS L.A., SPIELMANN H., Application of the human dermal model Skin¨ ZK 1350, to phototoxicity and skin corrosivity testing, Toxicology in Vitro, 9, 557-562, 1995

MOLDENHAUER F., LIEBSCH M., SPIELMANN H., Biometrische Methoden zur Planung, Auswertung und Validierung von in vitro-Verfahren als Ersatz für Tierversuche in der Toxikologie, Teilprojekt 3: Erprobung und Anwendung der biometrischen Verfahren, Abschlußbericht des BMBF-Forschungsvorhabens 0310074A, Jülich: Forschungszentrum Jülich, 1996

OECD, Draft report of the OECDworkshop on harmonization of validation and acceptance criteria for alternative toxicological test methods, OECD Guidelines for the Testing of Chemicals, Paris: Publications Offcie, 1996, in Druck

SAS - Statistical Analysis Software, SAS/STAT User's Guide, Release 6.03, Cary N.C., USA: SAS Institute Inc., 1028-1047, 1988

SPIELMANN H., BALLS M., BRAND M., DÖRING B., HOLZHÜTTER H.G., KALWEIT S., KLECAK G., L'EPLATTENIER H.L., LIEBSCH M., LOVELL W.W., MAURER T., MOLDENHAUER F., MOORE L., PAPE W.J.W., PFANNENBECKER U., POTTHAST J., DE SILVA O., STEILING W., WILLSHAW A., EEC/COLIPA project on in vitro phototoxicity testing: first results obtained with a Balb/c 3T3 cell phototoxicity assay, Toxicology in Vitro, 8, 793-796, 1994

SPIELMANN H., LIEBSCH M., MOLDENHAUER F., HOLZHÜTTER H.G., DE SILVA O., Modern biostatistical methods for assessing in vitro/in vivo correlation of severely eye Irritation chemicals in a validation study of in vitro alternatives to the Draize eye test, Toxicology in Vitro, 9, 549-556, 1995

Zur quantitativen Risikobewertung toxischer Stoffe - Chancen für Alternativmethoden?

R. Meister

Zusammenfassung

Bei der Risikoabschätzung potentiell toxischer Stoffe ist zwischen dem Erkennen des Wirkpotentials und der quantitativen Analyse der Wirkstärke, der toxischen Potenz, zu unterscheiden. Erst Kenntnisse über die toxische Potenz eines Stoffes ermöglichen die Bewertung des Risikos bei einer konkreten Belastung.

Alternativen zum Tierversuch werden in dieser Arbeit auf ihre Tauglichkeit zur quantitativen Risikoabschätzung untersucht. Beispiele aus der Humantoxikologie und der Ökotoxikologie zeigen, daß Alternativmethoden für die Quantifizierung toxischer Risiken kaum geeignet sind. Voraussetzung für Entwicklung besser geeigneter Methoden werden diskutiert.

Summary

Quantitative risk assessment of toxic compounds - possibilities for alternative methods?

For the risk assessment of potentially toxic substances one has to distinguish between the evidence of the toxic potential and the quantitative analysis of the toxic potency. Only knowledge of the toxic potency allows a risk assessment for a given toxic burden. In this paper the suitability of alternative methods to animal experiments for quantitative risk assessment is investigated. Examples from human toxicology and from ecotoxicology serve to illustrate that alternative methods to animal experiments are of little value for the quantification of toxic risk. Conditions for a develeopment of improved methodes are discussed.

1. Einleitung

In dieser Arbeit soll dargestellt werden, inwiefern sich Alternativmethoden dazu eignen, quantitative Angaben über Risiken toxischer Wirkungen zu machen. Es geht dabei um folgende Fragen:

- Wie groß ist das toxische Risiko bei einer bestimmten Dosis?
- Bei welcher Dosis ist das toxische Risiko kleiner als ein akzeptables „Restrisiko"?

Können solche Informationen überhaupt auf experimentellem Weg erlangt werden? Diese Frage ist eigentlich hypothetisch. Auch wenn experimentelle Befunde sicher nur in sehr begrenztem Maße für die Risikoabschätzung beim Menschen herangezogen werden können, so sind diese Ergebnisse die einzige Möglichkeit, im Voraus Erkenntnisse über das Gefährdungspotential von Stoffen zu erhalten, ohne Menschen dem Risikio unerwünschter toxischer Wirkungen auszusetzen.

Statistische Methoden zur quantitativen Risikobewertung werden seit langem bei der Beurteilung potentiell krebserregender Stoffe verwendet. Methoden und Modelle werden in den Übersichtsarbeiten von ARMITAGE (1982) wie auch von GRIEVE et al. (1989) diskutiert. Für teratogene Wirkungen lassen sich analoge Konzepte verwenden (s. z.B. MEISTER R., 1994). Es ist festzustellen, daß sich diese Kennzahlen und Konzepte mehr und mehr in vielen Bereichen der Toxikologie, z.B. auch im Bereich der Ökotoxikologie, durchsetzen.

In diesem Beitrag werden zunächst die theoretischen Konzepte zur Quantifizierung des Risikos toxischer Wirkungen erläutert. Anhand konkreter Beispiele von Alternativmethoden werden Möglichkeiten und Grenzen ihrer Verwendung bei der Risikoabschätzung aufgezeigt.

2. Theoretische Grundlagen

2.1. Experimentelle Überprüfung toxischer Wirkungen

Unter toxischen Wirkungen sollen hier die durch einen Stoff induzierten Abweichungen des Zustands eines Organismus (Population) vom Normalzustand verstanden werden. Diese Definition macht deutlich, daß der Untersuchungsgegenstand - der Organismus - und dessen normaler Zustand das Erkennen einer Wirkung bestimmen. Mit dieser Festlegung kann die experimentelle Überprüfung als dreistufiges Vorgehen dargestellt werden:

2.1.1. Erkennen

In einem randomisierten Versuch wird die Wirkung anhand geeigneter Merkmale bei Kontrollen und behandelter Individuen verglichen. Die formale Überprüfung wird mit Hilfe eines statistischen Tests auf Unterschiede zwischen den beiden Gruppen durchgeführt. Grundlagen und Verfahren zum Zwei-Gruppenvergleich finden sich in jedem Lehrbuch der Biostatistik (z.B. LORENZ R.J., 1992).

Mögliche Fehlentscheidungen aufgrund der experimentellen Ergebnisse spiegeln sich in den Fehlerwahrscheinlichkeiten wieder. Das Irrtumsrisiko, häufig auch als Niveau des Tests bezeichnet, kontrolliert dabei lediglich das „Produzentenrisiko“, also die Wahrscheinlichkeit fälschlicherweise auf eine toxische Wirkung zu erkennen. Wichtiger für die Risikoabschätzung ist das „Konsumentenrisiko“, die Wahrscheinlichkeit eine tatsächlich bestehende toxische Wirkung im Experiment nicht nachzuweisen. Ohne ausreichende Versuchsplanung, insbesondere die Festlegung der erforderlichen Gruppengrößen, darf ein nichtsignifikantes Testergebnis nicht als Nachweis der Unbedenklichkeit eines Stoffes interpretiert werden.

2.1.2. Analysieren

Da toxische Wirkungen vor allem eine Frage der Dosis sind, werden in einem randomisierten Versuch aufsteigende Dosierungen des Stoffes geprüft. Als Nachweis einer Ursache-Wirkungsbeziehung wird ein statistischer Test auf Trend der Dosis-Wirkungskurve herangezogen.

Die Vorteile eines solchen Vorgehens liegen vor allem in der meist größeren Trennschärfe, also einem geringeren Konsumentenrisiko. Je nach Merkmalstyp gibt es eine Reihe statistischer Testverfahren, die zum Nachweis von Trends - monotonen Dosis-Wirkungsverläufen - geeignet sind. Die Limitierungen der Aussagefähigkeit statistischer Hypothesentests gelten analog zu Punkt 2.1.1.

2.1.3. Risiko quantifizieren

Ausgangspunkt sind Dosis-Wirkungsversuche wie unter 2.1.2. Mit Hilfe statistischer Schätzverfahren werden geeignete Modelle an die Daten angepaßt. Als Beipiele seien die Probit-Analyse (MORGAN B.J.T., 1992) für Häufigkeiten und die Regressionsanalyse für quantitative Beobachtungen genannt. Ausgehend von diesen Modellanpassungen lassen sich Kennzahlen ableiten, die eine quantitative Risikoabschätzung ermöglichen. Nach einer vernünftigen statistischen Praxis werden für alle Schätzwerte Vertrauensgrenzen bestimmt, die noch mit den experimentellen Daten verträgliche Schranken darstellen.

Auch die Modellierung von Dosis-Wirkungskurven erfordert eine statistische Versuchsplanung, um alle Kenngrößen möglichst effizient zu schätzen. Die Verwendung von Konfidenzgrenzen berücksichtigt jedoch die Unsicherheit der Schätzergebnisse.

Diese drei Schritte charakterisieren die Vorgehensweise, gleich ob es sich bei den Experimenten um Tierversuche oder um „versuchstierarme“ Methoden handelt. Entscheidend für das eigentliche Ziel, die Übertragung der Erkenntnisse auf den Menschen, sind mehrere Faktoren. Auf Aspekte der vergleichenden Toxikokinetik und der zugrundeliegenden Wirkmechanismen soll hier nicht weiter eingegangen werden. Für die statistische Betrachtungsweise steht vor allem die Vergleichbarkeit der biologischen Variabilität im Vordergrund, auf die im Folgenden noch eingegangen wird.

2.2. Risiko und Dosis-Wirkungsbeziehungen

Risiko bedeutet in der Umgangssprache Gefahr, Verlust und Wagnis.

Wir wollen den Begriff hier enger fassen. Wir unterscheiden folgende Definitionen von Risiko:

- Wahrscheinlichkeit einer toxischen Wirkung.
- Ausmaß einer toxischen Wirkung.

Wahrscheinlichkeit und Ausmaß sind nicht gleich!

Die Anwendbarkeit der verschiedenen Begriffe zur Risikobewertung hängt vom Ziel ab. Interessiert man sich für einzelne Individuen, wird die probabilistische Definition verwendet. Liegt das Augenmerk auf ganzen Populationen, wie z.B. in der Ökologie bei Untersuchung des Wachstumsverhaltens von Organismen (Algen, Daphnien), wird man sich eher für Änderungen der Reproduktionsrate, also für das Ausmaß interessieren. Wir geben im Folgenden eine mathematische Beschreibung der verschiedenen Ansätze.

2.3. Risikokennzahlen für qualitative Endpunkte

Die folgende Abb. 1 zeigt ein typisches Dosis-Wirkungsmodell für qualitative Wirkungen. Solche sind etwa das Überleben in der Versuchszeit bei akuten Toxizitätstests, etwa dem LD_{50}-Versuch bei Nagern, das Auftreten von Anomalien im teratologischen Experiment etc. Die Wahrscheinlichkeit für das Auftreten dieser unerwünschten Wirkungen legt direkt das Risiko einer toxischen Wirkung fest.

Das Modell in Abb. 1 verdeutlicht ein wichtiges Problem bei der Risikoabschätzung. Das dosisabhängige Risiko wird im wesentlichen durch zwei Größen festgelegt: Die 50% wirksame Dosis und die biologische Varianz. Bei gleicher ED_{50} hängt das Risiko bei niedrigen Dosen vor allem von dieser Varianz ab. Eine kleine Varianz bedeutet dabei einen geringeren Anteil empfindlicher Organismen und somit ein geringeres Risiko bei kleinen Dosen. Die ED_{50} legt lediglich den Maßstab der Dosisachse fest, gibt aber keinerlei Erkenntnis über die Form des

Verlaufs. Die Auswahl einer Modellfunktion, die sich zur Beschreibung experimenteller Daten eignet, ist hierbei von wesenlich geringerer Bedeutung (s. z.B. MEISTER R., 1990).

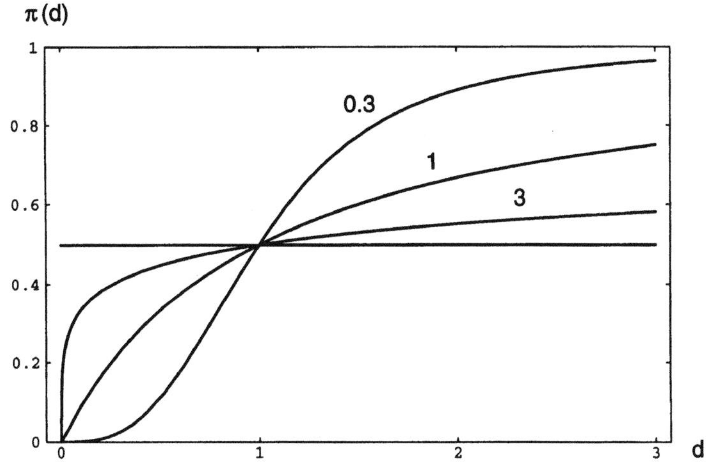

Abb. 1. **Verschiede Verläufe eines log-logistischen Dosis-Wirkungsmodells**
Dargestellt ist die Funktion $\pi(d)=F(\{d/ED_{50}\}^{\wedge}\{1/\sigma\})$ für $\sigma=0,3$; 1; 3 und $ED_{50}=1$. Dabei gilt $F(x)=x/(1+x)$, ED_{50} ist die 50% wirksame Dosis und σ gibt die biologische Varianz an

Obwohl die Charakterisierung einer Dosis-Wirkungskurve durch nur eine einzige Zahlenangabe nicht gelingen kann, verwendet man häufig sogenannte „benchmark" Dosen (CRUMP K.S., 1984) als Basis für die Risikoabschätzung. Benchmark-Dosen sind untere Vertrauensschranken für eine Dosis, bei der mit einem vorgegebenen Risiko pi (5%, 1%) zu rechnen ist. Bei der Benchmark-Dosis hat man also mit einem toxischen Risiko von höchstens pi zu rechnen. Auf der Basis dieser Benchmark-Dosen gelangt man zu sogenannten Sicherheitsdosen, indem verschiedene Extrapolationsmethoden (z.B. Unsicherheitsfaktoren) verwendet werden.

Die Anwendung von NEL (no effect level) Werten sollte in diesem Zusammenhang gänzlich unterbleiben, da sie das Konsumentenrisiko (s.o.) in keiner Weise begrenzen.

2.4. Risikokennzahlen für quantitative Endpunkte

Auch für quantitative Endpunkte lassen sich Modellierungen angeben, die zur Schätzung toxischer Risiken verwendet werden können. Abb. 2 zeigt, wie sich bei gegebener Dosis-Wirkungskurve sowohl die probabilistische Risikodefinition als auch die relative Änderung als Festlegung eignen.

3. Beispiele

In den folgenden Beispielen soll erläutert werden, ob Alternativmethoden ein geeigneter Ersatz für Tierversuche zur quantitativen Abschätzung der Risiken toxischer Stoffe sein können. Es werden verschiedene Testverfahren vorgestellt und in Bezug auf die Risikoabschätzung bewertet.

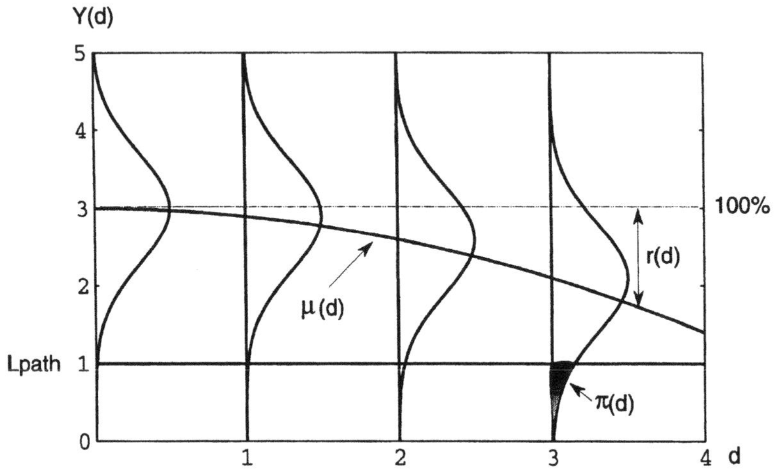

Abb. 2. **Dosis-Wirkungskurve bei quantitativen Endpunkten**
Als Risiko kann entweder die relative Änderung $r(d):=1-\{\mu(d)/\mu(0)\}$ oder eine probabilistische Definition $\pi(d):=P(Y(d)<Lpath)-P(Y(0)<Lpath)$, mit Lpath als pathologischem Grenzwert aufgefaßt werden

3.1. Der Ames-Test

Der Ames-Test (McCann J.E. et al., 1975) gehört zu den am meisten angewendeten Ersatzmethoden. Das Testprinzip beruht darauf, das mutagene Potential von Stoffen durch die Auslösung einer Rückmutation bei einer Mutante von Salomonella typhimurium aufzuzeigen. Die Anzahl koloniebildender Einheiten in einem Spezialmedium, in dem nur rückmutierte Salmonellenbakterien wachsen können, ist ein Maß für die mutagene Wirkung. Allerdings kommt es bei diesem Versuch zum sogenannten Muta-Tox Problem. Gleichzeitig mit der mutagenen wird meist auch eine allgemein toxische Wirkung beobachtet, die der Bildung von Salmonellenkolonien entgegensteht. Bei der Analyse kommt es deshalb darauf an, die mutagene Wirkung zu erfassen, obwohl sie teilweise durch allgemeine Toxizität überdeckt sein kann.

Mutationen sind ein möglicher Mechanismus der Karzinogenese, deshalb wird dieser Test beim Screening potentiell krebserregender Stoffe eingesetzt. In einer umfangreichen vergleichenden Studie wurde deshalb die Qualität des Ames-Tests als Prädiktor für eine karzinogene Wirkung in Langzeittierversuchen bei Ratten und Mäusen untersucht. Haseman et al. (1990) kommen dabei zu folgenden Ergebnissen:

Konkordanz (%):	66	(75/114)
+Vorhersage (%):	89	(32/36)
- Vorhersage (%):	55	(43/78)

Stark mutagene Stoffe, die ihre Wirkung im Ames-Test zeigen, sind also meist auch kanzerogen. Es gibt allerdings auch andere Mechanismen der Karzinogenese, die im Ames-Test nicht erfaßt werden können, so daß die Anzahl falsch negativer Vorhersagen fast bei 50% liegt.

3.1.1. Bewertung

Der Ames-Test besitz einen hohen prädiktiven Wert für krebserregende Stoffe, deren Wirkung auf Erbgutveränderungen beruhen.

Zur quantitativen Risikobewertung ist der Ames-Test ungeeignet. Es wird keine direkte toxische Wirkung erfaßt. Es gibt keine geeigneten Risikokennzahlen. Durch die allgemeine Toxizität werden die Ergebnisse zusätzlich verfälscht.

3.2. Tests zur Zytotoxizität

Ausgehend von der Arbeit von EKWALL (1983) wurden in letzter Zeit eine Vielzahl von Versuchsanordnungen zur Bestimmung der Zellgiftigkeit von Stoffen entwickelt. Das Versuchsprinzip beruht auf der Bestimmung der Wachstumshemmung von Säugerzellkulturen durch Stoffe im Kulturmedium. Der zu erfassende Wirkmechanismus hängt dabei unter anderem vom gewählten Zelltyp ab.

In einer Validierungsstudie (HALLE W. und SPIELMANN H., 1994), die sich auf Registerdaten von HALLE (1994) stützt, ermitteln die Autoren Korrelationen in der Größenordung von r=0,7 als Beschreibung des linearen Zusammenhangs zwischen mittleren logarithmierten Hemmkonzentrationen (IC_{50}) und mittleren logarithmierten lethalen Dosen (LD_{50}) im akuten Toxizitätstest (p.o.) bei Mäusen und Ratten.

3.2.1. Bewertung

Tests an Zellkulturen können unterschiedlichste zellschädigende Wirkungen von Stoffen erkennbar machen. Auch Dosis-Wirkungsbziehungen lassen sich in diesem Modell ermitteln.

Weder die IC_{50}-Werte aus den Zytotoxizitätstests noch die LD_{50}-Werte aus akuten Toxizitätsuntersuchungen sind alleine geeignete Kennzahlen zur Risikoabschätzung. Beim Vergleich dieser beiden Ansätze ist zu beachten, daß verschiedene Kriterien, eine 50%ige relative Änderung und eine 50%ige Wahrscheinlichkeit zueinander in Beziehung gesetzt werden.

Mit genetisch extrem homogene Zellinien läßt sich keine biologische Variabilität reproduzieren. Deshalb erscheinen auch Zytotoxizitätstests zur quantitativen Risikoabschätzung ungeeignet.

3.3. Der Toxizitätstest an Fischembryonen

Beim Test mit Zebrafisch-Embryonen (SCHULTE C. and NAGEL R., 1994) werden befruchtete Fischeier 48 Stunden lang getestet. Ziel ist es, mit diesem Test Anhaltspunkte zur Bewertung der aquatischen Umweltverträglichkeit von Stoffen zu erhalten. Verschiedene qualitative Endpunkte (z.B. Koagulation, Bildung von Somiten etc.) sowie quantitative Endpunkte (z.B. Herzfreuqenz etc.) werden beobachtet. Es können unterschiedlichste Wirkmechanismen erkannt werden. In einer Fallstudie zu Quantitativen Statistischen Methoden in der Ökotoxikologie (MEISTER R., 1995) wurden Benchmark-Werte für beide Typen von Endpunkten bei diesem Testdesign ermittelt.

3.3.1. Bewertung

Der Test an Zebrafisch-Embryonen erfüllt die Voraussetzungen für eine quantitative Risikoabschätzung. Die biologische Variabilität der Einzelindividuen wird erfaßt. Die „Nähe" zur Zielpopulation ist gegeben.

Es werden ähnliche Effekte wie beim bisher eingesetzten „early life stage" Test bei Fischen ermittelt. Ob eine formale Validierung der Ergebnisse überhaupt sinnvoll wäre, scheint fraglich.

Der Test ist nur juristisch eine versuchstierfreie Methode. Für die Vermeidung unnötiger Qualen der Versuchsfische stellt er jedoch einen großen Fortschritt dar.

3.4. Ergebnisse mit der „Whole Embryo Culture"

Mit erheblich größerem Aufwand als beim Test an Fischeiern ist es möglich, die Entwicklung von Rattenembryonen in Kultur zu verfolgen. Bei der Untersuchung pränatal toxischer Wirkungen ist es dann möglich, z.B. Fehlbildungen oder Wachstumsstörungen unter Kulturbedingungen zu erfassen. Ein großer Vorteil dieser Versuchsanordnung ist es, daß störende Effekte einer maternalen Toxizität ausgeschaltet werden können.

So gelang KLUG et al. (1985) zuerst der Nachweis einer fruchtschädigenden Wirkung von Acyclovir im in vitro-Versuch, bevor durch ein modifiziertes Behandlungsschema eine entsprechende Wirkung im teratologischen in vivo-Versuch (STAHLMANN R. et al., 1988) nachgewiesen werden konnte.

3.4.1. Bewertung

In vitro-Methoden können durchaus besser als in vivo-Methoden geeignet sein, bestimmte Effekte zu erkennen. Für den hier beschriebenen Fall wäre bei ausreichender Zahl eingesetzter Dosen durchaus eine quantitative Risikoabschätzung in Form von Benchmark-Schätzungen möglich gewesen. Die Autoren haben bewußt darauf verzichtet, vor allem weil noch keine ausreichenden Erkenntnisse über vergleichende Bioverfügbarkeit von Acyclovir bei Ratte und Mensch verfügbar waren.

4. Diskussion

Ersatzmethoden spielen eine wichtige Rolle im Prozeß der Erforschung toxischer Wirkungen und Mechanismen. Wir haben prinzipielle Bedenken, die derzeit gegen einen Einsatz im Rahmen quantitativer Risikoabschätzungen sprechen. Anstelle einer ausführlichen Diskussion dienen die folgenden Thesen zum Einsatz von Alternativmethoden im Rahmen der Risikoabschätzung zur Verdeutlichung unseres Standpunkts:

- Es gibt geeignete Definitionen und DW-Modelle für quantitative Risikoabschätzungen.
- Risikoabschätzung toxischer Wirkungen hängt entscheidend von der biologischen Variabilität der Zielpopulation ab.
- Alternativmethoden reproduzieren in der Regel nicht die biologische Variabilität.
- Alternativmethoden sind zur Untersuchung von Wirkmechanismen geeignet.
- Alternativmethoden sind prinzipiell ungeeignet, Risiken zu quantifizieren.

Will man also Alternativmethoden entwickeln, die zumindest teilweise zur quantitativen Risikoabschätzung geeignet sind, so muß, etwa wie beim Test mit Zebrafisch-Embryonen, biologische Variabilität durch die Versuchsobjekte repräsentiert werden.

Literatur

ARMITAGE P., The assessment of low-dose-carcinogenicity, Biometrics 38 Suppl.: Current topics in biostatistics and epidemiology, 119-129, 1982

CRUMP K.S., A new method for determining allowable daily intake, Fundamental and Applied Toxicology, 4, 854-871, 1984

EKWALL B., Correlation between cytotoxicity in vitro and LD_{50}-values, Acta Pharmacol. Toxicol., 52, Suppl. II, 80-99, 1983

GRIEVE A.E., HELMSTÄDTER G., HOLTMANN W., KAUFMANN J., MAU J., PASSING H., Eine Einführung in die Risikoextrapolation für tierexperimentelle Kanzerogenitätsstudien, in: VOLLMAR J. (ed.), Biometrie in der chemisch-pharmazeutischen Industrie, Band 3, Auswertungs- und Darstellungsmethoden zur Risikoextrapolation zur Kanzerogenität, Stuttgart: Fischer, 1986

HALLE W., Erweitertes Register zur Zytotoxizität, 1994

HALLE W. und SPIELMANN H., Zur Qualität der Vorhersage der akuten Toxizität (LD_{50}) aus der Zytotoxizität (IC_{50}) für eine Gruppe von 26 Neurotropika aufgrund der Daten des „Erweitereten Registers der Zytotoxizität", ALTEEK, 11 (3),148-153, 1994

HASEMAN J.K., ZEIGER E., SHELBY M.D., MARGOLIN B.H., TENNANT R.W., Predicting rodent carcinogenicity from four in vitro genetic toxicity assays: An evaluation of 114 chemicals studied by the national toxicology program, JASA, 85, 964-971, 1990

KLUG S., LEWANDOWSKI C., BLANKENBURG G., MERKER H.-J., NEUBERT D., Effects of acyclovir on mammalian embryonic development in culture, Arch. Toxicol., 58, 89-96, 1985

KODELL R.L. and WEST R.W., Upper confidence limits on excess risk for quantitative responses, Risk Analysis, 13, 177-182, 1993

LORENZ R.J., Grundbegriffe der Biometrie, 3. Aufl., Stuttgart: Fischer, 1992

MCCANN J.E., CHOI E., YAMASAKI E., AMES B.N., Detection of carcinogens as mutagens in the Salmonella/microsome test: Assay of 300 chemicals, Proceedings of the National Academy of Sciences (U.S.A.), 72, 5135-5139, 1975

MEISTER R., Biometrische Analyse von Konzentrations-Wirkungsbeziehungen bei neuen Stoffen, F&E Berichte, Umweltbundesamt Berlin, 1990

MEISTER R., Biometrical Basics and Principles for Quantitative Risk Assessment Based on Animal Experiments: Models, Benchmarks or NOELs for Reproductive Toxicity Evaluation? Informatik, Biometrie und Epidemiologie in Medizin und Biologie, 25 (4), 1994

MEISTER R., Advancement of Methodology for Testing Ecotoxicity: Case Studies on Quantitative Statistical Analysis - Evaluation of Different Approaches and Example Analyses for Ecotests with Fish and Daphnia, F&E Berichte, Umweltbundesamt Berlin, 1995

MORGAN B.J.T., Analysis of quantal response data, London: Chapman & Hall, 1992

SCHULTE C. and NAGEL R., Testing Acute Toxicity in Embryo of Zebrafish, Brachydanio rerio as an Alternative to the Acute Fish Test: Preliminary Results, ATLA, 22, 12-19, 1994

STAHLMANN R., KLUG S., LEWANDOWSKI C., BOCHERT G., CHAHOUD I., RAHM U., MERKER H.-J., NEUBERT D., Prenatal toxicity of acyclovir in rats, Arch. Toxicol., 64, 468-479, 1988

Die tierschutzrechtliche Beurteilung der Immunisierung von Tieren in Deutschland

M. Landwehr

Zusammenfassung

Für die Herstellung von Antikörpern stehen praktikable Alternativen ohne die Verwendung von Tieren noch nicht zur Verfügung. Die Rechtslage bei der Durchführung von Immunisierungen in Deutschland wird dargestellt. Die tierschutzrechtliche Beurteilung hängt hauptsächlich von der Unerläßlichkeit des Vorhabens, von der Art und Zahl der verwendeten Tiere und dem Immunisierungsprotokoll ab. Bei der Durchführung von Immunisierungen sind sieben kritische Punkte zu beachten: die Verwendung von Adjuvantien, die Injektionsstelle, das Injektionsvolumen, der Zeitpunkt und die Zahl von Boosterungen, die Tierart, die Antigeneigenschaften und die Blutentnahmetechnik sowie das Blutentnahmevolumen.

Summary

The immunization of animals - position of the German welfare legislation, crucial aspects and evaluation

Animals are absolutely necessary for the production of antibodies because practicable alternative methods are not available. The legal position of the German animal welfare legislation for immunization will be explained. Whether animals can be used depends on what species and number of animals are needed, what method of immunization is chosen and last but not least whether this immunization is really necessary. Seven crucial aspects will be pointed out: the choice of adjuvants, the injection site, the volume of inoculations, time and number of booster immunizations, the species, the characteristics of antigen and the technique and volume of blood samples.

1. Ausgangsposition

Die Verwendung von Antikörpern in der Wissenschaft und der Labordiagnostik sowie von Antiseren in der Medizin hat sehr große Bedeutung. Zur Gewinnung von Antikörpern bzw. Antiseren ist die Verwendung von warmblütigen Wirbeltieren bis heute unverzichtbar. Praktikable Alternativmethoden ohne den Einsatz von Tieren stehen derzeit noch nicht zur Verfügung.

2. Tierschutzrechtliche Beurteilung

Während die aktive Immunisierung von Tieren zur Immunprophylaxe in der Regel kein besonderes Problem darstellt, ist bei der Antikörpergewinnung für wissenschaftliche und wirtschaftliche Zwecke ein Konfliktpotential, vergleichbar mit anderen Tiernutzungen, gegeben.

Unter der Voraussetzung, daß eine Immunisierung unerläßlich ist, konzentriert sich die tierschutzrechtliche Beurteilung auf

- die Art und Zahl der eingesetzten Tiere und
- die angewandte Immunisierungsmethode.

Die Minimierung der Belastung für die Tiere durch die Optimierung der Methode (Refinement) muß dem Fortschritt der wissenschaftlichen Erkenntnisse entsprechen und ist eine ständige Aufgabe und Verpflichtung, die sich aus den Tierschutzvorschriften ergibt. Die am wenigsten belastende, jedoch geeignete Methode zur gewünschten Antikörperausbeute ist einzusetzen.

In Abhängigkeit vom verwendeten Antigen und dem gewünschten Ergebnis müssen die Vorgehensweisen zur optimalen Anregung des Immunsystems aus immunologischen Gründen verschieden sein. Aufgrund der sehr zahlreichen bekannten Variationen kann die Immunisierung aus Sicht des Tierschutzes nicht als Standardmethode betrachtet werden. Die tierschutzrechtliche Beurteilung von Immunisierungen ist deshalb grundsätzlich eine Einzelfallentscheidung, die nur bei genauer Kenntnis des Immunisierungsprotokolls sachgerecht ausfallen kann.

2.1. Rechtslage

Zur Rechtslage ist festzustellen, daß es in Deutschland keine einheitliche behördliche Entscheidungspraxis zur Frage, ob die Immunisierung von Tieren als Tierversuch einzustufen ist, gibt. Verbreitet ist die Ansicht, die auch vom zuständigen Bundesministerium geteilt wird, daß die Produktion von Antikörpern nach anerkannten und erprobten Verfahren erfolgt, und es sich deshalb um ein Herstellungsverfahren handelt, das keinen Versuchscharakter besitzt. Die Immunisierung unterliegt deshalb nach Ansicht einer Mehrheit keiner Anzeige- oder Genehmigungspflicht.

Eine Minderheit der für die Genehmigung von Tierversuchen zuständigen Behörden sieht bei der Immunisierung von Tieren zu wissenschaftlichen Zwecken den Versuchscharakter gegeben, mit der Folge, daß die Vorhaben genehmigt oder angezeigt werden müssen. Im Dienstbereich des Autors befassen sich durchschnittlich 12% der Anträge auf Genehmigung von Tierversuchen mit der Gewinnung von Antikörpern. Hinzuweisen ist, daß die industrielle Produktion von Antikörpern zum Zwecke des Verkaufs entsprechender medizinischer oder labordiagnostischer Produkte davon ausgenommen ist.

Die Rechtslage für die tierschutzrechtliche Beurteilung von Immunisierungen ist in der Schweiz und Österreich eindeutig. In beiden Ländern umfaßt der Begriff Tierversuch auch die Gewinnung eines Stoffes, wenn die Methode mit Belastungen für das Tier, insbesondere mit Angst, Schmerzen, Leiden oder Schäden, verbunden ist.

Die unbefriedigende Rechtssituation soll in Deutschland bei der geplanten Novellierung des Tierschutzgesetzes bereinigt werden. Es soll geregelt werden, daß Eingriffe und Behandlungen an Wirbeltieren zur Herstellung, Gewinnung, Aufbewahrung oder Vermehrung von Stoffen, Produkten oder Organismen, die mit Schmerzen, Leiden oder Schäden verbunden sein können, einer Anzeigepflicht unterliegen.

Tabelle 1. Rechtslage in Deutschland, Österreich und der Schweiz hinsichtlich Genehmigungspflicht:

Die Immunisierung ist...

Land	Rechtslage
Deutschland[1] (3 Varianten)	in den einzelnen Bundesländern unterschiedlich behördlich geregelt: • kein Versuch = keine Genehmigungs- oder Anzeigepflicht • erprobtes Verfahren = Anzeigepflicht • Versuch = Genehmigungspflicht
Österreich[2]	genehmigungspflichtig
Schweiz[3]	bewilligungspflichtig

[1] §§ 7, 8, 8a des Tierschutzgesetzes vom 17. Februar 1993

[2] §§ 2, 8 des Bundesgesetzes vom 27. September 1989 über Versuche an lebenden Tieren (Tierversuchsgesetz 1988)

[3] Art. 12, 13, 13a des Tierschutzgesetzes vom 9. März 1987 (Fassung gemäß Ziff. I des BG vom 22. März 1991)

2.2. *Kritische Punkte bei der Immunisierung*

Im Einzelfall ist die tierschutzrechtliche Beurteilung einer Immunisierung von einer Reihe von Faktoren, die für das Tier belastend sein können, abhängig.

2.2.1. Verwendung von Adjuvantien

Zur Steigerung der Immunantwort wird in der Regel ein Adjuvans bei der Immunisierung eingesetzt. Jahrzehntelang war das Freund's Adjuvans das Standardadjuvans, das häufig ohne weitere Überlegung eingesetzt wurde. Aufgrund der starken Belastung der Versuchstiere durch dieses Adjuvans ist heute sein Einsatz nur noch in begründeten Fällen zulässig. Vergleichbar effektive und weniger belastende Adjuvantien sind heute in vielen Fällen verfügbar. Der Schweregrad der Belastung bei Verwendung von komplettem Freund's Adjuvans wird als mäßig bis erheblich eingestuft. (KUHLMANN I. et al., 1995). Insbesondere die intraperitoneale Applikation (TOOTH L.A. et al., 1989) oder die Injektion in die Fußsohle verursachen erhebliche Schmerzen und Leiden. Komplettes Freund's Adjuvans darf nur einmal zur Erstimmunisierung angewendet werden.

Tabelle 2. Übersicht über die verwendeten Adjuvantien (N=41) im Regierungsbezirk Karlsruhe

Adjuvans	*Häufigkeit in Prozent*
komplettes	FA,45,4%
ABM-Adjuvans	19,5%
ohne Adjuvans	9,8%
MDP	7,3%
imkomplettes FA	4,9%
Gerbu-Adjuvans	4,9%
Titer-Max	2,4%
TDM	2,4%
BCG	2,4%

FA = Freund's Adjuvans
MDP = Muramyldipeptid
TDM = Trehalosedimycolat
BCG = Bacillus Calmette-Guérin
ABM = ABM-Adjuvans-System
(ABM1 incomplete = TDM, Squalen, Tween 80,
ABM2 complete = ABM1 + Monophosphoryllipid
ABM3 complete = ABM2 + Bakterienzellwandteile)

Bei korpuskulären Antigenen, z.B. gewaschenen Zellen, ist die intravenöse Applikation ohne Adjuvans ausreichend, um eine starke und schnelle Immunantwort zu erhalten.

2.2.2. Injektionsstelle

Im Regelfall werden lösliche Antigene subkutan oder intrakutan appliziert. Die intramuskuläre Injektion bei Verwendung von Adjuvantien muß begründet werden, da die subkutane Applikation in der Regel weniger belastend ist und vergleichbare Antikörpertiter erzielt werden können.

Eine besondere Technik ist die Verabreichung in die Milz. Diese Methode ist bei geringen Antigenmengen (NILSSON B.O. et al., 1987) aufgrund der höheren Belastung nur zulässig, wenn die Immunisierung auf den oben beschriebenen Wegen voraussichtlich zu keinem Erfolg führt.

2.2.3. Injektionsvolumen

Zur Vermeidung von Gewebsschädigungen sollten folgende Volumina nicht überschritten werden:

Tabelle 3. Maximales Injektionsvolumen pro Injektionsstelle

	s.c.	*i.c.*	*i.m.*	
Antigen mit Ajuvans	0,1	-	-	Maus und Ratte
	0,1	0,5	-	Meerschweinchen und Kaninchen
	0,1	-	(0,5)	Huhn
Antigen ohne Adjuvans	0,3	-	-	Nager und Kaninchen
	0,3	-	0,5	Huhn

alle Volumenangaben in ml

s.c. = subkutan
i.c. = intrakutan
i.m. = intramuskulär
(0,5)= nur in begründeten Fällen

Zahl der Depots:
subkutan: maximal 3 (- 5)
intrakutan: maximal 8 (-10)

Insbesondere bei Verwendung von Öladjuvantien können sterile Abszesse und Gewebsnekrosen auftreten. Diese können weitestgehend vermieden werden, wenn die subkutan injizierte Menge von 0,1ml/Depot nicht überschritten wird.

2.4. Boosterung

Für die Belastung der Tiere ein weiterer Faktor ist der Zeitpunkt und die Zahl der Boosterungen, sowie die rechtzeitige Beendigung eines Experimentes, wenn keine Immunantwort mehr zu erwarten ist.

Boosterungen zur Erhöhung des Antikörpertiters müssen die physiologische Reaktionslage des Tieres berücksichtigen. Zu frühe Boosterungen haben keinen antiköperspiegelsteigernden Effekt. Sie belasten das Tier nur zusätzlich. Bei Verwendung von Freund's Adjuvans ist ein Abstand von 4 Wochen einzuhalten (NICKLAS W., 1993). Die Kontrolle des Titerverlaufs ist nach der ersten Boosterung vor weiteren Boosterungen unabdingbar.

Spätestens, wenn das Tier nach dreimaliger Verabreichung des Antigens keinen ausreichenden Antikörpertiter aufweist, ist das ganze System zu überprüfen.

2.5. Tierart

Die Wahl der Tierart sollte von folgenden Fragestellungen abhängig gemacht werden:

- einfache und schonende Antikörpergewinnung,
- Menge des verfügbaren Antigens,
- Menge des benötigten Antiserums,
- Verfügbarkeit von Zweitantikörpern.

Für die Gewinnung von polyklonalen Antikörpern ist das Kaninchen das am häufigsten verwendete Versuchstier.

Verstärkt werden inzwischen Hühner eingesetzt. Die Vorteile des Huhnes gegenüber dem Kaninchen sind (GASSMANN M. und HÜBSCHER K., 1992):

- keine Belastung bei der Antikörpergewinnung, weil keine Gefäßpunktion erforderlich ist,
- weniger Tiere zur Gewinnung relativ großer Mengen von Antikörpern, weil ein Eidotter ca. soviel Antiköper wie 100ml Serum enthält,
- Vorteile bei konservierten Säugerantigenen.

2.6. Antigeneigenschaften

Antigene, die toxische oder infektiöse Eigenschaften besitzen, können nur in einer Konzentration eigesetzt werden, die das Wohlbefinden der Tiere nicht erheblich beeinträchtigen.

Antigene von kleiner Molekülgröße unter 1.000 Dalton können zur Verbesserung der antigenen Eigenschaften und damit auch zur Reduzierung des Einsatzes von Adjuvantien an Trägermoleküle, z.B. bovines Serumalbumin, gekoppelt werden (NICKLAS W., 1993).

2.7. Blutentnahmetechnik und -volumen

Zur Kontrolle des Titerverlaufs werden außer beim Huhn geringe Mengen Blut durch die Punktion peripherer Gefäße notwendig. Bei sachgerechter und eingeübter Entnahmetechnik dürfte dies für das Tier ohne größere Belastung durchzuführen sein.

Bei wiederholten Blutentnahmen zur Antiserumgewinnung gilt als Faustzahl für das zulässige Entnahmevolumen, daß einem Versuchstier pro Tag maximal 1% des Blutvolumens entnommen werden darf. Im Regelfall entspricht dies ungefähr 0,6ml/kg/Tag (NICKLAS W., 1994). Zum Entbluten der Tiere ist grundsätzlich eine Narkose erforderlich, die vor Beginn des Blutentzugs zur Bewußtlosigkeit zu führen hat.

3. Ausblick

Immunisierungen zur Gewinnung von Antikörpern werden auch weiterhin in verschiedenen Anwendungsbereichen von großer Bedeutung bleiben. Weitere Forschung sowohl im Hinblick auf die Entwicklung von belastungsärmeren Immunisierungsprotokollen als auch von in vitro-Methoden sind deshalb wünschenswert.

Literatur

GASSMANN M. und HÜBSCHER U., Der Einatz von polyklonalen Antikörpern aus dem Eigelb immunisierter Hühner, Altex, 16, 5-12, 1992

KUHLMANN I., STORZ B., GAST I., Erfahrungen mit dem Einsatz des alternativen Ribi-Adjuvans-Systems zur Gewinnung von Antikörpern zu Forschungszwecken, Der Tierschutzbeauftragte, 2, 136-140, 1995

NICKLAS W., Grundgedanken zum Immunisieren von Versuchstieren, Tierärztliche Umschau, 48, 166-171, 1993

NICKLAS W., Blutentnahme bei Versuchstieren, Der Tierschutzbeauftragte, 2, 64-67, 1994

NILSSON B.O., SVALANDER P.C., LARSSON A., Immunization of mice and rabbits by intrasplenic depositon of nanogramm quantities of protein attached to sepharose beads or nitrocellulose paper strips, Journal of Immunological Methods, 99, 67-75, 1987

TOOTH L.A., DUNLAP A.W., OLSON A., HESSLER J.R., An Evaluation of distress following intraperitoneal immunization with Freund's adjuvant in mice, Laboratory Animal Science, 39, 122-126, 1989

Experience with the Dutch Code of Practice for the Immunization of laboratory animals

W.A. de Leeuw, P. de Greeve

Summary

In 1990, the working group „Immunization of Laboratory Animals“ was founded on demand of the Inspectorate of the Dutch Ministery of Public Health. This working group summarized published and unpublished information on the immunization of laboratory animals. Furtheron, a Code of Practice has been designed.
The Code of Practice was published in 1993. It's aim is to reduce the use of Freund's Complete Adjuvant and of other adjuvants containing harmful bacterial products. In cases where the use seemed still necessary, the scheme of immunization should be carefully considered.
The success of the Code was controlled in 1995. The Code turned out to be used very frequently. Many immunzation protocols were adapted and rationalized. Due to the experiences of users, the ethical review committes and other experts the Code will probably be reviewed in the near future.

Zusammenfassung

Erfahrungen mit dem *Dutch Code of Practice* für die Immunisierung von Labortieren

Im Jahr 1990 wurde eine Arbeitsgruppe „Immunisierung von Labortieren“ im Auftrag des Inspektionsdienstes des niederländischen Ministeriums für Volksgesundheit gegründet. Diese Arbeitsgruppe hat die veröffentlichten, aber auch nicht publizierten Informationen zur Immunisierung von Labortieren zusammengestellt. Weiters hat sie einen Code of Practice für die Immunisierung von Labortieren entworfen.

Dieser Code of Practice wurde 1993 herausgegeben. Der Code hatte zum Ziel, die Verwendung von Freund's komplettem Adjuvans und anderen bakteriellen Adjuvantien zu verringern. Sofern die Anwendung noch notwendig erschien, sollte das Immunisierungsschema gut überlegt gewählt werden.

Der Erfolg des Code wurde im Jahr 1995 überprüft. Es stellte sich heraus, daß der Code in großem Umfang angewendet wird. Viele Immunisierungsprotokolle wurden angepaßt und rationalisiert. Aufgrund der Erfahrungen von Anwendern, Tierversuchskommissionen und anderen Fachleuten für Tierschutzfragen wird der Code wahrscheinlich künftig in einigen Punkten überarbeitet.

1. Introduction

Immunizations are widely used in biomedical research for the induction of polyclonal and monoclonal antibodies in vaccination experiments and otherwise in fundamental immunological research.

Depending on the type of antigen, the use of an adjuvant, the type of adjuvant, the route of immunization, the injected volume, the booster scheme, the quality of the suspension and the level of asepticity, immunization can cause more or less distress in the animals involved.

In this respect, two considerations that are included in Directive 86/609/EEC (article 7.2 and 7.3) are of importance. First, an experiment shall not be performed if another scientifically satisfactory method of obtaining the result sought, not entailing the use of an animal, is reasonably and practicably available.

And secondly, in a choice between experiments, those which cause the least pain, suffering, distress or lasting harm shall be selected.

In this respect, the Inspectorate decided to investigate what could be done with regard to the immunization of laboratory animals.

Of course, the Inspectorate does not claim to be an expert in every field concerning the use of laboratory animals. Therefore the Inspectorate regularly consults experts, personally or as representatives of a scientific society, in the field concerned as well as animal welfare officers. In the Netherlands there is a very fruitful exchange of information between the Inspectorate and the animal welfare officers. The advantages of specific consultations are that

- expertise and current information concerning a given field is easy accessible and
- the involvement of experts and representatives of scientific societies in an early stage makes it possible to set up rules that are practical, scientifically acceptable and will be therefore supported broadly.

2. Working group on the immunization of laboratory animals

With regard to immunizations, the Inspectorate set up a working group on the Immunization of laboratory animals in 1990. Five national scientific societies participated in this working group. The participants were: the Netherlands Society for Immunology, the Netherlands Society for Pathology, the Netherlands Society for Laboratory Animal Science, the Netherlands Society for Infectious Diseases, the Netherlands Society for Microbiology and the Veterinary Public Health Inspectorate.

The main tasks of the working group were to investigate:

- the protocols that were used to immunize laboratory animals;
- the nature and severity of the adverse effects related to these protocols;
- existing information and guidelines;
- the possibilities to replace the use of Freund's complete adjuvant (FCA) and other adjuvants containing harmful bacterial products.

Besides the working group should formulate a draft-set of guidelines for the immunization of laboratory animals.

In 1991 an inquiry was conducted in the Netherlands concerning immunizations in general and the use of adjuvants in particular. Information was collected from 123 scientists working in 33 facilities, including all universities, where laboratory animals were used. These institutes cover 95% of the total number of animals used 1991.

It appeared that:

- 94% of the scientists made use of adjuvants for the immunization of laboratory animals.
- 64% of them used FCA in these cases.
- About 80% of the immunization protocols that were described were related to mouse or rabbit.
- modern adjuvants like ISCOMS, DDA, liposomes, cytokines were mainly used on small scale in mice and rats.
- The immunization protocols varied widely with regard to adjuvant, route and number of injection sites, volume and booster scheme.
- 32,5% of the scientists using FCA estimated the discomfort for the animals in their immunization protocol as moderate and 40% as severe.
- The choice of the protocol was often based on habits and tradition persisting in the institute rather than on scientific arguments. In many cases there was not a rational base for the immunization protocol used.

Investigation of the current knowledge - published and non-published - concerning adjuvants showed us that in many cases FCA can be replaced by equally potent adjuvants inducing no or only minimal adverse effects.

In this context it is worth mentioning that in 1992 the 44th Forum in Immunology was issued. This Forum was a multi-author review to describe the *state of the art* with regard to the use of adjuvants and to stimulate discussion, to identify parallels and controversies and to point out subjects for further research (CLAASSEN E. and BOERSMA W., 1992).

3. The Code of practice for the immunization of laboratory animals

The activities of the Working Group resulted in the first version of the Code of Practice for the Immunization of Laboratory Animals. This Code was presented by the Inspectorate in March 1993. In the Netherlands such a Code is not mandatory and has to be regarded as a Guideline. A Code is in fact a reflection of the *state of the art* in a given field. If necessary a Code can be adapted to new insights. In this respect, feedback from scientists and animal welfare officers is very important.

The Code for the immunization of laboratory animals contains a set of guidelines that are accepted by experts in the field. One of the aims of the Code is to diminish the use of FCA, or other adjuvants that contain bacterial components that induce adverse effects, for purposes that can be reached by other means. Furthermore, the Code aims at a proper use of FCA if it is used. Finally, the Code is meant to stimulate that only well-considered immunization protocols should be used.

The Code is meant as a tool for scientists, animal technicians, animal welfare officers and Ethical Review Committees.

A copy of the Code is added to this article.

4. Effects of the Code in research institutes

Two years after introduction of the Code the effect was evaluated. For this purpose information was collected from different groups of users. It concerned 23 animal welfare officers, 20 ethical review committees, 96 scientists and 31 animal technicians. These were related to 25 institutes covering 82% of the animals used in 1994.

The evaluation gave the users - after a two year operation time - the opportunity to comment on the Code with regard to the usefulness, exactness and completeness. Besides, they were able to inform the Inspectorate about the results of experiments done in accordance with the Code and about (small scale) comparative research.

The information that was collected made clear that the Code has been taken into account on a large scale. In several research institutes the Code led to discussions about immunizations and the use of adjuvants. In one of the institutes these discussions led to the draft of Standard Operation Procedures based on the Code. In several facilities protocols were adapted. The evaluation also made clear that with regard to some specific aspects the Code has to be adjusted. Suggestions were made to adapt the Code with regard to the guidelines concerning asepticity, the immunization of farm animals, the choice of injection site, the relation between type of antigen and type of adjuvant, scientifically based advices on alternative adjuvants.

When applicable, the ethical review committees and/or animal welfare officers ask scientists to justify on scientifically grounds why they deviate from the Code.

Nine out of 22 animal welfare officers mentioned that the Code led in their institute to clear adaptations of immunization protocols. In 7 institutes the Code only led to minor adaptations. In 4 institutes the principles of the Code had already been practised.

Most adaptations were related to:

1. the use of Freund's incomplete adjuvant instead of FCA,
2. the use of Specol (water-in-oil emulsion) instead of FCA, no FCA or adjuvant if immunizing with cells, particles or antigens > 30kD,
3. a change of immunization routes and/or less injection sites,
4. the use of smaller injection volumes,
5. the adaption of the booster scheme, immunization under aseptic conditions.

It appeared that 54% of the scientists that responded still used FCA. However, 40% of them had adapted their protocol and another 25% used FCA only when strictly necessary.

Most important reasons to use FCA were:

1. the use of a weak antigen,
2. the use of auto-antigens,
3. the availability of a small amount of antigen,
4. the induction of a specific auto-immundisease and
5. the fact that in some cases comparative studies did not result in acceptable alternatives.

Some of the FCA-users state that they don't agree with the categorization with regard to the level of discomfort caused by immunization with FCA or other adjuvants (see table 3 of the Code).

Several scientists started to use Specol instead of FCA. Most of them state that, especially in mice, the results are as good as or even better than with FCA. However this clearly depended on the antigen used. Besides, the quality of the suspension appears to be very important.

It can be concluded that the working group of experts has been very useful to draft guidelines for the immunization of laboratory animals. The Code led to the adaptation and rationalization of immunization protocols in a lot of institutes.

However, it seems likely that the Code will be adjusted slightly according to new insights in the years to come.

References

CLAASSEN E. and BOERSMA W. (organizers), The 44th Forum in Immunology: „Characteristics and practical use of new-generation adjuvants as an acceptable alternative to Freund's complete adjuvant", Research in Immunology, 143, 475-582, 1992

Appendage

Code of Practice for the immunization of laboratory animals

1. General Considerations

When immunizing laboratory animals the method of preparing and administering the antigen should produce the optimum immune response. The Code of Practice should also be based on a method of immunization which causes to the animal the least possible discomfort.

Experimental activities should be carried out by authorized staff who has the required skills. The immunization protocol should be drawn up by a qualified researcher.

The antigen suspensions or antigen-adjuvant mixtures should, if possible, be prepared in sterile or aseptic conditions and administered under aseptic conditions.

Where adjuvants which cause serious reactions, e.g. products which contain bacterial components, such as Freund's complete adjuvant (FCA), are used the reasons for doing so should be stated in the protocol.

In general speaking, the volume of the inoculum should be as small as possible and the maximum volumes in table 1 should be taken into account.

2. The use of adjuvants

In order to obtain the optimum response, the use of an adjuvant is possible in the following situations:

- the antigen is weak immunogenic;
- there is only a limited amount of the antigen available;
- when native proteins are being used;
- when the quality of the immune response is being influenced.

When drawing up an immunization protocol, the researcher should look into the composition of the adjuvant and any adverse side effects it could cause to laboratory animals (see table 3).

In selecting the immunization route, the dose and the adjuvant, the purpose of immunization should be taken into account. This may be induction of a cellular immune response, protection against a challenge infection, production of polyclonal or monoclonal antibodies of a specific immunoglobulin category or induction of auto-immune disease models.

An adjuvant should certainly not be used if there is enough of an antigen in the category of strong immunogens available.

Not more than one booster injection should be given unless a preliminary blood test following the booster has demonstrated that extra boosters are required for an adequate immune response.

3. The use of Freund's complete Adjuvant

In many cases the use of adjuvants containing bacterial components, e.g. FCA, results in particular discomfort to the laboratory animals concerned. When protocols are drawn up, the question whether an adjuvant is necessary or not should be considered and, if so, whether an alternative to adjuvants with bacterial components, such as FCA, with fewer side effects can be used (see table 3).

While FCA is the most widely-used adjuvant by far, the specific guidelines set out below should be applied to all adjuvants which cause serious reactions, such as products containing bacterial components.

FCA should not be used on rats and mice unless native protein is being used for immunization or an auto-immune disease is being generated. Reasons for using FCA should always be stated in the protocol.

FCA should be used only for primary immunization. An adjuvant is not usually required for boosters. If an adjuvant is needed, only Freund's incomplete adjuvant should be used.

The interval between primary immunization and the booster should be at least 4 weeks.

When FCA is used, account should be taken of the maximum volumes given in table 2.

3.1. Subcutaneous injection

Subcutaneous injections can be given in the neck (mice, rats, guinea pigs and rabbits), in the groin (mice and rats) or in the back (rabbits). The antigen-adjuvant mixture should in theory be given in one place only. If given in more (4 at the most) the reasons should be stated in the protocol. The volume given should be no more than 0,1ml per injection site.

3.2. Intradermal injection

In theory, FCA should not be administered intradermally to mice and rats. If this is done, the reasons for selecting this route rather than the subcutaneous route should be stated. Intradermal injection should comply with the following three conditions:

- the volume of the injection should be no more than 0,05ml per injection site;
- if injections are given at more than one site, there should be a sufficient distance between the sites;
- the number of sites should be limited to a maximum of 4.

3.3. Intramuscular injection

In theory, mice, rats and guinea pigs should not be given intramuscular injections of FCA.

Intramuscular immunization does not produce better results than subcutaneous or intradermal immunization and the inspection of any lesions or inflammation is more difficult. If intramuscular injection of FCA is chosen instead of the subcutaneous route, the reasons should be stated.

If the intramuscular route is chosen for the rabbit, the injection should be given in the thigh muscle. The volume of the injection may not exceed 0,5ml.

In the case of agricultural animals, a maximum of 1ml per injection site is acceptable.

3.4. Intraperitoneal injection

Intraperitoneal injection of FCA is permissible only in rats and mice. The volume of the injection may not exceed 0,2ml.

3.5. Intravenous injection

Intravenous injection of FCA is lethal.

4. Foot pad injection

Injections into the foot pad cause serious discomfort. In particular adjuvants which cause adverse side effects, such as products which contain bacterial components, e.g. FCA, should not be injected into the foot pads as this causes very serious discomfort. This often means that animals cannot eat and drink enough. If there is a scientific need to immunize in a foot pad, the antigen should be injected into the dorsal side of the foot and not into the pad itself (maximum dose 0,05ml). If an adjuvant which causes animals discomfort is being used, only one foot should be injected and the animals should be housed on soft bedding.

5. Inspection following immunization

Immunized laboratory animals should be observed on a daily basis during the entire immunization period, particularly when FCA has been used as an adjuvant. If the animals have suffered more discomfort than foreseen, this should be mentioned in the next protocol to the Animal Experimentation Committee.

Tables

Table 1. Maximum volume (ml) of inoculum per injection site

	iv	id	sc	im	ip
mice	0,1	0,05	0,5	0,05	1
rats	0,5	0,1	1,0	0,1	5
guinea pigs	1	0,1	1,0	0,1	10
rabbits	5	0,1	1,5	0,5	20
chickens	1	0,1	*	0,5	-
sheep/goat/cows	**	0,1	1-5	3-20	50ml/kg

iv: intravenous; id: intradermal; sc: subcutaneous; im: intramuscular; ip: intraperitoneal

* maximum values unknown

** given the wide range of weights it is not possible to indicate a maximum permissible volume

Table 2. Maximum volume (ml) of inoculum when FCA is used (antigen: FCA = 1:1)

	id	sc	im	ip
mice*	-	0,1	-	0,2
rats*	-	0,1	-	0,2
guinea pigs	0,05	0,1	-	-
rabbits	0,05	0,1	0,5	-
sheep/goats/cows	0,05	0,1	1	-

id: intradermal; sc: subcutaneous; im: intramuscular; ip: intraperitoneal

* : only with the induction of auto-immune disease or immunization with native proteins

Table 3. Preliminary classification of discomfort with frequently used adjuvant-immunization route combinations[1]

MINOR	MODERATE	(VERY) SERIOUS
		FCA fp,im,id,sc,ip
		Microbial products[2] fp,im,id,sc,ip
	FIA ip,im,id,sc	FIA fp
Alum iv,ip,sc	Alum im,id	Alum fp, is
Specol iv,ip,sc	Specol im,id	Specol fp,is
Liposomes iv,ip,sc	Liposomes im,id	Liposomes fp,is
Iscom sc	Iscom im,id	Iscom[3] fp,is,iv,ip
DDA iv,ip,sc	DDA im,id	DDA fp,is
	NBP ip,sc	NBP im,id
	Saponin im,id	Saponin[3] fp,is,iv,ip
	Synthetic lipopeptides im,id,iv,ip,sc	
Inert carriers[4] sc	Inert carriers[4] im,id	Inert carriers[4] fp,is
	Cytokines[5]	

fp: foot pad; id: intradermal; ip: intraperitoneal; is: intrasplenal; iv: intravenous; sc: subcutaneous (skin fold, not foot pad); im: intramuscular

1 The route alone often determines the degree of discomfort suffered

2 (very) serious: fp, is
moderate: im, id
minor: iv, ip, sc
The more the adjuvant causes side effects, the greater the discomfort. The table is based on the information on immunization routes and adjuvants available at present. Parts of the table will probably be adjusted in the future.

3 Examples of microbial products are Glucan /Mannan, PPD (purified protein derivate), MDP (muramyldipeptide) (N-acetylmuramyl-L-alanyl-D-isoglutamine), MPL (monophos-phoral lipid A), TDM (trehalose dimycolate), CWS (cell wall skeleton), PA-PE (Propionibacterium acnes-pyridine extract).

4 Saponin/ISCOM cause haemolysis in iv/ip use in high concentrations.

5 Inert carriers include lactic acid capsules, (nitro) cellulose and synthetic membranes or beads

6 Or peptide derivates

Commercial adjuvants often contain several components. Commercial preparations should be deemed to cause „very serious" discomfort unless explicitly stated otherwise.

Adjuvantien bei Humanimpfstoffen

H. Ronneberger

Zusammenfassung

Adjuvantien werden seit über 60 Jahren in virologischen und bakteriellen Humanimpfstoffen eingesetzt, um die Immunogenität von bestimmten Antigenen zu verstärken.

Bei Menschen werden heute nur Aluminiumverbindungen ($Al(OH)_3$, $AlPO_4$) und Calciumphosphat ($CaHPO_4$) verwendet. Diese Adjuvantien gelten als relativ sicher. Für moderne Peptid- und rekombinante Impfstoffantigene (z.B. für Malariavakzinen) werden besser wirkende Adjuvantien gesucht.

Ölemulsionen sind wegen ihrer lokalen Unverträglichkeit und möglicher Auslösung von Tumoren und Autoimmunerkrankungen für die Anwendung beim Menschen nicht geeignet.

Mögliche Produkte aus verschiedenen Stoffklassen sind jedoch vielversprechende Kandidaten, wie Muramyldipeptid-Derivate und andere bakterielle Komponenten, bioabbaubare Polymere, Liposomen, immunstimulierende Komplexe, Stearyl-Tyrosin, synthetische Adjuvantien oder Cytokine. Ein beim Menschen anwendbares Adjuvans ist stets ein Kompromiß zwischen den immunstimulierenden Eigenschaften und einem akzeptablen Grad an möglichen toxischen Effekten.

Da die Anwendung bei Gesunden erfolgen soll, sind umfangreiche präklinische und klinische Untersuchungen mit Langzeitbeobachtungen auf immunpharmakologische und toxikologische Wirkungen erforderlich, die in vitro-Prüfungen und Tierversuche einschließen. Eine sorgfältige Risiko-Nutzen-Abwägung muß erfolgen. Beim Menschen einsetzbare Adjuvantien erlauben Rückschlüsse auf die Wahl verträglicher Substanzen für die tierschutzgerechte Verwendung bei Tieren, z.B. bei der Erzeugung von polyklonalen Antikörpern.

Summary

Human vaccines and adjuvants

Adjuvants are added to human viral and bacterial vaccines to potentiate the immune response of certain antigens for more than six decades. Aluminium compounds ($Al(OH)_3$, $AlPO_4$) and calcium phosphate are the only adjuvants used in human vaccines. These compounds have a reputation for safety in man. More potent adjuvants are searched for modern peptide and recombinant vaccine antigens (e.g. malaria vaccines).

Oil emulsions cause severe local reactions and may induce tumours or autoimmune diseases precluding their potential administration to man.

A variety of substances from different sources represent promising adjuvant candidates, such as muramyl peptides and other bacterial components, biodegradable polymers, liposomes, immunostimulating complexes, stearyl tyrosine, synthetic adjuvants, or cytokines. Adjuvants applicable to humans are a compromise between immunostimulating properties and an acceptable degree of possible toxic effects. Vaccines are usually evaluated in healthy individuals. Therefore, extensive preclinical and clinical investigations with long-term observation on immunopharmacological and toxicological properties are essential including in vitro studies and animal experiments with careful risk-benefit assessment. Adjuvants used in humans can also be selected for humane immunization of animals, e.g. for production of polyclonal antibodies.

1. Einleitung

Bei der Bewertung von Adjuvantien, die tierschutzgerecht beim Versuchstier für Immunisierungen empfohlen werden können, ist die Kenntnis wichtig, welche dieser Produkte in Humanimpfstoffen verwendet werden. Da hier besonders hohe Ansprüche an Wirksamkeit und Verträglichkeit gestellt werden, sind diese in der Regel auch beim Tier einsetzbar (BENNET B. et al., 1992).

Immunologische Adjuvantien sind eine große Gruppe von Substanzen, die das Immunsystem in nicht-spezifischer oder spezifischer Weise stimulieren können. Wenn sie zusammen mit einem Antigen gegeben werden, wird die Immunantwort gegen dieses stärker als wenn das Antigen alleine appliziert wird. Sie gehören zu den Immunmodulatoren. Dies sind Substanzen, die die immunologische Antwort verändern können. Dies kann eine quantitative Verstärkung oder Verminderung der immunologischen Reaktion oder auch eine qualitative Änderung sein. Dabei kann die Wirkung antigenspezifisch oder auch unabhängig vom eingesetzten Antigen sein. Bereits vor 60 Jahren konnte gezeigt werden, daß Impfstoffe gegen Diphtherie und Tetanus durch Zugabe pyrogener Bakterien und verschiedener Substanzen eine verstärkte Antitoxinantwort ergaben (GUPTA R.K. et al., 1993).

Adjuvantien haben sehr unterschiedliche Ursprünge, es können Mineralien, pflanzliche oder bakterielle, synthetische oder körpereigene Produkte sein.

Nicht all diese Substanzen sind wegen Unverträglichkeitsreaktionen in Humanimpfstoffen einsetzbar. Über viele Jahre wurden Adjuvantien für den Einsatz beim Menschen gesucht, die die Immunantwort erhöhen aber nur minimale oder keine Nebenwirkungen haben. Bis jetzt ist die Frage der Sicherheit von Adjuvantien nicht gelöst und ist ein Problem bei der Entwicklung moderner adjuvierter Impfstoffe. Eine absolute Sicherheit von adjuvierenden Substanzen kann nicht garantiert werden. Gefürchtete Nebenwirkungen sind lokale Reaktionen, Fieber, Polyathritis oder die Induktion von Tumoren bei neuen Produkten, so daß deren Einführung in die klinische Anwendung erschwert ist.

Bis heute haben sich deshalb nur wenige Substanzen als Adjuvantien bei Humanimpfstoffen durchsetzen können, es sind dies vor allem Aluminiumverbindungen, wie Aluminiumhydroxid und Aluminiumphosphat und Calciumphosphat.

Die Entwicklung von Adjuvantien erfolgte früher meist empirisch. Die Aufklärung ihres Wirkmechanismus wurde erst mit den fortschreitenden Erkenntnissen über das Immunsystem möglich. Dabei wirken sie meist über mehrere Wege, entweder durch lokale Verzögerung der Antigenresorption aus einem Depot, durch direkte Wirkung auf Makrophagen, Granulozyten und Lymphozyten oder durch Induktion von Zytokinen und anderen immunregulatorischen Molekülen. Eine verzögerte Antigenabgabe ist hauptsächlich bei Aluminiumverbindungen, Ölemulsionen, Liposomen und synthetischen Polymeren zu finden.

2. Mineralien

Am meisten werden Aluminiumhydroxid und -phosphat beim Menschen in Vakzinen verwendet. In der Regel werden diese Verbindungen den Impfstoffen zugesetzt, es entstehen die sogenannten Adsorbatvakzinen. Aluminiumadjuvantien gelten als relativ sicher. Adsorbierte Impfstoffe führen jedoch zu erhöhten Lokalreaktionen, die durch eine Fremdkörperreaktion ausgelöst werden können. Es können Granulome, selten auch Abszesse oder Zysten auftreten, deren Häufigkeit, neben individueller Gewebereaktion, durch ungünstige Impftechnik bedingt ist. Diese Reaktionen lassen sich durch eine streng intramuskuläre Injektion dieser Vakzinen weitgehend vermeiden.

In Frankreich wurde über viele Jahre Calciumphosphat ($CaHPO_4$) als Adjuvans bei Diphtherie-Pertussis-Tetanus-Vakzinen eingesetzt. Es erwies sich als sicher (normaler Körperbestandteil) und in Feldversuchen als wirksam.

Adsorbierte Humanimpfstoffe dürfen höchstens 1,25mg Aluminium oder 1,3mg Calcium enthalten. Aluminiumverbindungen verzögern die Antigenwirkung durch verlängerte Zeit der Abgabe und das Anlocken von immunkompetenten Zellen an die Injektionsstelle sowie die regionalen Lymphknoten. Bei Kaninchen wurden hier Aluminiumpartikel über mindestens 7 Tage nachgewiesen. Es kommt zum Anstieg der humoralen Immunität, während eine zellvermittelte Immunität nur eine geringe Rolle spielt.

In den letzten Jahren ist die Suche nach neuen adjuvierenden Substanzen wieder interessant geworden, da sich Vakzinen in Entwicklung befinden, die nur schwache Immunogene sind, wie gereinigte Untereinheiten von Antigenen oder synthetische Impfstoffe aus biosynthetischen, rekombinanten und anderen modernen Techniken. Auch für konventionelle Vakzinen sind derartige Stoffe von Interesse, um eine schnellere und langanhaltende Immunantwort zu erzielen oder um die benötigte Antigenmenge zu reduzieren.

Impfstoffe der Zukunft mit Peptiden und rekombinanten Proteinen verlangen Adjuvantien, die sowohl die Antikörperbildung als auch die zellvermittelte Immunität fördern. Um hier befriedigende Ergebnisse zu erzielen, sind neue Substanzen und Antigenträgersysteme erforderlich, nach denen in den letzten Jahren vermehrt gesucht wird.

3. Ölemulsionen

Ölemulsionen werden bereits seit 1916 als Adjuvantien eingesetzt (HILLEMAN M.R., 1966). Am bekanntesten ist aus dieser Gruppe das Freund'sche Adjuvans, bestehend aus abgetöteten Mykobakterien, Mineralöl und einem Emulgator (Arlacel A). Es ist eines der am stärksten wirkenden Adjuvantien und wird heute (umstritten) zur Gewinnung von polyklonalen Antikörpern aus Tieren verwendet. Für eine Anwendung beim Menschen ist es zu toxisch, Entzündungen, Bildung von Abszessen, Fieber und bleibende Organveränderungen mit generalisierten Granulomen und die Induktion von Autoimmunerkrankungen sind die unerwünschten Nebenwirkungen. Inkomplettes Freund'sches Adjuvans enthält keine Mykobakterien und wurde in Veterinär- und Humanimpfstoffen, z.B. Influenza, eingesetzt. Die Wirkung beruht hauptsächlich auf langsamer Antigenfreisetzung aus dem Impfdepot. Wegen starker lokaler Nebenwirkungen und beobachteter Carcinogenität bei Mäusen durch das enthaltene Mineralöl und den Emulgator, wird es beim Menschen nicht mehr angewendet. Obgleich eine Tumorauslösung beim Menschen nicht gesehen wurde, viele hunderttausend Immunisierungen wurden durchgeführt, erschien die Anwendung von Ölemulsionen beim Menschen als zu gefährlich.

Mit anderen Ölen wurden verbesserte Immunstimulantien entwickelt, wobei das „Adjuvans 65" mit metabolisierbarem Erdnußöl, Emulgator und Stabilisator bei Menschen in Influenzaimpfstoffen erprobt wurde (WEIBEL R.E. et al., 1973). Wegen beobachteter Unverträglichkeiten und der festgestellten Cocancerogenität des Emulgators in bestimmten Mäusestämmen wurde die Anwendung gestoppt.

Somit gibt es heute keine Ölsuspension für die Verwendung in Humanimpfstoffen.

4. ISCOM (immunstimulierende Komplexe), Stearyl-Tyrosin (ST)

ISCOMs sind recht stabile Komplexe aus dem Saponin-Adjuvans Quil-A, Cholesterin und Antigen (MOREIN B. et al., 1990). Momentan werden sie ausschließlich bei Veterinärimpfstoffen eingesetzt. Eine Anwendung beim Menschen ist in Zukunft nicht ausgeschlossen, wenn das hämatolytisch wirkende Quil-A in das ISCOM eingeschlossen wird. Geeignet könnte es für bestimmte Antigene, wie gegen Malaria, Influenza, Masern oder Tollwut sein.

Stearyl-Tyrosin (ST, Octadyl-tyrosin-hydrochlorid und Analoga) wurde auf der Suche nach einem Ersatz für Aluminiumverbindungen entwickelt (PENNEY C.L. et al., 1994). Es ist eine stabile, niedermolekulare, untoxische Substanz mit immunsteigernder Wirkung. Experimentell wurden 40 analoge ST-Verbindungen auf ihre Eignung als Adjuvans mit Virus- und Bakterienantigenen in Tieren untersucht. Erfahrungen mit einer Anwendung beim Menschen bestehen bisher noch nicht.

5. Bakterielle Produkte

Mikroorganismen oder ihre Produkte können spezifisch oder unspezifisch auf das Immunsytem einwirken (WARREN H.S. et al., 1986). Besonders Mykobakterien, Corynebakterien, Pertussiskeime und Endotoxine (LPS = Lipopolysaccharide) gramnegativer Bakterien haben diese Eigenschaft. Für die praktische Anwendung als Adjuvantien in Humanimpfstoffen sind sie aber wegen Unverträglichkeiten nicht gut geeignet.

Mögliche Kandidaten für eine Humananwendung könnten bestimmte Komponenten aus Corynebakterien (P40) und Mykobakterien (MDPs = Muramyldipeptide, Murabutide) sein, die versuchsweise hier bereits eingesetzt wurden (CHEDID L., 1985). Während MDP wegen seiner Fieberauslösung ungeeignet ist, sind MDP-Derivate bei erhaltener adjuvierender Wirkung relativ untoxisch. Der Mechanismus ist komplex und beruht unter anderem auf Zytokininduktion und Aktivierung immunkompetenter Zellen.

Ein gutes oral anwendbares Adjuvans könnte Choleratoxin sein, wenn das Problem seiner Entgiftung gelöst wird.

6. Liposomen

Liposomen bestehen aus konzentrischen, sphärischen Lipidmembranen von Phospholipiden und anderen Lipiden in einer zweilagigen Membran. Sie sind biologisch innerhalb von Tagen bis Wochen abbaubar und selbst kaum antigen. Für an sie gebundene Antigene sind sie gute Adjuvantien und stellen ein potentielles Trägersystem für schwache Antigene dar (VAN ROOIGEN N. and VAN NIEUWMEGEN R., 1983). In Kombination mit Monophosphoryl-Lipid A und einer Aluminiumverbindung wurden sie beim Menschen für rekombinante Malariaantigene ohne erkennbare Toxizität eingesetzt (RICKMAN L.S. et al., 1991). Probleme bestehen mit ihrer Stabilität und reproduzierbaren Herstellung. Sollten diese Probleme gelöst werden können, wären sie gute Kandidaten für ein Adjuvans oder Vehikel für bestimmte Humanimpfstoffe.

7. Bioabbaubare Mikrokapseln

Bioabbaubare Mikrokapseln aus Copolymeren (Poly (DL-lactid-coglycolid), DL-PLG) wurden in Tieren als Trägersystem mit langsamer Abgabe von Antigenen untersucht. Diese Depotträger werden bei Arzneimitteln klinisch verwendet, für ihre Anwendung in Impfstoffen gibt es bisher aber noch keine Erfahrungen. Nach oraler und parenteraler Gabe waren Mikrokapseln von unter 10µm Durchmesser experimentell als Adjuvantien wirksam (ELDRIDGE J.H. et al., 1991). Neben der guten Verträglichkeit besteht die Hoffnung, daß durch die steuerbare Antigenabgabe eine Verringerung der benötigten Injektionen möglich sein könnte. Dies wäre für Impfprogramme in Ländern der dritten Welt von erheblichem Vorteil, wo mehrfache Immunisierungen häufig auf Schwierigkeiten stoßen. Sie sind deshalb ein vielversprechendes Adjuvanssystem für bestimmte Humanimpfstoffe, sofern die klinische Erprobung die gestellten Erwartungen erfüllt.

8. Entwicklung neuer Adjuvantien für Humanimpfstoffe

An neue Adjuvantien und Trägersysteme für Humanimpfstoffe sind strenge Anforderungen an Sicherheit und Wirksamkeit zu stellen (GUPTA R.K. et al., 1993; EDELMAN R., 1980). Da deren Anwendung bei Gesunden erfolgt, ist eine sorgfältige Risiko-Nutzen-Abwägung erforderlich, die auf gründlichen toxikologischen Untersuchungen und kontrollierten klinischen Studien mit Langzeitbeobachtungen fußt. Bis jetzt gibt es keine verbindlichen Richtlinien für derartige Entwicklungen. Klassische Toxizitätsprüfungen reichen hier nicht. Sie müssen durch immunpharmakologische und -toxikologische Untersuchungen ergänzt werden. Wichtig ist die Beurteilung der Relevanz von an Tieren gewonnenen Ergebnissen für den Menschen, wobei Speziesunterschiede in Metabolismus und Organspezifität zu berücksichtigen sind. Bis jetzt sind die vorliegenden Daten für beim Menschen empfohlene neue Adjuvantien meist unzureichend. Das Schließen dieser Lücken erfordert neben der Prüfung in in vitro-Methoden ausgewählte Tierversuche und vor allem klinische Prüfungen an der Zielspezies Mensch, da die Übertragbarkeit von Tierdaten häufig problematisch ist.

Literatur

BENNETT B., CHECK I.J., OLSEN M.R., HUNTER R.L., A comparison of commercially available adjuvants for use in research, J., Immunol. Meth., 153, 31-40, 1992

CHEDID L., Adjuvants of immunity, Ann. Inst. Pasteur/Immunol., 136 D, 283-291, 1985

EDELMAN R., Vaccine adjuvants, Rec. Infect. Dis. 2, 3, 370-383, 1980

GUPTA R.K., RELYVELD E.H., LINDBLAD E.B., BIZZINI B., SHLOMO B.-E., GUPTA C.K., Adjuvants - a balance between toxicity and adjuvanticity, Vaccine, 11, 293-306, 1993

HILLEMAN M.R., Critical appraisal of emulsified oil adjuvants applied to viral vaccines, Progr. med. Virol., 8, 131-182, 1966

ELDRIDGE J.H., STAAS J.K., MEULBROEK J.A., MCGHEE J.R., TICE T.R., GILLEY R.M., Biodegradable microsheres as a vaccine delivery system, Molecular Immunology, 28, 3, 287-294, 1991

MOREIN B., FOSSUM C., LÖVGREN K., HÖGLUND S., The iscom - a modern approach to vaccines, Sem. Virol., 1, 49-55, 1990

PENNEY C.L., DIONNE G., NIXON-GEORGE A., BONA C.A., Further studies on the adjuvanticity of stearyl tyrosine and amide analogues, Vaccine, 12, 629-632, 1994

RICKMAN L.S., GORDON D.M., WISTAR JR. R., KRZYCH U., GROSS M., HOLLINGDALE M.R., EGAN J.E., CHULAY J.D., HOFFMAN S.L., Use of adjuvant containing mycobacterial cell-wall skeleton, monophosporyl lipid A, and squalane in malaria circumsporozoite protein vaccine, Lancet, 337, 998-1001, 1991

VON ROOIJEN N. and VAN NIEUWMEGEN R., Use of liposomes as biodegradable and harmless adjuvants, Methods in Enzymology, 93, 83-95, 1983
WARREN H.S., VOGEL F.R., CHEDID L.A., Current status of immunological adjuvants, Ann. Rev. Immunol., 4, 369-388, 1986
WEIBEL R.E., MC LEAN A., WOODHOUR A.F., FRIEDMAN A., HILLEMAN M.R., Ten-year follow-up study for safety of adjuvant 65 influenza vaccine in man, Proc. Soc. Experim. Med., 143, 1053-1056, 1973

Adjuvant research for veterinary vaccines: Suitability of a new vitamin E based formulation

E.O. Rijke

Summary

Adjuvants are essential ingredients of inactivated vaccines. Today numerous adjuvants are known, but only a few are currently used in inactivated vaccines in animals as e.g. mineral oil emulsions and aluminium hydroxide gels.One objective in our adjuvant research project is to investigate the suitability of new adjuvants for veterinary vaccines. The use of certain adjuvants in current vaccines could lead to unwanted side effects such as tissue reactions at the injection site. This could lead to condemnation of meat quality resulting in economic losses. The various adjuvants currently available or in development for use in veterinary vaccines will be discussed whereafter a short review of our adjuvant research program will be presented. Based on the results in the literature on the immunopotentiating effects of tocopherol (vitamin E) in chickens, various formulations were made with tocopherol and investigated in various animal species. A solubilisate of tocopherol was found to be a pharmaceutically very stable and effective adjuvant formulation for various inactivated poultry and pig vaccines without inducing local tissue reactions. It was also found that the immune response of live vaccines could be improved by this novel adjuvant formulation.

Zusammenfassung

Adjuvansuntersuchungen für Veterinärimpfstoffe: Prüfung einer neuartigen auf Vitamin E basierenden Formulierung

Adjuvantien sind unverzichtbare Bestandteile von inaktivierten Impfstoffen. Von den zahlreichen derzeit bekannten Adjuvantien werden nur wenige - wie etwa Mineralölemulsionen und Aluminiumhydroxidgele - bei Impfstoffen für Tiere angewendet. In unserem Adjuvans-Forschungsprojekt untersuchen wir unter anderem die Anwendbarkeit von neuen Adjuvantien für veterinärmedizinische Impfstoffe. Die Anwendung von bestimmten Stoffen in Vakzinen kann auch zu unerwünschten Nebenwirkungen, wie Gewebereaktionen an der Injektionsstelle, führen, und in der Folge zu einer Beeinträchtigung der Fleischqualität und zu wirtschaftlichen Einbußen.

Die verschiedenen zur Zeit in Impfstoffen für Tiere verwendeten oder in der Entwicklung befindlichen Adjuvantien werden diskutiert und anschließend wird eine kurze Übersicht über unser Adjuvansforschungsprogramm gegeben. Die Entwickung eines auf Tocopherol (Vitamin E) basierenden Adjuvans und dessen Erprobung in verschiedenen Tierarten wird beschrieben.

Eine spezielle Tocopherol-Formulierung (Solubilisat) erwies sich als pharmazeutisch sehr stabile Zusammenstellung mit guter Adjuvanswirkung für verschiedene inaktivierte Impfstoffe für Hühner und Schweine. Diese Formulierung verursachte keinerlei Gewebeschäden nach Injektion. Desweiteren konnten wir nachweisen, daß die Immunantwort auf Lebendvakzinen mit dieser neuen Adjuvansformulierung ebenfalls potenziert wird.

1. Introduction

Adjuvants are essential ingredients of inactivated vaccines.At present time many adjuvant formulations have been reported, but only a few are used in inactivated veterinary vaccines: e.g. mineral oil emulsions and aluminium compounds. The use of these adjuvants could lead to unwanted side effects such as local tissue reactions at the injection site. In order to circumvent these problems, efforts were made to investigate various alternative adjuvant formulations in chickens and pigs. It was found that lipid amines as dimethyldioctadecylammoniumbromide (DDA) and Avridine stimulated both humoral and cell-mediated immune responses in chickens and pigs against viral antigens, although the immune responses were of short duration (RIJKE E.O. et al., 1988). Therefore other formulations were tested based on tocopherol (TENGERDY R.P. et al., 1972).

2. Material and methods

2.1 Animals

Four to six week old female SPF chickens (Layertype) were used. Animals received food and water ad libitum. Furthermore groups of 4-6 and 10-12 week old fattening pigs (Dutch commercial breed) were used. Pigs received food twice a day and water ad libitum. Chickens and pigs were housed under isolated conditions.

2.2. Antigens

As antigens E.coli derived filamentous F11 was used, while as inactivated viral antigens Infectious Bursal Disease Virus (IBDV) D78 strain, Chicken Anemia Agent (CAA) strain 26P4, Infectious Bronchitis Virus (IBV) M41 strain, Newcastle Disease Virus (NDV) strain clone 30 and Pseudorabies Virus (PRV) strain Phylaxia were used. As live vaccines CAA strain 26P4, attenuated Reo Virus Vaccine strain 1133 and PRV strain 783 were used.

2.3. Vaccines

Inactivated vaccines were prepared by mixing equal amounts of antigen material with a concentrated solubilisate of tocopherolacetate in water (Diluvac Forte; DF) or the antigen material was incorporated in the waterphase of a water-in-oil (w/o) emulsion based on mineral oil or tocopherolacetate. Live vaccines were reconstituted in Diluvac Forte or in commercially available diluent.

2.4. Serological responses

Antibody titers against IBDV and F11 were determined according to standard indirect ELISA procedures, whereas antibody titers against CAA, Reo and PRV were determined by virus neutralization (Vn) assays. Antibody titers against IBV and NDV were determined using Haemagglutination Inhibition (HI) tests.

2.5. Local tissue reaction

At the end of the experiments, chickens were killed and the injection sites inspected for macroscopical signs of local tissue reaction. Tissue reactions were scored according to the following scheme: 0 = no lesions, 1 = 1-3 pinhead sized yellowish or colorless lesions, 2=multiple grey or yellow lesions 2-3 cm long, 3 = more extensive tissue lesions or residues with more infiltration of the muscle tissue.

3. Results

3.1. Chickens

3.1.1. Inactivated Vaccines

3.1.1.1. Influence of formulation on the adjuvant effect

As presented in Fig. 1, the two vitamin E formulations induced a similar antibody response against the bacterial F11 antigen. This response was comparable with the response obtained after application of a standard mineral oil adjuvant. However, at the end of the experiment the injection sites were inspected for signs of local tissue reactions, and it was found that severe tissue reactions were observed with both w/o emulsions but not with the tocopherol solubilisate (Fig. 2).

3.1.1.2. Antigen specificity of the adjuvant effect

In the next series of experiments other antigens were combined with the tocopherol solubilisate. As shown in Fig. 3, a good antibody response against IBDV was found, although the response tended to decrease more rapidly than in the group given the mineral oil adjuvant. With IBV and NDV, even after two vaccinations, only a marginal antibody response against NDV was found while no significant antibody response against IBV could be demonstrated. At the end of the experiment, the injection sites were inspected for signs of local tissue reaction. Only minimal tissue reactions were observed in the group given the tocopherol solubilisate (Fig. 4). In an experiment with inactivated CAA, high antibody titers were induced compared to the non-adjuvanted CAA group (Fig. 5). Remarkably, even after two vaccinations no significant antibody titers were found in the group given the standard mineral oil emulsion (Fig. 6).

3.1.2. Live vaccines

3.1.2.1. CAA and Reo vaccines

In a subsequent series of experiments, the tocopherol solubilisate was used to dissolve two live vaccines. As presented in Fig. 7, it was found that the early antibody response against CAA could be stimulated. Furthermore, it was noticed that a more homogeneous antibody response in the adjuvant group was obtained. With live Reo Virus similar observations were made (Fig. 8).

3.2. Pigs

3.2.1. Inactivated vaccines

As presented in Fig. 9, the vaccine based on the w/o emulsion induced a more rapid and higher Vn response than the tocopherol solubilisate containing vaccine. However, after a booster inoculation at 6 weeks p.v. both vaccines induced a similar Vn antibody response that decreased in time. At slaughter only some animals of the tocopherol group showed connective tissue formation at the injection site while severe lesions were observed in the w/o emulsion group (data not shown).

3.2.2. Live Vaccines

In a following experiment the tocopherol solubilisate was used to dissolve a live PRV vaccine and compared with plain diluent. As shown in Fig. 10 the antibody titer did rise more quickly and was more sustained in the tocopherol group than in the group receiving the diluent vaccine.

4. Conclusions

From the work presented here it can be concluded that the tocopherol solubilisate adjuvant is a very effective adjuvant for both live and inactivated vaccines without inducing local tissue reactions in pigs and chickens. Furthermore, the tocopherol solubilisate could also be an attractive adjuvant formulation for use in laboratory animals e.g. mice and rabbits. It should be realized that based on the data shown in the present study the adjuvant activity may vary among the different antigens used.

Acknowledgements

The author greatly acknowledges the skilful help and advice of T. JANSEN, E. JAGT, C. SCHRIER, N. VISSER and T. LOEFFEN.

References

RIJKE E.O., LOEFFEN A.H.C., LUTTICKEN D., The use of lipid amines as immunopotentiators for viral vaccines, in: BIZZINI B. and BONMASSAR E. (eds.), Advances in Immunomodulation, Rome-Milan: Pythagora Press, 433-443, 1988

TENGERDY R.P., HEINZERLING R.H., NOCKELS C.F., Effect of vitamin E on the immune response of hypoxic and normal chickens, Inf. Immun., 5, 987-989, 1972

Figures

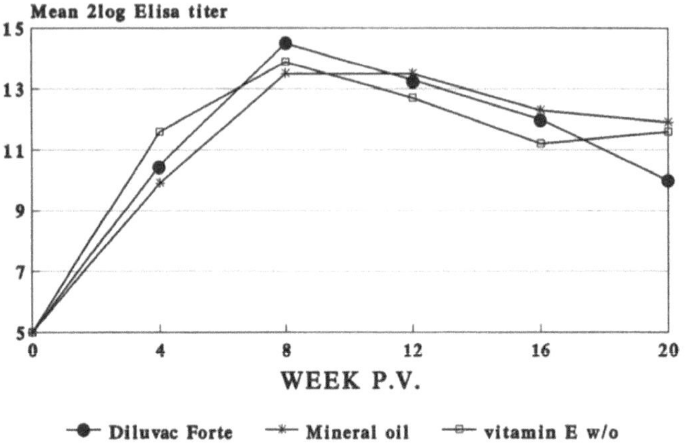

Fig. 1. Groups of 10 chickens were vaccinated once i.m. with the formulations indicated whereafter their serum antibody response against F11 was determined by ELISA

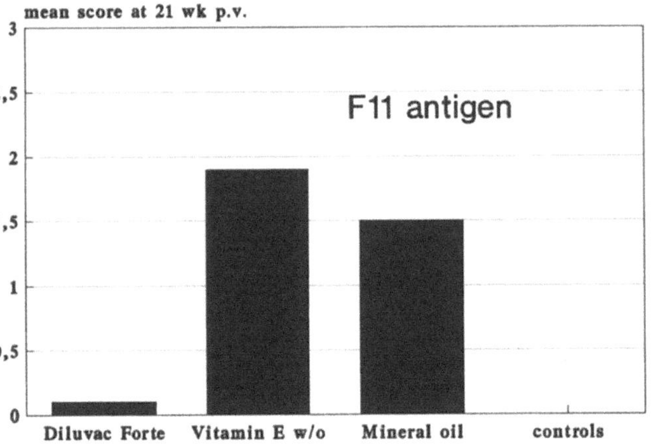

Fig. 2. Injection sites of animals from the experiment in Fig. 1 were inspected for signs of local tissue reaction. Data are expressed as a mean score (see material and methods)

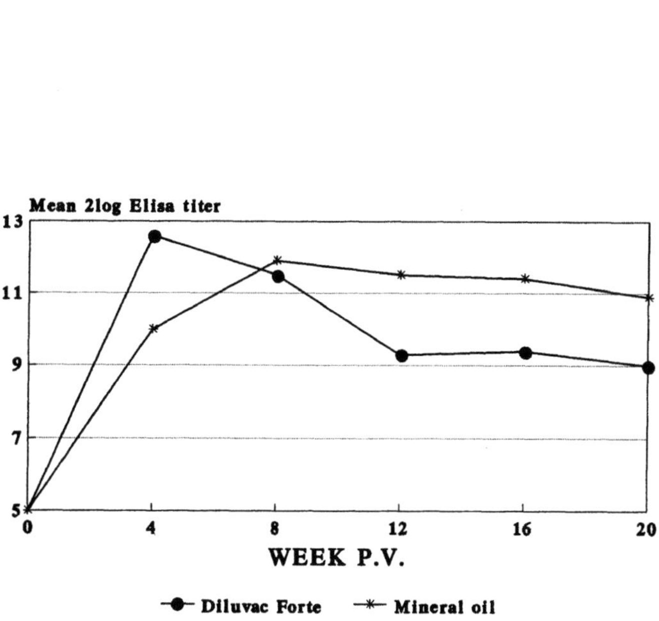

Fig. 3. Groups of 10 chickens were vaccinated once i.m. with the formulations indicated, whereafter their serum antibody response against IBDV was determined by ELISA

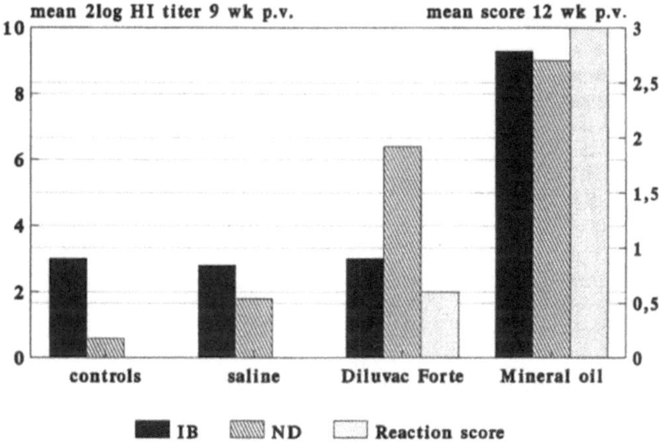

Fig. 4. Groups of 10 chickens were vaccinated twice with the formulations indicated, whereafter their serum antibody response against IBV and NDV was determined by HI tests. At the end of the experiment, injection sites of animals were inspected for signs of local tissue reaction. Data are expressed as a mean score (see material and methods)

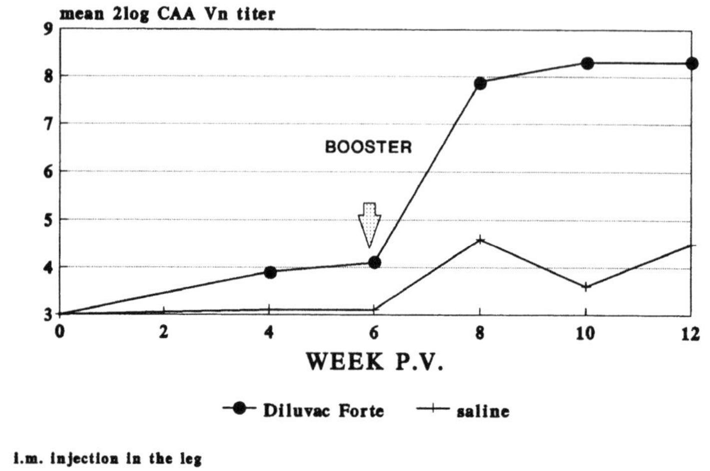

Fig. 5. Groups of 10 chickens were vaccinated twice i.m. with the formulations indicated, whereafter their serum antibody response against CAA was determined by Vn assay

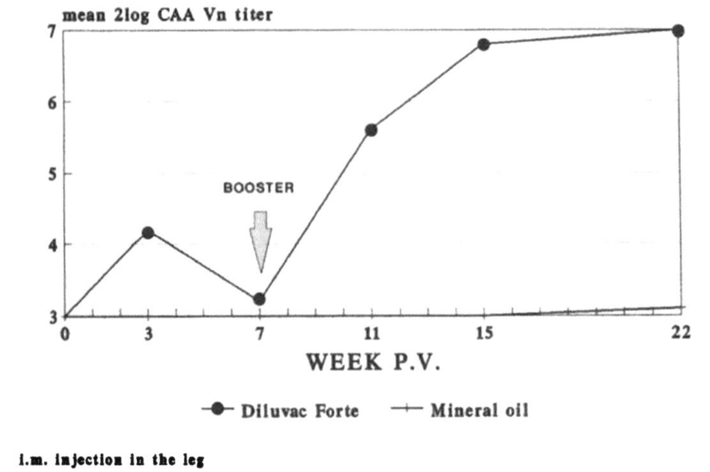

Fig. 6. Groups of 10 chickens were vaccinated twice i.m. with the formulations indicated, whereafter their serum antibody response against CAA was determined by Vn assay

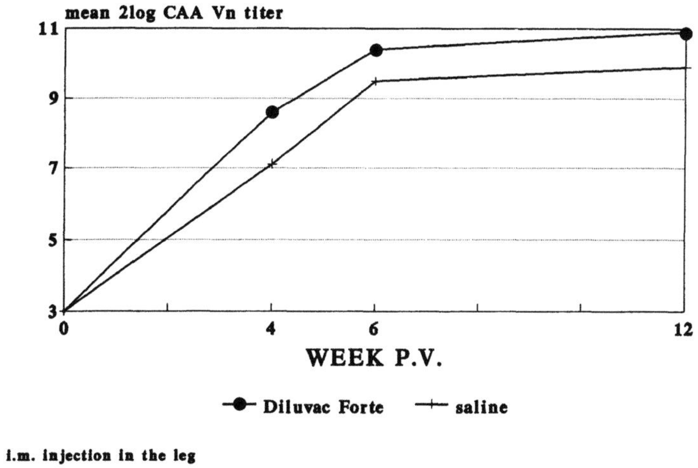

Fig. 7. Groups of 10 chickens were vaccinated once i.m. with the formulations indicated, whereafter their serum antibody response against CAA was determined by Vn assay

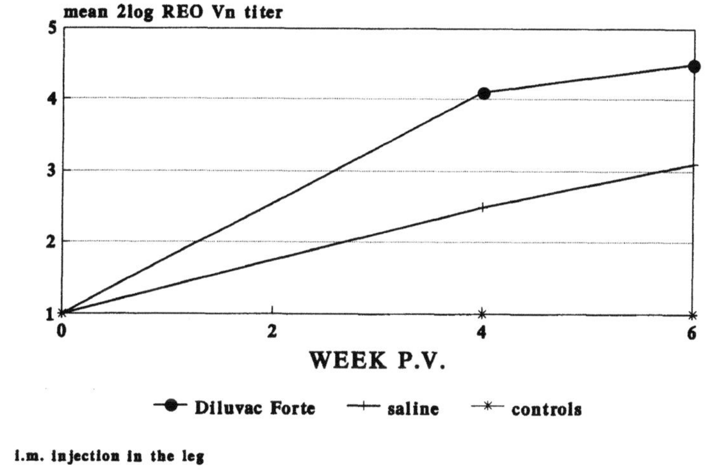

Fig. 8. Groups of 15 chickens were vaccinated once i.m. with the formulations indicated, whereafter their serum antibody response against Reo Virus was determined by Vn assay

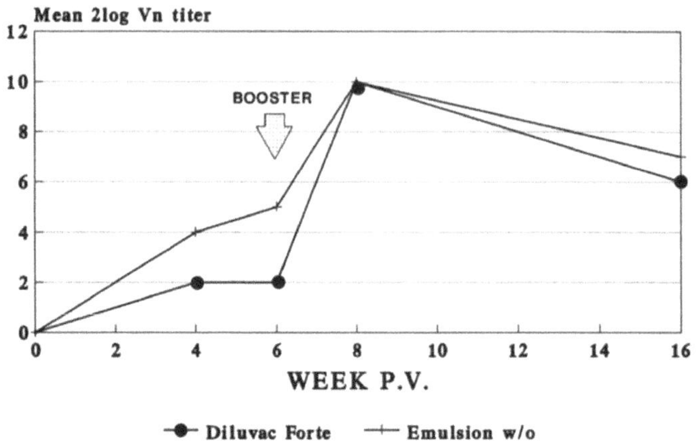

Fig. 9. Groups of 10 fattening pigs were vaccinated twice i.m. with the formulations indicated, whereafter their serum antibody response against PRV was determined by Vn assay

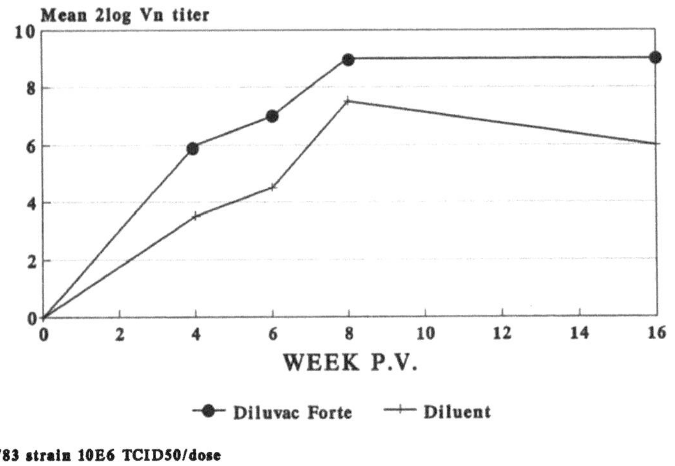

Fig. 10. Groups of 5 fattening pigs were vaccinated once i.m. with the formulations indicated, whereafter their serum antibody response against PRV was determined by Vn assay

Comparison of alternatives to Freund's Complete Adjuvant

M. Leenaars, C.F.M. Hendriksen, M.A. Koedam, E. Claassen

Summary

Studies on alternatives to Freund's complete adjuvant (FCA) are important in order to scientifically support guidelines on immunization procedures. We evaluated several types of adjuvants in rabbits and mice. Weakly immunogenic antigens were used to discriminate between the efficacy of the adjuvants. The side effects were evaluated based on clinical findings, behavioural changes, physiological state and (histo)pathological lesions. Rabbits were immunized subcutaneously or intramuscularly with: FCA, Specol (water-in-oil emulsion), commercially available adjuvants (RIBI and TiterMax) or Iscom-matrix. Mice were immunized intraperitoneally, subcutaneously or in the dorsal side of the hind foot with: FCA, Specol, ISCOMS (preformed immune-stimulating complexes), Quil A or *Lactobacillus*. In both studies the adjuvants were combined with three weak immunogenic antigens; a synthetic peptide of 3,2 kDa, a glycolipid and a particulate antigen (*Mycoplasma pneumoniae*) in rabbits and a selfantigen (Myelin Basic Protein; MBP; 18,5 kDa), a synthetic peptide of 2,5 kDa and a particulate antigen (*M. pneumoniae*) in mice. Rabbits did not appear to be severely and chronically impaired by the experimental procedure. Lesions were most severe after injection of RIBI/antigen or FCA/antigen and minimal to mild after injection of TiterMax/antigen or Specol/antigen. Antibody responses were high after immunization with FCA/antigen or Specol/antigen and low after RIBI/antigen or TiterMax/antigen. From this study it may be concluded that Specol is a possible alternative to FCA for enhancement of the immune response in rabbits. However, more research is needed to confirm that it is an alternative to FCA for a wide range of antigens. In mice, no signs of prolonged pain or distress were demonstrated based on comprehensive behavioural studies, clinical findings and physiological state. Lesions were most severe after injection of antigen in combination with FCA or Quil A, moderate with Specol and minimal with *Lactobacillus*, ISCOMS or saline. After injection of synthetic peptide in combination with FCA, Specol and ISCOMS specific antibody responses were high. Immunization with selfantigen resulted in high antibody titers when injected in ISCOMS, moderate antibody responses when injected intraperitoneally with FCA and low antibody titers when injected with Specol, *Lactobacillus* or saline. For selfantigens ISCOMS seem to be a suitable alternative while Specol is a possible alternative to FCA for the production of specific antibodies to synthetic peptide. However, depending on the nature of the antigen alternative adjuvants may induce severe pathological changes.

Zusammenfassung

Vergleich der Alternativen zu Freund's Adjuvans

Die Suche nach Alternativen zu Freund's kompletten Adjuvans (FCA) ist wichtig, um wissenschaftlich fundierte Richtlinien für Immunisierungsprotokolle zu erarbeiten. Wir haben verschiedene Adjuvanstypen in Kaninchen und Mäusen untersucht. Um Unterschiede in der Wirksamkeit der Adjuvantien festzustellen, wurden schwach immunogene Antigene benutzt. Die Nebenwirkungen wurden aufgrund der klinischen Beobachtungen, der Änderungen des Ver-haltens und des physiologischen Zustandes und der (histo)pathologischen Läsionen beurteilt. Die Kaninchen wurden subkutan oder intramuskulär wie folgt immunisiert. FCA, Specol (Wasser in Öl-Emulsion), kommerziell erhältliche Adjuvantien (RIBI und TiterMax) oder Iscom-Matrix. Die Mäuse wurden intraperitoneal, subkutan oder dorsal am Hinterfuß immunisiert mit: FCA, Specol, ISCOMS (immun-stimulierende Komplexe), Quil A oder *Lactobacillus*. In beiden Studien wurden die Adjuvantien mit drei schwach immunogenen Antigenen kombiniert: einem synthetischen Peptid von 3,2 kDa, einem Glykolipid und einem partikulären Antigen (*Mykoplasma pneumoniae*) bei Kaninchen und einem Selbstantigen (Myelin Basic protein; MBP; 18,5 kDa), einem synthetischen Peptid von 2,5 kDa und einem partikulären Antigen (*Mykoplasma pneumoniae*) bei Mäusen. Die Versuchsprozedur schien die Kaninchen weder schwer noch chronisch zu beeinträchtigen. Die Läsionen waren am schwersten nach der Injektion von RIBI/Antigen oder FCA/Antigen, am geringsten nach der Injektion von TiterMax/Anigen oder Specol/Antigen und niedrig nach RIBI/Antigen oder TiterMax/Antigen. Aus diesen Untersuchungen kann man schließen, daß Specol eine mögliche Alternative zu FCA für die Steigerung der Immunantwort bei Kaninchen darstellt. Weitere Untersuchungen sind nötig, um zu bestätigen, daß dies auch für ein breites Spektrum von Antigenen eine Alternative zu FCA ist. Bei Mäusen zeigten die ausführlichen Verhaltensstudien und klinischen Untersuchungen keine Anzeichen von längeren Schmerzen oder Streß. Die Läsionen waren am ausge-prägtesten nach der Injektion von Antigen in Kombination mit FCA oder Quil A, mäßig mit Specol und gering mit Lactobacillus, ISCOMS oder physiologischer Kochsalzlösung. Für Selbstantigene scheinen ISCOMS eine geeignete Alternative zu FCA darzustellen. Specol ist ein möglicher Ersatz bezüglich der Produktion von spezifischen Antikörpern gegen synthetische Peptide. Auch diese alternativen Adjuvantien können in Abhängigkeit von der Natur des Antigens schwere pathologische Veränderungen bewirken.

1. Introduction

Immunization procedures in laboratory animals are performed on a large scale in fundamental and applied bio-medical research. The amount of pain and distress induced by these procedures depends on many factors e.g. route of injection, injection volume, type of antigen, use of an adjuvant. Immunization procedures are often based on habits and protocols existing in the institute rather than on scientific arguments. In 1993 the Code of Practice for the immunization of laboratory animals was presented by the Dutch Veterinary Health Inspectorate (VHI, 1993). This Code of Practice contains general guidelines which result in immunization procedures that induce an effective immune response combined with minimal side effects. Special attention is paid to the use of Freund's complete adjuvant (FCA). The severe pathological changes observed after FCA injection (BRODERSON J., 1989; JOHNSTON B. et al., 1991) ask for diminished use of this adjuvant. Many alternative adjuvants to FCA are available (CLAASSEN E. et al., 1992). However, due to the great diversity in types of antigen, animal species used, objectives of immunization experiment etc. it is difficult to draw up prevailing recommendations for the use of alternative adjuvants. Relatively few studies focus on the evaluation of FCA versus alternative adjuvants based on immunological properties as well as side effects. In order to support scientifically based advice on the use of adjuvants we conducted comparative studies in rabbits (LEENAARS P. et al., 1994) and mice (LEENAARS P. et al., 1995), the laboratory animals most frequently used in routine immunological procedures. Weakly immunogenic antigens were used to discriminate between efficacy of the adjuvants. The severity of induced histopathological lesions was studied by macro- and microscopic observations. Clinical and behavioural changes, and the physiological state of the animals were studied to evaluate pain and distress induced by adjuvant/antigen injection.

2. Evaluation study in rabbits

2.1. Experimental design

New Zealand White rabbits, 6 months of age (RIVM, Bilthoven, The Netherlands) were immunized subcutaneously and intramuscularly with: FCA (Difco Lab., Detroit, MI, USA), Specol (water-in-oil emulsion = W/O emulsion; Institute for Animal Science and Health (ID-DLO), Lelystad, The Netherlands), RIBI (O/W emulsion containing monophosphoryl lipid A (MPL), trehalose dimycolate (TDM) and cell wall skeleton (CWS); Sanbio BV, Uden, The Netherlands), TiterMax (W/O emulsion containing a non-ionic block polymer surfactant, CRL89-41; CytRx Corporation, Norcross, GA, USA) or Iscom-matrix (= „empty“ iscoms containing Quil A and cholesterol). The potency of the adjuvants was studied by combining them with three weak immunogenic antigens: a synthetic peptide (SPek15a; 200µg/injection), a glycolipid (galactocerebroside; 200µg/injection) and a particulate antigen (*Mycoplasma pneumoniae*; 87µg/injection). Per adjuvant/antigen combination two rabbits were injected subcutaneously and two intramuscularly. The injected volume was 0,5ml except for RIBI and TiterMax when 1ml and 0,08ml respectively were administered as indicated by the producers of these adjuvants. A booster injection followed four weeks later with the same adjuvant/antigen mixture, except for the FCA injected animals which were boosted with FIA. Blood samples were taken weekly from the marginal vein of the ear.

2.2. Parameters

The effects of adjuvant/antigen injection on behaviour and physiological state of the animals were evaluated by measuring body weight and rectal temperature, locomotiv activity, and clinical signs of disease. The severity of the induced pathological changes was studied by macroscopic and microscopic examination of lesions induced after injection of adjuvant/antigen mixtures. The efficacy of the adjuvants was studied by determination of antibody titer in serum using an enzyme-linked immunosorbent assay (ELISA) procedure.

2.3. Results

2.3.1. Side effects

Body weights and temperatures were within the normal limits during the post-immunization period for all types of adjuvants. Locomotiv activity was not visably affected by immunizations. Pathological changes varied considerably between injected adjuvant/antigen combination (Table 1). Macroscopical examination revealed severe lesions after injection of RIBI/antigen or FCA/antigen emulsions (including granulomatous nodules with central necrosis) and minimal lesions after injection of TiterMax/antigen or Specol/antigen. When the adjuvants were combined with *M. pneumoniae* relatively severe adverse effects (including severe hyperaemia and hemorrhage and necrosis within granulomatous inflamed connective tissue) were found compared to the other antigens.

2.3.2. Immune responses

Immunization of rabbits with different adjuvant-antigen combinations resulted in primary and secondary antibody responses depending on adjuvant and antigen used. Animals immunized with SPek15a (Fig. 1a and 1b) produced highest antibody titers when Specol or Freund's adjuvant was used as adjuvant both by the s.c. and i.m. route of immunization. In RIBI and TiterMax injected animals antibody levels were low and detectable after boost injection only. Antibody responses were very low or even undetectable in our study when SPek15a with Iscom-matrix or without adjuvant was injected. A similar picture for antibody responses emerged when *M. pneumoniae* was used as antigen (Fig. 2a and 2b). None of the animals immunized with galactocerebroside produced a detectable antibody response during the period of immunization.

2.4. Summarized results of study in rabbits

Rabbits did not appear to be severely or chronically impaired by the experiment. Injection of FCA/antigen or RIBI/antigen induced most severe pathological changes. Severity of side effects depends on the type of antigen used, e.g. *M. pneumoniae* more severe than synthetic peptide. After both s.c. and i.m. route of immunization adjuvants can be ranked based on induced antibody responses: FCA = Specol > TiterMax > RIBI > Iscom-matrix > saline. From this study we concluded that Specol might be an alternative to FCA for enhancement of the immune response in rabbits. However, it is important to keep in mind that depending on the type of antigen also alternative adjuvant may induce marked pathological changes.

3. Evaluation study in mice

3.1. Experimental design

BALB/c mice, 10-14 weeks of age (RIVM, Bilthoven, The Netherlands) were immunized intraperitoneally, subcutaneously and in the dorsal side of the hind foot with: FCA, Specol, preformed immune-stimulating complexes containing rabies virus glycoprotein (ISCOMS), saponin (Quil A; 'Spikoside', Iscotec, Luleå, Sweden) or *Lactobacillus*. The adjuvants were combined with three antigens: selfantigen (Myelin Basic Protein; MBP; 100µg/injection), a synthetic peptide (SP215; 50µg/injection) and a particulate antigen (*M. pneumoniae*; 15µg/injection). Per adjuvant/antigen combination five mice were injected subcutaneously (s.c.), five intraperitoneally (i.p.) and five in the dorsal side of the hind foot (d.f.p.). The injected volume was 0,1 or 0,2ml (s.c. and i.p.) and 0,04 ml d.f.p. A booster injection followed six weeks later with the same adjuvant/antigen mixture, except for the FCA injected animals which were boosted with FIA. Blood samples were taken weekly.

3.2. Parameters

Specific changes in common clinical signs to indicate pain, distress or discomfort in mice were evaluated as described by MORTON and GRIFFITHS (1985). Mice were weighted, general conditions evaluated and injection sites palpated. Behavioural and physiological state of the mice were studied in the Primary Observation Test (POT), a systematic quantitative procedure described by IRWIN (1968) and modified by OLIVIER (Solvay-Duphar, Weesp, The Netherlands). Pathological lesions were scored by macroscopic and microscopic observations. The capacity of the adjuvants to support immunological responses was studied by antibody levels in serum.

3.3. Results

3.3.1. Side effects

Two days after primary and booster immunization body weights were decreased in most animals, within 7 days body weights were back to normal again. Pilo-erection was observed in the first days after immunization with FCA/antigen and after booster injection with *M. pneumoniae* preparations. From seven days after immunization no significant changes in behaviour or physiological state could be observed. Table 2 shows gross and histopathologic lesions at necropsy. After i.p. injection the most prevalent abdominal abnormality was granulomatous peritonitis. This was observed in FCA and to a lesser extend in Specol treated animals. Omentum retrahens was present in all groups i.p. treated with *M. pneumoniae* preparations. With the s.c. route lesions were most severe (including necrotic granulomas) after injection of FCA. In combination with *M. pneumoniae* all evaluated adjuvants induced moderate severe lesions. D.f.p. injection of FCA/antigen or Specol/antigen preparations resulted in diffuse swelling. Lesions in Freund's treated animals involved deeper layers compared to Specol treated animals. Lesions were most severe after d.f.p. injection of Quil A/*M. pneumoniae*.

3.3.2. Immune responses

After s.c. or i.p. injection of SP215 in combination with FCA, Specol or ISCOMS specific antibody responses were high (Fig. 3a and 3b). Immunization with selfantigen resulted in high antibody titers when injected in ISCOMS and moderate antibody responses when injected intraperitoneally with FCA (Fig. 4a and 4b). After injection of adjuvant/*M. pneumoniae* preparations minimal differences in antibody responses were observed between the adjuvants (data not shown).

3.4. Summarized results of mice study

No signs of prolonged pain or distress could be demonstrated based on comprehensive behavioural studies. Injection of FCA or *M. pneumoniae* preparations induced most severe lesions. Specol is a possible alternative to FCA for the production of specific antibodies to synthetic peptides while for selfantigens ISCOMS seem a suitable alternative. Depending on the nature of the antigen alternative adjuvants may induce severe pathological changes.

4. Conclusions

From the data generated in our studies and based on literature we conclude that an overall alternative to FCA is not available at the moment. The best choice for an adjuvant depends largely on the type of antigen to which an immune response is required. The type of antigen also determines to a large extend the adverse effects induced after immunization. Despite severe pathological changes after immunization with FCA it was not possible to observe prolonged distress. A question that arises is: Does FCA induce severe pain and distress? Based on the fact that many pathological changes induced after injection of FCA show resemblance with pathological changes causing severe pain in humans, it is assumed (based on the analogy principle) that FCA can induce considerable pain and distress. Severe pathological changes upon immunization should be diminished. Alternatives to FCA are therefore still necessary.

References

BRODERSON J.R., A retrospective review of lesions associated with the use of Freund's adjuvant, Laboratory Animal Science, 39, 400-405, 1989

CLAASSEN E., DE LEEUW W., DE GREEVE P., HENDRIKSEN C., BOERSMA W., Freund's complete adjuvant: an effective but disagreeable formula, 44th Forum in Immunology, Research in Immunology, 143, 478-483, 1992

IRWIN S., Comprehensive observational assessment: Ia. A systematic, quantitative procedure for assessing the behavioral and physiologic state of the mouse. Psychopharmacology (Berl.), 13, 222-257, 1968

JOHNSTON B.A., EISEN H., FRY D., An evaluation of several adjuvant emulsion regimens for production of polyclonal antisera in rabbits, Laboratory Animal Science, 41 (1), 15-21, 1991

LEENAARS P.P.A.M., HENDRIKSEN C.F.M., ANGULO A.F., KOEDAM M.A., CLAASSEN E., Evaluation of several adjuvants as alternatives to the use of Freund's adjuvant in rabbits, Veterinary Immunology and Immunopathology, 40, 225-241, 1994

LEENAARS P.P.A.M., HENDRIKSEN C.F.M., KOEDAM M.A., CLAASSEN I., CLAASSEN E., Comparison of adjuvants for immune potentiating properties and side effects in mice, Veterinary Immunology and Immunopathology, 48, 123-138, 1995

MORTON D.B. and GRIFFITHS P.H.M., Guidelines on the recognition of pain, distress and discomfort in experimental animals and an hypothesis for assessment, Veterinary Record, 116, 431-436, 1985

VHI, Dutch Veterinary Health Inspectorate, Code of Practice for immunization of laboratory animals. Working party immunization procedures, Rijswijk, The Netherlands. Veterinary Public Health Inspectorate, 1993

Figures and Tables

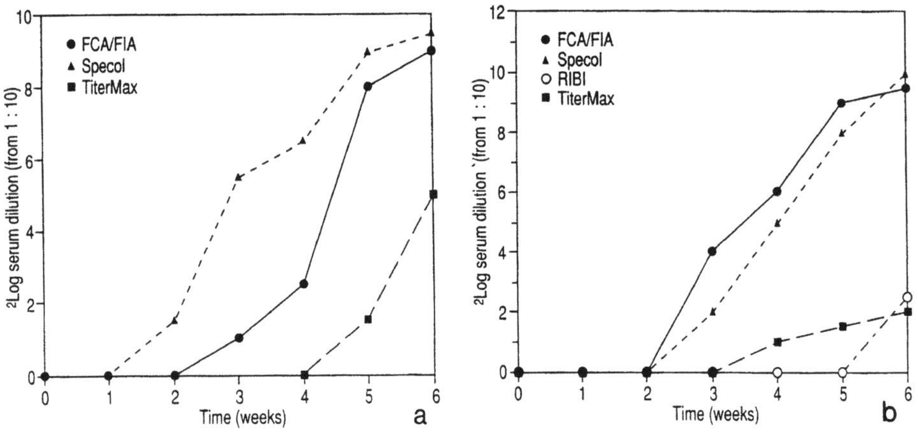

Fig. 1a and 1b. Antibody responses in rabbits s.c. (1a) or i.m. (1b) immunized with various adjuvants combined with synthetic peptide

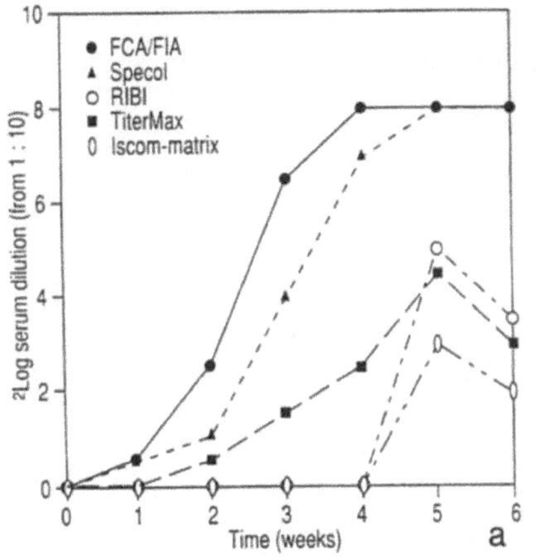

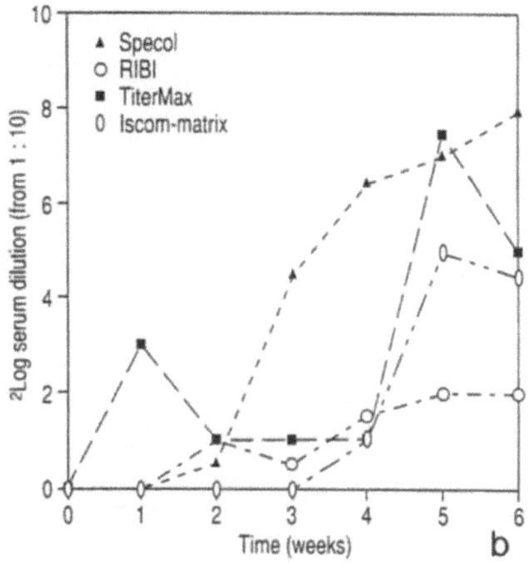

Fig. 2a and 2b. Antibody responses in rabbits s.c. (2a) or i.m. (2b) immunized with various adjuvants combined with particulate antigen

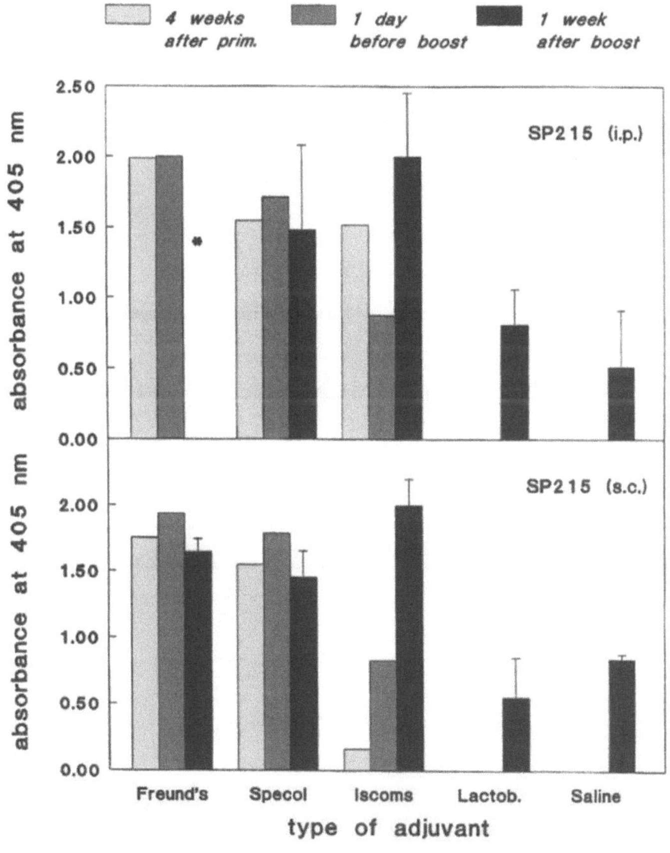

Fig. 3. Antibody responses in mice i.p. or s.c. immunized with various adjuvants combined with synthetic peptide (SP215). *No data available

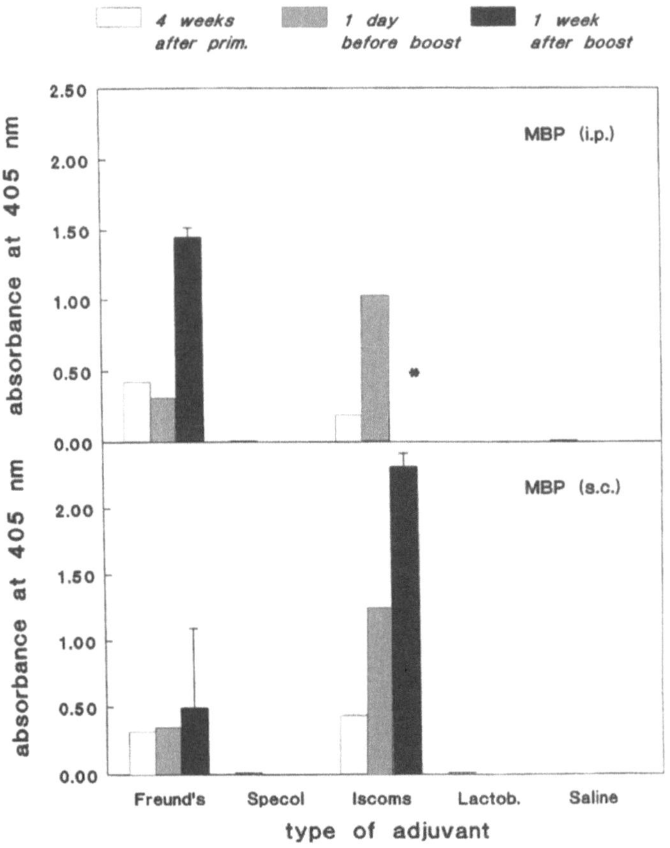

Fig. 4. Antibody responses in mice i.p. or s.c. immunized with various adjuvants combined with selfantigen (MBP). *No data available

Table 1. Pathological findings at injection sites of rabbits immunized (s.c. or i.m.) with various adjuvants mixed with one of the three antigens studied.

	route			
	sc		im	
ADJUVANT	primary[1]	boost	primary	boost
FCA	++[2]	++	+	+
Specol	-	+	-	+
RIBI	++	++	+	++
TiterMax	-	+	-	+
Iscom-matrix	-	-	-	-
PBS	-	-	-	-

[1] primary: pathological changes at primary injection site; boost: pathological changes at booster injection site. [2] severity of lesions: - = minimal; + = mild; ++ = marked.

Table 2. Pathological changes in mice immunized (s.c., i.p. or d.f.p.) with various adjuvants mixed with one of the three antigens studied.

	route		
ADJUVANT	i.p.	s.c.	d.f.p.
FCA	+++[1]	++	++
Specol	+	+	+
Lactobacillus	-	-	-
ISCOMS	-	-	-
Quil A	++	+	+++
PBS	-	-	-

[1] severity of lesions: - = minimal; + = moderate; ++ = marked; +++ = severe.

Effizienz und Verträglichkeit von Adjuvantien bei der Immunisierung von Mäusen, Kaninchen und Schafen

W. Linxweiler

Zusammenfassung

Die effiziente Immunisierung von Versuchstieren mit Freund'schem Adjuvans ist mit verschiedenen unerwünschten Nebenwirkungen belastet. In einem mehrstufigen Prozeß wurde versucht, unter käuflichen, in der Literatur beschriebenen und selbst entwickelten Adjuvantien eine besser verträgliche Alternative zum Freund'schen Adjuvans zu finden. Zunächst wurden Kaninchen mit Adjuvantien aus verschiedenen Adjuvansklassen in der Reihenfolge ihrer Verträglichkeit immunisiert. Standardantigen war humanes Serumalbumin. Die Beurteilung der Verträglichkeit erfolgte nach Sektion anhand der lokalen Gewebereaktion. Dann wurden ausgewählte Adjuvantien an Schafen mit demselben Antigen getestet. Schließlich wurden die Adjuvantien in Mäusen, Kaninchen und Schafen mit verschiedenen Antigenen in der Routine verwendet. Es zeigte sich, daß sowohl Wirksamkeit als auch Verträglichkeit tierartlich unterschiedlich sind. Die beste Wirksamkeit hatten Adjuvantien auf Basis von Ölemulsionen, wobei sie bessere Verträglichkeit zeigen als Freund's Adjuvans. Allerdings kann dieses nicht in jedem Falle durch alternative Adjuvantien ersetzt werden.

Summary

Efficiency and compatibility of adjuvants at the immunization of mice, rabbits and sheep

Efficient immunization of laboratory animal to raise antibodies is commonly performed using Freund's adjuvant. Unfortunately this adjuvant induces undesirable and harmful effects to the animals. Our objective was to replace this adjuvant by alternative adjuvants with similar efficiency but reduced or no undesirable effects. In a first step, a variety of adjuvants were screened in rabbits using human serum albumin as a standard antigen. Undesirable side effects were checked by post mortem examination and inspection of local reactions. Selecting a few adjuvants with reduced undesirable effects, immunization was tested in sheep and rabbits. Finally routine immunization protocols were performed in both species and in mice using additional proteine antigens, haptens and peptide antigens. The highest efficiency was found with oil emulsion adjuvants, showing less undesirable effects than Freund's adjuvant. But alternative adjuvants can not substitute Freund's Adjuvant in any case.

1. Einleitung

Die Herstellung von Antikörpern im Versuchstier kann trotz bedeutender Fortschritte bei der Gewinnung von Antikörpern in der Zellkultur und mittels molekularbiologischer Methoden bisher nicht ersetzt werden. Zusammen mit dem Antigen ist im wesentlichen das Adjuvans entscheidend für die Effizienz der Immunisierung und die Höhe des Antikörpertiters. Aufgrund seiner unerwünschten Nebenwirkungen wird das gut wirksame und häufig verwendete Freund'sche Adjuvans mehr und mehr in Frage gestellt.

Um alternative Adjuvantien mit besserer Verträglichkeit aber gleicher Wirksamkeit zur Verfügung zu haben, wurde eine Untersuchung von käuflichen und selbst entwickelten Adjuvantien in drei Stufen durchgeführt. In Kaninchen wurden Adjuvantien aus verschiedenen Adjuvansklassen mit dem Standardantigen HSA (humanes Serumalbumin) einem Screening unterzogen. Gut wirksame und verträgliche Adjuvantien wurden schließlich beim Schaf mit diesem Antigen und in der dritten Stufe bei Kaninchen, Schaf und Maus mit verschiedenen Antigenen weiteruntersucht.

2. Material und Methoden

Kommerziell erhältliche Adjuvantien wurden erhalten von: Fa. Sebak, D-Aidenbach (ABM3-Adjuvans), Fa. Gerbu, D-Gaiberg (GMDP), Fa. CytRx, Norcross, USA/Fa. Serva, D-Heidelberg (Titermax), Fa. Bachem (MDP), Fa. Difco (FIA, inkomplettes Freund'sches Adjuvans; Mykobakterien). Das Lipopeptid $Pam_3CysSer(Lys)_4$ stammte von Prof. JUNG, Universität Tübingen, das Adjuvans GNE von der Fa. Akzo, das Adjuvans Montanide ISA 206 (MISA 206, M206), Montanide 888 und 80 wurden uns freundlicherweise von der Fa. Seppic, F-Paris (BRD: Fa. Interorgana, D-Köln) überlassen. Die Herstellung der Injektionslösung aus Adjuvans und Antigen erfolgte nach Angabe des Herstellers.

Squalen, Span 80 und Alu-Gel-S ($Al(OH)_3$) wurden von der Fa. Serva, D-Heidelberg, erhalten, ß-Glucan von der Fa. Sigma, alle anderen Reagenzien stammten von der Fa. Merck KGaA.

Zusammensetzung der Öladjuvantien: SPS: Squalen/Paraffinöl, dünnflüssig/Span 80 = 8:2:3; SS: Squalen/Span 80 = 7:3; SP8: Squalen/Paraffinöl, dünnflüssig/Montanide 80 = 8:2:3; SP88: Squalen/Paraffinöl, dünnflüssig/Montanide 888 = 8:2:3; S88: Squalen/Montanide 888 = 7:3; SPS/D wie SPS + 1 Volumen Tween 80 (2%); FIA/D = FIA (inkomplettes Freund's Adjuvans) + 1 Volumen Tween 80 (2%); P/Tw: Paraffinöl/Tween 80 = 9:1. Die Emulgierung erfolgte nach 1:1 Mischung mit der Antigenlösung mittels Durchdrücken durch eine Injektionsnadel (Ø 0,8mm). Das Antigen HSA (humanes Serumalbumin, Fa. Calbiochem) lag in einer Konzentration von 1-2mg/ml in PBS vor. Andere Adjuvantien: Zinkaspartat (Znasp) 100mg + 0,5ml HSA (1mg/ml) in PBS (1mg/ml); ISCOMS: (MOREIN B., 1990); Lipopeptid (Pam): 0,2mg Lipopeptid + 0,2mg Antigen in 0,25ml PBS; Calciumphosphat: (ANACKER W.F. and STOY V., 1958) 100mg + 0,5ml HSA (1mg/ml) in PBS; Liposomen 1 (Lip 1): (SHAHUM E. and THÉRIEN H.-M., 1988); Liposomen 2 (Lip 2): multilamellare Vesikel (MCWILLIAM A.S. and STEWART G.A., 1989); Glucan: (MAHESHVARI R. and CHOUDARI B.P., 1990).

Immunisation: Kaninchen (Auszucht) wurden, wenn vom Hersteller nicht anders angegeben, mit 0,25 oder 0,5ml Injektionslösung immunisiert (Gesamtmenge des Antigens 0,25-0,5mg pro Injektion). Injektionsort war s.c. (SPS, SPS/D, IFA/D, ABM3, Calciumphosphat, Znasp, P/Tw, Lipopeptid: Pamsc, Lip1, Lipo2, ISCOMS, SS) an der seitlichen Brustwand oder im Lendenbereich. I.m. Injektionen (Titermax, SP8, SP88, S88, M 206, GNE und alle anderen Adjuvantien) wurden in den M. quadriceps und M. semimembranosus/semitendinosus appliziert. Die erste Blutentnahme er-folgte 3 Wochen nach der Primärinjektion („Primärantwort"), die 1. Boosterinjektion nach 3 Wochen, die 2. und 3. Boosterinjektion nach je 2 Wochen, das Ende der Immunisierung mit Blutentnahme („Sekundärantwort") 1 Woche nach der 3. Boosterinjektion. Schafe (Merinolandschaf) wurden nur i.m. injiziert (M. quadriceps und M. semimembranosus/semitendi-nosus). Mäuse (A/J und CBA) wurden nur s.c. immunisiert. Injektionen erfolgten in 3wöchigem Abstand. Die Blutentnahme nach der 1. Injektion entspricht der „Primärantwort", nach der 3. Injektion der „Sekundärantwort".

Titerbestimmung: Die Titerbestimmung der Antiseren gegen HSA erfolgte mittels ELISA-Technik. Als Standardserum wurde bei allen Messungen (Kaninchenseren) dasselbe Kaninchen-anti-HSA (Fa. Dako) Titer: 102.000 mitgeführt. Der Titer wird als reziproker Verdünnungsfaktor des Antiserums angegeben, bei dem im ELISA eine Extinktion von 1,0OD erreicht wird.

3. Resultate

3.1. Screening verschiedener Adjuvantien im Kaninchen

Sowohl käufliche Adjuvantien als auch in der Literatur beschriebene oder selbst entwickelte Adjuvantien wurden mit humanem Serumalbumin als Antigen verwendet, um in Kaninchen Antiseren zu erzeugen. Die Auswahl der Adjuvantien aus den verschiedenen Adjuvansklassen ist in Tabelle 1 gezeigt.

Tabelle 1. Einteilung der verwendeten Adjuvantien

Mineralsalze, -gele	Al-hydroxid Zn-aspartat Ca-phosphat	**Öl-in-Wasser Emulsion**	Öl + Tween 80 ABM (Ribi)- Adjuvans
Saponin	ISCOM's	**Wasser-in-Öl Emulsion**	Squalen-Adjuvantien
Polymere	Glucan	**Wasser/Öl/Wasser Emulsion**	MISA 206 FIA/Doppelemulsion
Liposomen	multilamelläre Vesikel	**Bakterien u. Derivate**	Mykobakterien MPL(Monophosphoryl Lipid A) MDP (Muramyldipeptid) GMDP
Lipopeptide	Pam_3-Cys-Ser-Lys_4	**Andere**	Titermax

Zunächst wurden Adjuvantien mit geringen Nebenwirkungen verwendet. Der Titer des Antiserums wurde nach 3 Wochen Immunisationsdauer (Primärantwort) und nach Ende der Immunisation (8 Wochen) im ELISA bestimmt und mit hochtitrigen Antiseren (mit Freund's komplettem Adjuvans, FCA, hergestellt und Kaufware Fa. Dako) verglichen (Abb. 1). Lediglich Calciumphosphat und das Lipopeptid $Pam_3CysSerLys_4$ zeigten einen Titer von 10% und mehr des Vergleichsserums (Dako) bzw. mehr als 20% des Titers der mit FCA gewonnenen Antiseren.

Schließlich wurden Kaninchen mit stärker wirksamen Öladjuvantien immunisiert. Öl-in-Wasser Adjuvantien wie Paraffin/Tween und ABM zeigen sehr niedrige Titer, Doppelemulsionen wie SPS/D, FIA/D und M206 (Zusammensetzung siehe Materialien und Methoden) erbringen gute bis sehr gute Titer und Wasser-in-Öl Adjuvantien wie SP88, S88 und GNE sehr hohe Titer vergleichbar mit Freund'schem Adjuvans erzeugten Antiseren oder besser (Abb. 2). Wesentlich für die Wirksamkeit erscheint der Emulgator der Wasser-in-Öl Adjuvantien zu sein. Ersetzt man im Adjuvans SP8 (Squalen/Paraffinöl/Montanide 80) den Emulgator Montanide 80 durch Montanide 888, steigt der Titer um den Faktor 5 (Abb. 2).

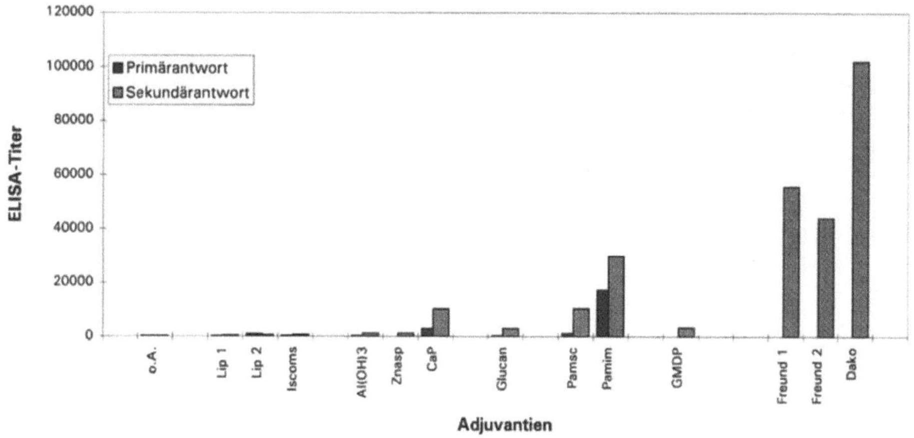

Abb. 1. Wirksamkeit von Adjuvantien I, Immunisation gegen HSA beim Kaninchen

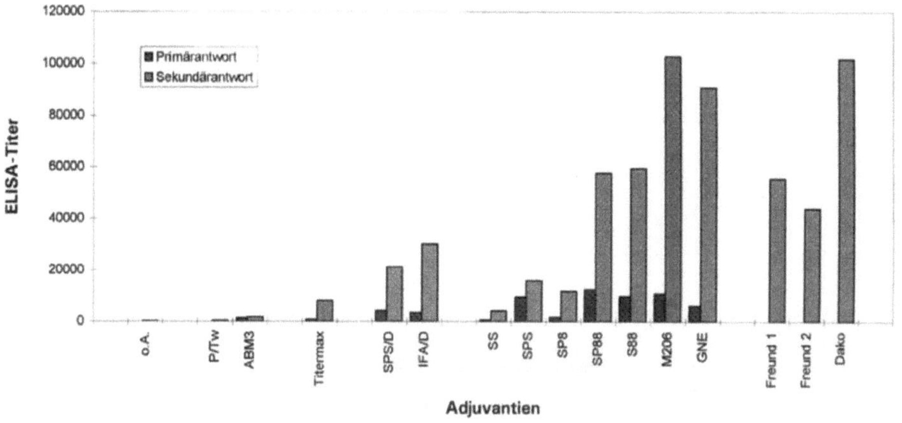

Abb. 2. Wirksamkeit von Adjuvantien II, Immunisation gegen HSA beim Kaninchen

3.2. Prüfung ausgewählter Adjuvantien im Schaf

Adjuvantien mit guter Wirksamkeit und geringen Nebenwirkungen im Kaninchen wurden mit HSA als Standardantigen im Schaf getestet. Beim Vergleich mit Antiseren, die mittels Freund'schem komplettem Adjuvans erzeugt wurden, konnte lediglich das Adjuvans Montanide ISA 206 (M206) gleichhohe Titer erzielen (Abb. 3).

3.3. Verträglichkeit der getesteten Adjuvantien

Tabelle 2 zeigt den Vergleich von getesteten Adjuvantien im Kaninchen und im Schaf hinsichtlich ihrer pathologischen Reaktion. Untersucht wurden die Injektionsstellen der Tiere nach Abschluß der Immunisation. Ein „-" bedeutet keine sichtbare Reaktion des Gewebes, „+" steht für eine sichtbare Entzündungsreaktion, „++" und „+++" für eine starke bis sehr starke Reaktion, „A" bedeutet Abszeßbildung. Freund'sches komplettes Adjuvans (FCA) entspräche einem „A+++". Da im Versuch kein FCA verwendet wurde, ist in der Tabelle eine Beurteilung nicht angegeben (n.d.). Als Nicht-Öl Adjuvans zeigt das Lipopeptid $Pam_3CysSerLys_4$ bei sehr guter Verträglichkeit eine gute Wirksamkeit im Kaninchen, leider nicht im Schaf. Wegen Abzeßbildung an der Injektionsstelle und sehr starker Gewebereaktion ist das Wasser-in-Öl Adjuvant SPS nicht akzeptabel. Montanide ISA 206 zeigt zwar eine starke Entzündungsreaktion aber keine Abszeßbildung bei sehr guter Wirksamkeit in Kaninchen und Schaf.

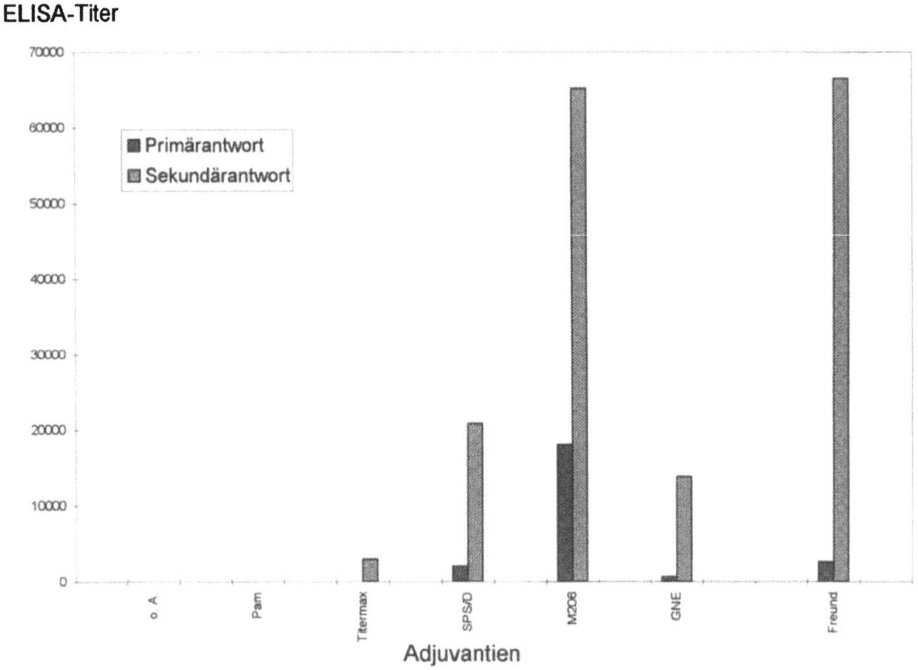

Abb. 3. Wirksamkeit von Adjuvantien III, Immunisation gegen HSA beim Schaf

Tabelle 2. Verträglichkeit der Adjuvantien, Untersuchung der Injektionsstellen

Kaninchen	Patholog. Reaktion	Titer	Schafe	Patholog. Reaktion	Titer
ohne Adj.	-	137	ohne Adj.	-	0
Al(OH)3	+	1115			
CaP	+ - ++	10150			
Glucan	-	2977			
Pam, i.m.	+	29652	Pam, i.m.	-	0
GMDP	-	3223			
ABM3	+ - ++	1660			
Titermax	+ - ++	8010	Titermax	+	2931
SPS	A+++	15895			
SP88	++	57714			
S88	+ - ++	59529			
M206	++	102851	M206	++	65139
GNE	n.d.	90943	GNE	++	13808
FCA	n.d.	49785	FCA	n.d.	66491

3.4. Bewertung ausgewählter Adjuvantien mit verschiedenen Antigenen

Das Adjuvans Montanide ISA 206 (Misa 206) wurde mit weiteren Antigenen auf Wirksamkeit und Verträglichkeit in Kaninchen, Schaf und Maus getestet. Das Öl-in-Wasser Adjuvans Squalen/Montanide 888 (M888) wurde nur im Kaninchen getestet. Das Ergebnis ist in Tabelle 3 gezeigt. Hapten und Peptide wurden jeweils als Komplexe an Trägerprotein gebunden und in dieser Form zur Immunisierung der Tiere verwendet.

Tabelle 3. Effizienz und Verträglichkeit bei verschiedenen Antigenen

	Kaninchen		**Schaf**	**Maus**
Adjuvans	MISA 206	Squalen/M888	MISA 206	MISA 206
Antigen				
Proteine	+	+	+/±	±
Haptene	+	±	+-	n.d.
Peptide	(+)	n.d.	(±)	(+)
Verträglichkeit	gut-befriedigend	gut	gut-befriedigend	befriedigend

Effizienz: + sehr gut (vergleichbar mit Freund's Adjuvans)
± gut
( ) nicht mit Freund's Adjuvans verglichen

4. Diskussion

Das Ziel der Untersuchungen, alternative Adjuvantien mit besserer Verträglichkeit zu finden und das das Versuchstier belastende Freund'sche Adjuvans zu ersetzen, kann in einigen Fällen z.B. beim Kaninchen, erreicht werden. Da Verträglichkeit und Wirksamkeit eines Adjuvans von der Tierart wie auch von der Art des Antigens abhängt, ist eine generelle Vorhersage zum Verhalten eines Adjuvans nur eingeschränkt möglich. So zeigt das Lipopeptid im Kaninchen gute Wirksamkeit, im Schaf nicht (Antigen HSA). Montanide ISA 206 erzeugt im Schaf mit Proteinen höhere Antikörpertiter als mit Haptenen. Dieses Adjuvans wird in Veterinärimpfstoffen eingesetzt und ist leider bisher zur Anwendung an Versuchstieren kommerziell nicht erhältlich. Allerdings wird die Qualität eines Adjuvans nicht nur von der Höhe des Antikörpertiters bestimmt, sondern auch von der Affinität der Antikörper. Deshalb kann ein Adjuvans, das niedrigere Titer aber höher affine Antikörper erzeugt als z.B. Freund's Adjuvans besser sein. Dies wird vom Antigen und dem Zweck der Anwendung abhängen. Problematisch sind Proteine mit schlechten antigenen Eigenschaften. Diese können oft nur mit FCA zur ausreichenden Antikörperbildung gebracht werden. Der für die Verträglichkeit kritischste Bestandteil scheinen die abgetöteten Mykobakterien zu sein. Nach Zugabe von Mykobakterien zu Montanide ISA 206 führte die Immunisation beim Schaf zur Bildung von größeren Abzessen (Daten nicht gezeigt), so daß der Versuch nicht weitergeführt wurde. Neben dem Adjuvans beeinflussen auch Injektionsdosis und Injektionsort die Verträglichkeit der i.m. Applikation. Im Kaninchen wurde festgestellt, daß Volumina von 0,5ml am Hinterbein außer vom M. quadriceps von den übrigen Muskeln mangels Eigenvolumen nicht aufgenommen wurde. Nach Sektion finden sich Teile der Injektionslösung zwischen den Fascien der Muskulatur und teilweise am Nervus ischiadicus mit entsprechenden Entzündungsreaktionen (Daten nicht gezeigt). Um eine Schädigung des Nervus ischiadicus zu vermeiden, empfiehlt sich die Applikation von nicht mehr als 0,5ml, besser 0,25ml, und als Injektionsstelle der M. quadriceps. So kann neben der Wahl des jeweils geeignetsten Adjuvans die Belastung des Versuchstieres weiter reduziert werden.

Danksagung

Der Autor bedankt sich bei Frau Dr. CHRISTA BURGER für die Testung der Adjuvantien bei der Maus.

Literatur

ANACKER W. F. und STOY V., Proteinchromatographie an Calciumphosphat, Biochemische Zeitschrift, 330, 141-159, 1958

MAHESHVARI R. and CHOUDARI B.P., Potentiation of immune response against malaria in immunocompromised mice through glucan as an immunoadjuvant, Indian journal of Experimental Biology, 28, 901-905, 1990

MCWILLIAM A.S. and STEWART G.A., Production of multilamellar, small uinlamellar and reverse-phase liposomes containing house dust mite allergens, Journal of Immunological Methods, 121, 53-60, 1989

MOREIN B. et al., Increased immunogenicity of a non-amphipathic protein (BSA) after inclusion into iscoms, Journal of Immunological Methods, 128, 177-181, 1990

SHAHUM E. and THÉRIEN H.-M., Immunopotentiation of the humoral response by liposomes: encapsulation versus covalent linkage, Immunology, 65, 315-317, 1988

Erfahrungen bei der Herstellung polyklonaler Antikörper im Kaninchen

H.-J. Kramer

Zusammenfassung

Die Immunisierung von Kaninchen ist eine wesentliche Quelle zur Gewinnung von polyklonalen Antikörpern sowohl im Bereich der Forschung als auch in der Produktion von pharmazeutisch genutzten Antikörpern.

Im Ablauf dieser Immunisierungen steckt viel empirisches Wissen, das aber der Gruppe der Anwender dieser Methodik nur unvollkommen zur Verfügung steht. Zum einen bringt jedes Antigen spezielle Probleme mit sich, die eine Verallgemeinerung nicht zulassen, zum anderen ist auch der Einsatz von Adjuvantien oder der Kaninchenrasse eine Frage, die hinsichtlich der Wirksamkeit bzw. des Immunisierungserfolges selten schlüssig beantwortet werden kann. So haben sich mit der Zeit gewisse Standardschemata in der Immunisierung herauskristallisiert, die immer wieder von anderen übernommen werden.

Hier verbirgt sich die Gefahr, daß Fortschritte in dieser Methodik nur langsam vollzogen werden. Mit ein Grund ist auch, daß die Immunisierung nur ein Mittel zum Zweck ist; das eigentliche Ziel ist die Bearbeitung einer Fragestellung unter Anwendung eines Antikörpers.

Das Bestreben aller in diesem Bereich tätigen Nutzer dieser Methodik sollte eine rasche Verbreitung und Umsetzung neuer Erkenntnisse sein. Hierzu gehört auch die Sammlung von den im Verlauf einer Immunisierung anfallenden Daten sowie deren Auswertung und Publikation.

Für ein Unternehmen, das die Immunisierung im Auftrag anbietet, steht die Frage des technischen Ablaufs im Vordergrund. Hierzu gehören die Auswahl der Tiere, Einsatz von Adjuvantien, Immunisierungsschemata, Blutentnahmen, Protokollführung, Haltung der Tiere und tierschutzrechtliche Fragen, um einige Beispiele zu nennen, die näher zu erläutern sind. Ein wesentliches Stichwort ist hier auch die Produktion unter GMP-Bedingungen, die eine gewisse Standardisierung festschreibt.

Liegen standardisiert erfaßte Daten über Immunisierungen vor, erleichtert dies eventuell auch eine Reduzierung der Tierzahlen sowie Verbesserungen bei der Immunisierung von Kaninchen.

Summary

Experiences in the production of polyclonal antibodies in the rabbit

The immunization of rabbits represents an essential source for the output of polyclonal antibodies both in the field of research work and production of antibodies used for pharmaceutical purposes.

The course of these immunizations is combined with empirical knowledge. However, it is only imperfectly at the users' disposal. On the one hand each antigen entails special problems which do not allow any generalization. On the other hand, the question of applicating adjuvants or the rabbit race can rarely be answered conclusively with regardsto efficiency, respectively success of the immunization. So, in course of time, certain standardized routines have crystallized for the immunization which are adopted again and again. This hides the danger of hampering advancements in those methods.

A further reason therefore is that the immunization can only be considered as a means to an end; the real goal is the processing of a question by means of an antibody.

All users of this method involved in that field ought to be anxious to disseminate and convert new findings. This requires also the accumulation of data which result during the immunization as well as their evaluation and publication.

For a company offering the immunization as a service the questions of the technical procedure dominate as they are the choice of animals, application of adjuvants, immunization schemes, bloodlettings, recording, keeping of animals and questions of animal rights' law to mention some examples which have to be commented. An important key-word is the production according to the guidelines of GMP which stipulates certain standardizations.

The availability of standardized recorded data facilitates the reduction of animals used as well as improvements in the immunization of rabbits.

1. Einleitung

Obwohl die Herstellung polyklonaler Antikörper im Kaninchen sowohl in der pharmazeutischen Produktion als auch im Bereich der Forschung und Entwicklung weit verbreitet und akzeptiert ist, sind die zugrundeliegenden Verfahren und Immunisierungsschemata so vielfältig, daß eine Diskussion über eine Verbesserung im Sinne der 3R auf diesem Gebiet schwierig erscheint.

Da die Verwendung polyklonaler Antikörper auch in Zukunft ihre Bedeutung hat, scheinen *Replacement* sowie *Reduction* auf diesem Gebiet ihre Grenzen zu haben, soweit man nicht die Verwendung anderer Spezies (z.B. Hühner) zugunsten von Kaninchen hier einordnet. Dagegen ist unter dem Oberbegriff *Refinement* im Rahmen von Immunisierungen noch ein großer Spielraum für Verbesserungen in bezug auf den Tierschutz vorhanden.

2. Auftragsimmunisierung

Die Auslagerung einer bisher im eigenen Labor oder den eigenen Produktionseinrichtungen durchgeführten Immunisierung, das Outsourcing, ist ein stetig steigender Trend. Jede Auslagerung einer vorher selbst durchgeführten Arbeit stößt verständlicherweise auf Vorbehalte. Um die hier möglicherweise entstehenden Probleme aufzufangen, ist die genaue Absprache des Vorhabens eine Voraussetzung sine qua non. Die Rahmenbedingungen sollten möglichst ausführlich schriftlich fixiert und ein entsprechender Vertrag, der auch die absolute Vertraulichkeit garantiert, von beiden Seiten anerkannt werden. Der Ablauf einer Immunisierung ist hinsichtlich des Probenversands für eine Titerkontrolle sowie hinsichtlich der gegenseitigen Information über Änderungen im Ablauf aufgrund der heutigen logistischen und technischen Möglichkeiten kein Problem mehr. Vorteile aus der Sicht des Tierschutzes sind hier der Wegfall von Tiertransporten, der Zwang zur Anpassung an eine neue Umgebung wird den Tieren erspart und das Handling der Tiere im Laufe der Immunisierung erfolgt durch geschultes und erfahrenes Personal. Betrachtet man z.B. den Hochschulbereich, so ist im Bereich Dissertationen und Diplomarbeiten eine lange Erfahrung im Tierhandling kaum gegeben.

Der Ablauf einer Auftragsimmunisierung gestaltet sich in allen Fällen unter Berücksichtigung obiger Punkte. Am Anfang steht der telefonische oder persönliche Kontakt, bei dem zuerst über die Kosten und allgemeinen Rahmenbedingungen sowie das Immunisierungsschema gesprochen wird. An diesem Punkt können zeitlich zu kurz aufeinanderfolgende Boosterinjektionen, die nur eine unnötige Tierbelastung darstellen, in einen zeitlich sinnvollen Rahmen gebracht werden. Daran schließt sich eine Angebotserstellung an, der dann der Auftrag folgt. Nun gilt es noch offene Fragen zu klären, die sich u.a. auf das Handling des Antigens, eine Bestätigung des gemeinsam geplanten Immunisierungsschemas sowie eventuelle Änderungen beziehen. Nach der ersten oder zweiten Titerprobe zeichnet sich dann in Regel schon der Erfolg oder auch Mißerfolg der Immunisierung ab. Nach gemeinsam abgesprochener Serumgewinnung wird dieses mit der Immunisierungsdokumentation an den Auftraggeber geschickt.

Die Auftragsimmunisierung bietet die Chance, daß neuere Erkenntnisse hinsichtlich einer das Tier schonenden Immunisierung schneller und vor allem in einer großen Zahl von Immunisierungsprojekten umgesetzt werden.

3. Verbesserungsmöglichkeiten

Aus der Sicht des Herstellers von Antikörpern im Auftrag stellt sich die Problematik der Immunisierung vor allem in der Sicherstellung des technischen Ablaufs, der Praxis, dar. Hier sind schon zwei wesentliche Unterschiede aufzuzeigen. Je nach dem Auftraggeber, ein pharmazeutisches Unternehmen oder eine Forschungseinrichtung, ist der Ablauf der Immunisierung deutlich anders.

Ein kommerzieller Hersteller gibt ein Verfahren vor, in dem angefangen beim Immunisierungsschema bis zur Dokumentation der Ablauf starr geregelt ist. Eine Forschungseinrichtung dagegen ist meistens flexibler im Ablauf des Immunisierungsprozesses und geht auch einfacher neue Wege, z.B. bei der Wahl der Adjuvantien. Dies erklärt sich selbstverständlich auch durch die rechtlichen Rahmenbedingungen, denen die Produktion von Arzneimitteln sowie Diagnostika unterliegt.

Von diesem Unterschied ausgehend sehe ich eine wesentliche Verbesserungsmöglichkeit in der Standardisierung der Immunisierungsverfahren in allen Bereichen der biomedizinischen Forschung, speziell im Hochschulbereich und somit eine Anpassung an Grundregeln sowie Arbeitsstandards, die in der pharmazeutischen oder chemischen Industrie schon integraler Bestandteil aller Prozesse sind. Stichworte sind hier: GLP (CHRIST G.A. et al., 1992), GMP (FEIDEN K., 1991) und DIN-EN-ISO-Normen (Deutsches Institut für Normung e.V., Berlin). Kurz gesagt sollte die Beantwortung der fünf Ws (Wer hat was wann wo wie gemacht?) als Kernfragen der angesprochenen Regelwerke jederzeit möglich sein.

Ein Beispiel aus dem eigenen Bereich soll die Bedeutung einer entsprechenden Dokumentation erläutern. Manche Immunisierungen werden von einer Arbeitsgruppe in Auftrag gegeben, die zwar Angaben aus der Literatur vorliegen hat, diese Angaben aber in Hinsicht auf den technischen Ablauf nicht schlüssig sind; sei es, daß genaue Angaben zur Herkunft der verwendeten Tiere fehlen oder daß der zeitliche Ablauf der Immunisierung nicht angegeben ist. Fehlen jetzt auch noch Möglichkeiten des persönlichen Kontaktes, weil z.B. die vorherige

Arbeitsgruppe nicht mehr existiert, dann muß eine Immunisierung begonnen werden, die bei genauer Kenntnis der alten Daten möglicherweise kürzer oder mit einer geringeren Tierzahl ablaufen könnte. So kann allein schon die Bereitschaft der Veröffentlichung wesentlicher Eckdaten einer Immunisierung, wie es in den meisten Fällen auch gehandhabt wird, höhere Transparenz und Verringerung der Tierzahlen bedeuten. Gerade im Bereich der Grundlagenforschung sollte diese Transparenz auch im Interesse der Autoren sein, denn nur so ist ein kontinuierlicher Fortschritt in der jeweiligen Fragestellung gewährleistet.

Auch wenn momentan die Pflicht zur Anwendung dieser Regeln (GLP, GMP, DIN-EN-ISO-Normen) von der Seite der jeweiligen Aufsichtsbehörde im Bereich der Grundlagenforschung nicht besteht, sollte jeder in diesem Bereich Tätige entsprechend arbeiten und seine Arbeitsstandards an diese Regelwerke adaptieren. Dies stellt in der Praxis auch keinen erheblichen zusätzlichen Arbeitsaufwand dar, denn nach Etablierung dieser Standards erkennt man, daß eigentlich die eigene Arbeitsdokumentation schon immer den Grundgedanken von GLP sowie GMP gefolgt ist, wenn vielleicht auch nicht ganz so konsequent, wie dort gefordert. Letztendlich stellen diese Systeme aufgrund ihrer Standardisierungsbestrebungen bei konsequenter Anwendung eine Arbeitserleichterung für alle Beteiligten dar.

Nur vollständige Nachvollziehbarkeit und Analyse der derzeitigen Praxis bieten die Basis, Fortschritte zu erzielen und oft nur tradierte Verfahren zu verbessern. Beispielsweise ließe sich der Wunsch nach der Ablösung des Freund'schen Adjuvans durch die vorhandenen Alternativen schneller durchsetzen, wenn genügend dokumentierte Daten zur Praxis der Adjuvantienwahl vorliegen würden. Grundlage ist hier natürlich auch eine zentrale Dokumentation per EDV, die dann wiederum Auswertung sowie Bewertung und leichten Zugriff für die an diesem Thema Interessierten ermöglicht. Denkbar ist für die Zukunft hier auch die Nutzung neuer Technologien des Informationsaustausches. Als Beispiel sei hier das Internet genannt, wodurch eine Diskussion, nicht nur national, sondern auch international, in diesem Themenkreis wesentlich erleichtert wird.

Eine hieraus resultierende weitergehende Frage sowohl an die Aufsichtsbehörden wie auch an die mit der Ausbildung von mit Tierversuchen bzw. mit Tieren arbeitenden Personen bzw. Verantwortlichen stellt sich hinsichtlich der Umsetzung von Verbesserungen im Bereich der kommerziellen Produktion von Antikörpern.

Beide genannten Personengruppen sollten ein hohes Interesse an der Förderung der Standardisierung sowie einer entsprechenden Dokumentation haben. Die Aufsichtsbehörden erleichtern sich die Überprüfung der zu beurteilenden Prozesse, in der Ausbildung vereinfacht eine Standardisierung die Vermittlung der Lehrinhalte, was vom didaktischen Standpunkt aus positiv zu bewerten ist. Weiterhin unterstützt eine Standardisierung und durchdachte Dokumentation die Vorbereitung und Aufarbeitung der zu bearbeitenden Projekte.

4. Schlußfolgerung

Die kommerzielle Durchführung einer im allgemeinen nur als Mittel zum Zweck durchgeführten Produktion von Antikörpern führt durch die zahlreichen z.T. sehr unterschiedlichen Fragestellungen, die Auslöser dieser Produktion sind, zu dem Bedürfnis, die letztendlich ähnlichen Immunisierungsschemata mit den unterschiedlichsten Antigenen zu hinterfragen. Daraus resultiert dann die Forderung nach einer systematischen Dokumentation der Immunisierungen sowie die Suche nach Möglichkeiten der Optimierung der Produktion. Dies unter der Prämisse der Verringerung der Tierzahlen und eventueller Belastungen der Tiere durch den Prozeß der Immunisierung.

Ein Ziel dieser Überlegungen könnte sein, daß aus der Zusammenarbeit aller Beteiligten ein Verhaltenskodex resultiert oder Richtlinien erarbeitet werden, wodurch unter Einbeziehung des jeweils neuesten Erkenntnisstandes verbindliche Regeln für die Praxis aufgestellt werden. Als

Beispiel sei hier auf den niederländischen „Code of Practice for the Immunization of Laboratory Animals“ (Veterinary Public Health Inspectorate, Rijswijk, The Netherlands, 1993) hingewiesen.

Eine weitere Möglichkeit im Sinne einer Reduzierung von Immunisierungsvorhaben kann auch die Fortführung der Haltung von immunisierten Tieren sein, die bei Bedarf wieder geboostert werden und deren Antiseren anderen Interessenten zur Verfügung gestellt werden kann. Dies selbstverständlich nur mit Zustimmung der ursprünglichen Auftraggeber und denkbar auch nur im Bereich der Grundlagenforschung. Vermieden werden so unnötige Wiederholungen von Immunisierungen, da die jeweiligen Antikörper für weitergehende Fragen genutzt werden können.

Die angeführten Gedanken zur Verbesserung im Bereich der Produktion polyklonaler Antikörper im Kaninchen sind aus der eigenen Erfahrung gewachsen und sollen einen Beitrag zur sicherlich notwendigen Diskussion dieser Thematik darstellen.

Literatur

CHRIST G.A., HARSTON S.J., HEMBECK H.W., GLP - Handbuch für Praktiker, Hrsg. Mettler Toledo, GIT Verlag, 1992

FEIDEN K., Betriebsverordnung für pharmazeutische Unternehmer, 3. Auflage, Stuttgart: Deutscher Apotheker Verlag, 1991

Veterinary Public Health Inspectorate, Rijswijk, „Code of Practice for the Immunization of Laboratory Animals“, The Netherlands, March 1993

Freund's komplettes Adjuvans und mögliche Alternativen zur Gewinnung von IgY: Immunisierungsschemata, Titerentwicklung, Affinitätsreifung und biologische (Un-)Verträglichkeit

C. Schwarzkopf, B. Thiele

Zusammenfassung

Um zukünftig den Verbrauch von Säugetieren zur Gewinnung von Hyperimmunseren einzuschränken und darüberhinaus die Verwendung von Freund's komplettem Adjuvans (FCA) wegen seiner Nebenwirkungen zu begrenzen, wurden die Produktion von IgY und die Eigenschaften dieses Immunglobulins systematisch untersucht. Von Vorteil ist die einfache Gewinnbarkeit großer Mengen an IgY aus den Eiern immunisierter Hühner. Unter tierschützerischen Aspekten wurden biokompatiblere Adjuvantien (ABM-System, Gerbu Adjuvans, TiterMax) im Vergleich zu FCA auf Eignung und Effizienz bei der Immunisierung von Legehennen getestet. Bei Anwendung geeigneter, adaptierter Immunisierungsschemata und gleichzeitig strikter Vermeidung intramuskulärer Applikation von Adjuvans und Antigen lassen sich Antikörper der Klasse IgY in höchsten Titern und mit starker Bindungskapazität gewinnen, die in ihren Eigenschaften Hyperimmunseren von Kaninchen entsprechen. Die durch Adjuvantien bedingten Belastungen der Versuchstiere ließen sich auf ein Mindestmaß beschränken.

Summary

Alternatives to Freund's complete adjuvant (FCA) for the production of IgY: immunization schedules, titer development, affinity maturation and bio(in)compatibility

In order to replace the use of mammals for the production of hyper immune sera and to replace Freund's complete adjuvant (FCA) with its undesirable side effects the production and features of IgY were investigated systematically. An important advantage of IgY are its large amounts that can easily be extracted from the yolk of immunized laying hens.

With special regard to animal protection, more biocompatible adjuvants (ABM-system, Gerbu adjuvant, TiterMax) were tested with FCA for their usage and effectiveness in the immunization of chickens. Under appropriate immunization schedules which strictly avoid intramuscular application IgY antibodies with highest titres and a strong binding capacity (avidity) comparable to rabbit hyper immune sera can be obtained with minimal adjuvant side effects.

1. Einleitung

IgY als das Standardimmunglobulin oviparer Spezies ist die phylogenetische Urform der mammären Immunglobulinklassen IgG und -E (WARR G.W. et al., 1985). Nach zahlreichen Vorarbeiten verschiedener Gruppen stellt die tierschonende Gewinnung von IgY aus dem Ei kein grundsätzlich methodisches Problem mehr dar (SCHADE R. et al., 1994; SCHWARZKOPF C., 1994). Als Voraussetzung für eine breite Akzeptanz und Anwendung von IgY müssen entscheidende immunologische Eigenschaften dieses Immunglobulins charakterisiert und schlüssig belegt werden. Hierzu zählen neben der Gewinnbarkeit großer Mengen Parameter wie Agglutinations- und Präzipitationseigenschaften, Spezifität, Titer und Avidität. Letztere sind Gegenstand der vorgestellten Untersuchungen.

Der Vorteil einer tierverträglichen Gewinnung von Dotterantikörpern kommt jedoch erst mit einer schonenden und zugleich effizienten Immunisierung als dem letzten verbliebenen Eingriff am Versuchstier konsequent zum Tragen. Dies setzt eine bessere Kenntnis der Wirkungen unterschiedlicher Immunisierungsschemata und Adjuvantien voraus. Das auch beim Huhn noch am meisten verwendete komplette Freund'sche Adjuvans (FCA) wird wegen seiner Effizienz und der niedrigen Kosten favorisiert, ist jedoch wegen erheblicher Nebenwirkungen problematisch. Moderne alternative Adjuvantien sind bei analóger Verwendung oftmals weniger wirksam aber weitaus verträglicher. Ihre Potenzen erschließen sich erst durch auf sie abgestimmte Immunisierungsschemata. Mit der vorliegenden Arbeit sollen Ergebnisse zur Wirkungsoptimierung von Adjuvantien in der Anwendung beim Huhn mit den Schwerpunkten Verträglichkeit und Wirksamkeit vorgestellt werden. Ziel ist ein in großen Mengen gewinnbares Antiserum mit hoher Spezifität, hohem Titer und großer Avidität, das den Eigenschaften eines analogen Antiserums vom Kaninchen gleichkommt.

2. Material und Methoden

2.1. Versuchstiere

Immunisiert wurden Hennen der Linie Weiße Leghorn sowie Chinchilla Bastarde im Kaninchenversuch.

2.2. Antigene

Für alle Immunisierungen wurde gereinigtes IgG von Fuchs und Kaninchen eingesetzt. Die jeweiligen Applikationsmengen betrugen für die Primärimmunisierungen 1mg Fuchs-IgG, bzw. 5mg IgG vom Kaninchen sowie für alle Booster-Injektionen 0,5mg Fuchs-IgG bzw. 2,5mg Kaninchen IgG. Das IgG vom Kaninchen wurde hier ausschließlich für den Vergleich der Applikationsrouten (i.m. vs. s.c.) eingesetzt.

2.3. Adjuvantien

Für die Immunisierungsversuche fanden die folgenden Adjuvantien Verwendung: ABM-N, ABM-S (Linaris, D-Bettingen), wobei sich beide lediglich durch den Gehalt an Monophosphoryl Lipid A unterscheiden. Freund's komplettes Adjuvans (FCA; Difco, Detroit, USA), Gerbu Adjuvans (Gerbu Biotechnik, D-Gaiberg) und TiterMax (Serva, D-Heidelberg).

2.4. Immunisierungen

Für den Adjuvantienvergleich wurden Immunisierungen mit Antigen (IgG, Fuchs) und Adjuvans subkutan entsprechend dem nachfolgenden Schema vorgenommen (Tabelle 1). Adjuvansfreie Antigenlösungen wurden demgegenüber intravenös appliziert.

Tabelle 1. Immunisierungsschema I

Hühner (Gruppe)	**Primärimmunisierung (s.c.)**	**früher Boost (s.c.)** (bis Tag 50)	**später Boost (s.c.)** (Tag 100-125)
1	FCA	FCA	FCA
2	FCA	FCA	Gerbu Adjuvans
3	Gerbu Adjuvans	Gerbu Adjuvans	FCA
4	Gerbu Adjuvans	Gerbu Adjuvans	Gerbu Adjuvans
5	FCA	Ag ohne Adjuvans	Ag ohne Adjuvans
6	Kontrolle (Ag ohne Adjuvans)	Kontrolle (Ag ohne Adjuvans)	Kontrolle (Ag ohne Adjuvans)
7	ABM-N	ABM-S	
8	TiterMax	TiterMax	

Weitere Gruppen dienten dem Wirkungs- und Verträglichkeitsvergleich von subkutaner und intramuskulärer Applikation von FCA, TiterMax und Gerbu Adjuvans (Tabelle 2) (SCHWARZKOPF C., 1994).

Tabelle 2. Immunisierungsschema II

Hühner (Gruppe)	**Primärimmunisierung**	**früher Boost** (Tag 14 / 28)	**Applikation**
9	FCA	FCA	i.m.
10	FCA	FCA	s.c.
11	TiterMax	TiterMax	i.m.
12	TiterMax	TiterMax	s.c.
13	Gerbu Adjuvans	Gerbu Adjuvans	i.m.
14	Gerbu Adjuvans	Gerbu Adjuvans	s.c.

Eine analog Gruppe 5 erfolgte Behandlung von Kaninchen diente dem Speziesvergleich. Dieses Schema gilt als gebräuchliches Verfahren zur Herstellung speziesspezifischer Antiseren über das Kaninchen.

2.5. Reinigung von IgY

Die Extraktion von IgY aus dem Eidotter erfolgte mittels Salzpräzipitation (SCHWARZKOPF C., 1994).

2.6. Titerbestimmung

Ein indirekter ELISA diente zur Titerbestimmung direkt aus dem mit A. bidest. verdünnten Eidotter. Mikrotiterplatten wurden mit dem jeweiligen Targetantigen beschichtet und nach mehrmaligem Waschen mit einer Eidotterverdünnungsreihe von 1:16 bis 1:32.000 inkubiert sowie nach weiteren Waschvorgängen abschließend mit einem Peroxidase markierten Kaninchen anti-Huhn IgG inkubiert und mit ABTS entwickelt.

2.7 Aviditätsbestimmung

Mit Ammoniumsulfat präzipitiertes IgY (2ml/Ei) wurde für die leicht modifzierte Methode nach MACDONALD R.A. et al. (1985) eingesetzt, wobei die verbleibende Antikörperbindung in Gegenwart steigender Konzentrationen von Ammoniumthiocyanat bestimmt wurde.

3. Ergebnisse

3.1. Extraktion von IgY

Je nach Extraktionsverfahren lassen sich aus einem Ei eines zuvor ausreichend immunisierten Huhnes etwa 60-110mg an Gesamt-IgY, das einen Anteil von 1-3% an antigenspezifischen Antikörpern enthält (Abb. 1), gewinnen. Die Ammoniumsulfatmethode vereint dabei die Vorzüge großer Umweltverträglichkeit (Lösungsmittelfreiheit) mit einfacher und kostengünstiger Durchführbarkeit. Sie dient deshalb im weiteren als Standardmethode.

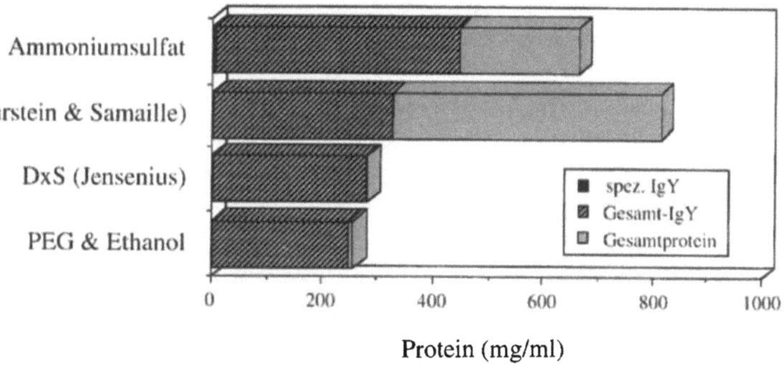

Abb. 1. IgY-Ausbeute aus je 4 Eiern nach verschiedenen Extraktionsverfahren

3.2. Nebenwirkungen von Adjuvantien

Eine Übersicht der Gewebsveränderungen nach Verwendung verschiedener Adjuvantien zeigt Tabelle 3. Die Abszeßgröße korrespondiert dabei mit dem applizierten Volumen ölhaltiger Adjuvantien. Abszesse treten auch nach subkutaner Injektion auf. Sie sind jedoch frei verschieblich und beeinträchtigen das Versuchstier weniger als nach intramuskulärer Injektion. Generell besteht bei allen ölhaltigen Adjuvantien die Bereitschaft zur Abszeßbildung. Mit sinkendem Anteil an nicht metabolisierbarem Öl steigt die Verträglichkeit deutlich. Die geringste Nebenwirkungsrate weist das Gerbu Adjuvans auf, das keine Ölanteile, sondern lediglich die lipophile Substanz DDA enthält.

Tabelle 3. Pathologische Veränderungen nach Applikation von 3 Adjuvantien (s.c. und i.m.)

		pathologische Veränderungen		
Adjuvans	**Applikation**	Lokalisation	Abszeßgröße (Ø)	Degeneration der Muskulatur
FCA	i.m.	i.m.	1,0 x 2,0 x 3,5cm	vorhanden
	s.c.	s.c. (+ i.m.)	0,5 x 1,5 x 2.5cm	
TiterMax	i.m.	i.m.	Mikroabszesse	
	s.c.	s.c.	Mikroabszesse	
Gerbu	i.m.	keine beobachteten pathologischen Veränderungen		
	s.c.	keine beobachteten pathologischen Veränderungen		

Histologische Untersuchungen der in Tabelle 3 aufgeführten pathologischen Veränderungen erbrachte für mit FCA und TiterMax (s.c. und i.m.) immunisierte Hühner sehr ähnliche Ergebnisse. Neben subkutanen Abszessen mit einheitlichem Aufbau waren bei allen sechs histologisch untersuchten Legehennen nach i.m.-Applikation von Adjuvans/Antigen diffuse interstitielle Infiltrationen v.a. mit heterophilen Granulozyten und Ölzysten festzustellen. Neben bis zu pflaumengroßen Degenerationen der Muskulatur imponierten auch Nekrosen und Mikroabszesse. Vermutlich als Ursache instabiler Emulsionen von FCA mit antigenhaltiger wässriger Lösung wurden Abszesse in tiefen Faszienlogen der Muskulatur auch nach alleiniger subkutaner Applikation beobachtet. Mykobakterielles Antigen konnte mittels PAP-Technik in allen durch FCA verursachten Abszessen nachgewiesen werden.

3.3. Vergleich intramuskulärer und subkutaner Applikation

Bei allen hierbei untersuchten Adjuvantien (FCA, TiterMax, Gerbu) unterschieden sich Antikörpertiter und Aviditäten nicht nach der Applikationsroute (Daten nicht gezeigt).

3.4. Vergleich Huhn-Kaninchen

Nach Primärimmunisierung mit FCA und drei nachfolgenden i.v. Boosterinjektionen ohne Adjuvans in der dritten Woche wurden nach Entbluten der Kaninchen einmalig Titer und Aviditäten bestimmt. Aus gelegten Eiern konnten Verlaufskurven der Titer- und Aviditätsentwicklung erstellt werden. Da Titer von Antikörpermengen und von Aviditäten abhängen, und die jeweilige Antikörperextraktion aus Serum und Dotter nicht unmittelbar zu vergleichen ist, wurde an dieser Stelle auf die Angabe von Titern verzichtet. (Nach Extraktion aus Dottern und Konzentration werden gleiche oder höhere Titer gemessen.)

Abb. 2 enthält zusätzlich die entsprechenden Aviditätsindizes für eine in Primär- und Boosterimmunisierung mit FCA behandelte Vergleichsgruppe von Hühnern.

Die so erreichten Aviditätsindizes der Kaninchenantikörper lagen im Bereich von 3,5 bis 4 relativen Einheiten, die der analog immunisierten Hühner auch nach der über 28 Tage hinausgehenden Affinitätsreifung unterhalb von 2,5. Die jedoch zweimalig mit FCA immunisierte Vergleichsgruppe erreichte nach langsamerer Affinitätsreifung als beim Kaninchen die höheren Werte von 4-5.

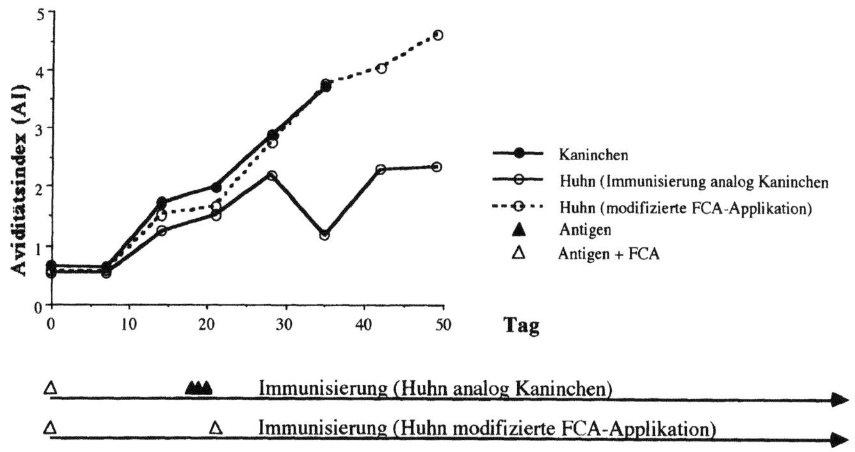

Abb. 2. Aviditätsindizes (Gruppenmittel) nach Immunisierung von Huhn und Kaninchen

3.5. Titerentwicklung und Affinitätsreifung bei Einsatz verschiedener Adjuvantien

Wie unter 2.4. beschrieben, wurden die Tiere mit FCA, TiterMax, ABM und Gerbu primär und sekundär immunisiert. Eine Vergleichsgruppe erhielt FCA zur Primärimmunisierung und adjuvansfreie, wässrige Antigenlösung i.v. für Boosterungen, eine weitere Vergleichsgruppe ausschließlich intravenöse Injektionen im wöchentlichen Rhythmus. Abb. 3a zeigt die jeweils maximal erreichten Titer, Abb. 3b die am Tag 50 erreichten Aviditäten.

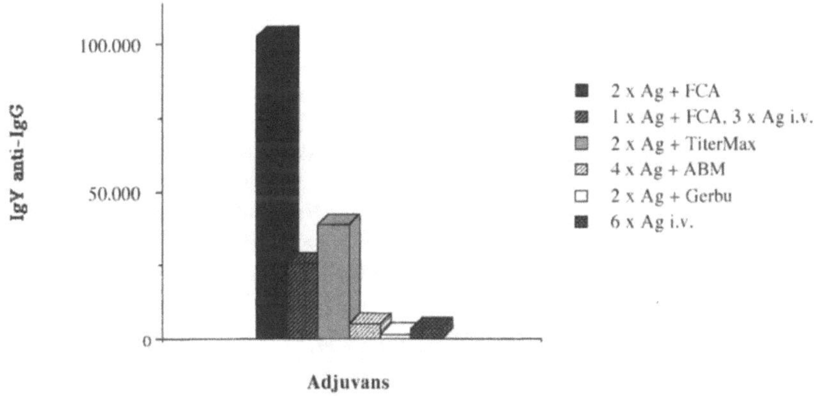

Abb. 3a. Einfluß des Adjuvans auf den maximal erreichbaren Titer von IgY 50 Tage nach der Primärimmunisierung

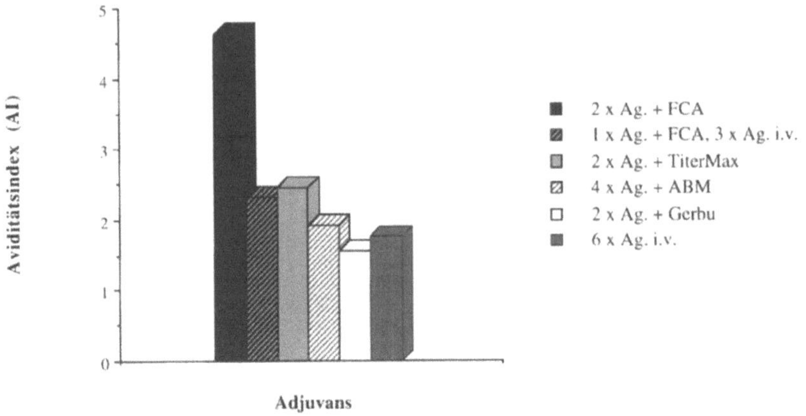

Abb. 3b. Einfluß des Adjuvans auf die maximal erreichbare Avidität von IgY 50 Tage nach der Primärimmunisierung

Die zweimalige Applikation von FCA in Verbindung mit Antigen liefert hohe Titer und Aviditäten, die die entsprechenden Parameter beim Kaninchen noch übertreffen. Mittlere Aviditäten mit gebrauchsfähigen Titern werden nach Anwendung von TiterMax bzw. einmaliger FCA-Injektion in Verbindung mit dreimaliger i.v. Boosterung ohne Adjuvans erhalten, während die in dieser Form applizierten Adjuvantien Gerbu und ABM sich im Ergebnis nicht von der adjuvantienfreien, intravenösen Ag-Applikation unterscheiden.

3.6. Einfluß später Boosterungen

Auch eine häufige i.v. Immunisierung ohne Adjuvans läßt keine anhaltend gebrauchsfähigen Titer im Eidotter erhalten (ohne Abb.). Eine reine Antigen-Boosterung zu einem vergleichsweise späten Zeitpunkt im Fall der Primärimmunisierung mit FCA und i.v.-Boosterungen in der 3. Woche ist in der Lage, den erhaltenen Antikörpertiter sprunghaft und signifikant um vier Titerstufen auf Werte von bis zu 1:32.000 zu heben (ohne Abb.).

Nach Primärimmunisierung und einer frühen Boosterungen jeweils mit FCA sowie späten Boosterungen in der 15./17. Woche steigen sowohl unter Verwendung von FCA als auch von Gerbu die jeweiligen Titer von einem seit 9 Wochen anhaltenden, hohen Plateau weiter um etwa 2-3 Stufen auf die sehr hohen Werte von 1:64.000 bis 1:128.000 (Abb. 4a).

Nach Primär- und frühen Boosterimmunisierungen allein mit Gerbu entstehen nur niedrige, nicht gebrauchsfähige Titer. Jedoch die späte Boosterung mit FCA wie auch die mit Gerbu erzeugt kurzfristig und aus einem sehr niedrigen Ausgangsniveau von 1:250 einen Anstieg um 6-8 Stufen auf Werte von 1:16.000 bis 1:32.000 (Abb. 4b).

Die Effekte einer späten Boosterung mit TiterMax und dem ABM-System wurden bisher nicht untersucht.

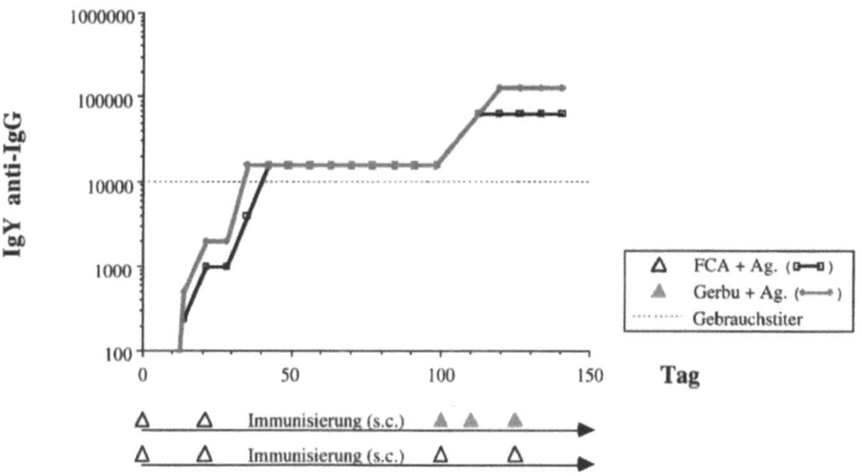

Abb. 4a. Titerentwicklung nach Immunisierung (2x FCA + Ag.) sowie spätem Boost mit Ag. und FCA oder Gerbu Adjuvans

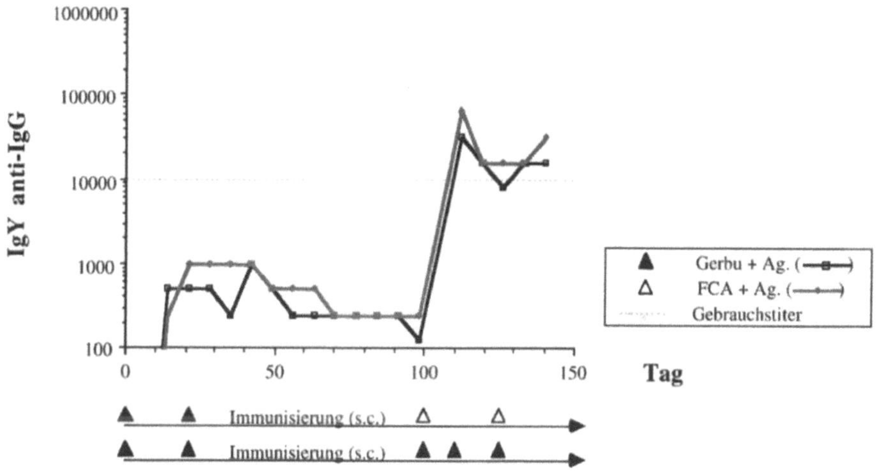

Abb. 4b. Titerentwicklung nach Immunisierung (2x Gerbu + Ag.) sowie spätem Boost mit Ag. und FCA oder Gerbu

4. Diskussion und Schlußfolgerungen

FCA und darüber hinaus alle ölhaltigen Adjuvantien mit Abszeßbildung als Nebenwirkung sollten nicht mehr intramuskulär verwendet werden. Diese Forderung läßt sich wegen der identischen Titer nach subkutaner Applikation problemlos vertreten.

Der zeitliche Verlauf der Affinitätsreifung geschieht beim Huhn langsamer und ist initial niedriger als beim Kaninchen. Die wahrscheinlichste Ursache hierfür liegt im schmaleren V-Genrepertoir von Vögeln (WARR G.W. et al., 1995). Eine Kompensation dieses genetischen Nachteils über die Zeit erfolgt durch eine beim Huhn aktivere somatische Diversifikation (Hypermutation), wobei - wie im vorliegenden Fall - letztendlich sogar höhere Aviditäten als nach konventioneller Immunisierung des Kaninchens erreicht werden können. Voraussetzung sind jedoch speziesadaptierte Immunisierungsschemata. Die häufig zitierte Ansicht niedrigerer

Affinitäten aviärer Antikörper ist in dieser Form nicht haltbar. Nach längerer Affinitätsreifung werden gleiche oder höhere Aviditäten problemlos erreicht und das Kaninchen in der Menge kontinuierlich gebildeter Antikörper deutlich übertroffen.

Von Bedeutung für letztendlich erreichbare Titer und Aviditäten sind neben der Wahl der Immunisierungszeitpunkte der Einsatz verschiedener Adjuvantien. Primärimmunisierungen und Boosterungen in der 3. Woche mit Gerbu oder mit ABM lassen geringere Titer erreichen als die reine intravenöse Antigenapplikation. Die so gewonnenen Antikörper sind für weitere Anwendungen wenig geeignet. Als einziges alternatives Adjuvans erzeugt TiterMax ein langanhaltendes Plateau mit akzeptablen Werten. Von Nachteil für eine breitere Anwendung sind die im Verhältnis zum FCA niedrigeren Aviditäten und dessen hoher Preis. Bei dem vorgegebenen zeitlichen Rahmen von 50 Tagen bildet FCA noch immer den Maßstab für eine ausgeprägte Immunantwort.

Von erheblichem Einfluß können zumindest beim Huhn Boosterinjektionen zu einem späten Zeitpunkt (um Tag 100) sein. Unabhängig vom Ausgangstiter nach regelrechter Anfangsimmunisierung und weitgehend unabhängig vom zuvor verwendeten Adjuvans werden mit Gerbu Titersprünge induziert, die sich nicht von denen nach später FCA Anwendung unterscheiden. Analoge Ergebnisse wurden hierzu auch unter Verwendung von Aspergillus fumigatus, Newcastle Disease-Virus, Virus der Infektiösen Bronchitis und Infektiösen Bursitis als Antigene beobachtet. Selbst die späte intravenöse Applikation reinen Antigens erzeugt hohe, verwendbare Titer. Hierin liegen die eigentliche Bedeutung und die künftigen Möglichkeiten für den Einsatz alternativer, tierschonender Adjuvantien. Bei geeigneter Wahl von Adjuvantien und Injektionszeitpunkten läßt sich FCA ohne qualitative oder quantitative Einschränkung partiell ersetzen.

Danksagung

Herrn ENNO LUGE schulde ich großen Dank für seine Mithilfe bei der Durchführung zahlreicher Laborarbeiten.

Das diesem Bericht zugrundeliegende Vorhaben wird mit Mitteln des Bundesministers für Bildung und Forschung (BMBF) gefördert (Projekt-Nr. 0310126 B).

Literatur

BURSTEIN M. et SAMAILLE J., Nouvelle méthode de separation et de dosage des lipoproteins de faible densité, Ann. Biol. Clin., XVII, 23-34, 1959

JENSENIUS J.C., ANDERSEN I., HAU J., CRONE M., KOCH C., Eggs: conveniently packaged antibodies. Methods for purification of yolk IgG., J. Immunol. Methods, 46, 63-68, 1981

MACDONALD R. A., HOSKING C.S., JONES C.L., The measurement of relative antibody affinity by ELISA using thiocyanate elution, J. Immunol. Methods, 14, 323-327, 1985

POLSON A., COETZER T., KRUGER J., VON MALTZAHN E., VAN DER MERWE K.J., Improvements in the isolation of IgY from the yolks of eggs laid by immunized hens, Immun. Invest., 14, 323-327, 1985

SCHADE R., BÜRGER W., SCHÖNEBERG T., SCHNIERING A., SCHWARZKOPF C., HLINAK A., KOBILKE H., Aviäre vitelline Antikörper (Dotterantikörper), ALTEX, 11, 75-83, 1994

SCHWARZKOPF C., Gewinnung und immunologische Charakterisierung speziesspezifischer IgY sowie deren Einsatz zur Bestimmung der Wirtstierart aus dem Abdominalblut hämatophager Insekten, Vet.med. Diss., Freie Universität Berlin, 1994

WARR G.W., MAGOR K.E., HIGGINS D.A., IgY: clues to the origins of modern antibodies, Immunology Today, 16, 392-398, 1995

Lipopeptide als nebenwirkungsfreie Adjuvantien zur Immunisierung von Legehennen

M.H. Erhard, A. Hofmann, M. Stangassinger, U. Lösch

Zusammenfassung

Anhand von verschiedenen Parametern wurde ein Vergleich zwischen dem Lipopeptid Pam_3Cys-Ser-$(Lys)_4$ (PCSL) und dem Freund'schen kompletten Adjuvans (FCA) zu deren adjuvanten und sonstigen Wirkung gezogen. Der Antikörpertiter war abhängig vom Antigen, so daß mit PCSL nur vereinzelt höhere Titer als mit FCA erzielt werden konnten. PCSL zeigte weder Effekte auf die Gesamt-IgG-Konzentrationen im Serum und Eidotter, noch Effekte auf die Korrelationen der spezifischen Antikörper zwischen Serum und Eidotter und rief keine klinischen oder pathologisch-anatomischen Reaktionen hervor. Dagegen wurde durch FCA die IgG-Konzentration in den Serumproben signifikant erhöht. Die höhere Quantität an Antikörpern wurde allerdings nicht in die Eidotter transferiert. FCA führte bei allen immunisierten Legehennen zu massiven pathologischen Veränderungen. PCSL stellt somit in einer Dosierung von 0,25mg bis 0,5mg pro Injektion und Legehenne eine gute Alternative zu FCA dar.

Summary

Lipopeptids as adjuvants for the immunization of laying hens without side effects

The adjuvant and corresponding effects of Pam_3Cys-Ser-$(Lys)_4$ (PCSL) and Freund`s complete adjuvant (FCA) were investigated comparing different parameters. The antibody titer was dependent to the antigen, so only sometimes higher antibody titer could be reached with PCSL compared to FCA. PCSL showed no effects on IgG concentrations in serum and egg yolk, no effects on the correlation of specific antibodies in serum and egg yolk and no effects on clinical and pathological side reactions. IgG concentration was significantly higher in serum samples using FCA. Nevertheless, the higher quantity of antibodies in serum was not transfered into the egg yolk. FCA resulted in massive pathological irritations in all immunized hens. So PCSL seems to be a good alternative to FCA using a dosis of 0,25mg or 0,5mg per injection and hen.

1. Einleitung

In den letzten Jahren wurden Legehennen immer häufiger für die Herstellung von Antikörpern herangezogen. Dies beruht auf der einfachen und billigen Gewinnung der entsprechenden Antikörper über das Ei, in dem große Mengen an Immunglobulin G (100 bis 250mg pro Hühnerei) gefunden werden können (LÖSCH U. et al., 1986; ERHARD M.H., 1995a, 1995b). Da das Haushuhn seine maternalen Antikörper, die für das Küken als passiver Immunschutz in den ersten Lebenstagen dienen, über das Ei überträgt, kann zur Antikörpergewinnung auf die häufigen und für das Spendertier belastenden Blutentnahmen vollständigt verzichtet werden.

Die Legehennen müssen zur Herstellung spezifischer Antikörper mit dem entsprechenden Antigen immunisiert werden. Um eine gute Immunantwort zu erreichen, werden neben dem Antigen analog zum Säuger zusätzlich immunstimulierende Substanzen, sogenannte Adjuvantien, verabreicht. Traditionell wird beim Säuger und Haushuhn das Freund'sche komplette Adjuvans (FCA) häufig verwendet, da insbesondere nach der Zweitimmunisierung hohe Antikörpertiter zu erwarten sind. Allerdings sind diese Effekte mit entsprechenden Nebenwirkungen beim Spendertier verbunden. GASSMANN M. et al. (1990) berichteten zwar, daß diese Nebenwirkungen nach Verabreichung von FCA beim Haushuhn nicht zu beobachten sind; andere Autoren konnten jedoch die gleichen Veränderung auch bei dieser Tierart finden (ERHARD M.H. et al., 1995b; WANKE R. et al., 1996).

Deshalb stellt sich aus Tierschutzgründen auch beim Haushuhn die Frage nach alternativen, nebenwirkungsfreien Adjuvantien, um die Belastung der Tiere durch die Immunisierung so gering wie möglich zu halten. In der vorliegenden Arbeit soll beim Haushuhn die adjuvante Wirkung des Lipopeptids Pam_3Cys-Ser-$(Lys)_4$ (PCSL) im Vergleich zu FCA dargestellt werden.

2. Einfluß der Adjuvantien auf die Gesamt-Immunglobulin G-Konzentrationen in Serum und Eidotter

Vor der Immunisierung mit Rota- und Coronaviren sowie Escherchia coli K99 Pilusantigen und Kryptosporidien wurden bei 48 Legehennen (Weißes Leghorn, Lohmann, D-Dieburg) die durchschnittliche Immunglobulin G (IgG)-Konzentrationen in Serum (19,8mg/ml) und Eidotter (13,0mg/ml) ermittelt. Nach der Immunisierung blieben unter Verwendung von PCSL (Boehringer Mannheim Biochemica) die IgG-Konzentrationen sowohl im Serum (20,2mg/ml) als auch im Eidotter (13,7mg/ml) konstant. Mit der Applikation von FCA (Sigma, D-Deisenhofen) stieg der Serum-IgG-Wert auf durchschnittlich 26,6mg/ml an, während der Dotter-IgG-Wert (13,5mg/ml) sich nicht erhöhte (Abb. 1).

3. Optimierung der Dosierung des Lipopeptids PCSL

Jeweils drei Hühner wurden mit 1mg $MATP_{24}$-HSA (24 Moleküle 1,2,2-Trimethyl-propyl-para-amionphenylphosphonat gekoppelt an ein Molekül humanes Serumalbumin) pro Injektion und Huhn im Kombination mit 0,125mg, 0,25mg bzw. 0,5mg PCSL immunisiert. Eine weitere Gruppe erhielt die gleiche Antigendosis unter Verwendung von FCA (1:2 in physiologischer Kochsalzlösung; 0,6ml pro Injektion und Huhn). Die beiden Boosterungen erfolgten in allen Gruppen im Abstand von vier Wochen nach der letzten Immunstimulation. FCA wurde bei den Boosterungen durch Freund'sches inkomplettes Adjuvans (FIA; Sigma, D-Deisenhofen) ersetzt.

Die optimale Dosierung für PCSL lag bei den MATP-spezifischen Antikörpertitern sowohl im Serum (10878 ELISA-Einheiten) als auch im Dotter (8603 ELISA-Einheiten) bei 0,25mg pro Injektion und Huhn. Höhere maximale Serumtiterwerte (22087 ELISA-Einheiten) konnten unter Verwendung von FCA/FIA erzeugt werden. Allerdings lagen die Titer der FCA/FIA-Tiere im Dotter (maximal 2741 ELISA-Einheiten) unter den Werten von PCSL (Abb. 2).

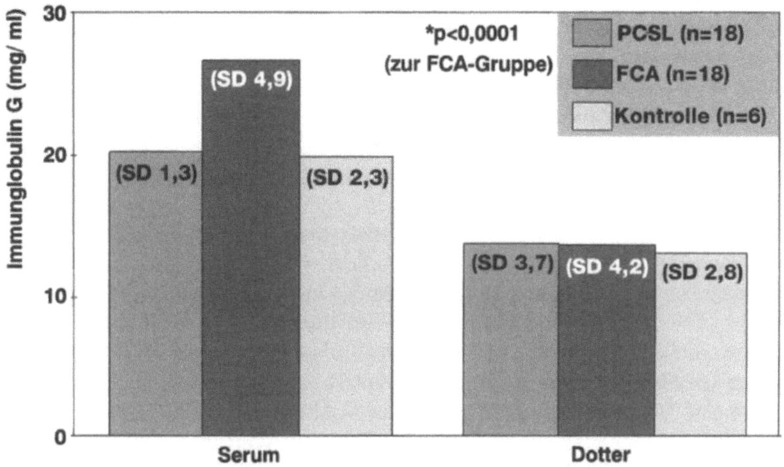

Abb. 1. **Immunglobulin G-Konzentrationen in Serum und Eidotter von Legehennen nach der Immunisierung mit Rota- und Coronaviren sowie Escherichia coli K99 Pilusantigen**
Während der Immunisierungsperiode wurden insgesamt bei jeweils 8 Legehennen pro Gruppe 18 Blutproben gewonnen. Die Kontrollwerte beschränken sich auf 6 Blutproben

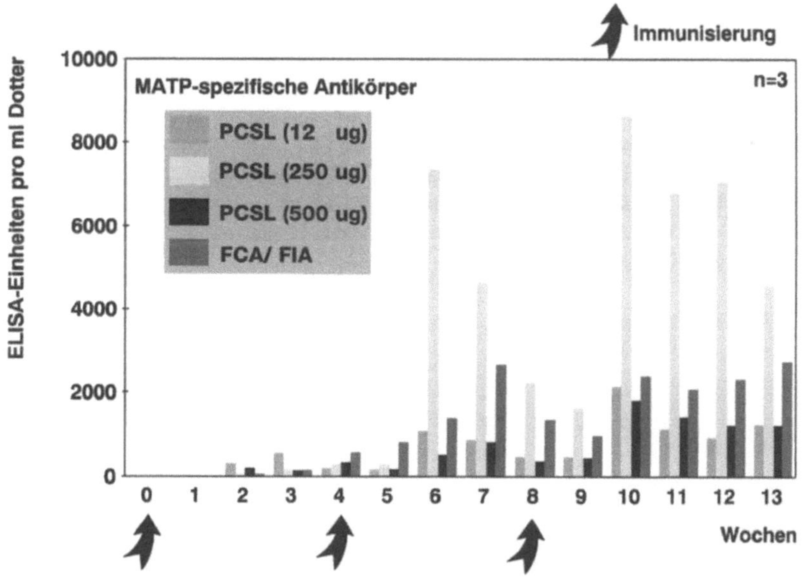

Abb. 2. MATP-spezifische Antikörpertiter im Eidotter nach der Immunisierung mit $MATP_{24}HSA$ unter Verwendung verschiedener Dosierungen von PCSL bzw. nach Applikation von FCA/FIA

4. Vergleich der Antikörpertiter bei Verwendung von PCSL und FCA

Parallel zu den Optimierungsversuchen bezüglich der Dosierung von PCSL wurden jeweils 8 Legehennen mit Rotaviren, Coronaviren und Escherichia coli K99 Pilusantigen (1ml Lactovac®, Hoechst Veterinär GmbH, D-Unterschleißheim) sowie weitere 8 Legehennen pro Gruppe mit Kryptosporidien ($2{,}5x10^6/0{,}5ml$) immunisiert (ERHARD M.H., 1995a). Als Adjuvans wurde PCSL in einer Dosierung von 0,5mg auf 0,5ml physiologische Kochsalzlösung bzw. 0,5ml FCA pro Injektion und Legehenne verwendet. Die Boosterungen erfolgten 4 bzw. 12 Wochen nach der Erstimmunisierung. Der spezifische Antikörpergehalt in den Serum- und Dotterproben wurde mit spezifischen ELISA-Systemen bestimmt (ERHARD M.H., 1995a; MITTERMEIER P., 1995).

In allen Gruppen konnten unabhängig vom verwendeten Adjuvans hohe Titer gegen die verschiedenen Antigene erzeugt werden. Die ELISA-Titer wurden direkt über die Extinktionen bei einer vorgegebenen Vorverdünnung bestimmt. Die Serumverdünnungen lagen in Bereichen von 1:50.000 bis 1:200.000. Mit Ausnahme von Coronavirusantigen waren bei allen Antigenen die Extinktionswerte bei Verwendung von FCA höher als bei PCSL. Hohe spezifische Antikörpertiter konnten bei allen Antigenen in allen Gruppen erst eine Woche nach der ersten Boosterung gefunden werden. Die zweite Boosterung wurde nach Absinken der Titer acht Wochen nach der ersten durchgeführt. Die Titer entsprachen in der Regel den Werten nach der ersten Boosterung bzw. konnten häufig bei Verwendung von FCA die Werte nach der 1. Boosterung nicht mehr erreichen.

5. Einfluß von PCSL und FCA auf die Korrelationen zwischen Serum- und Dotterantikörpern

Da die Transportzeit für die transovarielle Passage von IgG aus dem Plasma in den Eidotter 5 bis 6 Tage beträgt (PATTERSON R. et al., 1962), wurden die Serumproben mit den Dotterproben eine Woche später verglichen. Hinsichtlich der Korrelation zwischen den spezifischen Serum- und Dotterantikörpern konnten keine signifikanten adjuvansabhängigen Unterschiede gefunden werden (Tabelle 1). Die durchschnittliche Korrelation lag bei 0,83 (PCSL) bzw. 0,77 (FCA). Allerdings konnte teilweise bei Verwendung von FCA, wie bereits unter Punkt 3 am Beispiel von MATP gezeigt wurde, im Vergleich zu den Serumwerten ein deutlich niedrigerer Antikörpertiter im Dotter gefunden werden.

Tabelle 1. Adjuvansabhängige Korrelationen (r) der spezifischen Antikörperkonzentrationen zwischen Serum und Eidotter nach der Immunisierung mit verschiedenen Antigenen

Antigene	PCSL	FCA
Rotavirus (n=8)	0,76	0,92
Coronavirus (n=8)	0,86	0,81
E. coli K99 (n=8)	0,76	0,75
Kryptosporidien (n=8)	0,92	0,92
MATP (n=9 bzw. n=3)	0,86	0,44
Mittelwert	***0,83 (SD 0,07)***	***0,77 (SD 0,20)***

6. Untersuchung der Nebenwirkungen von PCSL und FCA

Alle immunisierten Legehennen wurden während des Immunisierungszeitraums routinemäßig im wöchentlichen Abstand einer klinischen Untersuchung unterzogen und nach Versuchsende auf makroskopische pathologisch-anatomische sowie teilweise feingewebliche (MATP-HSA immunisierte Hühner) chronische Veränderungen im Bereich der Injektionsstelle überprüft.

Auffällige klinische Symptome konnten bei keinem Tier während des Immunisierungszeitraums festgestellt werden. Die Legeleistung der FCA-Tiere ging kurzfristig zurück (ERHARD M.H. et al., siehe Posterbeitrag in diesem Buch). Außerdem zeigte keines der mit PCSL stimulierten Tiere makroskopische Veränderungen an der Injektionsstelle. Mikroskopisch konnte eine Aktivierung des lymphatischen Gewebes diagnostiziert werden. Dagegen zeigten alle mit FCA/FIA behandelten Tiere hochgradige Veränderungen, die bereits makroskopisch deutlich sichtbar waren. Durch die feingewebliche Untersuchungen konnten die Befunde als diffuse entzündliche Infiltrationen, granulomatöse Myositiden, abszedierende Entzündungsreaktionen mit zentraler Nekrose und randständigen Bindegewebszubildungen präzisiert werden.

7. Diskussion

Für die Immunisierung von Legehennen gelten die gleichen Grundlagen wie beim Säuger. Insbesondere bei schwach immunogenen Antigenen wird zusätzlich zum Antigen ein Adjuvans benötigt. Analog zu anderen Arbeitsgruppen konnte auch von uns eine gute adjuvante Wirkung von FCA beim Haushuhn gefunden werden, wobei die Aussage von GASSMANN M. et al. (1990), die Injektion von FCA beim Huhn führe zu keinerlei entzündlichen Lokalreaktionen, nicht bestätigt werden konnte. Die pathologisch-anatomischen Untersuchungen ergaben fast ausnahmslos hochgradige pathologische Veränderungen bis hin zu haselnußgroßen eitrigen Abszessen. Mit dem Lipopeptid PCSL wurden die maximalen Titer der FCA-Gruppen nur teilweise erreicht. Bei Titerwerten von ca. 1:50.000 kann allerdings eine geringgradige Einbuße leicht hingenommen werden, zumal die Applikation von PCSL bei keinem Huhn zu Nebenwirkungen führte.

Im aviären System kann das Ei als Antikörperquelle herangezogen werden. Für die praktische Anwendung sind deshalb Fragestellungen wie die Gesamtmenge der Immunglobuline im Ei, deren spezifischer Anteil bzw. deren Verteilung sowie der Einfluß einer Immunisierung auf die Korrelationen der Antikörperkonzentrationen in Serum und Dotter von entscheidender Bedeutung. Im Rahmen dieser Studie konnte gezeigt werden, daß während eines Immunisierungsintervalls die Gesamt-IgG-Konzentration im Serum und Eidotter bei Verwendung von PCSL gleich bleibt. Die mit FCA erzielte Erhöhung dürfte neben anderen Wirkungsmechanismen mit den pathologischen Veränderungen in Zusammenhang gebracht werden. Allerdings scheint der rezeptorvermittelte IgG-Transportmechanismus von Plasma in den Eidotter hinsichtlich der Kapazität begrenzt zu sein. Dies könnte als Erklärung für die unterschiedlichen Titer in Serum und Eidotter herangezogen werden, die insbesondere bei Verwendung von FCA auftraten.

Somit kann abschließend festgestellt werden, daß mit dem Lipopeptid PCSL eine gute, nebenwirkungsfreie Alternative zu FCA zur Verfügung steht.

Dieses Vorhaben wurde mit Unterstützung des Bundesministeriums für Bildung und Forschung (BMBF) durchgeführt.

Literatur

ERHARD M.H., Dotterantikörper als Alternative zu Serumantikörpern, in: SCHÖFFL H., SPIELMANN H., TRITTHART H.A. (Hrsg.), Ersatz- und Ergänzungsmethoden zu Tierversuchen, Band III, Forschung ohne Tierversuche 1995, Wien New York: Springer-Verlag, 314-319, 1995a

ERHARD M.H., Polyklonale und monoklonale Antikörper in der Diagnostik, Therapie und Prophylaxe: Ein Beitrag zur Herstellung, Charakterisierung und Anwendung, Habilitationsschrift (Vet.med.), München, 1995b

GASSMANN M., WEISER T., TOMMES P., HÜBSCHER U., Das Hühnerei als Lieferant polyklonaler Antikörper, Schweiz. Arch. Tierheilk., 132, 289-294, 1990

LÖSCH U., SCHRANNER I., WANKE R., JÜRGENS L., The chicken egg, an antibidy source, J. Vet. Med. B, 33, 609-619, 1986

MITTERMEIER P., Das Lipopeptid $Pam_3Cys\text{-}Ser\text{-}(Lys)_4$ - eine Alternative zu Freund'schem komplettem Adjuvans bei der Immunisierung von Legehennen zur Gewinnung von Dotterantikörpern, Vet.med. Diss., München, 1995

PATTERSON R., YOUNGER J.S., WEIGLE W.O., DIXON F.J., Antibody production and transfer to egg yolk in chickens, J. Immunol., 89, 272-278, 1962

WANKE R., SCHMIDT P., ERHARD M.H., SPRICK-SANJOSE MESSING A., STANGASSINGER M., SCHMAHL W., HERMANNS W., Freund'sches komplettes Adjuvans beim Huhn; effiziente Immunstimulation bei gravierender lokaler inflammatorischer Reaktion, J. Vet. Med. A, 1996, in Druck

Herstellung monoklonaler Antikörper: Einfluß der Adjuvantien auf die Immunantwort und die Belastung der Versuchstiere

P.C. Ferber, F.R. Homberger, P. Ossent, R.W. Fischer

Zusammenfassung

In der vorliegenden Studie wurden sieben kommerziell erhältliche Adjuvantien (Poly-A-poly-U, GERBU®, RIBI®, Pam3®, Specol®, Freund und Titermax®) auf ihre immunstimulierende Wirkung sowie auf die Belastung der Tiere hin untersucht. Es hat sich gezeigt, daß in der Belastung der Tiere große Unterschiede zu finden sind: Poly-A-poly-U und das Freund'sche Adjuvans (subcutan verabreicht) verursachen keine bzw. eine geringe Belastung. In der Handhabung hingegen schneidet das Freund'sche Adjuvans schlecht ab (Zweispritzenverfahren zur Erstellung der stabilen Emulsion, große Verluste).

Aufgrund der vorläufigen Daten empfehlen wir das Poly-A-poly-U zur Herstellung monoklonaler Antikörper in der Maus. Poly-A-poly-U zeigt, zusammen mit dem GERBU eine gute Immunstimulation. GERBU könnte nach erfolgter Optimierung, mit dem Ziel, die Belastung zu senken, auch empfohlen werden; die Versuche dazu laufen zur Zeit in unserem Labor.

Summary

Production of monoclonal antibodies: Influence of adjuvants on the immune response and distress in the experimental animal

Seven commercially available adjuvants (Poly-A-poly-U, GERBU®, RIBI®, Pam3®, Specol®, Freund und Titermax®) were examined in this study. Distress, immune stimulation and handling were investigated. The results show distinct differences in distress caused by the adjuvants; Poly-A-poly-U and Freund's (if subcutaneously applied) caused no or little distress to the animal. However, preparing the stable emulsion with the Freund's and the antigen is laborious and entails extensive loss of antigen (dual syringe procedure).

Based on these preliminary results we recommend Poly-A-poly-U as an adjuvant for the generation of monoclonal antibodies in mice. Since GERBU exhibited also a good immune response it could also be recommended after refinement to reduce the distress in the animal. Experiments to prove this are currently being performed in our laboratory.

1. Einleitung

Seit KÖHLER, MILSTEIN und JERNE im Jahre 1984 für die Entwicklung der Methodik zur Herstellung monoklonaler Antikörper (mAK) den Nobelpreis erhielten, haben sich die mAK zu einem Werkzeug entwickelt, welches nicht nur in Immunologielaboratorien Anwendung findet. Die mAK erlauben den Nachweis und die Bestimmung von chemischen und biologischen Stoffen in extrem tiefen Konzentrationen (fMol). Dieser Umstand machen mAK u.a. auch für den Umweltchemiker und Chemiker organischer Richtung interessant.

Während das Prozedere der Fusion der immunisierten Milzzellen mit den „unsterblichen" Myelomazellen im Laufe der Zeit vereinfacht und für jedermann zugänglich gemacht werden konnte, werden die Tiere in der Regel noch immer mit dem, sowohl für Tier und Mensch als belastend bekannten, klassischen Freund'schen Adjuvans immunisiert. Initiativen zur Verbesserung der Adjuvantien kamen denn auch vor allem von den verschiedenen Adjuvantienherstellern mit dem Effekt, daß jedes neue Adjuvans als „unbelastend und sehr gut stimulierend" angepriesen wird.

Ziel der vorliegenden Studie ist, aus dem Angebot der kommerziell erhältlichen Adjuvantien die gut stimulierenden zu finden, welche sowohl für das Tier als auch für den Operator nicht oder möglichst wenig belastend sind.

Den Erfolg der Immunstimulierung werden wir, im Gegensatz zu den bis heute veröffentlichten Arbeiten, nicht nur im Serum der Tiere (polyklonale Immunantwort), sondern auch nach erfolgter Fusion der stimulierten Milzzellen bestimmen. Das so ermittelte Resultat schließt eine mögliche differenzierte Stimulation von „fusionsfähigen" Splenozyten mit ein und kommt dem eigentlichen Ziel des Forschers, welcher ja letztendlich immunpositive Zellklone wünscht, wesentlich näher.

Die hier präsentierten Daten resultieren, wie im nächsten Abschnitt beschrieben, im wesentlichen aus einer Versuchserie und sind deshalb noch als „vorläufige Daten" zu betrachten.

2. Methoden und Beurteilung

2.1. Adjuvantien

Folgende Adjuvantien wurden untersucht:

- Freund's, Titermax®, Specol®
- RIBI®
- GERBU®, pam3®
- Poly-A-poly-U.

Während die erste Gruppe mit dem in PBS (Phosphat gepufferte physiologische Kochsalz-Lösung) gelösten Antigen eine „Wasser-in-Öl" Emulsion bilden, resultiert aus dem Vermischen des Antigens mit dem RIBI® Adjuvans eine "Öl-in-Wasser" Emulsion. GERBU® und pam3® lassen sich zu einer Suspension verarbeiten, einzig mit dem Polyribonukleinsäurekomplex, Poly-A-poly-U, läßt sich das Antigen als klare PBS-Lösung applizieren.

2.2. Antigene

Es standen drei sehr ähnliche Antigene zur Verfügung. Es handelt sich dabei um Peptide bestehend aus 20-22 Aminosäuren mit der humanen Prokollagen Typ II-Sequenz. Zwei dieser

Peptide wurden tel quel mit dem Adjuvans vermischt und appliziert, eines jedoch an BSA im Verhältnis 1:7 gekoppelt und als Komplex zur Immunisierung verwendet. In dieser Arbeit werden nur die Daten des letzteren dargestellt und diskutiert.

2.3. Hersteller/Vertreiber der Adjuvantien:

- Freund'sches Adjuvans: u.a. Life Technologies Inc. P.O. Box 6009 Gaithersburg MD 20884-9980 USA
- Titermax®: CytRx Corporation, 154 Technology Parkway Norcross, GA 30092 USA
- RIBI®: RIBI ImmunoChem Research, Inc. 553 Old Corvallis Rd. Hamilton, MT 59840, USA (Inotech AG, Kirchstrasse 1, CH-5605 Dottikon, Schweiz)
- GERBU®: GERBU Biotechnik GmbH, Am Kirchwald 6, D-69251 Gaiberg, Deutschland
- pam3®: Boehringer Mannheim (Schweiz) AG, Industriestrasse, CH-6343 Rotkreuz, Schweiz
- Poly-A-poly-U: SIGMA Chemie, Postfach 260, CH-9470 Buchs, Schweiz

2.4. Tiere

Es wurden Balb-c Mäuse verwendet, welche unmittelbar vor Immunisierungsbeginn aus dem SPF-Bereich ausgeschleust wurden und während der Immunisierungsperiode in einem Raum gehalten wurden, welcher nur von autorisierten Personen betreten werden durfte. Es wurde darauf geachtet, daß die Hygienevorschriften strikt eingehalten wurden.

Immunisierungsschema:

Tag	Antigen	Adjuvans
1	100µg	Priming in Adjuvans
14	50 µg	Booster in Adjuvans
21	50 µg	Booster in Adjuvans
28	50 µg	Booster in PBS
29	50 µg	Booster in PBS
30	50 µg	Booster in PBS
31		Fusion

Es wurde subcutan im Nacken injiziert.

2.5. Fusion

Die Fusionen wurden möglichst standardisiert durchgeführt. Dabei wurden die Splenozyten und die Ag8/X63 Myelomazellen, nachdem sie gut mit PBS gewaschen wurden, im Verhältnis 3:1 in Polyäthylenglykol (PEG 1500® Boehringer, D-Mannheim) während 90 Sekunden bei 37°C inkubiert. Unmittelbar nach der Fusion wurde das PEG folgendermaßen verdünnt: Während der ersten Minute wurde unter langsamem Drehen des Reagenzglases ein PEG-Volumen PBS zugegeben. Während der zweiten Minute wurden zwei, innerhalb der dritten Minute, vier PEG-Volumen zugegeben usw. bis das 50ml fassende Reaktionsgefäß gefüllt war. Nach der Zentrifugation (1.000UpM) wurden die Zellen im Kulturmedium aufgenommen und in 96-Lochplatten ausplattiert.

2.6. Experimenteller Aufbau

Jedes Adjuvans wurde mit dem Antigen (22-AS-Peptid gekoppelt an BSA) gleichzeitig drei Mäusen nach obigem Schema appliziert. Am Tage der Fusion wurden die Tiere in Metofane®-Narkose enthauptet und das Blut einzeln gesammelt. In den individuellen Seren wurde zu einem späteren Zeitpunkt der polyklonale Titer mit ELISA (gegen das 22-AS-Peptide alleine, d.h. nicht an BSA gebunden) bestimmt. Die drei Milzen wurden vereinigt, homogenisiert und $6{,}3 \times 10^8$ der erhaltenen Splenozyten der Fusion unterzogen.

Die Tiere wurden unmittelbar nach der Organentnahme dem veterinär-pathologischen Institut der Universität Zürich zur histologischen Untersuchung der Injektionsstelle zugeführt. Bei allen Tieren wurde eine Sektion durchgeführt und der ganze Tierkörper in Formalin fixiert. Anschließend wurden pro Injektionsstelle zwei Proben aus dem Bereich der Injektionsstelle am Nacken mit möglichst viel umliegendem Gewebe entnommen und histologisch untersucht.

Der Pathologe beurteilte die Gewebeschnitte in Unkenntnis des verabreichten Adjuvans (Blindstudie).

Befunde: Makroskopisch konnten neben den Tieren ohne Befund, Mäuse, welche einen mit weißlicher Flüssigkeit gefüllten Hohlraum in der Unterhaut aufwiesen, beobachtet werden.

Histologisch kam ein Spektrum von möglichen Befunden zum Vorschein: geringgradige entzündliche Infiltration, mit amorphem Material gefüllte zystische Hohlräume, die eine unterschiedlich dicke bindegewebige Kapsel besaßen, Fremdkörperreaktionen und bei einigen Proben eine ausgedehnte entzündliche Infiltration, die weit in die umgebende Subkutis reichte.

Für die endgültige Beurteilung der Belastung der Tiere wurden die während der Immunisierungsphase über das Verhalten der Tiere geführten Protokolle ebenfalls berücksichtigt.

Bewertungsskala: 0 (ohne pathologischen Befund), 1 und 2 steigende Belastung.

14 Tage nach erfolgter Fusion wurden die wachsenden Klone unter dem Mikroskop gezählt und gleichzeitig mittels ELISA die immunpositiven Klone ermittelt. Diese Bestimmungen wurden nach zwei weiteren Wochen wiederholt.

Ein Adjuvans lieferte demnach die folgenden Daten:

- polyklonaler Antigentiter aus **drei** individuellen Tieren,
- histologische Befunde ebenfalls aus **drei** Tieren,
- absolute- und Verhältniszahlen von wachsenden und immunpositiven Klonen aus **einer** Fusion von **drei** Milzen.

3. Resultate

3.1. Belastung der Tiere (Distress)

Von den getesteten Adjuvantien zeigte einzig poly-A-poly-U praktisch keinerlei Belastung (der direkte Vergleich mit s.c. applizierter phosphatgepufferter physiologischer Kochsalzlösung PBS steht noch aus). Beim RIBI® wurde die subjektiv beobachtete Belastung im Vergleich zur histologischen Untersuchung geringer eingestuft, beim pam3® hingegen traten im Verlauf der Immunisierung offene Abszesse auf, welche zum Zeitpunkt der histologischen Untersuchung bereits wieder abgeheilt waren.

3.2. Immunstimulierung

Diese Graphik zeigt den Anteil immunpositiver Klone (in Prozenten der wachsenden Klone) 4 Wochen nach erfolgter Fusion. Beim pam3® Adjuvans ist der Wert, welcher 2 Wochen nach der Fusion ermittelt wurde, dargestellt, da der 4-Wochen Wert aufgrund einer Kontamination der 96-Loch Platten nicht mehr ermittelt werden konnte. (Der 4-Wochen Wert dürfte etwa 5-10% höher liegen).

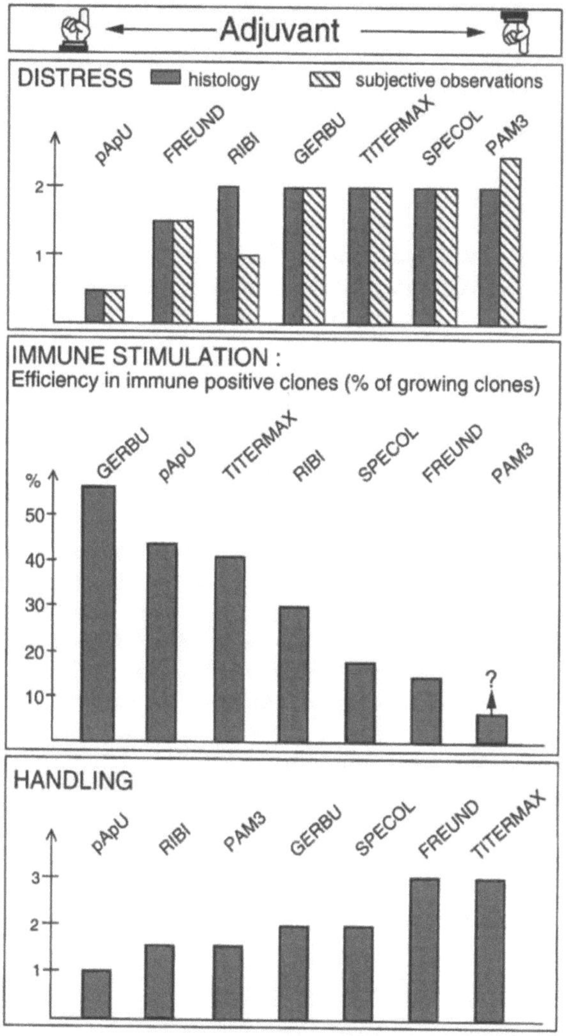

Abb. 1. Die Beurteilungskriterien der Belastung, der Immunantwort und des Handlings sind im Text unter 3.1. bis 3.3. beschrieben. Die Daten sind so dargestellt, daß die negativen Aspekte der beurteilten Parameter von links nach rechts zunehmen

3.3. Handhabung

Die Adjuvantien können in zwei Gruppen eingeteilt werden:

Die 1. Gruppe enthält das Freund'sche Adjuvans und Titermax®, diese bilden zusammen mit der wässrigen Antigenlösung eine Wasser-in-Öl-Emulsion. Um eine stabile Emulsion zu erhalten, wird das Adjuvans und das Antigen im „Zweispritzenverfahren“ gemischt. Dieses Prozedere hat neben dem Zeitaufwand noch den großen Nachteil, daß aufgrund der Totvolumina in den Spritzen und Nadeln der Verlust an Antigen nicht unerheblich ist. Bei Applikationsvolumen von 100µl ist der Verlust >50% (ca. 120µl).

Die Adjuvantien aus der zweiten Gruppe lassen sich alle im Reagenzglas auf dem „Vortex" zubereiten. Die Unterschiede im Handling innerhalb der Gruppe sind darauf zurückzuführen, daß die Herstellung der Suspension bzw. der Emulsion im zeitlichen Aufwand unterschiedlich ist.

Beim pApU werden zwei wässrige Lösungen vermischt. Dies ist sowohl vom Zeitaufwand als auch von der Ausbeute her betrachtet völlig unproblematisch.

Bewertungsskala: 1= unproblematisch, 2 und 3 zunehmend aufwendiger.

4. Diskussion

Von den in Abb. 1 präsentierten Resultaten sind die der Belastung und der Handhabung auch in Vorversuchen bestätigt worden, einzig die der Immunstimulation, gemessen nach der Fusion, bedarf noch einer weiteren Bestätigung. Die nötigen Versuche werden zur Zeit an unserem Institut durchgeführt.

Diese Studie hat auch gezeigt, daß der polyklonale Titer im Serum innerhalb einer Tiergruppe, welche mit demselben Adjuvans behandelt wurde, relativ stark variiert (Daten in dieser Arbeit nicht gezeigt). Diese individuelle Schwankung zusammen mit der Tatsache, daß auch die Fusion selbst nach wie vor als eine „black Box" zu sehen ist, welche einmal mehr und ein anderes Mal weniger wachsende Klone liefert, verleihen den beiden Parametern, Belastung und Handhabung, mehr Gewicht.

Wir sind uns bewußt, daß die vorliegenden Daten, welche im wesentlichen aus einer Versuchsserie stammen, keine statistisch relevanten Schlüsse zulassen. Dennoch kommen wir zur vorläufigen Folgerung, daß für die Herstellung monoklonaler Antikörper in der Maus ein Adjuvans gewählt werden soll, welches das Tier wenig oder nicht belastet und zudem für den Operator in der Anwendung einfach und harmlos ist. Von den getesteten Adjuvantien zeigen Poly-A-poly-U und das GERBU® Adjuvans eine durchaus befriedigende Immunstimulation der fusionierbaren Splenocyten. Sollte die zur Zeit laufende Optimierung des GERBU® Adjuvans den gewünschten Erfolg einer drastisch reduzierten Belastung erbringen, können diese beiden Adjuvantien für die Herstellung monoklonaler Antikörper empfohlen werden.

Danksagung

Die Autoren verdanken die finanziellen Unterstützung der Stiftung Forschung 3R (Sekretariat Postfach 149, 3110 Münsingen, Schweiz), welche die Durchführung dieser Studie ermöglichte.

Strategie zur sicherheitstoxikologischen Prüfung von Kosmetika aus der Sicht des Deutschen Tierschutzbundes

U.G. Sauer

Zusammenfassung

Es wird die Möglichkeit aufgezeigt, bei der Entwicklung und Prüfung von kosmetischen Inhaltsstoffen und Produkten auf die Durchführung von Tierversuchen vollständig zu verzichten. Anhand von physiko-chemischen Daten und Untersuchungen der Struktur-Wirkungs-Beziehungen sowie von in vitro-Verfahren zur Untersuchung allgemeiner und spezieller toxikologischer Fragestellungen wird die Unbedenklichkeit von kosmetischen Rohstoffen und Produkten nachgewiesen, um anschließend geeignete Substanzen an freiwilligen Probanden zu testen. Sollte das Wirkungsspektrum eines Rohstoffes in vitro noch nicht eindeutig ermittelt werden können, wird für die Herstellung von Kosmetika solange auf diesen verzichtet, bis zuverlässige tierversuchsfreie Verfahren zur Verfügung stehen. In der Zwischenzeit wird diese betreffende Substanz durch einen Rohstoff mit bekanntem Wirkungsspektrum ersetzt. Die Notwendigkeit einer derartigen tierversuchsfreien Teststrategie wird damit begründet, daß einerseits Tierversuche, die zur Beantwortung sicherheitstoxikologischer Fragestellungen durchgeführt werden, erhebliche wissenschaftliche Mängel aufweisen, und es andererseits ethisch moralisch nicht zu vertreten ist, wenn Tieren für die Entwicklung von Kosmetika Schmerzen, Leiden oder Schäden zugefügt werden.

Summary

A strategy for the safety assessment of cosmetic ingredients and products from the point of view of the German Animal Welfare Association (Deutscher Tierschutzbund)

The German Animal Welfare Association proposes the introduction of safety testing strategies for the evaluation of cosmetic ingredients and products that exclude animal experiments. In a tier testing approach physico-chemical data, the evaluation of structure activity relationships and tests with insensitive tissues and cells lead to an estimation of the possible risk for humans. Finally suitable substances are tested in human volunteers. If, after performing the battery of non-animal methods, a safe application of the new substance in human volunteers cannot be guaranteed, for the safety of the consumer, this specific substance will not be used until its harmlessness can be shown in scientifically and ethically acceptable non-animal tests. In the meantime, for the respective cosmetic product, this substance will be replaced by a substance of known toxic profile.

We justify the necessity for such a testing strategy for the following reasons: From our point of view it is not acceptable that animals are sacrificed for economic interests and at the same time the consumer faces a risk due to the unknown effects of new substances that exist because of the deficiencies of the animal experiments. Millions and millions of consumers from all European countries have expressed their concern in this matter and have explained that they too request ethically acceptable cosmetic products. They all put great expectations into the European Commission to ban animal experiments for cosmetics already now or at the latest in 1998.

1. Einleitung

Ab 1. Januar 1998 soll in der Europäischen Union die Durchführung von Tierversuchen für die Entwicklung und Prüfung von Kosmetika verboten werden. So steht es, wenn auch mit vielen Einschränkungen, in der sechsten Änderung der europäischen Kosmetik-Richtlinie. Es ist zu begrüßen, daß hiermit erstmals in einem Gesetzestext ein Verbot von Tierversuchen verankert ist. Dennoch ist der Deutsche Tierschutzbund der Meinung, daß unverzüglich alle Tierversuche für Kosmetika verboten werden sollten. Wie dies konkret geschehen kann, soll im folgenden aufgezeigt werden.

2. Stand der Dinge

Um zu veranschaulichen, aus welchem Grunde neue Ansätze zur Erstellung sicherheitstoxikologischer Teststrategien ohne Tierversuche notwendig sind, werden zunächst Anmerkungen zu derzeit üblichen Teststrategien und zu laufenden Bemühungen, diese zu verändern, gemacht.

2.1. Derzeit gesetzlich vorgeschriebene sicherheitstoxikologische Teststrategien

Gesetzlich vorgeschriebene sicherheitstoxikologische Prüfungen beinhalten zur Zeit Tierversuche. Immer wieder zeigt sich aber, daß Tierversuche ungenaue und schlecht reproduzierbare Testergebnisse liefern, die für die Einschätzung möglicher schädigender Wirkungen einer unbekannten Substanz am Menschen wenig geeignet sind. Draize-Tests am Kaninchenauge werden häufig zur Untersuchung von Kosmetika durchgeführt. In verschiedenen wissenschaftlichen Veröffentlichungen wurde beschrieben, wie unzuverlässig die Ergebnisse aus diesem Test sind (RIEGER M.M. and BATTISTA G.W., 1964; WELTMAN A.S. et al., 1965; WEIL C.S. and SCALA R.A., 1971; Akademie für Tierschutz, 1989). Der Grund liegt unter anderem in der sehr subjektiven Art, die Reaktionen am Kaninchenauge auszuwerten. An Kaninchen soll weiterhin die Irritation der Haut durch unbekannte Substanzen untersucht werden. Wegen der unterschiedlichen Struktur der Haut des Menschen und des Kaninchens finden bei beiden sehr unterschiedliche Hautreaktionen statt (WALKER M. et al., 1983), so daß die Ergebnisse aus dem Tierversuch die Situation am Menschen nicht unbedingt widerspiegeln. Diese und weitere Beispiele zeigen, daß ein Verzicht auf Tierversuche nicht den Verzicht auf ein zuverlässiges, bewährtes Prüfsystem bedeuten würde. Es würde jedoch dazu beitragen, einer großen Zahl von Tieren erhebliche Leiden und Schmerzen zu ersparen. Aus unserer Sicht sind Tierversuche weder aus wissenschaftlichen noch aus ethischen Gründen die für Sicherheitsprüfungen geeigneten Verfahren. Stattdessen gibt es tierversuchsfreie Verfahren, die für die toxikologische Bewertung von kosmetischen Inhaltsstoffen und Endprodukten geeignet sind und die bereits angewendet werden.

2.2. Laufende Bemühungen, Tierversuche zu ersetzen - Validierung von in vitro-Methoden

In internationale Richtlinien, wie beispielsweise denen der OECD, sind tierversuchsfreie Verfahren bislang nur vereinzelt aufgenommen worden. Zunächst muß ihre Zuverlässigkeit und Richtigkeit nachgewiesen werden, das heißt sie müssen validiert werden. Die Validierung tierversuchsfreier Verfahren bereitet jedoch schier unüberwindliche Schwierigkeiten, mit denen Wissenschaftler zunächst nicht gerechnet hatten und die wiederum in den eklatanten Mängeln der Tierversuche liegen: In Validierungsstudien sollen neue in vitro-Verfahren mit den Tierversuchen, die sie ersetzen sollen, verglichen werden. Die neuen Verfahren sollen dabei möglichst dieselben Ergebnisse liefern wie die entsprechenden Tierversuche. Aber immer wieder stellt sich heraus, daß es schwierig, wenn nicht ganz und gar unmöglich ist, an aussagekräftige, vollständige und nachvollziehbare in vivo-Daten zu gelangen.

So wurde 1990 im sogenannten Amden-Bericht, einem international anerkannten Bericht mit Empfehlungen zur Durchführung von Validierungsstudien, ein in vitro-/in vivo-Vergleich von 200 bis 250 verschiedenen Chemikalien für eine aussagekräftige Validierungsstudie gefordert (BALLS M. et al., 1990). Wenige Jahre später wurde dieser Amden-Bericht in einem ECVAM-Workshop (ECVAM: Europäisches Zentrum für die Validierung von Alternativmethoden, Ispra, Italien) zum Thema Validierung neu diskutiert (BALLS M. et al., 1995). Dabei wurde festgehalten, daß es in keinem Bereich der Toxikologie ausreichend in vivo-Daten gibt, daß man die ursprünglich geforderte Zahl von 200 bis 250 Untersuchungen auch nur annähernd einhalten könnte. So werden nun bei der Validierung notgedrungen die Ansprüche heruntergeschraubt. Und immer wieder stellt sich auch nach Abschluß einer Validierungsstudie heraus, daß die in vivo-Daten, die man für vollständig und nachvollziehbar gehalten hatte, doch unvollständig oder gar falsch waren. Dies soll anhand von zwei Beispielen verdeutlicht werden: In einem in Deutschland vom Bundesminister für Forschung und Technologie, jetzt BMBF, geförderten Projekt zur Evaluierung von Ersatzmethoden für den Draize-Test am Kaninchenauge wurde Thioharnstoff im Test an der Chorionallantoismembran des Hühnereis als „positiv", also toxisch, eingestuft. Da diese Substanz am Kaninchen als „nicht kennzeichnungspflichtig", also untoxisch, eingestuft worden war, wurde das in vitro-Ergebnis als „falsch positiv" bewertet. Später wurde dieselbe Substanz an anderer Stelle nochmals an Kaninchen getestet und die Tiere starben innerhalb von 72 Stunden (unveröffentlichtes Manuskript des Abschlußberichtes zum BMFT-Forschungsvorhaben 0319 184 A). Anhand derselben in vivo-Methode war man zu zwei grundverschiedenen Ergebnissen gekommen. Es ist unmöglich, zu entscheiden, welches der beiden in vivo-Ergebnisse man für den in vitro-/in vivo-Vergleich und zur Vorhersage der Wirkung von Thioharnstoff am Menschen verwenden darf. Das zweite Beispiel wurde einer Publikation über das gemeinsame Programm der Europäischen Union und des europäischen Industrieverbandes COLIPA zur Validierung von in vitro-Phototoxizitätstests entnommen (SPIELMANN H. et al., 1995). Dort war ursprünglich die Substanz Piroxicam anhand von Daten aus dem Tierversuch als phototoxisch eingestuft worden und man glaubte, das negative in vitro-Testergebnis sei falsch. Im nachhinein zeigte sich anhand von Humandaten, daß das in vitro-Testergebnis korrekt war.

2.3. Stand der Dinge - Schlußfolgerungen

Es gibt also derzeit intensive Bemühungen, Tierversuche durch tierversuchsfreie Verfahren zu ersetzen. Unabhängig von politischen Schwierigkeiten stößt man jedoch gerade bei der Validierung von tierversuchsfreien Verfahren auf schier unüberwindliche Schwierigkeiten, die auf die Grenzen von Tierversuchen zurückzuführen sind. Somit erschweren die Mängel von Tierversuchen im Augenblick den Ersatz eben dieser Tierversuche. Trotz dieser Mängel werden in vivo-Verfahren anerkannt und in vitro-Verfahren nicht, wie auch folgendes Beispiel zeigt: In die OECD-Richtlinien sollen Phototoxizitätstests aufgenommen werden. In der bereits erwähnten EU/COLIPA-Validierungsstudie konnte nachgewiesen werden, daß in vitro-Verfahren zur Vorhersage phototoxischer Wirkungen am Menschen besser geeignet sind als Tierversuche. Dennoch gibt es Bestrebungen, die Tierversuche in die OECD-Richtlinien aufzunehmen. Diese Bestrebungen stoßen übrigens auch bei der europäischen Kosmetik-Industrie auf starke Ablehnung. Immer wieder zeigt sich, daß an in vitro-Verfahren viel strengere Maßstäbe angelegt werden als an Tierversuche. In der sechsten Änderung der Europäischen Kosmetik-Richtlinie steht jedoch, daß tierversuchsfreie Verfahren lediglich dem Tierversuch gleichwertige Ergebnisse liefern müssen.

Solange es in der Toxikologie offene Fragen gibt, wird es bei toxikologischen Untersuchungen unerwartete Reaktionen geben, auf die man erst im nachhinein stößt. Somit können anhand von toxikologischen Untersuchungen unerwünschte Wirkungen nur mit einer relativen, nicht aber einer hundertprozentigen, Sicherheit erfaßt werden. Dies gilt sowohl für in vivo- als auch für in vitro-Verfahren. Zum Schutze des Verbrauchers ist es unverzichtbar, das Restrisiko so weit wie möglich einzugrenzen. Aber wenn man sich fragt, wie groß das Restrisiko ist, wenn man in vivo-Verfahren anwendet und wie groß, wenn man in vitro-Verfahren anwendet, sollte man den in vitro-Verfahren gegenüber fair sein. Es gibt keine Belege dafür, daß in vivo-Tests die besseren Methoden wären.

3. Sicherheitstoxikologische Teststrategien ohne Tierversuche

3.1. Neue Ansätze zur Erstellung der Teststrategien

Im folgenden soll vorgestellt werden, wie bereits heute sicherheitstoxikologische Teststrategien ohne Tierversuche für die Prüfung von kosmetischen Inhaltsstoffen und Endprodukten aussehen können. Für diese Prüfstrategien werden tierversuchsfreie Testverfahren dem Stand der Wissenschaft entsprechend nach einem ganz neuen Ansatz zusammengestellt. Tierversuche können aufgrund der Verschiedenartigkeit von in vitro- und in vivo-Methoden nicht eins zu eins durch in vitro-Verfahren ersetzt werden. Weiters erheben die neuen Prüfstrategien nicht den Anspruch, genaue Zahlenwerte für die Toxizität oder Unbedenklichkeit einer Substanz zu liefern. Stattdessen werden Rangfolgen toxischer Wirkungen ermittelt und Schwellenwerte festgelegt, die vertretbare Wirkungen von nicht mehr vertretbaren Wirkungen abgrenzen. Immer wieder zeigt sich, daß auch die Zahlen, die man anhand eines Tierversuchs erhält, keine genauen, reproduzierbaren Zahlenwerte sind. Bei der Auswertung von Tierversuchen werden biologische Vorgänge anhand von theoretischen Formeln zu konkreten Zahlenwerten verarbeitet. Diese Zahlenwerte sind keine reellen, sondern willkürlich festgelegte Werte. Zahlen alleine gewährleisten noch keine Verbrauchersicherheit, die genaue Erfassung physiologischer Reaktionen und deren Einstufung anhand von Rangfolgen und Schwellenwerten erscheint uns besser geeignet.

3.2. Hierarchie der Testbatterien

In den neuen tierversuchsfreien Prüfstrategien wird Schritt für Schritt anhand von physikochemischen Daten, Untersuchungen der Struktur-Wirkungs-Beziehungen und Untersuchungen an schmerzfreier Materie eine Einschätzung des Risikos für den Menschen vorgenommen, um abschließend geeignete Substanzen an freiwilligen Probanden zu testen. In derartigen hierarchisch gegliederten Testbatterien werden allgemeine zytotoxische Fragestellungen untersucht und Untersuchungen zu spezifischen toxikologischen Fragestellungen durchgeführt, wie beispielsweise der schleimhaut- und augenreizenden Wirkungen, der hautreizenden, phototoxischen und mutagenen Wirkungen und der Penetration von Substanzen durch die Haut (Abb. 1).

Anhand von in vitro-Testbatterien kann unseres Erachtens auch die Möglichkeit systemischer Wirkungen einer Substanz im Menschen untersucht werden. Aus unserer Sicht ist hierfür die in vitro-Erfassung eines Spektrums toxikologischer Parameter mindestens ebensogut geeignet wie Tierversuche mit ein oder zwei Tierarten. Wenn diese Auffassung jedoch keine mehrheitliche Zustimmung findet, halten wir es zur Vermeidung von Tierversuchen für notwendig, solange auf unbekannte Rohstoffe, die die Haut durchdringen können, zu verzichten, bis anerkannte in vitro-Verfahren zur Untersuchung systemischer Wirkungen zur Verfügung stehen.

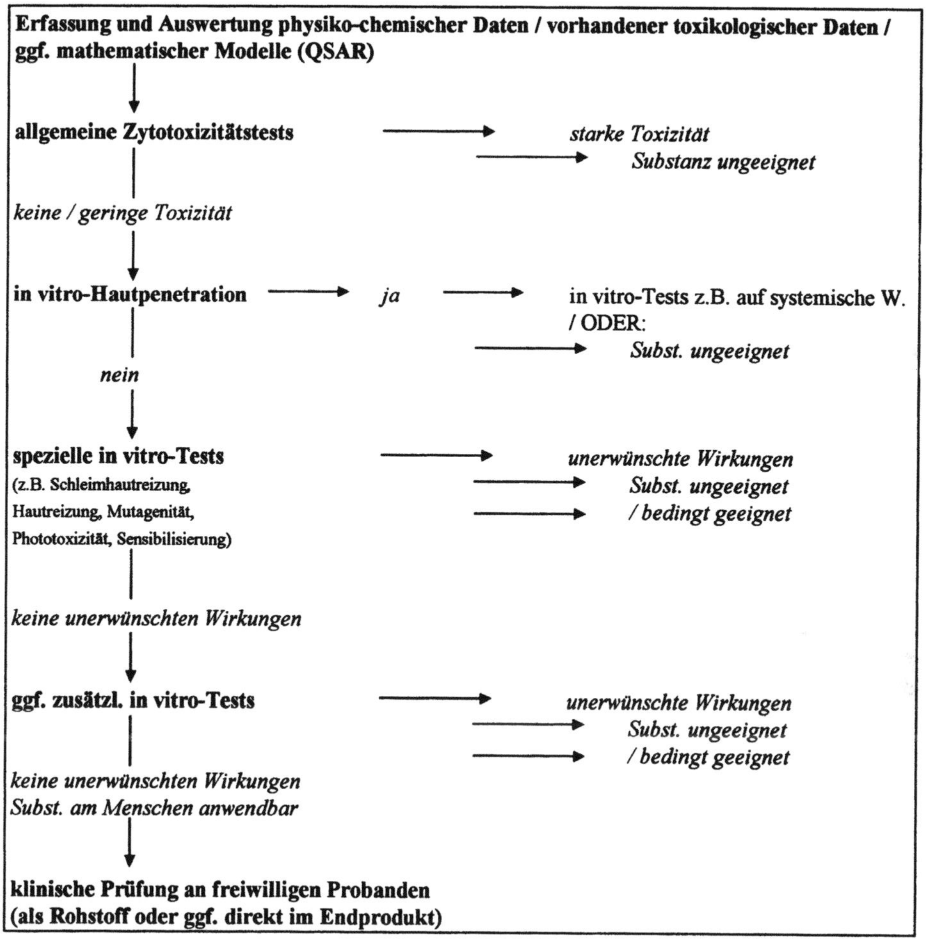

Abb. 1. Sicherheitstoxikologische Prüfung von kosmetischen Inhaltsstoffen ohne Tierversuche

3.3. Zuverlässigkeit der Verfahren

Zum Schutze des Verbrauchers muß gefordert werden, daß die Prüfstrategien zu möglichst wenig falsch negativen Ergebnissen führen, das heißt, daß möglichst wenig Substanzen irrtümlich als untoxisch eingestuft werden. Um dies sicherzustellen, sollten von vornherein nur solche Substanzen getestet werden, deren physiko-chemische Daten und Struktur-Wirkungs-Beziehungen keine Toxizität vermuten lassen. Tierversuchsfreie Verfahren werden so zu Testbatterien zusammengestellt, daß eine breite Palette toxischer Wirkungen untersucht wird. Weiterhin werden die Konzepte zur Auswertung der Tests so standardisiert, daß bei der Einstufung von Substanzen als „zur Anwendung am Menschen geeignet" oder „nicht geeignet" die Schwellenwerte sich auf der für den Verbraucher sicheren Seite befinden.

Aus marktwirtschaftlichen Gründen darf auch die Wahrscheinlichkeit falsch positiver, also irrtümlich als toxisch nachgewiesener Substanzen, nicht zu hoch sein. Zum Schutze des Verbrauchers und der Tiere sollte jedoch ohne weitere in vivo-Prüfung ein gewisser Prozentsatz falsch positiver Untersuchungsergebnisse toleriert werden. Uns vorliegenden Informationen zufolge scheint ein Prozentsatz von 5 bis 10% falsch positiven Ergebnissen von der Industrie akzeptiert zu werden (unveröffentlichtes Manuskript des Abschlußberichtes zum BMFT-Forschungsvorhaben 0319 184 A).

3.4. Marktwirtschaftliche Interessen dem Schutze des Verbrauchers und der Tiere untergeordnet

Sollte nach Abschluß der tierversuchsfreien Untersuchungen eine unbedenkliche Anwendung eines Rohstoffes am Menschen nicht sichergestellt sein, wird zum Schutze des Verbrauchers und zur Vermeidung von Tierversuchen solange auf den betreffenden Rohstoff verzichtet, bis dessen Unbedenklichkeit wissenschaftlich zuverlässig ohne Tierversuche nachgewiesen werden kann. Dieser betreffende Rohstoff wird in der Zwischenzeit im jeweiligen kosmetischen Produkt durch einen altbewährten Rohstoff mit bekannter Wirkung ersetzt.

4. Begründung der Notwendigkeit der vorgestellten Teststrategie

Die Notwendigkeit der hier vorgestellten Art einer Prüfstrategie begründen wir damit, daß es aus unserer Sicht weder tolerabel ist, wenn für marktwirtschaftliche Interessen Tiere geopfert werden noch, wenn aufgrund der Mängel von Tierversuchen, der Verbraucher einem Risiko durch unbekannte Wirkungen neuer kosmetischer Rohstoffe oder Produkte ausgesetzt ist. Viele Millionen von Verbrauchern aus allen europäischen Ländern haben in Unterschriften- und Briefaktionen zum Ausdruck gebracht, daß sie genau wie wir ethisch vertretbare kosmetische Produke wünschen und eine erhebliche Erwartung an die Europäische Kommission stellen, daß ab sofort und spätestens ab 1998 keine Tierversuche mehr für Kosmetika durchgeführt werden.

Literatur

Akademie für Tierschutz, Verträglichkeit für Auge und Schleimhaut - Der Draize-Test und mögliche Ersatzmethoden, Bonn: Köllen Druck & Verlag GmbH, 272 Seiten, 1989

BALLS M., BLAAUBOER B,. BRUSICK D., FRAZIER J., LAMB D., PEMBERTON M., REINHARDT C., ROBERFROID M., ROSENKRANZ H., SCHMID B., SPIELMANN H., STAMMATI A.L., WALUM E., Report and recommendations of the CAAT/ERGATT workshop on the validation of toxicity test procedures, ATLA, 18, 313-337, 1990

BALLS M., BLAAUBOER B., FENTEM J., BRUNER L., COMBES R., EKWALL B., FIELDER R., GUILLOUZO A., LEWIS R., LOVELL D., REINHARDT C., REPETTO G., SLADOWSKI D., SPIELMANN H., ZUCCO F., Practical aspects of the validation of toxicity test procedures, ATLA, 23, 129-147, 1995

RIEGER M.M. and BATTISTA G.W., Some experiences in the safety testing of cosmetics, Journal of the Society of Cosmetics Chemists, 15, 161-172, 1964

SPIELMANN H., LIEBSCH M., PAPE W.J.W., BALLS M., DUPUIS J., KLECAK G., LOVELL W.W., MAURER T., DE SILVA O., STEILING W., EEC/COLIPA in vitro photoirritancy program: Results of the first stage of validation, in: ELSNER P. and MAIBACH H.I. (eds.), Irritant dermatitis. New clinical and experimental aspects. Current Problems in Dermatology, Basel: Karger, 23, 256-264, 1995

WALKER M., DUGARD P.H., SCOTT R.C., Absorption through human and laboratory animal skins - in vitro comparisons, Acta Pharmaceutica Suecica, 20, 52-53, 1983

WEIL C.S. and SCALA R.A., Study of intra- and interlaboratory variability in the results of rabbit eye and skin irritation tests, Toxicology and Applied Pharmacology, 19, 276-360, 1971

WELTMAN A.S., SPARBER S.B., JURTSHUK T., Comparative evaluation and the influence of various factors on eye irritation scores, Toxicology and Applied Pharmacology, 7, 308-319, 1965

Möglichkeiten und Grenzen der Prüfstrategie mit tierversuchsfreien Methoden aus der Sicht der Kosmetikindustrie

W.J.W. Pape

Zusammenfassung

Mit der 6. Änderung der europäischen Kosmetikrichtlinie vom 14.06.93 (93/35/EEC) wurde neben einer Vielzahl von zum Teil grundlegenden Änderungen auch ein „potentieller Bann von Tierversuchen“ ausgesprochen. Dieses Verbot von Tierversuchen für Inhaltsstoffe und deren Abmischungen soll zum vorgesehenen Zeitpunkt allerdings nur in Kraft treten, wenn wissenschaftlich akzeptierte und validierte tierversuchsfreie Methoden verfügbar sind. Die europäische Kosmetikindustrie hat über ihren Verband, die COLIPA, frühzeitig begonnen, Projekte zur Evaluierung und Validierung von erfolgversprechenden in vitro-Methoden zur Sicherheitsbewertung von Inhaltsstoffen und Fertigprodukten zu starten.

Die Schwerpunkte dieser Projekte liegen im Bereich der in vitro-Methoden zur Haut- und Schleimhautreizung, zur Photoirritation und zur perkutanen Absorption in vitro. Der europäische Verband kooperiert mit den Verbänden in den USA und Japan. Die laufenden Projekte basieren zum überwiegenden Teil auf Grundlagenforschung, die in Firmen und nationalen Verbänden bereits in früheren Jahren durchgeführt worden war.

Einzelne Firmen setzen in vitro- und in vivo-Testmethoden z.T. bereits seit mehr als 10 Jahren im Rahmen ihrer internen Produktbewertungen ein. Aus diesen Erfahrungen wurde eine Strategie entwickelt, die im Rahmen der Präsentation skizziert werden soll. Sie basiert im wesentlichen auf drei Schritten:

1. Bewertung der toxikologischen Basisdaten der Inhaltsstoffe,
2. Untersuchung von Fertigformulierungen mit Alternativmethoden und deren Bewertung und
3. abschließende dermatologische Verträglichkeitsprüfung.

Neben dieser Strategie soll kurz auf die Inhalte und den Stand der gegenwärtig in Europa laufenden Programme und auf frühere Projekte eingegangen werden. In Europa, Japan und den USA sind umfangreiche und kostenintensive Programme gestartet worden, um tierversuchsfreie Methoden zu validieren und einer offiziellen Akzeptanz im Rahmen der Bewertung von kosmetischen Inhaltsstoffen und Fertigprodukten zuzuführen. Dabei wird eng mit dem Europäischen Zentrum für die Validierung von Alternativmethoden (ECVAM), dem Scientific Committee of Cosmetology (SCC), der Zentralstelle zur Erfassung und Bewertung von Ersatz- und Ergänzungsmethoden (ZEBET) und anderen Organisationen zusammengearbeitet.

Summary

Possibilities and limits of methods without animal testing in the cosmetics industry

With the 6th Amendment of the European Cosmetics Directive of 06/14/93 (93/35/EEC) a number of sometimes fundamental changes as well as a „potential banning of animal experiments" was declared. However, this prohibition of animal experiments for testing ingredients and mixtures thereof is only supposed to go into effect on the scheduled date if scientifically acceptable and validated methods that do not use animal experiments are available. The European cosmetics industry, represented by its association COLIPA, began at an early date to initiate projects for evaluation and validation of promising in vitro methods for the safety assessment of ingredients and finished products.

These projects are concentrated in the area of in vitro methods for skin and mucous membrane irritation, photoirritation and in vitro percutaneous absorption. The European association is cooperating with the associations in the USA and Japan, and most of the projects currently in progress are based on basic research that had already been performed out by individual companies and national associations.

Some companies have been using in vitro and in vivo test methods for more than 10 years as part of their in-house product assessments. This experience served as the basis for developing a strategy that will be described in this presentation. It consists primarily of three steps: i) analysis of the basic toxicological data for ingredients, ii) investigation of finished formulations by means of alternative methods and their assessment and iii) final dermatological compatibility testing.

Besides this strategy, the contents and status of programs currently in progress in Europe as well as past projects will be briefly described. In Europe, Japan and the USA, comprehensive and cost-intensive programs have been initiated to validate methods that do not use animal testing and to promote official acceptance of these methods for assessment of cosmetic ingredients and finished products. This is being done in close cooperation with the European Center for Validation of Alternative Methods (ECVAM), the Scientific Committee of Cosmetology (SCC), the „Zentralstelle zur Erfassung und Bewertung von Ersatz- und Ergänzungsmethoden" (ZEBET = Center for Testing and Analysis of Substitute and Supplement Methods) and other organizations.

1. Einleitung

Die 6. Änderung der EU-Kosmetikrichtlinie (KRL) 93/35/EEC beinhaltet eine Vielzahl von mehr oder weniger weit reichenden Veränderungen für die Vermarktung kosmetischer Fertigprodukte in Europa. Mit der neuerlichen Anpassung der KRL wurde ein hoher Qualitäts- und Sicherheitsstandard für kosmetische Produkte festgeschrieben, der sich bei großen international tätigen Firmen bereits im Laufe der vergangenen Jahre teilweise etabliert hatte. Darüber hinaus besteht aber nunmehr die weitere Forderung, eine produktbezogene Dokumentation zusammenzufassen, die zur Einsichtnahme verfügbar zu halten ist. Diese aus der 6. Änderung der KRL resultierende Anforderung wird von dem Verbot von Tierversuchen für kosmetische Inhaltsstoffe und Fertigprodukte flankiert. Dieses Verbot ist allerdings fürs Erste an die Verfügbarkeit von akzeptierten tierversuchsfreien Methoden geknüpft. Es wird häufig als Einschränkung im Hinblick auf Kreativität und innovativer Verbesserung der Produkte empfunden und diskutiert. Im Hinblick auf den Tierschutz und die Reduzierung von Tierversuchen ist diese Maßnahme wenig wirksam, da für Kosmetika und die in ihnen zum Einsatz kommenden Stoffe in den allerseltensten Fällen tierexperimentelle Untersuchungen durchgeführt werden. Da Stoffe, die in den Verkehr gebracht werden, grundsätzlich im Chemikaliengesetz geregelt sind, betrifft genanntes Verbot von Tierversuchen für Kosmetika de facto im wesentlichen die toxikologische Sicherheitsprüfung von Fertigprodukten und ist mithin nur ein marginaler Beitrag zur Reduktion von Tierversuchen insgesamt. Der Anteil wird in Europa auf deutlich unter 0,5% aller durchgeführten tierexperimentellen Untersuchungen geschätzt.

Bei der Suche nach alternativen Prüfmethoden, oder wie es im deutschen Sprachraum heißt: nach Ersatz- und Ergänzungsmethoden, stellt sich sofort und primär die Frage des Ansatzes, d.h. nach den toxikologischen Endpunkten, die durch in vitro-Methoden erfaßbar sein könnten. Sie ist bereits in den vergangenen Jahren hinlänglich und kontrovers diskutiert worden, was in diesem Beitrag nicht wiederholt werden soll. Die deutsche Kosmetikindustrie hat im Vorfeld der Novellierung des deutschen Tierschutzgesetzes vom 1. Januar 1987 bereits frühzeitig begonnen, Initiativen zu starten, um alternative Prüfstrategien zu entwickeln, die es erlauben, auf zumindest dem gewohnten Sicherheitsstandard zu bleiben. In der Zwischenzeit, der vergangenen Dekade, ist aber das vermeintliche Sicherheitsbewußtsein und der Sicherheitsanspruch beim Verbraucher eher gestiegen, d.h. er setzt sich offenbar kritischer und bewußter mit den Dingen auch des täglichen Lebens auseinander, wobei in der Folge Auseinandersetzungen mit verschiedensten Schadstoffen Anlaß zu immer neuen Diskussionen geben, die gelegentlich die toxikologische Relevanz untangiert lassen.

Eine wichtige Information über die Produktverträglichkeit läßt sich aus dem Feedback vom Markt für die Häufigkeitsquote von relevanten Unverträglichkeitsreaktionen aus Verbraucheranfragen abschätzen. Es gibt keine anderen verläßlich definierten Kriterien. Markenartikelhersteller reagieren in der Regel sensibel bereits auf sich zart andeutende Häufungen von Verbraucherreaktionen. Reaktionen, die aufgrund ihrer geringen Frequenz im Markt in vielen Sicherheits- und Verträglichkeitstests nur schwerlich erfaßt werden können. Kosmetische Produkte und deren qualitative Verbesserung wird somit sehr sensibel über das Feedback vom Verbraucher kontrolliert.

Die Frage, die mit dem Thema Grenzen und Möglichkeiten von tierversuchsfreien Methoden für die Sicherheitsbewertung von Kosmetika und deren Verträglichkeitsprüfung aufgeworfen wird, läßt sich nur durch vergleichende Betrachtung einer etwaigen tierexperimentellen Prüfstrategie der Vergangenheit und der tierversuchsfreien Strategie des Heute und der Zukunft und ihren resultierenden Einflüssen auf den Verbraucher und den Markt letztendlich beantworten. Eine solche vergleichende Betrachtung wird nur langsam über die in den Unternehmen gesammelten Erfahrungen im Laufe der Zeit erkennbar.

Ziel der nachfolgenden Darlegung soll mithin sein, einige der im Laufe der letzten Jahre gesammelten Erfahrungen und insbesondere die daraus abgeleitete Strategie der Kosmetikindustrie in Deutschland darzulegen, an deren Akzeptanz sowohl durch europäische Unternehmen der Branche als auch durch offizielle Vertreter von zuständigen Behörden gearbeitet wird. Leitmotiv bei der Arbeit an dieser Problemstellung ist die in der Kosmetikverordnung im Artikel 2 festgeschriebene Sicherheitsanforderung:

> Artikel 2 (Cosmetics Directive)
> „Die innerhalb der Gemeinschaft in den Verkehr gebrachten kosmetischen Mittel dürfen bei normaler oder vernünftigerweise vorhersehbarer Verwendung die menschliche Gesundheit nicht schädigen, insbesondere unter Berücksichtigung der Aufmachung des Produkts, seiner Etikettierung, ggf. der Hinweise für seine Verwendung und der Anweisung für seine Beseitigung sowie aller sonstigen Angaben oder Informationen seitens des Herstellers oder seines Beauftragten oder jedes anderen für das Inverkehrbringen dieser Produkte auf dem Gemeinschaftsmarkt Verantwortlichen.
> Die Anbringung solcher Warnhinweise entbindet jedoch nicht von der Verpflichtung, die übrigen Anforderungen dieser Richtlinie zu beachten."

2. Darstellung der Prüfstrategie zur Bewertung der Sicherheit und Verträglichkeit

Die 6. Änderung der EU-Kosmetikrichtlinie beinhaltet eine Reihe von Maßnahmen, die zur Absicherung eines gehobenen Qualitäts- und Sicherheitsstandards beitragen. Einige der Maßnahmen seien im folgenden kurz zusammengefaßt:

VDK der Inhaltsstoffe (Artikel 6, Absatz 1g) Erstellung eines Inventars (Artikel 5a, Abs. 3) Verfügbarkeit von Produktangaben (Artikel 7a) und das Verbot von Tierversuchen (Artikel 4, Abs. 1)

Die Produktangaben für jedes auf dem europäischen Markt befindliche kosmetische Mittel enthalten als zentralen Bestandteil eine Sicherheitsbewertung des betreffenden Produktes.

Aufgrund des bereits bestehenden Tierversuchsverbotes für kosmetische Mittel in Deutschland und des zu erwartenden Verbotes für die Vermarktung von in Tierversuchen geprüften Fertigprodukten innerhalb der EU hat eine Expertengruppe des Industrieverbandes Körperpflege- und Waschmittel e.V. (IKW, D) eine Orientierungshilfe zur Entwicklung adäquater Prüfstrategien in Form eines Leitfadens erarbeitet, dessen Inhalt sich im wesentlichen auf folgenden drei Säulen stützt:

- Bewertung des toxikologischen Profils der Inhaltsstoffe
- Bewertung von Sicherheits- und Verträglichkeitsprüfung von Fertigformulierungen mit Hilfe von tierversuchsfreien Methoden
- Bewertung der dermatologischen Verträglichkeitsprüfungen und Anwendungstests.

3. Möglichkeiten zur Prüfung der gesundheitlichen Unbedenklichkeit kosmetischer Mittel

Je nachdem, ob ein am Markt befindliches kosmetisches Mittel einer Überarbeitung unterzogen und Markterfordernissen angepaßt wird oder ob ein völlig neuer Produkttypus kreiert wird, ist fallweise zu entscheiden, in welchem Maße die Notwendigkeit zur Prüfung der gesundheitlichen Unbedenklichkeit besteht.

Dieser Grundsatz gilt unabhängig von der Art durchzuführender Sicherheitsprüfungen. Die tierversuchsfreie Prüfstrategie, die hier verfolgt wird, erfordert validierte, wissenschaftlich international akzeptierte Methoden, die dann auch zur Beurteilung von Inhaltsstoffen herangezogen werden können.

Im ersten Schritt der Bewertung eines neuen oder modifizierten Produktes sind die toxikologisch relevanten Inhaltsstoffe zu charakterisieren. Das fängt bei der Auswahl der Rohstoffe bereits an. Zur Charakterisierung können auf vielerlei Art Informationen aus eigenen Datenfiles, aus toxikologischen Datenbanken und Übersichtsreferaten und insbesondere aus Datenspeichern der Lieferanten herangezogen werden.

Die Bewertung der gesammelten Daten im Hinblick auf ihre Vollständigkeit kann sich an den vom Scientific Committee of Cosmetology veröffentlichten Leitlinien orientieren. In diesen „Guidelines für Safety Evaluation of Cosmetic Ingredients in the EC Countries“, die neben den klassisch toxikologischen Methoden auch validierte, akzeptierte in vitro-Alternativmethoden umfassen, sind folgende Prüfmethoden zusammengefaßt:

Notes of Guidance for Testing of Cosmetic Ingredients for Their Safety Evaluation (SCC/803-5/90) Annex 2

1. Acute toxicity (oral or by inhalation) (*)
2. Dermal absorption (*)
3. Dermal irritation (*)
4. Mucous membrane irritation (*)
5. Skin sensitization (*)
6. Sub-chronic toxicity (oral or by inhalation)
7. Mutagenicity (bacterial test and in vitro mammalian cell culture test) (*)
8. Phototoxicity (in case UV absorption) (*)
9. Human data (if available)

----

10. Toxicokinetic (*)
11. Teratogenicity, reproduction toxicity (*) carcinogenisis, and additional genotoxicity

(*) Möglicher Ersatz oder Ergänzung durch in vitro-Methoden

Vor dem Hintergrund der rechtlichen Anforderungen liegt eine Begrenzung der zur Zeit genutzten tierversuchsfreien Methoden, die hilfreiche und nützliche Informationen nicht nur bei der Fertigproduktprüfung liefern, in der fehlenden offiziellen Anerkennung, die ihrerseits wiederum an der Durchführung von Validierungsstudien und deren Auswertung sowie an den nur lückenhaften Erfahrungen im Umgang mit den Methoden hängt. Die Validierung einer Methodik beinhaltet sehr komplexe Zusammenhänge.

Eine wesentliche, immer wiederkehrende Problematik ist dabei der Vergleich von in vitro-Endpunkten, die ihrerseits unterschiedlich klar definiert sind, mit in vivo-Endpunkten, die sich oft an der subjektiven Bewertung der Ausprägung bestimmter relevanter Symptome orientieren, deren mechanistische Hintergründe zumeist im Dunkeln liegen und bislang nicht berücksichtigt werden. Studien zum Thema „Eye Irritation" haben dies immer wieder vor Augen geführt, insbesondere wenn vielfältige, unterschiedlich wirkende Stoffe geprüft wurden.

Bislang stehen nach langjährigen Übungen anerkannte in vitro-Methodiken nur im Bereich der Gentoxizitäts- bzw. Mutagenitätsprüfung zur Verfügung Gute Chancen werden darüber hinaus bei in vitro-Methoden zur Bewertung von lichtinduzierter Toxizität erwartet. Das zu diesem Thema der Validierung von in vitro-Methoden zur Photoirritation initiierte gemeinsame Projekt von ECVAM, ZEBET und COLIPA wurde vom Verband der kosmetischen Industrie initiiert und hat in seinen bislang durchgeführten Studien gute Ergebnisse gezeigt. Eine zweite experimentelle Phase ist zur Zeit in der Auswertung.

Weltweit sind bereits zahlreiche Projekte durchgeführt worden, deren Ziel es war, relevante Endpunkte der Augenschleimhautreizung durch diverse Alternativmethodiken zu erfassen.

In Europa lief eine vom Home Office (UK) initiierte und läuft eine von COLIPA durchgeführte Studie, die einige gängige Methoden umfaßt:

Augenschleimhautreizung: Validierungsprojekte in Europa	
EU/HOME OFFICE	**COLIPA**
RED BLOOD CELL (RBC) Test	RBC Test
NEUTRAL RED UPTAKE Test	NRU Test
FLOURESCEIN LEAKAGE Test	FL Test
SILICON MICROPHYSIOMETER	SM Test
Hen's Egg Test CAM	HET CAM
---	CAMVA
Isolated Rabbit Eye	---
Isolated Chicken Eye	---
Isolated Bovine Cornea	---
---	Pollen Tube Growth Test
---	Tissue Equivalent Assay (TEA)
---	Predisafe™
EYETEX™	EYETEX™

Eine natürliche Limitierung der Validierung von tierversuchsfreien Alternativen ist die inhärente Varianz der Daten, die aus Studien mit biologischen Testorganismen erwachsen. Sie wächst umsomehr, je mehr Laboratorien an solchen Studien beteiligt sind und je weniger präzise das Handling im Prüfprotokoll definiert ist. Als Beispiel seien Erfahrungen mit dem RBC (Red Blood Cell) Assay dargestellt.

Mit erfahrenen und gut trainierten Laboratorien, die Blutzellen einer Spezies gemäß existierender „Standard Operating Procedure" benutzen, läßt sich für die Bestimmung der Konzentration, die 50% Hämolyse verursacht (H_{50}), ein Variationskoeffizient von <30% erreichen, wenn 4 bis 5 Laboratorien beteiligt sind. Für die Denaturierungsparameter der maximal beobachteten Denaturierung (D_{Max}) können Variationskoeffizienten von 15-20% erreicht werden, wenn Tenside oder tensidhaltige Produkte geprüft werden. Die Variationskoeffizienten für viele tierversuchsfreie Methoden und für in vivo-Prüfungen liegen im Mittel deutlich höher.

Allgemein sind die Variationskoeffizienten nicht konstant, sondern hängen von der Stärke der Reaktion ab. Schwache Reaktionen sind oft schlechter reproduzierbar als prägnante, deutliche Reaktionen. Dies gilt sowohl für in vivo-Experimente als auch für in vitro-Tests.

Bei der Frage der Prädiktion von Reizpotentialen aus in vitro-Daten spielen die Varianzen eine gewichtige Rolle. Starke Reizstoffe werden von vielen Methoden vergleichsweise gut vorhergesagt, während schwach ausgeprägte Potentiale unsicherer bewertet werden.

Eine weitere für die Sicherheitsbewertung relevanter Inhaltsstoffe wichtige Methodik ist die perkutane Absorption an exzidierter Haut (wie z.B. Schweinehaut). Im Rahmen der Bemühungen um offizielle Akzeptanz geht hier die Diskussion um die zu verwendende Haut. Die Methodik hat sich vielfach bei der Untersuchung von speziellen Inhaltsstoffen bewährt und wird zur Abschätzung der Relevanz von systemischen Effekten genutzt.

Zur toxikologischen Bewertung von kosmetischen Wirkstoffen werden auch Ergebnisse von in vitro-Methoden einbezogen, wie in den Guidelines des SCC ausgeführt. Für einige Endpunkte sind in vitro-Methoden in der Evaluierung, unter Validierung oder bereits akzeptiert (Mutagenitätstests) (vgl. oben angeführte „Notes of Guidance for Testing...").

Einige grundlegende Schritte zur Implementierung von Ersatz- und Ergänzungsmethoden sind zwischenzeitlich auch im Themenkreis der Mechanismen zur Induktion von Kontaktsensibilisierungen gemacht worden. Die Erforschung des Zusammenspiels der involvierten Hautzellen in Dermis und Epidermis spielt hierbei ebenso eine Rolle wie die Interaktion mit den Zellen des lymphoiden Systems. Bei diesem Thema existieren interessante Verknüpfungspunkte zu

Computermethoden zur Struktur-/Wirkungsanalyse von bekannten Kontaktsensibilisatoren und deren Vergleich zu chemisch ähnlichen Individuen.

All diese Methoden können als informative Ergänzungen zu in vivo-Daten und der Bewertung dienen.

4. Ausblick

Wegen der Kürze des Beitrages können die Möglichkeiten und Grenzen der Prüfstrategie mit tierversuchsfreien Methoden nur angerissen werden.

Die dargestellte Prüfstrategie basiert auf den toxikologischen Basisdaten der Inhaltsstoffe. Auf dieser Ebene können zur Bewertung in vitro-Methoden einbezogen werden, soweit sie akzeptiert werden (Mutagenität/Photomutagenität/Photoirritation).

Für die Sicherheitsbewertung der Fertigprodukte dominiert im allgemeinen die Frage der lokalen Verträglichkeit, die durch vergleichende Reizpotentialabschätzung mit Hilfe von in vitro-Methoden (RBC, HET-CAM, NRU, FL, TEA etc.) beantwortet werden kann, so daß in der Folge die Verträglichkeit durch dermatologische Prüfungen überprüft werden kann, bevor ein kosmetisches Produkt in den Markt eingeführt wird.

Aus Validierungsstudien mit einer heterogenen Vielfalt von Grundchemikalien (bga-Studie, EC/HO-Studie) war erkennbar, daß viele in vitro-Methoden allein nicht in der Lage sind, die starken und schwachen Reizstoffe zu prädiktieren. Dies hängt, wie wir wissen, sowohl vom Prüfprotokoll als auch vom Auswertemodell ab (vgl. HET-CAM), oder von der Auswahl der Stoffklassen, die in einem Modell prüfbar sind (z.B. RBC Test: Surfactants).

Die Grenzen sind experimentell auszuloten und dann durch die Wahl kombinierter Prüfungen zu überwinden. Zugleich wächst so die Sicherheit der Aussage.

Eine andere Art der Limitierung begegnet uns im Bereich der Sensibilisierung, wo komplexe biologische Prozesse in vivo einen einfachen „in vitro-Angang“ erschweren. Auch für die Schleimhautreizung fehlen bislang erfolgversprechende tierversuchsfreie Modelle, mit denen „Recovery Phase“ simuliert beschrieben werden kann. Eine Risikoabschätzung auf der Grundlage tierversuchsfreier Methoden ist nicht möglich.

Tierversuchsfreie Methoden können aber auf der Grundlage mechanistischer Prüfansätze zu einem tieferen Verständnis der Wirkung von Inhaltsstoffen führen (z.B. Photo RBC, His-Oxidation, Proteinbindung), die bei den oft symptomatisch orientierten in vivo-Bewertungen außer Acht gelassen werden.

Tierversuchsfreie Ersatz- und Ergänzungsmethoden erfordern ein Umdenken und eine neue Qualität der Prüfstrategie, die ihre Möglichkeiten und Grenzen berücksichtigen. Gesammelte neue Erfahrungen können dann aber auch zu vertiefter Kenntnis führen.

Das isoliert perfundierte Rindereuter als Modell zur Untersuchung der transdermalen Penetration und Resorption - dargestellt am Beispiel von Betamethason-17,21-dipropionat

M. Kietzmann, B. Blume

Zusammenfassung

Zur Untersuchung der dermalen Resorption von topisch verabreichten Substanzen wurde das isoliert perfundierte Rindereuter als ein alternatives in vitro-Modell entwickelt. Euter geschlachteter Kühe wurden mit begaster und körperwarmer Tyrodelösung über insgesamt acht Stunden perfundiert. Betamethason-17,21-dipropionat wurde bei jeweils 4-6 Euterpräparationen topisch als Diprosis® (Gel und Salbe mit Propylenglykol) sowie als Diprosone® (Lösung, Creme und Salbe ohne Propylenglykol) auf eine Flache von 100cm^2 Euterhaut, deren Hornschicht nicht oder durch Acetonapplikation geschädigt war, aufgebracht. Im Perfusat wurde Betamethason-17,21-dipropionat mittels HPLC bestimmt.

Aus den Salbenformulierungen wurde Betamethason transdermal in größerer Menge als aus Creme oder Lösung resorbiert, wobei für die Salbe mit Propylenglykolzusatz die höchste Resorptionsrate auffiel. Die Resorptionsrate war bei geschädigter Hornschicht signifikant erhöht. Lediglich nach Applikation der Lösung fiel keine signifikant gesteigerte Resorptionsrate auf. Es bestätigt sich, daß das isoliert perfundierte Rindereuter als in vitro-Modell zur Untersuchung der transdermalen Resorption geeignet ist.

Summary

The isolated perfused bovine udder as a model of percutaneous penetration and resorption

For the examination of dermal resorption of topically induced substances the isolated perfused bovine udder was developed as an alternative in vitro model. Udder of slaughtered cows was perfused over 8 hours with gased and bodywarm troydesolution. Betamethason-17,21-dipropionat was used for 4 to 6 udder preparations topically as Diprosis® (gel and tincture with propylenglykol) as well as Diprosone® (solution, tincture and creme without propylenglykol) on a surface of 100 cm^2 udder skin, where the horn was not or damaged through acetonapplikation. In the perfusate Betamethason-17,21-dipropionat was fixed with HPLC.

Out of the tinctureformulas betamethason was resorped in larger quantities than creme or solution, where for the tincture with propylenglykol the highest resoption could be reached. For damaged horn the resoption was significantly high. Only after application of the solution there was no significantly higher resorption.

This proofs, that isolated perfused bovine udder is suitable as an in vitro model for the testing of transdermal resoption.

1. Einleitung

Der Untersuchung der transdermalen Penetration und Resorption von Stoffen kommt bei der Entwicklung von Dermatika und transdermaler therapeutischer Systeme große Bedeutung zu. Auch sind Kenntnisse der transdermalen Resorption toxikologisch relevanter Stoffe, mit denen der Organismus in Kontakt kommen kann, von Bedeutung.

Die epidermale Hornschicht ist die wichtigste Penetrationsbarriere der Haut (SCHAEFER H. et al., 1978). In vitro-Untersuchungen an nicht perfundierter Haut (FRANZ G., 1975) geben bereits wichtige Anhaltspunkte zur Beurteilung der Penetration durch diese Barriere. Eine Aussage zur Resorption einer topisch applizierten Substanz, d.h. zur Aufnahme eines Stoffes in Blut- und/oder Lymphgefäße der Haut, ist so jedoch nicht möglich. Die Hornschicht stellt auch ein bedeutsames Reservoir für topisch applizierte Stoffe dar, aus dem diese in tiefer gelegene Hautschichten diffundieren. In der Haut laufen gleichzeitig in einem nicht zu vernachlässigenden Maß bereits Metabolisierungsreaktionen ab (KAPPUS H., 1989). Diese werden nur in lebender und funktionsfähiger Haut, unter in vitro-Bedingungen, also nur in perfundierter Haut, erfaßt.

Insbesondere in Anbetracht der zunehmenden Bedeutung transdermaler therapeutischer Systeme richtet sich das Interesse in diesem Zusammenhang zunehmend auf in vitro-Modelle, die eine Perfusion der Haut einschließen und damit das Ausmaß der Penetration und Resorption erfassen.

1.1. Modelle zur Untersuchung der transdermalen Penetration und Resorption

Die in vivo-Untersuchung der transdermalen Resorption ist aus ethischer Sicht nur in begrenztem Umfang durchführbar (PERSHING L.K. and KRUEGER G.G., 1987). Bei in vivo-Studien besteht zudem auch die Problematik, daß die Menge eines transdermal aufgenommenen Stoffes wegen der Verteilung und Metabolisierung im Organismus letztlich nicht genau bestimmt werden kann. In vitro-Modelle sind daher zur Untersuchung der dermalen Resorption notwendig. Die Suche nach geeigneten in vitro-Methoden zur Prüfung der transdermalen Penetration und Resorption hat zu einer Vielzahl von Untersuchungsmethoden geführt, die in vivo-Bedingungen mehr oder weniger gut entsprechen (GUY R.H. and HADGRAFT J., 1984; PRIBORSKY J. and MUHLBACHOVA E., 1990). Ein häufig verwendetes Versuchsmodell stellt das isoliert perfundierte Kaninchenohr dar (PERSHING L.K. and KRUEGER G.G., 1987). Die Übertragbarkeit der am Kaninchenohr gemessenen Resorptionsrate auf andere Spezies ist jedoch nur mit erheblichen Einschränkungen möglich. Eine Alternative bietet der isoliert perfundierte Schweinehautlappen (RIVIERE J.E. et al., 1986). Dieses Modell ist jedoch sehr aufwendig und macht zudem zwei operative Eingriffe beim Versuchstier erforderlich, so daß nicht von einem in vitro-Modell im eigentlichen Sinn gesprochen werden kann. Es ist zu allen Modellen anzumerken, daß die dermale Penetration und Resorption in Abhängigkeit von der Körperregion erheblich variiert (FELDMANN R.J. and MAIBACH H.I., 1969).

Die die vorgestellten Untersuchungen dienen dem Ziel, mit dem isoliert perfundierten Rindereuter ein in vitro-Modell hinsichtlich seiner Eignung zur Untersuchung der dermalen Penetration und Resorption zu prüfen.

2. Das isoliert perfundierte Rindereuter, Methodik

Das Rindereuter besitzt eine gut zugängliche arterielle und venöse Gefäßversorgung, die in vitro eine Perfusion ermöglicht (SCHUMMER A. et al., 1976). Auf Körpertemperatur erwärmte Perfusionsflüssigkeit wird mit konstantem Druck durch das Euter gepumpt (KIETZMANN M. et al., 1991, 1993). Abb. 1 zeigt den Versuchsaufbau im schematischen Überblick. Anhand der während einer achtstündigen Perfusion in der Epidermis bestimmten Lactatdehydrogenase-Aktivität, der Lactat- und Glucosekonzentration im Perfusat sowie der Oberflächentemperatur der Haut wurde bereits gezeigt, daß das Gewebe in funktionsfähigem Zustand bleibt. Die Entwicklung eines die Resorption beeinträchtigenden Ödems konnte weiterhin durch Messung der Hautfaltendicke ausgeschlossen werden. Da der gesamte Versuch mit Schlachthofmaterial durchgeführt wird, entfallen Eingriffe am lebenden Tier. Die große Applikationsfläche sowie die Menge von etwa 100ml Perfusionsflüssigkeit, die das isolierte Organ pro Minute durchströmt, erlauben es, auch geringe Wirkstoffmengen nach entsprechender Anreicherung aus dem Perfusat nachzuweisen.

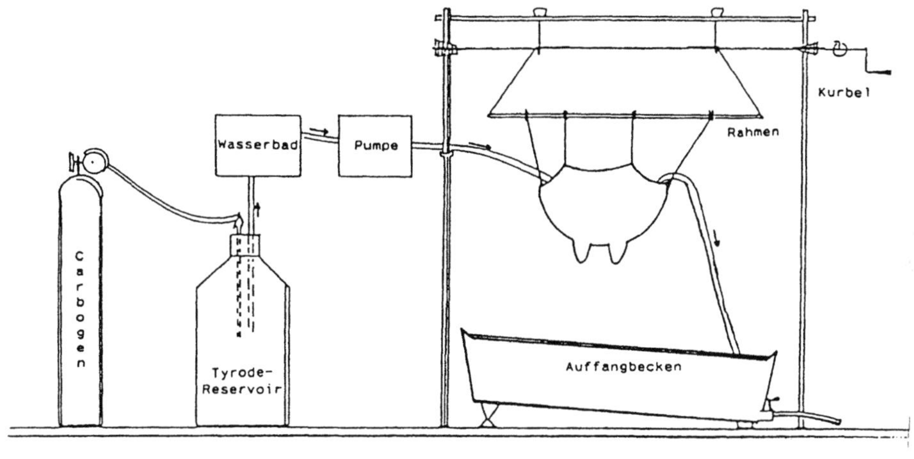

Abb. 1. Isoliert perfundiertes Rindereuter, schematische Darstellung des Versuchsaufbaus

In der beschriebenen Studie wurde Betamethason-17,21-dipropionat bei jeweils 4-6 Euterpräparationen topisch als Diprosone® (Lösung, Creme sowie Salbe ohne Propylenglykol) sowie als Diprosis® (Salbe und Gel mit Propylenglykol) auf eine Fläche von $100cm^2$ Euterhaut aufgebracht (Tabelle 1). Zusätzlich wurde die Betamethasonresorption aus den Versuchsmustern auch nach Schädigung der Barrierefunktion der Hornschicht durch vorherige wiederholte Applikation von Aceton untersucht. Die zu den aus Abb. 2 bis 4 ersichtlichen Zeitpunkten gesammelten Perfusatproben wurden mittels HPLC auf den Wirkstoffgehalt untersucht. Die insgesamt resorbierte Betamethason-Menge wurde aus der gemessenen Konzentration unter Berücksichtigung des Perfusatflusses errechnet.

Tabelle 1. Versuchsübersicht

Behandlung mit	keine Vorbehandlung (ungeschädigte Hornschicht)	Vorbehandlung mit Aceton (geschädigte Hornschicht)
Diprosone® Lösung	*	*
Diprosone® Creme	*	*
Diprosone® Salbe	*	*
Diprosis® Gel	*	*
Diprosis® Salbe	*	-

3. Ergebnisse und Diskussion

Nach Behandlung mit der Salbenformulierung von Diprosone® wurde Betamethason-17,21-dipropionat in einem größeren Ausmaß als nach Applikation als Lösung oder Creme resorbiert. Für die Salbe mit Propylenglykolzusatz (Diprosis®) war eine gegenüber der Salbe ohne Propylenglykol geringgradig gesteigerte Resorptionsrate nachweisbar (Abb. 2 und 3).

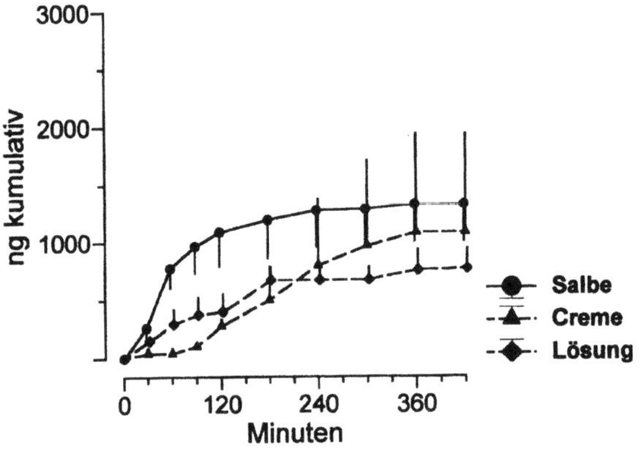

Abb. 2. Transdermale Resorption von Betamethason-17,21-dipropionat am isoliert perfundierten Rindereuter nach topischer Applikation von Diprosone® Salbe, Creme und Lösung (kumulative Darstellung)

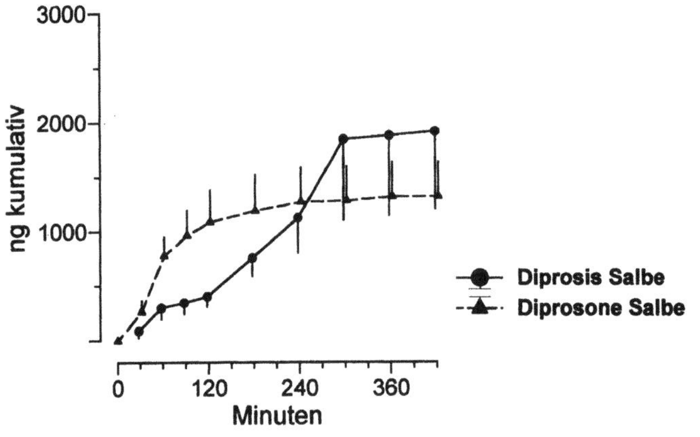

Abb. 3. Transdermale Resorption von Betamethason-17,21-dipropionat am isoliert perfundierten Rindereuter nach topischer Applikation von Diprosone® Salbe und Diprosis® Salbe (kumulative Darstellung)

Die Resorptionsrate war bei geschädigter Hornschicht nach Applikation von Diprosone® Salbe und Creme sowie Diprosis® Gel signifikant erhöht, während nach Applikation der Lösung keine gesteigerte Resorptionsrate auffiel (Abb. 4 und 5).

Entsprechend Ergebnissen aus früheren Resorptionsstudien (KIETZMANN M. et al., 1993, 1995) belegt auch der beschriebene Versuch, daß das isoliert perfundierte Rindereuter geeignet ist, die dermale Penetration und Resorption einer topisch applizierten Substanz zu untersuchen. Unterschiede zwischen galenischen Formulierungen können gezeigt werden, wobei die Resorption aus den zwei untersuchten Salbenformulierungen die aus Lösung, Creme und Gel übertraf. Klinisch-dermatologische Erfahrungen bezüglich des Einsatzes verschiedener Glukokortikoid-Externa werden durch die Ergebnisse bestätigt (LUBACH D. und KIETZMANN M., 1992).

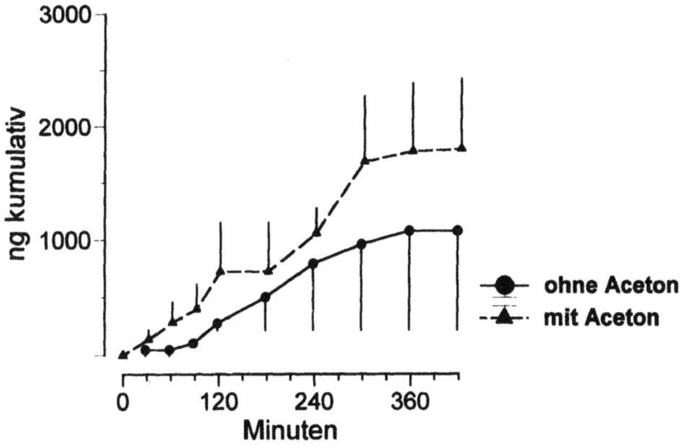

Abb. 4. Transdermale Resorption von Betamethason-17,21-dipropionat am isoliert perfundierten Rindereuter nach topischer Applikation von Diprosis® Gel bei nicht oder durch wiederholte Acetonbehandlung vorgeschädigter Hornschicht (kumulative Darstellung)

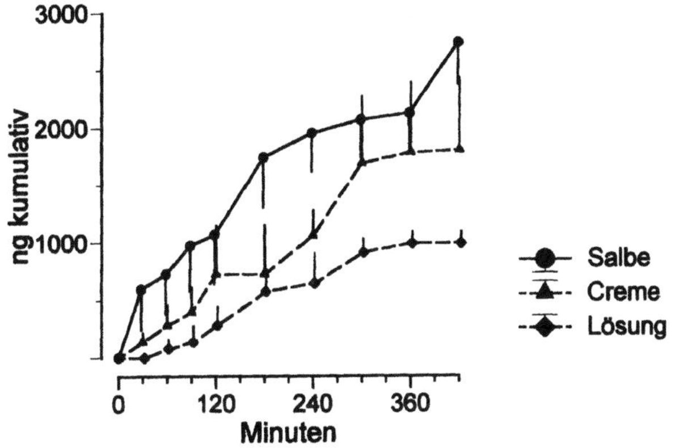

Abb. 5. Transdermale Resorption von Betamethason-17,21-dipropionat am isoliert perfundierten Rindereuter nach topischer Applikation von Diprosone® Salbe, Creme und Lösung bei durch wiederholte Acetonbehandlung vorgeschädigter Hornschicht (kumulative Darstellung)

Entsprechend Schrifttumsangaben (HADGRAFT J., 1993; MATH M.C. and SAUNAL H., 1993) erwies sich Propylenglykol auch im Versuch am isoliert perfundierten Rindereuter nur als schwacher Penetrationsförderer; eine signifikant gesteigerte Resorptionsrate war jedoch nicht nachzuweisen.

Die Beeinträchtigung der Barriere- und Reservoirfunktion der Hornschicht durch Zerstörung ihrer Struktur (Herauslösen von Lipiden durch wiederholte topische Acetonapplikation) führte zu einer signifikant gesteigerten Resorption des Glukokortikoids. Die vorliegenden Ergebnisse bestätigen damit auch die wichtige Funktion der Hornschicht im Rahmen der transdermalen Penetration, wie sie von GUY R.H. und HADGRAFT J. (1984) beschrieben wurde. Die vorliegenden Daten bestätigen die Aussage, daß mit dem isoliert perfundierten Rindereuter ein in vitro-Modell zur Verfügung steht, welches einen Beitrag zur Beantwortung von Fragen zur dermalen Penetration, Resorption und, wie frühere Untersuchungen ausweisen, auch der Metabolisierung von Dermatika, von Wirkstoffen aus therapeutischen Systemen sowie von toxikologisch relevanten Stoffen (KIETZMANN M. et al., 1993, 1995) leistet. Damit stellt das isoliert perfundierte Rindereuter ein sinnvolles in vitro-Modell zur Einsparung von Tierversuchen dar, die zur Untersuchung entsprechender Fragestellungen durchgeführt werden.

Literatur

FELDMANN R.J. and MAIBACH H.I., Percutaneous penetration of steroids in man, Journal of Investigative Dermatology, 52, 89-94, 1969

FRANZ G., Percutaneous absorption. On the relevance of in vitro-data, Journal of Investigative Dermatology, 64, 190-195, 1975

GUY R.H. and HADGRAFT J., Prediction of drug disposition kinetics in skin and plasma following topical administration, Journal of Pharmaceutical Science, 73, 883-887, 1984

HADGRAFT J., Skin penetration enhancement, in: BRAIN K.R., JAMES V.J., WALTERS K.A. (eds.), Prediction of Percutaneous Penetration, Volume 3b, Cardiff: STS Publishing, 138-148, 1993

KAPPUS H., Drug metabolism in the skin, in: GREAVES M.W. and SHUSTER S. (eds.), Pharmacology of the skin. Handbook of Experimental Pharmacology, Volume 87/2, Berlin: Springer Verlag, 123-163, 1989

KIETZMANN M., ARENS D., LOSCHER W., LUBACH D., Studies on the percutaneous absorption of dexamethasone using a new in vitro modell, the isolated perfused bovine udder, in: SCOTT R.C., GUY R.H., HADGRAFT J., BODDE H.E. (eds.), Prediction of Percutaneous Penetration, Volume 2b, London: IBC Technical Services, 519-526, 1991

KIETZMANN M., LOSCHER W., ARENS D., MAAB P., LUBACH D., The isolated perfused bovine udder as an in vitro model of percutaneous absorption. Skin viability and percutaneous absorption of dexamethasone, benzoyl peroxide and etofenamate, Journal of Pharmacological and Toxicological Methods, 30, 75-84, 1993

KIETZMANN M., WENZEL B., LOSCHER W., LUBACH D., MULLER W., BLUME H., Absorption of isosorbide dinitrate after administration as spray, ointment and microemulsion patch. An in-vitro study using the isolated perfused bovine udder, Journal of Pharmacy and Pharmacology, 47, 22-25, 1995

LUBACH D. und KIETZMANN M., Dermatokortikoide, Stuttgart: Kohlhammer, 1992

MATH M.C. and SAUNAL H., Combined effect of propylene glycol and propylene glycol monolaurate on the transport of estradiol through human skin, in: BRAIN K.R., JAMES V.J., WALTERS K.A. (eds.), Prediction of Percutaneous Penetration, Cardiff: STS Publishing, 3b, 272-276, 1993

PERSHING L.K. and KRUEGER G.G., New animal models for bioavailability studies, in: SHROOT B. and SCHAEFER H. (eds.), Pharmacology and the Skin, Basel: Karger, 1, 57-69, 1987

PRIBORSKY J. and MUHLBACHOVA E., Evaluation of in-vitro percutaneous absorption across human skin and in animal models, Journal of Pharmacy and Pharmacology, 42, 468-472, 1990

RIVIERE J.E., BOWMAN K.F., MONTEIRO-RIVIERE N.A., DIX L.P., CARVER M.P., The isolated perfused porcine skin flap. I. A novel animal model for percutaneous absorption and cutaneous toxicologic studies, Fundamental Applied Toxicology, 7, 444-453, 1986

SCHAEFER H., STUTTGEN G., ZESCH A., SCHALLA W., GAZITH J., Quantitative determination of percutaneous absorption of radiolabelled drugs in vitro and in vivo by human skin, Current Problems in Dermatology, 7, 70-94, 1978

SCHUMMER A., WILKENS H., VOLLMERHAUS B., HABERMEHL K.H., Lehrbuch der Anatomie der Haustiere, Band III, Kreislaufsystem, Haut und Hautorgane, Berlin: Paul Parey, 453-584, 1976

Das isoliert perfundierte Rindereuter (BUS-Modell): Erfahrungen mit kosmetischen Stoffen

W. Pittermann, B. Jackwerth, M. Schmitt

Zusammenfassung

Bedingt durch die 6. Änderung der EG-Kosmetik-Richtlinie sind Konzepte gefordert, die dem höheren Qualitäts- und Sicherheitsniveau der Erzeugnisse und ihrer Inhaltsstoffe sowie dem Schutz der Versuchstiere gleichermaßen Rechnung tragen. Neben dem Nachweis der Hautverträglichkeit gewinnen daher Fragen der Hautpenetration und -resorption vorrangige Bedeutung. Das „isoliert perfundierten Rindereuter" (= Bovine Udder Skin - BUS Modell) erfüllt als umfaßende *in vitro*-Methode (KIETZMANN M. et al., 1993) die Voraussetzungen für die Bearbeitung von Fragen zur Hautirritation und -penetration/-resorption. Das Modell macht es quasi unter *in vivo*-Bedingungen möglich, die Penetrationskinetik von Inhaltsstoffen oder Erzeugnissen in der gesamten Haut zu verfolgen und auf einer im Genotypus identischen Applikationsfläche direkt zu vergleichen. Im einzelnen sind es die Penetration in die Haut durch die Hornschichten des stratum corneum (Tesa®-Filmabrißmethode), das Eindringen in die Ober- und Unterhaut (Methode der Dermatomschnitte) oder die mögliche aber bei kosmetischen Mitteln nicht erwünschte Aufnahme in den Kreislauf des Organismus (Untersuchung des Perfusats/Lymphknotens). Studien zur möglichen Hautirritation (Finn Chamber®), in denen die Induktion zellulärer Mediatorsubstanzen (Prostaglandin E_2-Spiegel) sowie die Zytotoxizität (MTT-Test) biochemisch erfaßt werden, lassen den neuen Typus eines innovativen *in vitro*-Hautmodells mit hoher Vorhersagekraft entstehen. Verschiedenartige Probenentnahmen, histologische Methoden und moderne Analysentechnik vervollständigen die universelle Einsetzbarkeit des Modells in Hautforschung und toxikologischer Absicherung. Beispielhaft für kosmetische Stoffe wurden Ergebnisse mit Vitamin A-palmitat, RRR-alpha Tocopherol, Cetearyl alcohol, Sodium lauryl sulfate, Alkyl polyglycoside und Ocenole (Handelsname) aufgezeigt.

Summary

The isolated perfused bovine udder skin (BUS) model: Experience with cosmetic ingredients.

The 6th amendment of the EU-Cosmetic-Guideline takes an high quality- and safety level of cosmetics and their ingredients as well as the protection and welfare of experimental animals seriously into account. Therefore new concepts for safety assessment are required. Beside the evaluation of skin compatibility, issues of penetration and absorption gain more relevance than ever before. The isolated perfused *Bovine Udder Skin (BUS)* model as an *in vitro* method of high complexity (KIETZMANN M. et al., 1993) meets the requirements for studies concerning skin irritation as well as penetration and absorption quasi under *in vivo* conditions.

The following steps of penetration kinetics of raw materials and products can be distinguished after topical application: penetration through the stratum corneum using the Tesa® -stripping method, penetration into epidermal and dermal layers using dermatome-made sections, the possible but cosmetically unwanted absorption into the circulation assessing the perfusion fluid and the regional lymph node.

The assessment of skin irritation (Finn chamber®) focusing on cellular mediators e.g. prostaglandine E_2 as well as the cytotoxic potential (MTT-test) as relevant endpoints contributes to the new type of an innovative *in vitro* skin model with high predictability for human use. Various histological methods and most up-to-date analytical techniques applied to different types of skin samples complete the comprehensive possibilities of this models in skin research and safety assessment. Different studies using cosmetic ingredients such as Vitamin A-palmitat, RRR-alpha Tocopherol, Cetearyl alcohol, Sodium lauryl sulfate, Alkyl polyglycoside and certain unsaturated alcohols were presented.

1. Einleitung

Die 6. Änderung der EG-Kosmetik-Richtlinie (93/35/EWG) hat einerseits das Tierversuchsverbot für Inhaltsstoffe, die ausschließlich in kosmetischen Mitteln eingesetzt werden, andererseits aber ein höheres Qualitäts- und Sicherheitsniveau der Erzeugnisse und ihrer Inhaltsstoffe zum Ziel. Vor diesem Hintergrund sind bisher nicht bekannte Konzepte gefordert, die wissenschaftlich anerkannte Tierversuche und Alternativmethoden gleichermaßen betreffen, z.B. in der Frage der Vergleichbarkeit und Validierung.

Zugleich läßt die von der Kommission der Europäischen Gemeinschaft (Jahresbericht, 1994) verfolgte Linie erkennen, „daß die Entwicklung von Alternativmethoden sich nicht auf das Ersetzen lebender Tiere beschränkt, dies aber das Hauptziel bleibt". Bereits angewandte wie zukünftige Methoden jedweder Art müßen sich somit von diesem Anspruch überprüfen lassen. Dies gewinnt noch an Bedeutung, wenn „dem Verbraucher ein gleichwertiges Schutzniveau wie bei der Heranziehung von Tierversuchen geboten werden soll".

Während in den letzten Jahren die Frage der lokalen Verträglichkeit auf der Haut (PITTERMANN W. et al., 1988; PITTERMANN W., 1991; BARTNIK F.G. and PITTERMANN W., 1994) im Mittelpunkt der Methodenentwicklung stand, gewinnt die Bewertung der perkutanen Resorption von kosmetischen Inhaltsstoffen zunehmend an Bedeutung. „Die entscheidende Rolle der Daten zur perkutanen Resorption resultiert aus einem erwarteten (und gewünschten, Anm.), engen Kontakt mit kosmetischen Produkten und einer chronischen Exposition. Dies ist die Folge eines häufigen, vielfach täglichen Gebrauchs während eines großen Teils der Lebenszeit aller Verbrauchergruppen" (Jahresbericht, 1994).

Mit dem Hautmodell des „isoliert perfundierten Rindereuters" (= Bovine Udder Skin - BUS Modell) wurde eine umfaßende *in vitro*-Methode (KIETZMANN M. et al., 1993) entwickelt, die eine Bearbeitung von Fragestellungen zur Hautirritation und -penetration/-resorption am gleichen Modell ermöglicht. Für die Sicherheitsbewertung kosmetischer Inhaltsstoffe sind diese Untersuchungsergebnisse von herausragender Bedeutung.

Die experimentelle Durchführung (KIETZMANN M. et al., 1993) sowie der Nachweis der Lebensfähigkeit des isoliert perfundierten Rindereuters und seiner Haut wurden von Prof. M. KIETZMANN, Tierärztliche Fakultät der Universität Leipzig, vorgenommen. Abb. 1 zeigt schematisch die Technik der Perfusion. Tabelle 1 weist die durchgeführten Untersuchungen zur Hautpenetration und -irritation sowie mögliche morphologische oder chemisch-analytische Methoden aus.

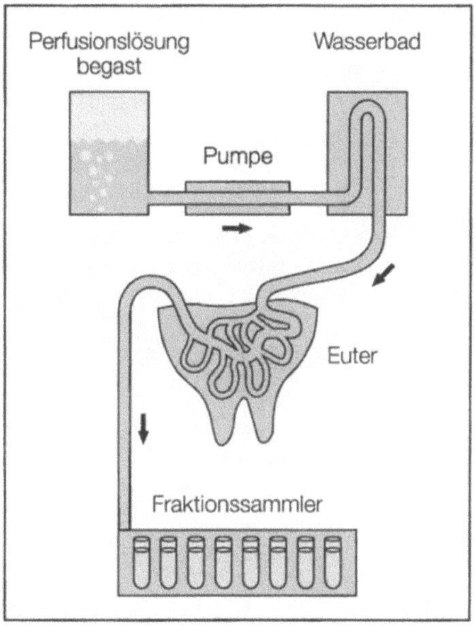

Abb. 1. **Schematische Darstellung des Versuchsaufbaus (KIETZMANN M. et al. 1993)**
Die zellfreie, erwärmte und begaste Tyrodelösung wird durch das Euter gepumpt und kann anschließend über einen Fraktionssammler als Rezeptormedium verwendet werden

Tab. 1. BUS-Modell: Angewandte Methoden zur Hautpenetration und -irritation

- **HAUTPENETRATION (offene Applikation)**
  Tesa®-Filmabrisse (Stratum corneum)
  Dermatomschnitte (Epidermis/Dermis)
  Perfusat/LYMPHKNOTEN (systemische Aufnahme)
- **HAUTIRRITATION (Finn Chamber®)**
  Methyltetrazoliumtest (Epidermis/Dermis)
  Prostaglandin-Synthese (Epidermis/Dermis)
- **MORPHOLOGIE (Histologie, Elektronenmikroskopie, Rasterelektronenmikroskopie)**
- **CHEMISCHE ANALYTIK: Chromatographische Trenn- und Quantifizierungstechniken wie z.B.**
  a) Hochdruckflüssigkeitschromatographie mit Fluoreszenzdetektion
  b) Hochtemperaturgaschromatographie

2. Hautpenetration im Rindereutermodell

2.1. Hautpenetration in das stratum corneum, Messung nach Tesa®-Abriß

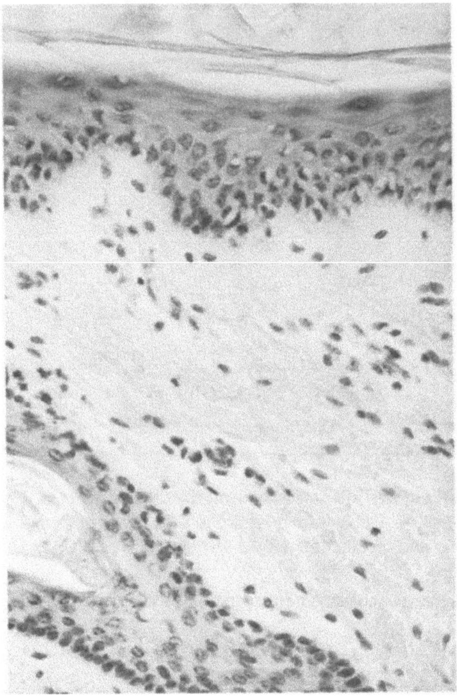

Abb. 2. **Histologischer Schnitt (quer) durch unbehandelte Euterhaut (Obj. 25 x)**
Über der Epidermis ist das stratum corneum als oberste Hautschicht zu erkennen. Die Dermis wird von einem angeschnittenen Haarfollikel schräg durchzogen

Als natürliches in vitro-Hautmodell besitzt die Haut des Euters nicht nur alle Attribute einer Säugetierhaut, sondern auch ein belastbares stratum corneum (Abb. 2). Die bekannte Tesa®-Filmabrißmethode verfolgt den Zweck, durch Klebstoff Lamellen des stratum corneum mehr oder weniger schichtweise abzutragen. Auf den Tesa®-Strips wird in den abgehobenen Lamellen und Fragmenten der Gehalt der applizierten Prüfsubstanz analytisch bestimmt. Dabei dienen unbehandelte Tesa®-Streifen als Negativkontrolle.

Wieviele Schichten des stratum corneum insgesamt abgetragen werden, ist im Einzelfall nicht bekannt. Verwendet werden zur Zeit 10 aufeinanderfolgende Filmabrisse des stratum corneum der Euterhaut. Abb. 3 zeigt das Ergebnis einer solchen Studie im Nachweis von Vitamin A-palmitat (0,1%) und Vitamin E (RRR-alpha Tocopherol, 0,1%) aus einem Glycerin-Wassergemisch sowie Cetearyl alcohol (2,5%) in einer lamellaren, gebrauchsfertigen O/W Creme. Die Exposition betrug nach einer einmaligen Behandlung 5 Stunden. Für diese Inhaltsstoffe ist der unterschiedliche Penetrationsverlauf in den verschiedenen Schichten des stratum corneum klar erkennbar. Vitamin A-palmitat war nur oberflächlich in den ersten beiden Abrissen des stratum corneum zu beobachten. Die restlichen 8 Abrisse waren frei von Vitamin A-palmitat. Hingegen waren Cetearyl alcohol auf den 10 Abrissen mit einem deutlichen Gradienten, Vitamin E jedoch fast gleichmäßig in allen Schichten nachweisbar. Im Gegensatz zu Vitamin A-palmitat durchdringen RRR-alphaTocopherol und Cetearyl alcohol, obgleich in unterschiedlicher Weise, das stratum corneum, wobei ein Abschluß der Penetration nach 10 Abrissen nicht erkennbar wird.

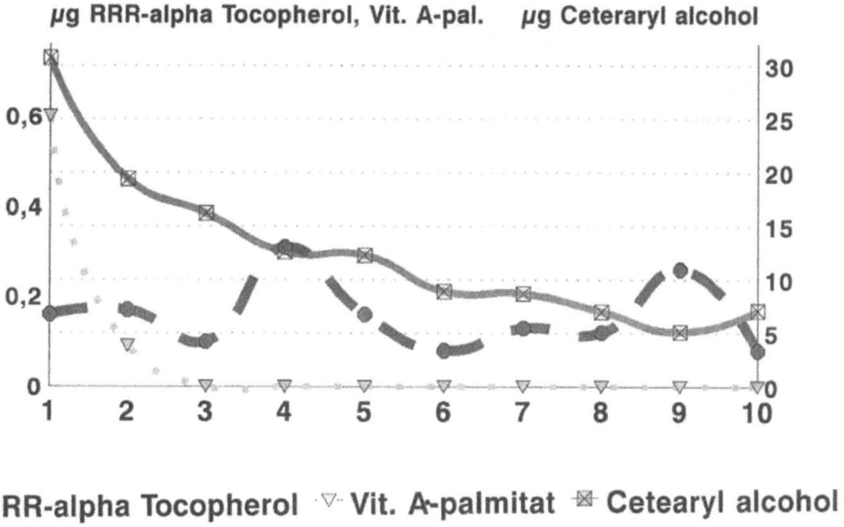

Abb. 3. **Kosmetische Stoffe mit unterschiedlichem Penetrationsverhalten in 10 aufeinanderfolgenden Tesa®-Filmabrissen des stratum corneum**
Vitamin A-palmitat 0,1% in Glycerin/Wasser, RRR-alpha Tocopherol 0,1%, Cetearyl alcohol 2,5% in O/W Emulsion (Applikationsdauer 5h)

2.2. Hautpenetration, Messung in Dermatomschnitten

Eine Möglichkeit, die weitere Penetration von Inhaltsstoffen zu prüfen, sind Dermatomschnitte, die das stratum corneum, die lebende Epidermis und die Dermis einschließen. Dabei werden 20 Mikrometer dicke Gefrierschnitte parallel zur Hautoberfläche angefertigt. Wegen anatomischer und technischer Besonderheiten des Hautpräparates bestehen die ersten Schnitte nicht ausschließlich aus epidermalem Schichten, sondern repräsentieren den epidermo-dermalen Bereich mit unterschiedlicher Ausprägung. Der Maßstab in Abb. 4 macht einen Größenvergleich zwischen Epidermis und Dermis möglich.

Von einer Öl/Wasser Creme mit 5% RRR-alpha Tocopherol (Vitamin E) wurden 3mg/cm^2 auf eine 20 x 20cm große Euterhautfläche offen aufgetragen. Nach siebenstündiger Exposition wurden Dermatomschnitte von behandelten und unbehandelten Hautarealen in zwei unabhängigen Studien angefertigt. In je 10 Dermatomschnitten beider Untersuchungen ist ein sehr ähnliches Verteilungsmuster erkennbar (Abb. 5). Das natürliche, lipophile Vitamin E durchdringt sehr leicht den lipophilen Abschnitt, den oben beschriebenen epidermo-dermalen Bereich. Das Vitamin E-Profil der nachfolgenden Schnitte weist eine nicht-kontinuierliche Abnahme auf. Das Profil läßt eine schwach ausgeprägte Depotbildung in den untersuchten Schichten vermuten. Dies kann durch den zunehmend hydrophilen Charakter der tiefen dermalen Abschnitte erklärt werden. Die Aufnahme von Vitamin E ist nach 200µm (= 10 Schnitte á 20µm) nicht beendet. Daher weisen die restlichen, tiefen Dermisanteile behandlungsbedingt erhöhte Vitamin E-Konzentrationen auf. Der in einer Probandenstudie mit der gleichen Creme (MEYER P. et al., 1993) beobachtete feuchtigkeitserhaltende und gegen wiederholte UV-Einwirkung schützende

Effekt von Vitamin E läßt sich durch den Nachweis der raschen und tiefen Penetration aus der Creme anhand dieser Euterhautstudien interpretieren (PITTERMANN W. und JACKWERTH B., 1994).

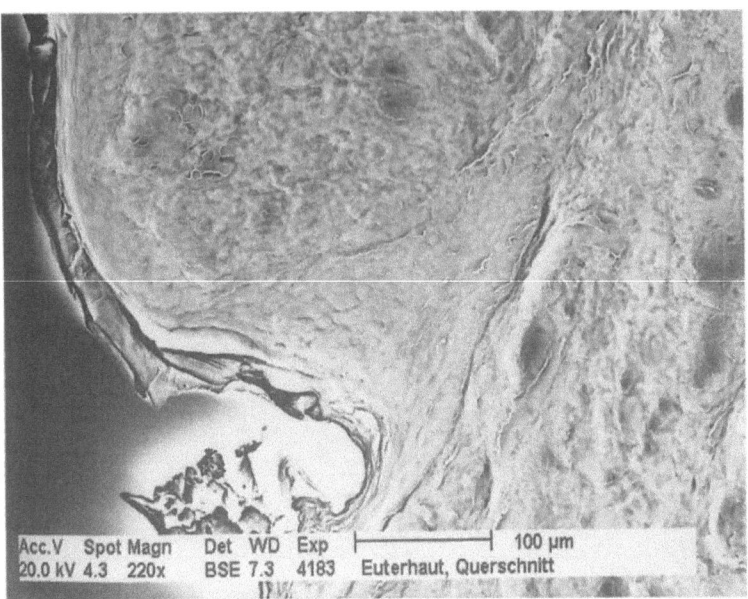

Abb. 4. REM-Aufnahme (Henkel TTA, L. Kintrup), Unbehandelte Euterhaut (quer) im Bereich eines Haarfollikels. Der Maßstab (100µm) zeigt die Größenverhältnisse zwischen Epidermis und Dermis auf

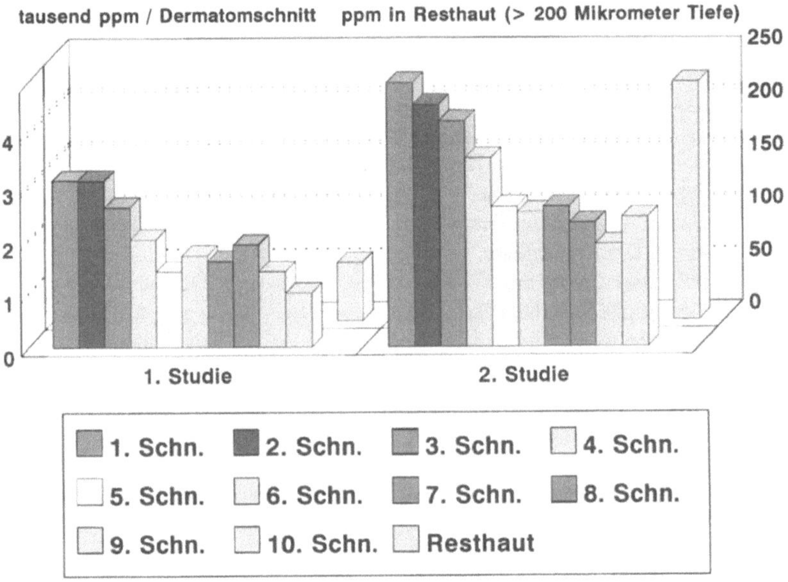

Abb. 5. RRR-alpha Tocopherol-Gehalte in 10 aufeinanderfolgenden Dermatomschnitten (Epidermis, Dermis) und der Resthaut aus zwei verschiedenen Penetrationsstudien mit Vitamin E-haltiger O/W Creme (5%) (Applikationsdauer 7h; 10 Dermatomschnitte á 20µm)

Die Haut des Euters besitzt wie die übrige Haut einen natürlichen Vitamin E-Gehalt, der durch die Proben der unbehandelten Hautareale zu bestimmen ist. Der natürliche, individuelle Vitamin E-Gehalt der Gesamthaut ist saisonal unterschiedlich und liegt etwa zwischen der analytischen Nachweisgrenze von 0,3ppm und 6-8ppm.

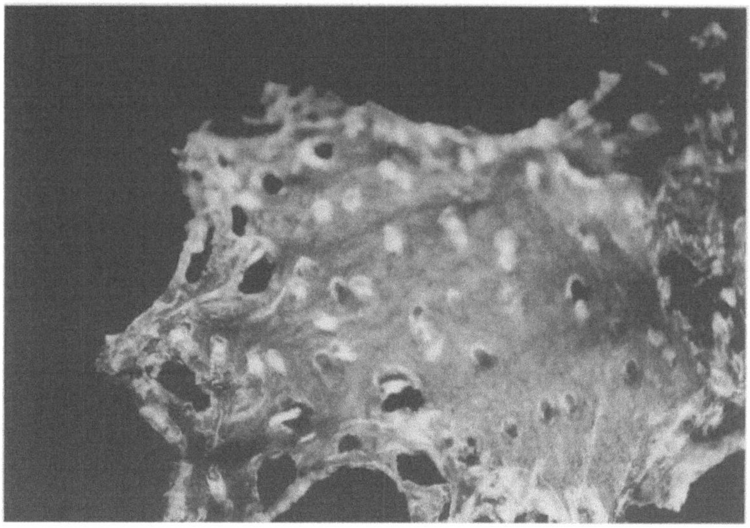

Abb. 6. Makroaufnahme (40 x) eines einzelnen Dermatomschnitts, parallel zur Hautoberfläche. Gut erkennbar sind die zahlreichen, angeschnittenen Haarfollikel

Auffällig an den makroskopisch und histologisch untersuchten Dermatomschnitten (Abb. 6) sind die quer getroffenen Haarfollikelanschnitte. Es ist eine bekannte aber in der Diskussion häufig vernachlässigte Tatsache, daß Teile kosmetischer Inhaltsstoffe über Hautanhangsorgane z.B. Haarfollikel eindringen können. Diese Follikelanschnitte werden ebenso wie das epidermale und dermale Bindegewebe in allen Dermatomschnitten chemisch-analytisch miterfaßt. Alternative, artifizielle Hautmodelle ohne Ausbildung von Hautanhangsorganen weisen dagegen a priori ein schwer kalkulierbares Defizit in entsprechenden Studien auf.

2.3. Aufnahme in die Blutbahn, Messung in Perfusatproben/Euterlymphknoten

Auch der Übertritt von Vitamin E in den Kreislauf, d.h. die Möglichkeit einer systemischen Wirkung, wurde in diesem Modell geprüft. Das Euterhautmodell mit der kontinuierlichen Perfusion bietet zwei unterschiedliche Zugänge für diese Fragestellung. Erstens sind es die im Abstand von z.B. 30 Minuten gesammelten Perfusatproben, zweitens unter bestimmten Bedingungen der regionale Lymphknoten. In sämtlichen über 7 Stunden gesammelten Perfusatproben sowie in zentralen und peripheren Bereichen des Euterlymphknotens konnte Vitamin E nicht nachgewiesen werden. Unter diesen Versuchsbedingungen ist daher weder eine lymphogene noch hämatogene Aufnahme von topisch applizierten Vitamin E in der Unterhaut anzunehmen. In diesem Modellsystem ist ein aktiver lymphogener Transport allerdings bislang nicht nachgewiesen.

3. Hautirritation im Rindereutermodell

3.1. MTT-Test und Prostaglandin E_2-Bestimmung

Wie bereits angeführt, kann mit diesem Modell neben der Hautpenetration die Reizwirkung topisch applizierter Inhaltsstoffe oder Formulierungen geprüft werden. Für diese Untersuchungen werden im Standardverfahren okklusive Applikationstechniken (Finn Chamber®; ∅ = 18mm) - den Duhring®-Kammern in Humanstudien vergleichbar - eingesetzt. Nach einer Anwendungsdauer über eine und fünf Stunden werden zylinderartige Stanzbiopsien (∅ = 6mm) der behandelten und unbehandelten Hautareale gewonnen. Mit verschiedenen Applikationszeiten kann der zeitliche Verlauf und der Grad der Irritation charakterisiert werden. Als aussagekräftig für die Feststellung der Zytotoxizität hat sich der modifizierte Methyltetrazoliumtest (MTT-Test) erwiesen (MAAß P., 1993). Nur unbeschädigte Mitochondrien in intakten Epidermis- und Dermiszellen der entnommenen Stanzbiopsien sind in der Lage, das wasserlösliche Tetrazoliumsalz in wasserunlöslichen Formazanfarbstoff umzusetzen, d.h. niedrige MTT-Werte bedeuten eine höhere Zytotoxizität.

Parallel dazu wird in den Biopsien der Prostaglandin E_2-Gehalt des epidermalen und dermalen Gewebes bestimmt. Prostaglandin gehört zu jener Mediatorgruppe, deren Anstieg einer irritationsbedingten Erythem- und Ödembildung vorausgeht. Wegen der unterschiedlichen Zelldichte in Epidermis und Dermis wird die zu untersuchende Gewebepräparation auf einen vergleichbaren DNS-Gehalt eingestellt. Die Ergebnisse werden im Vergleich mit dem Prostaglandin E_2-Spiegel von unbehandelten Stanzbiopsien dargestellt.

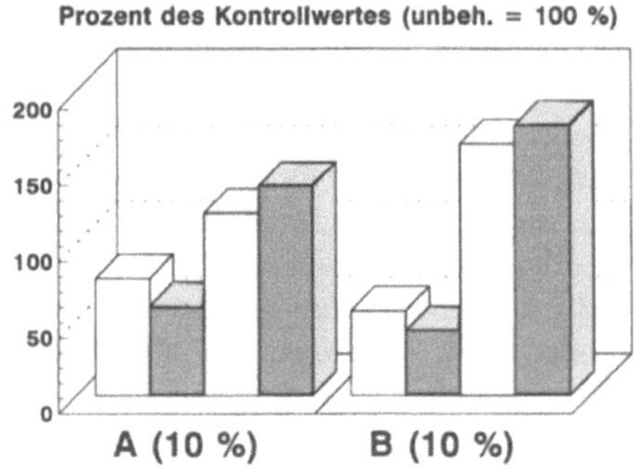

	A (10 %)	B (10 %)
MTT - 1 h	77	56
MTT - 5 h	59	43
PGE Konz. - 1 h	120	166
PGE Konz. - 5 h	138	178

MTT - 1 h
MTT - 5 h
PGE Konz. - 1 h
PGE Konz. - 5 h

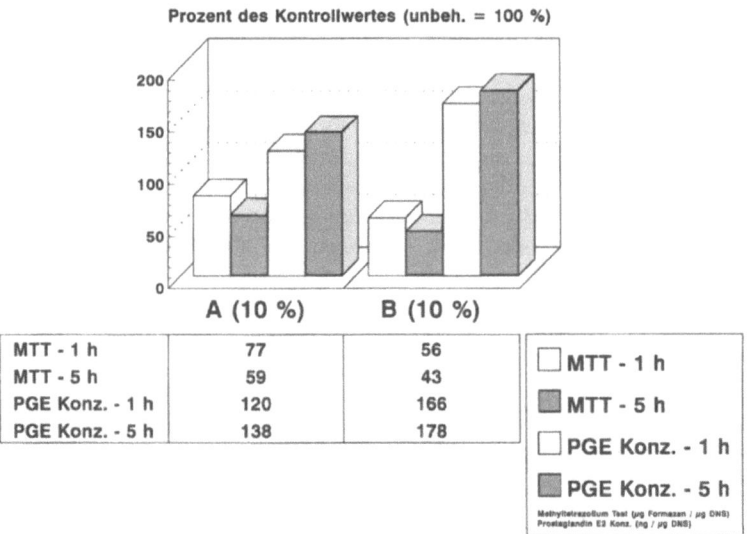

Abb. 7. Untersuchungen der Hautirritation (Alkyl polyglycoside (A), Sodium lauryl sulfate (B) - INCI, 10% AS) im MTT-Test in Stanzbiopsien nach ein- und fünfstündiger okklusiver Applikation in der gleichen Euterstudie. Die Ergebnisse werden im Vergleich mit unbehandelten Stanzbiopsien (= 100%) dargestellt.
MTT = Methyltetrazolium Test (µg Formazan/µg DNS)
PGE = Protaglandin E_2-Konzentration (ng/µg DNS)

Das in *in vivo*- und *in vitro*-Versuchen häufig als Positivkontrolle eingesetzte SLS (Sodium lauryl sulfate, INCI, pH 5,5) zeigt unter diesen Bedingungen ein sehr klares dosis- und zeitabhängiges Reaktionsmuster, das charakteristisch für ein vergleichsweise hautirritatives Tensid ist. Bei einer Anwendung in 10% Aktivsubstanz (AS) und nach einstündiger Exposition sind etwa 2/3 der Mitochondrien noch aktiv bzw. ungeschädigt, nach 5 Stunden jedoch weniger als die Hälfte im Vergleich zur unbehandelten Kontrolle wie Abb. 7 ausweist. Auch steigt der Prostaglandin E_2-Spiegel nach ein- wie nach fünfstündiger Exposition um mehr als 66% gegenüber der unbehandelten Kontrolle. Somit setzt sich die durch SLS induzierte Hautirritation aus einer zeit- und dosisabhängigen Kombination von zytotoxischen und mediatorbeeinflussenden Eigenschaften zusammen.

In einer Euterhautstudie wurde SLS vergleichend mit einem neu entwickelten Zuckertensid (Alkyl polyglycoside, INCI, pH 5,5) mit bekannt milden oberflächenaktiven Eigenschaften geprüft (JACKWERTH B., 1995). Bei einer Konzentration von 10% AS induziert Alkyl polyglycoside sowohl nach 1 wie nach 5 Stunden Applikationszeit ein tensidtypisches Profil wie aus Abb. 7 ersichtlich ist, jedoch bedeutend günstiger hinsichtlich der Zytotoxizität und der Prostaglandin E_2-Synthese als die Applikation von SLS provozierte. Die Zytotoxizität liegt nach beiden Expositionszeiten fast 40% unter der des SLS (= 100%). Ebenso ist der Anstieg der Prostaglandin E_2-Synthese durch Alkylpolyglycoside fast 30% geringer als nach Applikation von SLS.

Diese vergleichende Prüfung wurde am gleichen Rindereuter vorgenommen, d.h. vor einem genetisch identischen Hintergrund. Weitere Prüfungen sind erforderlich, um einerseits die Variationsbreite für den entsprechenden Endpunkt abzuschätzen und andererseits eine statistische Basisabsicherung vorzunehmen.

Ein weiteres Beispiel (ohne Abb.) sind die Untersuchungen mit der Gruppe der Ocenole. Ocenol ist der Handelsname für ungesättigte Fettalkohole, die direkt vermarktet oder über weitere Derivatisierung zu kosmetischen Grundstoffen oder Emulgatoren verarbeitet werden. Die beiden verwendeten Substanzen auf der Basis tierischer beziehungsweise pflanzlicher Rohstoffe sind identisch und im wesentlichen einfach ungesättigte Oleylalkohole mit einer Kettenlänge C18. Die sehr geringe Erhöhung der Prostaglandinwerte und die geringgradige Verminderung der MTT-Werte nach fünfstündiger Anwendungsdauer wiederholt sich bei beiden Produkten, d.h. dieses Ergebnis weist keinerlei Differenzierung hinsichtlich der unterschiedlichen Rohstoffbasis aus. Beide Produkte können gleichermaßen als hautkompatibel beschrieben werden.

4. Diskussion

Das „isoliert perfundierte Rindereuter“ mit der großen Hautfläche und dem mehr als 8 Stunden metabolisch aktiven Applikationsareal bietet realistische und qualitativ bessere Untersuchungschancen als z.B. Hautmodelle mit konservierten und/oder andersartig vorbehandelten Schweinehautexplantaten (BUSCH P. et al., 1996). Derartige Modelle basieren auf unterschiedlichen und artifiziell veränderten Grenzflächen, die weder biologisch wirksame Regulationsmechanismen noch metabolische Aktivität aufweisen. Das hier beschriebene Modell hingegen macht es quasi unter *in vivo*-Bedingungen möglich, die Penetrationskinetik der eingesetzten kosmetischen Stoffe oder Formulierungen in der gesamten Haut zu verfolgen und auf einer im Genotypus identischen Applikationsfläche direkt zu vergleichen. Im einzelnen sind es die Penetration in die Haut durch die Hornschichten des stratum corneum, das Eindringen in die Ober- und Unterhaut oder die mögliche aber bei kosmetischen Mitteln nicht erwünschte Aufnahme in den Kreislauf des Organismus. Unterschiedliche Arten der Probenentnahme und moderne Analysentechniken vervollständigen die universelle Einsetzbarkeit des Modells in Hautforschung und toxikologischer Absicherung. Ergebnisse aus angewandten Studien mit Pharmaka bzw. Dermatika oder Industriechemikalien, wie sie KIETZMANN et al. (1993) oder andere Untersuchergruppen (VANROOIJ J.G.M. et al., 1995) an „isoliert perfundierten Organen“ durchführen, weisen den hohen Vorhersagewert für den Einsatz am Menschen nach. Konsekutiv oder simultan durchgeführte Untersuchungen des substanzspezifischen Irritationspotentials, in denen Zytotoxizität und die Induktion zellulärer Mediatorstoffe biochemisch erfaßt werden, lassen den neuen Typus eines umfassenden, innovativen *in vitro*-Hautmodells entstehen.

Mit diesen Ergebnissen werden Sicherheitsbewertungen unter Berücksichtigung anderer toxikologischer oder epidemiologischer Erkenntnisse sowie die Berechnung von Sicherheitskoeffizienten von Inhaltsstoffen transparenter als bisher. Tierversuche zur Hautverträglichkeit, zur Bewertung der kutanen Sensibilisierung oder zur Toxikokinetik werden besser planbar, ihre Ergebnisse interpretationsfähiger. Tierversuche zur kutanen Resorption, in Einzelfällen auch für andere Indikationen, werden durch den Einsatz des beschriebenen Modells entbehrlich.

Das vorgestellte in vitro-Modell kann zu einem höheren Qualitäts- und Sicherheitsniveau der kosmetischen Erzeugnisse und ihrer Inhaltsstoffe führen und gleichzeitig zu dem in der 6. Änderung der EG-Kosmetik-Richtlinie geforderten Schutz der Tiere signifikant beitragen.

Literatur

BARTNIK F.G. and PITTERMANN W., Skin organ culture for the study of skin irritancy, in: ROUGIER A., GOLDBERG A.M., MAIBACH H.I., In vitro skin Toxicology, New York: Mary N. Liebert, 171-181, 1994

BUSCH P., MÜLLER R., PITTERMANN W., Uses and limitations of porcine skin model in cosmetic research, Parfümerie und Kosmetik, 1, 20-27, 1996

JACKWERTH B., Skin Compatibility and Mildness: Fatty Alcohol Polyglycosides - a New Surfactant Generation with Outstanding Skin Compatibility, Drug & Cosmetic Industry, 36-39, 1995

KIETZMANN M., LÖSCHER W., ARENS D., MAAß P., LUBACH D., The isolated perfused bovine udder as an in vitro model of percutaneous drug absorption: skin viability and percutaneous absorption of dexamethasone, benzoyl peroxide and etofenamate, J. Pharmacol. Toxicol. Meth., 30, 75-84,1993

Kommission der Europäischen Gemeinschaft, Jahresbericht 1994: Entwicklung, Validierung und rechtliche Anerkennung von Alternativmethoden zu Tierversuchen, 1994

MAAß P., Das isoliert perfundierte Rindereuter - Ein Modell zur Prüfung der Hautverträglichkeit?, Inaugural-Dissertation, Tierärztliche Hochschule Hannover, 1993

MAYER P., PITTERMANN W., WALLAT S., The effects of Vitamin E on the skin, Cosmetics and Toiletries, 108, 99-109, 1993

PITTERMANN W., Hairless Mouse: Investigations on skin tolerance with in vivo and in vitro methods, Charles River Deutschland, 4. Short Course, 1991

PITTERMANN W. und JACKWERTH B., Hautpflege, Hautfeuchtigkeit und hochdosiertes Vitamin E, Pharmazeutische Zeitung, Dermo-Pharmazie, Sonderheft 4, 1994

PITTERMANN W., BARTNIK F.G., KÜNSTLER K., Acute dermal toxicity: Morphological response of hairless mice skin organ culture, in: BEYNEN A.C. and SOLLEVELD H.A., New Developments in Biosciences: Their Implications for Laboratory Animal Science, Dordrecht: Martinus Nijhoff Publishers, 215-220, 1988

VANROOIJ J.G.M., VINKE E., DE LANGE J., BRUIJNZEEL P.L.B., BODELIER-BADE M.M., NOORDHOEK J., JONGENEELEN F.J., Dermal absorption of polycyclic aromatic hydrocarbons in the blood- perfused pig ear, J.Appl.Toxicol., 15, 193-200, 1995

Nutzen und Grenzen künstlicher Hautmodelle aus der Sicht der Dermatopharmakologie

M. Schäfer-Korting

Zusammenfassung

Während schon jetzt Zellkulturverfahren zur Prüfung auf lokale Verträglichkeit an humanen Keratinozyten und Fibroblasten in erheblichem Umfang durchgeführt werden, sind Tierversuche zur Resorption von neuentwickelten Dermatika und Kosmetika noch immer nicht zu ersetzen, da etablierte in vitro-Verfahren bislang nicht zur Verfügung stehen. Dies ist besonders bedauerlich, da die Aussagekraft der an den Tieren gewonnenen Daten durch die vergleichsweise schlechte Barrierefunktion begrenzt ist, die Aufnahme wird regelmäßig überschätzt.

In den letzten Jahren wurden aber von mehreren Arbeitsgruppen Versuche zur Gewinnung von künstlicher Haut durchgeführt. Dafür werden Keratinozyten auf mesenchymalem Gewebe - isoliertem Korium oder in Kollagen eingebettete Fibroblasten - gezüchtet und durch Inkubation an der Luft-Medium-Grenze zur Verhornung gebracht. Auf diese Weise bildet sich eine Ersatzhaut, die allerdings eine schlechtere Barrierefunktion als die gesunde Humanhaut aufweist. Während aber die verstärkte Durchlässigkeit tierischer Haut auf der Vielzahl von Haarfollikeln (Shuntweg der Penetration) beruht, handelt es sich bei der Kunsthaut um eine Folge der Fettstoffwechselstörung. Epidermale Lipide (Ceramide) entstehen in geringerer Konzentration, werden unzureichend sezerniert und zudem nicht zu den üblichen Lipidhüllen arrangiert. Eine Normalisierung der Barrierefunktion wird durch Transplantation von Kunsthaut in Nacktmäuse erzielt. Dies zeigt, daß die in vitro kultivierten Keratinozyten das Potential zur normalen Ausreifung keinesfalls verloren haben. An der Freien Universität Berlin wird daher derzeit versucht, durch geeignete Kulturbedingungen (Coinkubation mit z.B. Ceramiden, Vitamin D, Zytokinen) den Reifungsprozeß zu verbessern und auf diese Weise zu einer vollfunktionsfähigen Ersatzhaut zu kommen. Alternativ wird die Verbesserung der Penetrationsbarriere durch nachträgliche Zufuhr von Hautlipiden versucht, wie sie sich beispielsweise auch in der Ekzemtherapie weithin bewährt hat. In der Zukunft dürften dann Tierversuche zur Penetration von Fremdstoffen deutlich seltener notwendig sein als heute, gegebenenfalls können sie sogar - wegen ihrer begrenzten Übertragbarkeit auf den Menschen - vollständig durch Penetrationsuntersuchungen an künstlicher Haut ersetzt werden.

Die menschliche Haut, das am weitesten außen liegende Organ unseres Körpers, ist durch seinen engen Kontakt mit der Umwelt ständig vielfältigen, zum Teil schädlichen Einflüssen ausgesetzt. Eine Vielzahl von Umweltstoffen, Haushaltschemikalien, Industriechemikalien, Kosmetika und auch Arzneimitteln wirken auf dieses Organ ein. Kosmetika und Arzneimittel stellen zudem komplexe Mischungen unterschiedlicher Komponenten (z.B. Mineralölprodukte, pflanzliche und tierische Fette, Penetrationsverstärker, Konservierungsmittel) dar, die toxische und/oder allergische Reaktionen, also ein Kontaktekzem, hervorrufen können. Wird eine auf die

Haut aufgetragene Substanz in erheblichem Umfang resorbiert, können auch andere Organe in Mitleidenschaft gezogen werden, es entstehen dann systemische toxische Effekte. Um diese zu vermeiden, werden heute alle neuen Stoffe zur Anwendung an der Haut in Tierversuchen auf ihre Verträglichkeit und ihre Resorption getestet. Bei topischen Dermatika erfolgt zudem die Prüfung auch bezüglich der erwünschten Wirkungen sehr häufig anhand eines Tiermodells.

Zur Testung auf lokale Verträglichkeit sind jedoch im Laufe der letzten Jahre Einsparungen von Tierversuchen durch die Etablierung von in vitro-Verfahren (z.B. Neutralrotaufnahme- bzw. -freisetzungs-Test) erzielt worden. Diese Verfahren werden beim Screening auf lokale Verträglichkeit weithin eingesetzt. Schwieriger ist die Situation bislang bezüglich der Untersuchung der pharmakokinetischen Eigenschaften, d.h. der Aufnahme in und der Penetration durch die Haut sowie seiner Metabolisierung (strukturellen Veränderung) in diesem Organ. Zum Ausschluß einer systemischen Toxizität kann daher bis heute auf Resorptionsstudien an Tieren nicht verzichtet werden. Bislang unbekannte Stoffe werden an mindestens einer, bei Arzneimitteln meist aber an zwei unterschiedlichen Tierspezies getestet. Bisweilen ist auch die Prüfung der einzelnen Zubereitungen notwendig (EEC-Guideline 3979/88; LOPRIENO N., 1992).

Die Tierversuche geben aber die Verhältnisse an der menschlichen Haut nur sehr unzureichend wieder (Ecetoc, 1993), die Resorption wird regelmäßig überschätzt. Die Verhältnisse bei der Resorption von Mensch, Schwein, Ratte und Nacktmaus zeigt Abb. 1.

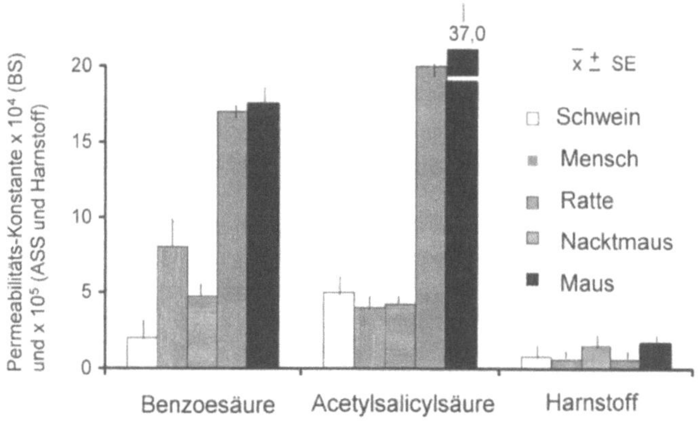

Abb. 1

Wie man sieht, penetriert Benzoesäure viermal schneller durch die Haut der Nacktmaus als durch menschliche Haut, bei Acetylsalicylsäure ist der Unterschied noch deutlich größer (BROUNAUGH R.L. et al., 1982). Dementsprechend ist auch das Risiko einer Schädigung des Organismus durch einen resorbierten Wirkstoff beim Menschen geringer als bei Tieren. Die Ursache für die geringere Resorption über die menschliche Haut liegt in der wesentlich kleineren Zahl von Haarfollikeln, die neben der Hornschicht einen zweiten und besonders effizienten Resorptionsweg darstellen. So ist auch die Barrierefunktion von (follikelfreier) Narbenhaut verglichen mit der gesunden Haut beim Menschen nur geringfügig besser ausgeprägt, aber erheblich besser bei nackten Ratten. Dies ergaben vergleichende Untersuchungen mit zwei Steroidhormonen, nämlich Hydrocortison und Estradiol, im Gegensatz zur menschlichen sank bei der Rattenhaut die Resorptionsquote auf etwa 1/10 des Werts der gesunden Haut (Tabelle 1; HUEBER F. et al., 1994).

Tabelle 1. In vitro-Untersuchung zur Resorption von Hydrocortison (HC) und Estradiol (E) (HUEBER F. et al., 1994)

	Mensch		nackte Ratte	
	HC	E	HC	E
Permeation (%)				
gesunde Haut	0,030	0,027	4,8	10,8
Narbenhaut	0,014	0,016	0,8	1,5

Summary

Benefits and Limits of Reconstructed Epidermis from the Dermatopharmacological Point of View

Today a great number of cell culture experiments with human fibroblasts and keratinocytes are being carried out to verify local tolerance. Animal experiments, which serve to the absorption of newly developped dermatics and cosmetics, however, can still not be replaced. Established in vitro experiments do not yet exist. This fact is particularly regretful, because the significance of data resulting from animal experiments is limited by the comparatively poor barrier function of animal skin and absorption is overestimated.

During the past years, however, several research groups conducted experiments to obtain reconstructed skin. For these experiments keratinocytes were cultured on mesenchymal tissue (isolated dermis or fibroblasts embedded in collagen) keratinisation was induced by incubation at the air-medium-barrier. This results in the formation of a substitutive skin which unfortunately has a poorer barrier function than healthy human skin. In the case of animal skin the increased permeability results from the great number of hair follicles (shuntway of penetration) while in reconstructed skin this effect is a consequence of lipid metabolism. After secretion, epidermal lipids (ceramides) are produced in low concentration. So they are not arranged into the normal lipid sheets. The barrier function can be normalized by transplanting reconstructed skin into nude mice. This shows that keratinocytes cultures in vitro have by no means lost their potential to mature normally. Research scientists at the Freie Universität Berlin try to improve keratinisation by developping suitable culture conditions (coincubation with e.g. ceramides, vitamin D, zytokines) thus obtainig a reconstructed skin having the same barrier function as human skin. Alternatively attempts are made to improve the penetration barrier by adding lipids to the reconstructed skin, a method which proved to be very successful in the therapy of eczema e.g. As a result, animal experiments to test the penetration of foreign substances may in the future be necessary to a far smaller extent then today or even be completly replaced by experiments with reconstructed skin because of their limited correlation with human data.

1. Ersatzverfahren

Angesichts des begrenzten Wertes von Resorptionsstudien am Tier befaßten sich zahlreiche Arbeitsgruppen mit der Einsparung von Tierversuchen bei der Prüfung von Dermatika und Kosmetika. Ein gut geeignetes Testpräparat ist zweifellos frisch exzidierte gesunde Humanhaut, ihr Einsatz wird aber durch die begrenzte Verfügbarkeit dieses Materials limitiert. Gleiches gilt - in besonderer Weise - für Haut mit krankhaft gestörter Barrierefunktion, wie sie z.B. die Haut von Patienten mit Ekzem oder Psoriasis kennzeichnet. Daher wurde nach weiteren Alternativen gesucht.

Ein exotischer Weg dahin besteht in dem Einsatz von Schlangenhaut, die im Rahmen von Häutungsvorgängen anfällt. Die Untersuchungen von HARADA und Mitarbeitern zeigten eine gute Übereinstimmung der Penetration von Salicylsäure in die Haut der Pythonschlange und in die gesunde menschliche Haut über einen weiten Bereich von pH-Werten. Ferner zeigten diese Untersuchungen, daß die Entfernung der Lipide durch Behandlung mit Chloroform/Methanol-Gemischen die Penetrationsbarriere bei beiden Spezies gleichermaßen wesentlich schädigt (HARADA K. et al., 1992) und unterstreichen somit die große Bedeutung der Hautlipide für die Barrierefunktion.

2. Rekonstruierte Epidermis und Living Skin Equivalent: Gewinnung, Aufbau und Barrierefunktion

Ein besserer Weg, um die begrenzte Verfügbarkeit humaner Haut auszugleichen, besteht in der Vermehrung menschlicher Zellen von Epidermis und Korium in künstlichen Nährmedien. So ist es seit einiger Zeit möglich, Fibroblasten des Bindegewebes und Keratinozyten (der Epidermis) zu kultivieren. Dabei sind Fibroblasten in ihren Anforderungen an das Nährmedium wesentlich anspruchsloser als Keratinozyten. Die Kultur der Keratinozyten erfordert ein nährstoffreiches Medium, dem zusätzlich Wachstumsfaktoren zugesetzt werden müssen. Kultiviert man Keratinozyten in Gegenwart physiologischer Ca^{2+}-Ionen-Konzentrationen, d.h. in einem Ca^{2+}-reichen Nährmedium, gelingt es, einen Differenzierungsprozeß in Gang zu setzen. Man erhält im Gegensatz zum Wachstum in Ca^{2+}-armen Nährmedien, in welchen die Keratinozyten nur eine Zellage bilden, mehrschichtige Präparate (2-5 Zellagen). Eine weitere Annäherung an die normale menschliche Haut ist möglich, wenn man die Keratinozyten nun auf einer Unterlage kultiviert, die in ihrer Struktur dem Korium möglichst eng verwandt ist, also mesenchymale Elemente enthält, und über welche der entstehenden Epidermis Nährstoffe zugeführt werden. Kultiviert man die Keratinozyten auf isoliertem Korium, verhornen die Keratinozyten zu Korneozyten (Hornzellen), man erhält in diesem Fall die sogenannte rekonstruierte Epidermis (RE). Ein alternativer Weg zur Gewinnung einer vollsynthetischen Haut (Living Skin Equivalent, LSE) besteht in der Züchtung der Keratinozyten auf in Kollagen eingebetteten Fibroblasten. In beiden Fällen ist es für die Induktion des Verhornungsprozesses erforderlich, daß man nach einigen Tagen von der konventionellen Submerskultur zur Kultur der Keratinozyten an der Luft-Medium-Grenze übergeht. Dies geschieht durch Anheben des Präparates.

Beide Präparationen der Kunsthaut eignen sich wesentlich besser als die konventionellen Keratinozyten zur Prüfung von Dermatika und Kosmetika. Dies beruht auf der deutlich größeren Ähnlichkeit der Kunsthaut mit der Humanhaut, als dies bei den Keratinozytenkulturen der Fall ist (Tabelle 2).

Nur die Kunsthaut weist den charakteristischen vierschichtigen Aufbau auf (Stratum basale, S. spinosum, S. granulosum, S. corneum). Da nur hier eine Verhornung stattfindet, findet man auch nur in der Kunsthaut Keratinosomen, allerdings beim LSE in geringerer Zahl als in der natürlichen Humanhaut. Auch die von der Kunsthaut synthetisierten Keratine sind dieselben wie in gesunder Humanhaut (Keratin 5 und 14 in den basalen, Keratin 1 und 10 in den suprabasalen Zellagen), submers kultivierte Keratinozyten synthetisieren dagegen nur Keratin 5 und 14. Daneben findet man allerdings in der Kunsthaut auch Keratin 6 und Keratin 16, die in hyperproliferativer Epidermis, nicht aber der normalen Haut vorliegen.

Tabelle 2. Histologische und biochemische Charakterisierung von submers kultivierten Keratinozyten, künstlicher Haut und gesunder menschlicher Haut (SB: Stratum basale, SPB: Suprabasale Schicht, SS: Stratum spinosum, SG: Stratum granulosum, SC: Stratum corneum, K: Keratin)

Charakteristika	**Keratinozyten**	**„Kunsthaut"**	**Humanhaut**
Aufbau		SB, SS, SG, SC	SB, SS, SG, SC
Keratinosomen	keine	wenig	viele
Keratin	K5, K14	SB: K5, K14	SB: K 5, K 14
		SPB: K6, K 16, K 1, K 10	SPB: K 1, K 10
Sphingolipide	wenig	viel	viel
Acylceramide	keine	ja	ja
Triglyceride	viel	viel	wenig
ess. Fettsäuren	wenig	wenig	viel

Auch bezogen auf die Lipide gleicht die Kunsthaut der nativen Haut wesentlich besser als der Keratinozyt. Wir finden Sphingolipide in höherer Konzentration; sie bildet im Gegensatz zu den Keratinozyten Acylceramide, andererseits ist aber die Konzentration der Triglyceride erhöht, während essentielle Fettsäuren in kleineren Mengen vorliegen (Tabelle 2; Übersicht bei PONEC M., 1992). Allerdings befriedigt die heute zur Verfügung stehende Kunsthaut noch nicht voll, man sieht dies nicht nur anhand der Differenzen in den hier geschilderten biochemischen Parametern, vielmehr ist auch der strukturelle Aufbau der Hornschicht anders. Dies ist wahrscheinlich die Ursache für die vergleichsweise schlechte Barrierefunktion der heute verfügbaren Kunsthaut. Obgleich also die Kunsthaut im Gegensatz zu der tierischen Haut keine Haarfollikel besitzt, der Shuntweg der Penetration somit nicht existiert, ist die Übertragbarkeit auf die gesunde menschliche Haut doch nicht voll befriedigend. Bereits in den Keratinosomen weisen nämlich die epidermalen Lipide nicht den typischen geschichteten Aufbau der gesunden Haut auf. Dies führt dann auch zu einer irregulären Struktur der epidermalen Lipide, die normalerweise jeden Keratinozyten wie Zwiebelschalen umgeben: Bei der Kunsthaut finden sich neben parallel zur Zellmembran arrangierten Lipidschichten auch solche, die schräg dazu verlaufen bzw. senkrecht auf der Zellmembran stehen. Auf diese Weise entstehen in der Hornschicht Bezirke, die ohne Probleme von Fremdsubstanzen überwunden werden können. Bei den vereinzelt schon heute vorgenommenen Penetrationsstudien an Kunsthaut wird demgemäß - wie bei den Tierversuchen - die Wirkstoffpenetration/-resorption verglichen mit gesunder menschlicher Haut überschätzt. - Eine vergleichende Untersuchung zur Barrierefunktion isolierter Keratinozytenschichten, des isolierten Korium, rekonstruierter Epidermis und exzidierter Humanhaut wurde bereits 1990 von PONEC publiziert. Dabei zeigte sich, daß alle diese Hautschichten eine bessere Penetrationsbarriere darstellen, als eine isolierte Dialysemembran. Schon die nicht verhornten Keratinozyten beeinträchtigen die Penetration einer hydrophilen Substanz wie Sucrose wesentlich. Eine wesentlich bessere Penetrationsbarriere, verglichen mit der Dialysemembran und dem auf die Dialysemembran aufgelagertem Korium, stellt die rekonstruierte Epidermis dar. Dennoch erreicht die rekonstruierte Epidermis nicht die Barriereeigenschaften der Humanhaut bzw. eines isolierten stratum corneum. Die Hornschicht stellt somit das wichtigste Penetrationshindernis für Fremdstoffe dar. Sie wird in ihrer Effizienz von der Kunsthaut bislang nicht erreicht (Abb. 2; PONEC M. et al., 1990).

Weitere Studien zur Penetrationsbarriere wurden von RÉNIER und Mitarbeitern durchgeführt. Er konnte zeigen, daß eine Verlängerung der Kulturdauer über 14 Tage hinaus die Barrierefunktion der Kunsthaut nicht weiter verbessert (RÉNIER M. et al., 1992). Für einen Zweck scheint die Kunsthaut aber auch im gegenwärtigen Stadium voll geeignet. So kann mit diesem Modell der Einfluß verschiedener galenischer Formulierungen auf die Penetration der

Wirkstoffe in die Haut vergleichend bestimmt werden, so daß relative Aussagen zur Wirkstärke der verschiedenen Formulierungen bzw. zu den systemischen Nebenwirkungen möglich sind. Außerdem darf man nicht vergessen, daß bei den wichtigsten Hautkrankheiten, wie oben beschrieben, eine Verhornungsstörung (Parakeratose) vorliegt, die ein verstärktes Eindringen von Fremdstoffen über die erkrankte Haut verursacht.

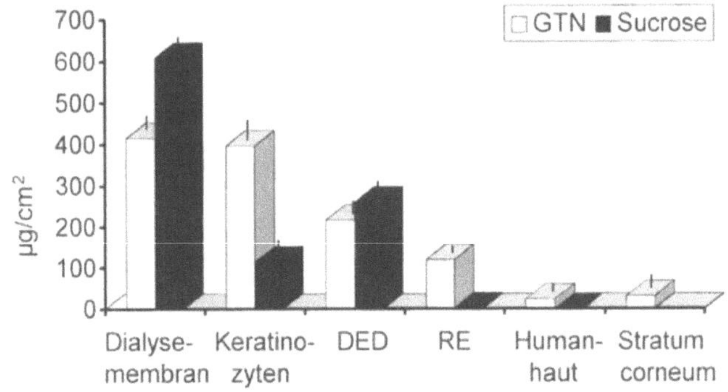

Abb. 2

Es bestehen aber gute Chancen, die Barriere der Kunsthaut zu optimieren, weil nämlich die Transplantation rekonstruierter Epidermis in immuninkompetente (athymische) Nacktmäuse das Lipidmuster normalisiert. So verdoppelt sich die Konzentration von Cholesterolsulfat, die Konzentration von freien Fettsäuren steigt um nahezu das Sechsfache an und die erhöhte Konzentration an Triglyceriden sinkt. Auch das Muster der Ceramide ähnelt jetzt mehr dem der gesunden menschlichen Haut. Insbesondere kommt es zu einem Anstieg an Ceramid 6 um nahezu das Zwanzigfache (HIGOUNENC I. et al., 1994). Auch schon ältere Versuche zeigten, daß die Permeabilität ganz wesentlich von den Kulturbedingungen (z.B. Luftfeuchtigkeit, Supplementierung mit Wachstumsfaktoren) abhängt (REGNIER M. et al., 1992). Als weitere Möglichkeit kommt jetzt auch die Supplementierung mit Ceramiden in Betracht. Eine Optimierung der Ceramidwirkung könnte durch den Einsatz in liposomaler Form möglich sein, da die Verkapselung die Aufnahme in die Haut und damit die Wirksamkeit anderer dermatologisch aktiver Substanzen erheblich verstärkt (SCHÄFER-KORTING M. et al., 1989; MEYBECK, 1992). Weitere Faktoren, die in dieser Hinsicht interessant erscheinen, sind die Vitamine D und A, wobei im letzteren Fall speziell auch an die Supplementierung mit 9-cis-Retinsäure zu denken ist, dessen Ligand-Rezeptor-Komplex Heterodimere mit dem Vitamin D Rezeptor (u.a.) bildet. Darüber hinaus ist an eine Supplementierung mit Interleukin 1 und Wachstumsfaktoren zu denken.

3. Metabolische Aktivität künstlicher Humanhaut

Neben dem Einsatz in Resorptionsstudien ist die Verfügbarkeit von Kunsthaut, wie schon gesagt, für die Untersuchung der Arzneistoffmetabolisierung besonders interessant. Diese ist gleichermaßen für die lokale wie für die systemische Verträglichkeit relevant. Zahlreiche Wirkstoffe werden nämlich auf ihrem Weg durch die Haut durch metabolisierende Enzyme in ihrer Struktur verändert. Am Wirkort liegt dann neben dem applizierten Stoff selbst auch dieses Abbauprodukt vor, das sich hinsichtlich seiner toxischen Effekte aber auch hinsichtlich seiner allergisierenden Potenz ganz wesentlich von der Muttersubstanz unterscheiden kann. In der Kunsthaut konnten bis heute 25 verschiedene Enzyme nachgewiesen werden. Dazu gehören

Monooxygenasen, speziell solche der Unterfamilien Cyp IA1 und IIB1, Cytochrom-C-Reduktasen, 5a-Reduktasen (die bei der Aktivierung von Testosteron eine große Rolle spielen) Glucuronyltransferasen, je eine Glutathion-S-Transferase, Steroidsulfatase und Arylsulfatase sowie zwei Formen der Epoxydhydrolasen (PHAM M.-A. et al., 1990). Ein Vergleich der Metabolisierung von Testosteron in frisch exzidierter Bauchhaut und in Kunsthaut zeigte eine gute Übereinstimmung im Metabolisierungsprofil (Tabelle 3).

Tabelle 3. Testosteron-Metabolisierung (% in 24h) (ERNESTI A. et al., 1992)

	Bauchhaut	Living Skin Equivalent (Testskin)
pol. Metaboliten	12	13
Testosteron	64	54
Androstandiol	13	6
Androstandiol+ Epiandrosteron+ 5β-DHT	4	5
5α-DHT+ Androsteron	4	14
Androstandion	1	1
Kp x 10^{-3}cm/h	0,4	14

Insgesamt gesehen scheint die metabolische Kapazität der Kunsthaut sogar etwas höher zu sein, als die der nativen Humanhaut. Nach einer Inkubationsdauer von 24 Stunden betrug der Anteil des nativen Testosteron in der exzidierten Haut 64% aber nur mehr 53% in der Kunsthaut. Der größte Unterschied zwischen den beiden Systemen zeigte sich hinsichtlich der Aktivierung zu 5a-Dihydrotestosteron respektive der Bildung von Androsteron. Diese beiden Metaboliten konnten in der exzidierten Haut zu 4%, in der Kunsthaut aber zu 14% der Gesamtkonzentration nachgewiesen werden (ERNESTI A. et al., 1992).

Von Vorteil - verglichen mit konventionell kultivierten Hautzellen - ist, daß auch bei den Metabolisierungsstudien mit künstlicher Haut die Hornschichtbarriere die Zahl der Fremdstoffmoleküle begrenzt, die die lebende Epidermis und das Korium erreichen und schädigen können. Auch bei Metabolisierungsstudien ist eine Annäherung an die Situation in vivo wünschenswert. So wurde bei Glyeroltrinitrat ein Einfluß der Resorption auf die Metabolisierungsgeschwindigkeit gezeigt (Übersicht bei PONEC M., 1992). Die Barrierefunktion und damit eine gesteuerte Metabolisierung könnte demnach auch die Ursache für die Separation der erwünschten antientzündlichen und der unerwünschten atrophogenen Wirkung der sog. soft-steroids, d.h. Glucocorticoiden mit verbesserter Nutzen-Risiko-Relation, sein (SCHÄFER-KORTING M. et al., 1993; KORTING H.C. et al., 1992). Mittels Untersuchung an Kunsthaut könnte somit der bislang nicht verständliche Vorteil dieser speziellen Glucocorticoide einer rationalen Erklärung zugeführt werden.

Aufgrund der guten metabolischen Kapazität erscheint Kunsthaut aber auch zur Prüfung auf allergische Hautreaktion geeignet, da diese meist nicht durch den Wirkstoff selbst, sondern durch die bei der Metabolisierung entstehenden reaktiven Zwischenprodukte hervorgerufen werden. Schließlich könnte sich dieses Modell auch für die Abschätzung von Umweltgefährdungen eignen, da eine Vielzahl von Umweltfaktoren über die Induktion bzw. Hemmung von Enzymen in den Fremdstoffmetabolismus nicht nur der Leber, sondern vielmehr auch der Haut eingreifen könnte. So steigt in den letzten Jahrzehnten die Häufigkeit des atopischen Ekzems, das sich unter der Einwirkung von Umweltschadstoffen manifestiert, stark an (KAPP A., 1995). Durch den gleichfalls verstärkten Einsatz von Kosmetika und die vermehrte Einwirkung von Chemikalien sehen wir aber auch zunehmend allergische Kontaktekzeme. Da auch hierbei wieder die Metaboliten der applizierten Substanzen große Bedeutung haben dürften, sollte auch bezüglich der Erforschung dieser Erkrankungen die Kunsthaut ein interessantes Modell sein.

4. Einsatz von künstlicher Humanhaut für Verträglichkeitsprüfungen

Schließlich erscheint die Kunsthaut prinzipiell auch für ein in vitro-Screening zur lokalen Verträglichkeit geeignet. Folgende Meßparameter kommen u.a. dafür in Betracht:

1. maximal tolerierte Dosis (höchste Konzentration, die keine morphologische Veränderung bewirkt.),
2. geringste Wirkstoffkonzentration, die eine Permeabilitätserhöhung der Hornschicht hervorruft,
3. Wirkstoffkonzentration, die eine 50%ige Hemmung des Zellwachstums bewirkt.

So schädigt Natriumlaurylsulfat bereits in einer Konzentration von 0,001% submers kultivierte Keratinozyten, während erst eine Konzentration von 1-2% die rekonstruierte Epidermis schädigt. Dieses Ergebnis entspricht wesentlich besser der Empfindlichkeit der gesunden menschlichen Haut gegenüber diesem Surfactant (PONEC M., 1992). Ein Living Skin Equivalent diente auch zur Prüfung synthetischer Wundverbände auf Verträglichkeit (LOBASSO F. und STEPHENS T.J., 1993). Das Verfahren gewinnt somit an Interesse über den Bereich von Arzneimitteln und Kosmetika hinaus.

5. Ausblick

Obgleich bislang in ihrer Entwicklung und Validierung noch keineswegs abgeschlossen, wird die Kunsthaut in Zukunft zweifellos die dermatopharmakologische wie die kosmetische Forschung entscheidend bereichern. Für den Einsatz als Routineverfahren ist es allerdings wünschenswert, die Penetrationsbarriere der der gesunden Haut weiter anzugleichen. Dabei stellt sich auch die Frage, welches der beiden Verfahren für die Routineanwendung zu bevorzugen ist. Ich möchte dabei ganz klar für das Living Skin Equivalent plädieren, obgleich die bislang vorgenommenen Untersuchungen andeuten, daß die rekonstruierte Epidermis möglicherweise eine bessere Penetrationsbarriere bildet. Da bei der rekonstruierten Epidermis jedoch auf die Gewinnung von menschlichem Korium nicht verzichtet werden kann, ist die Verfügbarkeit solcher Präparate stark limitiert. Man muß daher alles daran setzen, das Living Skin Equivalent zu optimieren. Wenn dies gelungen ist, dürften Resorptionsstudien am Tier weithin der Vergangenheit angehören. Gleiches dürfte auch für die Untersuchung des Metabolismus von Pharmaka in der Haut zutreffen, die in den letzten Jahren immer mehr in das Zentrum des Interesses rückt. Aber auch bei Untersuchungen zur lokalen Verträglichkeit wird dieses Modell, neben der Untersuchung an konventionell kultivierten Keratinozyten und Fibroblasten, weiter an Bedeutung gewinnen, da hier außer wasserlöslichen Substanzen auch solche getestet werden können, die nicht wasserlöslich sind (ohne daß ein Lösungsvermittler eingesetzt werden muß), ferner ist auch die Prüfung einer fertigen Formulierung problemlos möglich.

Literatur

BRONAUGH R.L., STEWART R.F., CONGDON E.R., GILES A.L. JR., Methods for in vitro percutaneous absorption studies, II. Animal models for human skin, Toxicol app Pharmacol, 62, 481-488, 1982

Ecetoc, Percutaneous absorption, Monograph No. 20, 1993

ERNESTI A., SWIDEREK M., GAY R., Absorption and metabolism of topically applied testosterone in organotypic skin culture, Skin Pharmacol, 5, 146-153, 1992

HARADA K., MURAKAMI T., YATA N., YAMAMOTO S., Role of intercellular lipids in stratum corneum in the percutaneos permeation of drugs, J. Invest Derm, 99 (3), 278-282, 1992

HIGOUNENC I., DÉMARCHEZ M., RÉGNIER M., SCHMIDT R., PONEC M., SHROOT B., Improvement of epidermal differentiation and barrier function in reconstructed human skin after grafting onto athymic nude mice, Arch Dermatol Res, 286, 107-114, 1994

HUEBER F., BESNARD M., SCHAEFER H., WEPIERRE J., Persutaneous absorption of estradiol and progesterone in normal and appendage-free skin of hairless rat: Lack of importace af nutritional blood flow, Skin Pharmacol, 7, 245-256, 1994

KAPP A., Atopische Dermatitis - die Hautmanifestation der Atopie, Allergo J, 4, 229-238, 1995

KORTING H.C., KERSCHER M.J., LENHARD S., SCHÄFER-KORTING M., Topical glucocoricoids with improved benefit/ridk: do they exist?, J Am Acad Dermatol, 27, 87-92, 1992

LOBASSO F. and STEPHENS T.J., Use of a reconstituted human skin model for predicting the inflammation potential of wound care products, J Toxicol - Cut & Ocular Toxicol, 12 (4), 363-370, 1993

LOPRIENO N., Guidelines for safety evaluation of cosmetics ingredients in the EC countries, Fd Chem Tox, 30, 809-815, 1992

MEYBECK A., Griesbach Conference Liposome Dermatics, Springer Verlag, 1992

PHAM M.-A., MAGDALOU J., SIEST G., LENOIR M.L., BERNARD B.A., JAMOULLE J.C., SHROOT B., Reconstituted Epidermis: A novel medel for the study of drug metabolism in human epidermis, J Invest Dermatol, 94 (6), 749-752, 1990

PONEC M., In vitro cultured human skin cells as alternatives to animals for skin irritancy screening, Int J Cosm Science, 14, 245-264, 1992

PONEC M., WAUBEN-PENRIS P.J.J., BURGER A., KEMPENAAR J., BODDÉ H.E., Nitroglycerin and sucrose permeability as quality markers for recontructed human epidermis, Skin Pharmacol, 3, 126-135, 1990

REGNIER M., CARON D., REICHERT U., SCHAEFER H., Reconstructed human epidermis: A model to study in vitro the barrier funktion of the skin, Skin Pharmacol, 5, 49-56, 1992

SCHÄFER-KORTING M., KORTING H.C., KERSCHER M.J., Prednicarbate activety and benefit/risk ratio in relation to other topical glucocorticoids, Clin Pharmacol Ther, 54, 448-456, 1993

Schadstoffe in Textilien und Kosmetika: Risikoabschätzung durch Atmungsmessungen an Keratinozyten

C. Schewe, T. Schewe, T. Rosenbach, K. Beining

Zusammenfassung

Keratinozyten sind das Testobjekt der Wahl für den Nachweis von Schadstoffen in Textilien und Kosmetika, da sie die erste lebende Zellart repräsentieren, die bei Hautkontakt betroffen werden kann. Wir messen mittels Mikro-Clark-Elektrode den O_2-Verbrauch von Keratinozyten der humanen permanenten Zellinie HaCaT in Abwesenheit und Gegenwart von Oligomycin (Inhibitor der oxidativen Phosphorylierung), Carbonylcyanid-3-chlorphenylhydrazon (Entkoppler) und Antimycin A (Inhibitor der Atmungskette). Auf diese Weise werden quantitative Daten zum Atmungsstatus der Hautzellen erhalten. Schadstoffe beeinflussen diesen unterschiedlich, so daß gleichzeitig Aussagen zum Mechanismus einer Zellschädigung erhalten werden. Das Testsystem wurde mit bekannten Schadstoffen erprobt (Pentachlorphenol, Halogenaromaten, Formaldehyd, Tenside). Weiterhin konnten wir in einigen verdächtigen Textilien, die mit Schweißsimulaten extrahiert wurden, dosisabhängige Hemmungen der Zellatmung nachweisen, die anscheinend nicht auf eine der bislang als Textilschadstoffe bekannten Verbindungen zurückzuführen ist.

Summary

Toxicants in textile fabrics and cosmetics: Risk assessment via respiration measurements with keratinocytes

Keratinocytes are the first living target cells affected during skin contact by toxicants present in textile fabrics or cosmetics. We measure the oxygen uptake of keratinocytes of the permanent human cell line HaCaT in the absence and presence of the specific agents oligomycin (inhibitor of oxidative phosphorylation), carbonylcyanide 3-chlorophenylhydrazone (uncoupler) and antimycin A (inhibitor of electron transfer) to obtain a precise pattern of the respiratory state of the cells. This pattern is altered by various cell-toxic compounds in a different way allowing conclusions as to the mechanism of the damage to cells. The test system was applied for known toxicants such as pentachlorophenol, halogenated aromatics, formaldehyde and tensides as well as for extacts from fabrics.

1. Einleitung

1.1. Können wir das potentielle Risiko durch Textilbegleitstoffe für Gesundheit und Umwelt derzeit richtig einschätzen?

Neue Technologien der Textilveredelung, die eine ständig wachsende Anzahl verschiedener chemischer Verbindungen einbeziehen, haben breit gefächerte Diskussionen in der Öffentlichkeit hinsichtlich der dadurch bedingten potentiellen Gefährdung der Gesundheit und Umwelt ausgelöst. Den Schwerpunkt dieser Diskussionen bilden dabei fast ausschließlich erbgutverändernde (sog. „CMT-Wirkungen") und sensibilisierende (allergieauslösende) Wirkungen einzelner in der Textilveredelung eingesetzter Verbindungen. Tatsächlich erweisen sich die bisher in der Textilprüfung eingesetzten Methoden und die damit im Zusammenhang stehenden gesetzlichen Bestimmungen bei genauer Betrachtung für eine objektive Risikoabschätzung als unzureichend, obwohl in den letzten Jahren auf diesem Gebiet durchaus Fortschritte zu verzeichen sind. 1992 wurde von Textil-Forschungsinstituten in Österreich und Deutschland der Öko-Tex Standard 100 entwickelt, der sich inzwischen europaweit etabliert hat und zumindest von soliden Textilherstellern auch eingehalten wird. Er schreibt Prüfungen auf hautneutralen pH-Wert und Farbechtheit sowie Grenzwerte für bekannte Schadstoffe, darunter Pentachlorphenol, Formaldehyd, Pestizide, chlororganische Carrier, Schwermetalle und krebsverdächtige und allergieauslösende Farbstoffkomponenten vor. Der Öko-Tex Standard 100 kann als ein erster Schritt in die richtige Richtung angesehen werden, keinesfalls garantiert er aber einen sicheren Verbraucherschutz. Seine Hauptschwäche dürfte im Fehlen von Biotests liegen, die für eine umfassende Bewertung der Hautverträglichkeit geeignet erscheinen; denn durch alleinige Anwendung moderner analytischer Chemie lassen sich unter den Tausenden von Textilbegleitstoffen weder bisher unbekannte Schadstoffe identifizieren noch toxische Kombinationswirkungen verschiedener Verbindungen erfassen. Gerade hierin besteht die spezifische Aufgabe von Biotests. Die Biotestung von Textilbegleitstoffen beschränkt sich - sofern überhaupt durchgeführt - meist auf die Prüfung der Gentoxizität, u.a. mittels des Ames-Tests auf mutagene Wirkungen (siehe z.B. PFITZENMAIER G., 1990; HELMA C. et al., 1994); da bei solchen Tests bislang ausschließlich mikrobielle, pflanzliche und tierische Zellen verwendet wurden, sind die Testergebnisse hinsichtlich der Übertragbarkeit auf den Menschen in ihrem Aussagewert überdies fragwürdig. Unter Allergologen bildet sich aber derzeit die Auffassung heraus, daß das erbgutverändernde und sensibilisierende Potential unserer Kleidung offenbar überbewertet, die allgemein zelltoxischen Wirkungen dagegen unterschätzt werden (KLASCHKA F., 1995). Das ist teilweise dadurch bedingt, daß allgemein zelltoxische Wirkungen, die oft zu Hautreizungen führen und auch pseudoallergene Effekte einbeziehen, leicht mit echten sensibilisierenden Wirkungen verwechselt werden können. Daher erscheint die Einbeziehung zellulärer Tests der *allgemeinen* Toxizität in die Textilprüfung als unumgänglich.

1.2. Die menschliche Hautzelle als Objekt der Wahl für die toxikologische Testung von Textilbegleitstoffen und Kosmetika

Überall dort, wo chemische Verbindungen in direkten Kontakt mit der Haut treten, sind die Keratinozyten, die ca. 95% aller Zellen der Epidermis bilden (LEIGH I.M. et al., 1994), die erste Zielscheibe etwaiger zelltoxischer Wirkungen. Das ist der Fall bei enganliegenden Textilien sowie bei Kosmetika und Friseurchemikalien. Daher ist die Verwendung kultivierter menschlicher Keratinozyten für diesbezügliche Toxizitätstestungen naheliegend (FENTEM J.H. et al., 1995). Sie sind neben organotypischen Gewebekulturen (TRIGLIA D. et al., 1991; DYKES P.J. et al., 1991; DARLINGTON S. et al., 1995) auch eine sinnvolle Alternative zum Kaninchenhautreizungstest (KLECAK G., 1992), zumal das Penetrations- und Stoffwechselverhalten der

Haut erhebliche Speziesunterschiede zeigt (GRANDJEAN P., 1990; MAGEE P.S., 1991), so daß der Ersatz von Tierversuchen für diese Zielstellung nicht nur aus Gründen des Tierschutzes angezeigt scheint. Dennoch sind diese Zellen lediglich als Modell zu betrachten. Gegenüber der Situation in vivo fehlen u.a. die Wechselwirkungen mit anderen in der Haut vorkommenden Zellarten, wie z.B. Langerhans-Zellen und Mastzellen. Es ist daher sinnvoll, die Ergebnisse von Untersuchungen an isolierten Keratinozyten an freiwilligen Probanden zu verifizieren.

1.3. Die Zellatmung als universelle Teststrategie zur Erfassung allgemein zelltoxischer Wirkungen

Die Zellatmung ist ein Schlüsselprozeß des Stoffwechsels, mit deren Hilfe aus den Nährstoffen Energie gewonnen und in Form von ATP konserviert wird. Ihr Ausfall oder ihre Beeinträchtigung kann zu tiefgreifender Störung von Stoffwechsel, Struktur und Funktion der Zelle bis hin zum Zelltod führen. Die Messung des Sauerstoffverbrauchs allein liefert noch keine sicheren Aussagen zur Toxizität, da dieser durch Atmungsgifte je nach Wirkungsweise unterschiedlich beeinflußt werden kann. Dies ist vielleicht der Grund dafür, daß sich die Zellatmung als Vitalitäts- und Funktionstest noch nicht generell durchgesetzt hat. Werden aber durch Anwendung spezifischer Wirkstoffe mit definierten Angriffspunkten die einzelnen funktionellen Kompartimente separat ermittelt, so können Schadwirkungen auf die Zellatmung und damit auf den Grundstoffwechsel ziemlich sicher erfaßt und zugleich die herkömmlichen Vitalitätstests wie Neutralrot- und MTT-Test (KALWEIT S. et al., 1990; MOSMANN T., 1985) hinsichtlich ihres Aussagewertes übertroffen werden.

2. Material und Methoden

2.1. Zellzucht

Für die Untersuchungen wurden Keratinozyten der permanenten humanen Zellinie HaCaT (BOUCAMP P. et al., 1988) verwendet. Die Zellen wurden bei 37°C in „Dulbecco's Minimum Essential Medium" (DMEM) mit 5% fötalem Kälberserum, 1% Penicillin/Streptomycin und 0,5% Glutamin in Zellkulturschalen mit einem Durchmesser von 150mm und 150cm² Nutzfläche gezüchtet (LIESEGANG C., 1992). Zwischen dem 12. und dem 16. Tag nach Aussaat wurden die Zellen geerntet. Die Ablösung der Zellen erfolgte durch Trypsinbehandlung. Danach wurden die Zellen abzentrifugiert und im Zellzuchtmedium in einer Konzentration von 10 bis 40 x 10^6 Zellen pro ml aufgenommen. Bis zu den Atmungsmessungen wurde die Zellsuspension im Eisbad unter gelegentlichem Schütteln aufbewahrt. Letzteres erwies sich als notwendig, um einer Anaerobiose des Mediums infolge der Zellatmung vorzubeugen, die zu einem raschen pH-Abfall (erkennbar am Umschlag des Indikators) und damit zu einer aus den Atmungsparametern erkennbaren Zellschädigung führt.

2.2. Atmungsmessung

Die Messung des O_2-Verbrauchs erfolgte mikrooxygraphisch bei 37°C am Oxygenmeter Modell 781 (Strathkelvin Instruments, Glasgow, Schottland). Das Volumen der thermostatierten und gerührten Meßkammer betrug 0,6ml. Als Meßmedium diente ähnlich wie bei der Zellzucht DMEM/5% fötales Kälberserum, jedoch mit HEPES-Puffer anstelle von Hydrogenkarbonat. Die Testlösungen und Standardwirkstoffe (gelöst in 2-Methoxyethanol) wurden mittels Mikroliterspritze und Kapillarschlauch während der oxygraphischen Messung zugegeben. Der O_2-Verbrauch pro Zeiteinheit wurde mit einem Schreiber aufgezeichnet und die Anstiege der Kurven ermittelt. Pro Messung wurden 10^6 Zellen eingesetzt. In einem Meßansatz wurden nacheinander die Basalatmung (O_2-Verbrauch ohne weiteren Zusatz) sowie die Werte in Gegenwart von 3µM Oligomycin, von 8µM Carbonylcyanid-3-chlorphenylhydrazon (CCCP) und von 3µM Antimycin A bestimmt. Aus den so erhaltenen 4 Atmungsparametern wurden durch entsprechende Differenzbildungen folgende funktionellen Kompartimente des O_2-Verbrauchs ermittelt:

- die Atmungskapazität der Zellen (CCCP-stimulierte Atmung minus Antimycin A-resistente Atmung)
- die phosphorylierende Atmung (Basalatmung minus Oligomycin-Atmung)
- die entkoppelte mitochondriale Atmung (Oligomycin-Atmung minus Antimycin A-resistente Atmung)
- der Antimycin A-resistente O_2-Verbrauch (Atmung in Gegenwart von Antimycin A).

Diese 4 Größen charakterisieren den Atmungsstatus der Zellen. Die Werte für die HaCaT-Zellen sind in Tabelle 1 angegeben. Sie wurden sowohl für die Kontrollansätze als auch für die entsprechenden Ansätze mit Testsubstanzen oder Textilextrakten ermittelt. Aus dem Vergleich der Parameter dieser Ansätze mit den Kontrollen erfolgte nicht nur der Nachweis einer Schadwirkung auf die Zellatmung, sondern darüber hinaus auch die Identifizierung der Wirkungsweise, d.h. es war ersichtlich, ob es sich um eine Hemmung der ATP-Synthese, eine Hemmung des Elektronentransportes (Atmungskette) oder eine Entkopplung der oxidativen Phosphorylierung handelte. Durch Variation der Wirkstoffkonzentration und die so erhaltenen Dosis-Wirkungs-Kurven wurden die IC_{50}-Werte (bei Inhibitoren des Elektronentransportes oder der ATP-Synthese) bzw. die ED_{50}-Werte (halbmaximale Stimulierung der Basalatmung und Aufhebung der Oligomycin-Hemmung durch Entkoppler der oxidativen Phosphorylierung) ermittelt.

Tabelle 1. Atmungsparameter von HaCaT-Keratinozyten

Atmungsgröße (Sauerstoffverbrauch)	**Mittelwert ± Standardabweichung (n = 26) [nmol O_2/min x 10^6 Zellen]**
Basalatmung	4,93 ± 0,74
Oligomycin-resistent	2,35 ± 0,47
CCCP-entkoppelt	8,74 ± 1,35
Antimycin A-resistent	0,69 ± 0,16

2.3. Herstellung der Textilextrakte

Die Extraktion der Textilproben wurde so durchgeführt, daß sie den Bedingungen der Herauslösung von Textilbegleitstoffen durch den menschlichen Schweiß während des Tragens der Bekleidungsstücke modellmäßig weitgehend entspricht. Es wurden die Vorschriften nach DIN 54020 und DIN 38414 S4 angewendet. Danach wurden für die Extraktion Histidin-Phosphatpuffer mit den pH-Werten 5,5 und 8,0 als „Simulate" für den sauren bzw. alkalischen Schweiß verwendet. Da die Zusammensetzung des menschlichen Schweißes jedoch wesentlich komplexer ist und insbesondere in Abhängigkeit von Ernährung, Regulation des Wasserhaushaltes, körperlicher Aktivität und vom dominierenden Typ der beteiligten Schweißdrüsen (apokriner und ekkriner Schweiß) stark variiert, wird die in vivo-Situation nur bedingt simuliert. Dennoch wurde in vergleichenden GC/MS-Analysen festgestellt, daß mit dieser Methode auch die lipophilen Verbindungen mit nahezu gleicher Effizienz extrahiert werden wie bei einer Anwendung von organischen Lösungsmitteln.

1 Gewichtsteil der mit einer Schere zerkleinerten Textilprobe wurde mit 10 Volumenteilen des sauren (5g NaCl, 1,95g $NaH_2PO_4 \cdot H_2O$, 0,5g Histidin · HCl pro l; pH 5,5) bzw. des alkalischen „Schweißsimulates" (5g NaCl, 0,5g $Na_2HPO_4 \cdot 12\ H_2O$, 0,5g Histidin · HCl pro l; pH 8,0) 24 h bei 37° unter ständigem Schütteln extrahiert. Nach Filtration und Einstellung der Osmolarität auf 300mosm/l wurden variierende Volumina des Extraktes den Meßansätzen (siehe 2.2.) zugesetzt. Die beobachteten Effekte wurden auf das Gewicht der Textilprobe bezogen und in ppm angegeben. Diese Einheit wird hier nur formal angewendet, da nur ein kleiner Teil der Textilmasse in Form löslicher Verbindungen in den Extrakt übergeht.

3. Ergebnisse

3.1. Schadstoffe und andere Textilbegleitstoffe

Tabelle 2 gibt eine Übersicht über die Testergebnisse ausgewählter Reinsubstanzen, die entweder als Schadstoffe in Textilien bereits bekannt sind oder mit deren Auftreten in Textilien gerechnet werden kann. Neben den Konzentrationen für eine halbmaximale Wirkung (ED_{50}- bzw. IC_{50}-Werte) sind auch die Angriffspunkte für die empfindlichste Schadwirkung angegeben. Es ist ersichtlich, daß der Keratinozytenatmungstest die meisten der Schadstoffe erfaßt. Wie erwartet, zeigen substituierte Phenole eine Entkopplung der oxidativen Phosphorylierung, wohingegen eine Reihe anderer chlorierter Aromaten den Elektronentransfer in teilweise bemerkenswert niedrigen Konzentrationen hemmen.

Beachtenswert ist auch die Wirkung von Biphenyl-2-ol auf den Elektronentransfer; diese Verbindung wird gelegentlich als Färbehilfsmittel sowie als Konservierungsmittel mit fungiziden Eigenschaften in der Textilindustrie eingesetzt. Sie gilt bislang als toxikologisch weitgehend unbedenklich, obwohl in der Literatur über stark hautreizende Wirkungen sowohl in Tierexperimenten (Kaninchenhautreizungstest) als auch in vereinzelten klinischen Untersuchungen berichtet wurde. Diese starke Hautreizung könnte mit der von uns nachgewiesenen Hemmung der Zellatmung in Zusammenhang stehen.

Erwartungsgemäß zeigen auch Tenside entsprechende Hemmwirkungen, die in der Reihenfolge nichtionische < anionische < kationische Tenside ansteigen.

In weiterführenden Experimenten sind parallele Testungen in den gängigen Zellfunktionstests, insbesondere im Neutralrot-Test und im MTT-Test, an der gleichen Zellart vorgesehen, über die später berichtet wird.

3.2. Textilextrakte

Tabelle 3 zeigt eine Auswahl von Textilprüfungen im Keratinozytenatmungstest; zum Vergleich sind die Daten üblicher Ökotoxizitätstests (Leuchtbakterien-Test, Daphnien-Test) mit aufgeführt, die in einigen Fällen Übereinstimmung, teilweise aber auch starke Unterschiede ergaben. Letzteres überrascht nicht, da die drei Biotests auf sehr unterschiedlichen Prinzipien beruhen und sich folglich in ihren Aussagen zur Bioverträglichkeit ergänzen. Weiterhin sind starke Wirkungsunterschiede zwischen den einzelnenTextilproben zu erkennen. Angriffspunkt der Wirkungen im Keratinozytentest war jeweils die Hemmung des Elektronentransfers. Bemerkenswerterweise konnten keine Korrelationen mit den Ergebnissen parallel durchgeführter GC/MS-Analysen festgestellt werden. Die im Keratinozytentest wirksame Probe 3 wäre allein nach den chemischen Analysen als „schadstofffrei" einzustufen. Ein orientierender Versuch, das sehr heterogene Stoffgemisch im Extrakt durch eine Kieselgelsäule aufzutrennen, brachte das Ergebnis, daß die Atmungshemmung in diesem Beispiel sehr wahrscheinlich auf eine Kombinationswirkung verschiedener chemischer Verbindungen zurückzuführen ist. Umgekehrt zeigten Textilproben, die mit kanzerogenen Arylaminen belastet waren, nur mäßige Wirkungen im Keratinozytenatmungstest. Die Beispiele belegen, daß der Keratinozytenatmungstest von den chemischen Analysen unabhängige Aussagen liefert und letztere sinnvoll ergänzt.

Tabelle 2. Keratinozytenatmungstest: Schadstoffe, Textilbegleitstoffe und Tenside

Verbindung Angriffspunkt[1]	**IC_{50} bzw. ED_{50}** *µM*	*mg/l*	*(primär)*
Pentachlorphenol	22 ± 0,7	5,9 ± 0,2	C
2,4,6-Trichlorphenol	110 ± 7	22 ± 1,4	C
2,4-Dichlorphenol	315 ± 15	51 ± 2,4	C
2,4-Dinitrophenol	330 ± 21	61 ± 3,9	C
1,2-Dichlorbenzen	512 ± 30	75 ± 4,4	A
1,2,4-Trichlorbenzen	92 ± 2	17 ± 0,4	A
1-Chlor-2,4-dinitrobenzen	60	12	A
3,4-Dichlortoluen	7 ± 0,2	1,1 ± 0,03	A
DDT	18 ± 0,3	6,4 ± 0,1	A
Biphenyl-2-ol	173 ± 3	29 ± 0,5	A
o-Toluidin	> 10.000		-
Formaldehyd	327 ± 22	10 ± 0,7	A
Bis-Tributylzinnoxid	562 ± 11	33 ± 0,7	A,B
Cetylpyridiniumchlorid		11 ± 0,7	A
Cetyltrimethylammoniumbromid		14 ± 0,4	A
Natriumdodecylsulfat		37 ± 0,9	B
TWEEN 40		40 ± 1,8	A
Plantaren (Oktylglucosid)		85 ± 4,9	A

[1]A, Elektronentransfer, B, ATP-Synthese; C, Entkopplung

4. Diskussion

Die vorläufigen Daten ermutigen zu der Annahme, daß der Keratinozytenatmungstest ein relevantes Testsystem zur Erfassung von allgemein hautzelltoxischen Wirkungen darstellt. Anwendungsgebiete sind toxikologische Prüfungen von Textilien und Kosmetika, d.h. solchen, wo Tierversuche durch den Gesetzgeber bereits jetzt oder ab 1998 nicht zugelassen sind. Der Nachweis einer Schädigung der Zellatmung auf zellulärer Ebene muß als eine potentiell toxische Wirkung interpretiert werden. Auf der Ebene des Gesamtorganismus kommt eine solche Schadwirkung jedoch nur dann zum Tragen, wenn die betreffenden Schadstoffe tatsächlich in die Zellen eindringen. In vielen Fällen kann dies durch das Stratum corneum verhindert werden, das als natürliches Schutzschild wirkt. Ist die Haut jedoch verletzt (z.B. durch scheuernde Kleidungsstücke), durch eine Hauterkrankung geschädigt (z.B. bei Schuppenflechte) oder handelt es sich um sehr junge Haut, kann eine Noxe auf der Hautoberfläche direkt mit den lebenden Keratinozyten in Kontakt treten.

Zelltoxische Wirkungen können nicht durch nur einen einzigen zellulären Test erfaßt werden, sondern erfordern eine Batterie von sich einander ergänzenden Tests. Insbesondere empfiehlt sich eine Kombination mit Tests auf erbgutverändernde und sensibilisierende Wirkungen. Der hier vorgestellte Zellatmungstest kann auch als Biomonitoring zur Identifizierung bisher noch nicht erkannter Schadstoffe herangezogen werden, wenn er mit chemischen Stofftrennungen kombiniert wird. Da die Zellatmung ein universeller Schlüsselprozeß des Stoffwechsels ist, der bei verschiedenen Organismen bis zurück zu den eukaryontischen Mikroorganismen sehr ähnlich ist, sind mit dem Keratinozytenatmungstest nachgewiesene Schadwirkungen auch aus ökotoxikologischer Sicht von Bedeutung. Weitere Untersuchungen müssen diese Aussage jedoch noch belegen.

Tabelle 3. Keratinozytenatmungstest und Ökotoxizitätstests: Textilextrakte

Extrakt	Keratinozyten IC_{50} [ppm][3]	Leuchtbakterien[1] IC_{50} [ppm][3]	Daphnien[2] Giftigkeit[4]
1	<17	11.700	2.200
2	<1.700	55.000	16.700
3	4.200	>50.000	8.300
4	80.000	31.200	12.500
5	22.000	10.000	16.700
6	8.500	>50.000	n.g.
7	14.000	>50.000	16.700
8	7.500	10.500	25.000
9	9.000	16.200	16.700

[1] Test nach DIN 38412 L 34, jedoch mit einer Vorinkubationszeit von 5min

[2] Test nach DIN 38412 L 11

[3] Die ppm-Angabe bezieht sich formal auf die äquivalente Masse der Textilprobe unabhängig von deren tatsächlichem Anteil im wäßrigen Extrakt

[4] niedrigste angewendete Konzentration (geometrische Verdünnungsreihe) in formalen ppm, bei der innerhalb von 24h mindestens 20% der Daphnien schwimmunfähig wurden

Danksagung

Diese Arbeit wurde mit Mitteln der Deutschen Bundesstiftung Umwelt gefördert. Es wurden Daten aus den Diplomarbeiten von HENG S. (1994) und MARKGRAF K. (1995) verwendet, die unter Anleitung der Autoren erstellt wurden. Die Werte im Leuchtbakterien- und im Daphnien-Test wurden uns freundlicherweise von Frau S. FISCHER und Frau Dr. C. KNÖPKE (LFU GmbH Schönwalde) zur Verfügung gestellt.

Literatur

BOUCAMP P., PETRUSSEVSKA R.T., BREITKREUTZ D., HORNUNG J., MARKHAM A., FUSENIG N.E., Normal keratinization in a spontaneously immortalized aneuploid human keratinocyte cell line, Journal of Cell Biology, 106, 761-771, 1988

DYKES P.J., EDWARDS M.J., O'DONOVAN M.R., MERRETT V., MORGAN H.E., MARKS R., In vitro reconstruction of human skin: The use of skin equivalents as potential indicators of cutaneous toxicity, Toxicology in Vitro, 5, 1-8, 1991

FENTEM J.H., COOPER A., WARD R.K., WILLSHAW A., BALLS M., In vitro toxicology studies with human keratinocytes, Comments in Toxicology, 5, 225-246, 1995

GRANDJEAN P., Skin penetration: Hazardous compounds at work, London, New York, Philadelphia: Taylor & Francis, 3-187, 1990

HELMA C., KNASMÜLLER S., SCHULTE-HERMANN R., Biologische Tests zur Prüfung der Gentoxizität: Einsatzmöglichkeiten zur Verfahrensoptimierung und Emissionskontrolle, ECOINFORMA, 497-511, 1994

HENG S., Entwicklung und Validierung eines zellulären in vitro-Atmungstests zur Erfassung dermatotoxischer Wirkungen, Diplomarbeit, Humboldt-Universität zu Berlin, Math.-Nat. Fakultät, Fachbereich Biologie, 1994

KALWEIT S., BESOKE R., GERNER I., SPIELMANN H., A national validation project of alternative methods to the Draize rabbit eye test, Toxicology in Vitro, 4, 702-706, 1990

KLASCHKA F., Der Kleiderschrank ist keine Quelle für Horrorszenarien, Stiftung Warentest, Test, 2/95, 197, 1995

KLECAK G., Validierung von zwei „in vitro"-Testsystemen als Alternativen zum Kaninchenhauttest durch Bestimmung der Hautreizwirkung von 30 Testmustern, SÖFW-Journal, 118, 871-872, 1992

LEIGH I.M., LANE E.B., WATT F.M., The keratinocyte handbook, Cambridge, U.K.: Cambridge University Press, 3-566, 1994

LIESEGANG C., Die Inositolfreisetzung in HaCaT-Keratinozyten und ihre Veränderungen während der Zelldifferenzierung, Dissertation, Freie Universität Berlin, Medizinische Fakultät, Universitätsklinikum Rudolf Virchow, 1992

MAGEE P.S., Percutaneous absorption: Critical factors in transdermal transport, in: MARZULLI F.N. and MAIBACH H.I., Dermatotoxicology, 4th ed., New York, Washington, Philadelphia, London: Taylor & Francis, 1-35, 1991

MARKGRAF K., Entwicklung und Validierung eines zellulären Tests zur Erfassung spezifischer Schadwirkungen auf die menschliche Haut durch Textilien und Textilbegleitstoffe, Diplomarbeit, Humboldt-Universität zu Berlin, Math.-Nat. Fakultät, Fachbereich Chemie, 1995

MOSMANN T., Rapid colorimetric assay for cellular growth and survival: application to proliferation and cytotoxicity assays, Journal of Immunological Methods, 65, 55-63, 1985

PFITZENMAIER G., Dieser Test geht unter die Haut - Alltagsökologie, natur, 9/1990, 71-75, 1990

TRIGLIA D., BRAA S.S., YONAN C., NAUGHTON G.K., In vitro toxicity of various classes of test agents using the neutral red assay on human three-dimensional physiologic skin model, In Vitro Cell Developmental Biology, 27A, 239-244, 1991

Tierschutz contra Lehrfreiheit

H. Bäumer

Zusammenfassung

Das deutsche Tierschutzgesetz stellt Tierversuche zu Lehr- und Forschungszwecken grundsätzlich unter den Vorbehalt der „ethischen Vertretbarkeit" bzw. die Voraussetzung, daß nicht durch andere Mittel wie beispielsweise Filme das Lehrziel erreicht werden kann. Diesem formal weitgehenden Schutz gegenüber Tierversuchen steht die in Artikel 5 Abs. 3 Grundgesetz gewährleistete Lehr-, Wissenschafts- und Forschungsfreiheit gegenüber. Nach der zu diesem Verfassungsartikel ergangenen Rechtsprechung stellen Wissenschaft, Forschung und Lehre und die in diesem Zusammenhang betriebenen Tierversuche faktisch einen freien Bereich persönlicher und selbständiger Verantwortung des einzelnen Wissenschaftlers dar, der durch staatliche Eingriffe nicht reglementiert werden darf. Um die Postulate eines ethischen Tierschutzes, wie sie im einfach gesetzlichen Tierschutzgesetz verankert sind, faktisch zur Geltung zu bringen, müssen diese ausdrücklich in die Verfassung aufgenommen werden. Erst dann kann sich der Tierschutz gegenüber der Wissenschaftsfreiheit wirksam entfalten.

Summary

Protection of Animals versus freedom of science in German legal system

German animal protection law prohibits animal experiments in research if they are either ethically unacceptable or if they cause sufferance out of any reasonable relation to the expectable scientific result (§7 Tierschutzgesetz).

In scientific teaching this experiments are not allowed if other possibilities are available to substitute the test, especially films (§10 I Tierschutzgesetz).

These common law rules do not fit with Article 5 par. III of the fundamental law, the German constitution. This article guarantees the freedom of science without providing a legal barrier in common law. As long as the topic of animal protection is not taken up in the constitution the rules of common law do not have practical consequences in the scientific research or teaching. The common law is so far non-constitutional.

German courts stopped all prohibition of animal experiments in science by saying that only the responsable scientist himself and not the administration has the right to judge an experiment as legal or not - with an evident consequence: To install an effective protection of animals in science this topic has to be taken up in the constitution.

1. Einführung in die allgemeine Problematik

1.1. Darstellung der gesetzlichen Grundlagen des Tierschutzes

Die Entwicklung und der derzeitige Stand des Tierschutzes in der Bundesrepublik Deutschland lassen sich in allgemeiner Form wie folgt skizzieren:

Der Tierschutz ist gezielte Hilfe für das Tier. Das Grundgesetz erwähnt ihn in der Zuständigkeitsvorschrift des Artikels 74 Nr. 20. Dabei ist der ethische Tierschutz gemeint, für welchen das Tier als lebendes und fühlendes Wesen ein Mitgeschöpf ist, dessen Achtung und Wertschätzung für den durch seinen Geist - dem Tier gegenüber - überlegenen Menschen ein moralisches Postulat darstellt (LORZ A., 1992a - Einführung, Randnr. 21).

Das Tierschutzgesetz (TierSchG) dient dieser Hilfe, indem es das Leben und Wohlbefinden der Tiere schützt. Diese Zweckbestimmung ergibt sich aus der Verantwortung des Menschen für das Tier. So lautet §1 Tierschutzgesetz: „Zweck dieses Gesetzes ist es, aus der Verantwortung des Menschen für das Tier als Mitgeschöpf dessen Leben und Wohlbefinden zu schützen. Niemand darf einem Tier ohne vernünftigen Grund Schmerzen, Leiden oder Schäden zufügen."

Der Schutz des Lebens von Tieren durch das Tierschutzgesetz ist gegenüber dem Reichsrecht eine herausragende Neuerung (LORZ A., 1994). Ihm steht nicht entgegen, daß der Mensch bei einer Minderheit von Tierarten im Interesse seiner eigenen Existenz, namentlich zur Nahrungsgewinnung und Schädlingsbekämpfung, Tiere tötet und töten muß (LORZ A., 1992b).

Dem Lebensschutz dient weiter der Vergehenstatbestand des §17 Nr. 1 TierSchG, welcher strafrechtlicher Sanktionen androht, wenn gegen bestimmte Teile dieses Tierschutzgesetzes verstoßen wird. Der Schutz des Wohlbefindens ist Ausgangs- und Mittelpunkt jeden Tierschutzes. Dabei muß der Leidensbegriff nach dem TierSchG dahin verstanden werden, daß er auch alle von dem Begriff des körperlichen Schmerzes nicht erfaßten Unlustgefühle meint, auch wenn sie bloß seelisch empfunden werden. Von Schmerzen oder Leiden, die vermieden werden können, spricht das Tierschutzgesetz auch wörtlich immer wieder. So im Zusammenhang mit *Tierversuchen* zu Forschungszwecken (§§7-9 a) und *Eingriffen* zu Aus-, Fort- und Weiterbildungszwecken (§10).

Nach §10 Abs. 1 Satz 2 TierSchG dürfen Eingriffe oder Behandlungen an Tieren, die mit Schmerzen, Leiden oder Schäden verbunden sind zu Aus-, Fort- und Weiterbildungszwecken nur vorgenommen werden, soweit ihr Zweck nicht auf andere Weise, insbesondere durch filmische Darstellungen erreicht werden kann.

Derartige *Eingriffe* an Tieren sind gegenüber den Tierschutzbehörden anzeigepflichtig.

Nach §8 Abs. 1 TierSchG sind *Tierversuche* zu Forschungszwecken im Sinne des §7 Abs. 2 TierSchG an Wirbeltieren genehmigungspflichtig. Tierversuche an anderen als Wirbeltieren, sind wiederum nach §8 a Abs. 1 TierSchG anzeigepflichtig.

Im Rahmen der Entgegennahme der vorerwähnten Anzeigen und Anträge auf Genehmigungen hat die Tierschutzbehörde zu überprüfen, ob die gesetzlichen Anforderungen an die Durchführung von Eingriffen zu Aus-, Fort- und Weiterbildungszwecken bzw. an die Vornahme von Tierversuchen zu Forschungszwecken eingehalten werden.

An dieser Stelle sind exemplarisch zwei gesetzliche Anforderungen für die Genehmigung der Durchführung von Tierversuchen an Wirbeltieren zu nennen.

Derartige Versuche dürfen nur durchgeführt werden, wenn die zu erwartenden Schmerzen, Leiden oder Schäden der Versuchstiere im Hinblick auf den Versuchszweck *„ethisch vertretbar"* sind (§7 Abs. 3 Satz 1 TierSchG).

Versuche, die zu länger anhaltenden oder sich wiederholenden erheblichen Schmerzen oder Leiden führen, sind nur zulässig, wenn „die angestrebten Ergebnisse vermuten lassen, daß sie für wesentliche Bedürfnisse von Mensch oder Tier einschließlich der Lösung wissenschaftlicher Probleme von *hervorragender Bedeutung sein werden"* (§7 Abs. 3 Satz 2 TierSchG).

Dem Tierschutzgesetz selbst lassen sich weder zur Bestimmung der *„ethischen Vertretbarkeit"* noch zur letztgenannten Genehmigungsvoraussetzung eindeutige Kriterien entnehmen. Wir haben es also mit sog. klassischen offenen Tatbeständen, die der Ausfüllung bedürfen, zu tun.

Insofern kommt das Tierschutzgesetz den Tierschutzbehörden in diesem Punkt nicht mit präzisen Angaben entgegen (FRANKENBERG G., 1994, der Aufsatz beruht im wesentlichen auf den Feststellungen des unveröffentlichten Gutachtens desselben Autors für das Regierungspräsidium Gießen zur Rechtmäßigkeit der Untersagung von Tierversuchen im Rahmen der Ausbildung an der Hochschule).

Ob den vorerwähnten Genehmigungsanforderungen genügt wird, kann daher nur im jeweiligen Einzelfall unter Vornahme einer Abwägung entschieden werden (LORZ A., 1992a - §7 Rand-Nrn. 18 ff.). In diese Abwägung fließen natürlich gesellschaftliche Wertvorstellungen ein, sie ist deshalb einem Veränderungsprozeß unterworfen.

Unter allen Umständen ist im Einzelfall sowohl der Zweck des Versuchsvorhabens, als auch das Anliegen der Allgemeinheit, ungerechtfertigte Quälerei unbedingt zu vermeiden, verstärkt zu beachten.

So ergibt sich etwa die Zulässigkeit von Tierversuchen zur Überprüfung von Arzneimitteln relativ unproblematisch aus dem Gesichtspunkt, daß die Ergebnisse toxikologischer Prüfungen von Arzneimitteln einem wesentlichen Bedürfnis der Menschen entsprechen und mithin für die Arzneimittelsicherheit von hervorragender Bedeutung sind. Das ändert sich allerdings alsbald, wenn beispielsweise technische Mittel zur Feststellung der Toxizität gefunden werden.

Wesentlich problematischer wird die Einzelfallabwägung zur Zulässigkeit von Tierversuchen bei der Durchführung von - unstrittig notwendiger - Grundlagenforschung. Denn bei ihr ist nicht ohne weiteres absehbar, ob und falls ja, welche „hervorragende Bedeutung" im Sinne des § 7 Abs. 3 Satz 2 TierSchG ihr im Einzelfall zukommt bzw. zukommen wird.

Ein noch weiteres Feld unterschiedlichster Betrachtungsmöglichkeiten bietet sich bei der Interpretation dessen, was als „ethisch vertretbar" anzusehen ist.

Nach den vorstehenden Ausführungen ergibt sich, daß das TierSchG allein in den wenigen hier zitierten Normen eine erhebliche Bewertungsarbeit von den Rechtsanwendern verlangt, ohne gleichzeitig die Maßstäbe hierfür klar festzulegen.

Die soeben skizzierte nationale einfach gesetzliche Rechtslage der Bundesrepublik Deutschland zum Tierschutz im Rahmen von Tierversuchen zu Forschungszwecken und Eingriffen an Tieren zu Aus-, Fort- und Weiterbildungszwecken, findet sich in ihren wesentlichen Grundzügen auch auf europäischer Ebene in dem vom Europarat im März 1986 verabschiedeten „europäischen Übereinkommen zum Schutz der für Versuche und andere wissenschaftliche Zwecke verwendeten Wirbeltiere".

1.2. Darstellung der Lehr- und Wissenschaftsfreiheit nach Art. 5 Abs. 3 Grundgesetz (GG)

1.2.1. Rechtliche Einordnung des Art. 5 Abs. 3 GG und seine Einschränkungsmöglichkeiten

Dem zuvor dargestellten Postulat des Gesetzgebers zur Gewährleistung von Tierschutz auch bei der Durchführung von Forschung und Lehre steht die in der Bundesrepublik Deutschland grundgesetzlich in Art. 5 Abs. 3 GG gewährleistete Lehr-, Wissenschafts- und Forschungsfreiheit gegenüber.

Nach der Rechtsprechung des Bundesverfassungsgerichts (BVerfGE 35, 79 (113); 47, 327 (367)) ist Wissenschaft „jede Tätigkeit, die nach Inhalt und Form als ernsthafter planmäßiger Versuch der Wahrheitsermittlung anzusehen ist". Auch wenn man diese Definition mit der rechtswissenschaftlichen Literatur (MÜNCH I. V., 1995 - Art. 5 Rand-Nr. 66) dahingehend für präzisierungsbedürftig hält, daß unter Wissenschaft nur der ernsthafte, auf einen gewissen

Kenntnisstand aufbauende Versuch der Ermittlung wahrer Erkenntnisse durch methodisch geordnetes und kritisch reflektierendes Denken zu verstehen ist, so können doch Tierversuche bzw. Eingriffe an Tieren im Rahmen von Forschung und Lehre unstreitig in den Schutzbereich von Art. 5 Abs. 3 Satz 1 GG fallen.

Der Schutzbereich des Art. 5 Abs. 3 Satz 1 GG gewährleistet dem Wissenschaftler bzw. Forscher einen gegen Eingriffe des Staates geschützten Freiraum, d.h. ein Abwehrrecht gegenüber staatlichen Einwirkungen auf den Prozeß der Gewinnung und Vermittlung wissenschaftlicher Erkenntnisse. Dieses Abwehrrecht steht zwar in erster Linie dem Wissenschaftler und Forscher zu. Aber auch die staatlichen Hochschulen und ihre Fakultäten selbst sind als juristische Personen des öffentlichen Rechts aus Art. 5 Abs. 3 GG grundrechtsberechtigt. Gleiches gilt für private Hochschulen und private Forschungs-einrichungen (MÜNCH I. V., 1995 - Art. 5 Rand-Nrn. 71, 73 und 73 a).

1.2.2. Rechtliche Einordnung des Art. 5 Abs. 3 GG und seine Einschränkungsmöglichkeiten

Die in Art. 5 Abs. 3 GG gewährten Grundrechtsgarantien werden vorbehaltlos gewährleistet. D.h. eine Einschränkung ist nur insoweit möglich, als sogenannte verfassungsimmanente Schranken eingreifen, also Einschränkungen, die aus dem Grundgesetz selbst entnommen werden dürfen. Solche verfassungsimmanenten Schranken sind andere Grundrechte und andere oberste Grundwerte des Grundgesetzes, also die elementaren Schranken und inneren Begrenzungen, die allen, auch vorbehaltlosen Grundrechten wie Art. 5 Abs. 3 GG, wesensmäßig innewohnen oder sich aber aus dem System und der Wertordnung des Grundgesetzes ergeben (BVerfGE 30, 173 (193)). Daher kann etwa die Lehr- und Wissenschaftsfreiheit nach Art. 5 Abs. 3 GG eine Einschränkung aufgrund der nach Art. 4 Abs. 1 GG ebenso vorbehaltlos grundrechtlich geschützten Gewissensfreiheit von Studierenden erfahren. So kann eine Hochschule verpflichtet sein, anderweitige Leistungen von Studierenden als Surrogat für aus Gewissensgründen verweigerte Eingriffe an Tieren anzuerkennen (vgl. hierzu: CIRSOVIUS T., 1992).

1.3. Verfassungsmäßigkeit der Einschränkung des Art. 5 Abs. 3 GG durch das Tierschutzgesetz

Nach der hier vertretenen Auffassung greifen die eingangs dargestellten tierschutzrechtlichen Vorschriften betreffend Tierversuche in Forschung und Eingriffe an Tieren in Lehre in den soeben dargestellten Schutzbereich von Art. 5 Abs. 3 Satz 1 GG ein.

Dies erklärt sich wie folgt:

§10 Abs. 1 Satz 2 TierSchG beschränkt die Freiheit der Methodenwahl, in dem den für den Tierexperimente verantwortlichen Hochschullehrern aufgegeben wird, von solchen Eingriffen an Tieren abzusehen, wenn geeignete alternative Methoden zur Verfügung stehen.

Bei der aus §§10 Abs. 1 Satz 2 in Verbindung mit 8 a TierSchG resultierenden Verpflichtung, die Notwendigkeit von Eingriffen an Tieren zu Lehrzwecken wissenschaftlich begründet und für die Tierschutzbehörde nachvollziehbar darzulegen, handelt es sich zunächst nur um eine Konkretisierung der Lehr- und Methodenfreiheit, da diese Verpflichtung die eigenverantwortliche Wahl einer Methode - das Experimentieren mit Tieren - nicht ausschließt. Die Einschränkung der Lehrfreiheit ergibt sich hierbei aber aus der Prüfungsbefugnis der Tierschutzbehörde, ob diese Voraussetzungen erfüllt sind (zur grundsätzlichen Problematik des Tötens von Tieren zu Ausbildungszwecken: BRANDHUBER K., 1991).

Während die in §10 Abs. 1 Satz 2 TierSchG geregelten Voraussetzungen sich am Stand der wissenschaftlichen Erkenntnisse orientieren bzw. sich auf eine wissenschaftlich begründete Darlegung stützen, die die Tierschutzbehörde auf eine Kontrolle beschränkt, normiert der §7 Abs. 3 TierSchG mit dem Kriterium der ethischen Vertretbarkeit von Tierversuchen eine weitergehende Einschränkung der Wissenschaftsfreiheit.

Denn diese Tatbestandsvoraussetzung entzieht sich im Unterschied zur wissenschaftlichen Unerläßlichkeit oder Ersetzbarkeit einer ausschließlich naturwissenschaftlichen bzw. methodenkritischen Einschätzung und gebietet eine Beantwortung der für den Tierschutz zentralen Frage, in welchem Ausmaß die Versuchstiere leiden, und erfordert überdies eine Abwägung zwischen den Belastungen der Versuchstiere und dem dargelegten Versuchszweck im Hinblick auf die Maximen eines ethischen Tierschutzes. Die Genehmigungsbehörden sind folglich bei §7 Abs. 3 TierSchG unter dem Gesichtspunkt einer wie auch immer qualifizierten Kontrolle der dargelegten wissenschaftlichen Ausführungen weniger eingeschränkt als im Falle des §10 Abs. 1 TierSchG.

Auf der Grundlage dieser Überlegungen hat das Verwaltungsgericht Berlin dem Bundesverfassungsgericht die Frage zur Entscheidung vorgelegt, ob §7 Abs. 3 TierSchG insoweit mit der Wissenschaftsfreiheit aus Art. 5 Abs. 3 GG vereinbar ist, als danach auch für die medizinische Forschung und für die Grundlagenforschung unerläßliche Tierversuche an Wirbeltieren nur durchgeführt werden dürfen, wenn sie ethisch vertretbar sind.

Die erste Kammer des 1. Senats des Bundesverfassungsgerichts lehnte mit Beschluß vom 20.06.1994 - Az.: 1 BvL 12/94 - (in: NVwZ 1994) eine Sachentscheidung u.a. mit der Begründung ab, daß das Verwaltungsgericht erforderliche Vorfragen, nämlich die Möglichkeit einer verfassungskonformen Auslegung der gesetzlichen Genehmigungsvorschriften, nicht ausreichend geprüft habe. Das Bundesverfassungsgericht hat dazu ausgeführt, daß insbesondere eine Auslegung möglich wäre, die sich am Wortlaut des Tierschutzgesetzes orientiert, wonach die ethische Vertretbarkeit des Tierversuchs *wissenschaftlich begründet dargelegt, nicht jedoch* - wie vom Verwaltungsgericht Berlin angenommen - *nachgewiesen* werden müsse.

Bei einer solchen Auslegung dürfte die ethische Vertretbarkeit des beantragten Versuchsvorhabens ebenso wie dessen wissenschaftliche Bedeutung durch die Behörde nur im Rahmen einer „qualifizierten Plausibilitätskontrolle" der Darlegungen des Antragsstellers geprüft werden.

Bei dieser Sichtweise wäre zwar geklärt, daß weder dem verantwortlichen Hochschullehrer ein alleiniges Bestimmungsrecht bei der Wahl seiner Lehrmethoden zukommt, soweit diese Eingriffe an Tieren einschließen, noch stünde die Wissenschaftsfreiheit zur Disposition der Tierschutzbehörden.

Nicht gelöst ist damit aber die praktisch häufige Streitfrage, was zu geschehen hat, wenn eine Tierschutzbehörde auch nur von einer „wissenschaftlich begründeten Darlegung" nicht überzeugt ist, weil ihr gleichfalls wissenschaftlich begründete Erkenntnisse vorliegen, daß geeignete alternative Lehrmethoden im Sinne von §10 Abs. 1 Satz 2 TierSchG zur Verfügung stehen, bzw. daß der Versuchszweck im Sinne von §7 Abs. 1 Satz 2 TierSchG auch durch andere Verfahren als durch Tierversuche erreicht werden kann.

Der erwähnte Kammerbeschluß des Bundesverfassungsgerichts gibt hierauf keine Antwort.

Nach dem eindeutigen Wortlaut des Tierschutzgesetzes - der sich insoweit einer einschränkenden Auslegung sperrt - wäre in diesen Fällen ein Verbot des angezeigten Eingriffs an Tieren zu Lehrzwecken bzw. einer Versagung der Genehmigung für einen beantragten Tierversuch zu Forschungszwecken auszusprechen.

Angesichts der damit einhergehenden massiven Eingriffe in die Lehr- und Wissenschaftsfreiheit erhebt sich die Frage nach der Verfassungsmäßigkeit der diese Maßnahmen vorschreibenden Regelungen des Tierschutzgesetzes.

Wie bereits erwähnt, werden die in Art. 5 Abs. 3 GG gewährten Grundrechtsgarantien vorbehaltlos gewährleistet. Die in diese Position eingreifenden Rechtsvorschriften des Tierschutzgesetzes wären daher nur dann verfassungsgemäß, wenn der Tierschutz geeignet ist, verfassungsimmanente Schranken zu begründen.

Die hierzu vertretenen Rechtsauffassungen durch die Gerichte bzw. durch die Literatur sind

- um es vorsichtig zu formulieren - wenig homogen.

Lassen Sie mich an dieser Stelle in der gebotenen Kürze die zu dieser Frage vertretenen Auffassungen und meine Einschätzung hierzu skizzieren.

Teilweise wird vertreten, das Tier sei über den grundrechtsfähigen Menschen als Mittler verfassungsrechtlich geschützt. Hierbei wird die Umwegkonstruktion aus Menschenrechten abgeleiteter Rechte der Tiere bzw. eines menschenrechtlich begründeten Tierschutzes angewandt. Häufig wird der Weg über Art. 1 Abs. 1 GG (Schutz der Menschenwürde) gewählt (HEYDEBRAND H.-C. V. und GRUBER F., 1986) und argumentiert, es sei mit der Würde des Menschen unvereinbar, Tiere in einer diese quälenden, verletzenden oder ihnen sonst-wie Schmerzen zufügenden Weise zu behandeln.

Dieser Auffassung kann nicht beigetreten werden, weil eine solche „Drittwirkung" der Menschenwürdegarantie in der Grundrechtsdogmatik und in der Rechtssprechung zur Menschenwürde keinen Halt findet (FRANKENBERG G., 1994).

Ebenso untauglich ist der Versuch, die Ausübung der Wissenschafts-freiheit bei Tierversuchen unter Rückgriff auf das „Sittengesetz" in Art. 2 Abs. 1 GG einzuschränken (so aber: BRANDHUBER K., 1991). Der Bereich der „immanenten Schranken" des Grundgesetzes wird nämlich verlassen, wenn der Tierschutz selbst im Namen des Sittengesetzes mit Verfassungsrang ausgestattet wird.

Dies ist insofern der Fall, als man in einer demokratisch verfaßten politischen Ordnung - wie bei der Bundesrepublik Deutschland der Fall - wird davon ausgehen müssen, daß nur der Verfassungsgeber selbst legitimiert ist, neben den durch Grundrechte und Verfassungsgrundsätzen geregelten Fragen der Gerechtigkeit auch zentrale Fragen der allgemein verbindlichen Ethik ausdrücklich in die Verfassung aufzunehmen (FRANKENBERG G., 1994). Dies ist zur Frage des ethischen Tierschutzes bisher nicht geschehen. Dem ethischen Tierschutz könnte nur dann - ohne seine ausdrückliche Aufnahme in das Grundgesetz - Bedeutung als „Sittengesetz" im Sinne von Art. 2 Abs. 1 GG zukommen, wenn man bejahen könnte, daß der ethische Tierschutz insgesamt in die für verbindlich erachtete gesellschaftliche Ethik Aufnahme gefunden hat. Dies ist aber nicht der Fall. Zur Begründung hierfür sei auf die teilweise erbitterten Auseinandersetzungen zwischen Gegnern und Befürwortern von Tierversuchen verwiesen (so auch im Ergebnis: Hessischer Verwaltungsgerichtshof, Beschluß vom 29.12.1993 - Az.: - 11 TH 2796/93 -, in: DÖV, 1994).

Anders als das Oberverwaltungsgericht Hamburg (Urteil vom 14.09.1992 - Az.: OVG Bf III 42/90) wird man für den Tierschutz auch aus der Kompetenzvorschrift des Art. 74 Nr. 20 GG keinen Verfassungsrang herleiten können. Zwar hat das Bundesverfassungsgericht in einigen Entscheidungen aus derartigen Kompetenznormen Verfassungsgüter abgeleitet (BVerfGE 69, 1 (21 ff.) zur effektiven militärischen Landesverteidigung; BVerfGE 53, 30 (56 f.) zur Nutzung der Atomenergie zu friedlichen Zwecken).

Gleichwohl verbietet es sich nach der hier vertretenen Auffassung aus grundrechtspolitischen Gründen, nunmehr auch zu Gunsten des Tierschutzes einen derartig selektiven Umgang mit dem Grundgesetz vorzunehmen und einen Verfassungsrang sozusagen „durch die Hintertür" zu begründen.

Eine Gesellschaft, die sich eine Verfassung gibt, mutet sich zu, diese in den dafür vorgesehenen Verfahren zu ergänzen und zu ändern. Wer aus guten Gründen dafür eintritt, daß der Tierschutz mit Verfassungsrang ausgestattet sein sollte, ist daher gehalten, auf seine offizielle Aufnahme in das Grundgesetz zu dringen. Auf dem richtigen Weg war insoweit der Gesetzentwurf der SPD-Fraktion des Bundestages vom 15.04.1994 (BP 12/7299), der auf die ausdrückliche Aufnahme des Tierschutzes in die Verfassung abzielte.

Nach dem Vorhergesagten kommt dem Tierschutz derzeit in der Bundesrepublik Deutschland wohl eine besondere Verfassungslegitimität aber kein Verfassungsrang zu, der die Einschränkung der Wissenschaftsfreiheit rechtfertigen könnte.

Ausgehend von meinem Ansatz, daß das Verbot von Eingriffen an Tieren zu Lehrzwecken und die Versagung von Genehmigungen zur Durchführung von Tierversuchen zu Forschungszwecken Eingriffe in die Lehr- und Wissenschaftsfreiheit darstellen, wird man danach zu dem Ergebnis kommen müssen, daß die derartige Eingriffe vorsehenden Regelungen im Tierschutzgesetz verfassungswidrig sind. Dies kann aber verbindlich nur das Bundesverfassungsgericht feststellen.

Wie bereits ausgeführt, ist diese Frage aber bisher nicht abschließend vom Bundesverfassungsgericht entschieden. Leider haben auch die angerufenen Verwaltungsgerichte in der Regel eher versucht, die Frage offen zu lassen und durch aus meiner Sicht oft unhaltbare Interpretationen des Tierschutzgesetzes Lösungen gefunden, die ihnen den Konflikt mit der Verfassung zu ersparen schien. Leider ist auch im Zuge der Verfassungsreform nach der deutschen Vereinigung eine ausdrückliche Verankerung des Tierschutzes in der Verfassung unterblieben. Nach der in der entscheidenden Kommission mehrheitlich vertretenen Auffassung war dies angeblich verfassungsrechtlich nicht notwendig. Mit dieser Position wird ein Paradoxon fortgesetzt, das den Bürgerinnen und Bürgern vorspiegelt, es gäbe entsprechend den Tierschutzgesetznormen einen effektiven Schutz gegen Tierversuche in Forschung und Wissenschaft, während dies konkret an der Verfassung scheitern muß.

Die deshalb nach wie vor bestehende unsichere Rechtslage führt in der Gesetzesanwendung durch die Behörden zu unbefriedigenden Situationen.

2. Zur Veranschaulichung der vorgestellten Problematik ein Fall aus der behördlichen Praxis

Ein Hochschullehrer zeigte zur Vermittlung der Lehrinhalte im Rahmen der Ausbildung von Biologen - Fachrichtung Zoologie - einen chirurgischen Eingriff an Ratten gem. §§8 a i. V. m. 10 Abs. 2 TierSchG an.

Auf der Grundlage von eingeholten wissenschaftlichen Stellungnahmen gelangte die Behörde zu dem Ergebnis, daß der Ausbildungszweck auch auf andere Weise im Sinne des §10 Abs. 1 Satz 2 TierSchG als durch die angezeichneten Eingriffe erreicht werden konnte. Dementsprechend wurde dem Hochschullehrer mit sofortiger Wirkung die Durchführung der angezeigten Eingriffe untersagt. Zu betonen ist dabei, daß eine Verwaltungsbehörde von der Verfassungskonformität von Gesetzen auszugehen hat, solange nicht vom BVerfG das Gegenteil festgestellt ist.

Hiergegen ist der Hochschullehrer unter Inanspruchnahme gerichtlicher Hilfe vorgegangen und hat obsiegt. Mit Beschluß im Eilverfahren vom 29.12.1993 (Az.: - 11 TH 2796/93 in: DÖV, 1994) ist der Hessische Verwaltungsgerichtshof einerseits zu der vom Verfasser geteilten Auffassung gelangt, daß dem Tierschutz kein Verfassungsrang zukomme.

Ausgehend von dieser Prämisse nahm der Hessische Verwaltungsgerichtshof eine vom Verfasser *nicht* geteilte, wie er meinte, „verfassungskonforme" Auslegung von §10 Abs. 1 Satz 2 i. V. m. §§8 a Abs. 5, 10 Abs. 2 TierSchG dahingehend vor, daß, ich zitiere, „die Entscheidung über den Zweck universitärer Lehrveranstaltungen und Zweckgeeignetheit alternativer Lehrmethoden ausschließlich bei dem zuständigen Hochschullehrer liegt und ein Verbot von Eingriffen oder Behandlungen an Tieren nur dann in Betracht kommt, wenn auch nach Einschätzung des zuständigen Hochschullehrers alternative Lehrmethoden den von ihm vorgegebenen Zweck der Lehrveranstaltung ebenso erreichen würden".

Diese Auslegung ist nach der hier vertretenen Auffassung insofern inakzeptabel, als sie mit dem Wortlaut und den gesetzgeberischen Begründungen zum §10 Abs. 1 TierSchG unvereinbar ist. Sie läßt im Ergebnis jeden Tierschutz in Forschung und Lehre leerlaufen, da sie die Beurteilungskompetenz allein in die Zuständigkeit des die Tierversuche ausführenden Wissenschaftlers verlagert. Den mir bekannten Rechtssystemen ist eine Konstruktion derart, daß ein Normadressat selbst entscheidet, ob er Verbotenes tut oder nicht, aus guten Gründen, wie ich denke, unbekannt. Den Tierschutzbehörden kommt jedenfalls nach dieser Auffassung des hessischen Verwaltungsgerichts im Bereich der Lehre keine Prüfungskompetenz mehr zu.

Wegen der Unhaltbarkeit der rechtlichen Position und der damit einhergehenden Unsicherheit, welche Funktion die Tierschutzbehörden im Rahmen des §10 TierSchG haben, hat sich die Behörde dieser Auffassung nicht angeschlossen und das Verbot der Tierversuche aufrecht erhalten. Hiergegen hat der betreffende Hochschullehrer Klage beim Verwaltungsgericht in Gießen eingelegt. In dieser Instanz hat er wiederum eine obsiegende Entscheidung erstritten. In seiner Urteilsbegründung hat das Gericht wiederum einen anderen Weg zur Umgehung des verfassungsrechtlichen Konfliktpunktes gesucht und gefunden. Dieser läuft darauf hinaus, daß die Zulässigkeit der Tierversuche allein auf die nachgeschobene Begründung des klagenden Universitätslehrers gestützt wird, die Tierversuche dienten neben den Fragen des Glykosetransports im Dünndarm auch dem in anderer Weise als durch praktische Tierversuche nicht ersetzbaren Erlernen praktischer Fähigkeiten bei Tierversuchen.

Dies ist in mehrfacher Hinsicht unbefriedigend. Zum einen bleibt die verfassungsrechtliche Frage - die Behörde hatte die Vorlage an das Bundesverfassungsgericht angeregt - unbeantwortet. Zum anderen wird die Begründung auf einen Sachverhalt gestützt, der sich zumindest im Vorlesungsverzeichnis und der Ankündigung der Lehrveranstaltung nicht gefunden hat. Darüberhinaus scheint es höchst zweifelhaft, ob in einem derartigen Kurs sozusagen nebenher auch noch Fähigkeiten erworben werden können, die von der Ausbildungsverordnung her sog. „Schnippelkursen“ zu Recht vorbehalten sind.

3. Votum

Nach dem Dafürhalten des Verfassers ist der soeben beschriebene Fall aus der Praxis dazu geeignet, in anschaulicher Weise die derzeit bestehende Problematik der Gewährleistung von Tierschutz im Rahmen der grundgesetzlich geschützten Ausübung von Forschung und Lehre zu verdeutlichen.

Es ist wünschenswert, daß baldmöglichst eine abschließende Klärung dieser Problematik durch das Bundesverfassungsgericht vorgenommen wird und der Verfassungsgesetzgeber den Tierschutz in die Verfassung aufnimmt.

Literatur

BRANDHUBER K., Neue Juristische Wochenschrift (NJW), München: Verlag C.H. Beck, 725ff, 1991

CIRSOVIUS T., Natur und Recht (NuR), Hamburg und Berlin: Verlag Paul Parey, 65f, 1992

DÖV (Die Öffentliche Verwaltung), Stuttgart: Verlag Kohlhammer GmbH, 393ff, 1994

FRANKENBERG G., „Tierschutz oder Wissenschaftsfreiheit“, Kritische Justiz, Baden-Baden: Nomas Verlagsgesellschaft, 4, 421ff, 1994

HEYDEBRAND H.-C. und GRUBER F., Zeitschrift für Rechtspolitik (ZRP), 115ff, 1986

LORZ A., Kommentar zum Tierschutzgesetz, 4. Auflage, München: Verlag C.H. Beck, 1992a

LORZ A., Natur und Recht (NuR), Hamburg und Berlin: Verlag Paul Parey, 401ff, 1992b

LORZ A., Natur und Recht (NuR), Berlin: Blackwell-Wissenschaftsverlag, 473ff, 1992b

MÜNCH I. V., Grundgesetz-Kommentar, Band 1, 3. Auflage, 1995

NVwZ (Neue Zeitschrift für Verwaltungsrecht), Müchen und Frankfurt/M.: Verlag C.H. Beck, 894ff, 1994

Tierschutz als Staatsziel und als Grundlage humaner Wissenschaft
Die Bedeutung eines effektiven Tierschutzes für Fragen der Tierversuche und für die Stärkung des Rechts- und Wertbewußtseins

E. v. Loeper

Zusammenfassung

Es sind vier Fakten, die auch die bisherigen Gegner eines solchen Schrittes von der Notwendigkeit einer Verankerung des Tierschutzes in unserer obersten rechtlichen Wertordnung, dem Grundgesetz, zu überzeugen beginnen:

Erstens haben jüngste Entscheidungen der Justiz gezeigt, daß die fehlende Anerkennung der Schutzwürdigkeit des Einzeltieres durch die Verfassung wichtige Vorschriften des deutschen Tierschutzgesetzes aushebelt. Im Konflikt mit uneingeschränkt in der Verfassung verankerten Rechten - wie Freiheit der Wissenschaft und Lehre - ist der Tierschutz für Behörden und Gerichte notwendig unbeachtlich, so daß eine rechtsstaatliche Kontrolle nicht mehr stattfinden kann.

Zweitens kann sich Deutschland nur dann wirkungsvoll für die Schaffung effektiver europäischer Tierschutznormen einsetzen, wenn es dem Tierschutz auch im eigenen Land einen entsprechenden Stellenwert einräumt.

Drittens belegen zahlreiche jüngst veröffentlichte Studien, welche bedrohlichen Folgen eine fehlende Tierschutzpraxis für das Wertbewußtsein und das Handeln von Menschen hat: Als Ausdruck des fraglosen Rechts des Stärkeren fördert gesellschaftlich tolerierte Gewalt gegen Tiere die allgemeine Gewaltbereitschaft.

Viertens führt fehlender Tierschutz zu einer schwindenden Akzeptanz von Forschung und Wissenschaft. Daher und wegen der ausgeprägten Schmerz- und Leidensfähigkeit des Tieres verlangen verantwortungsbewußte Wissenschaftler, den Tierschutz nicht länger außer Kraft zu setzen.

Summary

Implementation of animal protection into the constitution
The significance of efficient animal protection for our value and legal conscience

There are four facts which start convincing even former opponents of such a step: that it is essential to incorporate animal welfare in our highest legal order of values, our constitution.

First of all, latest jurisdiction just reflects the fact that the actual constitution ignores that the life of an individual animal is worth being protected and, thus, degrades German animal welfare regulations to a law of no significance. In conflict with unlimited constitutional rights - such as the freedom of sciences and education - animal welfare remains unregarded by the authorities and the courts due to a lack of need to consider it, which is why a constitutional control can no more be executed.

The second fact is that Germany will only be able to effectively contribute to the formation of an efficient European Animal Welfare Act if Germany itself grants animal protection a proper national rank.

Third, a great many of the latest studies published show the threatening consequences a lacking animal welfare practice will have on the consciousness of values and human behaviour: expressing the unquestionable right of the stronger, the society-tolerated violence against animals promotes a general readiness for violence.

Fourth, a lack of animal welfare will finally lead to a decreasing acceptance of research and sciences as a whole. Because of the great sensitiveness of animals towards pain and suffering, a growing number of responsible scientists demand that animal protection laws shall no longer be invalidated.

1. Tierschutz als Prüfstein für Europa

An dem bis heute ungelösten Problem der „Schlacht"-Tiertransporte quer durch Europa bis nach Nordafrika zeigt sich: Die tage-, ja wochenlangen Todesqualen der eng zusammengepferchten, verhungernden, verdurstenden, oft schwer verletzten Tiere, erzeugen bei einer zunehmend kritischer werdenden Öffentlichkeit steigende Empörung und Abscheu gegen die dafür Verantwortlichen. Schlaglichtartig wird die Wirkungslosigkeit des Tierschutzes und die Ohnmacht der Tierschützer sichtbar, denen die unbegrenzte Macht empfindungsloser Profiteure über hilflose Mitgeschöpfe gegenübersteht. Doch nicht allein das: Eine europäische Agrarpolitik, die brutalste Tierquälerei, nämlich die tagelangen Qualtransporte in außereuropäische Länder, auch noch mit einer Ausfuhrerstattung von bis zu 1.500,00 DM pro Lebendrind belohnt, gerät in Verruf.

Als der Bundesverband Menschen für Tierrechte dies dem deutschen Bundeslandwirtschaftsminister JOCHEN BORCHERT zu bedenken gab und auf der Durchsetzung einer Transportzeitbegrenzung von höchstens 8 Stunden bestand (obwohl schon dies zuviel ist), antwortete der Minister am 22. März 1995, die Europäische Kommission betrachte eine solche Transportzeitbegrenzung als mit dem EG-Vertrag unvereinbar. Die mit einer solchen Regelung verbundene „Einengung des Warenaustausches" sei unverhältnismäßig, denn der freie Warenaustausch wiege schwerer als der Schutz der Tiere. Schließlich, so Herr Minister BORCHERT, sei der ethisch motivierte Tierschutz nicht ausdrücklich Gegenstand des EG-Vertrages. Aber er wolle 1996 anläßlich der Konferenz der Regierungen der Mitgliedstaaten zur Revision des Vertrages von Maastricht den Vorschlag aufgreifen, den Tierschutz ausdrücklich im EG-Vertrag zu verankern. Dies könne dazu beitragen, bei Harmonisierungen in diesem Bereich höhere Standards durchzusetzen.

Das hört sich gut an. Doch eine solche Zielsetzung erhält nur dann das für ihre Durchsetzung notwendige Gewicht, wenn die Bundesrepublik Deutschland zuvor denselben Maßstab in ihrer eigenen Verfassung festgeschrieben hat. Denn für die Rechtsprechung des Europäischen Gerichtshofs zählt allein, ob eine Argumentation stringent ist: Hat der Tierschutz im eigenen Lande keinen Stellenwert, dann kann die Forderung nach Beachtung des Tierschutzes auch nicht an ein Nachbarland gestellt werden, weil dadurch eine verschleierte Diskriminierung erkennbar wird (Urteil des EuGH vom 8.4.1992, Kommission ./. BRD, Slg. 1992, I-2575, S. I-2610 Rz. 26). Deutschland kann also seine Forderung nach Aufnahme des Tierschutzes in die europäischen Verträge nur durchsetzen, wenn der Tierschutz auch bei uns einen wesentlichen Stellenwert hat, also eindeutig im Grundgesetz verankert ist.

Auch das Europäische Parlament hat in einer „Entschließung zu dem Wohlergehen und dem Status von Tieren in der Gemeinschaft" am 21.01.1994 (ABLEG Nr. C 44, S. 206 vom 14.02.1994, vgl. Tierschutzbericht 1995 des Bundesministeriums für Ernährung, Landwirtschaft und Forsten, BT-Dr 13/350, S. 10f) die Kommission dazu aufgerufen, in ihrem Rahmen einen „Beratenden Ausschuß für die Rechte der Tiere" einzusetzen. Die Gemeinschaft soll laut Ziff. 5 dieser Entschließung nach dem Zustandekommen der Union eine neue Änderung der Verträge vorsehen, um die Tiere als „sensible Wesen" einzustufen. Jene Mitgliedsstaaten, die noch keine entwickelte nationale Gesetzgebung auf dem Gebiet des Tierschutzes haben, werden darum ersucht (Ziff. 6), möglichst bald Tierschutzvorschriften zu erlassen, die dann auch mit Hilfe entsprechender Überwachungsmaßnahmen durchgesetzt werden. Zahlreiche weitere Forderungen der Entschließung zeigen, daß es dem Europäischen Parlament darauf ankommt, einen angemessenen Rechtsstatus und einen effektiven Schutz der Tiere zu erreichen.

Es darf nicht unerwähnt bleiben, daß die Schweiz der Europäischen Entwicklung für den Schutz der Tiere einen beachtlichen Auftrieb gegeben hat: Sie hat als erster europäischer Bundesstaat (auch wenn sie der EU nicht angehört) die „Würde der Kreatur" in ihrer Bundesverfassung verankert und somit den Verfassungsrang des Tierschutzes ausdrücklich anerkannt (s. GOETSCHEL A., 1993). Außerdem ist der Verfassungsrang des Tierschutzes nach Wiederherstellung der deutschen Einheit in den modernen Landesverfassungen der vier deutschen Bundesländer Brandenburg, Sachsen, Thüringen und Berlin anerkannt worden (V. LOEPER E., 1996). Solche Bestrebungen gibt es auch in weiteren Bundesländern. So haben sich in Baden-Württemberg die Regierungsparteien CDU und FDP nach der Landtagswahl vom 24.03.1996 in einer Koalitionsvereinbarung darauf verständigt, den Tierschutz als Staatsziel ausdrücklich in die Landesverfassung aufzunehmen, wie es auch von allen Oppositionsparteien gefordert wird. Dies sind Zeichen einer in Gang befindlichen und noch vor uns liegenden Entwicklung, dem Recht auch der Tiere Geltung zu verleihen.

2. Zur bundesdeutschen Ausgangslage

Bei einer Abstimmung des Deutschen Bundestages am 30. Juni 1994 in Berlin scheiterte - vorläufig - das Bemühen, den Tierschutz ausdrücklich im Grundgesetz zu verankern. Nach immerhin 10jährigen politischen Auseinandersetzungen gelang es lediglich, den Umweltschutz in einem neuen Artikel 20a Grundgesetz im Sinne des Schutzes der „natürlichen Lebensgrundlagen" in die Verfassung aufzunehmen. Der Tierschutz erreichte zwar in der Gemeinsamen Verfassungskommission mit 33 Ja-Stimmen, 19 Nein-Stimmen und 3 Enthaltungen eine überwiegend positive Resonanz und konnte sich auch einer mehrheitlichen Empfehlung des Rechtsausschusses des Deutschen Bundestages erfreuen. Aber dies reichte nicht aus. Für eine Verfassungsänderung ist nach deutschem Recht eine Zweidrittelmehrheit von Bundestag und Bundesrat erforderlich. Eine solche Mehrheit jedoch wurde vor allem deshalb nicht erreicht, weil die Unionsfraktion ihre Zustimmung mehrheitlich verweigerte. Interessant an der Argumentation der Gegner einer gesonderten Staatszielbestimmung Tierschutz ist dreierlei:

1. Zwar wurde eingeräumt, der Tierschutz als solcher sei unstrittig. Er werde jedoch am besten durch die einfache Gesetzgebung gewährleistet. Das allgemein akzeptierte Tierschutzgesetz verfolge die konkreten Ziele des Tierschutzes in einer sachkundigen und sachgerechten Abwägung mit den jeweils definierten anderen Rechtsgütern, z.B. der Forschungsfreiheit (vgl. Bericht der Gemeinsamen Verfassungskommission vom 5.11.1993, Drucksache 12/6000, S. 71).
   Was heißt das für die Praxis? Hier wurde ein Status quo festgeschrieben, der sich auf die guten Absichten des Tierschutzgesetzgebers beruft, ohne dem Tierschutz selbst jedoch durch das Grundgesetz die erforderliche Geltung zu verschaffen.

2. Nachdem der Antrag zur Aufnahme des Tierschutzes ins Grundgesetz überwiegend an der Ablehnung der CDU/CSU-Bundestagsfraktion gescheitert war, brachten die Regierungsfraktionen der CDU/CSU und der F.D.P. am 30.6.94 (Drucksache 12/8211) einen Entschließungsantrag in den Bundestag ein, der mit einfacher Mehrheit angenommen wurde. In ihm heißt es: Bei dem Streit zwischen Befürwortern und Gegnern einer gesonderten Staatszielbestimmung Tierschutz „ging es ... weniger um das grundsätzliche Schutzbedürfnis des Tieres als solches. Es ging mehr um die Frage, ob nicht schon die einfach-gesetzlichen Grundlagen der deutschen Tierschutzgesetzgebung, die in der Welt als vorbildlich gelten, ausreichend sind..." Weiter heißt es, mit der vom Bundestag verabschiedeten Aufnahme der Staatszielbestimmung Umweltschutz in das Grundgesetz sei ein grundlegender Schritt zur auch verfassungsrechtlichen Festigung der Verantwortung von Staat und Gesellschaft für die Achtung und Bewahrung der „natürlichen Lebensgrundlagen" vollzogen worden. Hierzu gehöre „die gesamte Schöpfung, also auch das Tier... In diesem Sinne bekräftigen wir, daß die Staatszielbestimmung Umweltschutz auch den Tierschutz prinzipiell mit umfaßt..."
   Erneut wurde also auf eine mehrheitlich getragene gute Absicht verwiesen, ohne den erforderlichen Schritt zu ihrer Realisierung zu tun. Das Gegenteil von gut aber ist bekanntlich gut gemeint. Gegenüber leidenden Mitgeschöpfen ist Handlungsverantwortung gefordert, nicht Absichtsverantwortung.

3. Die Gegner einer gesonderten Staatszielbestimmung Tierschutz - etwa RUPERT SCHOLZ oder JOHANNES GERSTER - hatten noch in der Bundestagsdebatte vom 30.6.1994 behauptet, die von ihnen eingebrachte, oben beschriebene Parlamentsentschließung binde künftig Gerichte und Behörden (Plenarprotokoll 12/238, Seite 21036f).
   Diese Behauptung entbehrte schon damals jeder realistischen Basis. Erstens bedürfen, wie gesagt, Abstimmungen über eine Verfassungsänderung der Zweidrittelmehrheit. Zweitens kam die mit einfacher Mehrheit gefaßte Entschließung erst zustande, nachdem man die Aufnahme des Tierschutzes in das Grundgesetz gerade abgelehnt hatte. Außerdem: Bereits zwei Jahre zuvor war im Rahmen des Gesetzgebungsverfahrens ein Gutachten des Bundesministeriums des Innern eingeholt worden. In ihm wurde am 7.10.1992 gegenüber der Verfassungskommission erschöpfend begründet, warum zentrale Anliegen des Tierschutzgesetzes wie die Achtung der Tiere als Lebewesen und ihr Recht auf Schutz vor vermeidbaren Leiden keineswegs durch den „Schutz der natürlichen Lebensgrundlagen" abgedeckt ist. Denn der nicht im Grundgesetz verankerte Schutz des Einzeltieres vor vermeidbaren Qualen ist natürlich auch juristisch ganz anders zu werten als der seit 1994 im Grundgesetz verankerte Schutz von Luft, Wasser, Nahrung oder natürlicher Artenvielfalt (vgl. HUSTER S.,1993).

3. Die Justiz geht andere Wege

Was die fehlende Verankerung des Tierschutzes im Grundgesetz für die Rechtspraxis bedeutet, zeigen folgende drei Fallbeispiele der neuesten Rechtsprechung:

3.1. Beispiel 1

Bekanntlich läßt das Tierschutzgesetz Tierversuche nur zu, wenn sie „unerläßlich“ und „ethisch vertretbar“ sind. Um dies bewerten zu können, wurde bisher der Behörde eine Prüfungspflicht zuerkannt (SCHOLZ, R., 1986; LORZ A., 1992, Anmerkung 11 zu §8; KLUGE H.-G., 1994). In diesem Rahmen verweigerte der Berliner Gesundheitssenator Dr. PETER LUTHER 1992 einem Tierexperimentator die Genehmigung von besonders qualvollen Tierexperimenten. Dem Hirnforscher Prof. OTTO-JOACHIM GRÜSSER wurde untersagt, weiter Affen von Geburt an ein Auge zuzunähen, über der Bindehaut eine schmerzhafte Kupferdrahtspule zu implantieren, Schrauben in ihre Schädel zu bohren und die hochintelligenten Tiere pro Tag mehrere Stunden lang mit dem Kopf in Bändigungsapparaten zu fixieren. Derart hochentwickelte Tiere aus einem abstrakten Forschungsinteresse heraus solchen Dauerqualen auszusetzen erschien dem Berliner Gesundheitssenator, gestützt von dem Gutachten einer Sachverständigen, ethisch nicht mehr vertretbar. Aber das Bundesverfassungsgericht und das Berliner Verwaltungsgericht entschieden im Juni/Dezember 1994 ganz anders: Weil der Tierschutz vom Verfassungsgeber nicht ausdrücklich ins Grundgesetz aufgenommen wurde, so die Richter, dürfe das im Grundgesetz uneingeschränkt anerkannte Recht der freien Wissenschaft nicht durch das demgegenüber untergeordnete Tierschutzgesetz eingeschränkt werden (BVerfG, Beschluß vom 20.6. 1994, NVwZ 1994, 894 ff.; Urteil des VG Berlin vom 7.12.1994, ZUR 1995, 201ff mit Anmerkung CASPAR). In der Konsequenz heißt dies: Tierversuche sind zulässig, auch wenn sie für den Menschen keinerlei Aussagekraft besitzen und wenn sie noch so qualvoll und grausam sind.

Entgegen dem Willen des Gesetzgebers darf nach dieser Rechtsprechung nur noch der Experimentator selbst, nicht mehr der Gesetzgeber und auch nicht die Behörde und die Justiz darüber bestimmen, was Versuchstieren angetan wird. Zitat: „Nach alledem ist aus den detaillierten Darlegungen des Klägers, die er wissenschaftlich begründet und durch die Resultate eigener fachkompetenter Beobachtungen untermauert hat, die ethische Vertretbarkeit der Tierversuche abzuleiten.“ Behörde und Gericht verlieren ihre eigenständige Prüfungsaufgabe und die Tierschutzethik ihren gesetzlichen Geltungsanspruch, wenn die Zulässigkeit von Tierexperimenten von den zwar nachvollziehbaren, aber im Streitfalle nicht überprüfbaren Angaben des experimentierenden Wissenschaftlers abhängig sein soll.

3.2. Beispiel 2

Im Jahre 1986 kam es in der Bundesrepublik Deutschland zu einer Novellierung des Tierschutzgesetzes. Hier wurden nicht nur in der Grundnorm des §1 der Rang des Tieres als „Mitgeschöpf“ betont und Tierversuche von ihrer „ethischen Vertretbarkeit“ abhängig gemacht (§7 Abs. 3). Darüber hinaus wurde dem Vorrang tierversuchsfreier Methoden im Bereich der Ausbildung nach §10 des Gesetzes Geltung verschafft. Auf dieser Grundlage untersagte Regierungspräsident HARTMUT BÄUMER in Gießen dem Hochschullehrer Prof. GERHARD HELDMAIER, Studierenden der Biologie und Zoologie im Physiologiepraktikum Tierversuche an lebenden Ratten durchführen zu lassen. BÄUMER war zusammen mit Sachverständigen der Überzeugung, es sei für die vorliegenden Lehrzwecke nicht notwendig, daß die betreffenden Studenten betäubten Ratten den Bauch aufschlitzten, um die Nahrungsresorption im Dünndarm zu beobachten, bis die Tiere während des Experiments oder durch die Todesspritze sterben.

Auch hier ließ die Justiz die behördliche Gesetzesanwendung nicht zu: Im Eilverfahren betonte der Verwaltungsgerichtshof Kassel in seinem Beschluß vom 29.12.1993 (NJW 1994, 1608ff), der Schutz des Einzeltieres habe keinen Verfassungsrang und könne daher die Lehrfreiheit im Sinne des Artikel 5 GG auch nicht einschränken. Der in §10 des untergeordneten Tierschutzgesetzes festgelegte Vorrang tierversuchsfreier Lehrmethoden sei verfassungskonform dahin auszulegen, daß sowohl die Bestimmung des Zwecks einer Lehrveranstaltung als auch die Methodenwahl „ausschließlich der Einschätzung des Hochschullehrers" zu überlassen sei.

Übereinstimmend damit hat auch das Verwaltungsgericht Gießen in seinem Urteil vom 24.8. 1995 dem gesetzlichen Vorrang von Alternativen zum Tierversuch im Bereich der Ausbildung keine Bedeutung mehr beigemessen. Der Anwalt des Hochschullehrers konnte sich auf den Tatbestand stützen, daß das Tierschutzgesetz nur noch Appellcharakter hat und als zwingende Norm mit der Verfassung unvereinbar ist. Im Klartext: Die Überprüfung von Tierversuchen auf ihre ethische Vertretbarkeit ist verfassungswidrig. Eine Kontrolle findet nicht mehr statt!

Die Folge: Studenten, die aus Respekt vor der lebendigen Schöpfung die Fächer Biologie oder Zoologie wählen, geraten unnötig in Gewissensnot. Denn wenn sie nicht den Abbruch ihres Studiums und das Risiko einer jahrelangen Prozeßführung unter Berufung auf die Verletzung ihrer Grundrechte auf Berufs- und Gewissensfreiheit auf sich nehmen wollen, sind sie dem ethischen Gutdünken ihres Hochschullehrers ausgeliefert. Und im Falle von Prof. HELDMAIER heißt dies, daß nur noch derjenige Biologe oder Zoologe werden darf, der es über sich bringt, während seiner Ausbildung im Schnitt 50 Tiere zu töten (siehe zu dem Urteil und zu den Positionen der Parteien: Oberhessische Presse vom 25.8.1995). Letztlich begünstigt dies, wie zahlreiche Fälle belegen, Studenten ohne Tötungshemmung. Eine ethisch höchst bedenkliche Entwicklung.

Im Land Berlin haben die genannten Entscheidungen bereits dazu geführt, daß die Senatsverwaltung die Vollzugsbehörden angewiesen hat, bei der Frage der ethischen Vertretbarkeit von Tierversuchen nur noch darauf zu achten, ob der Wissenschaftler hierzu begründete Darlegungen macht - was immer das heißen mag. Auch soll die Frage der Unerläßlichkeit der Tierversuche nur noch einer „qualifizierten Plausibilitätskontrolle" unterliegen. Die Angaben des Experimentators sollen dementsprechend detailliert und im einzelnen nachvollziehbar, aber im Zweifel einer inhaltlichen Überprüfung durch die Behörde entzogen sein, wodurch sich der zu Überprüfende allenfalls noch selbst überprüft.

3.3. Beispiel 3

Die parlamentarische Verweigerung eines Verfassungsranges des Tierschutzes entwertet zunehmend die Effizienz der Tierschutzgesetzgebung (vgl. HÄNDEL U., 1996), wirkt sich aber auch auf andere Konflikte nachteilig aus. So hat der Verwaltungsgerichtshof Baden-Württemberg in seinem Urteil vom 26.03.1996 (9 S 2502/93) den Anspruch einer Studentin auf gewissenskonforme Teilnahme an zoologischen Praktika - bezogen auf das Hauptstudium der Biologie, Studiengang Lehramt - abgewiesen, weil sie weder an Tierversuchen noch an Übungen mit hierzu getöteten Tieren oder Organpräparaten mitwirken wollte. Das Gericht anerkannte zwar, daß das Grundrecht der Gewissensfreiheit und des freien Zugangs zum Beruf „beeinträchtigt" war, dennoch ließ es sich auf keine uneingeschränkte Abwägung der Rechtsgüter ein, sondern gab der Lehrfreiheit der Hochschullehrer im Sinne eines nicht überprüfbaren wissenschaftlich-pädagogischen Beurteilungsspielraums den Vorrang. Einer der Gründe: Dem Tierschutz komme „angesichts der eindeutigen negativen Willensäußerung des Verfassungsgesetzgebers" kein Verfassungsrang zu. Zwar müßte eigentlich die von der Rechtsprechung des Bundesverfassungsgerichts entwickelte Leitidee der „praktischen Konkordanz" (BVerfGE 28, 243/260; 33, 23/32; 52, 253 u. 69, 1/54; BRANDHUBER K., 1991) angewendet werden. Dementsprechend müßten im Falle des Konflikts von Grundrechten möglichst beide zur optimalen Entfaltung kommen. Die Durchsetzung der Gewissensfreiheit Studierender wird nun aber verweigert, weil es scheinbar nur um Tiere geht. In Wahrheit wird auf diese Weise die Fundamentalnorm der Menschenwürde verletzt (vgl. Urteil des Verwaltungsgerichts Frankfurt, NJW 1991, 768, sowie LOEPER E. V:, 1991).

4. Die Folgen fehlenden Tierschutzes für unser gesellschaftliches Wertbewußtsein

Welche Wirkung wird das beschriebene verfassungsrechtliche Vakuum haben, und welche Folgen läßt die Mißachtung der Empfindungen von Tieren für das Wertbewußtsein der Menschen erwarten?

4.1. Der Glaubwürdigkeitsverlust des Rechts

Die Ablehnung eines Verfassungsranges des Tierschutzes bedeutet in der Praxis seine weitgehende Annullierung. Denn überall dort, wo der Tierschutz mit in der Verfassung nicht eingeschränkten Grundrechten kollidiert, ist der Tierschutz nicht mehr durchsetzbar. Das zeigen u.a. die erwähnten Gerichtsentscheidungen im Bereich der Tierversuche. Selbst die vom Gesetzgeber in §15 Abs. 1 geforderten Kommissionen zur ethischen Beurteilung von Tierversuchen werden stillschweigend ihrer wesentlichen Aufgabe enthoben. Denn die Behörde hat sich gemäß den jüngsten Gerichtsentscheidungen allein nach einem „in sich schlüssigen Genehmigungsantrag" des Experimentators zu richten, solange der Schutz des Einzeltieres kein Rechtsgut der Verfassung darstellt. Die Verwaltungsbehörde wird damit zum verlängerten Arm des Tierexperimentators degradiert, da sie gar nicht anderes handeln kann, als dessen Genehmigungsantrag zu genehmigen, sofern dieser „plausibel", also in den Einzelheiten nachvollziehbar begründet ist. Für die eigenständige Kontrollfunktion der Behörde bleibt hiernach kein Raum.

Die gesetzliche Tierschutzethik als Teil unserer Rechtsstaatlichkeit hat damit ausgedient, denn selbst die zentrale Forderung nach Gewaltenteilung gilt nicht mehr. Dies bedeutet einen Glaubwürdigkeitsverlust des Rechts, der um so schwerer wiegt, als der Schwächere, hier das Mitgeschöpf Tier, so vollkommen der Willkür des Stärkeren ausgeliefert wird.

Der Verfassungsgeber hat dies weder 1949 bei Schaffung des Grundgesetzes noch 1971 gewollt, als er die Zuständigkeit des Bundesgesetzgebers für den Tierschutz im Grundgesetz verankerte. Daher gibt es auch vielfältige Bemühungen, die bestehende Verfassungslücke z.B. über die fundamentale Norm der Menschenwürde in Verbindung mit der in der Präambel des Grundgesetzes genannten Verantwortung vor Gott (DREIER R. und STARCK C., 1984; HEYDEBRANDT H.-CH. V. und GRUBER F., 1986; LOEPER E. V., 1991) oder über das Sittengesetz (ERBEL G., 1986) im Sinne staatlicher Verantwortung auch für Tiere zu schließen. Im Kern geht es aber um nicht im Grundgesetz festgeschriebene menschliche Pflichten, die durch konstruktive Schließung einer Verfassungslücke, also im Wege der Rechtsfortbildung anzuerkennen sind. Insoweit hat Prof. GÜNTER FRANKENBERG (1994) einleuchtend auf die notwendige Legitimation hingewiesen, die bei einem so wesentlichen Entwicklungsschritt von den dazu berufenen Verfassungsorganen, also vom Deutschen Bundestag und vom Bundesrat mit dazu erforderlicher Zweidrittelmehrheit, zu leisten ist. Eine Gesellschaft, so meint er, die sich eine Verfassung gebe, mute sich damit zu, diese über die dafür vorgesehenen Verfahren zu ergänzen und zu ändern; ein „Verfassungsrang durch die Hintertür" hingegen würde das Grundgesetz als demokratische Verfassung beschädigen.

Dagegen ließe sich nun einwenden, das Bundesverfassungsgericht habe, als es um die militärische Landesverteidigung oder um die Nutzung der Atomenergie zu friedlichen Zwecken ging, aus verfassungsrechtlichen Zuständigkeitsnormen des Bundes Verfassungsgüter abgeleitet (KLUGE H.-G., 1994). Aber die geringe Chance, in 5 oder 10 Jahren eine Anerkennung des Tierschutzes als Verfassungsgut durch verbindliche Entscheidung des Bundesverfassungsgerichts zu erzielen, rechtfertigt die weitere Untätigkeit des Verfassungsgebers keinesfalls. Vielmehr gebieten fundamentale Maßstäbe der Rechtsstaatlichkeit, nämlich Rechtssicherheit und eine dem Mitgefühl verpflichtete Gerechtigkeit, die ausdrückliche, also zweifelsfreie Aufnahme des Tierschutzes in den Katalog der Grundwerte und Staatsziele.

4.2. Gesellschaftliche Folgen

Es ist weiter zu fragen, was es für unser gesellschaftliches Miteinander heißt, wenn das grundsätzliche Recht der Tiere auf Unversehrtheit keinen rechtlich abgesicherten Stellenwert mehr hat. Wenn also wehrlos uns ausgelieferte Tiere jedes Schutzes beraubt und ganz unserer Willkür ausgeliefert werden.

Dem Mißverständnis des Liberalismus als uneingeschränkte Freiheit des Individuums ist entgegenzuhalten, daß ein zivilisiertes Miteinander nur möglich ist, wenn die Freiheit des einzelnen dort endet, wo sie das Recht anderer auf Unversehrtheit verletzt. Die eskalierende Gewalt gerade gegenüber Schwächeren hat zu der allgemeinen Ansicht geführt, daß diesem Werteverfall nur dadurch begegnet werden kann, daß der Schutz des Schwächeren betont und in der Praxis gepflegt wird (WEIßENBORN M., 1995; GEIGER S., 1993)

Hier liegt die Antwort auf die Frage, welchen Gewinn ein realisierter Tierschutz für ein zivilisiertes, wertorientiertes Zusammenleben in unserer Gesellschaft haben würde. Zahlreiche wissenschaftliche Gutachten belegen: Realisierter, nicht nur behaupteter Tierschutz hat sehr viel mit Menschenschutz zu tun. Ja, er bildet die Voraussetzung dafür. Ohne einen effektiven Tierschutz schwindet, wie beispielsweise einschlägige Verbrecherkarrieren zeigen, das Wertbewußtsein in unserer Gesellschaft, und dem galoppierenden Werteverfall, der insbesondere in der drastisch angestiegenen Gewaltbereitschaft von Kindern und Jugendlichen zum Ausdruck kommt, wird Vorschub geleistet. Beginnt dagegen Menschlichkeit beim Schwächsten, nämlich beim Tier, wird - auch dies belegen zahlreiche Studien - dadurch zugleich der Respekt vor Leben überhaupt und damit auch das allgemeine Wertbewußtsein unserer Gesellschaft gestärkt (ROBBINS J., 1995; TEUTSCH G.M., 1995; KILLIAS M., 1993; ERBEL G., 1986).

Welch enger Zusammenhang zwischen Tierquälerei und Gewaltbereitschaft gegenüber Menschen besteht, erleuchtet etwa eine sowjetische Studie: Sie ergab, daß mehr als 87 Prozent einer Gruppe von Gewaltverbrechern im Kindesalter Tiere schwer gequält und grausam getötet haben. Und in einer groß angelegten amerikanischen Studie bewies Dr. STEFFEN KELLERT von der Yale Universität, daß bei Kindern, die Tiere mißhandeln, später eine deutlich erhöhte Neigung zu Gewaltverbrechen gegenüber Menschen besteht.

Bemerkenswert ist auch, daß umgekehrt sogar noch erwachsene Gewaltverbrecher ihre Einstellung zu anderen Menschen entscheidend ändern können, wenn sie positive Erfahrungen mit Tieren machen. So ergaben Untersuchungen über kurz vor ihrer Entlassung stehende Häftlinge, denen erlaubt wurde, Katzen in ihrer Zelle zu halten, daß diese erstaunlich hohe Resozialisierungserfolge aufzuweisen hatten (siehe ROBBINS J., 1995).

Alle diese und weitere Studien belegen, daß ein liebevoller, verantwortungsbewußter Umgang mit Tieren das Verantwortungsbewußtsein eines Menschen insgesamt fördert. Die Durchsetzung des Tierschutzes hat daher für das Wertbewußtsein und die Integrationsfähigkeit der Menschen eine entscheidende Bedeutung.

Für immer mehr Menschen ist es zudem nicht hinnehmbar, daß Tiere gequält werden. Aufgrund der gestiegenen Sensibilität unterstützen in der Bundesrepublik inzwischen deshalb breiteste Kreise der Bevölkerung die Forderung, der Verantwortung für Tiere durch die Festschreibung des Tierschutzes im Grundgesetz bessere Wirkung zu verleihen (laut Forsa-Umfrage treten 84 Prozent aller Deutschen hierfür ein, vgl.: Die Woche vom 21.9.1993). Wenn aber die Gesetzgebung ausgerechnet dort nur noch „Appellcharakter" hat, wo es um den Schutz der Schwächsten, der Tiere, geht, dann muß dies bei vielen Menschen Empörung, Verzweiflung und Radikalisierung bewirken. Wird Brutalität gegenüber wehrlosen Mitgeschöpfen zur staatlich tolerierten Verhaltensform, weil der Gesetzgeber eine Verfassungslücke nicht zu schließen vermochte, dann wird dies die rechtsstaatlichen Grundfesten unseres Gemeinwesens zutiefst erschüttern und einen unabsehbaren Schaden verursachen. Dem Verfall des Wertbewußtseins könnte dann der Verfall der Gesellschaft folgen.

4.3. Tierschutz als Grundlage humaner, zeitgemäßer Wissenschaft

Als drittes ist zu fragen, ob die Freiheit einzelner Menschen, insbesondere die Freiheit der Vertreter von Wissenschaft und Lehre, den Verzicht auf ein solches Wertbewußtsein rechtfertigt. Ja, ob er dem Ansehen und damit der Akzeptanz von Wissenschaft und Lehre nicht zutiefst schadet.

Folgende Gründe machen die eindeutige Verankerung des Tierschutzes im deutschen Grundgesetz und im EG-Vertrag auch aus wissenschaftlicher Sicht und im Interesse der Wissenschaft notwendig:

4.3.1. Überholte anthropozentrische Sichtweise

Die in den Rechtsordnungen (im deutschen Tierschutzgesetz „durchwachsen", d.h. die dort verheisene positive Leitidee steht schon wegen der beschriebenen Verfassungslage auf brüchigem Boden) noch immer vorherrschende anthropozentrische Sicht, die den Menschen als das fraglose Maß aller Dinge betrachtet, ist mit den wissenschaftlichen Erkenntnissen der Neuzeit nicht mehr vereinbar. Sie ist, wie etwa die zunehmenden ökologischen Probleme auf unserem Globus zeigen, kurzsichtig und bedroht den Fortbestand der Menschheit.

Eine faktenorientierte Wissenschaft läßt sich nicht als anthropozentrische Herrschaftsdisziplin mißbrauchen, die der unbegrenzten menschlichen Willkür das Wort redet. Die Erde ist nicht „Untertan" (vgl. WEBER J., 1993). Wenn sich aber Wissenschaftsfreiheit auf alles erstrecken soll, was nach Inhalt und Form als „ernsthafter planmäßiger Versuch zur Ermittlung der Wahrheit anzusehen ist", so stellt sich bei einer derart vagen Formel unvermeidlich die Frage nach den Freiheitsgrenzen der Wissenschaft (vgl. DREIER R., 1980) denn die planmäßige Beliebigkeit im Umgang mit Tieren läßt sich mit dem, was die Wissenschaft einschließlich der Verhaltensforschung inzwischen über die Natur des Tieres weiß, nicht vereinbaren. Durch sie wurde längst die empfindungslose, blinde Überzeugung von DESCARTES als unwissenschaftlich widerlegt, Tiere wären seelenlose, zu Schmerz und Leid unfähige Maschinen - eine Ansicht, die früher gegenüber Sklaven und bis heute in manchen Kulturen gegenüber Frauen vertreten wird.

Es ist längst erwiesen, daß das Nervensystem der höheren säugenden Wirbeltiere fast identisch mit dem menschlichen Nervensystem ist. Das heißt, daß bei solchen Tieren die Schmerzempfindung mindestens ebenso ausgeprägt ist wie bei uns Menschen (ROBBINS J., 1995, S. 35f). Doch nicht nur das: Schreckliche Experimente mit hochentwickelten Spitzhörnchen (Tupaias) - sie wurden ihres Partners beraubt und permanenter Angst und Streß ausgesetzt - haben bestätigt, daß bei Tieren ähnlich wie bei Menschen Psychosen und Neurosen auftreten können. Dies ergeben die Experimente des Bayreuther Tierphysiologen Prof. D. VON HOLST (siehe: Nürnberger Nachrichten vom 16.1.87, und: Süddeutsche Zeitung vom 24.12.86). Besonders makaber dabei ist, daß der Experimentator als Ergebnis der von ihm verursachten Qualen und Todesängste der Tiere die „goldene Lebensregel" von PARACELSUS bestätigt fand: „Liebe ist die beste Medizin."

Der legendäre Tierforscher Prof. Dr. BERNHARD GRZIMEK äußerte bereits 1961, die Schmerzen der Tiere seien „viel fürchterlicher als die unseren, denn sie müssen sie blind und dumpf erleiden, sie wissen nicht warum und wofür. Sie haben keinen Trost." Und der Verhaltensforscher und Nobelpreisträger Prof. Dr. KONRAD LORENZ verglich die Tiere mit Gefühlsmenschen mit sehr wenig Verstand (vgl.: Der Spiegel Nr. 47, 1980, S. 251ff, siehe auch: ARZT V. und BIRMELIN I., 1993). LORENZ beschrieb etwa am Beispiel einer Graugans, die ihren Partner verloren hatte, physiologische Symptome bei der verwitweten Gans, die in verblüffender Weise bis ins Detail all jenen Körperreaktionen glichen, die ein von tiefer Trauer durchdrungener Mensch aufweist.

Die neuere Verhaltensforschung erkennt zunehmend, daß Tiere ein ebenso bewegtes Innenleben haben wie Menschen: Sie wissen genau, was sie wollen und was sie nicht wollen und besitzen vielfach Fähigkeiten des Bewußtseins (GEO Nr. 5/Mai 1996). In den Entscheidergremien von Wissenschaft und Wirtschaft ist aufgrund der beschriebenen wissenschaftlichen Fakten ein tiefgreifender Umdenkungsprozeß im Gange. Immer häufiger werden Tiere bereits im Sinne von REGAN als „Subjekte eigener Lebensführung" verstanden. Man denke nur an den richtungweisenden Aufsatz von MIETH, Prof. für katholische Moraltheologie und Sprecher des Zentrums für Ethik in den Wissenschaften der Universität Tübingen, in der Süddeutschen Zeitung vom 8.12.1995.

Dies alles zeigt: Eine anthropozentrisch verengte Sicht der Rechtsordnung, die nur die Schutzbedürftigkeit des Menschen und nicht auch die von Tieren anerkennt, widerspricht den Erkenntnissen der Wissenschaft; sie ist unwissenschaftlich und damit realitätsfern. Das heißt, sie ist für eine Disziplin, die derart in die Realität eingreift wie das Recht, unhaltbar.

Genau aus diesem Grunde ist der Tierschutzgesetzgeber 1972 bei der einstimmigen Verabschiedung des Tierschutzgesetzes von der Grundkonzeption eines ethisch ausgerichteten Tierschutzes ausgegangen und hat - unter ausdrücklicher Berufung auf die Erkenntnisse der Verhaltensforschung - zunehmend wissenschaftliche Feststellungen über artgemäße und tierverhaltensgerechte Erfordernisse zu normativen Beurteilungsmaßstäben erhoben (Dt. Bundestag, Drucksache VI 12559, Vorblatt zum Entwurf eines Tierschutzgesetzes). Tierschutz ist daher auch der natur- und rechtswissenschaftlichen Erkenntnis über die Tiere und einem dementsprechenden verantwortungsvollen Umgang mit ihnen verpflichtet.

4.3.2. Leidens- und Empfindungsfähigkeit als Prüfstein

Laut §7 Abs. 2 des deutschen Tierschutzgesetzes ist bei der Entscheidung, ob Tierversuche „unerläßlich" sind, „insbesondere der jeweilige Stand der wissenschaftlichen Erkenntnisse zugrunde zu legen und zu prüfen, ob der verfolgte Zweck nicht durch andere Methoden oder Verfahren erreicht werden kann".

Daraus wird meist die unvollständige Forderung abgeleitet, die Forschungsfreiheit und damit die Durchführung qualvoller Tierexperimente lasse sich nur dann einschränken, wenn zur Beantwortung der wissenschaftlichen Fragestellung des Tierexperimentators bereits Datenmaterial vorliegt. Angesichts neuester wissenschaftlicher Erkenntnisse über die Leidens- und Empfindungsfähigkeit höherentwickelter Tiere muß ein ethisch begründeter Tierschutz aber einen Schritt weitergehen und die wissenschaftliche Fragestellung des Tierexperimentators selbst zum Gegenstand wissenschaftlicher wie ethischer Überprüfung machen: Da insbesondere bei den hochentwickelten Wirbeltieren eine durch ihr schmerzempfindendes Nervensystem begründete Schutzbedürftigkeit besteht (siehe bereits §§1, 2, 17 Tierschutzgesetz), läßt sich kein vernünftiges, rationales Argument mehr dafür anführen, nur dem Menschen, nicht aber auch dem Tier ein Recht auf Schutz vor Schmerzen und Leiden einzuräumen (HUSTER S., 1993). Die Anerkennung dieses Faktums vorausgesetzt, würde im Konfliktfall wenigstens eine Abwägung verschiedener Rechtsgüter erforderlich werden.

Auch aus rein wissenschaftlichen Gründen liegt es im Interesse des Menschen, Entstehung und Verlauf von menschlichen Krankheitsursachen nicht mit der Reaktionsweise von künstlichen Situationen ausgesetzten Labortieren gleichzusetzen, zumal die Verwertbarkeit wissenschaftlicher Daten von Tierexperimenten - auch aus der Sicht führender Experimentatoren - immer dann zu verneinen ist, wenn Tieren unerträgliche Leiden zugefügt werden. Das hat selbst der Hirnforscher Prof. OTTO-JOACHIM GRÜSSER in dem Berliner Prozeß um die qualvollen Affenversuche eingeräumt. Der Grund: Gestörtes Befinden wie Streß, Angst und Schmerzen führen im Organismus der Tiere (und der Menschen) zu qualitativ und quantitativ veränderten Stoffwechselabläufen, deren Ausmaß von der Tierart und vom Individuum abhängig ist. Der Umfang der Beeinflussung der physiologischen Systemabläufe ist nicht berechenbar, so daß die aus Wissenschaftsgründen gebotene Reproduzierbarkeit der Ergebnisse nicht gewährleistet werden kann.

Dementsprechend betonen die Ethischen Grundsätze und Richtlinien der Schweizerischen Akademie der Medizinischen Wissenschaft und der Schweizerischen Naturforschenden Gesellschaft (1983, neueste Fassung in ALTEX 1995) zu Tierversuchen in Artikel 4.6: „Versuche, die dem Tier schwere Leiden verursachen, müssen vermieden werden, indem durch Änderung der zu prüfenden Aussage andere Erfolgskriterien gewählt werden oder indem auf den erhofften Erkenntnisgewinn verzichtet wird. Als schwere Leiden gelten Zustände, welche beim Menschen ohne lindernde Maßnahmen als unerträglich zu bezeichnen wären." Die Anerkennung eines solchen ethischen Minimums entspricht auch aktuellen Bestrebungen zur Änderung des deutschen Tierschutzgesetzes. Eine solche Leidensbegrenzung ließe sich allerdings nach deutschem Recht nur durchsetzen, wenn der Tierschutz Verfassungsrang erhalten würde.

4.3.3. Wissenschaft im Dienst des Lebens

Nur wenn sich die Wissenschaft in den Dienst des Lebens insgesamt stellt, gewinnt sie Sinn und Ziel. Daher ist es nur folgerichtig, das ähnlich entwickelte und funktionierende Leben von Mensch und Tier nicht gegensätzlich, sondern in ähnlicher Weise bewahrend und schützend zu behandeln. Die Überwindung der Gewalt gegen Tiere und somit auch die zielstrebige Arbeit zum Abbau und zur Abschaffung der Tierversuche sind Voraussetzung und Folge einer Wissenschaft, die ein humanes Wertbewußtsein als Basis menschlicher Selbstachtung vertritt. Die ausdrückliche Anerkennung des Tierschutzes im deutschen Grundgesetz sowie in anderen nationalen und europäischen Rechtsgrundlagen und in internationalen Übereinkommen muß uns deshalb selbstverständlich sein. Die Alternative wäre der Verlust unserer Menschlichkeit, die Leugnung unseres Wissens und damit letztlich die Aufgabe unserer Überlebensfähigkeit.

Literatur

ARZT V. und BIRMELIN I., Haben Tiere ein Bewußtsein?, München: Verlag C. Bertelsmann, 1993

DREIER R., Forschungsbegrenzung als verfassungsrechtliches Problem, Deutsches Verwaltungsblatt, 471ff, 1980

DREIER R. und STARCK C., Tierschutz als Schranke der Wissenschaftsfreiheit, in: U.M. HÄNDEL (Hrsg.), Tierschutz, Testfall unserer Menschlichkeit, Frankfurt/M.: Fischer Taschenbuchverlag, 1984

ERBEL G., Rechtsschutz für Tiere - Eine Bestandsaufnahme anläßlich der Novellierung des Tierschutzgesetzes, Deutsches Verwaltungsblatt, 1235ff (1237), 1986

FRANKENBERG G., Tierschutz oder Wissenschaftsfreiheit?, Kritische Justiz, 421ff, 1994

GEIGER S., „Entsolidarisierung fördert Extremismus und Kriminalität". Chef des Bundeskriminalamts sucht nach Gründen von Gewalt - Experten für mehr Jugendschutz, Stuttgarter Zeitung vom 25.11.1993

GOETSCHEL A.F., Das Schweizer Tierschutzgesetz - Übersicht zu Theorie und Praxis, in: GOETSCHEL A.F. (Hrsg.), Recht und Tierschutz, Bern Stuttgart Wien: Verlag Paul Haupt, 257ff, 1993

GRZIMEK B., Darf man Tiere töten?, Das Tier, 8, 22, 1961

HÄNDEL U., Chancen und Risiken einer Novellierung des Tierschutzgesetzes, Zeitschrift für Rechtspolitik, 137ff, 1996

HEYDEBRANDT U.D. LASA V. H.-CH. und GRUBER F., Tierversuche und Forschungsfreiheit, Zeitschrift für Rechtspolitik, 115ff, 1986

HUSTER S., Gehört der Tierschutz ins Grundgesetz?, Zeitschrift für Rechtspolitik, 326ff, 1993

KILLIAS M., Kriminologische Aspekte zu Tierschutz und Tierquälerei, in: GOETSCHEL A.F. (Hrsg.), Recht und Tierschutz, Bern Stuttgart Wien: Verlag Paul Haupt, 1993

KLUGE H.-G., Grundrechtlicher Freiraum des Forschers und ethischer Tierschutz, Neue Verwaltungszeitschrift, 869ff, 1994

LOEPER E. V., Studentische Gewissensfreiheit und mitgeschöpfliche Sozialbindung, Zeitschrift für Rechtspolitik, 224ff, 1991

LOEPER E. V., Tierschutz ins Grundgesetz, Zeitschrift für Rechtspolitik, 143ff, 1996

LORZ A., Tierschutzgesetz, Kommentar, 4. Auflage, München: Verlag C.H. Beck, 1992

ROBBINS J., Ernährung für ein neues Jahrtausend, Waldfeucht: Hans-Nietsch-Verlag, 1995

SCHOLZ R., Sten. Bericht Bundesrat, 566. Sitzung vom 27.6.1986, 195f, 1986

TEUTSCH G.M., Die „Würde der Kreatur". Erläuterungen zu einem neuen Verfassungsbegriff am Beispiel des Tieres, Bern Stuttgart Wien: Verlag Paul Haupt, 1995

WEBER J., Grundrechte für Tiere und Umwelt - Die Erde ist nicht Untertan, Frankfurt/M.: Verlag Eichborn, erweiterte Neuausgabe 1993

WEIẞENBORN M., Wider den Werteverfall im Westen. Der amerikanische Soziologe AMITAI ETZIONI und das neue Denken des Kommunitarismus, Stuttgarter Zeitung vom 30.6.1995

Die (in der Schweiz verfassungsrechtlich geschützte) Würde der Kreatur und deren Beachtung im Tierversuch

A.F. Goetschel

Zusammenfassung

Die Würde der Kreatur wird durch die Schweizerische Bundesverfassung seit 1992 geschützt (Art. 24^{novies} Abs. 3 BV). Nach einer Darstellung der Entwicklung und Tragweite dieses neuartigen Rechtsbegriffs werden erste Forderungen gezogen für den Schutz des Versuchstieres.

Summary

The Dignity of Creation protected by the Swiss Constitution and its Respect in Animal Experimentations

The dignity of creation is beeing protected by the Swiss constitution since 1992 (Art. 24^{novies} par. 3). The development of this new term is shown and the large field of its application. Consequences are proposed for a better protection of laboratory animals, based on this new term.

1. Einleitung

Seit dem Jahre 1992 wird die Würde der Kreatur durch die schweizerische Bundesverfassung geschützt. Welches sind die Folgerungen daraus für den Schutz des Tieres im Tierversuch?

2. Die Würde der Kreatur in der Geschichte der Ethik und des Rechts des Tierschutzes

Im 19. und zu Beginn des 20. Jahrhunderts herrschte in Europa der sog. *indirekte Tierschutz* vor. Danach waren Tiere zu schützen, weil dies im Interesse des Menschen stand. Daraus entwickelte sich schließlich der *direkte* Tierschutz, so mit den Tierschutzgesetzgebungen in Deutschland 1933 und in einigen Kantonen der Schweiz (Zürich, Waadt, Freiburg, Genf sowie St. Gallen und Wallis). In seiner Ausgestaltung als *Interessenschutztheorie* bildet er auch die Grundlage für die schweizerische Tierschutzgesetzgebung (Art. 25bis der schweizerischen Bundesverfassung). Nach dieser Theorie haben Tiere zwar keine eigentlichen Rechte, aber doch schützenswerte Interessen an der Freiheit von Schmerzen, an physischer und psychischer

Integrität sowie am Leben.

Die Interessenschutztheorie ist im eidgenössischen Tierschutzgesetz aus dem Jahre 1978/1981 konzeptionell allerdings nicht durchwegs eingehalten. So ist sie insbesondere *eingeschränkt* bezüglich des Schutzes von Leben schlechthin, denn das Leben des Tieres steht nicht unter Schutz. Und sie reduziert den Blickwinkel grundsätzlich nur auf Wirbeltiere wegen deren unbestrittener Schmerzfähigkeit - dies im Gegensatz zur Theorie, welche auch vom Schutz der physischen und psychischen *Integrität* des Tieres spricht (GOETSCHEL A. F., 1989, S. 22). *Erweitert* ist sie vom Konzept her durch das Verbot der Tötung von Tieren aus Mutwillen - selbst wenn dieser Akt beim Tier mit keinerlei Schmerzen oder Ängsten verbunden zu sein braucht. Ferner wurde durch die Revision aus dem Jahre 1991 der Geltungsbereich des Tierschutzgesetzes im Bereich der Tierversuche etwas ausgedehnt und zwar auf einzelne wirbellose Tierarten wie Zehnfußkrebse und Kopffüßler (GOETSCHEL A.F., 1993, S. 204; Art. 58 der eidg. Tierschutzverordnung, gründend auf Art. 1 Abs. 2 des eidg. Tierschutzgesetzes in der Fassung vom 22. März 1991). Begründet wurde dieser Schritt nicht mit der Schmerzfähigkeit dieser Tiere, sondern mit ihren Sinnesleistungen und ihrer hohen Gehirnentwicklung. Ansätze zur Ausdehnung der - zu eng gewordenen - Interessenschutztheorie sind demnach bereits im **bestehenden Tierschutzgesetz** enthalten.

Daß das (Wirbel-)Tier mehr ist als nur ein Objekt mit gewissen Interessen, hat auch das Schweizerische **Bundesgericht** festgestellt (Bundesgerichtsentscheid BGE 115 IV 248ff), indem es das Tier anerkennt als ein *„lebendes und fühlendes Wesen, als **Mitgeschöpf** (...), dessen Achtung und Wertschätzung für den durch seinen Geist überlegenen Menschen ein moralisches Postulat darstellt"*. Auch sind in der Schweiz Bestrebungen im Gang, das Tier von seinem **Sachstatus** zu befreien, wie es bereits in Österreich und in der Bundesrepublik Deutschland gelungen ist.

Somit ist das Tier schon heute vor Schmerzen, Leiden oder Schäden geschützt, im Tierschutzgesetz selbst wurde der Schutz von Tieren auch auf diejenigen Bereiche ausdehnt, in denen nicht das Schmerzempfinden des Tieres, sondern andere Kriterien wie etwa die Sinnesleistung eine Rolle spielen. Das Bundesgericht erkennt im Tier nicht bloß eine Sache, sondern ein Mitgeschöpf, und der Weg zur Revision der Gesetze weg von der Verdinglichung der Tiere ist geebnet. Alle diese Ansätze zu einem ganzheitlichen Tierschutz münden ein in den Schutz des Tieres in seiner Ganzheit, in seinem Anspruch auf Tiersein, im Schutz des Tieres in seiner Würde.

3. Eingang des Begriffs der Würde der Kreatur in die Bundesverfassung

Bereits im Jahre 1945 hat der damals in Basel lehrende Theologe KARL BARTH die Auffassung vertreten, daß die Tiere eine eigene *schützenswerte Würde* haben. So schreibt er:

*„Das Tier geht dem Menschen voran in selbstverständlichem Lobpreis seines Schöpfers, in der natürlichen Erfüllung seiner ihm mit seiner Schöpfung gegebenen Bestimmung, in der tatsächlichen demütigen Anerkennung und Betätigung seiner Geschöpflichkeit. Es geht ihm auch darin voran, daß es seine tierische Art, **ihre Würde**, aber auch ihre Grenze nicht vergißt, sondern bewahrt und den Menschen damit fragt, ob und inwiefern von ihm dasselbe zu sagen sein möchte"* (BARTH K., 1945, S. 198f; Hervorhebung durch den Verfasser).

Der lange Zeit im Schrifttum brachliegende Begriff fand unversehens Eingang in die Verfassung des Kantons Aargau aus dem Jahre 1980. Danach haben nun „Lehre und Forschung die Würde der Kreatur zu achten" (EICHENBERGER K., 1986, S. 88f). Mit Eingaben vom 22. September 1988 und vom 30. Januar 1989 im Zusammenhang mit der Revision des Patentgesetzes bzw. mit dem Gegenvorschlag zur eidgenössischen Volksinitiative „gegen Mißbräuche der Fortpflanzungs- und Gentechnologie *beim Menschen*" machte sich der Schweizer Tierschutz STS, der Dachverband von rund 70 regionalen und kantonalen gesamtschweizerischen Tierschutzvereinen, die Forderung nach dem Schutz der kreatürlichen Würde auf eidgenössischer Ebene zu eigen. Bei den Beratungen über den neuen Verfassungsartikel über Gentechnologie und Fortpflanzungsmedizin vertrat neben ihm auch die vorberatende Ständeratskommission die Auffassung, die Verfassungsbestimmung habe neben dem Humanbereich gleichermaßen den *Extrahumanbereich* zu decken, und der Ständerat ergänzte Art. 24[octies] BV dementsprechend durch einen dritten Absatz. Dieser enthielt einen separaten Gesetzgebungsauftrag zum Erlaß von Vorschriften über den Umgang mit Keim- und Erbgut von Tieren, Pflanzen und anderen Organismen (Amtl. Bull. SR 1990, S. 487f). Die Mehrheit der nationalrätlichen Kommission verlangte sodann - auch gestützt auf die ihr bereits vorliegenden konstruktiven Vorschläge aus Tierschutzkreisen - eine Konkretisierung dieser Zielnorm, unter anderem durch Aufnahme des Begriffs der kreatürlichen Würde (Zum Minderheitsantrag ULRICH, STOCKER, SEILER u.a., welcher von Tierschutzorganisationen mitinitiiert wurde vgl. SCHWEIZER R.J., 1995, Fn 39 zu Art. 24[novies] BV). Damit wollte sie, wie Nationalrat DARBELLAY als Kommissionspräsident und Berichterstatter darlegte, klarstellen, daß der Mensch, der an der Schöpfung teilhat, seinerseits ein Geschöpf, eine Kreatur ist, und daß er nicht alles machen darf, was er will; vielmehr müsse er die Würde dieser Schöpfung respektieren. Dieser Vorschlag überstand die Abstimmung im Nationalrat, das Differenzbereinigungsverfahren in den Räten sowie die Abstimmung durch Volk und Stände vom 17. Mai 1992, anläßlich welcher der sog. Gegenvorschlag der Bundesversammlung mit 73,82% Ja-Stimmen und mit Ausnahme eines Kantons von allen Ständen angenommen wurde (BBl 1992 V 451ff; 839).

Somit lautet Art. 24[novies] Abs. 3 BV wie folgt:

„Der Bund erläßt Vorschriften über den Umgang mit Keim- und Erbgut von Tieren, Pflanzen und anderen Organismen. Er trägt dabei ***der Würde der Kreatur*** *sowie der Sicherheit von Mensch, Tier und Umwelt Rechnung und schützt die genetische Vielfalt der Tier- und Pflanzenarten."*

4. Erste interpretatorische Ansätze

Die im Jahre 1992 vom Bundesrat eingesetzte Interdepartementale Arbeitsgruppe für Gentechnologie (IDAGEN) setzte sich u.a. mit dem Normgehalt des neuen Rechtsbegriffs auseinander (IDAGEN-Bericht, Januar 1993). Dabei verstand sie unter dem Begriff der Kreatur in erster Linie Tiere, insbesondere leidensfähige und höher entwickelte. Bei gentechnischen Eingriffen an Tieren bestehe das Risiko von morphologischen oder physiologischen Veränderungen oder von Krankheiten und Schäden im Organismus, so daß vermehrt Leiden oder Schmerzen auftreten können. Grundsätzliche Einwendungen gegen transgene Tiere erhob die IDAGEN allerdings nicht.

Im Sinne einer vorläufigen Interpretation der Würde der Kreatur verwahrt sich die IDAGEN immerhin, und dies bereits im Jahre 1993, gegen bloße „Spielereien" mit der Natur und gegen reine „Modeschöpfungen", namentlich bei Heimtieren, gegen das beliebige Kombinieren von Genen verschiedener Tierarten bloß aus Neugier, das Erzeugen von Tieren mit erheblichen Abnormalitäten in morphologischer, physiologischer und verhaltensmäßiger Hinsicht und gegen die physiologische Überforderung von Nutztieren. Hier sei gefragt, ob die in der Schweiz seit 1993 hergestellten tierlichen Konstrukte wie etwa einer Fruchtfliege mit 14 über den ganzen Körper verteilten Augen oder von Mäusen ohne Pfoten oder mit Pfoten, die an Seehundflossen erinnern, mit dieser vorläufigen Interpretation in Einklang gebracht werden können. In der Schlußfolgerung verlangt sie, daß bei der gesetzlichen Konkretisierung von Art. 24[novies] Abs. 3 BV der Integrität des Tieres, insbesondere seiner Fähigkeit zu Selbstaufbau und Selbsterhalt, der Erhaltung von artgemäßer Gestalt und artgemäßen Verhaltens sowie dem

Vermeiden unnötigen Leidens und einer dem Tier nicht angepaßten Produktionsleistung Aufmerksamkeit zu schenken sei. Sie schließt mit dem Hinweis ab, der genannte Absatz lasse einen erheblichen Ermessensspielraum für die Auslegung zu, welche Aufgabe den Rahmen ihrer Arbeit sprengen würde (IDAGEN-Bericht, S. 33-35).

Abgestützt auf das Rechtsgutachten von PRAETORIUS und SALADIN haben die Kommentatoren der Schweizerischen Bundesverfassung die Tragweite des Würdebegriffs u.E. zutreffend erkannt. Danach wird er als eine „spezifische Werthaftigkeit, als spezifischer Eigenwert von Tieren und Pflanzen, als 'Integrität'" verstanden. Die Bedürfnisse von Tieren sind zu respektieren und richten sich nicht bloß auf Absenz von Leiden, sondern auf Leben, Fortleben, Zusammenleben, Wohlleben und Entwicklung (SALADIN P. und SCHWEIZER R.J., 1995, N 116 zu Art. 24^{novies} Abs. 3 BV). Die Eigenwertigkeit des Tieres wird als kategoriale und spezifische Werthaftigkeit der Bedürfnisse, der Emotionen und des 'Willens' von Tieren und Pflanzen, als Eigenwertigkeit der 'Geschöpfe' verstanden, welchen wir Respekt schulden (SALADIN P. und SCHWEIZER R.J., 1995, N. 117).

Tierschutzrechtlich stehen wir bei der Interpretation des Würdebegriffs erst am Anfang. Vorab stellt sich unter anderem die Frage, ob die kreatürliche Würde überhaupt verletzt werden darf oder ob sie unter absoluten Schutz steht. Die Formulierung („Rechnung zu tragen") läßt dies offen, doch war den Promotoren dieser Forderung, namentlich den Verantwortlichen des Schweizer Tierschutz STS damals klar, daß die Anforderungen für eine allfällige grobe und grundsätzliche Verletzung der kreatürlichen Würde außerordentlich hoch sein müssen, falls überhaupt eine solche Verletzung in Kauf genommen werden kann. So gesehen kann man der Auffassung der Kommentatoren der Schweizerischen Bundesverfassung folgen, wonach die Würde der Kreatur unbedingt, stets und überall zu schützen ist (SALADIN P. und SCHWEIZER R.J., 1995, N 131). Ob damit aber auch das Recht auf Einschränkung des Schutzes einhergeht, „wenn entgegenstehende Anliegen im Hinblick auf bestimmte Probleme und Situationen als eindeutig und erheblich gewichtiger gelten müssen" (SALADIN P. und SCHWEIZER R.J., 1995, N 131), kann nicht abschließend beurteilt werden. Gar zu schnell scheint man versucht zu sein, von einer Güterabwägung zu sprechen, welche in einem Bewilligungsverfahren vorzunehmen ist und innerhalb welchem die wichtigen human- oder veterinärmedizinischen Therapie-Ziele gegenüber den 'Leiden oder erheblichen Beschwernissen' des betroffenen Tieres abzuwägen ist (SALADIN P. und SCHWEIZER R.J., 1995, N 118). Dabei könnte gerade der neuartige Würdebegriff in den Hintergrund gedrängt und vom traditionellen Tierschutzbegriff überschattet werden; von den institutionellen Schwierigkeiten der Güterabwägung innerhalb von Ethik- oder Tierversuchskommission, wie sie etwa anläßlich der Linzer Tagung 1994 debattiert wurden, ganz zu schweigen.

Auch wird argumentiert, daß die menschliche wie die kreatürliche Würde gewisse (problem- und situationsbezogene) Einschränkungen hinzunehmen haben (SALADIN P. und SCHWEIZER R.J., 1995, N 130). Und weiter: „Nur wenn entgegenstehende Anliegen im Hinblick auf bestimmte Probleme und Situationen als eindeutig und erheblich gewichtiger gelten müssen, darf er (gemeint: der Gesetzgeber) den Schutz kreatürlicher Würde oder der Sicherheit von Mensch, Tier und Umwelt einschränken. Und diese Einschränkungen müssen im üblichen dreifachen Sinn verhältnismäßig sein: D.h. sie müssen zur Erreichung des gesetzten Ziels geeignet sein, sie dürfen Würde und Sicherheit nicht stärker einschränken als nötig, und es muß eben das verfolgte 'konträre' Anliegen erheblich mehr Gewicht haben als solche Einschränkung" (SALADIN P. und SCHWEIZER R.J., 1995, N 131).

Versteht man den Eingriff in das Keim- und Erbgut eines Tieres als eine Verletzung seiner Würde, wie dies zurecht u.a. BEAT SITTER-LIVER annimmt (Transgene Tiere, S. 301 ff.), so fragt man sich, ob überhaupt eine Güterabwägung bei der Herstellung von transgenen Tieren stattzufinden hat oder nicht.

Im nachfolgenden gilt es, Grundlagen für einen konstruktiven Lösungsansatz zu Inhalt und Tragweite der kreatürlichen Würde auszuarbeiten. Zu bedenken ist schon hier, daß es als vordringlich erscheint, bald und in konsensfähiger Weise den Begriff der Würde der Kreatur legislatorisch zu definieren. Andernfalls läuft der Gesetzgeber Gefahr, daß sich ein ansehnlicher Teil seiner Folgegesetzgebung (z.B. die Revision des Lebensmittel- und Umweltschutzrechts, Tierschutzverordnung) als verfassungswidrig erweist.

5. Geltungsbereich der kreatürlichen Würde

Unserer Auffassung nach ist die Würde der Kreatur, wie sie nunmehr durch die Verfassung geschützt ist, keineswegs auf gentechnologische und fortpflanzungsmedizinische Bereiche beschränkt. Wohl wird dieser Begriff explizit nur im Zusammenhang mit den genannten Bereichen verwendet, was unter strenger Anwendung der systematischen Auslegungsmethode auf eine solche Einschränkung schließen ließe. Doch zwingt die *Formulierung* des Verfassungsartikels, wonach der Bund beim Erlaß von Vorschriften über den Umgang mit Keim- und Erbgut von Tieren der Würde der Kreatur Rechnung trägt, zum Schluß, daß die besagte Würde vorbesteht. Sie kann auch durch andere, nicht gentechnologische Eingriffe verletzt werden. In den anderen Bereichen läßt sich aus dem genannten Verfassungsartikel lediglich keine direkte Verpflichtung des Gesetzgebers zum Erlaß von Vorschriften ableiten, welche die kreatürliche Würde zu schützen hätten.

6. Zum Begriff der Würde

Bei der Konsultation der Sprachlexika (Duden, Grimm) wird deutlich, daß die Natur an sich und die Tiere im besonderen durchaus eine Würde für sich beanspruchen können. Dabei kann man als Würde in unserem Zusammenhang und vereinfacht als einen achtunggebietenden Wert bezeichnen, welcher jedem Wesen innewohnt. Richtigerweise vermerkt die Encyclopedia of Ethics (BECKER L. und CHARLOTTE B., 1992, S. 262) ausdrücklich:

„Dignity can be applied to animals ... or even objects“ (Man beachte die hier selbstverständliche Unterscheidung von Tieren und von Sachen).

7. Zum Begriff der Würde des Menschen

Aus ethischer Sicht stehen sich zwei Positionen über die Tragweite der Menschenwürde gegenüber: Die triumphale und den anthropozentrischen Humanismus stützende Position eines PIÇO DELLA MIRANDOLA, der den Menschen in einer Überinterpretation von Psalm 8, 6-8 „nur wenig niedriger als Gott“ einstuft und deutlich von den Niederungen „thierischer Greuel“ absetzt. Die andere ethische Konzeption versteht die Menschenwürde als Ausdruck der Sittlichkeit, wonach „die wahre Würde des Menschen in der genauen Beachtung seiner Pflichten bestehe“ (Grimmsches Wörterbuch, Spalte 2078). Diese auf gelebte Sittlichkeit ausgerichtete Position wird in der Literatur und Philosophie des 18. und 19. Jahrhunderts in immer neuen Varianten belegt und bildet das Fundament der heutigen Ethik. Die Pflichten gegenüber dem *Menschen* liegen auf der Hand; zu den Pflichten gegenüber den Tieren als Ausdruck der Menschenwürde, bemerkt ROBERT SPAEMANN, er verstehe die Menschenwürde als Fähigkeit und Freiheit des Menschen, auf Angenehmes, Nützliches oder Profitables zu verzichten, *„weil es einem anderen Wesen schadet oder Schmerzen zufügt“* oder auch Unangenehmes oder Belastendes auf sich zu nehmen, *„weil es einen anderen freut, ihm nützt oder auch, weil der andere einen Anspruch darauf hat“* (SPAEMANN R., 1984, S. 76f). Auch BEAT SITTER-LIVER sieht den Menschen *„als Anwalt der sprachlosen Wesen ... und gerade hierin nimmt er seine besondere Verantwortung ihnen gegenüber wahr, damit seine eigene Würde bewährend“* (SITTER-LIVER B., 1994, S. 154).

Als Grundlage sämtlicher geschriebener und ungeschriebener Verfassungsrechte bezeichnet das Bundesgericht den Grundsatz der Menschenwürde (Bundesgerichtsentscheid BGE 97 I 50; MÜLLER J. und MÜLLER S., 1985, S. 31). Mit der Revision der Verfassung im Zusammenhang mit der Fortpflanzungsmedizin und Gentechnologie am *Menschen* hat dieses Prinzip nunmehr den Rang eines *geschriebenen Verfassungsgrundsatzes*, lautet doch Art. 24[novies] Abs. 2 BV in der Fassung vom 17. Mai 1992: *„Der Bund erläßt Vorschriften über den Umgang mit menschlichem Keim- und Erbgut. Er sorgt dabei für den Schutz der Menschenwürde, der Persönlichkeit und der Familie ...“*

Das Konzept der zu respektierenden Würde der Tiere resultiert demnach auch aus dem verfassungsrechtlichen Prinzip der Menschenwürde. Umgekehrt läßt sich ebenso der theologische Standpunkt vertreten, am Anfang stünde eigentlich die Würde der Schöpfung als ganzes, und die den Menschen auszeichnende Würde sei *„nur ein Reflex, ein Abglanz der Würde der Kreatur insgesamt“* (LINK CH., 1992, 99f) oder, um mit BEAT SITTER-LIVER zu sprechen: *„Alle Würde des Menschen nimmt ihren Ursprung in der Würde der Natur“* (SITTER-LIVER B., 1987, S. 278).

Als **Zwischenergebnis** läßt sich somit festhalten, daß die „Würde der Kreatur“ eine eigenständige Rolle spielt. Sie kann überdies aber auch direkt aus der Menschenwürde abgeleitet werden, welche nunmehr ebenfalls verfassungsrechtlich verankert ist.

8. Zum Begriff der Würde der Kreatur

Eine **Begründung**, warum die Kreatur eine Würde habe, wird aus der **theologischen** Sicht regelmäßig nicht gesucht, sondern als selbstverständlich vorausgesetzt. Als exemplarische Hinweise dienen der gemeinsame Ursprung von Mensch und Tier aus Gottes Schöpferhand oder der Schöpfungsgehorsam der Tiere, welcher sich darin ausdrückt, daß sie dem Menschen in einigen Aspekten voraus sind. Sie waren vor dem Menschen da und erfüllen ihre Bestimmung ohne ihn. Und andererseits trägt der Mensch am Versagen der Welt, unter welchem das Tier stark zu leiden hat, eine große Schuld; weshalb soll nun gerade der Mensch den Tieren also die Würde absprechen, die Gott ihnen gegeben hat? (BARTH K., 1945, S. 198f).

Aufgrund seiner 1995 veröffentlichten breitangelegten Literaturstudie gelangt der bedeutende Tierschutzethiker GOTTHARD M. TEUTSCH zum Schluß, daß die Stellungnahmen der Theologie praktisch einhellig zugunsten einer Befürwortung der geschöpflichen Würde ausfallen (vgl. TEUTSCH G.M., 1995, S. 30-33).

Im Bereich der **Philosophie** ist die Diskussion um Begriff und Tragweite der kreatürlichen Würde offenbar noch nicht sehr weit gediehen. Auszugehen ist von der allgemeinen Tierschutzethik und von KANTS Pflichtenkonzept, SCHOPENHAUERS Appell zugunsten von mehr Gerechtigkeit für die Tiere oder ALBERT SCHWEITZERS Ethik der Ehrfurcht vor dem Leben im besonderen, welche die Anerkennung einer alle Lebewesen auszeichnenden Qualität oder - Ehrfurcht erheischenden - Würde voraussetzt (vgl. TEUTSCH G.M., 1995, 33-38, mit Hinweisen).

Dementsprechend vielfältig sind die philosophischen Standpunkte bezüglich Inhalt und Begründung der kreatürlichen Würde. HANS JONAS etwa hält die Würde der Natur nicht für zweit- oder drittrangig, weshalb das Eintreten für den Schutz der Mitwelt aus dem Wissen um die Zusammenhänge unseres Lebens und nicht aus einer außenseiterischen Exaltiertheit entspringt (JONAS H., 1979, S. 246). MANUEL SCHNEIDER nennt als wichtigstes Kriterium der geschöpflichen Würde *„die natürliche Integrität des Tieres“*, die er nur für gewahrt hält, *„solange das Tier - trotz der Nutzung durch den Menschen und züchterische Eingriffe - seine selbständige Lebensfähigkeit in natürlicher bzw. naturnaher Umgebung beibehält, wobei 'Lebensfähigkeit' mehr meint als bloße Überlebensfähigkeit“* (SCHNEIDER M., 1992, S. 133).

Im Zusammenhang mit der Gentechnologie verweist er auf das bereits 1976 von der Arbeitsgruppe „Sozialethik und Nutztiere" des Instituts für Sozialethik der Universität Zürich erarbeitete 8-Punkte-Programm, in dem u.a. verlangt wird: *„Die Beeinflussung des Erbmaterials darf nur soweit gehen, als das Tier seine Kreatürlichkeit beibehalten kann, d.h. daß seine selbständige Lebensfähigkeit jederzeit, auch in natürlicher Umgebung, gewährleistet bleibt."* (in: FÖLSCH D. und NABHOLZ A., 1985, S. 36). (In wieweit hier auch die sog. Versuchstiere angesprochen werden, soll dahingestellt bleiben.)

BEAT SITTER-LIVER leitet aus dem Gleichheitsgrundsatz und der Forderung nach Gerechtigkeit für Mensch und Tier ab, daß *„die Mitglieder einer Lebensgemeinschaft einander in wesentlicher Hinsicht gleich sind. Jedes von ihnen besitzt einen Eigenwert, damit eine Würde, die anderen Gliedern oder der Gemeinschaft als ganzer nicht zur Disposition stehen."* (SITTER-LIVER B., 1990, S. 172)

Wie steht es mit der Würde der Kreatur nach *deutschem und österreichischen* Recht? Kann man aus den Vorarbeiten auf der Schweizer Verfassungsebene zu Gunsten eines stärkeren Tierschutzes auch für die Bundesrepublik und für Österreich bestimmte Forderungen ableiten? Die Frage kann u.E. bejaht werden:

So ist der Zweck des *deutschen* Tierschutzgesetzes in der Fassung vom 18. August 1986 (BGBl. I 1320), zuletzt geändert durch das Gesetz vom 20. August 1990 (BGBl. I 1762), aus der Verantwortung des Menschen für das Tier als *Mitgeschöpf* dessen Leben und Wohlbefinden zu schützen (§1 Satz 1 TierSchG). Hierzu vertritt der deutsche Kommentator des Tierschutzgesetzes, ALBERT LORZ, die Auffassung, daß das ein Bekenntnis des Gesetzgebers zum ethischen Tierschutz in einer zeitgemäßen Form bekennt. *„Offensichtlich weiß der Gesetzgeber um die geschöpfliche Würde"* (LORZ A., 1992, S. 73). Damit kann - eine gewisse Unschärfe in Kauf nehmend - der Begriff der geschöpflichen Würde mit demjenigen der Mitgeschöpflichkeit praktisch gleichgesetzt werden. Rechtstheorethische und -ethische Forderungen aus der Anerkennung der Würde der Kreatur können deshalb weitgehend ebenfalls aus dem Begriff der Mitgeschöpflichkeit abgeleitet werden.

Die Tierschutzgesetzgebung *Österreichs* ist bekanntlich anders aufgebaut. Auf die Einzelheiten braucht hier nicht eingegangen zu werden. Doch läßt sich immerhin die Revision des Allgemeinen Bürgerlichen Gesetzbuches ABGB, wonach das Tier keine Sache mehr ist, heranziehen (§285a; hierzu u.a. GRAF G., S. 80). Denn der Sachenbegriff des öffentlichen Rechts orientiert sich ebenso am ABGB, und die Interpretation des §285a ABGB ist für die gesamte österreichische Rechtsordnung relevant (vgl. GEISTLINGER M., S. 72) und insofern Ausdruck einer ethischen Grundhaltung dem Mitgeschöpf Tier gegenüber.

9. Gefährdung oder Verletzung der Würde der Kreatur im allgemeinen

Wie dargelegt, hat sich der Bund mit der kreatürlichen Würde nicht nur unter dem Aspekt der Gentechnologie und Fortpflanzungsmedizin zu befassen. Vielmehr wird die Würde der Kreatur mit Art. 24^{novies} Abs. 3 BV als allgemeiner Verfassungsgrundsatz anerkannt. Um diese Erkenntnis erweitert sich der Begriff des Tierschutzes in Art. 25bis BV, nach welchem der Tierschutz Sache des Bundes ist. Der Bund trägt daher u.E. die Pflicht, beim Erlaß von Vorschriften im Zusammenhang mit der eigentlichen Tierschutzgesetzgebung auch der Würde der Kreatur Rechnung zu tragen. Von der schützenswerten Würde der Kreatur läßt sich aber - über die tierschützerische Fragestellung hinaus - ebenso im Zusammenhang etwa mit der gesamten Gesetzgebung über Artenschutz, Vogelschutz, Jagd und Fischerei, Umweltschutz, Natur- und Heimatschutz, Raumplanung, Landwirtschaft und Tierzucht, Ein- und Ausfuhr von Tieren, Tiertransporten, Tierseuchen und Tierversuchen, Schlachtwesen und Lebensmittelhygiene sprechen. Die Anpassung dieser Vorschriften wird nicht von heute auf morgen erfolgen können. Doch obliegt es u.E. den interessierten Kreisen, den zuständigen Stellen in Stellungnahmen und Vernehmlassungen stets den neuen Verfassungsgrundsatz der schützenswerten Würde der Kreatur in Erinnerung zu rufen.

Die Studie von GOTTHARD M. TEUTSCH (1995) zeigt auf, in welchen Bereichen die Würde der Kreatur *außerhalb* der Gentechnologie gefährdet oder verletzt ist, so unter anderem

- bei der fehlenden Achtung des Andersseins der Tiere. Tiere wollen tier-, nicht menschengerecht leben;
- bei der Verletzung der körperlichen Integrität, also bei der Beeinträchtigung von Art und Erscheinung eines Tieres, wenn kein zwingender Grund vorliegt; so etwa beim Coupieren von Hundeohren oder der Amputation von Rinderhörnern oder Hennenschnäbeln und dgl.;
- bei jeglicher Mißhandlung von Tieren - wobei der Hinweis nicht unterlassen werden darf, daß solche Verhaltensweisen schon unter der zur Zeit bestehenden Tierschutzethik und Tierschutzgesetzgebung unzulässig sind.

10. Gefährdung oder Verletzung der Würde der Kreatur im Tierversuch im besonderen

10.1. Zur Zulässigkeit von Tierversuchen

10.1.1. bio- und gentechnologische Eingriffe

Nach GOTTHARD M. TEUTSCH sind Eingriffe bio- und gentechnologischer Art vor ihrer Anwendung kritisch und sorgfältig zu prüfen, denn der erwartete Nutzen für den Menschen ist noch kein ethisch ausreichendes Argument. Natürliches und artspezifisches Verhalten sollte gegen Beeinträchtigungen geschützt werden. Das betrifft insbesondere alle gentechnischen Maßnahmen, die eine Tierart in Richtung auf einseitige Leistungssteigerung verändern und so abstumpfen, daß die unter ökonomischen Haltungsbedingungen nicht auszulebenden Verhaltensbedürfnisse eliminiert werden. Auf ein streßresistentes Tier, das außer der Erfüllung der ihm eingegebenen Programme keine davon abweichenden Bedürfnisse mehr hat, braucht niemand mehr Rücksicht zu nehmen.

In seiner Zusammenfassung kommt er unter anderem zu folgendem Schluß:

„Tiere werden in ihrer Würde als Kreatur gefährdet oder verletzt, wenn ihr Anderssein als Tiere und ihr spezifisches Sosein sowie ihre Entwicklungsmöglichkeiten als Art und Individuen nicht akzeptiert, sondern verändert wird oder verändert werden soll.

Tiere werden in ihrer Würde verletzt, wenn sie überwiegend als Mittel und zu wenig als Zwecke an sich betrachtet werden, d.h. etwa wenn

- *sie gezwungen werden, die von Menschen gesetzten Zwecke zu erfüllen und dabei im Vollzug ihres artspezifischen Verhaltens eingeschränkt werden;*
- *ihre **Integrität in irgendeiner Hinsicht ohne zwingende Gründe beeinträchtigt** wird, wobei erst noch zu klären wäre, ob und inwiefern es überhaupt zwingende Gründe für solche Beeinträchtigungen gibt;*
- *sie zu reinen Meßinstrumenten degradiert werden, so z.B. bei Toxizitätsprüfungen."*

Auch die Schweizerische Arbeitsgruppe Gentechnologie SAG nimmt in ihrer am 25. Oktober 1993 mit 115.000 beglaubigten Unterschriften eingereichten Volksinitiative zum Schutz von Leben und Umwelt vor Genmanipulation (gen-schutz-initiative) eine restriktive Haltung transgenen Tieren gegenüber ein. Die Initiative nimmt für sich vom Konzept her in Anspruch, den in der Bundesverfassung enthaltenen Begriff der kreatürlichen Würde und den bestehenden

Art. 24^{novies} Abs. 3 BV zu konkretisieren. Sie verlangt insbesondere ein vollständiges Verbot von Herstellung, Erwerb und Weitergabe genetisch veränderter Tiere (Art. 24^{decies} (neu) Abs. 2 Bst. a BV). Die Initiative bringt damit zum Ausdruck, daß im Bereich der Gentechnologie namentlich am Tier absolute Grenzen überschritten werden könnten, deren Beachtung zwingend notwendig ist. Bereits das transgene Tier als solches gilt als in seiner kreatürlichen Würde verletzt, zu welchem Zweck es auch immer verwendet wird. Von einer Güterabwägung zwischen den Interessen des Menschen und denjenigen des Tieres wird bewußt abgesehen - im Gegensatz etwa zu den „klassischen" Tierversuchen, welche von Gesetzes wegen auf das „unerläßliche Maß" zu beschränken und unter bestimmten, auch ethisch motivierten Aspekten unzulässig sind.

Aufschlußreich scheinen die Fallbeispiele zu sein, welche die Ethik-Studienkommission des eidgenössischen Volkswirtschaftsdepartementes zur Gentechnologie im außerhumanen Bereich bearbeitet hat, um Klarheit zur Tragweite der kreatürlichen Würde zu gewinnen (vgl. Ethik-Studienkommission, 1995). Zum genetischen veränderten Schaf, welches in der Milch einen menschlichen Blutgerinnungsfaktor ausscheidet ('gene farming') wurde u.a. festgestellt, daß der Unterschied bei der Produktion in der Zellkultur und im Tier rein ökonomischer Natur ist (S. 30). Bei der Knock-out-Maus, etwa als Krankheitsmodell für cystische Fibrose, wurde festgestellt, daß die Mäuse offensichtlich leiden und in ihrer Würde verletzt sind. Es handle sich also um einen klassischen Fall einer Interessenabwägung, und man fragte sich, ob die Versuche mehr Leiden beim Menschen lindern würden als sie den Mäusen zufügen. Man bejahte die Frage der moralischen Erlaubtheit der Versuche, wenn es sich nur um einige wenige Tiere handeln würde, die danach Tausende von Menschen von einem schweren Leiden heilen könnten. Allein: dies sei angesichts der nicht gleich zu umwälzenden Ergebnissen führenden Experimente ein bloß hypothetischer Ansatz, weshalb die Frage sehr viel schwieriger zu beantworten sein und das Fachwissen und der Glaube an die Hoffnungen und Prognosen eine sehr große Rolle spiele (S. 31). Mit fremdem Wachstumshormon genetisch veränderte Fische wurden aufgrund der sich ergebenden Negativfolgen für die Tiere abgelehnt, unter anderem unter Hinweis darauf, daß selbst wirtschaftliche und ernährungspolitische Gesichtspunkte diese Würdeverletzung nicht derart rechtfertigen könne wie genetisch veränderte Versuchstiere im Interesse einer medizinisch begründbaren Krankheitsursachenforschung (S. 34). Auch im Rahmen der Kommission wurde ohne weiteres davon ausgegangen, daß eine Güterabwägung zwischen der kreatürlichen Würde und den Interessen aller Beteiligten ausgegangen werden könne, die unparteiisch gegeneinander abgewogen werden sollte (S. 20). Ob sich dies aus dem bestehenden Verfassungstext ergibt, und namentlich welche Güter gegeneinander abgewogen werden dürften und welche nicht, ist noch nicht abschließend geklärt.

10.1.2. „klassische Tierversuche"

Tiere haben auch nach Auffassung der Schweizerischen Akademien der medizinischen Wissenschaften und der Naturwissenschaften Anspruch auf Respekt vor ihrer Würde. Diese drückt sich in der artgerechten, freien Betätigung der natürlichen Entfaltungsmöglichkeiten aus. Das Ethos der Humanität erwächst entscheidend aus dem Solidaritätsgefühl mit allen Kreaturen, die leiden (Akademie, Ziffer 2.1.). Unter anderem die Eigenwürde der Tiere gebietet es, Tierversuche soweit wie möglich einzuschränken (Akademie, Ziffer 2.4.). Darüber hinaus erachtet TEUTSCH die häufigste Gefahr für die Würde der Versuchstiere deren Verdinglichung zu biomedizinischen Meßinstrumenten (TEUTSCH G.M. , 1995, S. 45, mit Hinweisen). Die Diskussion über die allfällige Unzulässigkeit von „klassischen Tierversuchen" wegen der Verletzung des Tieres nicht bloß in dessen Anspruch auf Wohlbefinden, sondern darüber hinaus in seiner Würde, steht erst am Anfang.

10.2. In der Tierhaltung

Tiere sind möglichst ihrer Art gerecht zu halten. Ihnen ist das Ausleben der angeborenen Bewegungs- und Verhaltensbedürfnisse zu ermöglichen. Ihrer Selbstzwecklichkeit ist durch ethologisch anerkannte Haltungsformen Rechnung zu tragen. Hier könnte namentlich noch in Rechnung gestellt werden, daß gewisse Versuchstiere, welche eigens und über Generationen hinweg zu Tierversuchen gezüchtet wurden, besser an künstliche Haltungssysteme angepaßt werden können als etwa Wildfänge. Tiere aus Wildfängen können über ein wesentlich sensitiveres Verhaltensrepertoire verfügen, welches in der Haltung in engen Käfigen einen erhöhten Leidensdruck verursachen könnte. Von daher rechtfertigt es sich ohne weiteres, der Herkunft der Tiere besondere Beachtung zu schenken und unter Umständen die Frage nach der Gesamtbelastung des Wildfanges zu prüfen und gegebenenfalls bei der Beurteilung zu berücksichtigen, ob es sich um einen lediglich meldepflichtigen oder bereits um einen bewilligungspflichtigen Tierversuch handelt.

10.3. In der Tiertötung

10.3.1. Methoden der Tiertötung

Selbstverständlich hat die Tötung von Versuchstieren schmerzfrei zu erfolgen. Darüber hinaus sind solche Methoden zu vermeiden, welche die (All-)macht des Menschen gegenüber dem Tier in einer vielleicht zynisch anmutenden Weise zum Ausdruck bringt; man denke etwa an Tierzerhacker oder an Fließbandschlachtungen.

10.3.2. „Überzählige" Tiere

Die Würde des Tieres steht im Zusammenhang mit dem Bedürfnis des Tieres auf Leben, Fortleben und Entwicklung (vgl. SALADIN P. und SCHWEIZER R.J.,1995, N 116; BIRNBACHER, D.S., 1995, 37ff) und seinem Anrecht, im artspezifischen Verhalten nicht eingeschränkt zu werden. Deshalb müssen zwingende Gründe vorliegen, um ein (Versuchs-)Tier zu töten; dies insbesondere dann, wenn es beim Herstellungsprozeß transgener Tiere nicht transgen geworden und für die Forscherin oder den Forscher deshalb uninteressant geworden ist. Zum allermindesten sind Anstrengungen zu unternehmen, um diese Tiere zu anderen Zwecken zu gebrauchen, falls nicht - insbesondere bei höheren Säugetieren - eine tiergerechte Haltung, allenfalls durch Veräusserung an geeignete Tierhalterinnen und -halter möglich sein sollte.

10.4. In der Statistik

Die Ganzheitlichkeit des Tieres soll auch in der Tierversuchsstatistik zum Ausdruck kommen, wobei sich neben der Angabe von Anzahl der Zuchttiere und der getöteten, weil überzähligen Versuchstiere noch andere Kriterien auszuarbeiten sind, welche geeignet sind, das Tier in seiner Ganzheit und Würde zu erfassen.

11. Zusammenfassung

Der neuerdings in der schweizerischen Bundesverfassung verankerte Begriff der Würde der Kreatur bedeutet eine wesentliche Erweiterung der bestehenden Auffassung über Tierschutz. Die Würde von Lebewesen, namentlich von Tieren, ist ein „Achtung gebietender Wert, der einem natürlichen Wesen innewohnt" und schützt die Kreatur nicht nur im Bereich der Gentechnologie und der Fortpflanzungsmedizin, sondern überhaupt. Die Pflicht, diesen inneren

Wert eines Lebewesens zu achten, ergibt sich ebenfalls aus der neuerdings auch in der Schweiz verfassungsmäßig verankerten Würde des Menschen.

Während die Theologie der Kreatur fast einhellig eine eigentliche Würde einräumt, steht die philosophische und juristische Auseinandersetzung mit diesem Begriff noch eher am Anfang. Allerdings sind keine grundsätzlichen Einwände gegen den Begriff bekannt.

Nicht nur Tierschutzkreise, auch Experimentatoren sind aufgerufen, sich hinter diesen Verfassungsgrundsatz und hinter dieses Denkmodell zu stellen und ihrerseits bei der Aufstellung konkreter Forderungen aktiv mitzuwirken. Dabei sind Vorstellungen und Forderungen in dieser frühen Phase der Auseinandersetzung mit diesem neuen Begriff nicht vorschnell als visionär und unrealistisch abzutun. Schließlich hat in den wenigen letzten Jahren gerade die Forschung und Entwicklung im Bereich der Alternativmethoden zu Tierversuchen gezeigt, zu welch großen Fortschritten sie in der Lage ist. Dieses Umdenken kann auch auf andere Bereiche übertragen werden.

Literatur

Amtliches Bulletin des Ständerates (Amtl. Bull. SR), 487f, 1990

Amtliches Bulletin des Nationalrates (Amtl. Bull. NR) I, 558, 1991

BARTH K., Kirchliche Dogmatik, Bd. III: Die Lehre von der Schöpfung, 1. Auflage, Zollikon/Zürich, 1. Teilband, 198f, 1945

BECKER L.C. (ed.) Encyclopedia of Ethics, New York: Garland Publ., 1992

BIRNBACHER D., Dürfen wir Tiere töten, aus: C. HAMMER und MEYER J. (Hrsg.), Tierversuche im Dienste der Medizin, 26-41, 1995; Hierzu auch: Deutsche Veterinärmedizinsche Gesellschaft DVG, Tagung der Fachgruppe „Tierschutzrecht", Ehrfurcht vor dem Leben, 27. November 1993.

EICHENBERGER K., Verfassung des Kantons Aargau vom 25. Juni 1980. Textausgabe mit Kommentar, N 10f zu §14, S. 88f §14 der Verfassung des Kantons Aargau vom 25. Juni 1980, SR 131.227, Aarau, 1986

ETHIK-STUDIENKOMMISSION des Eidgenössischen Volkswirtschaftsdepartementes: Bericht der Ethik-Studienkommission des Eidgenössischen Volkswirtschaftsdepartementes zur Gentechnologie im außerhumanen Bereich, Bern, 1995

FÖLSCH D.W. und NABHOLZ A. (Hrsg.), Intensivhaltung von Nutztieren aus ethischer, ethologischer und rechtlicher Sicht (Tierhaltung Bd. 15), 2. Auflage, Basel/Boston/Stuttgart: Birkhäuser-Verlag, 1985

GEISTLINGER M., Die Stellung des Tieres im öffentlichen Recht, in HARRER F. und GRAF G. (Hrsg.), Tierschutz und Recht, Wien: Orac-Verlag, 65-75, 1994

GOETSCHEL A.F., Tierschutz und Grundrechte, dargestellt am Verhältnis zwischen der eidgenössischen Tierschutzgesetzgebung und den Grundrechten der persönlichen Freiheit, der Wissenschaftsfreiheit und der Religionsfreiheit, Dissertation, Bern und Stuttgart: Verlag Paul Haupt, 1989

GOETSCHEL A.F., Mensch und Tier im Recht - Ansätze zu einer Annäherung, in: GAIA, Ökologische Perspektiven in Natur-, Geistes- und Wirtschaftswissenschaften, 2 (4), 204, 1993

GRAF G., Tieschutz durch Zivilrecht?, in HARRER F. und GRAF G. (Hrsg.), Tierschutz und Recht, Wien: Orac-Verlag, 77-86, 1994

IDAGEN-Bericht: Bericht der INTERDEPARTEMENTALEN ARBEITSGRUPPE FÜR GENTECHNOLOGIE betreffend Koordination der Rechtsetzung über Gentechnologie und Fortpflanzungsmedizin, Bern, Januar 1993

JONAS H., Das Prinzip Verantwortung, Versuch einer Ethik für die technische Zivilisation, Frankfurt/M.: Insel Verlag, 246, 1979

LINK CH., Rechte der Schöpfung; Argumente für eine ökologische Theologie, in: SCHNEIDER MANUEL und KARRER A. (Hrsg.), Die Natur ins Recht setzen, Karlsruhe: Müller-Verlag, 87-104, 1992

LORZ A., Tierschutzgesetz - Kommentar, 4. A., München: C.H. Beck-Verlag, 1992

MÜLLER J.P. und MÜLLER S., Grundrechte, Besonderer Teil, Bern: Verlag Stämpfli & Co. AG, 1985

PRAETORIUS I. und SALADIN P., Die Würde der Kreatur (Art. 24^novies Abs. 3 BV), Gutachten, herausgegeben vom Bundesamt für Umwelt, Wald und Landschaft (BUWAL), Bern, 1996

SALADIN P. und SCHWEIZER R.J., Kommentar zu Art. 24^novies Abs. 3 BV, Basel, Zürich, Bern: Helbing & Lichtenhahn Verlag AG, Schulthess Polygraphischer Verlag AG, Verlag Stämpfli & Cie. AG, 1995

SCHNEIDER M., Tiere als Konsumware? Gedanken zur Mensch-Tier-Beziehung, in: SCHNEIDER MANUEL und KARRER A. (Hrsg.), Die Natur ins Recht setzen, Karlsruhe: Müller-Verlag, 107-146, 1992

SCHWEIZER R.J., Kommentar zu Art. 24^novies BV, Basel, Zürich, Bern: Helbing & Lichtenhahn Verlag AG, Schulthess Polygraphischer Verlag AG, Verlag Stämpfli & Cie. AG, 1995

SITTER-LIVER B., Wie läßt sich ökologische Gerechtigkeit denken?, in: Zeitschrift für Evangelische Ethik, 31 (3), 278, 1987

SITTER-LIVER B., Gerechtigkeit für Mensch und Tier, in: REINHARDT CHR. (Hrsg.), Sind Tierversuche vertretbar? Beiträge zum Verantwortungsbewußtsein in den biomedizinischen Wissenschaften, Zürich: Zürcher Hochschulforum, 16, 172, 1990

SITTER-LIVER B., Natur als Polis, Vertragstheorie als Weg zu ökologischer Gerechtigkeit, in: KOCH H.J. u.a. (Hrsg.), Theorien der Gerechtigkeit, Stuttgart: Steiner-Verlag, 139-162, 1994

SPAEMANN R., Tierschutz und Menschenwürde, in: HÄNDEL U.M. (Hrsg.), Tierschutz, Testfall unserer Menschlichkeit, Frankfurt/M.: Fischer-Verlag, 71-81, 1984

TEUTSCH G.M, Würde der Kreatur - Erläuterungen zu einem neuen Verfassungsbegriff am Beispiel des Tieres; mit einer Einführung von A.F. GOETSCHEL; Eine aus Beständen und Vorarbeiten des Archivs für Ethik im Tier-, Natur- und Umweltschutz der Badischen Landesbibliothek unter Mitwirkung von ELISABETH MÜLLER, Bern, Stuttgart, Wien: Verlag Paul Haupt, 1995

Tierversuche und EU-Recht: Verhältnisse aus österreichischer Sicht

F. Harrer

Zusammenfassung

Nach der EG-Richtlinie vom 24. November 1986 bedürfen Versuche, deren Durchführung mit erheblichen Schmerzen für die betroffenen Tiere verbunden ist, einer besonderen Begründung. Die Behörde darf derartige Versuche nur genehmigen, wenn sie davon überzeugt ist, daß der Versuch für „grundlegende Bedürfnisse von Tier und Mensch von hinreichender Bedeutung ist". - Diese Prinzipien sind im Weg einer Gesetzesänderung in das österreichische Recht aufzunehmen (Anpassung des Tierversuchsgesetzes). Im Rahmen dieses Beitrages wird vorgeschlagen, ein beratendes Gremium („Ethik-Kommission") zu schaffen, das in das Genehmigungsverfahren einzubeziehen ist.

Summary

Animal experiments: the compatibility of European Union Law and Austrian Law

In Austria, animal experiments are regulated in Bundesgesetzblatt (federal gazette) 1988 Nr. 501. The EEC issued two Directives which concern animal experiments: Dir. 86/609 (1986) and Dir. 93/35 (1993). Therefore, it is necessary to adapt Austrian law:

a) According to Dir. 86/609 (1986) exceptionally painful experiments require special approval; it would be important to constitute a commission on ethics for this purpose.
b) Animal experiments are unlawful, when results by means of other (comparable) tests are available. That is why the Austrian authorities must organize an international data processing system in respect of animal tests.
c) Animal experiments connected with cosmetics will be prohibited from 1998. Alternative methods should take the place of animal experiments.

1. Tierschutz und EU-Recht

1.1. Einleitung

Das Engagement für den Schutz von Tieren, die in Experimenten verwendet werden, betrifft lediglich einen - wenngleich besonders brisanten - Teilaspekt des Tier- und Umweltschutzes. Es erscheint deshalb zweckmäßig, einige Überlegungen zum Verhältnis der Europäischen Union zum Tier- und Naturschutz anzustellen.

Die Europäische Gemeinschaft ist gegründet worden, weil man sich von der Schaffung eines größeren Wirtschaftsraumes vielfältige Vorteile erwartet hatte. Die „Einigung der Volkswirtschaften" sollte die Grundlage für einen „ausgewogenen Handelsverkehr" und einen „redlichen Wettbewerb" bilden (vgl. die Präambel des EWGV von 1957). Bei der Schaffung der Europäischen Gemeinschaft standen allein *ökonomische Ziele* im Vordergrund. ALBERT SCHWEITZERS Plädoyer für eine neue, eine „große Renaissance, in der die Menschheit dazu gelangt, von dem armseligen Wirklichkeitssinn, in dem sie dahinlebt, zur Gesinnung der Ehrfurcht vor dem Leben fortzuschreiten", hatte die Väter des Vertrages wenig beeindruckt. Das Motto „Glück durch Wohlstand, noch mehr Glück durch noch mehr Wohlstand" charakterisiert das gedankliche Klima der Gründungsjahre zutreffend. Andere Fragen, etwa jene nach der Beziehung des Menschen zum Tier oder nach der Nutzung von Ressourcen, spielten keine eigenständige Rolle. Der Gründungsvertrag enthält daher auch keine diesbezüglichen Regelungen. Eine rechtliche Fundierung des Umweltschutzes in der Europäischen Gemeinschaft ist erst durch die Einheitliche Europäische Akte 1987 erfolgt (vgl. Art. 130 r bis 130 t EWGV).

Man hat der Europäischen Gemeinschaft oft vorgehalten, daß sie den Gedanken des Tierschutzes vernachlässige. Diese Kritik ist nicht unberechtigt. Der „Schutz", den die Gemeinschaft, um ein Beispiel zu nennen, Legehennen in Käfigbatterienhaltung zugedacht hat, besteht darin, daß man pro Henne eine Fläche von mindestens $450cm^2$ vorgeschrieben hat; eine DIN-A4-Seite hat eine Größe von $630cm^2$. Derartige „Schutzbestimmungen" dürften wenig Nutzen stiften. Man könnte weitere vergleichbare Regelungen anführen (NENTWICH M., 1994). In der Tat sind die Beiträge, die die Europäische Gemeinschaft zum Tierschutz geleistet hat, bescheiden gewesen.

Auf dem Gebiet der Tierversuche blickt man indes auf ein günstigeres Bild. Die Europäische Gemeinschaft hat verschiedene Schritte gesetzt, die eine Verbesserung ermöglichen. Zwar ist bereits das geltende Tierversuchsgesetz 1988 (Bundesgesetzblatt 1989/501) u.a. deshalb geschaffen worden, um dem Postulat: REFINE/REDUCE/REPLACE - Rechnung zu tragen (FRÜHAUF W., 1992). Durch eine Anpassung des österreichischen Gesetzes an die europäischen Vorgaben könnten diese Prinzipien jedoch in einem noch weiterreichenden Ausmaß verwirklicht werden.

1.2. Tierversuchsrichtlinie

Der Rat der Europäischen Gemeinschaften hat am 24. November 1986 eine Richtlinie betreffend Tierversuche erlassen (86/609/EWG, ABl. Nr. L 358, S 1ff). Diese Richtlinie ist sowohl *tierschützerisch* als auch *ökonomisch* motiviert. Sie soll die verschiedenen Bestimmungen der Mitgliedsländer zum Schutz jener Tiere, die für Versuche verwendet werden, annähern, um zu vermeiden, daß sich diese Vorschriften nachteilig „auf die Schaffung und das Funktionieren des gemeinsamen Marktes auswirken".

Der Inhalt der Richtlinie läßt sich etwa wie folgt zusammenfassen:

- Tierversuche dienen der Entwicklung, Herstellung, Qualitäts-, Wirksamkeits- und Unbedenklichkeitsprüfung von Arzneimitteln, Lebensmitteln und anderen Stoffen oder Produkten (Art. 3);
- Versuche an Tieren, deren Art gefährdet ist, sind grundsätzlich untersagt (Art. 4);
- die Versuchstiere müssen von sachkundigem Personal sorgfältig betreut werden (Art. 5, 7);
- jeder Versuch muß grundsätzlich unter Voll- oder Lokalanästhesie durchgeführt werden (Art. 8);
- wenn einem Tier bei einem Versuch erhebliche (länger anhaltende) Schmerzen zugefügt werden, muß dieser Versuch besonders angezeigt und begründet werden; ein Tierversuch darf nur genehmigt werden, wenn die Behörde „davon überzeugt ist, daß der Versuch für grundlegende Bedürfnisse von Mensch und Tier von hinreichender Bedeutung ist" (Art. 12 Abs. 2);
- die Richtlinie normiert ferner umfassende Dokumentations- und Meldepflichten;
- die Behörden, die für die korrekte Anwendung dieser Richtlinie zuständig sind, müssen durch Sachverständige beraten werden (Art. 6 Abs. 2);
- die Mitgliedstaaten anerkennen jeweils die Ergebnisse von Tierversuchen, die in anderen Mitgliedstaaten durchgeführt wurden, um unnötige Doppelausführungen zu vermeiden (Art. 22);
- die Kommission und die Mitgliedstaaten verpflichten sich, die Entwicklung alternativer Techniken, die dem Tierversuch vergleichbare Ergebnisse liefern könnten, zu fördern (Art. 23);
- die Richtlinie hindert die Mitgliedstaaten nicht, strengere Maßnahmen zu ergreifen (Art. 24).

1.3. Kosmetikrichtlinie

Für Tierversuche bedeutsam ist eine weitere Richtlinie des Rates, nämlich jene vom 14. Juni 1993 (93/35/EWG, ABl. Nr. L 151/32); diese betrifft die Angleichung der Rechtsvorschriften der Mitgliedstaaten über kosmetische Mittel. Nach der Präambel zu dieser Richtlinie „sollten" Tierversuche zur Überprüfung von Bestandteilen oder Kombinationen von Bestandteilen ab 1. Januar 1998 verboten sein. Dieser Termin müßte jedoch hinausgeschoben werden, „falls alternative Versuchsmethoden nicht wissenschaftlich validiert werden konnten".

2. Erforderliche Maßnahmen im österreichischen Recht

2.1. Grenzen der Belastbarkeit von Versuchstieren

Nach der Richtlinie vom 24. November 1986 bedürfen Versuche, die die Tiere übermäßig belasten, einer besonderen Begründung und einer ausdrücklichen Genehmigung. Die Behörde hat geeignete „Schritte zu veranlassen, wenn sie nicht davon überzeugt ist, daß der Versuch für grundlegende Bedürfnisse von Mensch und Tier von hinreichender Bedeutung ist". - Eine entsprechende Regelung fehlt im österreichischen Tierversuchsgesetz. In § 3 Abs. 3 Tierversuchsgesetz 1988 wird lediglich betont, daß alle an der Durchführung von Tierversuchen beteiligte Personen eine „ethische und wissenschaftliche Verantwortung" tragen. Es sei die „Pflicht jedes Wissenschaftlers", die Notwendigkeit jedes Tierversuchs „selbst zu prüfen und gegen die Belastung der Versuchstiere abzuwägen". - Die Vorgaben der Richtlinie unterscheiden sich von den im Tierversuchsgesetz 1988 normierten Erfordernissen. Die Prüfung der Belastungsgrenze obliegt der Behörde. Das Eigenermessen des durchführenden Personals ist nach der Richtlinie - im Gegensatz zum Tierversuchsgesetz 1988 - nicht maßgeblich.

Der Grundsatz der Richtlinie, wonach ein Tierversuch nur durchgeführt werden darf, wenn die Behörde „überzeugt" ist, daß der Versuch für grundlegende Bedürfnisse von Mensch und Tier von außerordentlicher Bedeutung ist, hat besondere Relevanz für das Grundrecht der Forschungsfreiheit (Art. 17 Abs. 1 Staatsgrundgesetz). Die Kriterien der Richtlinie besagen, daß Versuche, die den geschilderten Anforderungen nicht entsprechen, nicht durchgeführt werden dürfen. Sachlich stellt diese Regelung einen Eingriff in das Grundrecht der Forschungsfreiheit (Wissenschaftsfreiheit) dar. Die Richtlinie hat mithin das Grundrecht der Forschungsfreiheit *ethisch relativiert*.

Vor diesem Hintergrund erhebt sich die namentlich in Deutschland vieldiskutierte Frage, ob ein ethisch fundiertes Regulativ im Bereich der Tierversuche mit dem Grundrecht der Forschungsfreiheit vereinbar ist, in einem neuen Licht. Gemeinschaftsrecht kommt vor nationalem Recht Vorrang zu (unstrittig seit EuGH - Costa/ENEL, Rspr. 1964, 1251ff; dazu näher etwa STREINZ R., 1995). Eine (gesetzliche) Regelung, die die Zulässigkeit von Tierversuchen im Sinne des Art. 12 Abs. 2 der Richtlinie einschränkt, kann demnach mit dem nationalen Verfassungsrecht nicht in Widerspruch stehen. Zwar liegt ein Eingriff in das Grundrecht auf Forschungsfreiheit vor. Der „Eingriff" ist jedoch nach der Richtlinie nicht nur zulässig, sondern geboten.

Der Anwendungsbereich der Richtlinie vom 24. November 1986 umfaßt allerdings nur die angewandte Forschung, nicht die Grundlagenforschung. Es stellt sich deshalb die Frage, ob sich aus der Richtlinie vom 24. November 1986 Konsequenzen auch für den Bereich der Grundlagenforschung ergeben. Auf der Ebene des Europarechts ist diese Frage zu verneinen. Auf der Ebene des nationalen Rechts kann man sich hingegen wohl kaum mit der Feststellung begnügen, daß die Richtlinie nur die angewandte Forschung erfaßt. Der Wert der Grundlagenforschung für die medizinische Umsetzung und Anwendung ist ein (allenfalls) mittelbarer. Die praktische Bedeutung der Grundlagenforschung tritt nach wohl herrschender Auffassung gegenüber jener der angewandten Forschung zurück. Es ergäbe deshalb wenig Sinn, wenn man allein den Bereich der angewandten Forschung - der Richtlinie entsprechend - ethisch relativieren wollte, den Bereich der Grundlagenforschung im Rahmen einer Neuregelung hingegen nicht einbezöge. Die Richtlinie erfaßt die Grundlagenforschung nicht aus sachlichen, sondern bloß aus kompetenzrechtlichen Gründen nicht. Im Hinblick auf die Distanz zwischen Grundlagenforschung und Anwendung (Umsetzung) könnte eine Richtlinie, die (auch) diesen Forschungszweig beträfe wohl kaum einen Beitrag „zum Funktionieren des gemeinsamen Marktes" leisten. Nur unter dieser Voraussetzung war aber die Zuständigkeit der Gemeinschaft gegeben. - Nach der hier vertretenen Auffassung sollte daher das gesamte Recht der Tierversuche (nicht bloß der Bereich der angewandten Forschung) im Sinne des Art. 12 Abs. 2 der Richtlinie vom 24. November 1986 reformiert werden.

Bei der Anpassung des österreichischen Tierversuchsgesetzes ist zu bedenken, daß die Konkretisierung der Belastbarkeitsgrenzen außerordentlich komplex und schwierig ist (vgl. z.B. jenen Fall, der kürzlich an das deutsche Bundesverfassungsgericht herangetragen wurde: mehrstündiges Fixieren von Affen auf dem sogenannten Primatenstuhl; dazu KLUGE H.-G., 1994). Die Problematik fällt nicht etwa allein in die Zuständigkeit des Veterinärmediziners oder Naturwissenschaftlers, sondern betrifft vielmehr Grundsätze der Ethik. Die Entscheidung über Zumutbarkeit und Belastbarkeit bei Tierversuchen sollte daher nicht im Rahmen eines üblichen Administrativverfahrens erfolgen. Es erscheint vielmehr geboten, Ethik-Kommissionen einzurichten, die die erforderlichen Entscheidungsgrundlagen vorbereiten. In Deutschland und in der Schweiz hat man bereits Kommissionen geschaffen, die jene Behörden, die über Tierversuchsanträge zu entscheiden haben, beraten sollen (REBSAMEN-ALBISSER B., 1994; GRUBER F.P., 1994). Im Kanton Zürich haben bestimmte Kommissionsmitglieder das Recht, einen

Bewilligungsbescheid gerichtlich anzufechten. Überdies besteht gesamtschweizerisch ein Behördenbeschwerderecht des Bundesamtes für Veterinärwesen. Mittlerweile liegen Berichte über die Erfahrungen, die man mit diesen neuen Institutionen gemacht hat, vor. Die Beurteilung ist durchweg positiv. Im Zuge der Anpassung des Tierversuchsgesetzes 1988 sollte erwogen werden, derartige Kommissionen für das gesamte Tierversuchswesen einzurichten. Zur Zeit übt lediglich im Bereich des Wissenschaftsministeriums (das namentlich etwa für die pharmazeutische Industrie nicht zuständig ist) eine Kommission eine beratende Tätigkeit aus (KORNFEIND E., 1994).

2.2. Vermeidung unnötiger Doppelausführungen

Nach Art 22. der Richtlinie vom 24. November 1986 erkennen die Mitgliedstaaten die Gültigkeit der Ergebnisse von Tierversuchen, die auf dem Gebiet eines anderen Mitgliedstaates durchgeführt wurden, grundsätzlich an. Eine vergleichbare Regelung enthält § 3 Abs. 3 lit. d Tierversuchsgesetz 1988: Ein Tierversuch ist keinesfalls zulässig, wenn bereits entsprechende Ergebnisse eines im In- oder Ausland durchgeführten Versuches vorliegen. - Der Sinn dieser Regelungen erscheint in der Tat evident. Ein Tierversuch ist jedenfalls dann unnötig, wenn die (angeblich) erforderlichen Erkenntnisse bereits im Rahmen eines früheren Tierversuches gewonnen wurden.

Die Verwirklichung dieser legistischen Vorgaben setzt eine entsprechende Infrastruktur voraus. Doppel- oder Mehrfachausführungen können nur vermieden werden, wenn umfassende Informationen über ausländische Versuchsergebnisse zur Verfügung stehen.

Weltweit bemühen sich verschiedene Organisationen, die zum Teil eigene Datenbanken betreiben, um einen grenzüberschreitenden Informationsaustausch. Namentlich zu nenen sind in diesem Zusammenhang CAAT in den Vereinigten Staaten, FRAME in England, SIAT in der Schweiz, ZEBET in Deutschland (KORNFEIND E., 1994). Diese Datenbanken speichern allerdings vornehmlich Informationen über *Alternativmethoden* zu Tierversuchen. Informationen über Tierversuche (Material, Methoden etc.) können indes kaum oder nur beschränkt abgefragt werden. Um Mehrfachdurchführungen von Tierversuchen (im Sinne der Richtlinie und im Sinne des Gesetzes) nach Möglichkeit zu verhindern, müßten die erforderlichen Informationsmöglichkeiten erheblich erweitert und verbessert werden. Besonders bedeutsam wäre in diesem Zusammenhang der kostenlose Zugang zu den Datenbanken (auf breiter internationaler Ebene). Die Verwirklichung des Gesetzesauftrages (Vermeidung unnötiger Doppelausführungen) fordert mithin die Schaffung der faktischen und technischen Vorraussetzungen für einen internationalen Datenaustausch.

Legistische Korrekturen sind in bezug auf das derzeit im Gesetz enthaltene Erfordernis geboten, wonach die Ergebnisse ausländischer Tierversuche nur berücksichtigt werden können, „wenn sie in Österreich aufgrund der maßgeblichen Rechtsvorschriften behördlich anerkannt werden". Diese Kriterien sind mit der Richtlinie nicht vereinbar. Das Ergebnis eines Tierversuches, der auf dem Gebiet eines anderen Mitgliedstaates durchgeführt wurde, ist grundsätzlich anzuerkennen, sofern nicht „zusätzliche Versuche zum Schutz der Volksgesundheit und der öffentlichen Sicherheit notwendig sind" (Richtlinie vom 24. November 1986). Die Richtlinie fordert somit eine *materielle* Prüfung, das Tierversuchsgesetz 1988 stellt hingegen auf ein formales Kriterium (behördliche Anerkennung) ab. Nach der hier vertretenen Auffassung sollte die Notwendigkeit behördlicher Anerkennung ersatzlos entfallen. Wenn der im (nicht nur europäischen) Ausland durchgeführte Versuch unzureichend oder ergänzungsbedürftig erscheint, dann sind weitere Experimente de lege lata zulässig; denn in diesem Fall bestehen Zweifel an der „Richtigkeit und Aussagekraft" des im Ausland durchgeführten Versuchs (§3 Abs 3 lit d Tierversuchsgesetz 1988). Wenn hingegen kein Anlaß für derartige Bedenken besteht, dann ist nicht einzusehen, weshalb der entsprechende Versuch in Österreich nochmals vorgenommen werden sollte.

2.3. Verbot der Tierversuche zur Überprüfung von Bestandteilen kosmetischer Mittel

Die Richtlinie vom 14. Juni 1993 zur Angleichung der Rechtsvorschriften über kosmetische Mittel sieht ein Verbot von Tierversuchen „zur Überprüfung von Bestandteilen oder Kombinationen von Bestandteilen“ ab 1. Januar 1998 vor. Dieser Termin „müßte jedoch hinausgeschoben werden, falls alternative Versuchsmethoden nicht wissenschaftlich validiert werden konnten“. - Das Verbot von Tierversuchen im Zusammenhang mit kosmetischen Produkten würde einer Forderung vieler Tierschützer Rechnung tragen. In der Tat erscheint die Durchführung von Tierversuchen besonders anstößig, wenn die Testergebnisse nur für die Produktion von „Luxusartikeln“ verwendet werden. Kürzlich hat man in einer Diskussion die Frage aufgeworfen, weshalb etwa heute noch neue Seifen hergestellt würden; es gäbe doch bereits genug Seifen. - Auf der Ebene des öffentlichen Rechts mag man die Frage erörtern, ob ein derartiges Verbot mit dem Grundrecht auf Erwerbsfreiheit vereinbar ist. Die Problematik bedarf indes keiner weiteren Vertiefung. Mit Rücksicht auf das Vorrangprinzip des Gemeinschaftsrechts müßten auch verfassungsrechtliche Bedenken zurückstehen.

3. Zuständigkeitsgrenzen des Gemeinschaftsrechts

Die Europäische Union ist auch heute noch vor allem eine Wirtschaftsgemeinschaft. Die Regelungskompetenzen sind daher funktionell beschränkt. Die skizzierten Richtlinien können somit keinen abschließenden Rahmen für die Weiterentwicklung des nationalen Rechts der Tierversuche bilden. - Folgende Beispiele sollen dies verdeutlichen.

3.1. Tierversuche für militärische Zwecke

Militärische Aufgaben fallen nicht in den Kompetenzbereich der Europäischen Union. Das gilt freilich auch für Tierversuche, die militärischen Zwecken dienen. - Es ist allgemein bekannt, daß das militärische Instrumentarium eine enorme Zerstörungskapazität aufweist. Eine plausible Begründung dafür, daß diese Zerstörungskapazität durch den Einsatz von Tierversuchen „verbessert“ werden müsse, wird wohl niemand ins Treffen führen können. Deshalb erscheint ein Verbot von Tierversuchen für militärische Zwecke naheliegend (HÖFFE O., 1984). Das Verbot sollte jedenfalls für die Entwicklung von Angriffsmitteln gelten. Die Frage, ob im Bereich der Verteidigung auf die Durchführung von Tierversuchen verzichtet werden kann, bedürfte näherer Diskussion.

3.2. Tierversuche für berufliche Ausbildung

Die Regelung der beruflichen Ausbildung, die Gestaltung der Lehrpläne etc. gehören nicht zum Zuständigkeitsbereich der Gemeinschaft. Namentlich im Rahmen der medizinischen Ausbildung sind jedoch vielfältige Aktivitäten zu beobachten, deren Ziel darin besteht, den Tierversuch zurückzudrängen oder durch geeignete alternative Strategien abzulösen. Eindrucksvolle Beispiele kann man den Sammelbänden entnehmen, die dieser Kongreß in den Vorjahren herausgegeben hat. Man gewinnt den Eindruck, daß bereits in vielen Gebieten der Schulung und Ausbildung praktikable Alternativen zur Verfügung stehen, daß aber die Entscheidung gegen den Tierversuch und für das alternative Verfahren stark von der persönlichen Haltung und dem Engagement des Lehrenden abhängt. De lege ferenda sollten aber ersetzbare Tierversuche in der Ausbildung nicht nur dann nicht durchgeführt werden, wenn der Leiter der

Lehrveranstaltung ein Tierfreund ist. Eine einheitliche Regelung im Weg entsprechender Verordnungen (§3 Abs 4 Tierversuchsgesetz) scheint geboten.

Literatur

FRÜHAUF W., Zielsetzungen des neuen österreichischen Tierversuchsgesetzes und Bericht über die Kommission gemäß §13 Tierversuchsgesetz, in: Schöffl H., Spielmann H., Tritthart H.A. (Hrsg.), Ersatz- und Ergänzungsmethoden zu Tierversuchen, Band I, Möglichkeiten und Grenzen der Reduktion von Tierversuchen, 4-9, 1992

GRUBER F.P., Die Tierversuchskommissionen nach §15 Tierschutzgesetz in der Bundesrepublik Deutschland, in: SCHÖFFL H., SPIELMANN H., TRITTHART H.A. (Hrsg.), Ersatz- und Ergänzungsmethoden zu Tierversuchen, Band III, Forschung ohne Tierversuche 1995, 233-239, 1995

HARDEGG W. und PREISER G., Tierversuche und medizinische Ethik, 1986

HEYDEBRAND U.D. LASA H.-CH. V. und GRUBER F.P., Tierversuche und Forschungsfreiheit, Zeitschrift für Rechtspolitik, 115-120, 1986

HÖFFE O., Ethische Grenzen der Tierversuche, in: HÄNDEL U., Tierschutz, Testfall unserer Menschheit, 82-99, 1984

KLUGE H.-G., Grundrechtlicher Freiraum des Forschers und ethischer Tierschutz, Neue Verwaltungszeitschrift, 869-872, 1994

KORNFEIND E., Das Tierversuchsgesetz 1988, Diss. Wien, 1994

LEMBECK F., Alternativen zum Tierversuch, 1988

LOEPER E. V., Studentische Gewissensfreiheit und mitgeschöpfliche Sozialbindung, Zeitschrift für Rechtspolitik, 224-227, 1991

NENTWICH M., Die Bedeutung des EG-Rechts für den Tierschutz, in: HARRER F. und GRAF G., Tierschutz und Recht, 87-116, 1994

RAMBECK, Mythos Tierversuch, 5. Aufl. 1984

REBSAMEN-ALBISSER B., Das Bewilligungsverfahren für Tierversuche in der Schweiz, in: SCHÖFFL H., SPIELMANN H., TRITTHART H.A. (Hrsg.), Ersatz- und Ergänzungsmethoden zu Tierversuchen, Band III, Forschung ohne Tierversuche 1995, 212-220, 1995

SCHARMANN W. und TEUTSCH G.M., Zur ethischen Abwägung von Tierversuchen, ALTEX, 11, 191-198, 1994

SCHWEITZER A., Kulturphilosophie, 1923

SCHWEITZER A., Ehrfurcht vor dem Leben, 5. Aufl., 1988

STERN H., Tierversuche in der Pharmaforschung, 1979

STREINZ, R., Europarecht, 5. Aufl., 1995.

TEUTSCH G.M., Mensch und Tier, Lexikon der Tierschutzethik (Stichwort „Tierversuche"), 1987

TEUTSCH G.M., Zur Frage der ethischen Zulässigkeit oder Unzulässigkeit von Tierversuchen in der Grundlagenforschung, ALTEX, 11, 3-10, 1994

Die EU-Tierversuchsgesetzgebung und Tierversuche: Verhältnisse aus deutscher Sicht

K. Schwabenbauer

Zusammenfassung

Regelungen zum Tierschutz werden nicht nur auf nationaler Ebene getroffen, sondern seit geraumer Zeit auch im europäischen Rahmen.

Zwei Organisationen haben auf diesem Gebiet Rechtsakte verabschiedet: der Europarat mit Sitz in Straßburg und die Europäische Union.

Die Aktivitäten dieser beiden Organisationen auf dem Gebiet des Tierschutzes bei Tierversuchen und die Auswirkungen auf die bundesdeutsche Rechtsetzung werden dargestellt. Dabei werden insbesondere die unterschiedlichen Sanktionsmöglichkeiten erläutert.

Summary

EU-legislation and animal experiments: the German point of view

Animal welfare regulations are not only made on a national level but also since some time in an european context. Two organisations have issued legal acts: The Council of Europe in Strasbourg and the European Union.

In this paper the activities of these two organisations regarding animal welfare in animal experiments and their impact on national legislation are described. Special attention is given to the different possibilities to apply sanctions.

1. Tierversuchsregelungen auf europäischer Ebene und ihre Auswirkungen auf das nationale Recht

Probleme des Tierschutzes, insbesondere im Bereich der Tierversuche, werden seit geraumer Zeit nicht nur auf nationaler Ebene beraten, sondern auch in inter- und supranationalen Organisationen.

1.1. Europäisches Übereinkommen vom 18. März 1986 zum Schutz der für Versuche und andere wissenschaftliche Zwecke verwendeten Wirbeltiere

Bereits seit Mitte der siebziger Jahre hat sich eine Arbeitsgruppe des **Europarats** mit Tierschutzregelungen im Bereich der Tierversuche befaßt.

Der Europarat ist die älteste internationale Organisation Westeuropas und umfaßt derzeit 34 Mitgliedstaaten (Stand September 1995). Er wird im Rahmen des Völkerrechts aktiv. Dort werden Übereinkommen, Empfehlungen und öffentliche europäische Kampagnen vorbereitet. Im Bereich des Tierschutzes wurden bisher fünf Übereinkommen verabschiedet, die z.T. durch Empfehlungen ergänzt worden sind.

Das Europäische Übereinkommen zum Schutz der für Versuche und andere wissenschaftliche Zwecke verwendeten Wirbeltiere wurde nach zähen Diskussionen, die stets von der interessierten Öffentlichkeit kritisch verfolgt wurden, am 18. März 1986 zur Zeichnung durch die Mitgliedstaaten des Europarats aufgelegt.

Das Übereinkommen enthält Grundsätze und Detailbestimmungen

- über die Voraussetzungen und Durchführung von Tierversuchen,
- über Pflege und Unterbringung von Versuchstieren,
- über Zucht- und Liefereinrichtungen,
- über die Versuchseinrichtungen und
- über statistische Informationen über Tierversuche

zum Schutz der für Versuche und andere wissenschaftliche Zwecke verwendeten Wirbeltiere.

Darüberhinaus enthält es in Artikel 5 allgemeine Anforderungen an die Haltung der Versuchstiere, die in Form von Leitlinien im Anhang A konkretisiert werden. Diese Leitlinien sind zwar nicht rechtsverbindlich, sie sollen jedoch sowohl von den Tierhaltern als auch von den Behörden bei der Beurteilung von Versuchstierhaltungen herangezogen werden.

Eine vom zuständigen Sekretariat beim Europarat anläßlich der ersten Multilateralen Konsultation im Jahr 1992 durchgeführten Umfrage hat ergeben, daß die meisten Mitgliedstaaten, die Regelungen zur Haltung von Versuchstieren haben, die Mindestanforderungen der Leitlinie zum Standard erhoben haben.

Gemäß Artikel 4 des Übereinkommens sind die Vertragsparteien nicht gehindert, weitergehende Bestimmungen in ihre nationale Gesetzgebung aufzunehmen.

Bis heute haben neun Mitgliedstaaten des Europarats das Übereinkommen ratifiziert (Tabelle 1): Neben Deutschland sind dies Belgien, Finnland, Griechenland, Norwegen, Schweden, die Schweiz, Spanien und Zypern. In diesen Ländern sind die Bestimmungen des Übereinkommens geltendes Recht. Dänemark, Frankreich, Irland, die Niederlande, die Türkei, das Vereinigte Königreich und die EU haben das Übereinkommen gezeichnet, d.h. gegenüber dem Europarat ihre Absicht bekundet, dem Übereinkommen beitreten zu wollen.

Tabelle 1. Europäisches Übereinkommen zum Schutz der Versuchstiere (Stand September 1995)

Ratifiziert haben	**Gezeichnet haben .....**
Belgien	Dänemark
Deutschland	Frankreich
Finnland	Irland
Griechenland	Niederlande
Norwegen	Türkei
Schweden	Vereinigtes Königreich
Schweiz	Europäische Union
Spanien	
Zypern	

Österreich hat sich zwar seinerzeit intensiv an den Beratungen des Übereinkommens beteiligt, hat es jedoch bisher weder gezeichnet noch ratifiziert.

1.1.1. Welche Auswirkungen hat nun das Übereinkommen auf die Rechtslage in Deutschland?

Das Übereinkommen ist sechs Monate nach Hinterlegung der vierten Ratifikationsurkunde am 1. Januar 1991 völkerrechtlich in Kraft getreten; es ist also für die Länder, die es ratifiziert haben, verbindlich geworden. Für die Länder, die es nach dem 1. Januar 1991 ratifizieren, wird es sechs Monate nach Hinterlegung der Ratifikationsurkunde verbindlich. Für Deutschland war dies am 1. November 1991 der Fall.

Die Verbindlichkeit beruht auf einem völkerrechtlichen Vertrag, der von den jeweiligen Ländern freiwillig geschlossen und jederzeit gekündigt werden kann. Bei Verstoß eines Vertragspartners gegen den Vertrag hat der Europarat keine Sanktionsmöglichkeiten, so daß die Einhaltung der mit der Ratifikation eingegangenen Verpflichtung letztlich nicht durchsetzbar ist.

Dennoch darf die Bedeutung der Europäischen Übereinkommen nicht unterschätzt werden. In einigen Ländern sind sie die einzigen Rechtsakte auf dem Gebiet des Tierschutzes. Außerdem hatten sie häufig Motorfunktion für die Rechtsetzung in der EU und in den einzelnen Mitgliedstaaten des Europarates.

1.2. Richtlinie 86/609/EWG des Rates vom 24. November 1986 zur Annäherung der Rechts- und Verwaltungsvorschriften der Mitgliedstaaten zum Schutz der für Versuche und andere wissenschaftliche Zwecke verwendeten Tiere

So hat die **Europäische Union** ebenfalls im Jahr 1986 eine Richtlinie zum Schutz der Versuchstiere verabschiedet. Die Ratsrichtlinie 86/609/EWG enthält Regelungen zum Schutz der Versuchstiere, die im Rahmen der Stoff- und Produktentwicklung und -prüfung sowie des Umweltschutzes verwendet werden. Dabei wurden im wesentlichen die Bestimmungen des Europäischen Übereinkommens - z.T. wortgleich - übernommen.

Der gravierendste Unterschied zwischen dem Übereinkommen und der Richtlinie ist der Rechtscharakter der beiden Instrumente. Die Richtlinie ist an die Mitgliedstaaten gerichtet, die diese bis November 1989 in nationales Recht umsetzen mußten. Es handelt sich - wie der Titel bereits andeutet und die Rechtsgrundlage eindeutig ergibt - um eine Harmonisierungsvorschrift zur Herstellung des gemeinsamen Binnenmarktes.

Gegen diejenigen, die die Richtlinie nicht oder nicht vollständig umgesetzt haben, hat die Kommission, die auf Grund des EWG-Vertrags die Verantwortung für die Einhaltung des Gemeinschaftsrechts hat, Vertragsverletzungsverfahren eingeleitet. Dies beinhaltet ein langwieriges Vorverfahren, im Zuge dessen der betroffene Mitgliedstaat binnen einer bestimmten Frist Stellung nehmen muß. Die Kommission kann dann das Verfahren vor den Europäischen Gerichtshof in Luxemburg bringen. Die Urteile des Gerichtes sind bindend.

Im Gegensatz zum Europäischen Übereinkommen ist die Richtlinie also mit einem sehr starken Instrumentarium zur Durchsetzung ihrer Bestimmungen ausgestattet.

Ein weiterer Unterschied ist der Anwendungsbereich der beiden Rechtsakte (Tabelle 2). Die Regelungen des Europäischen Übereinkommens gelten für alle Wirbeltiere, die für wissenschaftliche Fragestellungen verwendet werden. Die Richtlinie gilt entsprechend dem Kompetenzbereich der EU nur für Wirbeltiere, die im Rahmen der Stoff- und Produktentwicklung und -prüfung sowie des Umweltschutzes verwendet werden. Die Bereiche Ausbildung und Grundlagenforschung unterfallen nicht der Richtlinie.

Diese prinzipiellen Unterschiede zwischen den beiden Rechtsakten finden ihren Ausdruck auch in den Texten. So sind die Bestimmungen der Richtlinie in Verfahrensfragen (z.B. bei der Genehmigung von Tierversuchen und der Zulassung von Zucht- und Handelseinrichtungen) genauer als im Übereinkommen gefaßt.

Tabelle 2. Anwendungsbereich

Europäisches Übereinkommen	Richtlinie 86/609/EWG
Alle Wirbeltiere, die für wissenschaftliche Fragestellungen einschließlich Ausbildung verwendet werden	Wirbeltiere, die im Rahmen der Stoff- und Produktentwicklung und -prüfung sowie des Umweltschutzes verwendet werden

In einigen Punkten - z.B. in bezug auf die Anforderungen an die Qualifikation von Personal in den Zucht- und Handelseinrichtungen - geht die Richtlinie weiter als das Übereinkommen.

Auch die Richtlinie erlaubt es den Mitgliedstaaten, weitergehende Forderungen in ihren Rechtsvorschriften vorzusehen.

2. Das deutsche Tierschutzgesetz und die europäische Rechtsetzung

Für die Bundesrepublik Deutschland enthält das Tierschutzgesetz seit 1972 die materiellen Regelungen zum Schutz der Versuchstiere. Das deutsche Tierschutzgesetz bestand also bereits als es weder inter- noch supranationale Vorschriften auf diesem Gebiet gab. Bei den Beratungen haben daher die deutschen Delegationen versucht, die Kernelemente des deutschen Tierschutzrechts einzubringen. Die Länge der Beratungen beim Europarat haben dazu geführt, daß das dort erzielte Ergebnis bei der umfassenden Novellierung des Tierschutzgesetzes im Jahre 1986 weitgehend berücksichtigt werden konnte.

Da die Bestimmungen der Richtlinie im wesentlichen mit denen des Übereinkommens identisch sind, gilt dies auch für die Richtlinie.

Der folgenreichste Unterschied zwischen dem nationalen Recht und den europäischen Bestimmungen ist die abweichende deutsche Definition des Tierversuchs (Tabelle 3). Während die Definition des Tierversuchs sowohl im Europäischen Übereinkommen als auch in der Richtlinie alle Eingriffe und Behandlungen an Wirbeltieren, die in der Wissenschaft verwendet werden und denen potentiell Schmerzen, Leiden, Ängste oder dauerhafte Schäden zugefügt werden, umfaßt, ist die deutsche Legaldefinition des Tierversuchs wesentlich enger gefaßt. Daher gelten die Bestimmungen des 5. Abschnitts des Gesetzes nicht für Tiere, die z.B. zur Produktion von Impfstoffen oder Antikörpern eingesetzt werden, da diese nicht zu **Versuchszwecken** verwendet werden. Zwar mag man streiten, ob die Produktion von Stoffen ein wissenschaftlicher Zweck ist, aber die Kommission hat in ihrer Stellungnahme gegenüber der Bundesrepublik Deutschland diesen Standpunkt vertreten. Hinzu kommt, daß alle anderen Mitgliedstaaten der EU und des Europarats, die ein entwickeltes Tierschutzrecht haben, den Standpunkt der Kommission teilen und ihre Rechtsvorschriften entsprechend verfaßt haben.

An diesem Beispiel läßt sich gut die Auswirkung einer Richtlinie auf das nationale Recht demonstrieren: Auch wenn der Ausgang des Verfahrens offen ist, so führt die Ankündigung eines Vertragsverletzungsverfahrens in den meisten Fällen dazu, daß der betroffene Staat eine Änderung seiner Rechtsvorschriften einplant, um sie dem Gemeinschaftsrecht anzupassen. So sah die 1994 im Bundesrat gescheiterte Novellierung des Tierschutzgesetzes eine entsprechende Änderung vor. Auch der vorliegene Referentenentwurf zur Novellierung des Tierschutzgesetzes berücksichtigt das Anliegen der Kommission.

Tabelle 3. Definition Tierversuch

Deutsches Tierschutzgesetz	**Europäisches Übereinkommen; Richtlinie 86/609/EWG**
„Tierversuche im Sinne dieses Gesetztes sind Eingriffe oder Behandlungen zu Versuchszwecken 1. an Tieren, wenn sie mit Schmerzen, Leiden oder Schäden für diese Tiere oder 2. am Erbgut von Tieren, wenn sie Schmerzen, Leiden oder Schädenfür die erbgutveränderten Tiere oder deren Trägertiere verbunden sein können."	„jede Verwendung eines Tieres zu Versuchen oder sonstigen wissenschaftlichen Zwecken, die Schmerzen, Leiden, Ängsten oder dauerhaften Schäden verursachen kann, einschließlich der Eingriffe, die dazu führen oder führen können, daß ein Tier unter solchen Umständen geboren wird; dazu gehören nicht..."

Andere Unterschiede - z.B. das Anzeige- und Genehmigungsverfahren für Tierversuche, der Erlaubnisvorbehalt für Versuchstierzuchten oder die Beteiligung von Kommissionen bei der Genehmigung von Tierversuchen - ergeben sich im wesentlichen aus den Gegebenheiten des deutschen Verwaltungsrechts und sind nicht grundlegender Natur.

3. Diskussion

Auf europäischer Ebene liegen zwei Rechtsakte zum Tierschutz bei Tierversuchen vor: das Europäische Übereinkommen vom 18. März 1986 zum Schutz der für Versuche und andere wissenschaftliche Zwecke verwendeten Wirbeltiere und die Richtlinie 86/609/EWG des Rates vom 24. November 1986 zur Annäherung der Rechts- und Verwaltungsvorschriften der Mitgliedstaaten zum Schutz der für Versuche und andere wissenschaftliche Zwecke verwendeten Tiere.

Obwohl beide Rechtsakte im wesentlichen inhaltsgleich sind, haben sie völlig verschiedene rechtliche Qualitäten. Während das Europäische Übereinkommen ein völkerrechtlicher Vertrag ohne konkrete Sanktionsmöglichkeiten gegenüber den Vertragsparteien ist, ist die Richtlinie 86/609/EWG Bestandteil des EWG-Rechts. Das heißt, daß die Kommission gegenüber den Mitgliedstaaten der EU verpflichtet ist, die Umsetzung der Bestimmungen der Richtlinie nach Ablauf der in der Richtlinie genannten Frist zu überwachen und sie notfalls gerichtlich durchzusetzen. Dies führt dazu, daß beide Instrumente unterschiedliche Auswirkungen auf das nationale Recht haben. Auf Grund einer Richtlinie müssen notwendige Änderungen der bestehenden nationalen Rechtsetzung innerhalb einer genannten Frist vorgenommen werden. Hingegen wird ein Staat ein Europäisches Übereinkommen erst dann ratifizieren, wenn seine Bestimmungen bereits im nationalen Recht enthalten sind.

Literatur

Tierschutzgesetz in der Fassung der Bekanntmachung vom 17. Februar 1993 (BGBl. I S. 254), zuletzt geändert durch Artikel 86 des Gesetzes vom 27. April 1993 (BGBl. I S. 512, 2436), 1993

Europäisches Übereinkommen vom 18. März 1986 zum Schutz der für Versuche und andere wissenschaftliche Zwecke verwendeten Wirbeltiere, 1986

Richtlinie 86/609/EWG des Rates vom 24. November 1986 zur Annäherung der Rechts- und Verwaltungsvorschriften der Mitgliedstaaten zum Schutz der für Versuche und andere wissenschaftliche Zwecke verwendeten Tiere (ABl. EG Nr.L 358 S. 1), 1986

Refinement: Versuch einer Definition

F.P. Gruber

Zusammenfassung

Während RUSSELL und BURCH unter Refinement in erster Linie eine Verminderung der Belastung bei inhumanen Versuchen verstehen, muß die Definition heute weiter gefaßt werden. Es wird versucht, den Begriff in der Literatur, in der Forschungsförderung und als administratives oder regulatives Refinement in seiner heutigen Bedeutung zu beschreiben. Vor allem in der Forschungsförderung scheint der Begriff des Refinement noch eine sehr unterentwickelte Rolle zu spielen. Refinement scheint das „ungeliebte" dritte R bei der Förderung von Alternativmethoden zu sein. Ein wesentlicher Unterschied zur Definition von RUSSELL und BURCH ist es, daß vom Blickwinkel des Refinement heraus heute ganz selbstverständlich das gesamte Umfeld der Versuchstiere gesehen werden muß. Es steht also nicht mehr nur die Verminderung der Belastung im Versuch, sondern auch das Refinement bei der Zucht und Haltung, beim alltäglichen Umgang mit den Versuchstieren zur Diskussion. Während bei den tierexperimentellen Verfahren durch die ständige Weiterentwicklung von Narkose- und Analgesiemethoden, durch die Einführung non- oder mikroinvasiver Verfahren und durch das zunehmende Umsteigen auf belastungsfreie ex vivo-Versuche das Refinement kontinuierlich vorangetrieben wird, schien es bei den Haltungsbedingungen eher stufenweise voranzugehen. Entstand durch züchterische Maßnahmen seit 1920 aus den Wildformen das laborisierte Versuchstier, konnten in den 60er bis 80er Jahren durch versuchstierkundliche Maßnahmen ein großer Sprung bis auf das heutige regulative Niveau gemacht werden. Ein weiterer Fortschritt wird durch die Berücksichtigung ethologisch begründeter Bedürfnisse der Versuchstiere erwartet.

Summary

Refinement: Attempt of a definition

RUSSELL and BURCH have seen in the term refinement any decrease in the incidence or severity of inhumane procedures. Nowadays, the definition must consider additional facts. The attempt is made to describe the term in the scientific literature, in research funding and in the history of administrative or regulatory refinement in its present meaning. Especially in research funding, refinement seems to be the „unloved" third R in the development of alternatives. As an important difference to the definition of RUSSELL and BURCH it must be seen, that the whole surrounding of laboratory animals belongs to the refinement today. Not only the decrease in the severity of scientific procedures but also refinement in breeding, housing, and handling has to be considered. Refinement during procedures is continually improved by better narcotics and analgetics, the introduction of non- or microinvasive techniques or by changing to ex vivo experiments without any strain or stress. In the keeping of the animals, refinement seems to go on more in steps. While in the 20ies laboratory species were bred out of the feral type, a big step forward was made in the 60ies to 80ies in laboratory animal science through improved hygiene and proper housing. The next step must be the consideration of ethologically founded needs of laboratory animals.

1. Die Geschichte des *Refinement*-Gedankens

Wie vielfach erwähnt, teilen RUSSELL und BURCH (1959) die Alternativmethoden in drei Rs ein. Wobei das erste für *Replacement*, das zweite für *Reduction* und das dritte R für *Refinement steht.* Unter *Refinement* verstehen RUSSELL und BURCH *„any decrease in the incidence or severity of inhuman procedures applied to those animals which still have to be used"*. Sie teilen Tierversuche grundsätzlich in die Kategorien „belastend" und „neutral" ein. Während bei den belastenden Versuchen (z.B. in der Schmerz- und Streßforschung) zunächst ein unlösbarer Konflikt zwischen humanitären Anliegen und Versuchsziel zu liegen scheinen, seien bei den neutralen Studien schon aus wissenschaftlichen Gründen alle Belastungen zu vermeiden, da sie ja die Versuchsergebnisse völlig verändern und verfälschen könnten. Russel und BURCH konnten zur damaligen Zeit nur hoffen, daß mit fortschreitender Wissenschaft auch belastende Versuche reduziert werden können, indem die zu messenden Parameter neu definiert werden. Eine solche Entwicklung ist auch in einigen Fachgebieten in Gang gekommen. Zum Beispiel kann heutzutage tatsächlich Schmerzforschung betrieben werden, ohne den Tieren unzumutbare Belastungen aufzuerlegen (Wahl des Endpunkts durch die Tiere). Auch die Bestimmung einer letalen Dosis erfordert nicht mehr unbedingt, daß ein Tier an dieser Dosis auch tatsächlich stirbt. Es darf getötet werden, sobald klinische Parameter (z.B. Hypothermie oder erniedrigter Partialdruck für CO_2 im peripheren Blut) anzeigen, daß es an der verabreichten Dosis voraussichtlich sterben wird.

RUSSEL und BURCH betrachten unter dem Begriff *Refinement* fast ausschließlich die experimentellen Techniken, denen Tiere unterworfen werden. Die Tierhaltung selbst, die gerade in den 50er Jahren oftmals eine größere Belastung für die Tiere darstellte als so mancher Versuch, blieb unberücksichtigt. Auch mit anderen Einteilungen von RUSSELL und BURCH sind wir heute nicht mehr unbedingt einverstanden. Der dezerebralisierte und damit zugegebenermaßen „schmerzfreie" Frosch wird von ihnen noch als Beitrag zum Refinement gewertet, heute denken wir, daß wir ganz ohne ihn auskommen können. Zumindest im deutschen Tierschutzgesetz ist schließlich zurecht nicht mehr nur das Wohlbefinden der Tiere geschützt, sondern auch deren Leben. Die heutige Definition des *Refinement* darf also auf keinen Fall darauf abzielen, nur Schmerzen und Leiden zu vermeiden. Die Gentechnik könnte uns sonst bald die Großhirn- und damit schmerz- und leidensfreie Maus bescheren.

Warum nur drei Rs? Diese Frage wurde in den letzten Jahren des öfteren gestellt. Der folgenden Aufstellung kann entnommen werden, daß der Buchstabe „R" natürlich noch für viel mehr Fortschritte in der biomedizinischen Forschung stehen kann, als RUSSELL und BURCH dies beschrieben haben.

Trotzdem wollen wir uns hier weiterhin nur mit den „klassischen" 3Rs beschäftigen und nicht semantischen Exegesen nachhängen. Die lateinische Vorsilbe „re", Pate für die drei Rs, steht ja auch für einige Wörter, die wir im Zusammenhang mit dem Fortgang der Wissenschaften weniger gerne hören (Reaktionär, Reklamation, Rezidiv, Repressalie). Auch die „Germanisierung" in die drei Vs (Vermeiden, Verringern, Verbessern/Verfeinern) ist wenig hilfreich, solange um Worte und nicht um Inhalte gerungen wird.

Tabelle 1. Nur drei Rs?

RUSSELL und BURCH (1959):	*replacement* *reduction* *refinement*
ROWSELL (1978) hat vier zusätzliche Rs:	*responsibility* *right animal for the* *right* *reason*
MORTON, zitiert aus ROWAN (1995), hat 11 Rs:	*reduction of number of animals used* *refinement of endpoints* *replacement by in vitro, ex vivo* *recognition of adverse effects* *relief with analgesics and anxiolytics* *respect for all animals regardless of species* *reward for animals wherever possible* *refusal to carry out some procedures* *reconsideration of protocol if unsure* *reflection on what you have done* *read about the ethical issues*

ROWAN (1995) macht daraus
folgende Aufstellung:
	Reason
	Responsibility
	    read about the ethical issues
	    respect for all animals
	    re-education in new techniques
	    resolve to keep looking for new ways
	Reduction
	    right statistical method
	    right animal for right reason
	Refinement
	    review of protocols
	    recognition of adverse effects
	    relief from pain and distress
	    reward animals where possible
	Replacement
	    refusal to perform/permit some procedures
	    routine testing
	Research - integration of all three approaches
	(clinical, animal and non-animal)

SMYTH (1978), der eines der ersten Bücher über Alternativmethoden herausgab, zitiert das dritte R von Russel und BURCH zwar in dem Kapitel Alternativen, versteht unter *Refinement* aber Versuche, „bei denen weniger lebende Tiere notwendig sind, wie z.B. bei der Anwendung von *in vitro-* statt *in vivo*-Methoden". Wobei SMYTH dem Sinn seiner Aussagen folgend mit *in vitro* mehr an *ex vivo* gedacht hat, als an z.B. immortalisierte Zellkulturlinien oder computergestützte Screening-Verfahren.

Heute definieren wir die 3Rs, und hier besonders das *Refinement*, in anderer Weise als es RUSSELL und BURCH taten. Das Fach Versuchstierkunde aber auch andere Fortschritte in den biomedizinischen Wissenschaften haben dazu geführt, daß die meisten Belastungen von Versuchstieren, die in den 50er Jahren noch eine große Rolle spielten, auf einem sehr viel niedrigeren Niveau angesiedelt sind. Vor allem im Tierhaltungsbereich haben sich, nicht zuletzt durch die Einführung der Versuchstierkunde als Fachgebiet der Tiermedizin, enorme Veränderungen zugunsten der Versuchstiere ergeben. Seitdem auch zunehmend ethologisches Fachwissen in die Tierhaltung einfließt, muß unter dem Begriff *Refinement* tatsächlich auch eine tiergerechte Haltungsform der Versuchstiere erwartet werden. VAN ZUTPHEN et al. (1993) definieren den Begriff *Refinement* konsequenterweise sehr stark mit der Betonung auf die Tierhaltung: „*Refinement refers to any decrease in the incidence or severity of painful or distressing procedures applied to animals. Refinement can be realized prior to experimentation on the animal e.g. by a better 'reading' of the biological needs of the animal and translating them into adequate husbandry and environmental conditions. Adjustment of the environment to suit the behavioural and physiological needs of the animal, is a prerequisite for the animal's homeostasis, whereas prolonged deviation from homeostasis may result in abnormal behaviour and disease. Refinement can also be realized during the course of the experiment, e.g. by improving experimental procedures or methods of anaesthesia, which may reduce distress. The researcher should be aware of the fact that refinement not only contributes to the welfare of animals but also to the quality of the animal experiment.*"

Im Gegensatz zu 1959 existieren heute in den meisten industrialisierten Ländern behördliche Auflagen, die ziemlich genau umschreiben, was zum Schutz der Tiere vorgegeben ist (siehe administratives *Refinement*). Gleichwohl gibt es noch viele belastende Versuche. Deshalb haben die vielfältigen Anstrengungen, weiteres *Refinement* durchzusetzen, nach wie vor ihre Berechtigung. Weder in der Tierhaltung, noch bei den Versuchen selbst kann von einem Zustand gesprochen werden, der weitere Fortschritte kaum mehr zuließe. Auf das Wort von ASIMOV zurückkommend, daß Gewalt die Zuflucht der Inkompetenz ist, müssen wir erkennen, daß es kein Ende der Bemühungen geben darf, *Refinement* zur Maxime allen Handelns zu machen. In unseren Alltag übersetzt: Niemand käme auf die Idee, ein Unfallopfer am Straßenrand verbluten zu lassen, nur weil er der Meinung ist, es gäbe zuviel Verkehr. Erste Hilfe ist Pflicht. Und *Refinement* ist nun einmal die Erste Hilfe, die wir in der Situation, Tierversuche nicht schneller ersetzen und reduzieren zu können, den Tieren spenden müssen. Wer sich, wie manche extreme Tierschützer, in dem Sinne äußert, daß Tierversuche nicht ersetzt, sondern einfach nur abgeschafft werden müssen, und daß Alternativmethoden deshalb ein großer Schwindel seien, macht sich der unterlassenen Hilfeleistung für die Versuchstiere schuldig.

Es sind die Bemühungen von Wissenschaftlern hervorzuheben, sich in einer Art Selbstverpflichtung zum verantwortlichen Umgang mit Tieren zu bekennen und das *Refinement* zur Maxime des Handelns zu fixieren. Erstmals ist dies in Deutschland durch den *Codex experiendi* (1983) der deutschen Tierärzteschaft geschehen. Sehr viel weiter gehen die *Ethischen Grundsätze und Richtlinien für wissenschaftliche Tierversuche* (1994) der Schweizerischen Akademie der Medizinischen Wissenschaften und der Schweizerischen Naturforschenden Gesellschaft, die erstmals 1983 und 1994 in weiterentwickelter Form veröffentlicht wurden. Unter der Überschrift *Ethische Anforderungen an die Durchführung von Tierversuchen* heißt es da wörtlich: „Der ethische Grundsatz der Ehrfurcht vor dem Leben führt zur Forderung, mit einer möglichst geringen Zahl von Versuchen und Tieren und möglichst geringem Leiden der letzteren den größtmöglichen Erkenntnisgewinn zu erzielen." Und an anderer Stelle: „Versuche, die dem Tier schwere Leiden verursachen, müssen vermieden werden, indem durch Änderung der zu prüfenden Aussage andere Erfolgskriterien gewählt werden oder indem auf den erhofften Erkenntnisgewinn verzichtet wird." Diese Passage - daß auch Erkenntnisverzicht als Alternative zu einem belastenden Tierversuch erwogen werden muß - ist einmalig in der Geschichte der biomedizinischen Forschung und kann gar nicht oft genug in die Diskussion mit einbezogen werden.

Es muß aber an dieser Stelle auch darauf hingewiesen werden, daß Versuche, die nur zu belanglosen, oft nur für einen kleinen Personenkreis interessanten Ergebnissen führen, oder

Versuche, die sich durch tierversuchsfreie Experimente ganz ersetzen lassen, keinerlei Rechtfertigung haben. Auch dann nicht, wenn sie durch *Refinement* nicht mehr zu schwersten Belastungen der Tiere führen sollten. Es besteht die Forderung, daß in der Grundlagenforschung keine schweren Belastungen toleriert werden können. Für die Schweiz heißt dies konkret, kein Schweregrad 3 in der Grundlagenforschung. In Deutschland muß als Konsequenz der Passus im §7 Abs. 3 des Tierschutzgesetzes verschwinden, daß einem Tier zur Lösung wissenschaftlicher Probleme länger anhaltende oder sich wiederholende erhebliche Schmerzen oder Leiden zugefügt werden dürfen. Die Lösung wissenschaftlicher Probleme wird dabei wesentlichen Bedürfnissen von Mensch und Tier gleichgestellt, was so nicht hingenommen werden kann und darf.

2. Stellenwert des *Refinement*

2.1. Refinement in der Literatur

Betrachten wir 10 Jahrgänge der in Europa in der Versuchstierkunde führenden Fachzeitschrift *Laboratory Animals* (1984-1993), so registrieren wir einen erstaunlich niedrigen Anteil an *Refinement*-Arbeiten (Tabelle 2). Die Tendenz ist jedoch seit 1990 ansteigend. Das hier verwendete Auswahlkriterium, d.h. unter welchen Bedingungen eine Veröffentlichung als *Refinement*-Arbeit gewertet wurde, soll kurz dargelegt werden. Vom rein versuchstierkundlichen Standpunkt her neigt man dazu, alle Publikationen über Narkosen oder Haltungseinrichtungen als *Refinement* zu werten. Dies ist aber nicht zutreffend. Bei einer ganzen Reihe von Narkosearbeiten wie auch bei Vorschlägen zur Versuchstierhaltung standen nicht das Wohlergehen der Versuchstiere im Vordergrund, sondern der ungestörte oder rationelle Versuchsablauf.

Tabelle 2. Entwicklung des *Refinement*-Gedankens in der Versuchstierkunde

Laboratory Animals Jahrgang	Anzahl Veröffent-lichungen	davon über *Refinement* absolut und in (%)	Themen der *Refinement* Arbeiten in Stichworten
1984	65	3 (5)	Primatenkäfige, Narkose, Analgesie
1985	63	3 (5)	Primatenkäfige, Plädoyer für 3R Methoden allgemein, Dauerkatheter
1986	64	1 (2)	Pathologie und Wohlbefinden
1987	56	2 (4)	Schmerz, Ammoniak im Käfig
1988	68	4 (6)	Euthanasie, Dauerkatheter, *Refinement* bei Tumoren, Ultraschall im Tierraum
1989	60	1 (2)	Käfigfläche
1990	54	5 (9)	Schweregrade, Lokalanästhesie, Euthanasie, *Enrichment*, Flächenbedarf
1991	57	7 (12)	2 x Analgesie, Entnahmemethode, 3R in der Herzforschung allgemein, FDP* bei LD_{50}, Leberpunktion, Streß bei Punktion
1992	39	4 (10)	Orbitalpunktion, Narkosetiefe, Analgesie, Experimentelles Design
1993	48	7 (15)	Blutentnahme, Transport, Ammoniak im Käfig, Training für Experimentatoren, Anästhesie, *Refinement* in der Kaninchenhaltung, Gruppenhaltung bei Kaninchen

* FDP = fixed dose procedure

Als *Refinement*-Beiträge wurden deshalb ausschließlich Arbeiten gewertet, deren Ziel es war, das Wohlergehen der Versuchstiere vor, im und nach dem experimentellen Ablauf zu fördern. Das Wohlergehen der Versuchstiere mußte also im Mittelpunkt stehen, nicht der experimentelle Erfolg.

Bei der Bearbeitung der Jahrgänge 1984-1993 der Zeitschriften *ATLA* (Tabelle 3) und *ALTEX* (Tabelle 4) nach den dargestellten Auswahlkriterien ist festzustellen, daß auch hier der Anteil an typischen *Refinement*-Arbeiten sehr gering ist.

Tabelle 3. Stellenwert des *Refinement* in der Alternativmethodenforschung

ATLA Jahrgang	**Anzahl Veröffentlichungen****	**davon über *Refinement* absolut und in (%)**	**Themen der *Refinement*-Arbeiten in Stichworten**
1983	7	0	
1984	13	0	
1985*	18	2 (11)	Schmerzausschaltung, verhaltensgerechte Tierhaltung
1986	5	1 (20)	*Refinement* bei experimentellen Eingriffen
1987	19	0	
1988	6	0	
1989	11	0	
1990	39	3 (8)	Belastungsabschätzung, Schmerzbeurteilung, *Refinement* bei Verhaltensversuchen
1991	19	2 (11)	*Refinement* in der Nagerhaltung, Dottersackantikörper
1992	16	0	
1993	16	0	
1994	14	1 (7)	nicht invasive NMR Techniken
1995***	26	4 (15)	3R allgemein, Belohnungsstrategien, das „dritte R" allgemein, *Refinement* bei transgenen Tieren, Ausbildung als Grundlage für *Refinement* Maßnahmen

* mit Supplementband
** ohne die zahlreichen *in vitro*-Tagungsberichte
*** ohne Nr. 5/95

Es steht natürlich nirgendwo geschrieben, daß *Refinement* vom Umfang her genau ein Drittel der so definierten Alternativmethoden ausmachen muß. Eindeutig sollte die Zahl jedoch über Null liegen. Den Zeitschriften, die sich den drei Rs verpflichtet haben und trotzdem nur einen geringen Anteil von *Refinement*-Arbeiten zum Inhalt haben, kann wahrscheinlich auch kein Vorwurf gemacht werden. Wenn keine entsprechenden Arbeiten eingereicht werden, können auch keine gedruckt werden. Es kann nicht nachgeprüft werden, ob *Refinement* Arbeiten in höherem Maße abgelehnt werden als Publikationen über andere Alternativmethoden.

Bei der Durchsicht einer der größten Datenbanken für Alternativmethoden, der GELBEN LISTEN des Deutschen Tierschutzbundes, ergibt sich ein noch viel ungünstigeres Verhältnis für die *Refinement*-Idee: Im untersuchten Zeitraum von 1971 bis 1994 sind von 12.488 Veröffentlichungen über Alternativmethoden gerade 15 (0,08%) dem *Refinement* gewidmet.

Bei dieser Datenbank muß allerdings angenommen werden, daß durch selektive Aufnahmekriterien *Refinement*-Publikationen systematisch unterbewertet werden. Anlaß zu dieser Annahme gibt der Hinweis in der Zusammenfassung einer zitierten Publikation (Hypothermie statt LD_{50}). Vom Deutschen Tierschutzbund (DTB) wurde an dieser Stelle vermerkt, daß aus der Sicht des Tierschutzes Untersuchungen zur Abschaffung von Tierversuchen den Untersuchungen zum *Refinement* von Tierversuchen vorzuziehen sind. Diese Einstellung des DTB kann nur insoweit nachvollzogen werden, als Tierversuche, die sich völlig ersetzen lassen, auch *„refined"* einen Verstoß gegen das Tierschutzgesetz darstellen. Es bleiben aber doch leichte Zweifel, ob diese Auffassung nicht auch notwendige und wichtige *Refinement* Arbeiten an der Aufnahme in die GELBEN LISTEN gehindert hat. Zumindest tauchen einige der in den anderen hier zitierten Zeitschriften gefundenen Aufsätze zum *Refinement* in den GELBEN LISTEN nicht auf, obwohl diese Zeitschriften mit Sicherheit in die Literaturrecherche einbezogen waren.

Tabelle 4. Stellenwert des *Refinement* in der Alternativmethodenforschung

ALTEX Jahrgang	**Gesamtzahl Veröffent-lichungen**	**davon über Refinement absolut und in (%)**	**Themen der *Refinement* Arbeiten in Stichworten**
1984	3	0	
1985	9	2 (22)	Primatenhaltung, Schmerzvermeidung
1986	11	2 (18)	Leidensbegrenzung, Rattenhaltung
1987	10	3 (30)	Schlangenhaltung, Schmerzausschaltung, *Enrichment*
1988	7	0	
1989	9	1 (11)	Angstverminderung
1990	12	0	
1991	9	0	
1992	6	3 (50)	2 x Dottersackantikörper, Labortierethologie
1993	8	1 (12)	Belastungsabschätzung
1994*	26	6 (23)	Dottersackantikörper, monoklonale Antikörper aus dem Dottersack, 4 x ELISA statt Infektionsversuch
1995	21	6 (29)	ELISA, statt Infektionsversuch, LAL statt Pyrogentest

* mit Supplementband

Refinement hat also auch im Tierschutz offenbar nicht den Stellenwert, der ihm von der Bedeutung für das Wohlergehen der Tiere her zukommen müßte. An anderer Stelle wurde deshalb schon einmal für das *Refinement* der Begriff des „ungeliebten" R geprägt (GRUBER F.P., 1993). ROWAN und GOLDBERG (1995) bezeichneten gar das dritte R als den armen Verwandten unter den drei Rs.

Seit 1993 gibt es in Deutschland eine Zeitschrift, die speziell die Tierschutzbeauftragten anspricht. Bei der Durchsicht der Hefte 1/93 bis 2/95 der Zeitschrift „Der Tierschutzbeauftragte" werden unter der Rubrik „Fachinformation" bei insgesamt 19 Publikationen zumindest 5 Arbeiten zum *Refinement* registriert. Einige weitere Beiträge zum *Refinement* finden sich unter der Rubrik „Bundesspiegel". Diese Zeitschrift würde sich wegen ihrer guten Verbreitung bei den Tierschutzbeauftragten natürlich hervorragend eignen, das zentrale Organ für *Refinement*-Maßnahmen und Diskussionen über den Stellenwert des dritten Rs zu werden. Wenig verbreitet und bekannt sind dagegen die Beiträge, die von verschiedenen Standesorganisationen, wie etwa der Tierärztlichen Vereinigung für Tierschutz (TVT), veröffentlicht werden.

Tabelle 5. Stellenwert des *Refinement* beim Tierschutz. Fundstellen mit dem Deskriptor „*Refinement*" in der Datenbank „GELBE LISTE" des Deutschen Tierschutzbundes

GELBE LISTE Jahr	**Gesamtzahl der Zitate**	**davon über Deskriptor *Refinement* gefunden***	**Themen der zitierten Literaturzitate in Stichworten**
bis 83	3890	4	Alle vier Arbeiten beschäftigen sich mit dem *Refinement* des Fischtests. Als Endpunkt wird das Verlassen des Standorts durch den Testfisch gewertet.
1984	844	1	*Multipl. Isotype Scanning*, Beitrag zu einer nicht-invasiven Toxikologie.
1985	882	1	Verringerung des Probenvolumens durch Minielektrode.
1986	1107	0	
1987	1006	0	
1988	840	1	3R-Methoden allgemein bei der Impfstoffprüfung.
1989	927	2	3R-Methoden allgemein in der Industrie-Toxikologie. Monitoring physiologischer Daten bei voll mobilen Primaten.
1990	759	2	Akute Toxizität im nicht-letalen Bereich. 3R-Methoden allgemein in der Toxikologie.
1991	922	0	
1992	813	3	Hypothermie (HID_{50}) statt LD_{50}. *Refinement* bei der Impfstoffprüfung. ACT statt LD_{50}.
1993**	164	1	3R-Methoden allgemein bei der Prüfung von biologischen Arzneimitteln.

* die gefundenen 15 Zitate entsprechen 0,125% der in der GELBEN LISTE mit einer Jahreszahl eingegebenen Dateien

** Datenerfassung noch nicht abgeschlossen

2.2. Refinement in der Forschungsförderung

Bei der Auswertung der geförderten Projekte verschiedener Institutionen in Deutschland und der Schweiz ergeben sich interessante Zusammenhänge zwischen Förderrichtlinien und tatsächlicher Förderungspolitik. In der Tabelle 6 ist jeweils die Gesamtzahl der geförderten Projekte in Relation zu den geförderten *Refinement*-Projekten angegeben.

Die in der Tabelle 6 angegebenen Relationen spiegeln nicht durchgängig die Intentionen der jeweiligen Förderrichtlinien wider. Bei der Förderung des deutschen BMBF (früher BMFT) fällt auf, daß *Refinement*-Vorhaben - wenn auch in sehr geringem Umfang - gefördert werden, obwohl sie in den Förderrichtlinien nicht ausdrücklich erwähnt werden. Die Zielsetzung ist überwiegend, *"in vitro*-Ansätze zum Ersatz und zur Ergänzung von Tierversuchen breit zu fördern". Es soll also konzentriert die Entwicklung von Ersatzmethoden für konkret zu benennende Tiermodelle gefördert werden, vor allem, wenn diese stark belastend sind oder besonders viele Tiere erfordern (BEO, 1995). Anders sieht es bei der Stiftung "set" in Mainz aus. Im Leitfaden der Stiftung für die Vergabe von Forschungsmitteln (ALTEX, 1995, S.53) wird unter Punkt 1) ausdrücklich auf *Refinement* Bezug genommen: "Projektvorschläge, die die Entwicklung tierversuchsfreier Methoden, die Verminderung der Anzahl oder eine geringere Belastung von Versuchstieren zum Inhalt haben, können ... von der Stiftung gefördert werden ...". Trotzdem ist unter den 12 bisher geförderten Projekten kein einziges *Refinement* Vorhaben zu finden. Bei der Förderung durch das Land Baden Württemberg, dem neben Rheinland-Pfalz einzigen Bundesland in der BRD, das eine eigene Forschungsförderung für Ersatzmethoden zu Tierversuchen vorweisen kann, ist durch die Förderrichtlinien dagegen schwer zu erkennen, daß auch *Refinement*-Projekte zum Zuge kommen können. Der Titel des Förderprogramms "Entwicklung von Alternativmethoden zur Vermeidung von Tierversuchen" wie auch die Ziele und Aufgaben des Programms (FISCHER R., 1995), beinhalten ausschließlich die Reduktion des Tierverbrauchs durch vollständigen Ersatz des Tierversuchs oder die Reduzierung durch die Einführung von tierverbrauchsfreien/verbesserten Vorschaltversuchen oder die Reduzierung des Tierverbrauchs durch Verbesserung von Methodik und Auswertung des Tierversuchs. *Refinement* (hier als Verbesserung der Methodik definiert) ist also nur förderungswürdig, wenn gleichzeitig oder damit auch eine Reduzierung der Tierzahlen erfolgen kann. ZEBET letztlich, die Zentralstelle zur Erfassung und Bewertung von Ersatzmethoden zum Tierversuch im BgVV in Berlin, erwähnt zwar in den Grundsätzen zur Förderung das Prinzip der 3R (LIEBSCH M., 1995), hat aber bisher keine einzige *Refinement*-Maßnahme in das Förderprogramm aufnehmen können. Die Prioritäten liegen auf der Validierung von Ersatzmethoden, der Entwicklung von Bioassays, neuen Endpunkten in der Toxikologie und Screeningtests in der Medizin und Toxikologie sowie der Entwicklung gentechnisch veränderter Zellkulturen.

Tabelle 6. Anteil der *Refinement*-Projekte bei der staatlichen, industriellen und privaten Forschungsförderung von Alternativmethoden zu Tierversuchen

Name	**Sitz**	**Mittelgeber**	**untersuchter Zeitraum**	**Anzahl Projekte**	**davon *Refinement***	***Refinement* in %**
Stiftung 3R	Bern	Bund/Industrie	1987-1992	41	6	14,6
FFVFF	Zürich	privat	1980-1995	26	3*	11,5
Schwerpunkt**	Bonn	BMBF	1980-1994	128	6	4,7
Programm***	Stuttgart	MWF	1989-1994	50	0	0,0
set	Mainz	Industrie	1986-1994	15	0	0,0
ZEBET	Berlin	BMG	1990-1995	28	0	0,0

* nur theoretische *Refinement* Arbeiten gefördert

** Förderschwerpunkt „Ersatzmethoden zum Tierversuch" im Programm „Biotechnologie 2000" des deutschen Bundesministeriums für Bildung, Forschung und Technologie (früher BMFT)

*** Förderprogramm „Entwicklung von Alternativmethdoden zur Vermeidung von Tierversuchen" des Ministeriums für Wissenschaft und Forschung, Baden-Württemberg

Den höchsten Anteil an geförderten *Refinement*-Projekten kann die Stiftung 3R in der Schweiz aufweisen. Diese Stiftung ist ein Gemeinschaftswerk der interparlamentarischen Arbeitsgruppe für Tierversuchsfragen, der Interpharma und dem FFVFF. Im Stiftungszweck heißt es: „Die Stiftung 3R ... unterstützt vordringlich Projekte zur Erforschung neuer Methoden oder zur Weiterentwicklung bekannter Methoden..., welche im Sinne der 3R (*Reduce, Refine, Replace*/Vermindern, Verbessern, Vermeiden) gegenüber der heutigen Tierversuchspraxis unmittelbar praktisch anwendbare Verbesserungen versprechen." Aus diesem Text ist abzulesen, daß *Refinement* einen guten Stellenwert hat. Vom "dritten R" bei RUSSEL und BURCH (1959) ist es bei der Stiftung 3R nun an die zweite Stelle vorgerückt. Die Formulierung „praktisch anwendbare Verbesserungen" hebt ebenfalls auf *Refinement* ab. Es verwundert also nicht, daß prozentual der höchste Anteil an *Refinement*-Förderung in der Schweiz zu finden ist. Die letzte in der Tabelle erwähnte Stiftung, der FFVFF in Zürich, fördert Alternativmethoden laut Stiftungszweck nur, wenn das Forschungsprojekt „auf keinen Fall die Verwendung lebender Tiere zu leid- und qualvollen Experimenten mit einschließt". Ein förderungswürdiges tierexperimentelles Forschungsprojekt dürfte also mit keinerlei Belastungen für die Tiere verbunden sein, konsequenterweise auch nicht durch die Bedingungen der Tierhaltung.

Zweifelsfrei wird insgesamt gesehen auf dem Gebiet des *Refinements* relativ wenig geforscht und gefördert, zumindest aber wenig publiziert. Dabei gibt es in Deutschland einen Personenkreis, dessen beruflicher Schwerpunkt schon vom gesetzlichen Auftrag her in der Entwicklung und Durchsetzung des *Refinements* liegen sollte: Dies sind die Tierschutzbeauftragten nach §8b des Tierschutzgesetzes. Es mag sein, daß sich die gesetzlich verbindliche Anstellung von Tierschutzbeauftragten nach der Novellierung des Tierschutzgesetzes 1986 erst mit einiger Verzögerung bemerkbar macht. Die erste Welle an Stellenbesetzungen hat an vielen Einrichtungen auch zu dem Ergebnis geführt, daß Tierexperimentatoren zu Tierschutzbeauftragten gemacht wurden. Diese sahen sich dadurch nicht unbedingt veranlaßt, ihre Forschungsrichtung zu ändern. Die Stellenbesetzungspraxis hat sich in den letzten Jahren allerdings geändert.

Es muß auch die Überlegung diskutiert werden, ob typische *Refinement*-Maßnahmen aus Mangel an wissenschaftlichem Interesse nicht publiziert werden. Es ist gut möglich, daß die für das Wohlbefinden von Versuchstieren wichtigen Faktoren als wissenschaftlich nicht relevant eingeschätzt werden. Diese Beurteilung hätte zur Folge, daß *Refinement*-Maßnahmen nicht in dem Maße verbreitet werden, wie es erforderlich wäre, um einen guten Standard an allen experimentellen Einrichtungen zu gewährleisten. Vielleicht verlassen sich die Versuchsleiter beim *Refinement* auch zu sehr auf die ausführenden Personen, das technische Personal, und vernachlässigen dabei die Wichtigkeit von Tierhaltung und experimentellem Ablauf für die gewonnenen Resultate. In einigen Ländern gibt es für das technische Personal eigene Gesellschaften. Als vorbildlich ist in diesem Zusammenhang die englische Gesellschaft für Laboranten (*Institute of Animal Technology*) zu erwähnen, die laufend Fortbildungsveranstaltungen für das technische Personal durchführt. Auch in den skandinavischen Ländern ist ein solcher Berufsverband etabliert und akzeptiert. So kann ein hoher Standard im Experiment erreicht werden, der für die Durchsetzung des *Refinement* unerläßlich ist. Auch für die Inhaber von Versuchsgenehmigungen sind in England "*Licensee Training Courses*" obligatorisch.

Es wäre auch zu überlegen, ob eine eigene Zeitschrift herausgegeben werden sollte, die speziell auf die Bedürfnisse von medizinischen Hilfsberufen zugeschnitten ist, die also Tierpfleger/innen, Laborant/innen und Technische Assistent/innen anspricht.

3. Administratives oder regulatives *Refinement*

Seitdem 1876 in dem englischen *Cruelty to Animals Act* das Verbot ausgesprochen wurde, an unbetäubten Tieren schmerzhafte Versuche durchzuführen, läßt sich das behördliche *Refinement* in der Tierschutzgesetzgebung vieler Länder verfolgen. Dabei muß stets unterschieden werden, ob sich die Bestimmungen auf die Zucht, Beschaffung und Haltung der Versuchstiere oder auf das experimentelle Verfahren beziehen. Gerade bei Zucht und Haltung kann das administrative *Refinement* nicht oder kaum von wettbewerbsregulierenden Maßnahmen unterschieden werden. So sollte das in Deutschland wie in vielen anderen Ländern Europas gültige „*Gesetz zu dem Europäischen Übereinkommen vom 18. März 1986 zum Schutz der für Versuche und andere wissenschaftliche Zwecke verwendeten Wirbeltiere*", EU Direktive 86/609 EEC, nicht nur unter ethischen Gesichtspunkten gesehen werden, sondern durchaus auch unter dem Aspekt, daß dieses Gesetz geschaffen wurde, um Wettbewerbsverzerrungen zwischen den Europäischen Ländern zu verhindern. Kein Land sollte bei der Entwicklung und Prüfung von Chemikalien und Medikamenten unter das in den EU-Ländern erreichte Niveau gehen dürfen. Daß dabei das EU-Niveau nicht dem Spitzenniveau einzelner Mitgliedstaaten entsprechen kann, ist verständlich.

Im erwähnten Gesetz wird dem Menschen aber auch ausdrücklich eine ethische Verpflichtung den (Wirbel-) Tieren gegenüber auferlegt:

EU Direktive 86/609/EEC
„Die Mitgliedstaaten des Europarates, die dieses Übereinkommen unterzeichnen -

eingedenk dessen, daß es das Ziel des Europarates ist, eine engere Verbindung zwischen seinen Mitgliedern herbeizuführen, und daß er mit anderen Staaten auf dem Gebiet des Schutzes der für Versuche und andere wissenschaftliche Zwecke verwendeten lebenden Tiere zusammenzuarbeiten wünscht;
in der Erkenntnis, daß der Mensch die ethische Verpflichtung hat, alle Tiere zu achten und ihre Leidensfähigkeit und ihr Erinnerungsvermögen angemessen zu berücksichtigen;
aber auch in der Erkenntnis, daß der Mensch bei seinem Streben nach Wissen, Gesundheit und Sicherheit Tiere verwenden muß...,
entschlossen, die Verwendung von Tieren für Versuche und andere wissenschaftliche Zwecke zu begrenzen mit dem Ziel, diese Verwendung soweit durchführbar zu ersetzen, insbesondere durch die Erforschung von Ersatzmethoden und die Förderung des Einsatzes dieser Methoden;
in dem Wunsch, gemeinsame Bestimmungen zum Schutz der Tiere anzunehmen, die in Verfahren verwendet werden, die Schmerzen, Leiden, Ängste oder dauerhafte Schäden verursachen können, und sicherzustellen, daß diese, sofern sie unvermeidbar sind, auf ein Mindestmaß beschränkt werden -"

Soweit also die europäische Verpflichtung zum *Refinement*. Sie wird fortgesetzt durch Vorschriften zur Pflege und Unterbringung der Versuchstiere:

„Jedes Tier ... muß in einer seiner Gesundheit und seinem Wohlbefinden entsprechenden Weise unter geeigneten Umweltbedingungen und unter Wahrung von zumindest einer gewissen Bewegungsfreiheit untergebracht werden und entsprechend Futter, Wasser und Pflege erhalten. Die Möglichkeiten eines Tieres, seine physiologischen und ethologischen Bedürfnisse zu befriedigen, dürfen nicht mehr als nötig eingeschränkt werden..."

Im weiteren schreibt das Gesetz vor, welche technischen Haltungsbedingungen akzeptabel sind, und geht dann detailliert auf einzelne Versuchstierarten ein. Im nächsten Kapitel wird allerdings am Beispiel der Primatenhaltung gezeigt, wo beim administrativen *Refinement* die Schwachstellen zu finden sind.

Trotzdem muß hervorgehoben werden, daß sich auch im regulativen *Refinement* Ansätze finden lassen, die als frei von anthropozentrischen Gesichtspunkten zu interpretieren sind. Auch im deutschen Tierschutzgesetz heißt es in §9 Abs. 2 Z. 3: „Schmerzen, Leiden oder Schäden dürfen den Tieren nur in dem Maße zugefügt werden, als es für den verfolgten Zweck unerläßlich ist; insbesondere dürfen sie nicht aus Gründen der Arbeits-, Zeit- oder Kostenersparnis zugefügt werden." Dieser leider oft unterschätzte Passus im Tierschutzgesetz ist ein starker Hebel, der in der Diskussion um notwendige *Refinement*-Maßnahmen benutzt werden sollte.

4. Versuchstierkunde

Dem Fach Versuchstierkunde kommt eine zentrale Bedeutung bei der Verminderung der Belastung von Versuchstieren zu. Dabei darf nicht alles als *Refinement* gewertet werden, was zu einer *lege artis* Durchführung von Tierversuchen gehört. Versuchstierkunde als Ausbildungsfach bildet jedoch das Fundament, auf dem *Refinement*-Bemühungen aufgebaut werden können. Ein zentrales Thema der Versuchstierkunde ist auch die Frage, inwieweit das Fach als Tierversuchskunde aufgefaßt werden soll. Ein Experimentator sieht natürlich in einer

Versuchstierkunde keinen Sinn, die experimentellen Techniken ausgeklammert und somit auch keinerlei experimentelles *Refinement* weiterentwickelt.

Vom Standpunkt des Tierschutzes aus gesehen, kann Versuchstierkunde aber durchaus als Lehre von den Bedürfnissen der Versuchstiere und ihren Ansprüchen an die Umwelt angesehen werden. Das Tier muß nach dieser Auffassung also im Mittelpunkt stehen, während aus der Sicht des Experimentators das tierexperimentelle Ergebnis erste Priorität besitzt.

Diese unterschiedlichen Auffassungen schlagen sich ganz deutlich in den Vorlesungs- und Kursprogrammen der Versuchstierkunde nieder, die an verschiedenen Universitäten abgehalten werden (siehe dazu Programme verschiedener Universitäten in Tierlaboratorium, 1993).

Im Sinne eines umfassenden Tierschutzes wird vorgeschlagen, im tiermedizinischen Grundstudium die Versuchstierkunde als das Lehr- und Forschungsfach anzusehen, das die Bedürfnisse der Versuchstiere in den Mittelpunkt stellt. Erst im Rahmen eines Aufbaustudiums, das für spätere Experimentatoren obligat sein müßte, sollen tierexperimentelle Techniken vermittelt werden. Mediziner und Biologen müßten vor dem Aufbaustudium den Grundkurs in Versuchstierkunde nachweisen können.

4.1. Versuchstierkundliche Prinzipien beim Refinement

An den tiermedizinischen Fakultäten Deutschland gibt es zwar seit 1969 Versuchstierkunde als Lehrfach, da es aber nicht gleichzeitig auch als Prüfungsfach anerkannt wurde, blieben die Ausbildungserfolge nur mäßig. Die Kenntnisse von den Besonderheiten der einzelnen Versuchstierspezies sind fast durchwegs ergänzungsbedürftig.

Innnerhalb der Versuchstierkunde muß neu diskutiert werden, welche technischen Möglichkeiten es gibt, die Forderung nach artgerechter Tierhaltung zu erfüllen. Es müssen die Möglichkeiten aber auch die Grenzen der Standardisierbarkeit von Haltungseinrichtungen diskutiert werden. Die Ansprüche einzelner Tierarten an das Raumklima sind dabei so zu definieren, daß tatsächlich die physiologischen Bandbreiten der Tiere den Ausschlag geben und nicht Kompromisse mit den Bedürfnissen des Pflegepersonals eingegangen werden. Vor allem bei der Luftaufbereitung muß strikt darauf geachtet werden, daß auf die Hörbereiche der Tiere Rücksicht genommen wird. Vielfach sind Störgeräusche im Ultraschallbereich die Ursache für Verhaltensstörungen bei den Tieren, da der Mensch die für ihn nicht hörbaren Geräusche in ihrer Bedeutung für das Wohlbefinden der Versuchstiere leicht unterschätzt. Vermehrtes Augenmerk muß auch auf die Biorhythmik der Tiere gelegt werden. Es mehren sich Anzeichen für physiologische Fehlleistungen, wenn Tiere permanent gegen ihre "innere Uhr" leben müssen.

Daß die Käfig- bzw. Gehegebeschaffenheit entscheidenden Anteil am Wohlbefinden der Tiere hat, muß hier nicht eigens betont werden.

Die frühere Definition, daß Versuchstiere gleichsam wie Meßinstrumente zu gelten haben und entsprechend standardisiert zu halten sind, muß ihre Grenzen dort finden, wo haltungsbedingt bestehende soziale Bedürfnisse nicht mehr berücksichtigt werden. Isolationsstreß ist bei den meisten Tierarten die größte Belastung überhaupt, er ist unnötig, tierquälerisch und durch kein Argument zu rechtfertigen.

Die ausreichende Versorgung der Versuchstiere mit artgerechtem Futter ist zwar schon durch die Tierschutzgesetzgebung vorgeschrieben. Die Ernährung muß aber dem üblichen Bewegungsdefizit angepaßt sein, das dadurch entsteht, daß die Tiere das Futter üblicherweise nicht mehr suchen müssen, sondern zur freien Verfügung angeboten bekommen. Es wäre durchaus denkbar, daß geänderte Fütterungstechniken, wie sie zum Teil heute schon in zoologischen Gärten praktiziert werden, Eingang in den Versuchstierbereich finden. Die Suche nach Nahrung ist für viele Tiere wichtiger Lebensinhalt, der nicht ohne Schaden weggenommen werden kann. Das Argument, daß Versuchstiere ohne den Zwag zur Nahrungssuche unter den standardisierten Versuchsbedingungen ein geradezu "sorgenfreies" Leben führen könnten und man ihnen als Gegenleistung dafür ruhig andere, experimentelle Belastungen aufbürden dürfte, ist zu relativieren. Gerade bei Primaten bedeutet die Ernährung nicht nur die Abdeckung der ernährungsphysiologischen Bedarfszahlen, sondern sie stellt im gesamten Tagesablauf eine wesentliche Bereicherung der Umweltsituation dar, bedeutet sie doch Beschäftigung und Befriedigung des Erkundungsverhaltens.

Noch in den 50er Jahren, als das Buch von RUSSELL und BURCH geschrieben wurde, sind in manchen Versuchstierhaltungen mehr Tiere an banalen Infektionen verstorben als durch versuchsbedingte Eingriffe. Konsequente Hygienemaßnahmen haben dafür gesorgt, daß heute in gut geführten Tierversuchsanlagen der infektiös bedingte Tod von Versuchstieren ein außergewöhnliches Ereignis darstellt, dem sofort mit allen zur Verfügung stehenden Mitteln nachgegangen wird. Die Lebenserwartung von Versuchstieren (wenn man sie am Leben läßt) liegt üblicherweise sehr viel höher als die ihrer freilebenden Artgenossen. Während in der medizinischen und tiermedizinischen Ausbildung das Fach Hygiene selbstverständlicher Bestandteil der Lehrpläne ist, fehlt den Biologen ein vergleichbares Unterrichtsfach völlig. Die Abschätzung von Infektionsgefahren wird vielfach aus der Erfahrung der privaten Heimtierhaltung abgeleitet und führt damit oftmals zu dramatischem Fehlverhalten. Die Anwesenheit fakultativ pathogener Keime kann in Streßsituationen, denen Versuchstiere ja immer irgendwann einmal ausgesetzt sein werden, zu schweren Erkrankungen führen. Verstöße gegen die Hygienevorschriften in einem Tierhaus sind aber Verstöße gegen das Tierschutzgesetz und gegen das *Refinement*-Gebot. In den Augen von Laien sind Hygienemaßnahmen, wie glatte, desinfizierbare Oberflächen in den Tierhaltungsbereichen, die Verwendung von sterilisierbaren Materialien anstelle von Holz, die künstliche Beleuchtung und Belüftung anstelle von Freilandverhältnissen, oftmals der Inbegriff der Tierfeindlichkeit. Vielfach ist es die mangelnde Aufklärung, die *Refinement*-Maßnahmen in der Tierhaltung in ein schlechtes Licht rückt. Bei Führungen durch moderne Tierhaltungsbereiche läßt sich jedoch auch bei engagierten Tierschützern Verständnis für die Notwendigkeit solcher letztlich am Wohl des Tieres orientierter Maßnahmen wecken.

5. Schlußbetrachtung

RUSSELL und BURCH schreiben in ihrem Buch zu Recht, sie würden nicht alle „humanitären Eier" ausschließlich in den Korb der Ersatzmethoden legen. Sie wollen damit ausdrücken, daß es unlauter wäre, im Streben nach dem völligen Ersatz von Tierversuchen zu vergessen, was bis zum Erreichen dieses sehr idealistisch gesehenen Fernziels tagtäglich mit denjenigen Versuchstieren geschieht, die noch nicht durch die Anwendung einer validierten Ersatzmethode überflüssig geworden sind. Wir sollten wie die beiden Autoren *Refinement*-Bemühungen als Erste-Hilfe-Maßnahmen ansehen, die sofort und schnell wirksam sein können. Sie sind in nahezu allen Tierschutzgesetzen bindend vorgeschrieben, auch wenn das sogenannte administrative *Refinement* wesentliche Mängel aufweist. Das echte, alternative *Refinement* muß das Wohlergehen der Tiere in den Mittelpunkt stellen, nicht das Versuchsergebnis.

Bei der Entscheidung, was wir unter *Refinement* verstehen und was nicht, müssen wir heute unterscheiden zwischen Maßnahmen, die während der Eingriffe zur Schonung der Tiere ergriffen werden können und - zusätzlich zur Definition von RUSSEL und BURCH - den verbesserten Lebensbedingungen, die schon bei der Zucht und Haltung der Labortiere vielfache Entlastungen bringen können.

Die Abb. 1 soll uns zeigen, daß *Refinement* bei den Verfahren, den experimentellen Eingriffen also, kontinuierlich weiter verbessert werden kann. Im Idealfall sollten die Tiere keinerlei Belastungen mehr ausgesetzt sein. Daß wir ihren Tod in Kauf nehmen, um unser Wissen zu vermehren, sollte Schuld genug sein, die wir auf uns nehmen. Sicher sind gute Narkosen ein wichtiger Teil dieses *Refinement* beim Experiment, doch sind durchaus und kontinuierlich

Weiterentwicklungen möglich.

Anders sieht es beim *Refinement* aus, das neu in die Definition aufgenommen werden muß, dem *Refinement* durch verbesserte Haltungsbedingungen. Versuchstierkundliche Selbstverständlichkeiten, wie die Einführung hygienischer Zustände in den Tierversuchsbereichen, um die Tiere frei von Krankheitserregern zu halten, oder vollwertige Nahrungsmittel, um Mangelzuständen vorzubeugen, stellen heute, zumindest in Mitteleuropa, keine *Refinement*-Maßnahmen dar. Man könnte sie allenfalls in Abgrenzung zum administrativen und zum alternativen *Refinement* als versuchstierkundliche Pflichtübungen einstufen, die erst die Voraussetzung für Überlegungen zum *Refinement* schaffen. In der Versuchstierkunde können aber auch durch überzogene Standardisierungsbemühungen Tendenzen auftreten, die dem *Refinement* Gedanken zuwiderlaufen. Hier ist ein deutlicher Bedarf an Klärung zu erkennen. Sollten Versuche ein mögliches *Refinement* nicht erlauben, weil aus wissenschaftlichen Gründen die Ergebnisse beeinflußt werden könnten (fast alle Analgetika modulieren z.B. das Entzündungsgeschehen), muß das Versuchsdesign geändert werden.

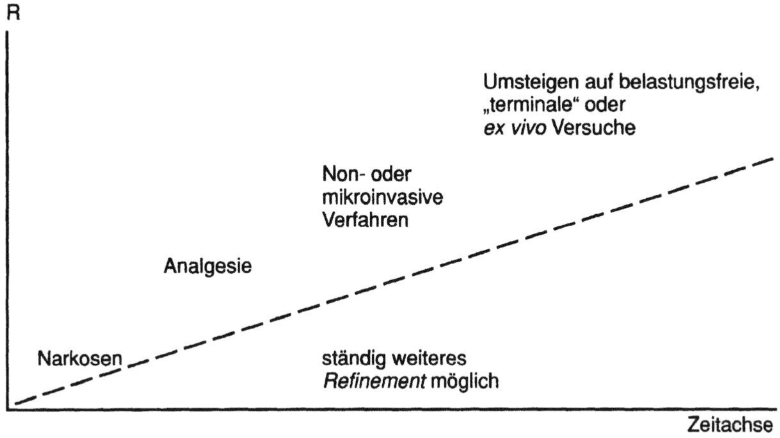

Abb. 1. Kontinuierliche Entwicklung des *Refinement* bei tierexperimentellen Verfahren durch die Einführung neuer Techniken

Die Abb. 2 soll zeigen, wie sich in den letzten Jahrzehnten der Status der Versuchstiere verändert hat. Waren es bis 1960 überwiegend züchterische Maßnahmen, die auf die Tierbestände Einfluß hatten, ist durch die Versuchstierkunde der gesundheitliche Status der Versuchstiere ganz erheblich gesteigert worden. Die Maßnahmen zur Einführung spezifiziert pathogenfreier Tierbestände haben ihre Ursprünge in der Entwicklung der Gnotobiotik, die vom Prinzip her zwar um die Jahrhundertwende in Berlin erfolgte, aber erst nach dem Krieg in Amerika zur Praxisreife kam. Mit dieser neuen Haltungsform mußten zwangsläufig die echten Bedarfszahlen für die Ernährung der Versuchstiere gefunden werden, da konventionelle Futtermittel in solchen Beständen laufend zu Mißerfolgen bei der Zucht und Haltung der Tiere führten. Die Erfolge der Versuchstierkunde wurden in fast allen industrialisierten Ländern zum Standard und fanden Eingang in das regulative Niveau, den gesetzlich vorgeschriebenen Mindeststandard, unter dem Versuchstiere gehalten werden müssen. Das Erreichen dieses Standards sollte heute nicht mehr als *Refinement* bezeichnet werden, eher als gesetzlich vorgeschriebener Nachholbedarf einiger zurückgebliebener Institutionen.

Soll dagegen nicht nur das Freisein von Krankheiten, sondern die Tiergerechtheit der Haltungsform durch ethologische Erkenntnisse zum Standard erhoben werden, bedarf es weiterer *Refinement*-Maßnahmen.

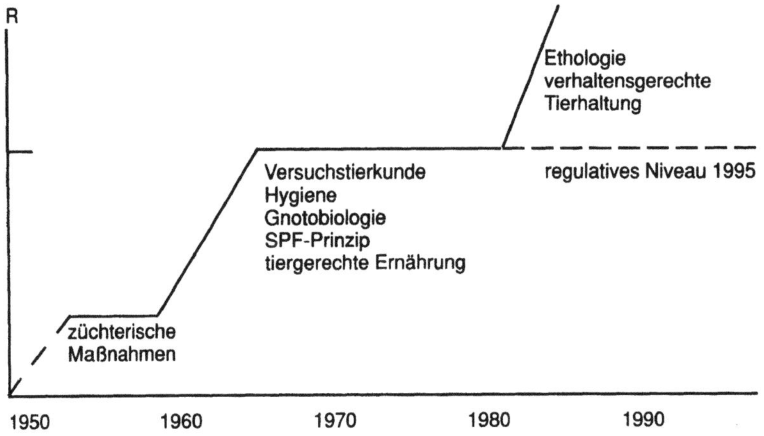

Abb. 2. Quantensprünge bei den Tierhaltungsbedingungen durch den Einfluß von züchterischen Maßnahmen, Versuchstierkunde und Ethologie

Als Ausblick sollen hier noch die Vorschläge zitiert werden, die auf einem ECVAM-Workshop (1995) in Sheringham (zu Ehren von RUSSEL und BURCH) zur Weiterentwicklung des *Refinement* festgehalten wurden:

- There should be international harmonisation of the categorisation of animal pain, distress and other adverse effects, including agreement on physiological and behavioural signs for the recognition of adverse effects and for their measurement.
- An international data bank on *refinement* alternatives should be developed, to provide not only references and general information, but also information on practical experience and means of canvassing expert opinion.
- The validation process should include evaluation of *refinement* alternative procedures, particularly in relation to regulatory testing.
- Working parties should be set up, on an international, collaborative basis, to develop codes of practice and guidelines of best practice on specific animal husbandry (welfare) and research procedures. When such codes and guidelines have been developed and agreed, adherence to them should be mandatory.
- Contracts should be established with academic journal editors to encourage them to include a separate consideration of *Animals and Procedures* within the *Materials and Methods* section of the articles they publish.
- Individuals and institutions should be responsible to their national authorities for prospective and retrospective assessments of the nature and levels of effects likely to be experienced or actually experienced by animals in each programme of work.
- Research on *refinement* itself should be encouraged and funded, including studies on the effects of minimising pain and distress on the quality of research data.

Soweit das Ergebnis dieses ECVAM-Workshops in Sheringham. Darüberhinaus sollen aber auch in den EU-Ländern vermehrt die Gedanken zum Tragen kommen, wie sie in den Schweizerischen ethischen Grundsätzen und Richtlinien formuliert werden: *Auch Wissensverzicht ist eine Alternativmethode, manchmal die einzige, die wirklich zur Anwendung kommen sollte.*

Literatur

BEO, Projektträger Biologie, Energie, Ökologie/Forschungszentrum Jülich, Förderschwerpunkt „Ersatzmethoden zum Tierversuch" des Bundesministers für Forschung und Technologie im Programm „Biotechnologie 2000" der Bundesregierung der Bundesrepublik Deutschland, in: SCHÖFFL H., SPIELMANN H., TRITTHART H.A. (Hrsg.), Ersatz- und Ergänzungsmethoden zu Tierversuchen, Band III, Forschung ohne Tierversuche 1995, Wien, New York: Springer-Verlag, 333-334, 1995

Codex Experiendi, Leitsätze für Experimente mit Tieren, Deutsches Tierärzteblatt 31, 776-780, 1983

Ethische Grundsätze und Richtlinien für wissenschaftliche Tierversuche, Schweizerische Akademie der Medizinischen Wissenschaften, Schweizerische Akademie der Naturwissenschaften (Hrsg.), Schweizerische Ärztezeitung 75, 1255-1259, 1994

FISCHER R., Förderprogramm „Entwicklung von Alternativmethoden zur Vermeidung von Tierversuchen" des Ministeriums für Wissenschaft und Forschung Baden-Württemberg, in: SCHÖFFL H., SPIELMANN H., TRITTHART H.A. (Hrsg.), Ersatz- und Ergänzungsmethoden zu Tierversuchen, Band III, Forschung ohne Tierversuche 1995, Wien, New York: Springer-Verlag, 334-335, 1995

GRUBER F.P. und KUHLMANN, I., Ausbildung in Versuchstierkunde: Ein Lehrprogramm ohne Schmerzen, Leiden, Angst und Schäden, in SCHÖFFL H. SPIELMANN H., TRITTHART H.A. (Hrsg.), Ersatz- und Ergänzungsmethoden zu Tierversuchen, Band II, Alternativen zu Tierversuchen in Ausbildung, Qualitätskontrolle und Herz-Kreislauf-Forschung, Wien, New York: Springer-Verlag, 22-28, 1993

LIEBSCH M., The funding of alternatives for research and testing: The role of ZEBET, in: CERVINKA M. and BALLS M. (eds.), Alternatives to Animal Experimentation, Report of the Evaluation Meeting of TEMPUS Joint European Projekt 1485, Hradec Kralove: NUCLEUS HK, 57-60,1995

ROWAN A. and GOLDBERG A., Responsible Animal Research: A Riff of Rs, ATLA, 23, 306-311, 1995

RUSSELL W.M.S. and BURCH R.L., The Principles of Humane Experimental Technique, London: Methuen & Co., 1959. Neu aufgelegt 1992 von der Universities Federation for Animals Welfare (UFAW), GB-Herts

SMYTH D.H., Alternatives to Animal Experiments, London: Scolar Press, 1978

Tierlaboratorium 16, Aus- und Fortbildungsangebote für tierexperimentell tätige Einrichtungen. Zentrale Tierlaboratorien und Institut für Tierschutz, Verhaltenslehre und Versuchstierkunde der FU Berlin (Hrsg.), 1993

ZUTPHEN L.F.M., VAN KRUIJT B.C., ÖBRINK K.J., Introduction, in: VAN ZUTPHEN L.F.M., BAUMANS V., BEYNEN A.C. (eds.), Principles of Laboratory Animal Science, 1-8, Amsterdam, London, New York, Tokyo: Elsevier, 1993

weiterführende Literatur

ALTEX, Alternativen zu Tierexperimenten, Stiftung Fonds für versuchstierfreie Forschung (FFVFF), CH-Zürich (Hrsg.), Heidelberg: Spektrum Akademischer Verlag

ATLA, Alternatives to Laboratory Animals, Fund for the Replacement of Animals in Medical Experiments (FRAME), GB-Nottingham (Hrsg.)

Der Tierschutzbeauftragte, Arbeitskreis der Tierschutzbeauftragten in Bayern (Hrsg.), München: Thomas Denner Verlag & Medien Service

GELBE LISTE, Tierversuche-Alternativen, Akademie für Tierschutz, eine Einrichtung des Deutschen Tierschutzbundes e.V. (Hrsg.), (Kann auch als Datenbank bezogen werden (Spechtstr. 1, D-85579 Neubiberg))

Laboratory Animals, The International Journal of Laboratory Animal Science and Welfare, Published on behalf of Laboratory Animals Ltd., Royal Society of Medicine Press Ltd.

Erfahrungen und Probleme in der Schweiz bei der prospektiven Einschätzung des Schweregrades im Tierversuch

I. Bloch

Zusammenfassung

Die prospektive Einschätzung des Schweregrades im Tierversuch erlaubt es, belastende Tiermodelle sicher zu erkennen und für die Versuchstiere gezielt nach Verbesserungen zu suchen, sofern das Versuchsziel dies nicht ausschließt.

Die prospektive Einschätzung kann für die Antragsteller wesentlich erleichtert werden durch die Anwendung einer Liste der gängigsten Versuchsmodelle, die bereits nach Schweregrad klassiert sind. In der Liste nicht angeführte Versuchsmodelle können in der Regel im Analogieschluß klassiert werden.

Die einheitliche Anwendung der prospektiven Einschätzung des Schweregrades erlaubt eine einheitliche Abwägung der häufig gegenläufigen Interessen Tierschutz und wissenschaftlichem Erkenntnisgewinn.

Summary

Experiences and problems with the determination of the prospective degree of severity in animal experiments in Switzerland

With the determination of the prospective degree of severity in animal experimentations, models with a high degree of severity can easily be detected. This allows to search for improvements for the animals, if this is not excluded by the aim of the study. The determination of the prospective degree of severity is easily practicable with a list of the mostly used animal models in research (BVET 800.116.-1.04, 1994) . Not listed models can be classified by conclusion of analogy. The uniforme use of the prospective degree of severitiy allows the uniforme judgement of the often contrare interests animal welfare and scientific research.

1. Einleitung

Tierversuche sind auf das unerläßliche Maß zu beschränken (TEUTSCH G.M., 1987). Diese ethische Forderung hat sich auch der Gesetzgeber zu eigen gemacht und sie in den Tierschutzgesetzen von der Schweiz (Art. 13 Abs. 1), Deutschland (§9 Abs. 2) und Österreich (§6 Abs. 1) festgehalten. In der Schweiz gibt es dazu verschiedene ergänzende Bestimmungen, was unter diesem unerläßlichen Maß zu verstehen ist. Eine dieser Bestimmung besagt, daß ein Tierversuch nicht bewilligt werden darf, wenn er, gemessen am erwarteten Erkenntnisgewinn oder Ergebnis, dem Tier unverhältnismäßige Schmerzen, Leiden oder Schäden bereitet (Art. 61 Abs. 3 Bst. d TSchV).

Das heißt, daß im konkreten Fall nach einheitlichen Kriterien der von den Tieren zu erleidende Belastungsgrad im Tierversuch prospektiv abzuschätzen ist. Nach einheitlichen Kriterien muß beurteilt werden, um eine einheitliche Abwägung der gegenläufigen Interessen vorzunehmen.

In der Schweiz gibt es zu diesem Zweck die Informationsschrift „Einteilung von Tierversuchen nach Schweregraden vor Versuchsbeginn (Belastungskategorien)" (BVET 800.116-1.04, 1994)

2. Vollzugsstrukturen und Bewilligungsverfahren

In der Schweiz obliegt der Vollzug des von den Bundesbehörden erlassenen Tierschutzgesetzes den Kantonen. Die Kantone haben diese Aufgabe den Kantonalen Veterinärämtern übertragen, die Bewilligungsbehörde sind, die Gesuche aber einer beratenden Kantonalen Tierversuchskommission zur Stellungnahme und Antragstellung unterbreiten müssen.

3. Prospektive Beurteilung des Belastungsgrades

Der/die Antragsteller/Antragstellerin muß beim Einreichen eines Bewilligungsantrags zur Durchführung von Tierversuchen auf dem Antragsformular prospektiv den zu erwartenden höchsten Belastungsgrad festhalten. Ebenso nehmen Bewilligungsbehörde und Kantonale Tierversuchskommision eine Einschätzung des Belastungsgrades vor. Im weiteren soll näher auf die gemachten Erfahrungen mit der prospektiven Einschätzung des Belastungsgrades eingegangen werden.

3.1. Die Informationsschrift „Einteilung von Tierversuchen nach Schweregraden vor Versuchsbeginn (Belastungskategorien)" (BVET 800.116-1.04, 1994)

Die Informationsschrift beinhaltet die Rechtsgrundlagen, die Zielsetzung, eine allgemeine Beschreibung der Schweregrade und eine stattliche Anzahl von Tiermodellen nach Fachgebieten und Schweregraden, die auch eine analoge Klassierung weiterer in der Informationsschrift nicht aufgeführter Versuchsmodelle zuläßt.

3.1.1. Allgemeine Beschreibung der Schweregrade

3.1.1.1. Keine Belastung: Schweregrad 0

Eingriffe und Handlungen an Tieren zu Versuchszwecken, durch die den Tieren **keine** Schmerzen, Leiden oder Schäden oder Angst zugefügt werden und die ihr Allgemeinbefinden nicht erheblich beeinträchtigen. Tierversuche nach Art. 12 TschG mit Schweregrad 0 werden als **nichtbewilligungspflichtige** Versuche eingeteilt. Solche Versuche sind jedoch meldepflichtig (Art. 62 Abs. 1 TSchV).

3.1.1.2. Leichte Belastung: Schweregrad 1

Eingriffe und Handlungen an Tieren zu Versuchszwecken, die eine **leichte, kurzfristige Belastung** (Schmerzen oder Schäden) bewirken.

3.1.1.3. Mittlere Belastung: Schweregrad 2

Eingriffe und Handlungen an Tieren zu Versuchszwecken, die eine **mittelgradige, kurzfristige** oder eine **leichte, mittel- bis langfristige Belastung** (Schmerzen, Leiden oder Schäden, schwere Angst oder erhebliche Beeinträchtigung des Allgemeinbefindens) bewirken.

3.1.1.4. Schwere Belastung: Schweregrad 3

Eingriffe und Handlungen an Tieren zu Versuchszwecken, die eine **schwere bis sehr schwere** oder eine **mittelgradige, mittel- bis langfristige Belastung** (schwere Schmerzen, andauerndes Leiden oder schwere Schäden, schwere und andauernde Angst oder erhebliche und andauernde Beeinträchtigung des Allgemeinbefindens) bewirken.

3.1.2. Tiermodelle nach Fachgebieten und Schweregraden

Zu folgenden Fachgebieten sind Tiermodelle mit prospektiv zugeteiltem Schweregrad angeführt:

- Modelle mit Haltungs- und Fütterungseinschränkungen
- Modelle mit reproduktionsbiologischen Maßnahmen zu Versuchszwecken
- Modelle mit Probeentnahmen und operativen Eingriffen
- Modelle mit physikalischen Einflüssen
- Pharmakologische und toxikologische Modelle
- Modelle der Mikrobiologie und Parasitologie
- Modelle zur Analgesie und Entzündung
- Herz-Kreislauf-Modelle
- Endokrinologische Modelle/Stoffwechsel
- Modelle zu Nerven- und Geistesstörungen sowie zur Verhaltensbiologie
- Tumor-Modelle

4. Erfahrungen mit der prospektiven Beurteilung des Schweregrades

4.1. Prospektive Beurteilung des Schweregrades durch die Antragsteller

Erstaunlicherweise wurde die Forderung zur prospektiven Beurteilung des Schweregrades von Seiten der Antragsteller nicht allgemein begrüßt, obwohl es eine Selbstverständlichkeit ist, daß bei jedem Tierversuch eine Interessenabwägung getroffen wird und die Richtlinien der Schweizerischen Akademie der Naturwissenschaften (SANW) und der Schweizerischen Akademie der medizinischen Wissenschaften (SAMW), denen sich die Wissenschaftler freiwillig unterwerfen, diese geradezu fordern. Der behördenseits gestellten Forderung zur prospektiven Beurteilung des Schweregrades wurde unter dem Vorbehalt nachgegeben, daß die entsprechend erhobenen Daten in keine Statistik einfließen und retrospektiv der effektiv von den Tieren erlittene Schweregrad in den einzelnen Tierversuchen erhoben wird.

Bei den anläßlich der Bewilligungsperiode 1994 im Kanton Basel-Stadt eingereichten 854 Bewilligungsanträgen stimmte die vom Antragsteller prospektiv vorgenommene Einschätzung des Schweregrades in 197 Fällen oder 23% nicht mit der der Bewilligungsbehörde überein (Tabelle 1). In 28 Fällen wurde vom Antragsteller Schweregrad 3, von der Bewilligungsbehörde Schweregrad 2 eingeschätzt. Es handelte sich um Versuchsmodelle mit u.a. chirurgischen Eingriffen, deren Schwere aber überschätzt wurde oder um Modelle mit klaren Abbruchkriterien, so daß der vom Antragsteller eingeschätzte Belastungsgrad nie zum tragen kam. In 65 Fällen wurde vom Antragsteller Schweregrad 2, von der Bewilligungsbehörde jedoch in 10 Fällen Schweregrad 1 und in 55 Fällen Schweregrad 3 eingeschätzt. In den Fällen, bei denen die Bewilligungsbehörde zu einer höheren Einschätzung des Schweregrades kam, handelte es sich um Versuchsmodelle mit physikalischen Maßnahmen, wie Bestrahlen, um chirurgische Eingriffe mit nachhaltigen postoperativen Schmerzen oder um Versuchsmodelle im Rahmen der Produktesicherheit. Bei 102 Versuchsmodellen, die vom Antragsteller mit Schweregrad 1 eingeschätzt wurden, korrigierte die Bewilligungsbehörde den Schweregrad in 76 Fällen auf Schweregrad 2 und in 22 Fällen auf Schweregrad 3. Bei den 76 Fällen mit Schweregrad 2 handelte es sich um Modelle, wo nicht der eigentliche Versuch die Belastung darstellte, sondern die Vorbereitung der Tiere auf den Versuch (z.B. Ovarioektomie), die zu gering eingeschätzten Einflüsse von Deprivationen auf das Versuchstier oder die zu gering eingeschätzten wiederholt angewendeten Manipulationen, wie die retroorbitale Blutentnahme oder Immunisierungen von Tieren.

Bei den 22 Fällen mit Schweregrad 3 handelte es sich überwiegend um Tierversuche im Rahmen der Produktesicherheit, wo zwar die effektive Belastung häufig gering ist, prospektiv aber bewußt schweres Leiden und Todesfälle in Kauf genommen werden.

Die hohe Anzahl von divergierenden Einschätzungen des Belastungsgrades zwischen Antragsteller und Bewilligungsbehörde kann einerseits auf eine effektive Fehleinschätzung, aber auch auf eine ungenügende Auseinandersetzung mit der Problematik des Schweregrades seitens der Antragsteller zurückgeführt werden. Die vorgenommene Einschätzung des Schweregrades durch die Bewilligungsbehörde richtete sich nach der Informationsschrift „Einteilung von Tierversuchen nach Schweregraden vor Versuchsbeginn (Belastungskategorien)" (BVET 800.116-1.04, 1994) oder waren das Ergebnis von Diskussionen zwischen den Antragstellern und der Bewilligungsbehörde und/oder der Kantonalen Tierversuchskommission.

Tabelle 1. Divergierende Einschätzung des Schweregrades (SG)

Einschätzung Antragsteller		**Einschätzung der Bewilligungsbehörde**			
		SG 0	**SG 1**	**SG 2**	**SG 3**
SG 0	2*		2		
SG 1	102	4		76	22
SG 2	65		10		55
SG 3	28			28	
Total	197	4	12	104	77

* Anzahl Bewilligungsanträge

4.2. Umgang mit der Schweregradbeurteilung innerhalb der Kantonalen Tierversuchskommission

In Basel werden die Bewilligungsanträge, bevor sie der Kantonalen Tierversuchskommission zur Antragstellung unterbreitet werden, einer Vorprüfung unterzogen und der Kantonalen Kommission der von der Behörde eingeschätzte Schweregrad mitgeteilt. Da grundsätzlich alle Bewilligungsanträge nach den gleichen Maßstäben geprüft werden, hat der prospektive Schweregrad keine tragende Rolle. Die Erfahrung zeigt jedoch, daß je nach Kenntnisstand einzelner Kommissionsmitglieder von diesen Bewilligungsanträge mit einer prospektiven Einschätzung von Schweregrad 3 gar nicht mehr einer sachlichen Prüfung unterzogen, sondern direkt zur Ablehnung empfohlen werden. Allerdings wird bei allen Bewilligungsanträgen, die prospektiv mit Schweregrad 3 eingeschätzt wurden, innerhalb der Kommission intensiv nach Möglichkeiten gesucht, den Schweregrad zu verringern.

4.3. Auswirkungen der prospektiven Schweregraderfassung für das Versuchstier

Dank der prospektiven Beurteilung des Schweregrades werden belastende Tiermodelle sicher erkannt und nach Maßnahmen gesucht, die Belastung der Tiere zu vermindern. So wird z.B. bei Versuchsmodellen, die mit nachhaltigen postoperativen Schmerzen verbunden sind, konsequent eine postoperative Schmerzbekämpfung gefordert. Bei Versuchsmodellen aus den Bereichen der Onkologie und Infektiologie werden klare Abbruchkriterien festgehalten, bevor es zu erheblichem Leiden der Tiere kommt, sofern es das Versuchsziel erlaubt, oder höhere Tierzahlen verlangt, wenn dadurch das Leiden des Einzeltieres vermindert werden kann. Nicht zuletzt wird der Antragsteller gezwungen, sich konkret mit der Frage auseinanderzusetzen, wie er den erhofften Erkenntnisgewinn in Relation zur dem Tier zugemuteten Belastung setzt.

5. Diskussion

Die prospektive Einschätzung der Belastung der Tiere im Tierversuch zwingt die Versuchsdurchführenden sich mit den Fragen der Ethik und des Tierschutzes in Abwägung des Versuchsziels vertieft auseinanderzusetzen. Diese, für einige Personen auch unbequeme, Aufgabe führt dazu, daß gerade bei schwer belastenden Tierversuchen nach allen Möglichkeiten gesucht wird, belastungsmindernde Maßnahmen zu suchen. Allerdings ist es notwendig, daß den Versuchsdurchführenden aufgezeigt wird, nach welchen Kriterien die prospektive Belastung erfaßt werden kann und wo allenfalls diese vermindert werden kann. Die in der Schweiz vorhandene Informationsschrift „Einteilung von Tierversuchen nach Schweregraden vor Versuchsbeginn (Belastungskategorien)" (BVET 800.116-1.04, 1994) enthält einen ganzen Katalog von Versuchsmodellen mit prospektiv angegebenem Schweregrad. Einige Modelle sind vom Versuchsaufbau sehr ähnlich, sind aber mit verschiedenen Belastungen für das Versuchstier verbunden. Hier hat der Versuchsdurchführende die Möglichkeit, nach den schonenderen Modellen zu suchen, bzw. er muß gegenüber der Bewilligungsbehörde begründen, weshalb er auf das schonendere Modell verzichten will/muß. Bewilligungsbehörden und Tierversuchskommissionen erlaubt die prospektiv vorgenommene Einschätzung der Belastung eine wertvolle Fokussierung auf die belastenden Tierversuchsmodelle, mit dem Ziel, diese so weit möglich zum Verschwinden zu bringen oder zumindest so viel Einfluß zu nehmen, daß bei der Durchführung solcher Versuche alles im Sinne des Refinement unternommen wird oder klare Abbruchkriterien festgelegt werden.

Literatur

Teutsch G.M., Unerläßliches Maß, in: Teutsch G.M. (ed.), Lexikon der Tierschutzethik, Göttingen: Verlag Vandenhoeck & Ruprecht, 233 - 234, 1987

Schweizerisches Tierschutzgesetz (TSchG) vom 9. März 1978, SR 455

Schweizerische Tierschutzverordnung (TSchV) vom 27. Mai 1981, SR 455.1

Informationsschrift „Einteilung von Tierversuchen nach Schweregraden vor Versuchsbeginn (Belastungskategorien)", Bundesamt für Veterinärwesen, BVET 800.116-1.04, 1994

Erste Ergebnisse über eine neue Umfrage bei den Mitgliedern in beratenden Kommissionen nach §15 Tierschutzgesetz in der Bundesrepublik Deutschland

B. Rusche

Zusammenfassung

Seit 1987 gibt es in Deutschland beratende Kommissionen, die die Genehmigungsbehörden für Tierversuche unterstützen sollen. 1989 führte der Deutsche Tierschutzbund e.V. eine Umfrage unter den von Tierschutzorganisationen benannten Mitgliedern der beratenden Kommissionen durch. Dabei stellte sich unter anderem heraus, daß die Mehrzahl der befragten Personen ihre Mitarbeit als eher erfolglos bewertete. Eine erneute Umfrage in diesem Jahr brachte das Ergebnis, daß die Tierschutzvertreter ihre Arbeit inzwischen mehrheitlich positiv bewerten. Auch die Zusammenarbeit mit den anderen Kommissionsmitgliedern und den Genehmigungsbehörden hat sich weiter verbessert. Die Gründe hierfür werden diskutiert.

Als wesentlicher Kritikpunkt ist festzuhalten, daß die Abwägung der ethischen Vertretbarkeit nach wie vor zu kurz kommt, daß Informationsdefizite bestehen und die politischen Rahmenbedingungen verbessert werden müssen. Mehr Unterstützung bei der Umfrage durch die Genehmigungsbehörden wäre ebenso wünschenswert gewesen wie mehr Bereitschaft bei den nicht von Tierschutzorganisationen benannten Kommissionsmitgliedern, sich an der Umfrage zu beteiligen.

Summary

First results of a new survey among the members of Advisory Committees according to §15 of the German Animal Protection Law

The amended version of 1986 of the German Law on Animal Protection introduced a system to make animal experiments subject to authorization before they are carried out i.e. to inspect whether an application for an experiment on animals meets the conditions that are described in this law. The authorities responsible under the Land regulations are responsible for implementing the Animal Protection Law. Each authority appoints one or more committees to assist it in deciding whether to authorize experiments on animals or not. The majority of the committee members must have the expert knowledge that is necessary for the valuation of experiments on animals. One third of the committee members must be appointed by animal welfare organizations. The task of the committees is among others to assess the pain and stress that the animals have to endure as a result of an experiment and on the strength of it to decide whether the experiment is ethically justified.

In 1989 the Deutscher Tierschutzbund e.V. conducted a survey among the committee members that were appointed by animal welfare organizations. One of the results was that the majority of the interviewees regarded their work as rather ineffective. A repeated survey in 1995 had the result that the animal welfare representatives valued their work positively by a majority. Also the cooperation with other members of the committees and with the authorities has improved. The reasons for this development are discussed. As an essential point of criticism it should be noticed that the consideration on the ethical justification still goes short, that there is a deficit in information and that the political prerequisites must be improved. More support for the survey by the authorities would have been desirable as well as more willingness to contribute to the survey amongst the members of the committees that had not been appointed by animal welfare organizations.

1. Einleitung

Nach §15 des Tierschutzgesetzes von 1987 müssen die nach Landesrecht zuständigen Behörden zu ihrer Unterstützung bei der Entscheidung über die Genehmigung von Tierversuchen jeweils eine oder mehrere Kommissionen berufen. Die Mehrheit der Kommissionsmitglieder muß die für die Beurteilung von Tierversuchen erforderlichen Fachkenntnisse der Veterinärmedizin, Medizin oder einer naturwissenschaftlichen Fachrichtung haben. Ein Drittel der Kommissionsmitglieder muß aus den Vorschlagslisten der Tierschutzorganisationen ausgewählt werden und aufgrund ihrer Erfahrungen zur Beurteilung von Tierschutzfragen geeignet sein.

Aufgaben und Pflichten der beratenden Kommissionen sind in der Verwaltungsvorschrift von Juli 1988 präzisiert. Danach muß die Kommission innerhalb von vier Wochen zu einem Genehmigungsantrag Stellung nehmen und sich insbesondere dazu äußern, ob das Vorhaben nach dem Stand der wissenschaftlichen Erkenntnis unerläßlich, ethisch vertretbar und in Fällen erheblicher Belastung für die Versuchstiere von hervorragender Bedeutung ist.

1989 führte der Deutsche Tierschutzbund eine Umfrage unter den von Tierschutzorganisationen benannten Kommissionsmitgliedern durch, um eine erste Bilanz über die Arbeit in den Kommissionen ziehen zu können. Inzwischen ist einige Zeit vergangen, so daß sich die Frage stellt, ob sich im Vergleich zur ersten Umfrage neue Aspekte ergeben haben (vergl. GRUBER F.P., 1995).

2. Ausgangssituation

1989 waren in elf Bundesländern ca. 32 Kommissionen tätig. Heute, nach der deutschen Wiedervereinigung, arbeiten in den 16 Bundesländern 34 Genehmigungsbehörden. Durch eine telefonische Umfrage bei den Geschäftsstellen wurde ermittelt, wieviele Kommissionen ihnen jeweils zur Seite stehen (Tabelle 1). Noch ungeklärt ist die Situation im Regierungsbezirk Arnsberg, weil sich dort die Genehmigungsbehörde ohne weitere Begründung weigerte, telefonisch Auskunft zu geben.

3. Zur Durchführung der Umfrage

Die Umfrage orientierte sich im wesentlichen an der des Deutschen Tierschutzbundes e.V. von 1989. Neben Fragen zur Person wurden Fragen zur Arbeitsbelastung in der Kommission, zu den Anträgen, zum Zustandekommen der Empfehlung an die Genehmigungsbehörde, zur Einschätzung der Mitwirkung von Tierschutzvertretern, zum Verhalten der Genehmigungsbehörde und zur Einschätzung der eigenen Arbeit gestellt.

Wie 1989 hat der Deutsche Tierschutzbund e.V. alle von den Tierschutzorganisationen benannten Mitglieder der Kommissionen, deren Adressen bekannt waren, direkt angeschrieben und um Mitwirkung gebeten. Da es um eine Bewertung der Kommissionsarbeit insgesamt ging, erschien es jedoch sinnvoll, auch die Auffassung der nicht von Tierschutzseite benannten Kommissionsmitglieder einzubeziehen. Daher wurden alle Genehmigungsbehörden über das Vorhaben informiert und gebeten, den Fragebogen an alle Mitglieder der Kommissionen weiterzugeben sowie gleichzeitig einen Jahresbericht zur Verfügung zu stellen.

Tabelle 1. Anzahl der beratenden Kommissionen nach §15 Tierschutzgesetz

LAND (insgesamt 16)	KOMMISSIONSGESCHÄFTS-STELLEN (29) (34 Genehmigungsbehörden*)	ANZAHL DER KOMMISSIONEN (insgesamt 34)
Baden-Württemberg	Freiburg	1
	Karlsruhe	1
	Stuttgart	1
	Tübingen	1
Bayern	München	2
	Würzburg	5
Berlin	Berlin	1
Brandenburg	Potsdam	1
Bremen	Bremen	1
Hamburg	Hamburg	1
Hessen	Darmstadt	1
	Gießen und Kassel	1
Mecklenburg-Vorpommern	Schwerin	1
Niedersachsen	Braunschweig	1
	Hannover	1
	Lüneburg	1
	Weser-Ems	1
Nordrhein-Westfalen	Arnsberg	-
	Detmold	1
	Düsseldorf	1
	Köln/Bonn	2
	Münster	1
Rheinland-Pfalz	Neustadt	1
Saarland	Homburg	1
Sachsen	Leipzig	1
	Dresden	1
Sachsen-Anhalt	Dessau	1
Schleswig-Holstein	Kiel	1
Thüringen	Weimar	1

*Die Geschäftsstelle in München ist für die Regierungsbezirke Oberbayern, Niederbayern und Schwaben zuständig. Die Geschäftsstelle in Würzburg betreut die Regierungsbezirke von Unter-, Mittel-, Oberfranken und Oberpfalz.

4. Reaktionen der Genehmigungsbehörden

Die Genehmigungsbehörden reagierten auf das Anliegen des Deutschen Tierschutzbundes e.V. sehr unterschiedlich. Von den Regierungspräsidien Freiburg, Stuttgart, Karlsruhe und Tübingen kam die Nachricht, daß der Fragebogen verteilt wurde. Gießen und Münster gaben einen Zwischenbescheid. Die Bezirksregierung Detmold erklärte, daß nach Rücksprache mit dem Vorsitzenden die Kommission aus grundsätzlichen Erwägungen nicht bereit sei, die aufgeworfenen Fragen zu beantworten. Die Bezirksregierungen Lüneburg, Weser-Ems und Hannover sowie die Regierung von Oberbayern teilten mit, daß sie den Fragebogen nicht verteilt hätten, weil die Fragen nicht ohne Verstoß gegen die Verschwiegenheitspflicht beantwortet werden könnten, zu der die Kommissionsmitglieder nach §83 des Verwaltungsverfahrensgesetzes (VwfG) verpflichtet sind. Von allen anderen Genehmigungsbehörden kam bisher keine Antwort. Der Rücklauf zeigt, daß zumindest auch in Hessen und Rheinland-Pfalz die Fragebögen verteilt wurden.

Die Rechtsabteilung des Deutschen Tierschutzbundes e.V. hat dazu festgestellt, daß der Fragebogen keine gesetzlich unzulässige Frage enthält, denn es werden an keiner Stelle konkrete Informationen zu Antragstellern oder zu Inhalten einzelner Anträge gefordert. Daher wurden die entsprechenden Genehmigungsbehörden gebeten, ihren Hinweis zu konkretisieren und ihre Rechtsauffassung zu begründen. Hierauf erhielt der Deutsche Tierschutzbund e.V. bisher keine Antwort. Lediglich die Regierung von Oberbayern wiederholte ihre Auffassung, allerdings erneut ohne Begründung.

5. Die bisherigen Ergebnisse im Vergleich zu 1989

Bei der Umfrage 1987 wurden mit 29 auswertbaren Fragebögen 22 Kommissionen - verteilt auf die 11 Bundesländer - erfaßt. Als Rücklauf aus der erneuten Umfrage liegen bislang 17 auswertbare Fragebögen aus 11 Bundesländern vor, davon 15 von Vertretern der Tierschutzorganisationen, einer von einem Vertreter der Universitäten. Ein Fragebogen wurde vom Vorsitzenden einer Kommission im Auftrag der gesamten Kommission ausgefüllt. Die im folgenden zusammengefaßt dargestellten Ergebnisse geben daher überwiegend die Sicht der Tierschutzvertreter in den Kommissionen wieder.

5.1. Zur Arbeitsbelastung in den Kommissionen und zur Behandlung der Anträge

Die meisten Kommissionen tagen im Abstand von vier bis acht Wochen. 1989 wurden in neun von 22 Kommissionen mehr als zehn Anträge behandelt. Jetzt werden in der Mehrzahl ein bis zehn Anträge pro Sitzung diskutiert. Lediglich in zwei Kommissionen in Baden-Württemberg wurden immer noch bis zu 15 und in einer Kommission in Nordrhein-Westfalen sogar über 16 Anträge beraten.

Zuverlässige statistische Angaben zu den Anträgen (Gesamtzahl, Zuordnung zu Forschungsbereichen, Befürwortungs- und Ablehnungsquote) konnte die Mehrheit der Befragten nicht machen.

Von Seiten der Genehmigungsbehörden teilte allein die Bezirksregierung Hannover ihre Daten direkt mit. Dort wurden 1994 71 Genehmigungsanträge gestellt. In 21 Fällen wurde der Antragsteller um zusätzliche Informationen bzw um Nachbesserungen gebeten, und in drei Fällen wurde der Antrag mit der Bitte um völlige Neugestaltung zurückgegeben. Im Vergleich dazu wurden bei der Regierung von Oberbayern in den Jahren 1990 bis 1994 insgesamt 363 Anträge genehmigt und drei Anträge abgelehnt (HUBER B., 1995).

Es steht fest, daß auch bei den anderen Genehmigungsbehörden - wie auch 1989 - die Zahl der endgültig abgelehnten Anträge verschwindend gering ist (vergl. GRUBER F.P., 1995). Als Begründung für die Ablehnung von Anträgen wurde von den Kommissionsmitgliedern ein schlechtes wissenschaftliches Konzept und die mangelnde ethische Vertretbarkeit mit gleicher Häufigkeit erwähnt.

Nachfragen zu den einzelnen Anträgen waren in den letzten Jahren - 1989 wurden hierzu keine Daten erhoben - in allen erfaßten Kommissionen üblich. Die Angaben über die Häufigkeit von Nachfragen variierten von „häufig" und „bei zwei Dritteln aller Anträge" bis „in 15-20% der Fälle". Auffällig war lediglich die Antwort aus einer niedersächsischen Kommission mit ca. zehn Nachfragen bei ca. 160 behandelten Anträgen. Etwa gleich oft wurde nach der Einschätzung der Belastung von Versuchstieren, der Zahl der Versuchstiere sowie der Methodik gefragt.

Wenn zu Anträgen umfangreiche Nachfragen gestellt worden waren, wurden diese der Kommission erneut vorgelegt. Dabei ist es im Zuständigkeitsbereich der Kommissionsgeschäftsstelle Unterfranken möglich, daß die erneute Beratung in einer anderen Kommission erfolgt.

Bei der Frage, wie überprüft wird, ob der Antragsteller die Belastung der Versuchstiere richtig eingeschätzt hat, verwiesen nur sieben der Befragten auf einen oder mehrere der Belastungskataloge, die inzwischen - gedacht als Hilfestellung bei der Beratung und Bewertung von Anträgen - erstellt wurden. Die Antworten machen aber deutlich, daß die Belastung der Versuchstiere offenbar in der Regel intensiv diskutiert wird.

5.2. Entscheidungsprozeß in der Kommission und Bewertung der Mitwirkung von Tierschutzvertretern

In 11 Kommissionen kommt es nach Beratung zumindest häufiger zu einer gemeinsamen Empfehlung, ansonsten wird abgestimmt. In der Regel werden der Behörde alle Standpunkte und Argumente übermittelt. Nur in zwei der erfaßten Kommissionen ist das offenbar nicht der Fall. 1989 war dagegen noch häufiger von „Kampfabstimmungen" die Rede, bei denen die Eindrittelminderheit der Tierschutzvertreter unterlag. In Nordbayern ist die Geschäftsstelle der Kommission für vier verschiedene Genehmigungsbehörden zuständig, so daß mit Informationsverlusten bei der Übermittlung der Kommissionsempfehlung gerechnet werden muß.

1989 berieten in neun der erfaßten Kommissionen Mitglieder über eigene Anträge und stimmten in vier der Kommissionen auch mit ab, obwohl dies nach dem Verwaltungsverfahrensgesetz unzulässig ist. Auch heute wird immer noch aus drei Kommissionen berichtet, daß Mitglieder definitiv über eigene Anträge beraten, in zwei davon haben Mitglieder auch über eigene Anträge abgestimmt. Einmal wird angegeben, daß dies seit 1990 mehrfach vorgekommen sei. Im anderen Fall bezieht sich die Aussage auf 1995.

1989 bewerteten nur 30% der Befragten ihre eigene Mitarbeit in der Kommission als positiv. Als Gründe für die negative Bewertung wurden angeführt, daß Tierschutzargumente keine Beachtung fänden, man nur eine Alibifunktion wahrnehme, in der Fachdiskussion unterlegen sei und keine Reduktion von Tierversuchen erreichen könne. Jetzt bewerteten 16 der 17 Befragten (entspricht 94%) die Mitwirkung von Tierschutzvertretern bei der Beratung von Anträgen als eher positiv, weil es häufig gelänge, Tierzahlen und die Belastung der Tiere zu reduzieren. Während 1989 die verschwindend geringe Zahl von abgelehnten Anträgen als frustrierend und enttäuschend bewertet wurde, sehen es jetzt zumindest einige der Befragten positiv, daß die Anträge, schon weil sie der Kommission vorgelegt werden müssen, sorgfältiger abgefaßt werden. Anträge, die den Nachfragen der Kommission nicht standhalten, werden eher vom Antragsteller zurückgezogen.

5.3. Fragen zum Verhalten der Genehmigungsbehörde

Während 1989 13 der 29 befragten Personen angaben, daß die Genehmigungsbehörde der Kommission ihre Entscheidungen zu Anträgen nicht mitteilt, wurde diesmal nur in zwei von 17 Fällen so geantwortet. Eine abweichende Entscheidung der Genehmigungsbehörde zum Votum der Kommission wurde verneint oder als selten bezeichnet. 18 der erfaßten Kommissionen erhielten 1989 keinerlei Unterstützung von den Genehmigungsbehörden. Jetzt gaben nur drei der Befragten an, daß die Kommission bei ihrer Arbeit keine Unterstützung von der Genehmigungsbehörde erhält, zwei davon mit dem Hinweis, daß bislang noch niemand Bedarf angemeldet habe. Ansonsten wird auf das Bemühen der Genehmigungsbehörde ebenso anerkennend hingewiesen wie auf die gegenseitige Unterstützung der Kommissionsmitglieder bei der Beschaffung von Informationen. Defizite gibt es aber offenbar immer noch beim Zugriff auf Datenbanken und bei der Information über Alternativmethoden.

5.4. Stimmungsbild und Einschätzung der eigenen Arbeit

1989 beschrieben immerhin noch 24% der Befragten die Stimmung in der Kommission als negativ. Jetzt äußerten sich alle Befragten positiv über das Klima in der Kommission. Die Mitglieder der Kommissionen akzeptieren sich gegenseitig. Alle Meinungen werden gehört, die Atmosphäre wird als sachlich und entspannt beschrieben. Auch den nicht von Tierschutzorganisationen benannten Kommissionsmitgliedern wird attestiert, daß sie sich dafür einsetzen, daß die Zahl der Versuchstiere gesenkt wird.

Zwei besondere Vorkommnisse hoben die Befragten heraus: In Hessen wurde ein bereits durchgeführter Versuch erst im nachhinein genehmigt. In Bayern lehnte die Kommission einen Antrag für ein Versuchsvorhaben mit Makaken zuerst einstimmig ab. Nach Umbesetzung der Kommission wurde er jedoch im zweiten Durchgang genehmigt. Der Fall führte zu erheblichen Diskussionen in der Öffentlichkeit. Auch der Bayerische Landtag beschäftigte sich mit diesem Antrag.

5.5. Perspektiven

1989 hielten es 50% der befragten Tierschutzvertreter nicht für sinnvoll, die Arbeit in den beratenden Kommissionen fortzuführen. 1995 führt die grundsätzlich positive Bewertung der Kommissionsarbeit auch zu einer positiven Einschätzung der Perspektiven. 14 von 17 der Befragten halten eine Fortführung ihrer Arbeit in der jetzigen Form für sinnvoll. Auch wenn nur wenige Versuchsvorhaben abgelehnt würden, dürften der Kontrolleffekt und die Erfolge bei der Verringerung von Leiden und der Zahl der Tiere nicht unterschätzt werden.

Nur einmal wurde das Urteil des Berliner Verwaltungsgerichtes Ende letzten Jahres, wonach die Genehmigungsbehörde nur eine formale Prüfung der Darlegungen des Antragstellers und keine eigene Bewertung der ethischen Vertretbarkeit vornehmen darf, als Problem angesprochen, das die Arbeit der beratenden Kommission grundsätzlich in Frage stellt.

Wünsche bleiben bei der Mehrzahl der Befragten trotzdem bestehen. Sie wollen mehr Zusatzinformationen und Zugang zu Datenbanken, bessere Informationen über Alternativmethoden, aber auch, daß das Votum der Kommission mehr Gewicht haben und die Kommission paritätisch besetzt sein sollte. Bemängelt wurde, daß die Diskussion über die ethische Vertretbarkeit zu kurz komme und statt dessen über „das Machbare“ beraten werde. Kritisiert wurde schließlich auch, daß von der Tierärztlichen Vereinigung für Tierschutz (TVT) benannte Personen als Tierschutzvertreter in den Kommissionen arbeiten, obwohl sie häufig Tierversuchsbefürworter sind.

6. Diskussion

Die durch die Umfrage von 1995 bisher erfaßten Mitglieder sehen die Arbeit in den Beratenden Kommissionen durchweg positiv. Während die Tierschutzvertreter 1989 stärker mit dem Anspruch angetreten waren, Versuchsvorhaben zu verhindern, dementsprechend immer stärker frustriert wurden und einige deswegen zurücktraten, orientieren sich die vom Tierschutz benannten Vertreter jetzt ganz offensichtlich mehr am „Machbaren". Zudem hat sich die Arbeitsbelastung, die bei Einrichtung der Kommissionen aufgrund der aufgelaufenen Anträge sehr hoch war, auf ein normales Maß reduziert. Allerdings ist es unakzeptabel, wenn in einer Sitzung mehr als 15 Anträge behandelt werden.

Nach §91 des Verwaltungsverfahrensgesetzes, der auch auf die Beratenden Kommissionen anzuwenden ist, werden Beschlüsse mit Stimmenmehrheit gefaßt. Dennoch sollten auch Minderheitsvoten unter allen Umständen zur Kenntnis genommen werden (LORZ A., 1992). GRUBER (1995) unterstreicht die Vorteile, die sich ergeben, wenn gänzlich auf eine formale Abstimmung verzichtet wird. Vor diesem Hintergrund muß der Modus der Beschlußfassung zumindest in einigen Kommissionen überdacht werden. Daß ein Antragsteller als Mitglied der Kommission über seinen eigenen Antrag entscheidet, muß endlich der Vergangenheit angehören. Damit eine solide Beratung der Genehmigungsbehörde gewährleistet ist, sollte die Geschäftsstelle einer Kommission immer mit dieser Behörde identisch sein.

Kritisch ist anzumerken, daß die verfügbaren Belastungskataloge zu wenig verwendet werden und bestehende Informationsquellen zu Alternativmethoden (ZEBET, Datenbank der Akademie für Tierschutz) zu wenig bekannt sind.

Schließlich kommt die Abwägung der ethischen Vertretbarkeit zu kurz oder findet gar nicht statt. Anders als bei der Frage nach der Belastung der Versuchstiere gibt es hier noch viel zu wenig Hilfestellung. Durch das oben genannte Berliner Urteil bestehen zudem neue Unsicherheiten, die im politischen Raum dringend geklärt werden müssen.

Auch bei anderen Rahmenbedingungen ist der Gesetzgeber gefragt:

Weder die Kommissionen noch die Genehmigungsbehörden können prüfen, ob es sich bei einem Antrag um einen echten Doppelversuch handelt, solange nicht Datenbanken eingerichtet werden, die Auskunft über beantragte oder laufende Projekte geben.

Solange die Frage ungeklärt bleibt, welche Tierschutzorganisationen berechtigt sind, eine Vorschlagsliste zur Besetzung der Kommission einzureichen, besteht die Möglichkeit, nicht nur über die Tierärztliche Vereinigung für Tierschutz, sondern auch über Pseudotierschutzorganisationen die eigentlichen Tierschutzvertreter, also diejenigen, die das Vertrauen anerkannter Tierschutzorganisationen besitzen, aus den Kommissionen hinauszudrängen.

Die Genehmigungsbehörden wären hier gut beraten, wenn sie sich an die anerkannten, bundesweit arbeitenden und als gemeinnützig eingetragenen Tierschutzorganisationen hielten, die für alle Bürger zugänglich sind.

Für die Zukunft ist wünschenswert, daß Umfragen zur Arbeit der Beratenden Kommissionen mehr Unterstützung von den Genehmigungsbehörden erhalten und daß sich auch nicht von Tierschutzorganisationen benannte Kommissionsmitglieder daran beteiligen.

Literatur

Allgemeine Verwaltungsvorschrift zur Durchführung des Tierschutzgesetzes vom 1. Juli 1988, BAnz. Nr. 139a, 3, 1988

Deutscher Tierschutzbund e. V.: Ergebnis einer Umfrage über die Arbeit der Beratenden Kommissionen nach § 15TschG, 1988

GRUBER F.P., Die Tierschutzkommissionen nach §15 Tierschutzgesetz in der Bundesrepublik Deutschland, in: SCHÖFFL H., SPIELMANN H., TRITTHART H.A., Ersatz- und Ergänzungsmethoden zu Tierversuchen, Band III, Forschung ohne Tierversuche 1995, Wien New York: Springer-Verlag, 233-239, 1995

HUBER B., Erfahrungen bei der Genehmigung und Kontrolle von Tierversuchen, Der Tierschutzbeauftragte, 2, 114-119, 1995

LORZ A., Tierschutzgesetz mit Rechtsverordnungen und Europäischen Übereinkommen, Kommentar von Dr. ALBERT LORZ, 4. neuberbeitete und ergänzte Auflage, München, 1992

Tierschutzgesetz, In der Fassung der Bekanntmachung vom 17. Februar 1993, BGBl. I, 254, zuletzt geändert durch Artikel 86 des Gesetzes vom 27. April 1993 (BGBl. I, 512, 2436), 1993

Die Belastung der Versuchstiere nach Einschätzung der Antragsteller von Versuchsgenehmigungen - Forderung von Kriterien zur ethischen Rechtsanwendung

M. Völkel, D. Labahn

Zusammenfassung

Die in den Beispielen angegebenen Einschätzungen der Schweregrade von Tierversuchen durch die Antragsteller zeigen, daß sie zumeist subjektiv, zu optimistisch und auch widersprüchlich ausfallen. Die Darlegungen zur Übertragbarkeit und ethischen Vertretbarkeit von Versuchen zeigen oftmals einen unzureichenden Informationsgehalt. Die am Ende eines jeden Antrags stehende positive Entscheidung zur Rechtfertigung des Tierversuches ist daher häufig nicht nachvollziehbar und durch die Tierschutzkommissionen kaum zu überprüfen. Eine konsequente Anwendung des Schweizer Schweregradkataloges durch die Antragsteller ist zu fordern. Im Sinne der durch das Tierschutzgesetz formulierten Anforderungen sollte anhand einer Checkliste zur Methodik eine Plausibilitätsprüfung des Antrages ermöglicht werden. Ausschlußkriterien für die Vertretbarkeit eines Versuches werden formuliert, ein neues Kriterium wird vorgestellt. Die realistische Darstellung der den Versuchstieren zugefügten Belastungen soll mit den Darlegungen zur Methodik der Erkenntnisgewinnung korreliert werden und eine Beurteilung der ethischen Vertretbarkeit ermöglichen. Der Übertragbarkeit wie auch der Wahrscheinlichkeit positiver Ergebnisse kommt dabei eine besondere Bedeutung zu.

Summary

Possible degree of suffering imposed on animals during experiments as presumed by applicant for permission of tests - Essential criteria to be applied concerning ethical standards

The assessment of the degrees of strain inflicted on the animals in experiments and their classification as shown in some selected instances of applications has in most cases turned out to be highly subjective, overoptimistic and inconsistent (self-contradictory). What has been said with regard to the transfer of practice on humans and their ethical justification is frequently not founded on sufficient information. That is why in many instances the decision to carry out the experiments cannot easily be understood and they are very hard for the Commission for Animal Rights to verify. It must be claimed that the Catalogue of Strains developed in Switzerland must be consulted and properly applied by all applicants. In accordance with what the law to protect animals demands, a plausible investigation should be made possible by the applicant using a check-list based on methodical research. Criteria must be found to exclude errors of judgement concerning the validity of the test on the biological system of both, animals and humans. This paper will present new criteria. Assesments of stresses and pains which animals have to suffer must be brought into accordance with what has scientifically been expounded as to the methods of gaining correct information and with ethical standards. It is of prime importance to consider the predictability of the results and the possibility of a transfer of practice on humans.

1. Einleitung

Die Parlamente Österreichs, der Schweiz und Deutschlands haben mit den Novellierungen der jeweiligen Gesetze Tierversuche betreffend den bis dahin unzureichend kontrollierten Zugriff auf Tiere zu Versuchszwecken wesentlich stärker reglementiert. Heute werden an die Verwendung von Versuchstieren hohe Anforderungen gestellt. So ist nach dem deutschen Tierschutzgesetz (DTSchG), nach dem österreichischen Tierversuchsgesetz (ATVG) und nach dem schweizerischen Tierschutzgesetz (CHTSchG) bzw. nach der Tierschutzverordnung CHTSchVO) u.a. genau definiert, was ein Tierversuch ist (§7 DTSchG; §2 ATVG; Art. 12 CHTSchG), welche Tierversuche zulässig sind (§7 DTSchG; §3 ATVG; Art. 12 CHTSchG); welche Tierversuche genehmigungs- bzw. bewilligungspflichtig sind (§8 DTSchG; §8 ATVG; Art. 13a, CHTSchG und Art. 60 CHTSchVO), welche Tierversuche nicht genehmigungs- bzw. bewilligungspflichtig aber anzeigepflichtig sind (§8 DTSchG; §9 ATVG; in der Schweiz sind gemäß Art. 13a grundsätzlich alle Tierversuche meldepflichtig), unter welchen Bedingungen Tierversuche durchgeführt werden dürfen (§8 DTSchG und Anlage 1 (zu Nummer 1.1.1 der „deutschen" Allgemeinen Verwaltungsvorschrift zur Durchführung des Tierschutzgesetzes „DAVV"); §11 ATVG; Art. 15 und 16 CHTSchG) und wie Verstöße gegen das Gesetz zu ahnden sind (§§17 und 18 DTSchG; §18 ATVG).

Wer heute Tierversuche im Sinne des Gesetzgebers durchführen will, muß dies der zuständigen Behörde anzeigen. Handelt es sich um genehmigungspflichtige Tierversuche, so müssen die Antragsteller der genehmigenden Behörde gegenüber wissenschaftlich begründet u.a. darlegen, daß die Tierversuche unerläßlich unter Berücksichtigung des jeweiligen Standes der wissenschaftlichen Erkenntnisse sind (§7 DTSchG), daß der Versuchszweck nicht durch andere Methoden oder Verfahren als den Tierversuch erreicht werden kann (§7 DTSchG) und das angestrebte Versuchsergebnis trotz Ausschöpfung der zugänglichen Informationsmöglichkeiten nicht hinreichend bekannt ist (Punkt 1.3.2 DAVV). Alle personellen und technischen Voraussetzungen müssen erfüllt sein (Punkt 2 DAVV). Die Antragsteller haben in ihrem Antrag auch die Intensität und Dauer von Schmerzen oder Leiden, denen Tiere voraussichtlich ausgesetzt werden, anzugeben (Punkte 1.6.5 DAVV; §11 ATVG; Art. 16 CHTSchG und Art. 61 CHTVO).

Diese fest umrissenen Vorschriften bedeuten schon eine Einschränkung von Tierexperimenten. Bei exakter Beantwortung der Anträge und unter Berücksichtigung der rechtlichen Vorgaben, kann jedoch den Anträgen durch die Behörde kaum etwas entgegengesetzt werden.

Der (deutsche) Gesetzgeber legt offensichtlich großen Wert auf die präzise Angabe der Intensität und Dauer der Belastung. So wird der Grad der Belastung bei der Antragstellung unter den Punkten 1.6.5, 1.6.7 und 1.7.1 des Antrags auf Genehmigung eines Tierversuchsvorhabens (insgesamt also dreimal) abgefragt.

In der vorliegenden Darstellung soll nun untersucht werden, ob und in wieweit die Antragsteller die gesetzlichen Auflagen in bezug auf die Angaben zur Belastung und hinsichtlich der Relevanz für den Menschen erfüllen.

2. Gesetzliche Anforderungen in Deutschland

2.1. Tierversuche - Voraussetzungen, Zweck, Unerläßlichkeit (gemäß §7 Abs. 2 Z. 1-4 DTSchG)

Die beantragten Tierversuche dürfen nur durchgeführt werden, soweit sie für einen der folgenden Zwecke unerläßlich sind:

1. Vorbeugen, Erkennen oder Behandeln von Krankheiten, Leiden, Körperschäden oder körperlichen Beschwerden oder Erkennen oder Beeinflussen physiologischer Zustände oder Funktionen bei Mensch oder Tier;
2. Erkennen von Umweltgefährdungen;
3. Prüfung von Stoffen oder Produkten auf ihre Unbedenklichkeit für die Gesundheit von Mensch oder Tier oder auf ihre Wirksamkeit gegen tierische Schädlinge;
4. Grundlagenforschung.

2.2. Die wissenschaftlich begründete Darlegung der Unerläßlichkeit des Versuchsvorhabens gemäß Punkt 1.2.2 (DAVV)

Bei folgenden Kriterien wird nach der herrschenden Meinung die Unerläßlichkeit verneint:

- Tierversuche zu Ausbildungszwecken (operative Eingriffe) wenn auch versuchsbegleitend möglich;
- Arzneimittel und Chemikalien zur Registrierung für den Japanischen Markt (Nachweis weitergehender Tierversuche als in der EU und in den USA, wobei vorausgesetzt werden kann, daß alle Arzneimittel und Chemikalien ausreichend geprüft sind);
- höhere Tierzahlen als EU(EWG)- oder USA(FDA)-Richtlinien vorschreiben. Anderes gilt wenn eine österreichische, schweizer oder deutsche Vorschrift ausdrücklich eine bestimmte Tieranzahl vorschreibt;
- Produktion monoklonaler Antikörper in vivo, es ein denn, daß sie für folgende Fälle unerläßlich sind:
  1. für die Diagnostik oder Therapie beim Menschen in Notfällen;
  2. „Rettung“ von Hybridomen, wenn diese in der Zellkultur nicht mehr wachsen oder wenn sie infiziert sind;
  3. Erarbeitung neuer Fragestellungen.

Die tierschutzrechtliche Beurteilung der genannten Fälle ist in der Bundesdrucksache 12/224, 1991, ausführlich geregelt.

2.3. Klärung, ob die Versuchshypothese nicht auch durch andere Methoden geklärt werden kann, beispielsweise durch

- freiwillige Testpersonen
- klinische Daten
- in vitro-Methoden mit Organen, Geweben oder Zellen tierischer oder menschlicher Herkunft
- Protozoen, Bakterien, Pilze
- physikalische oder technische Modelle (Computersimulation, technische Simulation)

2.4. Weitere Anforderungen

- Stellungnahme des Tierschutzbeauftragten
- wissenschaftlich und verständlich beschriebene Angaben zum Versuchsvorhaben
- Angabe der Schlüsselwörter
- Darlegung des neuesten wissenschaftlichen Standes
- aktuelles und ausreichendes Literaturverzeichnis
- schlüssige biometrische Planung
- klare Darstellung der Eingriffe und Behandlungen
- präzises Klassifizieren der zu erwartenden Schmerzen
- Nachweis der beruflichen Qualifikation des Leiters und des Stellvertreters
- Nachweis der ausreichenden fachlichen Qualifikation der beteiligten Personen, gegebenenfalls Antrag auf eine Ausnahmegenehmigung.

3. Darlegung der Belastungen gemäß DAVV

Vom Antragsteller sollte eindeutig dargelegt werden, welche Belastungen (Intensität und Dauer von Schmerzen oder Leiden) auf die Tiere voraussichtlich zukommen oder welche Schäden ihnen voraussichtlich zugefügt werden. Die Belastungsbeschreibung ist ein entscheidendes Kriterium bei der ethischen Abwägung. Dies geht auch daraus hervor, daß der Gesetzgeber Dauer und Intensität der zu erwartenden Schmerzen und Leiden im Antrag dreimal abfragt:

- unter Punkt 1.6.5, verbal, in eigenen Worten,
- tabellarisch gemäß Punkt 1.6.7, tabellarisch, nach vorgegebenen Kriterien und
- unter Punkt 1.7.1, bei der ethischen Vertretbarkeit.

In Tabelle 1 erfolgt ein Vergleich der unter 1.6.7 gemachten Angaben mit den Aussagen unter 1.6.5 und 1.7.1 DAVV.

3.2. Fazit

Die Einschätzung der Antragsteller entspricht in vielen Fällen nicht den Belastungen, die sie den Tieren wahrscheinlich maximal zufügen werden. Es bestehen offensichtlich Schwierigkeiten bei der Schmerzeinteilung. Bemerkenswert sind die erstaunlichen Differenzen, die aus den Anträgen hervorgehen. Erhebliche Inkonsequenzen und Widersprüche in sich sind z.B. bei der Beantragung der Versuche zu den Fragen Nr. 1.6.5, 1.6.7 und 1.7.1 DAVV festzustellen. Einzelheiten hierzu sind aus der Tabelle 1 zu ersehen.

Es muß die Forderung erhoben werden, wie im Schweizer Kriterienkatalog, einheitlich in allen Anträgen den größten zu erwartenden Schmerzgrad anzugeben. Die bisherige Praxis orientiert sich im allgemeinen nach dem geringsten (oder „normalen“) Belastungsgrad.

Die des öfteren vorgebrachte Behauptung, die zu erwartenden Schmerzen entsprächen denen, die ein Mensch nach einem ähnlichen Eingriff zu erdulden hätte, ist ein höchst unzulässiger und fragwürdiger Vergleich.

Die ethische Fragestellung verlangt eine Abwägung des zu erwartenden Erkenntnisgewinns gegenüber dem Schmerzgrad, welcher den Tieren zugefügt wird. Ähnliches gilt, wenn die Vergleichbarkeit für den Menschen dargestellt wird. Aus Tabelle 2 sind die Antragsbegründungen zu ersehen. Mit diesen Standardformulierungen werden die gesetzlichen Auflagen jedoch nicht erfüllt.

Tabelle 1. Angaben zur Schmerzbelastung aus den Anträgen

Antragsteller (23%) erklärten unter Punkt 1.6.7				keine Schmerzen		
davon erklärten unter	keine Schmerzen	geringe Schmerzen	mäßige Schmerzen	erhebliche Schmerzen	nicht erwähnt	Vergleich Mensch/Tier
Punkt 1.6.5	50,00%	12,50%	-----	12,50%	18,75%	6,25%
Punkt 1.7.1	80,00%	6,25%	-----	-----	37,50%	6,25%
Behördlich wurden in 37,5% der Anträge mäßige bis erhebliche Schmerzen als zu erwarten festgestellt. *						

Antragsteller (61%) erklärten unter Punkt 1.6.7				geringe Schmerzen		
davon erkärten unter	keine Schmerzen	geringe Schmerzen	mäßige Schmerzen	erhebliche Schmerzen	nicht erwähnt	Vergleich Mensch/Tier
Punkt 1.6.5	22,95%	34,43%	6,56%	8,20%	18,03%	9,83%
Punkt 1.7.1	80,00%	6,25%	-----	-----	37,50%	6,25%
Behördlich wurden in 41,0% der Anträge mäßige bis erhebliche Schmerzen als zu erwarten festgestellt. *						

Antragsteller (23%) erklärten unter Punkt 1.6.7				mäßige Schmerzen		
davon erklärten unter	keine Schmerzen	geringe Schmerzen	mäßige Schmerzen	erhebliche Schmerzen	nicht erwähnt	Vergleich Mensch/Tier
Punkt 1.6.5	8,70%	26,08%	21,74%	21,74%	21,74%	0,00%
Punkt 1.7.1	17,40%	8,61%	4,35%	0,00%	52,17%	17,38%

Antragsteller (3%) erklärten unter Punkt 1.6.7				erhebliche Schmerzen		
davon erklärten unter	keine Schmerzen	geringe Schmerzen	mäßige Schmerzen	erhebliche Schmerzen	nicht erwähnt	Vergleich Mensch/Tier
Punkt 1.6.5	-----	-----	-----	66,66%	33,33%	-----
Punkt 1.7.1	-----	33,33%	-----	-----	33,33%	33,33%

Antragsteller (13%) legten				keine Tabelle vor		
davon erklärten unter	keine Schmerzen	geringe Schmerzen	mäßige Schmerzen	erhebliche Schmerzen	nicht erwähnt	Vergleich Mensch/Tier
Punkt 1.6.5	62,50%	18,76%	-----	6,25%	6,25%	6,25%
Punkt 1.7.1	43,75%	12,50%	-----	-----	43,75%	-----
Behördlich wurden in 50% der Anträge mäßige bis erhebliche Schmerzen als zu erwarten festgestellt. *						

Datenerhebung: Januar 1991 bis Juli 1995

Die Punkte 1.6.5, 1.6.7 und 1.7.1 beziehen sich auf den Antrag auf Genehmigung eines Versuchsvorhabens gemäß der Allgemeinen Verwaltungsvorschrift (AVV).

* Feststellung aufgrund a) behördlicher Rückfragen beim Antragsteller, b) der Stellungnahme des Tierschutzbeauftragten oder c) der Erörterung in der Kommission

3.2. Forderung

Es sind sämtliche Maßnahmen und Eingriffe, die im Laufe des Versuches an den Tieren durchgeführt werden sollen, beginnend mit der Versuchsvorbereitung, evtl. abweichenden Haltungsbedingungen bis hin zum Versuchsende aufzulisten und zu bewerten (HUBER B. 1995), am besten nach dem Schweizer Belastungskatalog, in dem der Schweregrad durch jene Versuchsgruppe bestimmt wird, die die größte Belastung erfährt.

4. Begründungen für die Wahl der Tierart gemäß §9 Abs.2 Nr.1 DTSchG

Entscheidungserheblich für den Versuch ist die Wahl der Tierart. Sie stellt letztlich das entscheidende Kriterium dar, ob die zu erwartenden Erkenntnisse für Mensch oder Tier notwendig und unerläßlich, also übertragbar sind.

Gemäß §8 Abs.3 Z. 1 DTSchG darf die Genehmigung nur erteilt werden, wenn wissenschaftlich begründet dargelegt ist, daß die Voraussetzungen des §7 Abs. 2 und 3 vorliegen.

Tabelle 2 zeigt, wie die Antragsteller die Tierart und somit die Übertragbarkeit auf den Menschen begründen.

Tabelle 2. Angaben zur Übertragbarkeit aus den Anträgen

Alle Erkenntnisse seien überwiegend an dieser Tierart definiert worden (24,3%)	Die Reproduzier- und Vergleichbarkeit seien hier am besten gegeben (7,6%)	Wir haben mit dieser Tierart die meiste Erfahrung (17,9%)
Diese Tierart sei die einzige von zweien, die sich für diese Frage eigne (7,6%)	Die gesamte Literatur beruhe größtenteils auf dieser Tierart (4,5%)	Die induzierte Entzündung seien denen beim Menschen ähnlich (13,5%)
Dies sei die niedrigsteSpezies, die sich für diese Fragestellung eigne (5,1%)	Diese Tiere seien leicht zu handhaben und leicht zu züchten (7,6%)	Wegen der benötigten (Blut-) Menge würden niederere Tiere ausscheiden (3,2%)
Das Organ dieser Tierart passe genau in unser NMR-Reagenzglas (2,5%)	Problemlos und kreislaufstabil über viele Stunden narkotisierbar (2,0%)	Diese Tierart sei laut (DIN-) Vorschrift vorgeschrieben (0,6%)
Wegen der kurzen Lebenserwartung, Beobachtungszeit, des schnellen (Knochen-) Stoffwechsels (0,6%)	Diese Tiere lassen sich gut im Labor halten (2,0%)	Da Ergebnisse von Tierart 1 nicht unbedingt auch bei Tierart 2 u. 3 positiv sind u. auch zwischen 2 u. 3 verschieden ausfallen, benötigen wir später noch höher organisierte Spezies (0,6%)

4.1. Fazit

Am Ende eines jeden Tierversuchsantrages fällt eine positive Entscheidung zur ethischen Vertretbarkeit wie auch zur Übertragbarkeit der Ergebnisse auf das Zielobjekt. Eine Überprüfung der dahin führenden Darlegungen des Antragstellers durch Tierschutzbeauftragte, Behörde oder Tierschutzkommission gestaltet sich bei mangelnder Plausibilität und Aussagekraft schwierig. In vielen Fällen wird ein Mischsystem von Standardformulierungen verwendet, welches für den Antragsteller erfahrungsgemäß bei geschickter Anwendung zur Genehmigung führt. Einer Überprüfung in bezug auf wissenschaftliche oder klinische Relevanz halten viele dieser Aussagen nicht stand. Letztlich läuft der Forscher, der Projekte mit schwer überprüfbaren Standardformulierungen beantragt, Gefahr,

- Erkenntnisse nur aufgrund von Zufallstreffern zu gewinnen;
- sich dem Vorwurf auszusetzen, die Ergebnisse klinischer Forschung seien nicht auf den Menschen übertragbar (z.B. Formaldehyd) bzw.
- Substanzen für den Einsatz am Menschen, aufgrund negativer tierexperimenteller Ergebnisse, zu verhindern (z.B. Titan, Digitalis);
- Patienten zu verunsichern, wenn Arzneimittelnebenwirkungen nur für Tiere als gesichert gelten;
- finanzielle Ressourcen für die Forschung zu vergeuden.

Es stellt sich die Frage, ob alle bisher genehmigten Anträge bei einer genaueren Plausibilitätsprüfung den gesetzlich fixierten Anforderungen standgehalten hätten.

4.2. Forderung

Der Antragsteller hat aufgrund gesetzlicher Bestimmungen wissenschaftlich begründet darzulegen, daß die zu erwartenden Erkenntnisse für Mensch oder Tier unerläßlich bzw. übertragbar sind oder einem Zweck der Grundlagenforschung dienen. Kann er das nicht in der gesetzlich geforderten Art und Weise erbringen, dann hat er zumindest nach der Vergleichstabelle (Tabelle 3) darzulegen und mit Literatur eindeutig zu beweisen, daß die biologischen Systeme und die beteiligten Organsysteme mit den Abläufen beim Menschen übereinstimmen, bzw. darzulegen, warum die Nichtübereinstimmung bei seiner Thematik unberücksichtigt bleiben kann. Man kann nur Gleiches vergleichen, der Vergleich von Ungleichem macht keinen Sinn.

Versuche, die dem Tier schwere Leiden verursachen, müssen vermieden werden, indem durch Änderung der zu prüfenden Parameter andere Versuchsanordnungen gewählt werden, oder indem auf den erhofften Erkenntnisgewinn verzichtet wird. Als schwere Leiden gelten Zustände, welche ohne lindernde Maßnahmen als unerträglich zu bezeichnen sind (Ethische Grundsätze und Richtlinien für wissenschaftliche Tierversuche, Schweiz, 1995).

5. Lösungsvorschlag - Entscheidungshilfe

Aus diesen Beobachtungen und Erfahrungen heraus resultiert die Notwendigkeit, für die Beurteilung und Plausibilitätsprüfung von Tierversuchsvorhaben eine Entscheidungshilfe oder „Checkliste" zu formulieren. Wir greifen damit auch bereits erhobene Forderungen nach einer Systematik und einer inhaltlichen Vorgabe für die vom Gesetzgeber verlangten Darlegungen eines Tierversuchsantrages auf (POPELLA E., 1993).

Grundsätzlich sollte der Antragsteller den Entscheidungsweg seiner wissenschaftlichen Versuchsplanung stärker in den Antrag einfließen lassen und damit die für eine Beurteilung notwendigen Informationen liefern. Am Ende soll eine schlüssige Korrelation von Belastung der Tiere und Umfang der Erkenntnisgewinnung stehen. Dies soll eine Abwägung ermöglichen, ob die auf Grundlage des Schweizer Belastungskataloges erwarteten Schmerzen oder Leiden der Versuchstiere durch die Qualität des Versuchsmodelles ihre Entsprechung finden und durch eine ausreichend gute Vergleichbarkeit von Ergebnissen mit dem Zielobjekt ethisch zu rechtfertigen sind (PORTER D., 1992; GRUBER F.P., 1989; TEUTSCH G.M., 1993).

Tabelle. 3. Vergleichbarkeit zu untersuchender Parameter Mensch zu Tier (Quelle: Verfasser, nach SWINDLE M.M. und ADAMS R.J., 1988) (Beispiel für angewandte bzw. klinische Forschung)

Zu untersuchende Parameter..

Mensch / Versuchsmodell	Morphologie	Biomechanik	Physiologie	Kinetik	Metabolismus	etc.				Literatur
Biolog. System (Tierart) beteiligte Organsysteme beteiligte Organe Zellen										
Zellorganellen										
Enzyme										

Die Ausführlichkeit der Darlegung muß sich an der Neuartigkeit bzw dem Etablierungsgrad eines Versuchsmodelles wie auch am Schweregrad der Tierbelastung orientieren. Dies erscheint aus praktischen Erwägungen heraus insofern sinnvoll, als bei validierten Versuchsmodellen Belege für die Aussagekraft und Übertragbarkeit der Ergebnisse leicht zu erbringen sind. Weiterentwicklungen in der Methodik sind zu berücksichtigen. Bei Abweichungen zwischen Versuchsmodell und Zielobjekt, Erprobung neuer Versuchsmodelle oder neuartigen Fragestellungen ist eine entsprechend detaillierte Darstellung zu fordern. Erforderlichenfalls muß zum Beleg der Übertragbarkeit von Versuchsergebnissen eine systematische Auflistung und Gegenüberstellung von anatomischen, physiologischen und biochemischen Parametern erfolgen. Für die Grundlagenforschung sind diese Aussagen sicherlich zu relativieren, weil oftmals keine klassische Versuchsmodell-Zielobjektbeziehung besteht.

5.1. Alternativmethoden als erstes Prüfkriterium

Wie schon oben erwähnt, sind als erstes Prüfkriterium andere Methoden als der Tierversuch auszuschließen. Abweichend von den bisher eher lapidaren Äußerungen im Sinne von „keine andere Methode bekannt“ ist eine ausführliche Diskussion, inwieweit Erkenntnisse mit anderen Methoden zu erlangen sind, zu fordern. Gegebenenfalls ist zu erläutern, warum nach dem in vitro-Screening ein Tierversuch notwendig ist oder wie verschiedene Methoden sinnvoll kombiniert werden. Die Frage der Vergleichbarkeit stellt sich gleichfalls bei allen in vitro-Methoden. In zweifelhaften Fällen ist eine geeignete Datenbankrecherche oder ZEBET-Abfrage mit den entsprechenden Schlüsselwörtern nachzuweisen. Ausschlußkriterien für Tierversuche sind dann gegeben, wenn

- Versuche an freiwilligen Testpersonen durchgeführt werden können;
- Daten aus klinischen Studien gewonnen werden können;

- in vitro-Methoden mit Organen, Geweben oder Zellen menschlicher oder tierischer Herkunft angewandt werden können;
- Testsysteme mit Protozoen, Bakterien oder Pilzen zur Verfügung stehen;
- physikalische oder technische Simulationsmodelle (z.B. künstlicher Blutkreislauf, Computersimulation) eingesetzt werden können.

5.2. Tierversuchsmodell und Versuchsplanung

Nach der Entscheidung für den Tierversuch sind Kriterien für die Auswahl des geeigneten Versuchsmodelles und die Versuchsplanung heranzuziehen.

5.2.1. Standardmethode

Zunächst ist zu prüfen und darzulegen, ob eine etablierte und geeignete Methode zur Beantwortung der Versuchshypothese vorliegt. Derartige Methoden könnten zum Beispiel in Prüfrichtlinien für die Testung von Arzneimitteln oder Medizinprodukten festgelegt sein. Die Eignung von Standardmethoden kann auch durch eine ausreichende Zahl qualifizierter Literaturzitate belegt werden. Technische Weiterentwicklungen oder Ansätze im Sinne der 3 Rs (replace, reduce, refine) sind zu berücksichtigen (RUSSEL W.M.S. and BURCH L.R., 1959). Dem „refine" kommt eine besondere Bedeutung bei der Ausschöpfung von Möglichkeiten für eine Schmerzminderung und Leidensreduzierung zu.

5.2.2. neue Methode

Sofern zum vorherigen Punkt keine oder nur unzureichende Informationen vorliegen, muß der Antragsteller darlegen, bei welchem Versuchstier die Zielparameter zu ermitteln sind. Es sind Belege anzuführen, ob die so zu erwartenden Ergebnisse physiologisch, biochemisch etc. den Verhältnissen im Zielobjekt entsprechen oder Rückschlüsse darauf zulassen. Dabei sind nicht nur die Übereinstimmung von Parametern darzustellen, sondern insbesondere auch die Unterschiede (FOX V.G. et al., 1984; SWINDLE M.M. and ADAMS R.J., 1988). Es ist darzulegen, inwieweit abweichende Charakteristika, die nicht unbedingt Zielparameter sind, die Versuchsergebnisse nicht kontrollierbar beeinflussen. Dies wäre ein zentraler Punkt in der Beweisführung für die Übertragbarkeit und Aussagekraft der Ergebnisse. Angaben zum Tierstamm, Geschlecht und Züchter sind obligat, da hieraus ein erheblicher Einfluß auf die Versuchsergebnisse resultiert.

5.2.3. Auswahl der Tierart

Bei der Auswahl der Tierart ist des weiteren abzuwägen, ob eine gute Aussagekraft der Ergebnisse nur mit einem belastenden Versuchsmodell an einer hochentwickelten Tierart zu erreichen ist. Die Forderung des Gesetzgebers nach Verwendung von sinnesphysiologisch niedriger entwickelten Tieren sollte wegen der damit verbundenen möglichen Leidensreduzierung Kompromisse bei der Aussagekraft zulassen. Ebenso ist gegebenenfalls darzulegen, ob Einbußen der Aussagekraft bei Verwendung des weniger belastenden Versuchsmodelles bei gleicher Tierart zu vertreten sind.

5.2.4. Biometrische Planung

Nach der Entscheidung für ein bestimmtes Versuchsmodell und Feststellung der Eignung wie auch der Unerläßlichkeit ist das Ausmaß der Versuche an Hand biometrischer Planung zu überprüfen. Hierzu bedarf es einer nachvollziehbaren Darstellung im Versuchsantrag, die anhand von Prüfpunkten beurteilt werden kann (DIETZEL L., 1990).

Als biometrisches Kriterium für die Vertretbarkeit eines Versuches gilt die Wahrscheinlichkeit (Fehler β), ob ein hypothetischer Unterschied zwischen Versuchs- und Kontrollgruppe überhaupt gefunden wird. Wenn eine bestimmte Fehlergröße überschritten ist, sollte der Versuch als bedenklich oder nicht mehr vertretbar eingestuft werden. In diesen Fällen würden sonst zu viele Tiere umsonst verbraucht werden oder es würde mit hoher Wahrscheinlichkeit überhaupt kein auswertbares Ergebnis erzielt werden. Im Extremfall bedeutet dies, ein Versuch war völlig sinnlos.

Für die Überprüfung der Notwendigkeit der Zahl der Versuchsgruppen wie für Ober- und Untergrenzen für die Tierzahl pro Gruppe sind Richtwerte heranzuziehen. Die meisten statistischen Modelle ermöglichen darüberhinaus die prospektive Berechnung der erforderlichen Tierzahl in Abhängigkeit von noch zu akzeptierender Fehlerquote.

5.2.5. Rahmenbedingungen

Praktische Faktoren wie Unterbringungsmöglichkeit, Verfügbarkeit und Handling (Aggressivität, Streß) verschiedener Versuchstierarten dürfen nicht unberücksichtigt bleiben. Auch die Umstände für die Beschaffung von Tieren oder der Einsatz bestimmter Versuchsmodelle müssen legitimerweise in den Entscheidungsprozeß einfließen. Alle daraus resultierenden Einflüsse auf die Aussagekraft der Ergebnisse sind explizit darzulegen.

Es ist klar, daß eine erschöpfende Diskussion aller Kriterien vielfach den Rahmen der ohnehin umfangreichen Tierversuchsanträge sprengen würde. Ein derartiger Kriterienkatalog sollte aber einerseits dem Antragsteller als Richtschnur dienen, welche Sachverhalte er wie detailliert darzulegen hat. Auf der andere Seite soll es den Personen, die mit der Beurteilung von Tierversuchsanträgen befaßt sind, ermöglicht werden, anhand einer „Checkliste“ die Darlegungen der Antragsteller objektiv und systematisch zu prüfen. Am Ende sollte dann eine reproduzierbare Feststellung zur Wissenschaftlichkeit und methodischen Qualität eines Tierversuchsantrages stehen.

Auch sehen wir gute Voraussetzungen, gemäß den Vorschlägen von TEUTSCH (1991) innerhalb der Kommissionen eine gewisse Arbeitsteilung herbeizuführen, die dafür notwendige Informationsinfrastruktur könnte so gezielt einzelnen Mitgliedern zur Verfügung gestellt oder Möglichkeiten der Fortbildung gewährt werden.

Eine objektive Bewertung aller Versuchsinhalte einschließlich der Vor- und Nachteile sollte dann den Einstieg in die Abwägung der ethischen Vertretbarkeit ermöglichen. Bisher bieten viele Anträge schlechte Voraussetzungen für die Anwendung von ethischen Abwägungsrichtlinien oder Festlegung der Zumutbarkeitsgrenze (FULDA E., 1991).

Wie auch schon die noch zögerliche Umsetzung der Schweizer Belastungskategorien gezeigt hat, können akzeptierte Anforderungskataloge Entscheidungsprozesse nachvollziehbar machen und die Kommunikation versachlichen.

6. Schlußfolgerung

Von den Antragstellern aufgestellte Thesen bedürfen einer ausführlichen Begründung, und Folgerungen müssen in sich schlüssig und stimmig sein. Die Behörden sind aufgefordert, eine strenge Plausibilitäts- und Beweisprüfung der Anträge vorzunehmen. Die Forderung nach Erfüllung der vom Gesetz geforderten Verpflichtungen ist das Geringste, das wir (Antragsteller, Tierschutzbeauftragter, Kommission und Genehmigungsbehörde) den Versuchstieren aber auch den Patienten und letztlich sogar dem Steuerzahler schulden.

Danksagung

Besonderer Dank für freundliche Ratschläge und Unterstützung gilt Frau Prof. INGEBORG BINGENER, Frau Dr. BRIGITTE RUSCHE, Frau Dr. REGULA VOGEL, Herrn PD Dr. FRANZ P. GRUBER, Herrn ROMAN KOLAR, Herrn WERNER RUMMEL und Herrn MANFRED SCHMITT.

Literatur

Deutscher Bundestag, Drucksache 12/224, 39-40, 1991

DIETZEL L., Beurteilung der Biometrischen Planung von Tierversuchen, Tierlaboratorium, 14, 94-112, 1990

Ethische Grundsätze und Richtlinien für wissenschaftliche Tierversuche, Schweizer Akademie der Medizinischen Wissenschaften, Basel, und Schweizer Akademie der Naturwissenschaften, Bern, Juni, 1994

FOX V.G., COHEN B.J., LOEW F.M. (eds), Laboratory Animal Medicine, Academic Press, Orlando, FL, USA, 1984

FULDA E., Durchführung von Tierversuchen. Rechtliche, biometrische und ethische Voraussetzungen, BML (Hrsg.), 1992

GRUBER F.P., Vergleich verschiedener Schweregradtabellen zur Belastung von Versuchstieren, Tierlaboratorium, 12, 152-156, 1989

HUBER B., Erfahrungen bei der Genehmigung und Kontrolle von Tierversuchen, Der Tierschutzbeauftragte, 4, 114-119, 1995

POPELLA E., Anforderungen des Tierschutzgesetzes an die Planung von Tierversuchen und deren Handhabung durch die Genehmigungsbehörde und die Kommission nach §15, Der Tierschutzbeauftragte, 1, 3-4, 1993

PORTER D., Ethical Scores for Animal Experimentation, Nature, 356, 101-102, 1992

RUSSEL W.M.S. and BURCH L.R., Principles of Human Experimental Technique, London: Methuen, 1959

SCHNEIDER B., Bewertung der Ersatzmethoden, In vitro-Systeme 1, 6, 1992

SWINDLE M.M. and ADAMS R.J. (eds), Experimental Surgery and Physiologie: Induced Animal Models of Humane Disease, Baltimore: Williams+Wilkins, 1988

TEUTSCH G.M., Wie unerläßlich sind Tierversuche? In vitro-Systeme 4, 9, 1991

TEUTSCH G.M., DAVID G. PORTERS Punktesystem zur ethischen Bewertung von Tierversuchen, Der Tierschutzbeauftragte, 3, 63-65, 1993

VOGEL R., Schmerzbewertung: Mögliches Vorgehen bei der Einteilung von Tierversuchen nach Schweregraden, Tierlaboratorium, 15, 29-34, 1992

Poster

Anwendung aviärer vitelliner Antikörper als Sekundärreagenzien

I. Behn, U. Hommel, H. Weichert, M. Oertel

Mit dem Nachweis der Eignung aviärer vitelliner Antikörper (IgY) als Sekundärantikörper in immunologischen Testsystemen wird eine Möglichkeit zum Ersatz von Säugetier-Antikörpern aufgezeigt. Herkömmlich werden Sekundärreagenzien zum Erfassen der verschiedensten Primärantikörper eingesetzt und üblicherweise durch Bluten von größeren Säugetieren (z.B. Ziege, Kaninchen, Schaf) gewonnen. Im Gegensatz zur Antiserumherstellung ist die Isolierung von IgY-Antikörpern aus dem Eidotter möglich. So werden die Versuchstiere nur bei der Immunisierung und nicht bei der Gewinnung der Antikörper Belastungen ausgesetzt. Um eine Akzeptanz als „Ersatz" für Säugetier-Antikörper zu erreichen, mußte für die aviären vitellinen Antikörper nachgewiesen werden, daß sie die Anforderungen an Qualität und Quantität ebenso wie mammäre Antikörper erfüllen, d.h. hohe Spezifität, gute Affinität, leichte Markierbarkeit, grosse Ausbeute und lange Haltbarkeit. So konnte mit verschiedenen Anwendungsbeispielen belegt werden, daß HAM-IgM bzw. IgG-Antikörper unmarkiert oder markiert (FITC, Biotin, POD) in immunologischen Testsystemen erfolgreich zu nutzen sind. Voraussetzung für ihren Einsatz waren systematische Untersuchungen von Einzeleiproben unter Beachtung der Antigendosis, der Verwendung von Adjuvans und der Phase der Immunantwort. Darüber hinaus sind Qualitätsproben durchgeführt worden, die belegen, daß sich Huhn-Antikörper ebenso wie Säugetier-Antikörper in immunologischen Testsystemen verhalten. Vorgestellt werden Experimente, bei denen IgY-Präparate als unmarkierte Brückenantikörper in ELISA-Systemen, direkt und indirekt markierte Detektionsantikörper in der Durchflußzytometrie und POD-gekoppelte Nachweisantikörper für Isotypen und Subklassen von Maus-mAk eingesetzt worden sind. Alle Beispiele zeigen die Eignung und belegen die gute Qualität der aviären vitellinen Antikörper und lassen Rückschlüsse auf die hohe Empfindlichkeit der Testsysteme bei Verwendung von Huhn-Antikörpern bzw. deren Kopplungsprodukten zu.

Pyrethroidinduzierte Neurotoxizität in Spinalganglien-Neuronenkulturen verschiedener embryonaler Entwicklungsalter

F. Boegner, H.-J. Moriske, S. Bach, S. Virgil, P. Marx

1. Einleitung

Die toxikologische Bedeutung von Pyrethroiden, die als Insektizide in vielfältiger Weise im Außen- und Innenraumbereich eingesetzt werden, wird seit langem diskutiert. Unter anderem wird eine Wirkung auf das zentrale und/oder periphere Nervensystem des Menschen, insbesondere bei längerer Exposition, angenommen. In einem Einzelzelltest neuronaler Zellen von Hühnerembryonen haben wir die neurotoxische Wirkung von Permethrin, einem der am häufigsten verwendeten Pyrethroide, in Abhängigkeit von der Dosierung und dem embryonalen Entwicklungsalter der Zellen untersucht.

2. Methodik

Es wurden Spinalganglien von Hühnerembryonen der Alter E6 bis E12 präpariert. Durch einen Vorplattierungsschritt wurden die neuronalen Zellen von Fibroblasten und Gliazellen getrennt, so daß die Reinheit der Kulturen bei über 95% lag. Die Kultivierung erfolgte auf mit konditioniertem Medium der Rattenhirntumorzelllinie B82 (NTF B82) vorbeschichteten Rasterplatten, nachdem diese zuvor bereits mit Poly-L-Lysin inkubiert worden waren. Nach mehrfachem Waschen mit PBS wurden die neuronalen Zellen in F12-Medium mit 5% foetalem Kälberserum und 10ng NGF/ml ausplattiert. Nach zweitägiger Kultivierung sind über 95% der neuronalen Zellen mit Neuritenbildung ausdifferenziert, die Überlebensrate liegt bei 98%. Zu diesem Zeitpunkt werden dann nach Mediumwechsel die zu testenden Substanzen, gelöst in reinstem Alkohol, dem Kulturmedium zugesetzt. Die Auswertung erfolgt qualitativ am Phasenkontrasmikroskop und quantitativ durch Auszählen der Neuriten tragenden Neurone in einem definierten Areal der gerasterten Platten vor und nach Applikation der Noxe. Jeder Ansatz wurde pro Versuch dreifach durchgeführt. Bei dieser Untersuchung wurde Permethrin zu 5, 10, 25 und 50µl (entsprechend 6, 12, 30 und 60µg/Platte) hinzugegeben, zur Kontrolle dienten Kulturen mit reinem Medium und Kulturen, die neben dem reinen Medium 10-50µl reinsten Alkohol enthielten.

3. Ergebnisse

Wir konnten einen dosisabhängigen neurotoxischen Effekt des Permethrins im neuronalen Einzellzellkulturtest an Spinalganglienneuronen von Hühnerembryonen nachweisen. Bei den exponierten Kulturen fällt eine zunehmende Desintegration des Neuritennetzes auf, bei stärkerer Vergrößerung zeigen sich in den neuronalen Zellkörpern vermehrt Granulationen. Die quantitative Auswertung der zusammengefaßten Daten von Zellen der Entwicklungsalter E6-E12 zeigt eine deutliche Reduzierung der Überlebensrate ab einer Permethrinkonzentration von 12µg/ml. Werden die Resultate getrennt nach einzelnen embryonalen Entwicklungsstadien ausgewertet, ergibt sich eine höhere Empfindlichkeit früher embryonaler Stadien.

Nachweis der Neutralisation von *Clostridium-perfringens*-ε-Toxin mit Zellkulturen

E. Borrmann, R. Diller, A. Dramburg, Ch. Muselmann, F. Schulze

Die Wirksamkeitsprüfung der Impfstoffe und Immunseren von *Clostridium(C.)-perfringens* erfolgt nach wie vor gemäß DAB 10 im Letalitäts- bzw. Neutralisationstest an der Maus. Dieser Wirksamkeitsnachweis verursacht extremes Leiden der Tiere. Das Ziel unserer Arbeit besteht deshalb in der Prüfung einer möglichen Ablösung bzw. Reduzierung der für die Wirksamkeitsprüfung der Clostridien-Impfstoffe und -Immunseren notwendigen Tierversuche durch die Anwendung zellulärer Testsysteme.

Die MDCK-Zellinie erwies sich als geeignetes Zellsystem zum Nachweis von *C.-perfringens*-ε-Toxin. Der MTT-Test zeigte sich als das optimale Verfahren zur Bestimmung der Zytotoxizität des nicht neutralisierten Toxins im Vergleich zu anderen Testsystemen (Neutralrottest, XTT-Test, Alamar Blue Assay).

Die für eine reproduzierbare Durchführung der Neutralisationstests notwendigen Bedingungen wurden bestimmt und standardisiert: Aktivierung des ε-Protoxins, Konzentration der Toxinlösung und des Standardantiserums, Zellzahl/Well, optimales Alter der Zellen, Einfluß der Zellpassagen, Auswertungsverfahren.

Die Bestimmung der Antitoxingehalte von Seren erfolgte in 96-well-Platten:

1. Inkubation des Toxins (konst. Konzentration) mit Antiserum (in 2er Verdünnungsschritten), Zugabe der Zellsuspension, Bestimmung der vitalen Zellen nach 3 Tagen mit dem MTT-Test.
2. Berechnung des prozentualen Anteils der vitalen Zellen bezogen auf die Zellkontrolle für jedes Toxin-Antiserum-Gemisch mit dem Auswerteprogramm der Fa. SLT (SLT Labinstruments Deutschland GmbH) und Ermittlung der Neutralisationskurve.
3. Berechnung der reziproken Titer von Prüf- und Standardantiserum aus dem Schnittpunkt der Regressionsgeraden im linearen Teil der Neutralisationskurve mit dem 50%-Wert (50% vitale Zellen) bzw. mit reinem Toxinwert (5-20% vitale Zellen).
4. Berechnung der Antitoxingehalte in Prüfseren

$$\text{IE/ml} = \frac{\text{rez. Titer der Prüfseren (50\%-Wert)} * 250\text{IE/ml}}{\text{rez. Titer des Standardantiserums (50\%-Wert)}}$$

oder

$$\text{IE/ml} = \frac{\text{rez. Titer der Prüfseren (reiner Toxinwert)} * 250\text{IE/ml}}{\text{rez. Titer des Standardantiserums (reiner Toxinwert)}}$$

Mit der beschriebenen Methode wurden die Antitoxingehalte von Prüfseren, die vom Paul-Ehrlich-Institut Langen zu Verfügung gestellt worden waren, bestimmt. Der nächste Schritt muß der Vergleich der so ermittelten mit den in Tierversuchen bestimmten Wertigkeiten sein.

Toxizitätsbestimmung dentaler Amalgame in vitro

M. Cervinka, M. Puza, L. Novak, Z. Cervinkova

1. Einleitung

Unmittelbar nach der Einführung dentaler Amalgame in die stomatologische Praxis wurden diese Stoffe Gegenstand kontroverser Diskussionen. Gegenwärtig ist die Frage ihrer eventuellen Toxizität nicht nur unter Stomatologen, sondern auch in der Öffentlichkeit aktuell. Trotzdem stellen die Amalgame auch weiterhin das am häufigsten benutzte Füllmaterial in der Stomatologie dar (75-80% aller Zahnfüllungen). Die gefährlichste Komponente der klassischen Amalgame ist die sogenannte Gamma-2-Phase (SN_7Hg), welche etwa 10% der Gesamtmenge des Amalgams ausmacht. Sie wird im Verlauf der elektrochemischen Korrosion in der Mundhöhle gespalten und es entstehen Oxydationsprodukte von Zinn und Quecksilber. Aus diesem Grunde wurden neue Amalgame ohne die oben angeführte Phase entwickelt. In der vorliegenden Arbeit haben wir uns zum Ziel gesetzt, die Unterschiede der Toxizität von klassischen Amalgamen und Non-Gamma-2-Amalgamen zu analysieren.

2. Material und Methode

2.1. Getestete Materialien

Folgende Materialien wurden getestet: Solila Nova, De Trey Dentsply, BRD; Valiant, L.D. Caulk Co. USA; GK Alloy, Central Iron and Steel Research Institute, China; Safargam S, Safina A.G., Tschechische Republik. An benutzten Materialien gehört Safargam S zu den sogenannten klassischen Amalgamen, die restlichen zu den sogenannten Non-Gamma-2-Amalgamen. Alle Materiale erhielten wir von geläufigen Lieferanten und sie wurden von erfahrenen Stomatologen genau nach den Gebrauchsanleitungen der Hersteller zubereitet. Als standartisiertes Kontrollmaterial mit unbedeutender Toxizität verwendeten wir die Legierung Palargen (Safina A.G., Tschechische Republik).

2.2. Dynamische Bestimmung der Kontaktzytotoxizität

Diese Methode beruht auf der Beobachtung morphologischer Veränderungen von Zellen der Linie Hep2 (ECACC No. 8603051) in der Nähe des getesteten Materials. In unserer Modifikation wird das zu testende Material in der Rose-Kammer mit Hilfe eines Streifens untoxischer Dialysemembran in der Nähe eines Zellmonolayers fixiert. Der sich in der Nähe des getesteten Materials befindliche Anteil der Zellkultur wurde in regelmäßigen Intervallen (30 Minuten) fotografiert. Alle Materiale wurden achtmal getestet. Das Prinzip unserer Methode beruht auf der Toxizitätsbestimmung der vom Testmaterial freigesetzten Stoffe mittels der Feststellung ihres Einflusses auf die sich in der Umgebung befindlichen Zellen. Um die stattfindenden Veränderungen in ihrer Dynamik zu erfassen, wurde im Verlauf des ganzen Versuchs immer die gleiche Stelle der Zellkultur fotografisch erfaßt. Da wir mit einem Phasenkontrastmikroskop arbeiteten, waren zur Festellung der Zellveränderungen keine weiteren Chemikalien notwendig (Details siehe CERVINKA M., 1992; CERVINKA M. and PUZA V., 1990).

3. Ergebnisse

3.1. Kontrollkulturen

Auch in unmittelbarer Nähe des Testmaterials kam es zu keinerlei morphologischen Zellveränderungen, mitotische Zellteilungen kamen im Verlauf des gesamten Experimentes vor.

3.2. Solila Nova

Nach einem 15 Minuten anhaltenden Kontakt mit dem Testmaterial beobachteten wir geringfügige Veränderungen an den Zelloberflächen mit typischem Auftreten von zahlreichen Ausläufern. Dieser Befund stellt ein Zeichen allgemeiner Zellreizung dar. Nach zwei Stunden hatte sich die Zellmorphologie vor allem in der Nähe des getesteten Materials sehr deutlich verändert. Es traten Zytoplasmaextrusionen auf, was als eindeutiges Zeichen einer Zellmembranschädigung zu gelten hat. Sehr beachtenswert waren auch Veränderungen in den Nukleolen, welche als Hinweis auf eine Störung der Proteosynthese zu werten sind. Nach vier Stunden war die Mehrzahl der Zellen abgestorben.

3.3. Safargam S

Nach einem 15 Minuten dauernden Kontakt mit dem getesteten Material konnten wir keine Veränderungen der Zellmorphologie feststellen. Nach 2 Stunden Exposition wurden in einigen Zellen Nukleolusschäden sichtbar. Nach vierstündiger Einwirkung des getesteten Materials auf die Zellkultur waren nur die Zellen abgestorben, welche sich in unmittelbarer Nähe des Wirkstoffes befanden. Im Vergleich zu Solila Nova waren jedoch die Veränderungen von viel geringerem Ausmaß.

3.4. GK Alloy

Nach kurzzeitigem Kontakt mit dem Testmaterial wiesen die Zellen keine Veränderungen auf. Nach zwei Stunden Einwirkung wurden in einem Teil der Zellen Nukleolusschäden deutlich und nach vier Stunden waren die Nukleolusstrukturen der Mehrzahl der Zellen geschädigt. Gegenüber von Solila Nova kamen keine Veränderungen der plasmatischen Zellmembran zur Beobachtung.

3.5. Valiant

Nach kurzzeitigem Kontakt blieben die Zellstrukturen morphologisch unverändert. Nach zwei Stunden beobachteten wir keinerlei Anzeichen von Zellschädigung. Nach vier Stunden Exposition kam es bei einem Teil der Zellen zu Schrumpferscheinungen und es hatten sich zahlreiche Philopodien ausgebildet.

4. Diskussion und Schlußfolgerungen

Gegenwärtig ist in der Stomatologie deutlich die Tendenz zu beobachten, klassische Dentalamalgame durch neue, weniger toxische Füllmateriale zu ersetzen. Bei der Toxizitätsbestimmung stomatologischer Materiale sind in vitro-Methoden unabkommbarer Bestandteil der Begutachtung von Gesundheitsrisiken geworden (STANFORD J.W., 1980). Der Vorteil unserer Methode besteht darin, daß sie es erlaubt, die Dynamik der morphologischen Veränderungen ohne Beinflussung der Zellkulturen durch weitere Chemikalien zu beobachten. Von Nachteil ist dagegen die Tatsache, daß unsere Methode keine quantitative Erfassung der Zellveränderungen erlaubt und sich auf die subjektive Wertung der morphologischen Veränderungen durch einen erfahrenen Zytologen stützt.

Unsere Ergebnisse wiesen nach, daß alle getesteten Amalgame leicht toxisch sind. Alle Testmateriale bewirkten morphologische Veränderungen an in vitro kultivierten Zellen, wobei wir keine bedeutsamen Unterschiede zwischen klassischen Amalgamen und sogenannten Non-Gamma-2-Amalgamen feststellen konnten. Ähnliche toxische Einwirkungen beobachteten wir auch in unserer vorhergehenden Studie mit polymeren Kompositmaterialen (PUZA V. und NOVAK L., 1971).

Literatur

CERVINKA M., Time-lapse phase-contrast microphotography of cell populations as a basis for improvement of in vitro toxicity assessment, ATLA, 20, 302-306, 1992

CERVINKA M. and PUZA V., In vitro toxicity testing of implantation materials in medicine: effects on cell morphology, cell proliferation and DNA synthesis, Toxicology in Vitro, 4, 711-716, 1990

PUZA V. und NOVAK L, Zellkulturen als Mittel für Toxizitätsteste zahnärztlicher Materialen, Schweiz. Mschr. Zahnheilk., 81, 75-84, 1971

STANFORD J.W., Recommended standard practices for biological evaluation of dental materials, International Dental Journal, 30, 140-189, 1980

Entwicklung einer Ersatzmethode für die Messung von Entzündung, Zellschädigung und Entzündungshemmung

S. Diethart, H. Juan, W. Sametz, R. Wintersteiger

Bei der Identifizierung von aus Gewebe freigesetzten Prostaglandinen (PG) mittels Dünnschichtchromatographie zeigte sich neben den PG-peaks ein nicht identifizierter Peak am Start. Dieser Peak erregte deshalb unser Interesse, da sich mit der Änderung des Stimulus zur PG-Freisetzung auch die Höhe dieses Peaks änderte.

Das erste Ziel dieser Arbeit war die Identifizierung des unbekannten Peaks und die Klärung der pharmakologischen, physiologischen und/oder pathophysiologischen Bedeutung.

Als in vitro-Modell diente das isoliert perfundierte Kaninchenohr, welches mittels eines Recycling-Verfahren mit ^{14}C-Arachidonsäure (^{14}C-AA) beladen wurde. Dabei wird ^{14}C-AA in die Bilipidschicht der Zellmembran eingebaut. Durch diverse Stimuli (z.B. Ca^{++}-Ionophore A23187, Histamin, Bradikinin etc.) wird die ^{14}C-AA über Aktivierung der Phospholipase A_2 aus der Bilipidschicht wieder freigesetzt und durch weitere Enzyme in PG u.a. Eicosanoide umgewandelt. Aus dem Ohrperfusat wurden nun diese freigesetzten Eicosanoide und die AA dünnschichtchromatographisch aufgetrennt und mit Hilfe eines Szintillationszählers gemessen (JUAN H. und SAMETZ W., 1980).

Zur Identifizierung wurde der erste Peak nochmals aufgetrennt. Aufgrund der hydrophilen Eigenschaften der unbekannten Substanz(en) des Peaks lag der Verdacht nahe, daß es sich um Phospholipide handeln könnte. Tatsächlich konnte dieser Peak mit Hilfe verschiedener analytischer Methoden als Gemisch von Phospholipiden, hauptsächlich als Phosphatidylcholin und -ethanolamin identifiziert werden.

Des weiteren konnten wir feststellen, daß dieser Peak durch verschiedene entzündungshemmende Stoffe unterschiedlich gehemmt werden konnte. So hemmte z.B. der Cyclooxygenase-

Hemmer Indomethacin die Entstehung dieses Peaks kaum, wohl aber die Freisetzung der PG. Hingegen blockierte der hochpotente entzündungshemmende Wirkstoff Myricetin-Glucuronid aus der Pflanze Epilobium angustifolium (HIERMANN et al., 1991) die Phospholipid-Freisetzung fast vollständig, während es die PG-Biosynthese erst in höherer Konzentration verringerte. Auch Ca^{++}-Entzug hemmte die Freisetzung der Phospholipide um ca. 80%.

Die Ergebnisse weisen darauf hin, daß die Freisetzung der Phospholipide durch entzündungsfördernde und zellmembranschädigende Reize beim Entzündungsgeschehen und bei Zellschäden von wesentlicher Bedeutung ist und einen neuen Parameter darstellt.

Daher könnte dieses Modell, mit dem man sowohl die Freisetzung und Hemmung der PG und der AA als auch der Phospholipide bestimmen kann, als Ersatzmethode zum Tierversuch für die Messung von Entzündung, Zellschädigung und Entzündungshemmung dienen. Die Methode wird zur Zeit intensiv ausgebaut.

Literatur

HIERMANN, REIDLINGER, JUAN, SAMETZ, Planta Med, 57, 357, 1991
JUAN H. und SAMETZ W., Naunyn-Schmiedeberg's Arch. Pharmacol., 314, 183, 1980

Studies on the optimized fluorescence diagnosis of tumours by comparing 5-Ala induced xenofluorescence and autofluorescence intensities of a murine tumour-non tumour tissue system cultivated on the CAM

C. Dressler, M.S. Ismail, S. Ströbele, A. Daskalaki, C. Philipp, H.-P. Berlien, M. Liebsch, H. Spielmann

The *in vivo* model of the chorioallantoic membrane of chicken embryos (CAM) was used for establishing a tumourous-non tumourous tissue (TNTT) system by co-cultivation. The tumours were grown from the murine fibrosarcoma cell line SSK II, and the murine fibroblast cell line 3T3 clone A31 was used for cultivating the non tumourous tissue. This TNTT system was employed for an investigation of optimized fluorescence diagnosis of tumours. In this study xenofluorescence induced by 5-aminolaevulinic acid (5-ALA) and autofluorescence intensities were compared. Exogenous administration of 5-ALA, an early precursor in haem synthesis, may enhance the accumulation of endogenous photoactive porphyrins, in particular protoporphyrin IX (PpIX).

The tissues were inoculated as cell suspensions with cell densities of $2 \times 10^6/20\mu l$ culture medium into silicon O-rings located on the CAM of chicken eggs incubated for 6-7 days. Fluorescence investigations were performed after 3-4 days of incubation, when the tissues had reached macroscopically three dimensional stages of growth.

Accumulation of PpIX was induced in the CAM inoculated TNTT by administration of 0,4 mmolar 5-ALA solution in PBS. PpIX xenofluorescence was excited with a HBO-X 100W lamp (Carl Zeiss) at 405 ± 5nm. Xenofluorescence emission was detected in the spectral range above 630nm. The fluorescence intensities were visualized by real time digital image processing (*Argus 10*, HAMAMATSU) using an ICCD camera (HAMAMATSU). The intensities were analysed semiquantitatively on a „wrong colour" scale. The effects of several biochemicals (e.g. oxamic acid, antimycin A, glucose, 1,10-phenanthroline, and 2-iodoacetamide) on the xenofluorescence intensities of the fibrosarcoma and fibroblast tissues were also investigated.

Einfluß verschiedener Adjuvantien auf die Legeleistung bei der Immunisierung von Hühnern

M.H. Erhard, A. Hofmann, M. Stangassinger, U. Lösch

In den letzten Jahren fand die Gewinnung aviärer Antikörper aus dem Dotter von Hühnereiern zunehmende Beachtung. Um eine hohe Ausbeute an spezifischen Dotterantikörpern zu erzielen, wurde bisher aufgrund seiner starken immunstimulierenden Wirkung und trotz seiner auch beim Huhn gravierenden Nebenwirkungen vor allem Freundsches komplettes Adjuvans (FCA) verwendet.

Im Rahmen der Untersuchungen zur Wirksamkeit eines Lipopeptids als Alternative zu FCA wurden Legehennen der Rasse Weißes Leghorn sowohl mit FCA als auch mit dem Hexapeptid Pam_3Cys-Ser-$(Lys)_4$ (PCSL) mit *Lactovac*® Muttertier-Vaccine (Fa. Hoechst, D-Unterschleißheim) und Kryptosporidien immunisiert. Die Erstimmunisierung erfolgte nach Legebeginn, geboostert wurde einmal vier Wochen nach der ersten Impfung, die zweite Wiederholungsimpfung erfolgte acht Wochen nach der ersten Boosterung.

Die durchschnittliche Legeleistung aller Tiere im Versuchszeitraum über 172 Tage steigerte sich von 5,5 Eiern pro Legehenne und Woche zu Beginn der Untersuchung auf maximal 6,3 Eier pro Legehenne und Woche in der achten Versuchswoche und erreichte im Schnitt 6,0 Eier pro Legehenne und Woche.

Der Vergleich der unter Verwendung von PCSL bzw. FCA immunisierten Gruppen ergab keine signifikanten Unterschiede in der Gesamtlegeleistung (6,1 Eier pro Legehenne und Woche gegenüber 6,0 Eiern pro Legehenne und Woche). Bei den unter Verwendung von FCA immunisierten Hühnern (n=24) zeigte sich jedoch im Anschluß an die Boosterimmunisierungen ein kurzfristiger Abfall der Legeleistung, der anschließend aber wieder annähernd kompensiert werden konnte. Im Gegensatz dazu stieg die Legeleistung bei den unter Verwendung von PCSL immunisierten Gruppen bis zur zehnten Legewoche nahezu kontinuierlich an, um anschließend auf einem hohen Niveau zu stagnieren. Eine Beeinträchtigung durch die Immunisierungen konnte bei dieser Gruppe nicht beobachtet werden.

Der bei den mit FCA immunisierten Tieren nach der ersten und zweiten Wiederholungsimpfung aufgetretene deutliche Abfall der Legeleistung für ein bis zwei Wochen dürfte auf die durch FCA hervorgerufenen akuten lokalen Entzündungsreaktionen an der Injektionsstelle zurückzuführen sein (SPRICK-SANJOSÉ und MESSING A., 1990; SCHADE R. et al., 1994). Insgesamt scheint die Legeleistung einer Geflügelpopulation über einen längeren Zeitraum jedoch kein geeigneter Parameter zur Beurteilung der Belastung der Tiere durch eine Immunisierung zu sein, da die wiederholt beschriebenen entzündlichen Reaktionen beim Einsatz von FCA (TAM L.Q. and BENEDICT A.A., 1975; SPRICK-SANJOSÉ und MESSING A., 1990) eine stärkere Beeinträchtigung des Allgemeinzustandes erwarten lassen, als aus der weitgehend unveränderten Dauerlegeleistung der immunisierten Hennen absehbar ist.

Dieses Vorhaben wurde mit Unterstützung des Bundesministeriums für Bildung und Forschung (BMBF) durchgeführt.

Literatur

SCHADE R., BÜRGER W., SCHÖNEBERG T., SCHNIERIG A., SCHWARZKOPF C., HLINAK A., KOBILKE H., Aviäre vitelline Antikörper (Dotterantikörper): Ergebnisse zur Beeinflussung der Legeleistung von Hühnern nach Immunisierung mit Antigenen unterschiedlicher Art und Herkunft sowie zur Leistungsfähigkeit aviärer vitelliner Antikörper im Vergleich zu mammären Antikörpern, ALTEX, 2, 75-83, 1994

SPRICK-SANJOSÉ und MESSING A., Studien zur Adjuvanswirkung beim Huhn (gallus gallus), Vet. Med. Diss., Universität München, 1990

TAM L.Q. and BENEDICT A.A., Elevated 7S immunoglobulin and acute phase proteins in adjuvant-injected chickens, Proc. Soc. Exp. Med., 150, 340-346, 1975

Korrelationen zwischen Antikörpertitern in Serum und Dotter nach der Immunisierung von Legehennen

M.H. Erhard, A. Hofmann, M. Stangassinger, U. Lösch

Im Rahmen der Herstellung von Eipulver zum Einsatz bei infektionsbedingten Diarrhoen wurden Legehennen dreimal mit den am häufigsten vorkommenden Erregern der Neugeborenendiarrhoe des Kalbes immunisiert. Als Antigene wurden *Lactovac*® Muttertier-Vaccine (Fa. Hoechst, D-Unterschleißheim) und aus Kälberkot isolierte Kryptosporidien unter Verwendung von Freundschem kompletten Adjuvans (FCA) oder dem Lipopeptid $Pam_3Cys\text{-}Ser\text{-}(Lys)_4$ (PCSL) verabreicht.

In wöchentlichen Abständen wurden sowohl die Seren als auch die Dotter der immunisierten Hennen mittels ELISA auf ihren Gehalt an spezifischen Antikörpern gegen Rota- und Coronavirus, E. coli K99 Pilusantigen und Kryptosporidien untersucht. Der Verlauf der spezifischen Antikörpertiter in den Dotterproben der jeweils zum Zeitpunkt der Blutentnahme gelegten Eier zeigte gegenüber der Entwicklung der Werte in den Seren keine gravierenden Unterschiede. Über das gesamte Immunisierungsintervall wurden die Serumwerte mit den Werten des Eidotters verglichen und daraus die in der Tabelle 1 aufgeführten Korrelationen errechnet. Die beste Übereinstimmung im Kurvenverlauf ergab sich beim Vergleich der Serumwerte mit den im Dotter eine Woche später auftretenden Werten.

Tabelle 1. Korrelationen des spezifischen Antikörpergehalts in Serum und Dotter immunisierter Legehennen
Die Korrelationen wurden über das gesamte Immunisierungsintervall ausgewertet, indem die Serumwerte mit den Werten des Eidotters (eine Woche später) verglichen wurden. In Klammern wurden die Korrelationen zum gleichen Zeitpunkt angegeben

Adjuvans	Rotavirus	Coronavirus	E. coli K99	Kryptosporidien	Mittelwert
FCA	0,92 (0,78)	0,84 (0,71)	0,75 (0,81)	0,89 (0,53)	0,85 (0,71)
PCSL	0,77 (0,66)	0,84 (0,46)	0,81 (0,70)	0,91 (0,41)	0,85 (0,56)

Nachdem in verschiedenen Arbeiten (PATTERSON R. et al., 1962a,b; KOWALCZYK K. et al., 1985) die Transferzeit von 5 bis 6 Tagen für spezifische Antikörper aus dem Plasma in den

Eidotter untersucht wurde, konnte in der vorliegenden Untersuchung bei allen getesteten Antigenen und unabhängig vom verwendeten Adjuvans ein quantitativer Zusammenhang zwischen den spezifischen Antikörpertitern in Serum und den Dottern der eine Woche später gelegten Eier aufgezeigt werden. Demnach kann auf Blutentnahmen für die Antikörpergewinnung beim Haushuhn vollständig verzichtet werden, da die identischen Antikörper eine Woche später im Dotter zu finden sind.

Dieses Vorhaben wurde mit Unterstützung des Bundesministeriums für Bildung und Forschung (BMBF) durchgeführt.

Literatur

KOWALCZYK K., DAISS J., HALPERN J., ROTH T.F., Quantitation of maternal - fetal IgG transport in the chicken, Immunol., 54, 755-762, 1985

PATTERSON R., YOUNGER J.S., WEIGLE W.O., DIXON F.J., Antibody production and transfer to egg yolk in chickens, J. Immunol., 89, 272-278, 1962a

PATTERSON R., YOUNGER J.S., WEIGLE W.O., DIXON F.J., The metabolism of serum proteins in the hen and chick and secretion of serum proteins by the ovary of the hen, J. Gen. Physiol., 45, 501-513, 1962b

Nebenwirkungen von Adjuvantien bei den Spezies Maus und Huhn

M.H. Erhard, A. Hofmann, P. Schmidt, M. Stangassinger, U. Lösch

Aus praktischen und ökonomischen Gründen ist man bestrebt, bei der Immunisierung von Tieren mit einer möglichst geringen Menge an Antigen und durch nur wenige Impfungen eine bestmögliche Antikörperproduktion zu erreichen. Hierzu und auch aufgrund der geringen Immunogenität mancher Antigene werden sogenannte Adjuvantien zur Steigerung der Immunantwort zusammen mit dem Antigen verabreicht.

Auf der Suche nach Adjuvantien mit guter immunstimulierender Wirkung und begrenzten Nebenwirkungen wurden einmal bei der Immunisierung von Mäusen, zum anderen am Beispiel von Hühnern verschiedene Adjuvantien auf ihre Verträglichkeit am Injektionsort überprüft.

Balb/c Mäuse wurden unter Verwendung von Freundschem inkompletten Adjuvans (FIA), Montanide® ISA 25 (ISA 25) und Montanide® ISA 70 (ISA 70), sowie des Lipopeptids Pam_3Cys-Ser-$(Lys)_4$ (PCSL) allein oder in Verbindung mit einem der Montanide®-Präparate dreimal gegen das Hapten-Carrier-Konjugat $MATP_{24}$-HSA intraperitoneal immunisiert.

Bei der nach Versuchsende durchgeführten makroskopischen Untersuchung des Abdomens konnten sowohl bei den Kontrolltieren als auch bei den unter Verwendung von PCSL immunisierten Tieren keine Hinweise auf chronisch pathologische Veränderungen in der Bauchhöhle gefunden werden. Die lichtmikroskopische Untersuchung ergab bei den mit PCSL behandelten Tieren eine geringgradige, vorwiegend lymphoplasmozytäre Infiltration des Netzes. Die mit allen anderen Adjuvantien immunisierten Tiere zeigten eine chronisch-granulomatöse und fibrosierende Peritonitis unterschiedlich starker Ausprägung mit entsprechenden histologischen Befunden, wobei die stärksten Veränderungen in der FIA-Gruppe zu finden waren.

Nach der intramuskulären Immunisierung von Hühnern mit $MATP_{24}$-HSA unter Verwendung von Freundschem kompletten (FCA; Erstimmunisierung) bzw. inkompletten (FIA;

Boosterungen) Adjuvans oder Pam_3Cys-Ser-$(Lys)_4$ in verschiedenen Dosierungen wurde die Pektoralismuskulatur ebenfalls auf pathologische Veränderungen hin untersucht.

Während die Musculi pectorales der mit PCSL immunisierten Hühner ohne besonderen Befund waren, fanden sich in der Brustmuskulatur der unter Verwendung von FCA/FIA immunisierten Tiere entzündliche Veränderungen des Faszienbereiches mit multiplen bis stecknadelkopfgroßen Knötchen. Die histologische Untersuchung ergab bei den PCSL-Gruppen nur eine geringgradige Aktivierung des lokalen Lymphgewebes. Dagegen fanden sich bei den mit FCA/FIA behandelten Hühnern deutliche Zeichen einer chronisch-granulomatösen Entzündung wie Infiltration mit typischen Entzündungszellen sowie Angiofibroblastensprossung und Fibrosierung.

Auch nach der intramuskulären Immunisierung von Hühnern gegen die häufigsten Erreger der bovinen Neugeborenendiarrhoe zeigten sich bei allen unter Verwendung von Freundschem kompletten Adjuvans (FCA) immunisierten Hühnern deutlich ausgeprägte Gewebereaktionen mit zum Teil flächenhaften oder multiplen, bis zu haselnußgroßen Abszessen. Vereinzelt konnten sogar granulomatöse Veränderungen mit disseminierten speckigen Zubildungen gefunden werden. Dagegen war die Brustmuskulatur von mit PCSL gegen Lactovac® oder Kryptosporidien immunisierten Hühnern makroskopisch ohne besonderen Befund.

Damit konnte gezeigt werden, daß die gute immunstimmulierende Wirkung von FCA bzw. FIA sowie anderer öliger Adjuvantien sowohl bei der Maus als auch beim Huhn mit gravierenden Nebenwirkungen einhergeht. Der Einsatz des neuen Adjuvans Pam_3Cys-Ser-$(Lys)_4$ führte dagegen zu allenfalls geringgradigen Veränderungen an der Injektionsstelle, so daß mit diesem Lipopeptid eine nebenswirkungsarme Alternative zu FCA/FIA für die Immunisierung von Mäusen und Hühnern gefunden werden konnte.

Dieses Vorhaben wurde mit Unterstützung des Bundesministeriums für Bildung und Forschung (BMBF) durchgeführt.

Zwischenbericht zur Studie: Tierversuche: Gentechnologie und Ersatz- und Ergänzungsmethoden

E. Falkner, H. Schöffl, Ch.A. Reinhardt

Es gibt zum gegenwärtigen Zeitpunkt keine Darstellung der tierschutzrelevanten Möglichkeiten des Einsatzes gentechnologischer Methoden zur Reduzierung, Verfeinerung bzw. zum Ersatz von Tierversuchen im Sinne der 3R (RUSSEL W.M.S. and BURCH R.L., 1959). Es wird daher besonders darauf Wert gelegt, gentechnologische Methoden und ihre Anwendungen im Sinne der 3R (reduce, refine, replace) katalogmäßig darzustellen. Ergänzend dazu sollen auch die in Arbeit befindlichen Projekte und ihre Tierschutzrelevanz erfaßt werden.

Diese Studie soll aufzeigen:

1. inwieweit bereits gentechnologische Methoden als Alternative erfolgreich zur Reduzierung, Verfeinerung und zum Ersatz von Tierversuchen im Sinne der 3R in den wichtigsten Bereichen der biomedizinischen Forschung, Entwicklung und biotechnologischen Produktion eingesetzt werden.
2. welche aktuellen Forschungsvorhaben in Industrie und Universitäten zur Zeit verfolgt werden.

3. welche erfolgversprechenden Methodenentwicklungen es für die Zukunft gibt.
4. welche Projekte, Methoden und Fachbereiche (im Sinne der 3R) in weiterer Zukunft speziell gefördert werden sollen.
5. die Problematik der transgenen Tiere in bezug auf Alternativen zu Tierversuchen.

1. Vorgangsweise

Nach der Definition der Suchgebiete wurde die Datenerhebung durchgeführt. Diese bestand aus EDV-unterstützter Literaturrecherche sowie der Kontaktierung von Forschern aus dem universitären bzw. industriellen Bereich. Ferner wurden auch die Daten der Genehmigungs- und Aufsichtsbehörden, soweit dies trotz Gründen der Amtsverschwiegenheit möglich war, gesammelt. Abschließend werden die Daten einer kritischen Diskussion in bezug auf die 3R unterzogen.

2. Beispiel zu Punkt 2 - aktuelle Forschungsvorhaben

2.1. Verwendung von DNA-Fingerprinting zur genetischen Überwachung von Labortieren

DNA-Fingerprinting hat sich als nützliche Methode für das genetische Monitoring bzw. die Qualitätskontrolle von Labortieren, in diesem Fall Inzucht-Nagern, erwiesen. 12 Inzucht-Ratten-Linien wurden untersucht. Es konnte gezeigt werden, daß alle 12 unterschiedliche DNA-Muster aufwiesen und somit leicht voneinander zu unterscheiden sind. Der in einigen Fällen gehegte Verdacht auf eine genetische Kontamination konnte widerlegt werden.

Ein weiterer Vorteil des DNA-Fingerprinting besteht darin, daß für die Untersuchungen nur eine kleine Menge Gewebe des jeweiligen Tieres benötigt wird, das jedoch vielfach noch durch Amputationen gewonnen wird. In Verbindung mit PCR (s.o.) wären diese Operationen unnötig. Experimenteller Aufwand und Kosten aber auch die Belastung des Versuchstieres können somit minimiert werden.

Literatur

RUSSEL R.J. et al., DNA fingerprinting for genetic monitoring of inbred laboratory rats and mice, Laboratory Animal Science 43 (5), 460-465, 1993

RUSSELL W.M.S. and BURCH R.L., The Principles of Humane Experimental Technique, London: Methuen & Co., 1959. Neu aufgelegt 1992 von der Universities Federation for Animals Welfare (UFAW), GB-Herts

Dieses Projekt wird vom Österreichischen Bundesministerium für Gesundheit und Konsumentenschutz gefördert.

Dieses Projekt wird im Sommer 1996 abgeschlossen und anschließend in der „Roten Reihe" des Bundesministeriums für Gesundheit und Konsumentenschutz publiziert werden. Interessierte können die Studie kostenlos im Bundesministerium bei Herrn Sektionschef Mag.Dr. Ernst Bobek, Radetzkystr. 2, A-1030 Wien, anfordern.

Ermittlung von Zusammenhängen zwischen physikalisch-chemischen Stoffeigenschaften und biologischen Stoffwirkungen

I. Gerner, G. Graetschel, J. Kahl, E. Schlede, D. Kayser

Zusammenfassung

Im Bundesinstitut für gesundheitlichen Verbraucherschutz und Veterinärmedizin (BgVV) liegen im Rahmen der Meldung von Chemikalien nach dem Chemikaliengestz für etwa 1.000 Stoffe mit einem Reinheitsgrad von über 95% physikalisch-chemische und toxikologische Stoffdaten vor. Mit Hilfe dieser Daten wird gegenwärtig ein EDV-gestütztes Entscheidungs-Unterstützungs-System (Decision Support System, DSS) entwickelt, das es gestatten soll, auf der Basis der physikalisch-chemischen Eigenschaften einer Reinchemikalie zu entscheiden, ob zur Bewertung lokaler Reizwirkungen des betreffenden Stoffes

- lediglich theoretische Struktur-Wirkungs-Betrachtungen (z.B. mit Hilfe von EDV-gestützen SAR-Modellen),
- derartige theoretische Überlegungen in Kombination mit bestimmten Alternativmethoden oder
- aus Gründen des gesundheitlichen Verbraucherschutzes auch weiterhin Tierversuche

durchgeführt werden müssen.

Um Zusammenhänge zwischen physikalisch-chemischen Parametern (Löslichkeiten, LogPow, Molekulargewicht, Schmelz- und Siedepunkt, Dampfdruck, Oberflächenspannung) und der lokalen Reizwirkung von Chemikalien zu erkennen, werden Expertenwissen, Angaben aus der Literatur, Informationen aus der Datenbasis des EDV-gestützten Systems und statistische Berechnungen mit den gespeicherten Stoffdaten verwendet. Mit Hilfe der statistischen Berechnungen wurden bereits Zusammenhänge zwischen den Daten der Datenbasis gefunden, die zur Ausarbeitung von Regeln für ein wissensbasiertes Entscheidungssystem eingesetzt werden .

A new cell culture model for polycystic kidney disease

M. Hafner, R. Pey, N. Gretz, J. Bach, G. Schieren

The polycystic kidney disease (PKD) constitutes one of the most frequent and potentially fatal hereditary or acquired disorders of the human kidney. It affects 1 in 1.000 individuals and perhaps five million people worldwide, making PKD more common than other genetically transmitted diseases like cystic fibrosis, muscular dystrophy or sickle cell anemia. PKD is the fourth leading cause of chronic renal failure and accounts for fifteen per cent of patients requiring renal transplantation or dialysis. The disease is characterized by the formation of numerous cystic expansions and the progression of renal epithelium due to tubular dysmorphogenesis. The presence of renal cysts in affected individuals constantly increases with age and approaches hundred per cent of patients by the age of eighty. The progressive increase in the amount and size of cysts is thought to be responsible for subsequent renal failure. The mechanism of cyst formation and growth remains largly unknown but has been attributed to enhanced cell proliferation, accumulation of fluid in the nascent cyst due to mislocation of membran proteins (e.g. Na^+/K^+-ATPase), unbalanced cell death and extensive changes in the basal membranc or extracellular matrix of cyst lining epithelial cells. The observation that the product of the recently identified mutated PKD1 gene, which is found in approximately 85% of cases of autosomal dominant PKD, is localized to the extracellular matrix strengthens the hypothesis that the proliferative and secretory abnormalities are likely to be secondary effects and suggests that PKD is an epigenetic disorder. However, there is no treatment that prevents the abnormal formation and enlargement of renal cysts. To further elucidate the nature of PKD and to test potentially useful drugs several animal models have been developed, but a recently described mutant strain of Sprague Dawley rats exhibiting autosomal dominant PKD (Han:SPRD/cy^+) most closely resembles the human disease. Although this animal model proved to be particulary suitable to study the interactions between tubular epithelium and extracellular matrix at the beginning of tubular cystic transformation *in vivo*, this approach suffers from several problems, mostly arising from its intra- and interassay variability. The high intra-assay variability e.g. increases the number of animals which have to be used to prove a defined biological activity of a test compound with the appropriate certainty after statistical evaluation, making the assay labor-intensive and expensive. In addition, public opinion and recently issued acts on animal welfare now recommend the avoidance of assays causing stress, pain, anxiety and subsequent death of animals. Thus, alternative *in vitro* bioassays suitable for preclinical drug screening programs and the development of new therapeutic strategies for future treatment of PKD are highly desirable. Although some attempts to study cyst formation *in vitro* using either human and murine primary cell cultures or the dog Madin-Darby canine kidney (MDCK) cell line have been reported, *in vitro* approaches utilizing cell cultures from Han:SPRD/cy^+ kidneys have not been exploited for cellular and morphogenetic studies of tubular cyst formation due to the absence of a suitable cell culture systems.

In this study, we report a new model of spontaneous cyst formation *in vitro*, a procedure to obtain large quantities of cysts from Han:SPRD/cy^+ rats and a method for cryopreservation. Using laser scanning confocal microscopy we show the three dimensional nature of the *in vitro* cysts and their opposite topology compared to *in vivo* renal cysts. *In vitro* cyst formation can be further enhanced by the epithelial growth factor (EGF), a modulator of morphogenesis. Finally, we demonstrate the effect of taxol on *in vitro* cyst formation and regression. This inhibitor of microtubule polymerization has recently been proposed as a useful treatment of PKD in humans. It is anticipated that data generated from *in vitro* studies using spontaneously formed cysts from Han:SPRD/cy^+ rats may yield further insights to the pathophysiological and cellular basis of fatal renal cyst formation processes, and may be applied to develop specific therapeutic strategies directed at controlling the growth of cysts, thereby reducing the number of animal tests.

Beitrag zur Qualität der Vorhersage der akuten oralen Toxizität (LD_{50}) aus der Zytotoxizität (IC_{50x}) für 24 Tenside

W. Halle, H. Spielmann, F. Moldenhauer, B. Grune-Wolff

1. Einleitung

Voraussetzung für ein neues Verfahren zur Vorhersage der akuten oralen Toxizität (LD_{50}) für Ratte/Maus ist ein Register der Zytotoxizität (RC). In dem RC sind von 347 Chemikalien und Arzneimitteln die Werte für die mittlere Zytotoxizität IC_{50x} - als geometrisches Mittel von mindestens zwei IC_{50}-Werten pro Substanz - und die akute orale Toxizität (LD_{50}) aus dem NIOSH-Register (RTECS) erfaßt. Von den 347 Wertepaaren IC_{50x} - LD_{50} p.o.wurden die Parameter der einfachen linearen Regression mit $\log LD_{50}=0,625+0,435*\log IC_{50x}$ berechnet. Der empirische Faktor $F_G \leq \log 5$ definiert einen Dosisbereich um die Standardregressionsgerade, in dem die minimalen und maximalen LD_{50}-Werte um $\pm$ 0,699 von den geschätzten Werten (y) auf der Standardgeraden abweichen. In diesem F_G-Bereich sind von den 347 Stoffen 252 (73%) lokalisiert.

Die Frage wurde untersucht, mit welcher Qualität für die Stoffgruppe der Tenside die Vorhersage einer oralen LD_{50} mit den Daten des RC möglich ist. Dafür standen von 24 Tensiden die IC_{50x}-Werte (mit 137 IC_{50}-Einzelwerten) zur Verfügung. Von den 24 Stoffen sind 8 mit ihren IC_{50}- und LD_{50}-Werten im RC enthalten. Von 16 Tensiden sind zum Teil die oralen LD_{50}-Werte für Ratte/Maus und/oder die Molmassen aus Literaturdaten berechnet worden, die aus dem internen Datenmaterial der Henkel KGaA, D-Düsseldorf, stammen.

2. Ergebnis

Von den 24 Tensiden liegen 19 (79%) im definierten F_G-Bereich um die Standardregressionsgerade des RC. Die mit der linearen Regression berechnete Ausgleichsgerade für die 24 Tenside läßt sich in diesen F_G-Bereich projizieren.

3. Praktische Anwendung

Mit einer Zellinie (z.B. 3T3) und einem zytotoxischen Endpunkt (z.B. NR_{50}-Test) werden von ca. 15 Substanzen mit bekannten oralen LD_{50}-Werten aus dem RC die IC_{50}-Werte und die Ausgleichsgerade als laboreigene Eichgerade bestimmt. Diese Eichgerade muß im F_G-Bereich der Standardregressionsgeraden liegen. Dann ist mit den Parametern dieser Standardgeraden die Prädiktion einer LD_{50} p.o. möglich.

4. Schlußfolgerung

Für Tenside ist auf der Basis des RC eine Vorhersage der akuten oralen Toxizität (LD_{50}) mit einer für praktische Belange ausreichenden Genauigkeit möglich. Ein vergleichbar gutes Ergebnis wurde mit der Stoffgruppe der Neurotropika erzielt (HALLE W. und SPIELMANN H., 1994).

Die Untersuchungen wurden vom Bundesverband der Tierversuchsgegner Menschen für Tierrechte e.V. gefördert. Für die Bereitstellung von Daten danken wir Herrn Dr. F. BARTNIK, Henkel KGaA, D-Düsseldorf.

Literatur

HALLE W. und SPIELMANN H., Zur Qualität der Vorhersage der akuten Toxizität (LD_{50}) aus der Zytotoxizität (IC_{50x}) für eine Gruppe von 26 Neurotropika aufgrund der Daten des „Erweiterten Registers der Zytotoxizität", ALTEX, 3, 148-153, 1994

Der Stellenwert von in vitro-Methoden bei der Suche nach neuen Arzneimitteln

A.W. Herling, K. Seeger, G. Küsters

Die Zahl der Tiere, die für Tierversuche in den biomedizinischen Arbeitsbereichen der pharmazeutischen Industrie verwendet wurden, nimmt seit den 70er Jahren kontinuierlich ab. Hoechst verwendete 1994 nur noch 15,1% der Tiere im Vergleich zu 1980. Dies ist auf einen eigendynamischen Prozeß in der Biomedizin zurückzuführen: Methodische Fortschritte der Biochemie und Molekularbiologie machten es möglich, immer mehr elementare Bereiche der Biologie besser zu verstehen.

In diesen biochemischen Arbeitsbereichen findet auch die quantitative Hauptarbeit der Arzneimittelforschung statt. Dort werden ausschließlich Methodiken an schmerzfreier Materie, also sogenannte Ersatz- und Ergänzungsmethoden, angewandt. Mehr als 80% der biomedizinischen Ergebnisse der Arzneimittelforschung werden in Ersatz- und Ergänzungsmethoden gewonnen.

Diese Entwicklung zu deutlich niedrigeren Tierzahlen wurde auch durch eine veränderte Forschungsphilosophie begünstigt. Das frühere „Random-Screening", die Prüfung von unbekannten Substanzen im Tierversuch zur Auffindung irgendeiner pharmakologischen Wirkung, wurde durch ein „target-orientiertes Screening" abgelöst. Dabei wird auf einen prospektiv definierten Wirkmechanismus gescreent (z.T. mit voll robotisierten Techniken: Prüfzeit von 2-3 Wochen für eine chemical library von ca. 100.000 Substanzen). Für diese als wirksam erkannten Substanzen wird durch gezielte chemische Variationen - unterstützt durch Computer Modeling - eine Struktur-Wirkungsbeziehung erarbeitet. Die biomedizinische Prüfung erfolgt in einer in vitro-Testhierarchie, die von einem definierten Wirkmechanismus bis hin zu einer Wirkung in komplexeren Systemen reicht: subzelluläres Material (Enzyme, Rezeptoren, Transporter, Kanäle), Zelle, Gewebe, Organ. Ziel ist es, eine Wirkstärke zu erreichen, die eine in vivo-Wirkung vermuten läßt. Bei vielen Forschungsprojekten werden weit über 95% der Testsubstanzen auf der in vitro-Ebene bereits als unwirksam erkannt und in der Testhierarchie nicht weiter untersucht.

Die Hinwendung zu den Ersatz- und Ergänzungsmethoden der biomedizinischen Forschung stellt einen Umweg zum Verständnis des komplexen Geschehens im biologischen Organismus dar. Daher bleibt die Pharmakologie bei der Suche nach neuen Arzneimitteln auf den ganzheitlichen Tierversuch als letztes Glied in der Kette biomedizinischer Modelle auch weiterhin angewiesen. Die quantitative Bedeutung der tierexperimentellen Methoden hat aufgrund der methodischen Fortschritte in der in vitro-Forschung abgenommen. Parallel dazu ist die qualitative Bedeutung für die wenigen verbliebenen Tierversuche für die Arzneimittelentwicklung gestiegen.

A model for testing the availablility of chemicals from textiles to the human skin

H. Höcker, E. Heine, J. Herrling, B. Müller, H. Thomas

Finishing processes of textiles include the addition of dyes and/or auxiliaries. Several dyestuffs are described as substances with a high potential for sensitizing and causing contact dermatitis. Some of the substances can even act as phototoxic chemicals.

To elucidate the real migration of different textile auxiliaries, the complex system - finished textile and human skin - has to be investigated. In order to fully study the multiple influencing factors concerning exposition and the large number of possible textile auxiliaries, in vivo experiments are not justified and skin models are required. Thus, a model of human skin simulating conditions during wearing of clothes has been developed. Besides varying compositions of sweat, temperature and exposure to rubbing the modelling of human skin itself is important. As a substitute to mammalian skin porcine skin was chosen.

Migration of chemicals from textiles to skin is determined by external and internal textile factors. The external factors are human sweat (in different compositions, including micro flora), lipids, perfumes, surfactants, deo sprays and cream. Furthermore residues of textile washing agents might have an influence on the migration of textile auxiliaries and dyestuffs. The internal factors of textiles concern the interaction of one auxiliary with another one in the respective textile goods. Parameters like contact pressure, duration of exposure, temperature, humidity are varied to simulate the range from normal to extreme conditions occurring during wearing of clothes.

With the aid of selected substances like azo dyes disperse dyes with known sensitizing potential, metal complex dyes, and carrier substances the complex processes taking place during the wearing of textiles are recorded and assessed. For this purpose different textile materials are finished with dyes and/or auxiliaries on a laboratory and a technical scale and furthermore, representative commercial dyes are investigated.

Important for the risk assessing of the exposition of human skin to textile chemicals is not only the migration of these substances onto skin but also the penetration into skin and the dermato-toxicologic and sensitizing properties of these chemicals. Precondition for the bio-availability of textile auxiliaries is the migration of chemicals into skin, i.e., the diffusion of auxiliaries through epidermal layers.

Acknowledgement

We gratefully acknowledge the cooperation of Dr. PIA NOBLE from the Federal Ministry of Health, Bonn, and Dr. THOMAS PLATZEK from the Federal Public Health Department, Berlin, and the financial support by the German Federal Ministry of Health.

Ein neuartiges Testsystem für in vitro-Studien von Medikamenten: Einfluß nichtvolatiler Anästhetika auf die transendotheliale Leukozytenmigration

R. Hofbauer, G. Weberhofer, E. Matejcek, H.G. Kress

1. Einleitung

Die polymorphkernigen neutrophilen Leukozyten (PMNL) spielen bei der unspezifischen Abwehr von Infektionen eine große Rolle. Die häufig außerhalb der Blutgefäße lokalisierten Infektionen können von den PMNL nur dann erreicht werden, wenn sie durch einen Endothelzellmonolayer (ECM) migrieren. Frühere Studien zeigten einen inhibitorischen Effekt der Anästhetika auf die Leukozyten. Da die Endothelzelle eine zentrale Rolle bei der Leukozytenaktivierung und der Migration spielt, haben wir erstmals die transendotheliale Leukozytenchemotaxis in vitro unter Sufentanil, Propofol, dem Lösungsmittel von Propofol und dem als migrationshemmend bekannten Barbiturat Thiopental untersucht. Dazu etablierten wir einen physiologisch relevanten in vitro-Migrationstest durch kultivierte Endothelzellen, um den gleichzeitigen Einfluß von unterschiedlichen in der Anästhesie verwendeten Pharmaka auf PMNL und ECM zu testen, ohne Tierversuche durchführen zu müssen.

2. Material und Methoden

Endothelzellen wurden aus humanen Nabelschnurvenen (HUVEC) mittels der Kollagenasemethode isoliert und auf Mikroporenfiltern (Falcon, Becton Dickinson) mit einer Porengröße von 3,0µm unter Standardbedingungen im Brutschrank bis zum Heranwachsen eines ECM gezüchtet. Mittels Dichtezentrifugationstechnik wurden neutrophile Granulozyten von weiblichen und männlichen gesunden Probanden frisch isoliert. ECM und PMNL wurden mit klinisch relevanten Plasmakonzentrationen von Thiopental (10^{-5}mol/l), Propofol (4µg/ml), dem Lösungsmittel von Propofol (Lipofundin) und Sufentanil (5ng/ml) vorinkubiert. PMNL wurden 15 Minuten und ECM 30 Minuten mit den Medikamenten behandelt (=beh. PMNL bzw. beh. ECM). Untersucht wurde die transendotheliale Leukozytenmigration über 3h gegen das chemotaktische Peptid f-Methionyl-Leucyl-Phenylalanin (FMLP: 10^{-7}mol/l), wobei inkubierte und nichtinkubierte ECM verwendet wurden. Die Resultate sind Mittelwerte von 7 unabhängigen Versuchen, angegeben in Prozent der Kontrolle (unbehandelte PMN durch unbehandelte ECM) und statistisch mit dem Student's *t* Test analysiert (* $p<0,05$ - s. Tabelle 1).

3. Ergebnisse und Diskussion

Wie in der Tabelle 1 gezeigt, hemmen sowohl Propofol als auch Sufentanil die transendotheliale Leukozytenmigration signifikant. Hierbei spielen offenbar sowohl Effekte auf Endothelzellen als auch auf PMNL eine Rolle. Das Lösungsmittel von Propofol hat keinen signifikanten Einfluß.

Tabelle 1

	Thiopental	Propofol	Intralipid	Sufentanil
unbeh. PMNL - beh. ECM	88% *	94%	n.d.	90%
beh. PMNL - unbeh. ECM	80% *	80% *	n.d.	85% *
beh. PMNL - beh. ECM	67% *	73% *	98%	77% *

Zum ersten Mal konnte in einem physiologischen in vitro-System der Effekt von Anästhetika und Analgetika auf die Endothelzelle gezeigt werden. Ein großer Vorteil dieses Migrationstestes ist, daß Tierversuche vermieden werden können und humane Zellen zur Messung zur Verfügung stehen, die sich aus leicht zugänglichem Material (Blut, Nabelschnüre nach der Geburt) problemlos und ethisch bedenkenlos gewinnen lassen.

Untersuchungen zu Affinität und Kopplungsfähigkeit aviärer vitelliner Antikörper

U. Hommel, I. Behn, H. Weichert, M. Oertel

1. Einleitung

Der Einsatz aviärer vitelliner Antikörper als immunologische Sekundärreagenzien erfordert die Überprüfung ihrer Eignung unter qualitativen und quantitativen Aspekten. Die „unblutige“ Präparation der IgY-Antikörper aus dem Eidotter immunisierter Hühner (DNP-RGG, Maus-IgG, Maus-IgM) ist problemlos und in ausreichender Menge möglich. Für den Nachweis der Eignung derartiger Antikörper in immunologischen Testsystemen wurden Untersuchungen zur Affinität und Markierbarkeit der IgY-Antikörper durchgeführt.

2. Affinitätsuntersuchungen

Dazu wurden weiße Leghorn-Hennen dreimal im Abstand von 4 Wochen mit DNP-RGG (0,1mg; 0,5mg; 1mg mit und ohne Adjuvans) immunisiert. Die Bestimmung des Anti-DNP-Titers in Einzeleiproben war Voraussetzung für die Bestimmung der Affinitätswerte ($K_{relativ}$: im Bereich von 10^{-3}-10^{-9}M/l; $K_{funktionell}$: im Bereich 10^{-6}-10^{-12}M/l) mittels EIA-Hemmtechnik. Die Ergebnisse zeigten, daß Aussagen zur Affinität der Antikörper bei allen mit Adjuvans immunisierten Hühnern möglich sind. Die in den unterschiedlichen Phasen der Immunantwort nach dreimaliger Immunisierung ermittelten Affinitätswerte für K_r und K_f waren dabei jedoch von der individuellen Reaktion der Versuchstiere abhängig.

Beim Vergleich von kommerziell hergestellten Kaninchen-anti-DNP-Antikörpern mit von uns isolierten Huhn-Antikörpern (IgY) zeigte sich, daß mit Säugetieren vergleichbare Affinitätswerte erreicht werden können, wenn dem Versuchstier dreimal 0,5mg DNP-RGG in KFA appliziert wurde.

3. Untersuchungen zur Markierbarkeit

Die aus Dottermaterial präparierten Huhn-anti-Maus-IgG- bzw. IgM-Antikörper wurden nach entsprechenden Literaturangaben mit FITC, Biotin und POD markiert. In systematischen Untersuchungen sind Einzeleiproben aus den Maxima der Immunantwort (PIR, SIR, TIR) sowie nach Variation der Antigendosis mit und ohne KFA eingesetzt worden. Der Erfolg der jeweiligen Markierung wurde im Vergleich mit kommerziell erhältlichen mammären Antiseren überprüft.

Anwendungsbeispiele belegten, daß die präparierten IgY-Antikörper ohne zusätzliche Reinigungsschritte zur Kopplung geeignet sind und die spezifischen Bindungseigenschaften nicht beeinflußt wurden. Die Qualität der markierten Präparate stand in direktem Zusammenhang mit dem Antikörpertiter der verwendeten Eiprobe und hing damit unmittelbar von der gewählten Immunisierungsmethode ab. Am effektivsten waren Präparate aus der SIR nach Immunisierung der Hühner mit Adjuvans. Die Austestung der Kopplungsprodukte in immunologischen Essays (z.B. Durchflußzytometrie und ELISA) bewies, daß äquivalente Ergebnisse zu den als Kontrolle mitgeführten mammären Sekundärreagenzien erzielt werden können.

Eignung früher Entwicklungsstadien des bebrüteten Hühnereies für eine Ersatz- und Ergänzungsmethode zur Untersuchung der Biotransformation von Xenobiotica

L. Kiep

Das bebrütete Hühnerei stellt ein hochorganisiertes biologisches System mit komplexen Regulations- und Koordinationsmechanismen dar. Bereits innerhalb der frühen, nicht schmerzempfindlichen Entwicklungsstadien des Embryos, d.h. bis zum 10. Inkubationstag, ist das Brutei zur biochemischen Funktionalisierung und Konjugation ausgewählter Modellsubstanzen fähig. So ist ab dem 4.-5. Bruttag Cytochrom P-450-abhängige Oxigenase-Aktivität nachweisbar. Durch 3.4.3'.4'- Tetrachlorbiphenyl, Phenobarbital u.a. Substanzen lassen sich in ovo P-450-Isoenzyme induzieren und mit geeigneten Substraten in ihrer Aktivität erfassen. UDP-Glucuronyltransferase-Aktivität tritt gegenüber o-Aminophenol am 8. Bruttag auf, nach Vorbehandlung mit Phenobarbital finden sich erste Aktivitäten bereits am 4. Inkubationstag. Von den weiteren Phase-II-Enzymen erscheint die Aktivität der N-Acetyltransferase, mit m-Aminobenzoesäure als Substrat, am 3. Bruttag.

Auf diesen Voraussetzungen, d.h. der metabolischen Kompetenz des Hühnerbruteies, innerhalb der nicht schmerzempfindlichen Entwicklungsstadien des Embryos, gründet eine mögliche Ersatz- und Ergänzungsmethode für Biotransformations-Untersuchungen, die durch vertikale Inokulation des Xenobioticums in den Dottersack des Bruteies (Gallus domesticus) am 6. Bebrütungstag sowie Isolierung, Identifizierung und Bestimmung der Metaboliten aus der Allantoisflüssigkeit am 10. Bruttag charakterisiert ist. Besondere Bedeutung kommt hierbei der Verwendung von Bruteiern aus einer tiergerechten Hühnerhaltung zu. Des weiteren sind zur Vermeidung einer Schädigung des Embryos die Untersuchungen generell am 10. Bruttag zu beenden. - Von der Untersuchungssubstanz wird die aseptisch hergestellte Lösung oder Suspension einer subletalen Dosis (Milligramm-Bereich) in sterilisiertem Wasser oder Erdnußöl (0,1-0,5ml/Ei) appliziert. Die Aufarbeitung des Probenmaterials (ca. 4-5ml Allantoisflüssigkeit/Ei) erfolgt nach den üblichen bioanalytischen Verfahren (Extraktion, Lyophilisation, chromatographische sowie spektroskopische Methoden...).

Mit der beschriebenen in ovo-Methode konnten nach Inokulation von Salicylsäure (Na-Salz) als Biotransformations-Produkte u.a. Gentisinsäure, deren Ester-/ether-glucuronid und das Salicylsäure-ester/ether-glucuronid nachgewiesen werden (KIEP L.,1982). Nach Applikation von Metamphetamin wurden u.a. der N-Desalkyl-Metabolit Amfetamin sowie dessen N-Acetyl-Konjugat in der Allantoisflüssigkeit des 10. Bruttages gefunden (NEUGEBAUER M.,1995).

Die Fähigkeit des Hühnerbruteies zur Fremdstoff-Biotransformation könnte ferner für solche toxikologische Fragestellungen von Bedeutung sein, denen eine metabolische Aktivierung des Xenobioticums zugrunde liegt, da Metabolismus und Indikation des toxischen Effektes in demselben multizellulären Testsystem stattfinden.

Literatur

BRUNSTRÖM B., Activities in chick embryos of 7-ethoxycoumarin O-deethylase and aryl hydrocarbon (benzo[a]pyrene) hydroxylase and their induction by 3.3'.4.4'- tetrachlorobiphenyl in early embryos, Xenobiotica, 16, 865-872, 1986

KIEP L., Biotransformation von Salizylsäure im Kükenembryo (Gallus domesticus), Dissertation Universität Halle, 1982

KIEP L. und BEKEMEIER H., Biotransformation und Toxizizät von Xenobiotica im Kükenembryo, Pharmazie, 41, 868-872, 1986

NEUGEBAUER M., Biotransformation von (+)-Metamfetamin im bebrüteten Hühnerei, Pharmazie, 50, 201-206, 1995

Kommunikation zum Thema „Tierschutz bei Tierversuchen"

G. Küsters, K. Seeger, A.W. Herling

Die Bedeutung der Kommunikation in der modernen Informationsgesellschaft hat auch die Industrie erkannt. Heute möchten sich die Menschen zu allen Fragen und Problemen ein eigenes Urteil, eine eigene Meinung bilden. Ein internationales Unternehmen wie Hoechst ist in vielfältiger Weise in das gesellschaftliche Geschehen eingebunden. Über Erfolgsbilanzen und hochwertige Produkte hinaus wird von ihm umfassende Rechenschaft über die gesellschaftlichen Konsequenzen seiner Tätigkeit erwartet. Nichts wird negativer bewertet als fehlende, unvollständige oder verspätete Information.

Bei komplizierten Sachverhalten, wie z.B. der modernen biomedizinischen Forschung, ist hier eine Transparenzschuld entstanden. Schwierige Zusammenhänge müssen so dargestellt werden, daß sich auch der Nicht-Fachmann ein Urteil bilden kann. Vorbehalte oder Vorurteile bei Laien erwachsen häufig aus mangelnden Kenntnissen bzw. unrichtigen oder verfälschenden „Informationen" aus Kritikerkreisen. Verständliche und offene Information durch Wissenschaftler, Laboranten und Tierpfleger, die selbst mit Tieren in der Forschung arbeiten, trägt zum Abbau solcher Vorurteile gegenüber Tierversuchen wesentlich bei. Besonders wichtige Instrumente sind dabei Dialog und persönlicher Eindruck vor Ort.

Zielgruppen der Kommunikation zum Thema „Biomedizinische Forschung und Tierversuche" sind Hoechst-Mitarbeiter aus anderen Arbeitsbereichen und die breite Öffentlichkeit. Medien nehmen bei der Vermittlung eine zentrale Rolle ein. Journalisten, Herausgeber und Redakteure können viel dazu beitragen, sachlich über die Realität in der modernen biomedizinischen Forschung zu informieren. Sie wirken damit auch meinungsbildend. Es ist ein typisches Merkmal unserer modernen Gesellschaft, daß schlechte Nachrichten mehr interessieren als gute, vermeintliche Skandale die Auflagen höher treiben als „langweilige" Sachlichkeit. Speziell bei sehr emotional diskutierten Themen wie den Tierversuchen bestehen häufig Berührungsängste mit den Medien. Wir haben - mit Ausnahme einer einmaligen sehr unerfreulichen Erfahrung bei Filmaufnahmen im Jahre 1991 - überwiegend sachliche und faire Berichterstatter angetroffen.

Wir wollen angesichts der Tatsache, daß man - bei allem Bemühen um alternative Methoden - bei bestimmten Fragestellungen nicht ohne Tierversuche auskommt, Verständnis für deren Notwendigkeit und Nutzen erwecken und zeigen, daß wir „Tierschutz bei Tierversuchen" praktizieren. Informationen werden in Publikationen, Ausstellungen, Vorträgen, Diskussionen und bei persönlichen Besuchen von Laien und Kritikern in den Labors und Tierhaltungen vor Ort angeboten. Die Kommunikationsarbeit und bisherige Erfahrungen damit werden vorgestellt.

Fazit

Auch bei dem hochemotionalen Thema „Tierversuche" kann Transparenz Verständnis erzeugen. Notwendigkeit und Nutzen von Tierversuchen, Tierliebe und Sachverstand der Mitarbeiter werden wahrgenommen. Sachliche Argumente von Menschen, denen man anmerkt, daß sie sich über ihre Arbeit in der Forschung, über Tiere und Tierschutz viel Gedanken machen, werden von Öffentlichkeit und Medien akzeptiert.

Immunisierungen mit dem reizarmen Ribi-Adjuvans-System

I. Kuhlmann, B. Storz, I. Gast

Zur Immunisierung von Versuchstieren wird bislang vor allem Freund's Adjuvans (FA) eingesetzt. Dieses Adjuvans ist durch zahlreiche, die Versuchstiere erheblich belastende Nebenwirkungen gekennzeichnet (AMYX H.L., 1987; BRODERSON J.R., 1989; CLAASSEN E. et al., 1992). Eine reizärmere Alternative stellt das Ribi-Adjuvans-System (RAS) dar (RIBI E. et al., 1985), eine metabolisierbare Öl-in-Wasser-Emulsion. Im Gegensatz zu FA verursacht RAS keine oder zumindest deutlich schwächere pathologische Veränderungen (LIPMAN N.S. et al., 1992)

Das reizarme RAS wird seit 1993 an der Universität Konstanz getestet. Es wurde dabei bewußt unter Praxisbedingungen eingesetzt, d.h. es wurden Antigene verschiedener Substanzklassen und Molekulargewichte, verschiedene Immunisierungsprotokolle, sowie unterschiedliche Methoden zur Austestung des Antikörpertiters angewandt. Insgesamt wurden 86 Kaninchen, 30 Mäuse und 32 Hühner unter Verwendung von 58 verschiedenen Antigenen mit RAS immunisiert. Bislang liegen Ergebnisse von 64 Kaninchen, 18 Mäusen und 10 Hühnern vor. Die Immunisierungen mit RAS wurden von den Experimentatoren bei Kaninchen mit über 91% und bei Mäusen mit über 83% als positiv bewertet. FA wurde nur in begründeten Ausnahmefällen eingesetzt. Bei 6 Tieren wurde der Immunisierungserfolg von RAS direkt mit FA verglichen. Die Ergebnisse waren gleichwertig, bei zwei Tieren konnte nach der Immunisierung mit RAS sogar ein höherer Antikörpertiter festgestellt werden als nach der Immunisierung mit FA.

Die bisherigen Ergebnisse zeigen, daß mit RAS Immunisierungserfolge erzielt werden können, die mit denjenigen von FA vergleichbar sind. RAS stellt ein potentes Adjuvans dar, das routinemäßig für Immunisierungen im Forschungsbereich eingesetzt werden kann. Die prinzipielle Verwendung von FA scheint deshalb nicht länger akzeptabel.

Literatur

AMYX H.L., Control of animal pain and distress in antibody production and infectious disease studies, Journal of the American Veterinary Medical Association, 191, 1287-1289, 1987

BRODERSON J.R., A retrospective review of lesions associated with the use of Freund's adjuvant, Laboratory Animal Science, 39, 400-405, 1989

CLAASSEN E., DE LEEUW W., DE GREEVE P., HENDRIKSEN C., BOERSMA W., Freund's complete adjuvant: an effective but disagreeable formula, 44th Forum in Immunology, 478-483, 1992

LIPMAN N.S., TRUDEL L.J., MURPHY J.C., SAHALI Y., Comparison of immune response potentiation and in vivo inflammatory effects of Freund's and RIBI adjuvants in mice, Laboratory Animal Science, 42, 193-197, 1992

RIBI E., CANTRELL J.L., TAKAYAMA R., A new immunomodulator with potential clinical applications: monophosphoryl Lipid A, a detoxified endotoxin, Clinical Immunology Newsletter, 6, 33-36, 1985

Ethisch-rechtliche Aspekte als Orientierung und Entscheidungshilfe über einen Antrag auf Genehmigung eines Tierversuchsvorhabens

D. Labahn, M. Völkel

Antrag auf Genehmigung eines Versuchsvorhabens wird eingereicht:

1. Die beantragten Tierversuche sind für einen der folgenden Zwecke unerläßlich?

1.1. Vorbeugen, Erkennen oder Behandeln von Krankheiten, Leiden, Körperschäden oder körperlichen Beschwerden oder Erkennen oder Beeinflussen physiologischer Zustände oder Funktionen bei Mensch oder Tier

1.2. Erkennen von Umweltgefährdung

1.3. Prüfung von Stoffen oder Produkten auf ihre Unbedenklichkeit für die Gesundheit von Mensch oder Tier oder auf ihre Wirksamkeit gegen tierische Schädlinge.

1.4. Grundlagenforschung (§7 Abs. 2 Ziff. 1-4 TSchG)

➔ wenn NEIN, weiter bei 10.4; wenn JA weiter bei 2

Rechtliche Anforderungen

2. Unerläßliche Angaben für den Antrag auf Genehmigung eines Versuchsvorhabens nach §8 Abs. 1 TSchG sind vorhanden?

Fragestellung wissenschaftlich und verständlich beschrieben?

Schlüsselwörter angegeben?

Neuester wissenschaftlicher Erkenntnisstand dargelegt und mit Literatur bewiesen?

Schlüssige biometrische Planung vorhanden?
Ausreichende fachliche Qualifikation der beteiligten Personen gegeben?

➔ wenn NEIN, weiter bei 10.1; wenn JA weiter bei 3

3. Die Versuchshypothese kann durch andere Methoden geklärt werden?
Beispielsweise durch:
- freiwillige Testpersonen
- klinische Daten
- in vitro-Methoden mit Organen, Geweben oder Zellen tierischer oder menschlicher Herkunft
- Protozoen, Bakterien, Pilze
- physikalische oder technische Modelle (Computersimulation, techn. Simulation) (§7 Abs. 2)

➔ wenn NEIN, weiter bei 4; wenn JA weiter bei 10.4

4. §8 Abs. 3 Ziff 1 Buchst. b:
Das angestrebte Versuchsergebnis ist bereits hinreichend bekannt, da bereits entsprechende tierexperimentelle bzw. klinische Erkenntnisse vorliegen?

➔ wenn NEIN, weiter zu 5; wenn JA weiter zu 10.4

5. Das Versuchsvorhaben entspricht einem der folgenden Zwecke, der nach der herrschenden Meinung keine Unerläßlichkeit begründet:
- Tierversuche zu Ausbildungszwecken (operative Eingriffe) wenn auch versuchsbegleitend möglich
- Arzneimittel und Chemikalien zur Registrierung für den Japanischen Markt (Nachweis weitergehender Tierversuche als in der EU und in Amerika, wobei vorausgesetzt werden kann, daß alle Arzneimittel und Chemikalien ausreichend validiert sind)
- höhere Tierzahlen als EU (EWG)- oder USA (FDA)-Richtlinien vorschreiben. Anderes gilt, wenn eine österreichische, schweizer oder deutsche Vorschrift ausdrücklich eine bestimmte Tieranzahl vorschreibt
- Gewinnung monoklonaler Antikörper in der Maus, es sei denn, daß sie für folgende Fälle unerläßlich sind:
  1. Für die Diagnostik oder Therapie beim Menschen in Notfällen;
  2. „Rettung“ von Hybridomen, wenn diese in der Zellkultur nicht mehr wachsen oder wenn sie infiziert sind;
  3. Erarbeitung neuer Fragestellungen (Bundesdrucksache 12/224, 1991).

➔ wenn NEIN, weiter bei 6; wenn JA weiter bei 10.4

Ethische Anforderungen

Erwartete Belastung der Tiere
Dabei maßgeblich für die Beurteilung ist der Anteil der Tiere des Versuchs mit der höchsten erwarteten Belastung:

- keine Belastung
- geringe Belastung
- mäßige Belastung
- erhebliche Belastung

Beispiele zur ethischen Bewertung

Theologisch ausgerichtete Betrachtung
„Du sollst nicht töten!" oder „Hab' Ehrfurcht vor dem Leben!" Kein Mensch hat das Recht, einen anderen Menschen physisch oder psychisch zu quälen, zu verletzen, gar zu töten ... Aber auch das Leben der Tiere ... verdient Schutz, Schonung und Pflege (Deklaration des Parlamentes der Weltreligion zum Weltethos, Sept. 1993, Chicago).

Philosophische Betrachtung
„Leidensfähigen Tieren dürfen durch Experimente nur dann Leiden zugefügt werden, wenn diese mit einiger Wahrscheinlichkeit auf einen therapeutischen Nutzen hoffen lassen" (BIRNBACHER D., 1993).

„Eingriffe in das Wohlbefinden von Tieren sind umso strenger zu beurteilen, je gravierender sie für die betroffenen Tiere sind und je unerheblicher oder doch verzichtbarer für den Menschen. Umgekehrt gilt, daß ein Eingriff umso eher zu tolerieren ist, je geringfügiger er für die Tiere und je notwendiger er im Intereesse anderen Lebens ist." (Abwägungsrichtlinien nach TEUTSCH G.M., 1983)

Ehrfurcht vor dem Leben: „Ich bin Leben, das leben will, in Mitten von Leben, das leben will", (ALBERT SCHWEITZER). Eine Rechtfertigung von Tierversuchen und Tiertötung gibt es nicht. Tierversuche können aber verantwortbar sein.

Gesellschaftlich akzeptierte ethische Betrachtungsweisen
Versuche, die dem Tier schwere Leiden verursachen, müssen vermieden werden, indem durch Änderung der zu prüfenden Aussage andere Versuchsanordnungen gewählt werden, oder indem auf den erhofften Erkenntnisgewimm verzichtet wird. Als schwere Leiden gelten Zustände, welche ohne lindernde Maßnahmen als unerträglich zu bezeichnen sind (Ethische Grundsätze und Richtlinien für wissenschaftliche Tierversuche, Schweizerische Akademie der Medizinischen Wissenschaften, Schweizerische Akademie der Naturwissenschaften, Juni 1994).

6. Das beantragte Versuchsvorhaben ist ethisch vertretbar?

➔ wenn NEIN, weiter bei 10.3; wenn JA, weiter bei 7

7. §7 Abs. 3 Satz 2 TSchG:
Versuche an Wirbeltieren, die zu länger anhaltenden oder sich wiederholenden, erheblichen Schmerzen oder Leiden führen, dürfen nur durchgeführt werden, wenn die angestrebten Ergebnisse vermuten lassen, daß sie für wesentliche Bedürfnisse von Mensch oder Tier einschließlich der Lösung wissenschaftlicher Probleme von hervorragender Bedeutung sein werden.

➔ wenn NEIN, weiter bei 10.4; wenn JA, weiter bei 8

Behördliche Prüfung und Entscheidung

8. Wissenschaftliche Begründung durch den Antragsteller
Der Antragsteller hat wissenschaftlich begründet, z.B. anhand einer Tabelle dargelegt und mit Literatur bewiesen, daß die beteiligten biologischen Systeme und Organsysteme des Tieres mit den Abläufen beim Menschen übereinstimmen bzw. dargelegt, warum die Nichtübereinstimmung bei seiner Thematik unberücksichtigt bleiben kann.

Die gesetzliche Voraussetzung des §8 Abs. 3 Ziff. 1 TSchG, wonach die Genehmigung erteilt werden darf, wenn wissenschaftlich begründet dargelegt ist, daß die Voraussetzungen des §8 Abs. 2 und 3 vorliegen, ist erfüllt?

➔ **wenn NEIN, weiter bei 10.4; wenn JA, weiter bei 9**

9. Prüfung weiterer wissenschaftlicher Aspekte speziell durch die kompetenten Kommissionsmitglieder, ob z.B.

- das Versuchsziel wie geplant überhaupt erreicht werden kann
- das Narkotikum tierartspezifisch richtig gewählt wurde

➔ **wenn NEIN, weiter bei 10.3; wenn JA weiter bei 11**

10. negativer Beschluß der Kommission

10.1. Der Antrag wird wegen fehlender oder unvollständiger bzw. widersprüchlicher Angaben zurückgestellt.

10.2. Der Antrag wird abgelehnt, weil er die Anforderungen des §8 Abs. 3 Ziff. 1a TSchG nicht erfüllt.

10.3. Der Antrag wird wegen Nichterfüllung der ethisch-rechtlichen Voraussetzungen abglehnt.

10.4. Der Antrag wird abgelehnt, weil

- das Versuchsziel hinreichend bekannt ist,
- auch durch andere Methoden erzielt werden kann,
- nicht unerläßlich ist.

11. positiver Beschluß der Kommission:

Der Antrag erfüllt die Anforderungen des §8 Abs. 3 Ziff. 1a TSchG.

12. Weitere Prüfung durch die Genehmigungsbehörde, ob z.B. die räumlichen, baulichen Voraussetzungen in der Tierhaltung dem TSchG entsprechen.

13. Prüfung durch die Genehmigungsbehörde: Ablehnung bzw. Genehmigung des Versuchsantrags

Literatur

BIRNBACHER D., Der (u.a.) ethische Auftrag des Tierschutzbeauftragten, Tierlaboratorium, 16, 9-17, 1993

Deutscher Bundestag, Druchsache 12/224, 39-40, 1991

TEUTSCH G.M., Tierversuche und Tierschutz, München: C.H. Beck, 1983

In vitro-Testsysteme in der arbeits- und umweltmedizinischen Neurotoxikologie: Untersuchungen zur neurotoxischen Wirkung von Blei an klonierten humanen und nicht-humanen Kaliumkanälen

M. Madeja, N. Binding, U. Mußhoff, O. Pongs, U. Witting, E.-J. Speckmann

Durch Injektion von in vitro-transcribierter RNA können in Oocyten des Krallenfrosches Xenopus laevis klonierte Kaliumkanäle exprimiert werden (vgl. MADEJA M. und MUßHOFF U., 1992). Hiermit steht ein in vitro-Testsystem zur Untersuchung der Wirkung neurotoxischer Substanzen auf spezifizierte Ionenkanäle zur Verfügung. Ziel der vorliegenden Studie war es, den Einfluß von Blei auf die Kaliumströme zu untersuchen.

Spannungsgesteuerte klonierte Kaliumkanäle von Mensch und Ratte wurden in Oocyten exprimiert. Die Kaliumströme wurden mit der two-electrode whole cell voltage-clamp- sowie der patch-clamp-Technik bei einem Haltepotential von -80mV und Kommandopotentialen (Dauer: 1s) bis zu 100mV untersucht. Blei wurde in Konzentrationen zwischen 0,1 und 100µmol/l appliziert.

Bei allen untersuchten Kaliumkanälen (Kv1.1, Kv1.2, Kv1.4, Kv2.1, Kv3.4; vgl. PONGS O., 1992) rief Blei eine Verschiebung des Strom-Spannungs-Verhältnisses in positive Richtung um bis zu 30mV hervor. Maximale Effekte wurden für den Kv1.1-, minimale für den Kv2.1-Kanal gefunden. Die Schwellenkonzentration für diese Wirkung lag bei 0,1µmol/l Blei, der Effekt war bei etwa 30µmol/l maximal. Bei einem Potential von -30mV lag die IC_{50} bei 1,0µmol/l. Untersuchungen an Membran-Patches zeigten, daß diese Bleiwirkung nur bei inside-out patches, nicht aber bei outside-out patches auftrat (MADEJA M. et al., 1995). Dies deutet auf eine Bindungsstelle für Blei im äußeren Teil der Ionenkanäle hin. Messungen von Einzelkanalaktivitäten belegen weiterhin, daß Blei haupsächlich die mittlere Öffnungszeit und die mittlere Öffnungsfrequenz der Kaliumkanäle vermindert, während die Stromamplitude nahezu unverändert blieb.

Als Schlußfolgerung kann folgendes festgehalten werden: Der Strom durch spannungsgesteuerte Kaliumkanäle wird durch Blei reduziert. Patch-clamp-Untersuchungen zeigen, daß eine Bindungsstelle für Blei an den äußeren Ionenkanalstrukturen anzunehmen ist. Blei beeinflußt die mittlere Öffnungszeit und Öffnungsfrequenz der Kaliumkanäle, nicht aber die Amplitude des Stroms. Die gefundenen Effekte können zur Ausprägung der neurotoxischen Symptomatik bei Bleiintoxikationen beitragen. Die grundsätzliche Eignung des in vitro-Testsystems zur Untersuchung neurotoxischer Wirkungen auf spannungsgesteuerte Kaliumkanäle konnte gezeigt werden. Damit steht ein Modellsystem zur Abschätzung des neurotoxischen Potentials unbekannter oder verdächtigter Neurotoxine zur Verfügung.

Siehe auch: U. MUßHOFF et al., In vitro-Testsysteme in der arbeits- und umweltmedizinischen Neurotoxikologie: Untersuchungen zur neurotoxischen Wirkung von Blei auf in vitro exprimierte ligandengesteuerte Ionenkanäle (non-NMDA-Rezeptor-Kanäle), sowie U. NEIDT et al., In vitro-Testsysteme in der arbeits- und umweltmedizinischen Neurotoxikologie: Untersuchungen zur neurotoxischen Wirkung von Blei an einem Funktions-generierenden neuronalen Netzwerk (Buccalganglion, Helix pomatia), in diesem Band.

Literatur

MADEJA M. und MUSSHOFF U., Die Eizellen des Krallenfrosches als Modell in der Neurophysiologie, EEG-Labor, 14, 25-37, 1992
MADEJA M., BINDING N., MUSSHOFF U., PONGS O., WITTING U., SPECKMANN E.-J., Effects of lead on cloned voltage-operated neuronal potassium channels, Naunyn-Schmiedeberg's Arch. Pharmacol., 351,320-327,1995
PONGS O., Molecular biology of voltage-dependent potassium channels, Physiol. Rev., 72, S69-S88, 1992

In vitro-Testsysteme in der arbeits- und umweltmedizinischen Neurotoxikologie: Untersuchungen zur neurotoxischen Wirkung von Blei auf in vitro exprimierte ligandengesteuerte Ionenkanäle (non-NMDA-Rezeptor-Kanäle)

U. Mußhoff, N. Binding, M. Madeja, U. Witting, E.-J. Speckmann

Durch Injektion von mRNA können in Oocyten des Krallenfrosches Xenopus laevis Ionenkanäle exprimiert werden (MADEJA M. und MUßHOFF U., 1992). Hiermit steht ein in vitro-Testsystem zur Untersuchung der Wirkung neurotoxischer Substanzen auf spezifizierte Ionenkanäle zur Verfügung (Mußhoff et al., in Druck). Ziel der vorliegenden Studie war es, den Einfluß von Blei auf die Funktion ligandengesteuerter Ionenkanäle (non-NMDA-Rezeptor-Kanäle) zu untersuchen.

Ionenkanäle aus dem Gehirn der Ratte wurden durch Mikroinjektion in Oocyten exprimiert. Die durch die non-NMDA-Agonisten Kainate (KA), α-Amino-3-hydroxy-5-methyl-4-isoxazol-propionat (AMPA) und Quisqualat (QA) induzierten Membranströme wurden mit der Zwei-Elektroden-voltage-clamp-Technik gemessen. Die Liganden wurden zunächst separat für jeweils 60s in einer Konzentration von je 50µmol/l eingesetzt (Kontrollversuche); daran schlossen sich Untersuchungen an, bei denen jeweils 50µmol/l der Liganden gleichzeitig mit Blei (Pb^{2+}, 50µmol/l) appliziert wurden.

Blei reduziert die durch KA, nicht aber die durch QA und AMPA induzierten Membranströme. Die Reduktion der KA-induzierten Ströme erwies sich als spannungsabhängig und war bei negativeren Haltepotentialen besonders groß (z.B. bei V_h = -30mV Reduktion auf 89%, bei V_h = -90mV Reduktion auf 63% der Kontrollversuche). Die nachgewiesenen Effekte waren reversibel. Es ist davon auszugehen, daß die Bleiwirkung an der extrazellulären Membranseite hervorgerufen wird. AMPA- und QA-induzierte Ströme wurden durch Blei nicht signifikant verändert.

Die Ergebnisse zeigen, daß Blei ein potenter, selektiver und reversibler Blocker KA-aktivierter Ionenkanäle ist. AMPA- und QA-aktivierte Kanäle werden nicht beeinflußt. Diese Bleiwirkungen können zur Ausprägung der neurotoxischen Symptome bei Bleiintoxikationen beitragen. Das in vitro-Testsystem ermöglicht somit die Untersuchung neurotoxischer Wirkungen auf ligandenaktivierte Ionenkanäle. Damit steht ein Modellsystem zur Abschätzung des neurotoxischen Potentials unbekannter oder verdächtigter Neurotoxine zur Verfügung.

Siehe auch: M. MADEJA et al., In vitro-Testsysteme in der arbeits- und umweltmedizinischen Neurotoxikologie: Untersuchungen zur neurotoxischen Wirkung von Blei an klonierten humanen und nicht-humanen Kaliumkanälen, sowie U. NEIDT et al., In vitro-Testsysteme in der arbeits- und umweltmedizinischen Neurotoxikologie: Untersuchungen zur neurotoxischen Wirkung von Blei an einem Funktions-generierenden neuronalen Netzwerk (Buccalganglion, Helix pomatia), in diesem Band.

Literatur

MADEJA M. und MUßHOFF U., Die Eizellen des Krallenfrosches als Modell in der Neurophysiologie, EEG-Labor, 14, 28-37, 1992

MUßHOFF U., BINDING N., MADEJA M., WITTING U., SPECKMANN E.-J., Das Oocyten-Expressionssystem: Ein in vitro-Modell für neurotoxikologische Fragestellungen, Z. EEG EMG, im Druck

Kultur ovarieller Follikel von Mäusen: Ein sensitiver Bioassay für Gonadotropine

P.L. Nayudu, R. de Leeuw, H.J. Klosterboer

Follikelkulturen können als in vitro-Bioassays zur Untersuchung von Substanzen sehr nützlich sein, die sich entweder positiv oder negativ auf die Follikelentwicklung auswirken können. Der Vorteil bei der Verwendung ganzer Follikel ist im Vergleich mit bestehenden einzelligen Bioassays darin zu sehen, daß 1. eine Kultur eine Reihe von Entwicklungsstadien umfassen kann, und 2. der vollständige Follikel zahlreiche Ausgangspunkte für die Untersuchung der Reaktionen bietet, die den in vivo-Ereignissen in einer kontrollierbaren und vereinfachten Umwelt sehr nahekommen.

In der vorliegenden Studie wurden zwei humane FSHs unterschiedlicher Qualität hinsichtlich ihrer Auswirkung auf die Entwicklung von Mausfollikeln in vitro untersucht. Das Verhältnis von Wachstumsrate, Verlauf der Entwicklung und Estradiol-Sekretion in Gegenwart von humanem FSH gleicher Konzentration aber aus zwei verschiedenen Quellen wurde miteinander verglichen. Eine dritte (Kontroll-)gruppe erhielt kein exogenes FSH. Die beiden FSHs waren 1) humanes hypophysäres FSH (Böhringer 282999) (LH-Gehalt <1%) und 2) humanes rekombinantes FSH (Org 32489) (kein LH-Anteil). Jede der FSH Gruppen bestand aus 60 einzeln kultivierten Follikeln. Für die in vitro-Kultur wurden die Follikel nach strengen Qualitäts- und Größenkriterien (150-160µm) ausgewählt. Die Follikel wuchsen 4 Tage lang in Kultur, danach erfolgte die Fixierung und Einbettung in Plastik. Das Medium wurde jeden zweiten Tag gewechselt und bis zur Bestimmung von Estradiol mit Hilfe eines Enzymimmunoassays tiefgefroren.

Die Ergebnisse zeigten keinen signifikanten Unterschied zwischen den beiden mit FSH behandelten Gruppen in bezug auf Wachstumsrate und Estradiolsekretion, letzteres vermutlich als Resultat des Maus- LHs im Kultursystem. Die Estradiolfreisetzung verhielt sich für beide Gruppen proportional zur jeweiligen Endgröße der Follikel. Im Gegensatz zu den mit FSH behandelten Follikeln, war das Wachstum der Kontrollgruppe wesentlich geringer. Ohne exogenes FSH konnte keine antrale Entwicklung stattfinden und die Estradiol-Produktion war sehr gering oder nicht meßbar, ein Zeichen dafür, daß die Reaktion der Testgruppen von der Gabe exogenen FSHs abhängig war. Ebenso war der Unterschied in Wachstumsrate und finaler Endgröße nicht sehr groß bei den beiden mit FSH behandelten Gruppen. Ein hoher Anteil der

Follikel entwickelte Antra während des Wachstums, aber nur diejenigen, die am Ende der Kultivierung mehr als 380µm im Durchmesser maßen, zeigten eine „normale Morphologie". Dies legt die Vermutung nahe, daß eine sehr enge Beziehung zwischen der Wachstumsrate und normaler Follikelentwicklung besteht. Außerdem ergaben sich aber noch zwei weitere wichtige Unterschiede: Bei Follikeln, die hypophysäres FSH erhalten hatten, deutete sich ein lineares Wachstumsmuster an. Sie besaßen „normale" abgeflachte Thekalzellen. Follikel, die mit rekombinatem FSH behandelt wurden, zeigten ein zweiphasiges Wachstumsmuster und hatten abgerundete Thekalzellen. Diese Charakteristika konnten nur mit Hilfe eines Bioassays von intakten Follikeln ermittelt werden.

Literatur

NAYUDU P.L. et al., Biol. Reprod., 52, Suppl 1, abst. 98, 81, 1995

In vitro-Testsysteme in der arbeits- und umweltmedizinischen Neurotoxikologie: Untersuchungen zur neurotoxischen Wirkung von Blei an einem Funktions-generierenden neuronalen Netzwerk (Buccalganglion, Helix pomatia)

U. Neidt, N. Binding, U. Altrup, E.-J. Speckmann, U. Witting

Die Wirkung von Blei auf die Funktion eines neuronalen Netzwerks im Buccalganglion von Helix pomatia, das in vivo die Nahrungsaufnahme steuert (PETERS M. and ALTRUP U., 1984; ALTRUP U. et al., 1994)), wurde in vitro untersucht. In einer ersten Untersuchungsreihe wurde der Einfluß von Blei auf die Frequenz der spontan erzeugten Netzwerk-Aktivität untersucht.

Die Messungen wurden nach Präparation des Ganglions am identifizierten Motorneuron B4 mit der current-clamp Technik durchgeführt. Dieses Motorneuron wird durch vorgeschaltete Neurone eines komplexen Netzwerks synaptisch aktiviert. Die Spontanaktivität dieses Netzwerks kann über die synaptischen Potentiale des Neurons B4 erfaßt werden.

Blei wurde in Konzentrationen von 0,58, 5,8 und 58µmol/l für jeweils 1h appliziert. Blei in einer Konzentration von 0,58µmol/l beeinflußte die Funktion des Netzwerks nicht. 5,8µmol/l Blei reduzierten die spontane Netzwerk-Aktivität, während 58µmol/l zunächst zu einer Erhöhung, dann zu einer Verminderung der Aktivitätsfrequenz führten. Zusätzliche Veränderungen der Aktivitätsrhythmik und der Form der generierten Signale traten bei den beiden höheren Bleikonzentrationen auf.

Blei beeinflußt dosisabhängig die Aktivität eines funktionsgenerierenden neuronalen Netzwerks. Die gefundenen Bleiwirkungen traten in Konzentrationsbereichen auf, die beim Menschen neurotoxische Symptome hervorrufen. Die grundsätzliche Eignung des in vitro-Testsystems zur Untersuchung neurotoxischer Wirkungen auf funktionsgenerierende Netzwerke konnte gezeigt werden. Damit steht ein Modellsystem zur Abschätzung des neurotoxischen Potentials unbekannter oder verdächtigter Neurotoxine zur Verfügung.

Siehe auch: M. MADEJA et al., In vitro-Testsysteme in der arbeits- und umweltmedizinischen Neurotoxikologie: Untersuchungen zur neurotoxischen Wirkung von Blei an klonierten humanen und nicht-humanen Kaliumkanälen, sowie U. MUßHOFF et al., In vitro-Testsysteme in der arbeits- und umweltmedizinischen Neurotoxikologie: Untersuchungen zur neurotoxischen Wirkung von Blei auf in vitro exprimierte ligandengesteuerte Ionenkanäle (non-NMDA-Rezeptor-Kanäle), in diesem Band.

Literatur

ALTRUP U., MADEJA M., WIEMANN M., SPECKMANN E.-J., Physiologic and epileptic oscillations in a small invertebrate network, in: PANTEV C., ELBERT T., LÜTKENHÖNER B., Oscillatory event-related brain dynamics, New York and London: Plenum Press, 27-42, 1994

PETERS M. and ALTRUP U., Motor organization in pharynx of Helix pomatia, J. Neurophysiol. 52, 389-409, 1984

Computergestützte Experimente als Alternative zu Tierversuchen im Physiologischen Praktikum

M. Plietz, R. Rost

Akute Versuche am überlebenden Versuchstier-Präparat nehmen speziell in der vorklinischen physiologischen Ausbildung von Medizinern und Zahnmedizinern noch einen verhältnismäßig großen Anteil des Pflichtpraktikums ein und geben den Studierenden eine erste Möglichkeit wissenschaftlicher Beobachtung und Messung am lebenden Organismus. Demgegenüber fordern der Respekt vor dem Leben und zunehmend auch der Tierschutz eine Verringerung dieser Tierversuche, die sich jährlich in großer Anzahl wiederholen, da aufeinanderfolgende Studenten-Matrikel grundsätzlich die gleichen Lehrinhalte erarbeiten.

Ausgehend davon erarbeiteten wir im Rahmen eines vom BMBF Deutschland geförderten, lehrmethodischen Forschungsvorhabens am Physiologischen Institut der Friedrich-Schiller-Universität Jena Lösungen, um konventionell durchgeführte Praktikumsversuche in adäquater Form in computergestützte Experimente zu überführen.

In unseren Computerexperimenten werden Echtzeit-Digitalvideos der Experimente am Tierpräparat zusammen mit Meßwertscopes zeitparallel aufgenommener Biosignalverläufe auf dem PC-Monitor dargeboten, kombiniert mit Detailaufnahmen, Texten, Aufgaben, Grafiken und Animationen. Im Experiment gestellte Aufgaben umfassen die interaktive Auswahl der Teilversuche, das Festlegen von Versuchsbedingungen, die Markierung von relevanten Meßpunkten und Bildinformationen, das Ausmessen der Meßwertkurven, die Beschreibung der Ergebnisse sowie einen Multiple-Choice-Test. Dazu werden den Studenten Eingriffsmöglichkeiten in das Versuchsprogramm wie Start/Stop, Ereignistrigger, Versuchswiederholung, Makroaufnahme, Zeitlupe, Graphikkursor zum Ausmessen der biologischen Meßwerte, Abruf vertiefender Informationen zu den physiologischen Themenkomplexen sowie humanphysiologische und klinische Bezüge zur Verfügung gestellt. Die Darstellung des Versuchsaufbaus sowie der Präparationsphase mit Erklärungen und Hinweisen auf anatomische Besonderheiten rundet den PC-Versuch ab.

Unsere Computerexperimente sollen eine dem realen Experiment in der inhaltlichen und methodischen Wissensvermittlung zumindest gleichwertige Lösung sein. Die dem Praktikumsprogramm zu Grunde liegenden Meß- und Videodaten wurden dazu aus exemplarisch im Labor durchgeführen Versuchen ausgewählt. Die Computerexperimente sollen das Fehlen der realen Versuchssituation nicht nur ausgleichen, sondern die Erarbeitung zusätzlicher Lehrinhalte optional ermöglichen. Es liegt in der Hand der verantwortlichen Lehrkörper, die Computerexperimente als Alternative oder in Ergänzung zu Tierversuchen im vorklinischen Physiologischen Praktikum einzusetzen.

Die Programme umfassen zur Zeit die Versuche am Froschherz „Straubherz", „Temperaturwirkung auf die Erregungsbildung", „Stannius-Ligaturen", „EKG" sowie ansatzweise „Nervale Steuerung der Herztätigkeit" und „Biopotentiale des Gehirns (EEG)".

Die Computerprogramme sind für den Einsatz auf IBM-kompatiblen PC unter MS-Windows konzipiert und lassen sich grafisch intuitiv mit der Mouse steuern. Für Studentengruppen empfiehlt sich der Einsatz eines Touchscreen-Monitors. Mindestvoraussetzungen für den PC sind neben den Standardkomponenten der Prozessor 486DX2/66, 8MB RAM, Quadspeed-CD-ROM-Laufwerk und ein Videobeschleunigerboard für DVI oder MPEG1.

„Aviäre Antikörper" - ein Verbundprojekt

R. Schade

Im Folgenden soll ein Verbundprojekt vorgestellt werden, das sich mit sogenannten aviären Antikörpern (Ak) beschäftigt. Die Erzeugung und Anwendung derartiger Ak gilt deswegen als eine alternative Methode, weil sie im Unterschied zu der Gewinnung mammärer Ak eine unblutige und damit nicht belastende Ak-Gewinnung aus dem Eidotter erlaubt.

Die Beantragung eines Verbundprojektes zu diesem Thema beim damaligen Bundesministerium für Forschung und Technologie wurde durch Herrn Prof. SPIELMANN angeregt und in der Folge durch vier Arbeitsgruppen (Priv.-Doz. Dr. R. SCHADE, Projektkoordinator, Universitätsklinikum Charité, Humboldt-Universität, Berlin; Prof. Dr. D. EBNER, Dr. A. HLINAK, Fachbereich Veterinärmedizin der Freien Universität, Berlin; Prof. Dr. C. STAAK, damals BGA Berlin und Prof. FIEBIG, Dr. I. BEHN, Fakultät für Biowissenschaften, Pharmazie und Psychologie, Universität Leipzig) vor einem Gutachterausschuß im BMFT im Jahre 1992 erfolgreich verteidigt. Der Verbund wurde von Herrn Dr. LANGENBRUCH bzw. wird von Herrn Dr. HANSPER betreut.

Die Situation hinsichtlich des „Image" der aviären Ak zu Beginn des Projektes läßt sich kurz kennzeichnen wie folgt:

Die Möglichkeit als solche ist bekannt seit etwa 100 Jahren. Es gibt ephemere Publikationen zu diesem Thema; Tendenz steigend. Kontinuierlich auf diesem Gebiet arbeitende Gruppen sind die Ausnahme. Es existieren erhebliche Vorbehalte gegen die Anwendung aviärer Ak, die sich auf die Probleme Tierhaltung, Ak-Induzierung, Ak-Extraktion, Unsicherheiten in der Anwendung fokussieren. Ein Sortiment von Sekundärreagenzien, vergleichbar dem für mammäre Ak vorhandenen fehlte, das Interesse relevanter Unternehmen war eher mäßig.

Entsprechend war die Zielstellung des Projektes: Extraktionsoptimierung, Nachweis, daß sich aviäre Ak gegen verschiedenste Antigene (virale, bakterielle, Säugerproteine, synthetische Peptide) erzeugen lassen, Charakterisierung bestimmter Eigenschaften (z.B. Präzipitationsverhalten, Eignung für bestimmte immunologische Techniken etc.), Titerentwicklungen, Legeleistung nach Immunisierung, Einfluß von und Gewebsschädigung durch Adjuvantien, Untersuchungen zur Spezifität, Eignung als Sekundärreagenzien.

Als Ergebnis der ersten Förderphase liegen zu den oben skizzierten Fragestellungen Ergebnisse vor, die in einem Abschlußbericht veröffentlicht wurden.

In einer zweiten Förderphase werden einige der skizzierten Themen vertieft, andere kamen hinzu (nicht-invasive Immunisierung, affinitätschromatographische Reinigung von IgY mittels Lektinen, alternative Adjuvantien, besondere Eignungen der IgY-Ak etc.). Eine weitere Arbeitsgruppe (Prof. U. LÖSCH, DDr.habil. M. ERHARD, Tierärztliche Fakultät, Ludwig Maximilians-Universität München) konnte in den Verbund integriert werden. Die Palette der Themen reicht derzeit von der artgerechten Haltung der Tiere bis zu molekularbiologischen Erörterungen in Zusammenhang mit der unterschiedlichen Spezifität der IgY-Ak im Vergleich zu IgG-Ak. Dies hat uns zu der Terminologie „IgY-Technologie" geführt, da es sich nicht um ein isoliertes wissenschaftliches Problem, sondern tatsächlich um eine alternative Technologie handelt, die verschiedene Arbeitsbereiche einschließt. Die Philosophie des Verbundes geht weiterhin davon aus, daß diese Technologie, in Anlehnung an die drei R des Tierschutzes, drei Interessen miteinander verknüpft. Das ist der Tierschutz (unblutige Ak-Gewinnung), das ist die Wissenschaft (es spricht sich herum, daß aviäre Ak aufgrund ihrer im Vergleich zu mammären Ak häufig abweichenden Spezifität auch von wissenschaftlichem Interesse sind) und das sind ökonomische Aspekte, da pro Zeiteinheit wesentlich höhere Ak-Ausbeuten über das Huhn zu erreichen sind (scape-Philosophie, science, animal protection, economy). Auf der Basis dieser Betrachtungsweise hat sich eine Kooperation mit größeren Unternehmen entwickelt, die bisher zu Ergebnissen geführt hat, die unsere gute Meinung von der Leistungsfähigkeit sowie von der besonderen Spezifität der IgY-Ak vollauf bestätigen. Die Möglichkeiten zur Praktizierung der IgY-Technologie haben sich auch insofern entscheidend gewandelt, als gegenwärtig IgY-Extraktionskits und eine Palette von Sekundärreagenzien angeboten werden. Eine artgerechte Haltung ist inzwischen in entsprechenden Käfigen möglich (mehrere Anbieter). Wir stellen fest, daß der IgY-Technologie zur Zeit starkes Interesse entgegengebracht wird, das weitere Entwicklungen anstoßen wird. Auch internationales Interesse manifestiert sich in Vorbereitungen zu einem ECVAM-workshop über „Aviäre Antikörper". Abschließend ist festzuhalten, daß es dem Forschungsverbund gelungen ist, ein beachtliches Interesse für die aviären Ak sowohl im universitären als auch außeruniversitären Bereich zu wecken.

Vergleich der Spezifität von aviären und mammären Antikörpern am Beispiel des Neuropeptids Cholecystokinin

R. Schade, P. Henklein, A. Hlinak

Es wird zunehmend akzeptiert, daß Hühner eine tatsächliche Alternative zur Antikörper-Produktion in Säugern darstellen. Diese wachsende Akzeptanz gründet sich nach unserer Ansicht darauf, daß noch vor wenigen Jahren geltende Vorbehalte gegenstandslos wurden. Das betrifft Probleme bezüglich einer artgerechten Haltung sowie Probleme der Extraktion der Ak aus dem Dotter. Für eine artgerechte Haltung werden inzwischen entsprechende Käfige angeboten, für die Ak-Extraktion existieren kommerzielle, leicht handzuhabende Extraktions-Kits. Darüberhinaus sind die aviären vitellinen Ak den mammären Ak weitestgehend adäquat einzusetzen. Es gibt allerdings eine Eigenschaft dieses Ak-Typs, auf die zwar in der Literatur mehrfach hingewiesen wurde, die aber dennoch relativ wenig beachtet wird. Es ist die Eigenschaft, auf Antigene mit Ak-Bildung zu reagieren, wo Säuger in dieser Hinsicht reaktionslos bleiben. Die Begründung hierfür liegt in der phylogenetischen Differenz zwischen den Aves und den Mammalia, die natürlich auch in Besonderheiten des jeweiligen Immunsystems ihre Entsprechung findet. Nach neueren Untersuchungen unterscheiden sich aviäre Ak in ihrem molekularen

Aufbau deutlich von mammären Ak, was sich wahrscheinlich auch in einer „anderen“ Epitoperkennung niederschlägt.

Diesem Problem wurde in der vorliegenden Untersuchung nachgegangen. Anhand von 34 verschieden modifizierten CCK-Peptiden (Variationen nach Länge bzw. AS-Sequenz) wurde mittels Radioimmunassay die Bindung zweier unterschiedlicher mammärer Anti CCK-Ak und eines aviären Anti CCK-Ak zu den jeweiligen Peptiden miteinander verglichen.

Im Ergebnis der Untersuchungen erkennt der aviäre Ak kurzkettige Peptide besser als die mammären Ak, während diese besser zwischen den längerkettigen Peptiden differenzieren. Die Befunde lassen die Schlußfolgerung zu, daß es in der Erkennung zwischen dem aviären und den mammären Ak eindeutige Unterschiede gibt, und daß die Ak in diesem Fall möglicherweise Strukturdeterminanten erkennen. Diese Unterschiede sind wahrscheinlich die Ursache für Differenzen in immunhistochemischen Markierungen von neuronalen CCK-ergen zwischen aviären und mammären Ak.

Auch in den vorliegenden Ergebnissen bestätigt sich, daß aviäre Ak offensichtlich andere Epitope erkennen als Säuger unter vergleichbaren Umständen. Im Extremfall kann dies dazu führen, daß Hühner überhaupt brauchbare Ak „liefern“.

Neben dem Tierschutzaspekt gibt es also auch weitere Gründe, die für eine Ak-Erzeugung im Huhn sprechen.

Diese Untersuchungen wurden bzw. werden mit Mitteln des BMBF (0310124A, 10124B) gefördert.

Bemühungen um eine möglichst artgerechte Labortierhaltung unter Praxisbedingungen

K. Seeger, A.W. Herling, G. Küsters

1. Einleitung

In der Tierhaltung der Hoechst AG in Deutschland setzen wir seit ca. sechs Jahren möglichst viele Vorschläge zur Verbesserung der Haltung der Labortiere in die Praxis um. Die verschiedensten Anregungen werden aufgegriffen, die Umsetzung erfolgt empirisch.

2. Tierarten

Folgende Tierarten halten wir: fünf Affenspezies (*M. rhesus, M. fascicularis, M. arctoides, Cebus apella, Saimiri sciureus*), Hunde, Katzen, Schweine, Kaninchen, Merschweinchen, Gerbilis, Hamster, Mäuse, Hühner.

Die Tiere sollen möglichst artgerecht/artgemäß untergebracht werden, und sie sollen die Möglichkeit haben, artgemäßes Verhalten auszuleben und beschäftigt sein.

3. Veränderungen bzw. Neuerungen

Veränderungen bzw. Neuerungen werden nach folgenden Gesichtspunkten beurteilt: Sie dürfen nicht zu Schäden bei den Tieren führen, die Versuche nicht stören oder unmöglich machen, das Sozialverhalten gegenüber dem Menschen und den Artgenossen nicht verschlechtern, sondern möglichst verbessern. Außerdem sollen sie den Gesundheitszustand der Tiere möglichst günstig beeinflussen und müssen von den Tieren angenommen werden, d.h. diese müssen die Veränderungen nutzen.

3.1. Neuerungen

Gruppenhaltung, genügend Raum zur sinnvollen Bewegung, Rückzugsmöglichkeiten von Artgenossen, Nahrungsaufnahme als Beschäftigungsmaßnahme, Angebot von Frischfutter wie z.B. Obst, Karotten, Heu, zusätzlich zum standardisierten Futter - soweit für die jeweilige Tierart geeignet. Gelegenheit zum Scharren für Hühner; Pappröhren für Nager, um sich darin zu verstecken; Podeste für Kaninchen, um Ausschau zu halten und sich verkriechen zu können; Hölzer zum Nagen etc.

3.1.1. Günstige beobachtete Folgen

Abnahme von Verhaltensstörungen, günstige Beeinflussung des Gesundheitszustandes (z.B. Nachlassen des Selbstbeleckens und damit der Häufigkeit von Trichobezoaren); die Tiere werden ruhiger und zutraulicher, wirken zufriedener, sind leichter handzuhaben und sind dem subjektiven Eindruck nach beschäftigt.

3.1.2. Nachteilige Folgen

Rangkämpfe und Verletzungen bei Hunden, Affen und Kaninchen in Gruppenhaltung, Hygieneprobleme z.B. Coccidiose bei Kaninchen, Mehrarbeit für Tierpfleger und Tierärzte.

3.1.3. Abgewandelte Neuerungen

Statt Stroh wird bei Hunden Holzwolle eingestreut, Verkleinerung der Beagle-Gruppen.

3.1.4. Aufgegebene Neuerungen

Verwendung von Materialien undefinierter Herkunft (Recycling), Bodenhaltung von männlichen Kaninchen, Kinderspielzeug, „Foodball".

4. Diskussion

Zusammenfassend ist festzustellen, daß sich die Neuerungen in unserer Tierhaltung bewährt haben. Sie sind vom Arbeitsanfall und von den Kosten her gesehen vertretbar. Die meisten Maßnahmen haben sich positiv auf das Verhalten der Tiere ausgewirkt. Die Tierpfleger sind nach anfänglicher Skepsis wegen der Mehrarbeit in der Regel von den neuen Haltungsbedingungen begeistert und zeigen Eigeninitiative bei der weiteren Ausgestaltung.

Vor einer ungeprüften, blinden Übernahme andernorts bewährter Haltungsmethoden muß trotzdem gewarnt werden. In einigen Fällen mußten auch wir Maßnahmen zurücknehmen, die unter unseren Bedingungen mehr Nachteile als Vorteile brachten.

The Netherlands Centre Alternatives to Animal Use (NCA)

J.B.F. van der Valk, M.D.O. van der Kamp

During the last 15 years, the number of animals used for scientific purposes in the Netherlands decreased by 50%. This reduction of animal use was partly due to the introduction of alternatives to animal experiments. The development and subsequent use of alternatives is stimulated by the Dutch Alternatives to Animal Experiments Platform. Since its establishment in 1988 the Platform funded over 65 projects on alternatives.

About 5 years later, resulting from a need for a central co-ordination and information centre on alternative methods, the Platform and several research institutes and animal welfare organisations in the Netherlands undertook simultaneous initiatives to install such a centre. As the result of these initiatives, the Netherlands Centre Alternatives to Animal Use (NCA) was set up in 1994. The main aim of the NCA is to stimulate the development, validation and implementation of alternative methods and to support the Platform in its activities.

To achieve its goals, the NCA will act as a national information centre. The NCA-Newsletter in Dutch and in English is published several times a year. The NCA builds a database on alternative methods and research projects, that can be consulted on-line via the PREX on-line information service of Utrecht University. NCA-working groups are set up, that provide expert information on the developments in alternatives in particular areas. Working groups may choose to formulate guidelines on the development and application of alternatives, organize symposia, supervise validation studies, improve contact between scientists, etc.

Currently, the NCA has three active working groups:

1. A working group on alternatives in education. The aim of this group is to reduce the use of animals in education by stimulating the development and use of alternative methods. This group organized a symposium on alternatives to animal experiments in education on 2 June 1995. Furthermore it serves as an advisory body to the Platform on educational matters.
2. A working group on immuno-biologicals. The aim of this group is to identify areas within the development, production and quality control of human and veterinary vaccines in which it is feasible to apply the 3R concept in order to decrease animal use to an acceptable minimum. Also, this group is in the process of setting up an international NCA/ECVAM working group on immuno-biologicals. This international group will focus on the regulatory acceptance and implementation of alternative methods at a European level.
3. A working group on skin tests. This relatively new group is currently making an inventory of *in vitro* and *in vivo* skin models in The Netherlands.

The NCA may also organize symposia or participate in the organisation of symposia and congresses or present lectures. A national symposium on the use of *in vitro* techniques instead of ascites mice for the production of monoclonal antibodies will be held on 24 November 1995.

The centre will also stimulate validation programmes for alternative methods, preferably in co-operation with the European Centre for the Validation of Alternative Methods (ECVAM).

The NCA is funded by the Platform and Utrecht University, where it is also located. It started work in 1994 and is now staffed by two scientists and part-time secretarial support.

Kultivierung und Charakterisierung eines *in vitro*-Endothelzell-Testsystems

C. Weller, K. van Ackern, A. Bartmann, H. Trasch

Vaskuläre Endothelzellen kleiden in einer dünnen einlagigen Schicht das gesamte Blutgefäßsystem vom Herzen bis zu den kleinsten Kapillaren aus. Die Zellschicht eines 70 kg Erwachsenen bedeckt ca. 1000m^2 und wiegt ca. 1kg.

Aufgrund der Lokalisation und des ständigen Kontaktes mit dem vorbeiströmenden Blut kann man den Endothelzellverband als „höchst stoffwechselaktives Organ" bezeichnen. Das Endothelium besitzt alle grundlegenden Eigenschaften eines Epitheliums, das hochspezialisiert bezüglich des Transports bzw. Austausches von Substanzen zwischen Blut und Gewebe ist. Die Zellen sind polarisiert, metabolisch sehr aktiv und stellen eine Struktur und Biochemie dar, die sehr fein auf die Aktivitäten des umgebenden Gewebes abgestimmt ist. Zudem erfüllen sie wichtige Aufgaben im Bereich der Hämostase, da intaktes Endothel antithrombotische Eigenschaften besitzt (RIEKER G.).

Bei Auftreten eines Schocks wird die Endothelzellschicht geschädigt und die Schutzmechanismen gegen eine intravasale Aktivierung der Hämostase gehen ganz oder teilweise verloren. In einer Vielzahl von tierexperimentellen und klinischen Studien wurde versucht, das dabei auftretende komplexe Zusammenspiel von Endothelzellen und Mediatoren zu beschreiben. Die Schwierigkeit besteht darin, daß die Veränderungen des Mediator- und Kaskadensystems bei modellhaften Schädigungen im „Ganzkörpermodell" Tier nur schwer zu erfassen sind. Im Rahmen dieses Projektes soll ein in vitro-Endothelzell-Modell entwickelt werden, das es ermöglicht, die komplexen Vorgänge, die an der Endothelzellschicht bei schockbedingten Schädigungen ablaufen, in der Zellkultur zu untersuchen. Das *in-vitro*-Testsystem bietet somit eine Alternative zum Tierversuch.

Bisheriger Stand der Modellentwicklung ist die Isolierung der Endothelzellen aus tierischem Gewebe und das Wachstum der Zellen unter speziellen Kultivierungsbedingungen (RYAN U.A. et al., 1978). Die Charakterisierung der Endothelzellen erfolgt über Markierung mit Dil-acetylated Low Density Lipoprotein und Antikörper gegen α-Smooth Muscle Actin und „von Willebrand Faktor" (BAHNAK B.R. et al. 1989; VOYTA J. et al., 1984).

Um Bedingungen zu schaffen, die der *in vivo*-Situation sehr nahekommen, und zur Untersuchung der Barrierefunktionen und Stoffwechselaktivitäten der Endothelzellen müssen geeignete Membranen gefunden werden, auf der optimales Wachstum gewährleistet ist.

Nach intensivem Membranscreening zeigten sich eine Polyester- und eine Collagenmembran für das Modell geeignet (WELLER C. et al., 1995).

Zur näheren Charakterisierung dieses *in vitro*-Modells mit diesen Matrices wurden Permeabilitätsstudien mit Albumin durchgeführt.

Literatur

RIEKER G., Handbuch der inneren Medizin, Band IX: Herz und Kreislauf, Schock, 5. Auflage, Berlin Heidelberg New York: Springer-Verlag

RYAN U.A., CLEMENTS E., HABLISTON D., RYAN J.W., Isolation And Culture Of Pulmonary Artery Endothelial Cells, Tissue & Cell, 10 (3), 535-554, 1978

BAHNAK B.R., WU Q.-Y., COULOMBEL L., ASSOULINE Z., Expression of Von Willebrand Factor in Porcine Vessels: Heterogeneity at the Level of Von Willebrand, Factor mRNA, Journal Of Cellular Physiology, 138, 305-310, 1989

VOYTA J., VIA D., BUTTERFIELD C., ZETTER B.R., Identification and Isolation of Endothelial Cells Based on Their Increased Uptake of Acetylated Low Density Lipoprotein, The Journal of Cell Biology, 99, 2034-2040, 1984

WELLER C., VAN ACKERN K., WÜLFROTH P., BARTMANN A., TRASCH H., Wachstum von Endothelzellen auf permeablen Matrices, Poster anläßlich der 13. Jahrestagung der Biotechnologen, 30. Mai - 1. Juni 1995, Wiesbaden, 1995

BMBF Verbundvorhaben: Neuronale Zellkulturen als Ersatz für Tierversuche bei Untersuchungen zur zerebralen Ischämie: Neurotoxizität und neuroprotektive Wirkung von Pharmaka

M. Wienrich, I.E. Blasig, A. Carter, M. Hafner, H. Kettenmann, K. Reymann, T. Weiser

Die Verschiebung der Altersstruktur in der Bevölkerung hin zu einem immer größer werdenden Anteil älterer Menschen hat die Zunahme altersbedingter Erkrankungen zur Folge. Neben Herz-Kreislauf und Krebs nehmen Erkrankungen des Zentralnervensystems den dritten Platz ein. Durchblutungsstörungen mit Schlaganfall als Folge haben hierbei eine hervorragende Bedeutung. Beim Schlaganfall kommt es durch die Unterbrechung der Blutversorgung von Teilen des Gehirns zum Untergang von Nervenzellen mit oft verheerenden Konsequenzen für die Betroffenen. Solche Erkrankungen sind bis heute nicht therapierbar. Weltweit arbeiten viele pharmazeutische Unternehmen auf dem Gebiet der Schlaganfallforschung mit dem Ziel, neuroprotektive Medikamente zu entwickeln. Dabei sind es oft belastende Tierversuche, mit denen potentiell neuroprotektive Substanzen geprüft werden. In der Regel handelt es sich um Tiermodelle, bei denen an Nagetieren durch einen komplexen operativen Eingriff ein Hirninfarkt hervorgerufen wird. Nun sind aber die Kenntnisse über die beim Schlaganfall ablaufenden zellulären Prozesse soweit fortgeschritten, daß es sehr gut möglich ist, zelluläre *in vitro*-Modelle zu konzipieren, an denen das Schlaganfallgeschehen in wichtigen Aspekten nachgebildet werden kann und die sich damit zur Testung von potentiell neuroprotektiven Pharmaka und damit zur Einsparung von Tierversuchen anbieten.

Das Gesamtziel des laufenden Verbundvorhabens ist die Entwicklung von in *vitro*-Methoden, die Tierexperimente in der Schlaganfallforschung zumindest teilweise ersetzen können. Dabei wird versucht, mehrere Aspekte des Schlaganfallgeschehens auf zellulärer Ebene nachzubilden. In der AG Boehringer Ingelheim wurde damit begonnen, ein Zellkulturmodell aus Kortexneuronen zu entwickeln, das hinsichtlich seiner Vitalparameter und physiologischen Eigenschaften hinreichend charakterisiert ist, so daß man die Wirkung neuronaler Noxen, wie sie beim Schlaganfall auftreten, messen kann. Hier gelang es bereits, bekannte neuroprotektive Referenzsubstanzen im Zellkulturmodell mit einer guten Korrelation zum Tierversuch zu finden. Die AG REYMANN untersucht Vorgänge unter Hypoxie/Ischämie am Hirnschnittpräparat. Hier werden die elektrischen Eigenschaften von Zellverbänden am Hippokampus hinsichtlich einfach zu messender Parameter der synaptischen Übertragung charakterisiert um herauszufinden, ob sich neuroprotektive Wirkungen, die in der Zellkultur gefunden werden, auch am Schnittpräparat nachweisen lassen. Dabei nimmt das Schnittpräparat aufgrund seiner funktionalen Integrität eine Zwischenstellung zwischen der Zellkultur und dem Tiermodell ein und ist damit ein wichtiger Schritt zur Validierung des Zellkulturmodells. Eine wesentliche Frage bei der Entwicklung von Medikamenten für das Zentralnervensystem ist immer, ob die Substanzen die Blut-Hirn-Schranke passieren können und das ZNS erreichen. Beim Schlaganfall ist das Geschehen noch dadurch kompliziert, daß die Blut-Hirn-Schranke und hier besonders die Endothelzellen vom ischämischen Geschehen ebenfalls betroffen sind und unter diesen Bedingungen ihre Eigenschaften verändern. Darüber ist noch sehr wenig bekannt, und viele Tierversuche sind einfach nötig, um die Permeation einer Substanz in das Gehirn direkt zu zeigen. Deshalb hat die AG BLASIG unter Verwendung von Gehirnkapillarendothelzellen ein *in vitro*-Modell der Blut-Hirn-Schranke etabliert. Die AG HAFNER untersucht einzelne Zellen innerhalb von Zellverbänden in organotypischen Slicekulturen und in primären Cortex-Kulturen. Durch den Einsatz bildgebender Verfahren (Ionen-Imaging) werden in Einzelzellen simultan Veränderungen der intrazellulären Calcium- und Natriumkonzentrationen - beides wichtige Mediatoren des Zellunterganges beim Schlaganfallgeschehen - sowie des pH-Wertes bzw. deren Veränderung unter dem Einfluß ischämischer Noxen und potentiell protektiver Substanzen gemessen. Seit einiger Zeit ist bekannt, daß auch Gliazellen, die mit ihren verschiedenen Typen im Gehirn weit zahlreicher vorkommen als Neuronen, unter solchen Bedingungen geschädigt werden. Bei Gliazellen sind effektive Aufnahmemechanismen z.B. für Glutamat, einem Mediator der Exzitotoxizität bekannt und entscheidend an der pH-Regulation sowie der Calcium- und Kalium-Homöostase beteiligt. Deshalb müssen auch diese Zellen in die Betrachtung des pathophysiologischen Geschehens beim Schlaganfall sowie die Bewertung der Wirkung potentiell protektiver Substanzen einbezogen werden. Die AG KETTENMANN wird Gliazellen mit Hilfe biochemischer und fluorimetrischer Verfahren bezüglich ihrer physiologischen Eigenschaften charakterisieren. Ziel dieser Arbeiten ist es, ein Screeningsystem für Gliazellen in Ergänzung zu neuronalen Systemen zur Verfügung zu stellen.

Das Verbundvorhaben wird aus Mitteln des BMBF gefördert.

Danksagung

Unterstützt wurde dieser Kongreß von:

Bundesministerium für Gesundheit und Konsumentenschutz
Bundesministerium für Land- und Forstwirtschaft
Bundesministerium für Umwelt, Jugend und Familie
Bundesministerium für wirtschaftliche Angelegenheiten
Bundesministerium für Wissenschaft, Verkehr und Kunst
Landesregierung Oberösterreich
Landeshauptstadt Linz

DG XI der Europäischen Kommission, B-Brüssel
FFVFF - Fonds zur Förderung versuchstierfreier Forschung, CH-Zürich
set - Stiftung zur Förderung der Entwicklung von Ersatz- und Ergänzungsmethoden zu Tierversuchen, D-Mainz

Fa. Heraeus GmbH, A-Wien
Fa. ICT Handels Ges.m.b.H., A-Wien
Oberbank, A-Linz
Fa. Sigma-Aldrich Handels GmbH, A-Wien
Fa. Induchem AG, CH-Dübendorf
Fa. Behringwerke AG, D-Langen
Fa. Coulter Electronics GmbH, D-Krefeld
Fa. Franziska Ade Laborbedarf, D-München
Fa. Hoechst AG, D-Frankfurt/Main
Fa. VCH-Verlagsgesellschaft, D-Weinheim

Redaktion

Helmut Appl

zet - Zentrum für Ersatz- und Ergänzungsmethoden zu Tierversuchen
Marketing & Öffentlichkeitsarbeit
Postfach 39
A-1123 Wien

Tel.:	+43 1 8151023
Fax:	+43 1 8179404
e-mail	a8845097@unet.univie.ac.at

Springer-Verlag und Umwelt

MIX
Papier aus verantwortungsvollen Quellen
Paper from responsible sources
FSC® C105338

If you have any concerns about our products,
you can contact us on
ProductSafety@springernature.com

In case Publisher is established outside the EU,
the EU authorized representative is:
Springer Nature Customer Service Center GmbH
Europaplatz 3, 69115 Heidelberg, Germany

Printed by Libri Plureos GmbH
in Hamburg, Germany